Ulf Pillkahn

Trends und Szenarien als Werkzeuge zur Strategieentwicklung

Danksagung

Stellvertretend für alle, die zum Gelingen dieses Buches beigetragen haben, möchte ich mich bei den folgenden Personen für ihre Unterstützung bedanken:

Sofia Benevides
Bruno Díaz
Anne Gelas
Marion Günther
Jacques Helot
Stefanie Maurer
Nathalie Morisset-Bouchard
Eleonora Peis
Renate Pillkahn
Martina Richter
Natascha Römer
Steffi Schulz
Gerhard Seitfudem
Heinrich Stuckenschneider
Claus Weyrich
Willfried Wienholt

Und den Mitarbeitern der Siemens Fachbibliotheken.

Ulf Pillkahn

geboren 1967, ist Strategy Consultant bei der Siemens AG in München und Inhaber zahlreicher Patente und Erfindungsmeldungen. Nach dem Studium der Elektro- und Informationstechnik an der TU Chemnitz und Tätigkeiten in der Entwicklung von Telefonvermittlungssystemen sowie bei Siemens Norwegen beschäftigt er sich seit einigen Jahren mit Innovationsmanagement, mit strategischen, technischen und wirtschaftlichen Aspekten von Technologien im Informations- und Kommunikationsbereich, mit Strategieentwicklung und Zukunftsforschung.

Trends und Szenarien als Werkzeuge zur Strategieentwicklung

Wie Sie die unternehmerische und gesellschaftliche Zukunft planen und gestalten

von Ulf Pillkahn

Publicis Corporate Publishing

Bibliografische Information der Deutschen Nationalbibliothek
Die Deutsche Nationalbibliothek verzeichnet diese Publikation in der Deutschen Nationalbibliografie; detaillierte bibliografische Daten sind im Internet über http://dnb.d-nb.de abrufbar.

www.publicis-erlangen.de/books

Lektorat: Dr. Gerhard Seitfudem

ISBN 978-3-89578-286-2

Herausgeber: Siemens Aktiengesellschaft, Berlin und München
Verlag: Publicis Corporate Publishing, Erlangen

Printed in Germany

Zukunft ist gestaltbar

Globalisierung, zunehmender Wettbewerb, steigende Komplexität bei Produkten und Technologien oder Veränderungsprozesse machen nicht vor der Unternehmenstür und vor Landesgrenzen halt. Sie zwingen uns, einerseits mittel- und langfristig vorausschauend zu denken und andererseits gleichzeitig das operative Tagesgeschäft zu leisten. Dies ist eine Aufgabe, die angesichts der sich immer schneller ändernden Bedingungen im alltäglichen Geschäft immer höhere Flexibilität und Anpassungsfähigkeit vom Unternehmensmanagement verlangt.

„Prediction is hard, especially if it's about the future": Dieses Zitat geht zurück auf Niels Bohr, den Nobelpreisträger für Physik aus dem Jahr 1922. In der Tat, die Zukunft lässt sich nicht präzise voraussagen, geschweige denn planen. Aber dies befreit uns nicht von der Aufgabe, uns mit der Zukunft zu beschäftigen.

Sich mit der Zukunft beschäftigen heißt, vor allem die Gegenwart zu verstehen, aber auch die Vergangenheit nicht zu vergessen. Wir leben in einer Zeit des Informationsüberflusses einerseits und Informationsmangels andererseits – denn die wachsende Komplexität lässt es fast unmöglich erscheinen, die Umwelt in ihrer Gesamtheit und die sich abzeichnenden Veränderungen zu erfassen. Angesichts dieser Grenzen, neue Ideen in tragfähige Lösungen, das heißt am Markt erfolgreiche Innovationen, umzusetzen, wächst dem Einzelnen und dem Team eine größere Verantwortung zu, die dann eine Entscheidungsunterstützung erfordert.

Heute werden viele Innovationen nicht allein dadurch bestimmt, was technisch machbar ist, sondern was den größten Kundennutzen schafft, wirtschaftlich verkraftbar, aber auch gesellschaftlich akzeptabel erscheint. Trotzdem sind auch in der modernen Welt Wissenschaft und Technik die stärksten Treiber des Fortschritts und Wohlstandes. Wissenschaftliche Entdeckungen und neue technische Entwicklungen, das heißt Innovationen, beeinflussen unser Leben und verändern unser Verhalten. Innovationen entstehen aus Wissen. Ikujiro Nonaka bestätigt: „Successful companies are those that consistently create new knowledge, disseminate it widely throughout the organisation, and quickly embody it in new technologies and products." Wissen ist zum wichtigsten Rohstoff unserer Zeit geworden: Wissen um Technologien, Wissen um Branchen und Kunden, Wissen um die komplexen Zusammenhänge unseres Umfeldes und Wissen um die zukünftigen relevanten Trends.

Für Unternehmen ist es heute daher unerlässlich, Trends und in diesem Zusammenhang Chancen und Risiken, das heißt Bedrohungen, frühzeitig zu erkennen und dieses Wissen strategisch zu nutzen. Dazu bietet dieses Buch eine nützliche Basis: Auf systematische Art und Weise werden sogenannte „Pictures of the Future" generiert. Diese geben konsistente Bilder der Zukunft einzelner Geschäfte, Branchen und Lebensräume wieder. Zwar gibt es keine Garantie für den Eintritt von genau den antizipierten Zukunftsbildern, jedoch werden – nicht zuletzt in der Diskussion mit internen und externen Partnern – Gestaltungsräume entwickelt.

Wie wir wissen, ist Zukunft zwar nicht präzise planbar, sie passiert auch nicht einfach. Zukunft ist gestaltbar – und darauf kommt es an. Unternehmen tragen bei der Zukunftsgestaltung eine große Verantwortung. Das Buch begleitet die Verantwortlichen auf diesem Weg und hilft systematisch, Chancen in der Zukunft aufzuzeigen. Visionen und Perspektiven, aber auch Fantasien und nicht zuletzt Neugierde werden beflügelt. Die Neugier an der Zukunft steckt in allen von uns, und damit dürfte das Buch nicht nur bei Forschern, strategischen Planern und Innovatoren auf Interesse stoßen.

Ich wünsche allen Lesern Spaß bei der Lektüre und viel Erfolg bei der Umsetzung von Ideen.

Prof. Dr. Claus Weyrich

Ehemaliges Mitglied des
Vorstands der Siemens AG und
Leiter von Corporate Technology

Inhaltsverzeichnis

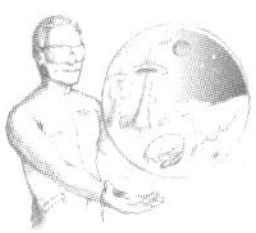

KAPITEL 4 **Verstehen**

Antizipieren in die Zukunft

KAPITEL 5 **Planen**

Nutzen der Chancen, Vermeiden von Bedrohungen

KAPITEL 6 **Umsetzen**

Veränderungen steuern

KAPITEL 7 **Lernen**

Anwendungen und Beispiele

Einführung

Ein typisches Bild im Supermarkt: Von acht Kassen sind drei geöffnet. An jeder warten etwa fünf Personen, um die Einkäufe zu bezahlen. Um die Wartezeit gering zu halten, wählt man die vermeintlich „schnellste“ Kasse. Die Erfahrung zeigt jedoch, dass die Wahrscheinlichkeit hoch ist, nicht die geringstmögliche Zeit gewartet zu haben. Sei es, dass jemand vergessen hat, das Obst zu wiegen, ein Preisschild fehlt oder es Schwierigkeiten mit Kasse oder Wechselgeld gibt. Oftmals wartet man länger als gehofft und ist verärgert darüber, zum einen wegen der Wartezeit selber und zum anderen darüber, dass man nicht die andere Warteschlange gewählt hat, die sich dann als die viel schnellere herausgestellt hat.

In der Wirtschaft sind die Konsequenzen zu langen Wartens für Kunden, Unternehmen und Mitarbeiter wesentlich dramatischer, bei ungleich komplizierteren Situationen und Verhältnissen.

Es geht um die Zukunft – und wer hätte sich nicht schon einmal gewünscht, für die eine oder andere Entscheidung genau zu wissen, wie sich die Zukunft entwickeln wird. Dieses Buch kann Ihnen nicht helfen, die Zukunft exakt vorherzusagen, aber bei der Einschätzung von Unsicherheit.

In den letzten Jahren haben sich

- Trends als Instrumente und
- Trendforschung und Trendmanagement als deren Anwendungen

etabliert. Genutzt werden sie immer in der Hoffnung bzw. unter dem Versprechen, die Zukunft noch besser erkennen zu können und so Unsicherheit beherrschbar zu machen.

„Aber was genau ist ein Trend?“

Mit dieser Frage fing alles an. Vor ca. drei Jahren gab es einen Zeitpunkt, zu dem mir auffiel, dass die Verwendung des Begriffes „Trend“ inflationäre Züge angenommen hatte. Alles war und ist „trendy“. Die Mystik, die dem „Trend“ innewohnt, rührt daher, dass das Bezeichnete nicht verständlicher, sondern stattdessen weiter vernebelt wird. Es kam mir der Verdacht, dass die exzessive Nutzung vor allem daher rührte, dass viele sich nicht näher mit dem Thema auseinandersetzen wollen oder wollten. Komplexe Situationen wurden plötzlich mit Trends beschrieben und erschienen dadurch übersichtlicher. Diese verlockende Einfachheit ist jedoch trügerisch.

„Der Trend geht zu Heimarbeitsplätzen“ wurde in den neunziger Jahren verkündet. Oder in den Achtzigern: „Der Trend geht zum papierlosen Büro.“ Ist ein Thema als Trend bezeichnet und medial aufgebläht, dann entwickelt sich um das Thema herum ein Eigenleben. Die „Trends“ klingen nicht richtig falsch – irgendwie sind sie auch ein bisschen plausibel, schnell finden sich Befürworter, und wenn es dann im Focus, Spiegel oder im Stern steht, muss ja auch was dran sein.

„Der Trend geht..." gibt Auskunft über die Richtung der Entwicklung, also eine Projektion in die Zukunft. Mit der Zukunft ist es so eine Sache. Nur durch kritisches Nachfragen entsteht Klarheit, ob das Behauptete eine Vermutung, Glaube oder Tatsache ist. Aber wer tut das schon? Man geht davon aus, dass der Verkünder (der Trendscout) sorgfältig gearbeitet hat und weiß, wovon er spricht. Und etwas Gegenteiliges kann man auch nicht vorbringen.

Das papierlose Büro war eine Vision – von Technikern entworfen, von Theoretikern formuliert – oder eben auch ein Trend, je nach Quelle. Heimarbeitsplätze – auch wenn sie mit noch so moderner Technik ausgestattet sind – können Büroarbeitsplätze nicht ersetzen. Das weiß man heute. Das war nur eine temporäre Erscheinung im Zeichen des Internetbooms (vielmehr ergänzen sich heute Heim- und Büroarbeitsplatz), wurde jedoch auch zum Trend belebt und eifrig animiert, musste aber letztlich doch der Ernüchterung weichen.

Neben „der Trend geht zu..." gibt es noch die Version „im Trend liegen". Das soll wohl aussagen und wird auch so empfunden, dass man eine akzeptierte und als positiv empfundene Entwicklung schon übernommen hat.

Die Beispiele zeigen schon recht deutlich, in welche Grauzone man sich begibt, sobald man sich intensiver mit Trends beschäftigt. Man bewegt sich zwischen Behauptung, Mutmaßung, Verdacht, Motivation, Überzeugung und der Suche nach Sicherheit und Orientierung. Durch Trends erscheinen komplexe Phänomene plötzlich einfach. Das ist gut für das Verständnis, aber es ist nicht so gut für die Erkenntnis, wenn man die Welt auf Trends reduzieren möchte.

Der Wunsch nach mehr Klarheit im Trendnebel war der Ausgangspunkt zu diesem Buch. Sowohl sprachliche Genauigkeit als auch Klarheit bei der Analyse sind wichtige Voraussetzungen, wenn man sich Gedanken über die Zukunft macht. Ähnliches gilt für Szenarien. Das Spektrum für das Verständnis des Begriffes „Szenario" ist sehr breit und reicht von A wie „Annahme" über I wie „Idee" bis Z wie „Zukunftsbild".

Der Alltag von Unternehmen steckt voller Probleme und täglich werden wir mit neuen Herausforderungen konfrontiert. Stellt man die Probleme und mögliche Lösungen als bekannte und unbekannte Möglichkeitsräume dar, so ergibt sich eine Matrix wie in Bild 1.

Für bekannte Probleme gibt es unter Umständen schon Lösungen, die zur Anwendung kommen (unten links), oder es werden Lösungen gesucht (unten rechts). Wenn zum Beispiel ein Kunde eine Dienstleistung reklamiert, dann ist die Problematik klar – es fehlt nur noch die Lösung. Die Weiterentwicklung von Technologien fällt ebenfalls in diesen Bereich: Die Problematik ist erkannt und Lösungen werden gesucht.

Weit schwieriger stellt sich die Situation dar, wenn ein Problem nicht erkennbar, abgrenzbar oder darstellbar ist (in der Matrix oben links). Die Situation tritt zum Beispiel bei der Entdeckung neuer physikalischer Effekte oder Technologien ein. So wurde etwa das Potential der Lasertechnologie erst nach und nach erkannt. Zu

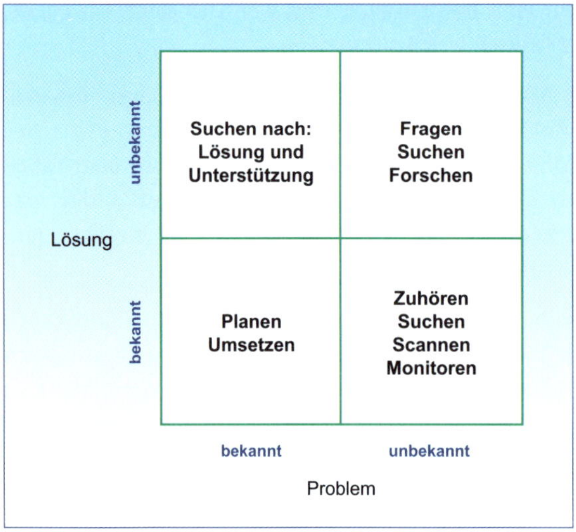

Bild 1 Die Problem-Lösungs-Matrix: Was bei unterschiedlichen Konstellationen zu tun ist

Beginn hatte man eine Lösung – aber kein Problem (Technologie-Push-Effekt). Die Suche nach Anwendungen erfolgt im Prinzip durch Suchen und Erkennen von Möglichkeiten zur Verbesserung.

In der Matrix gibt es oben rechts einen Bereich „Problem unbekannt/Lösung unbekannt", der im Wesentlichen von Unsicherheit geprägt ist. Traditionelle Problemlösungs-Ansätze versagen hier, da diese immer von einem bekannten, abgrenzbaren Problem ausgehen. Die Probleme von morgen kennen wir jedoch heute noch nicht. Denkt man einhundert Jahre zurück, hat beispielsweise niemand etwas von dem Problem der Klimaerwärmung geahnt. Klar ist also, dass zur Lösung die Ansätze und Antworten von heute und gestern ungeeignet sind.

Dieser Art von Zukunftsproblemen und Zukunftslösungen kann man sich nur spielerisch nähern. In den wenigsten Fällen wird es glasklare Antworten geben. Am Anfang werden Fragen stehen. Durch Probieren und Forschen, durch das Aufstellen von Hypothesen und die Recherche wird man sich dem Problem und seiner Lösung nähern, ohne je richtig anzukommen.

Für viele Unternehmen ist der Umgang mit Unsicherheit neu. Sie müssen erst lernen, dass es nicht mehr möglich ist, Unsicherheiten zu begrenzen und alles vollständig unter Kontrolle zu behalten. Ignorieren – Augen zu oder Kopf in den Sand – ist zwar auch eine Lösung, aber im Angesicht des steigenden Wettbewerbs sehr riskant. Akzeptiert man jedoch, dass die Zukunft ungewiss ist, und lernt man, damit umzugehen, so bietet sie jede Menge Möglichkeiten. Dieses Buch versucht, Verständnis für Ungewissheit zu entwickeln, den Blick für die Zukunft sowohl zu weiten als auch zu schärfen und den Umgang mit Unsicherheit zu erlernen.

Die Zukunft und deren Erforschung haben viele Fassetten. Kapitel 1 dieses Buches bietet eine Bestandsaufnahme und versucht, ein Bild des derzeitigen Standes und der Anwendung von Trends und Szenarien zu geben, als auch die Orientierung und den thematischen Bezugsrahmen für die nachfolgenden Kapitel zu vermitteln.

Im Kapitel 2 geht es um die Beobachtung der Umwelt: Was beobachten wir, welche Informationen sind wichtig für das Unternehmen? Wie wird mit den Informationen umgegangen?

Wie man Informationen und Daten analysiert, darum geht es im Kapitel 3, das somit die Basis für den Blick in die Zukunft – Kapitel 4 – liefert.

Die strategischen Konsequenzen von Szenarien werden im Kapitel 5 behandelt und Kapitel 6 gibt Anhaltspunkte für die Umsetzung im Unternehmen.

Dieser idealtypische Ablauf – von der Informationsaufnahme bis zur Entscheidung und Umsetzung – ist in Bild 2 dargestellt. Im Kapitel 7 wird der Ablauf an einem Beispiel angewendet.

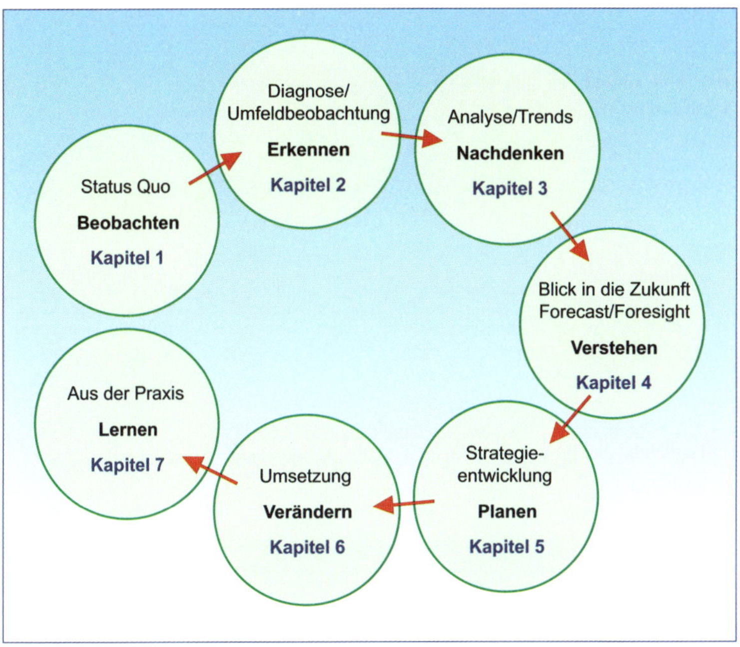

Bild 2 **Die Struktur des Buchs: Der idealtypische Ablauf des Entwickelns und Anwendens von Szenarien**

Zur Orientierung unter dem Blickwinkel des strategischen Managements im Buch dient Bild 3.

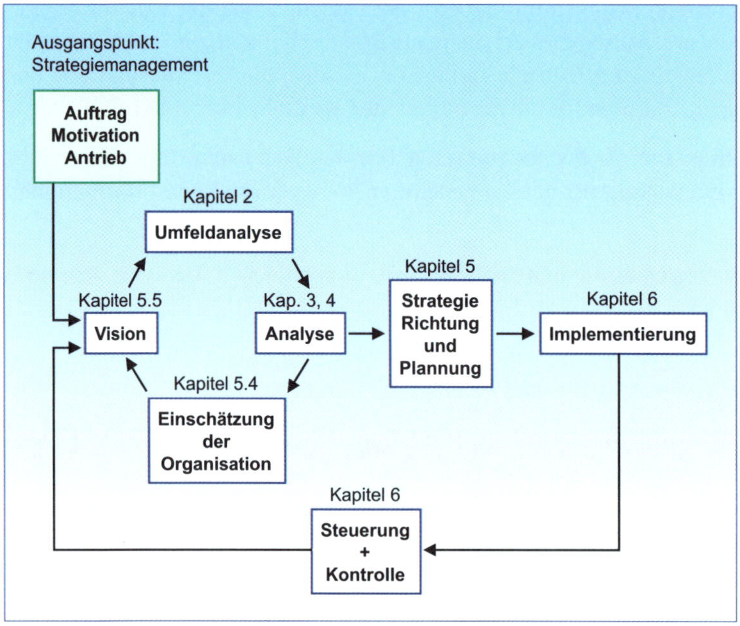

Bild 3 Flowchart: Der reale Ablauf des Entwickelns und Anwendens von Szenarien

Kapitel 1

Abenteuer Zukunft

Von der Vergangenheit über die Gegenwart in die Zukunft

Ein sehr ehrgeiziger Bürgermeister wünscht sich nichts sehnlicher als zu wissen, wie es um seine Stadt in der Zukunft bestellt ist. Es sind mehrere Großprojekte geplant, Wahlen stehen an, der Wohlstand in „seiner" Stadt entwickelt sich nicht so wie erwartet ...

So lässt er jemanden kommen, der behauptet, er könne exakt die Zukunft voraussagen. Es sei aber nicht ganz billig, lässt der „Zukunfts-Meister" wissen. Er behauptet, die Entwicklung der Stadt für die nächsten 25 Jahre recht detailliert beschreiben zu können. Der Bürgermeister ist neugierig und willigt schließlich – trotz der hohen Summe – ein.

So beginnt der „Zukunfts-Meister" zu berichten: „In den folgenden Jahren entwickelt sich die Stadt prächtig. Die Investitionen zahlen sich aus, neue Firmen siedeln sich an, motivierte Leute ziehen in die Stadt. Die Hochschule der Stadt wird erweitert. Und der Bürgermeister wird wiedergewählt."

Dieser strahlt. Genau das wollte er hören. Er ist zufrieden und beglückwünscht sich zu seinem Entschluss, und die anstehenden Entscheidungen würde er genau so wie geplant herbeiführen.

Aber dann führt der „Zukunfts-Meister" seine Beschreibung fort und reißt ihn schnell aus seinen Träumen: „In neun Jahren wird es zu einer weltweiten Krise kommen, ausgelöst durch Spekulationen an der Börse. Auch Ihre Stadt wird sehr darunter leiden. Die Inflation wird rasant steigen und viele Firmen werden die Krise nicht überleben können. Die Arbeitslosigkeit wird dramatisch zunehmen und mit ihr das Elend in der Stadt."

Der Bürgermeister stutzt. So war das nicht gedacht.

„Nach einigen Jahren wird sich die Situation normalisieren, auch die Stadt wird sich sehr langsam erholen und zu alter Blüte wachsen."

Erleichterung beim Bürgermeister, doch ehe er alles recht verarbeiten kann, geht es weiter; inzwischen sind wir im Jahre 13: „Das wird das Jahr sein, in dem sich die politischen Verhältnisse im Land wandeln und abermals sind Sie hilflos den Veränderungen ausgeliefert. Ein Regierungswechsel findet statt. Aus einer Republik wird eine Diktatur, die keine Zweifel daran lässt, ihre politischen Ziele auch mit Gewalt durchzusetzen. Trotz der politischen Zwänge entwickelt sich die Stadt recht gut. Nur der Bürgermeister wird ersetzt werden."

Dieser wirkt nun ratlos, aber es soll noch schlimmer kommen.

„Im Jahre 19 ist das politische Leben zum Erliegen gekommen und durch die Diktatur und die Herrschaft des Militärs ersetzt worden. Die militärische Aufrüstung des Landes steht im Vordergrund. Gegen Ende des Jahres beginnt das Militärregime einen Krieg."

Der Bürgermeister wird fahl ...

„Ganze 6 Jahre dauert der furchtbare Krieg, am Ende – im 25sten Jahr – wird „Ihre" Stadt durch Bombenangriffe zerstört sein."

Ob es wirklich eine gute Wahl war, die Zukunft genau wissen zu wollen? Der Bürgermeister ist sich nicht mehr sicher. Er muss sich erstmal setzen und fängt an zu grübeln. Was soll er tun? Was soll er nun im Rathaus erzählen? Wird man ihm glauben? Hat der „Zukunfts-Meister" Recht?

Er wirft ihn unter Beschimpfungen aus dem Rathaus und beschließt, alles für sich zu behalten.

Die Geschichte könnte sich so zugetragen haben. In dem Fall wäre Dresden die besagte Stadt gewesen und das Gespräch zwischen Bürgermeister und dem Zukunftsmeister hätte 1920 stattgefunden.

In dieser Anekdote, deren Idee auf eine Präsentation von Arie de Geus zurückgeht [Burmeister 2004], werden jedoch eine Menge Fragen aufgeworfen, die uns im weiteren Verlauf des Buches beschäftigen werden. Eine davon lautet: Wie sinnvoll ist es, sich mit der Zukunft zu beschäftigen – wo doch klar ist, dass es Ereignisse geben wird, auf die wir keinen Einfluss haben werden und denen wir einfach ausgeliefert sind. Im ersten Kapitel wird es um diese und andere Fragen gehen, und insbesondere auch darum, einen Ausgangspunkt zu schaffen. Denn Zukunftsforschung ist vor allem der Umgang mit Unklarheiten, Halbwahrheiten, Fakten, Modellen, Meinungen, Perspektiven und jeder Menge Emotionen, und es gilt, sich die Grundlagen und Annahmen zu erarbeiten – das Fundament für die weiteren Kapitel.

1.1 Gedanken über die Zukunft

Stellen Sie sich vor, Sie könnten in die Zukunft blicken. Welche Informationen würden Sie besonders interessieren und was würden Sie mit den Informationen tun?

Motivation für Zukunftsbetrachtungen

Neugierde, Angst und Unsicherheit sind bestimmt starke Beweggründe für den Blick in die Zukunft, aber auch der Wunsch, mit Zukunftsinformationen einen Wissensvorsprung zu erlangen und diesen dann in persönliche oder strategisch-taktische Vorteile umzusetzen. Hinter dem vielfachen Interesse, Wissen über die Zukunft zu erlangen, stehen für jeden Einzelnen unterschiedliche Motivationen. Das Spektrum reicht von Vorsicht im Sinne von Schutz bis zu Überlegungen über Vorteile im Sinne von Macht, Einfluss und Wohlstand. Ein ebenso starkes Motiv ist Anerkennung.

Seit jeher ist es der Wunsch des Menschen, in die Zukunft zu schauen – meistens mit dem Ziel, die Information über die Zukunft bei der Entscheidungsfindung zu berücksichtigen und sich dadurch Vorteile zu verschaffen, welcher Art auch immer sie sein mögen:

- Aus wissenschaftlicher Sicht mag beim Blick in die Zukunft vor allem das „Wie“ interessieren,
- Aus philosophischer Anschauung hingegen mögen das veränderte Bewusstsein und die Veränderung von Sein und Wahrheit im betrachteten Zeitraum das Interesse der Forscher wecken.
- In der Politik mag ein Blick in die Zukunft Auskunft über die Machtverhältnisse geben.
- Persönlich ist alles dem zukünftigen Wohlergehen gewidmet.
- Aus der Perspektive der Umwelt sind der Zustand der Erde und der Umwelt sowie die Zukunft der Ökosysteme interessant.
- Ökonomisch betrachtet steht die gesamtwirtschaftliche Entwicklung im Mittelpunkt – ausgedrückt etwa über Kaufkraft, Konsumverhalten, Wohlstand, Bruttosozialprodukt (BIP), Währungsstabilität und Entwicklungen am Aktien- und Anleihenmarkt usw.
- Betriebswirtschaftlich gesehen geht es um das Wohlergehen eines Unternehmens in der Zukunft – die Behauptung am Markt und die Durchsetzung gegenüber Wettbewerbern.

In diesem Buch soll es hauptsächlich um die Unternehmensperspektive gehen; die Methoden funktionieren aber genauso für gesellschaftliche Themen. Fragen über das Verhalten bei Veränderungen in der Umwelt und die geeigneten Methoden stehen im Mittelpunkt. Was motiviert Unternehmer und Unternehmen, sich Gedanken um die Zukunft zu machen?

Erfolgreiche Unternehmen wollen ihren Erfolg ausbauen und fragen nach Investitionsmöglickeiten mit möglichst geringem Risiko aber möglichst hohem Erfolgspotential. Nicht so erfolgreiche Unternehmen hoffen auf positive Marktentwicklungen und orientieren sich an kurzfristigen Erfolgen.

Da Unternehmen nicht autark existieren und für sie nicht nur mikro- und makroökonomische Gesetze gelten, bekommt bei der Beantwortung dieser Fragen die interdisziplinäre bzw. multidisziplinäre Betrachtung eine neue Rolle. Hier geht es auch um die Erweiterung des generellen Blickfeldes. Denn in allen Bereichen von Umwelt und Gesellschaft treten Veränderungen auf, die bedeutsam für Unternehmen werden können.

Es ist zu beobachten, dass die Akzeptanz der Zukunftsforschung stark mit der wirtschaftlichen Entwicklung korreliert. Deshalb ist auch das Interesse an der Zukunft wechselhaft – angesiedelt zwischen Reduzierung auf strategische Planung und Ausweitung auf Corporate Foresight mit langfristiger Orientierung.

In letzter Zeit hat auch die Zukunftsforschung eine Renaissance erlebt, die wohl auf die gestiegene Unsicherheit in den Unternehmen zurückzuführen ist und unter anderem an gestiegenen Budgets für Strategieberatung und dem Interesse an Foresight abzulesen ist. Der Begriff „Foresight“ umfasst dabei jegliche Bemühungen um langfristige Orientierung. Auf Unternehmensebene spricht man von betrieblicher Vorausschau bzw. „Corporate Foresight“.

Ein Blick zurück

Schon in der Antike und davor haben sich Menschen damit beschäftigt, bestimmte Ereignisse vorherzusagen. Übernatürliche, spirituelle Fähigkeiten und Hexerei wurden Druiden und Medizinmännern nachgesagt. Für die Deutungen wurden Tierkadaver und andere natürliche Erscheinungen analysiert. Ein bekanntes Instrument – damals und heute – ist die Glaskugel. Sehr beliebt für Vorhersagen waren die Sterne; sie sind auch heute noch in Form der Astrologie sehr populär. Obwohl es keine wissenschaftliche Grundlage gibt, basieren viele persönliche, aber auch politisch-gesellschaftliche Entscheidungen auf Aberglaube und Deutungen. Trotz der Zweifelhaftigkeit der Methode liegt der Vorteil dieser „Entscheidungshilfe“ vor allem im Momentum, im Antrieb. Vorhersagen – auch wenn sie möglicherweise falsch sind – sind die Basis dafür, dass überhaupt etwas passiert, und der Zustand des Abwartens und Verharrens wird so überwunden.

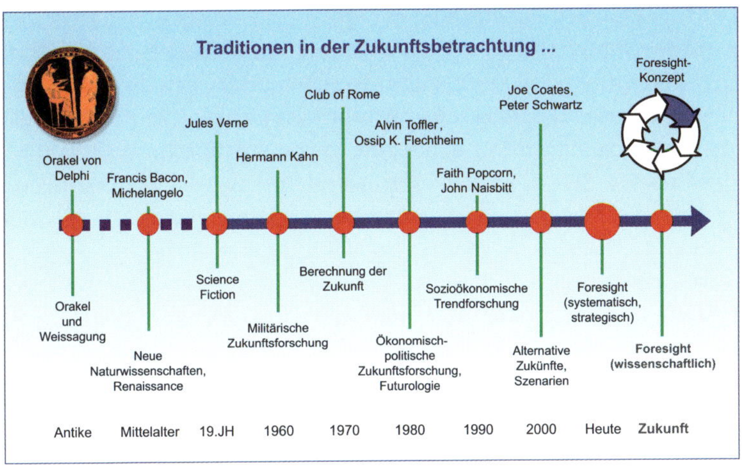

Bild 4 Prognostik und Zukunftsforschung: Ein Rückblick

In der Antike wurde das Handeln nach dem Zufallsprinzip später durch konkrete Indizien und Auswertung von Informationen erweitert. Die Geschichte Delphis lässt sich bis weit vor 2000 vor Christus zurückverfolgen. Auf den alten Kult der Gaia ist es zurückzuführen, dass dort Apollon nicht durch einen Priester, sondern durch die Pythia – eine Priesterin – sprach. Diese saß auf einem Dreifuß über einer Erdspalte. Dem Mythos nach stiegen aus dieser Erdspalte Dämpfe auf, die die Pythia in einen Trancezustand versetzten. Auch wenn überliefert ist, dass das Orakel auf die Frage von Krösus, was er gerade tue, richtig antwortete, nämlich kochen von Lamm und Schildkröte – so muss doch vermutet werden, dass das Orakel mit Spionen arbeitete. Trotzdem: Das Orakel besaß im antiken Griechenland über einen Zeitraum von mehr als eintausend Jahren [Orrell 2007] eine hohe Bedeutung. Hier wurde Politik gemacht – und an manchen der Orakelsprüche zerbrachen Königreiche.

Der Überlieferung zufolge sollen am Eingang des Tempels von Delphi die Inschriften „Erkenne dich selbst“ und „Nichts im Übermaß“ angebracht gewesen sein. Insbesondere die erste, bekanntere Aufforderung deutet die eigentliche Absicht des Kultes, bzw. der verehrten Gottheit an, nämlich die Lösung individueller Probleme und Fragestellungen durch die Auseinandersetzung mit der eigenen inneren Persönlichkeit. Die Erkenntnis der „Innenwelt“ diente damit als Zugang zur Problemlösung in der „Außenwelt“. Dieser Ansatz hat bis heute seine Gültigkeit behalten – wie wir in den nächsten Kapiteln sehen werden.

Die ersten Versuche zum „systematischen“ Umgang mit der Zukunft begannen 1946, als das Stanford Research Institute (SRI) Prognosen entwickelte. 1948 folgten die RAND Corporation und Hermann Kahn als Begründer der Szenariomethode. Diese zur damaligen Zeit auf militärisch-strategische Überlegungen abzielenden Untersuchungen wurden später durch Royal Dutch bzw. Shell in eine formalisierte Methode zur Unterstützung von Unternehmensstrategien überführt.

1968 wurde der „Club of Rome“ gegründet. Diese nichtkommerzielle Organisation beschäftigt sich mit der globalen Entwicklung der Welt und erlangte in den siebziger Jahren vor allem mit der Studie „Grenzen des Wachstums“ Aufmerksamkeit. Das Buch gibt einen Ausblick bis ins Jahr 2100 und mahnt vor allem, dass sich die technische Entwicklung, der Fortschritt und der Ressourcenverbrauch nicht ewig aufrecht erhalten lassen. Befürworter sahen darin vor allem eine Argumentation für nachhaltiges Wachstum; Kritiker warfen dem Club Schwarzmalerei vor. Die damals dominante Vorstellung einer sich linear weiterentwickelnden Gesellschaft ist jedoch fragwürdig und die „Vorhersagen“ haben sich gerade im Hinblick auf die Bevölkerungsentwicklung als falsch erwiesen. Dennoch ist besonders die gesellschaftskritische Note der Prognose zu würdigen. Der Blick zurück und der Vergleich zwischen prognostizierter und tatsächlicher Entwicklung zeigt aber auch, wie wichtig solche Szenarien in der Auseinandersetzung mit der gesellschaftlichen Entwicklung waren.

In den achtziger Jahren, als die gesellschaftliche Entwicklung nicht mehr als linear, sondern bestenfalls als unübersichtlich verstanden wurde, etablierten sich sogenannte Trendforscher.

Die Zukunfts-und Trendforscher

Der Bedarf an „zuverlässigen“ Vorhersagen ist enorm hoch. Wachstumsdruck und extreme Erwartungshaltung vereinfachen die Situation für Unternehmer nicht und wirken sich auf die Risikobereitschaft aus. Zukunfts- und Trendinstitute versprechen da Hilfe.

Mit seinem Buch „Megatrends“ startete John Naisbitt [Naisbitt 1982] eine neue Epoche. Leitsätze wie „Es ist eine ungeheuere Stärke, wenn man nicht Recht haben muss.“ waren die Anfänge einer weniger absoluten, vielmehr alternativen Betrachtung der Zukunft. Stehen bei ihm politisch-gesellschaftliche Entwicklungen im Mittelpunkt, widmet sich Faith Popcorn [Popcorn 1991, 1996] ausschließlich dem Kunden und „generiert" Trends im Marketingumfeld. „Cocooning", „Clicking" und „Evalution" (Eva-lution – die neue Macht des Weiblichen) sind Beispiele ihrer Arbeit. Ob es sich tatsächlich um Trends handelt oder wie bei Cocooning um eine kreative Namensgebung für lange bekannte Weisheiten im Sinne von „my home is my castle", das sei dahingestellt. Auf jeden Fall gilt Faith Popcorn als die bestbezahlte Trendforscherin der USA und sie hat durch ihre Thesen und Voraussagen das Marketing in vielen Unternehmen geprägt.

Ein weiterer Vertreter der Trendforscher ist Gerald Celente. Er gründete 1980 The Trends Research Institute und wurde vor allem durch das Buch „trends 2000" bekannt [Celeste 1997]. Darin wird die Globalnomic® Methode vorgestellt – jedoch nicht nachvollziehbar beschrieben – und behauptet: „Our trends and our forecasts are based upon a synthesis of all the available information. The secret lies in putting together the relevant evidence and coming up with the correct big picture". Aha, denkt sich der geneigte Leser, so einfach ist das. Nicht umsonst sieht sich The Trends Research Institute als „... the world leader in trend forecasting". Umso mehr verwundert es, dass im gleichen Buch – einige Seiten später – davon gesprochen wird, dass China schon im Jahre 2000 zusammenbricht und „billion people and million problems spilling over her borders – with none of her neighbors strong enough to stop her, especially Russia."

Es stellt sich tatsächlich die Frage nach den Methoden und ob Trendforschung in der Lage sein kann, das von Unternehmen geforderte Orientierungswissen für die Zukunft liefern zu können. Die Methoden, die die Institute zur Erlangung und Strukturierung des Wissens anwenden, bleiben weitestgehend im Dunkeln. Auch wenn beispielsweise „Scanning" und „Content-Analyse" oft als Methoden genannt werden – zum Beispiel von Naisbitt und Horx [Horx 1996] – so bleiben durch die vagen Beschreibungen erhebliche Zweifel bestehen. Und so sind es vor allem die Orientierungslosen, die – bei eingeschränkter, unkritischer Hinterfragung der Methoden – den Prognosen Gehör schenken.

Interessant für Unternehmen sind die Aussichten, die in Studien oder in monatlich erscheinenden Trend- oder Zukunftslettern verbreitet werden, trotzdem allemal. Zum einen bekommt man zu einem Thema schnell einen Überblick, erfährt auch Einiges über neue oder neu generierte Phänomene, und zum anderen lernt man auch neue Begriffe für Ereignisse oder Produkte, die es bisher nicht gab. Die Namensgebung – auch „Naming" genannt [Horx 1996] – für bis dahin unbekannte Dinge trägt entscheidend zum Verständnis neuer Phänomene bei. Gewarnt werden muss aber davor, die Zukunft von Unternehmen von Thesen abhängig zu machen, die auf Trendspekulationen basieren. Die Bereitschaft dazu ist leider oft erkennbar, wenn Unternehmen das Nachdenken schon ausgelagert haben oder ihre Fähigkeit zum Beobachten der Umwelt verloren ging – oder wenn die kritischen Geister oder die scharfen Analytiker im Unternehmen es nicht schaffen, mit ihren Botschaften die Entscheider zu erreichen (mehr dazu im Kapitel 5).

Institute stellen ihre Untersuchungsergebnisse, Recherchen und Studien einem großen Kundenkreis zur Verfügung. Aus strategischer Sicht sind die Informationen wenig hilfreich, da die Exklusivität zur Erlangung von Wettbewerbsvorteilen nicht mehr gegeben ist.

Allerdings kann auch festgestellt werden, dass die meisten Zukunftsforscher in dieses Fachgebiet eingetreten sind, weil sie von der Hoffnung, häufig vom festen Glauben ausgehen, dass es möglich sein müsste, die Zukunft vorherzusagen, wenn man nur die richtige Theorie, die richtigen Methoden, Daten und natürlich genügend Geld zur Verfügung hat.

Ebenso unübersichtlich wie die gesellschaftliche Entwicklung an sich zeigen sich die Ansätze der Trendforscher. Sie reichen von Fiktion – Trends werden „einfach so" postuliert, sie lassen sich weder theoretisch fundieren noch empirisch erklären oder nachvollziehen – über ein Gemisch aus Fakten, Schlussfolgerungen, Spekulationen und Fantasie bis zu Reduktion – dem Bemühen, die chaotische und unübersichtliche Welt in klare, einfache und vor allem handhabbare Trends (auch Mega- oder Metatrends) zu abstrahieren. Der Übersichtlichkeit fallen jedoch oft die „schwachen Signale" und Anzeichen für Trendbrüche zum Opfer – bis hin zur Trivialität.

Kritisiert werden an den Arbeiten zu Trends in den achtziger und neunziger Jahren die fehlende Wissenschaftlichkeit und die „Skurrilität der Methoden". Naisbitt spricht von „Content Analysis", Horx und Popcorn reden von „Scanning" und sehen sich gar als Erneuerer: „Trendforschung versteht sich als interdisziplinäre Metawissenschaft. Es kommt ihr weniger darauf an, die Anforderungskriterien der traditionellen Wissenschaftsdefinition zu erfüllen, als etwas ‚Neues' zu generieren, das jenseits der heutigen Denkhorizonte liegt" [Horx 1997]. Rust – einer der schärfsten Kritiker der Trendforscher – bezeichnet das Vorgehen als Magie: „Es ist eine anmaßende Destruktion sämtlicher Kriterien, die sich in der akademischen Welt mit dem Begriff ‚Forschung' verknüpfen: Nachvollziehbarkeit, klare Fragestellungen und eindeutige Formulierungen der Parameter. Nichts bleibt davon. Statt dessen ‚Magie' ..." [Rust 1997]. Er bezeichnet dieses Vorgehen als vor-wissenschaftlich und schließt daraus, dass Intuition, Mutmaßung und Spekulation zu einer gewissen Beliebigkeit führen. Diese wird zum Beispiel von Popcorn dahingehend maximiert, dass sie den Nutzen des von ihr generierten Trends „Clicking" so beschreibt: „Wenn Sie darauf achten, wo es bei den heutigen Trends clickt, dann lernen Sie auch, wie Sie morgen davon profitieren können." Die Frage ist, ob in solcher Weise populärwissenschaftlich generierte Trends – aus der Wirklichkeit destilliert und medienwirksam aufbereitet – geeignet sind, um Unterstützung bei strategischen Fragen im Unternehmensumfeld zu geben. Aus Unternehmenssicht wäre eine stärkere Trennung von Markt-, Trend- und Zukunftsforschung und eine wissenschaftlich fundierte, ins Unternehmen integrierbare Lösung vorteilhaft.

Für Unternehmen entscheidend ist, dass die Fähigkeit für eigene Überlegungen erhalten bleibt. Das Orakel von Delphi verwies schon auf die eigene Stärke. Das ist aktueller denn je, und dieses Buch möchte keine Gebrauchsanweisung sein und auch keine Megatrends vorhersagen. Vielmehr sollen die Möglichkeit zum Erlernen, die Fähigkeit zum Nachdenken, zum Interpretieren von Umweltsignalen, die schnelle Umsetzung und der Umgang mit zu vielen Informationen und Unsicherheit aufgezeigt werden. Die Orientierung an externen Phänomenen führt über kurz oder lang –

ob der gestiegenen Frequenz – zur Orientierungslosigkeit. Die Besinnung auf die eigene Stärke bei gleichzeitiger Vermeidung von externer Blindheit führt zu langfristigem Erfolg. Dem ganzen Bemühen um Orientierungswissen und Entscheidungshilfe liegt eine Frage zugrunde:

Kann man die Zukunft voraussagen?

„Nein“, sagen die Chaosforscher.

„Ja“, entgegnen die Astrophysiker.

„Teilweise“, meinen die Ökonomen.

„Meistens“, erwidern die Meteorologen.

Keine einfache Frage also. Versuchen wir nun, uns vorsichtig einer Beantwortung zu nähern und damit auch das Grundverständnis für die weiteren Kapitel zu legen.

Irgendwie haben alle recht. Der Chaosforscher verweist auf Freiheitsgrade, Komplexität und die unüberschaubaren Abhängigkeiten der Vorgänge, und es klingt irgendwie plausibel. Der Astrophysiker kann auf die Zehntelsekunde genau vorhersagen, wann eine Sonnenfinsternis eintritt, und das schon Hunderte Jahre im Voraus. Ökonomen versuchen sich immer wieder aufs Neue mit Vorhersagen – zum Beispiel des Wachstums des Bruttosozialproduktes – mit mehr oder weniger hoher Erfolgsquote. Meteorologen liegen mit dem Wetterbericht oft – oder wohlwollend betrachtet meistens – richtig, aber es passiert immer wieder, dass Wetterphänomene völlig überraschend auftreten.

Die Beantwortung der Frage mag also aus der Perspektive der Betrachter heraus jeweils richtig sein, für eine allgemeine Antwort erscheinen jedoch alle Antworten unbefriedigend.

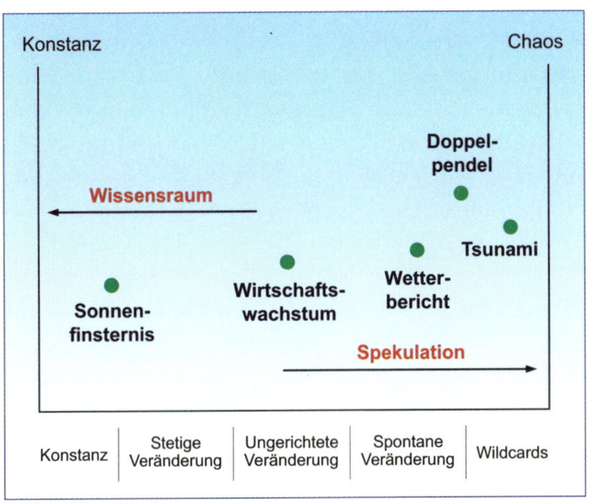

Bild 5 Von Konstanz bis Chaos: Das Kontinuum der Veränderungen

Überträgt man die oben angeführten Beispiele in ein Diagramm, das ein Kontinuum von Veränderung – zwischen Konstanz und Chaos – darstellt, erkennt man die Bandbreite der Veränderungen (Bild 5). Die Beispiele unterscheiden sich im Systemaufbau und in der Betrachtungsweise. Es gibt Phänomene, die sich wenig bis gar nicht ändern – „Konstanz“ – und auf der anderen Seite Ereignisse, die spontan auftreten und in keiner Weise vorher erkennbar sind (z.B. der Ausbruch von Tsunamis), im Bild als „Chaos“ bezeichnet.

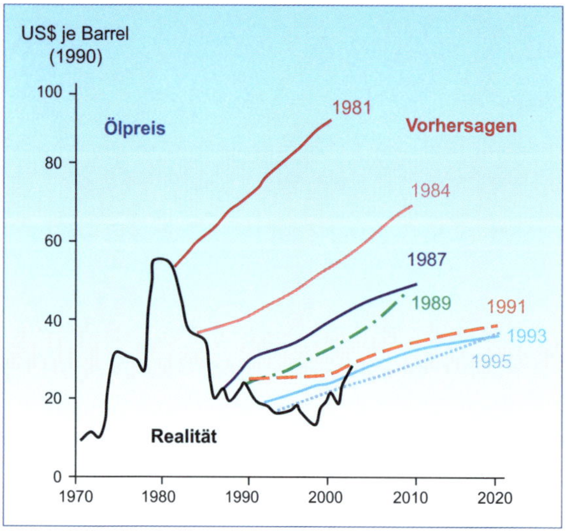

Bild 6 Die Entwicklung des Ölpreises: Vorhersage und Realität

Bild 6 zeigt die Entwicklung des Ölpreises und die entsprechenden Vorhersagen dazu. Es ist leicht zu erkennen, dass Vorhersage und tatsächlicher Preis nie auch nur annähernd übereinstimmten. Das ist erstaunlich, wo doch laut Experten und Ökonomen der Preis im Wesentlichen vom Angebot und von der Nachfrage abhängt. Beide Größen sind bekannt und können kalkuliert und in Planungen einbezogen werden. Nicht vorhersehbar sind aber menschliche Reaktionen – emotional und politisch. Menschliche Reaktionen stellen eine hohe Unsicherheit bei dem Blick in die Zukunft dar. Die Annahme der rationalen Handlungsweise von Menschen – die ja die Grundlage vieler Untersuchungen ist – ist höchst fragwürdig und hat schon vielfach zu Fehleinschätzungen geführt.

Wissenschaftlichkeit von Zukunftsforschung

Dem Begriff „Wissenschaftlichkeit“ haftet etwas Ehrfürchtiges, Absolutes an. Er basiert auf dem Wort Wissen und deutet in diesem Sinne die Aufgabe und Orientierung an, auf akzeptiertem Wissen bzw. Wissensstand aufzubauen. Insofern verwundert es nicht, dass als „wissenschaftlich“ bezeichnete Untersuchungen und Ergebnisse eine Art Qualitätskriterium darstellen und Zweifel zerstreuen.

Da sich Wissen vermehrt und Wissensräume vergrößern, kann jedoch auch der wissenschaftliche Bezugspunkt nicht konstant bleiben. In den Diskussionen der Wissenschaftstheorie, in denen seit den Beiträgen von Popper, Kuhn und Lakatos keine wesentlichen Weiterentwicklungen festzustellen sind und in denen die Vergangenheit als wissenschaftliches Untersuchungsobjekt wesentlich mehr Beachtung findet als die Zukunft, gibt es wenig Platz für eine „Wissenschaft der Zukunft". Möglicherweise, weil die Zukunft des Wissens unklar erscheint: „Die Sache ist einfach die, dass wir die Evolution des Wissens nicht auf wirklich nennenswerte Weise antizipieren können" [Rescher 1985].

Bereits vor Sokrates kamen Xenophanes, Alkmaion und Ekphantos 500 Jahre vor Christus zu der Erkenntnis, dass sicheres Wissen über die reale Welt nicht möglich ist. Das Ziel der frühen „Naturphilosophen" war das Verständnis der realen Welt im Rahmen empirischer Theorien [Mansfeld 1983]. Xenophanes sagte (sinngemäß): „Es gibt kein sicheres Wissen. Selbst, wenn man etwas exakt wüsste, kann man nicht wissen, dass man es weiß. In allen Dingen gibt es nur Annahmen."

Wie konnte nach so früher, selbstkritischer Erkenntnis in der Zwischenzeit ein streng deterministisches Weltbild zum alles beherrschenden Paradigma in den Naturwissenschaften werden? Die Begrenztheit philosophisch-naturwissenschaftlicher Erkenntnisse war natürlich nicht zufriedenstellend für den spekulativen Geist. Wenig später löste Parmenides durch Einführung formaler Begriffe – Variablen – für Dinge der realen Welt diesen Widerspruch.

In der Nachfolge entwickelt sich daraus in der pythagoräischen Schule die formale Mathematik und durch Platon und Aristoteles fortgeführt die formale Logik. Der Anspruch der absoluten Wahrheit und Geltung lässt sich darauf zurückführen, dass die Gegenstände der Theorie gerade so definiert sind, dass die Theorie widerspruchsfrei wird, was aber nur mit abstrakten und nicht realen Gegenständen möglich ist. Diese erkenntnistheoretische Feinheit wurde durch die weitgehende Übereinstimmung von Theorie und Experiment in den Anfängen der Physik verdrängt. Die Übereinstimmung rührte aber daher, dass man sich auf extrem einfache Systeme begrenzte. Komplexe, reale Vorgänge sind nur in Näherung oder überhaupt nicht modellierbar. Die Chaosforschung geht beispielsweise davon aus, dass selbst dynamisch-komplexe Systeme dem Determinismus der klassischen Physik unterliegen, aber eine praktische Vorhersagbarkeit nur für kurze Zeitspannen möglich ist.

Wissenschaftstheoretiker wie etwa Sir Karl Popper sehen vor allem die Physik als Ausgangspunkt zu Überlegungen hinsichtlich der Wissenschaftlichkeit. „Doch mit Galilei und Newton errang die Physik ganz unerwartete Erfolge und übertraf alle anderen Wissenschaften, und seit Pasteur, dem Galilei der Biologie, sind die biologischen Wissenschaften fast ebenso erfolgreich. Die Sozialwissenschaften haben, wie es scheint, ihren Galilei immer noch nicht gefunden. Dieser Sachlage entsprechend sind die Wissenschaftler, die in den einzelnen Sozialwissenschaften arbeiten, stark mit Methodenfragen beschäftigt und orientieren sich bei der Diskussion dieser Probleme oft an den Methoden der erfolgreicheren Wissenschaften, insbesondere der Physik." [Popper 1965]

Die Vorbildfunktion der Physik liegt darin begründet, dass sich physikalische Vorgänge, wie beispielsweise die Schwingung eines Fadenpendels im Schwerefeld der Erde, durch Differentialgleichungen vollständig beschreiben lassen. Mit dem Wissen von den Anfangsbedingungen und der Gesetzmäßigkeit der Veränderung ist es möglich, eindeutige Vorhersagen über das zukünftige Verhalten des physikalischen Systems zu machen – deshalb der schon zuvor erwähnte Begriff des determinierten Systems. Diese Kalkulierbarkeit lässt sich jedoch lediglich auf Laborbedingungen und Idealzustände anwenden – übertragen auf reale Vorgänge bildet sie eine Ausnahme bzw. steht für einen geringen Anteil von ihnen.

Schon im Physikunterricht muss man – wenn einem der Physiklehrer erklärt, dass, abgesehen von der Einwirkung des Luftwiderstands, nach den Gesetzen der Kinematik die Zeit des freien Falls nur von der Höhe und vom Gewicht des Gegenstandes abhängt, in der Realität eine Feder länger unterwegs ist als eine Kugel mit gleichem Gewicht – jedoch die Erfahrung machen, dass es große Unterschiede zwischen Theorie und Praxis gibt.

Ein Beispiel, wo die Prognostizierbarkeit nicht nur praktisch, sondern auch formal schon versagt, sind Bifurkationen. Ähnlich dem Verlauf der Kugel in einem Flipperautomaten, bei dem die Kugel aus einem Kanal auf eine gewölbte Oberfläche fällt, kann die Theorie den Verlauf nicht prognostizieren. Mit steigender Komplexität – die sich durch eine hohe Anzahl der Freiheitsgrade und unabhängiger Variablen bzw. Systemgrößen manifestiert – ist diese exakte Bestimmbarkeit nicht länger aufrecht zu erhalten.

Das Ziel der Wissenschaft lässt sich darin sehen, allgemeingültige Aussagen über die Phänomene der Welt aufzustellen, die es erlauben, Ereignisse zu erklären und durch die Allgemeingültigkeit auch vorherzusagen. „Wie sind solche Verallgemeinerungen zu untermauern? Dass dieses Problem in der Tat gelöst werden muss, ergibt sich aus der Überlegung, daß unsere Welt so komplex und ungeordnet ist, daß es kaum möglich scheint, Regelmäßigkeiten zu erkennen, aus denen wissenschaftliche, auf diese Welt anwendbare Verallgemeinerungen abgeleitet werden können." [Chalmers 1999]

Neben der Allgemeingültigkeit zählen Zeitlosigkeit, Kontextunabhängigkeit, Nachprüfbarkeit und Widerspruchsfreiheit als Kriterien wissenschaftlicher Aussagen [Rescher 1997]. Die im letzten Abschnitt dargestellte Trendforschung lässt sich insofern als vorwissenschaftlich bezeichnen und der Begriff „Forschung" erweist sich in diesem Zusammenhang als irreführend. Zusammengetragene Beobachtungen zu interpretieren – ohne den Versuch des Nachweises der Allgemeingültigkeit – führt nur zur Ansammlung von Hypothesen.

Streng genommen bedeutet „Zukunftsforschung" die Erlangung von Wissen über die Zukunft unter wissenschaftlichen Bedingungen. Eine Schwierigkeit ergibt sich jedoch schon aus der Tatsache, dass das zu untersuchende Objekt „Zukunft" lediglich virtuell, also gedanklich, existiert. Des Weiteren ist durch die mögliche Einflussnahme – Gestaltung der Zukunft – eine Zeitlosigkeit nicht zu gewährleisten. Beispielsweise wurde im Vorfeld der Jahr-2000-Computerumstellung vor einem Chaos mit nicht abzusehenden Folgen gewarnt. Das Chaos ist nicht eingetreten und retrospektiv betrachtet kann die Warnung übertrieben gewesen sein – oder durch die Warnungen wurden verstärkt Maßnahmen ergriffen, um die Katastrophe abzuwenden. Das Beispiel zeigt recht anschaulich die schwierige Situation von Zukunftsaussagen, gerade wenn eine Einflussnahme zu „selbsterfüllenden" Entwicklungen führen kann. Die Zukunftsaussage löst eine Reaktion aus, aber durch die Einflussnahme erscheint die Aussage im Nachhinein als übertrieben bzw. unangemessen.

Das wirft die Frage der Beurteilung jeglicher Zukunftsbetrachtungen auf.

Im engeren Sinne und streng genommen war die Warnung vor dem Computer-Chaos in dem „Jahr-2000"-Beispiel falsch. Aus der Gesamtsituation heraus betrachtet hat aber möglicherweise gerade diese Warnung die Menschheit vor größeren Problemen in der Neujahrsnacht bewahrt. Dieser Aspekt wurde schon 1955 als These zur Problematik der Wirtschaftsprognosen von Friedrich August Lutz formuliert: „An sich richtige Voraussagen werden, wenn sie veröffentlicht und geglaubt werden und wenn danach gehandelt wird, notwendigerweise falsch; und an sich falsche Voraussagen haben die Tendenz, richtig zu werden" [Lutz 1955].

„Wissenschaftlichkeit" allein als Kriterium zur Bewertung von Zukunftsbetrachtungen erscheint demnach nicht als ausreichend. Im nachfolgenden Exkurs werden Prognosen als Instrument der empirischen Forschung in den Wirtschafts- und Sozialwissenschaften vorgestellt.

Vorhersagen und Prognosen

Der Begriff „Prognose" stammt aus dem Griechischen und bedeutet soviel wie „Vorwissen" oder auch „Vorhersage". Das Prinzip von Prognosen beruht darauf, vergangene Ereignisse zu analysieren, daraus Gesetzmäßigkeiten zu gewinnen und darauf aufbauend auf zukünftige Ereignisse zu schließen. Die Beobachtungen der Vergangenheit werden mittels Zeitreihen dargestellt. Um die Erkenntnisse, die aus den Zeitreihen gewonnen werden, auf die Zukunft übertragen zu können, muss man davon ausgehen, dass alle Randbedingungen der Vergangenheit, die zu den Werten geführt haben, auch in der Zukunft Gültigkeit besitzen. Diese Prämisse wird Zeitstabilitätshypothese genannt. „Streng genommen ist sie in der ökonomischen Realität nie vollständig erfüllt, was eigentlich jede Prognose verbietet" [Hansmann 1983]. Diese Aussage findet sich im „Lehrbuch für Prognoseverfahren". Das Problem wird schließlich so gelöst, dass man aufgrund fehlender Alternativen davon ausgeht, dass die Zeitstabilitätshypothese „im Wesentlichen" erfüllt sei. Auch wenn die Methoden und Modelle immer komplexer werden und scheinbar bessere Ergebnisse liefern: Alle Prognoseverfahren kranken an diesem Grundproblem.

Im Bild 7 ist eine Prognose aus dem Jahre 1950 für die Entwicklung der Bevölkerung in Deutschland von 1950 bis 1980 zu sehen. 1980 beträgt die Abweichung rund 20%, was für eine Größe, die sich relativ langsam verändert, sehr ungenau ist.

Ein noch deutlicheres Beispiel ist in Bild 8 zu sehen. Die OECD erstellt jährlich Wachstumsprognosen für die OECD-Staaten. Wie man erkennen kann, sind die Ergebnisse praktisch nicht verwertbar, da schon geringste Differenzen im geschätzten Wachstum die wirtschaftliche Gesamtsituation eines Landes verändern. Retrospektiv lässt sich das bewerten, bedenkt man jedoch, dass diese Prognosen die Basis für viele politische und wirtschaftliche Entscheidungen sind, mag man sich wundern. Obwohl

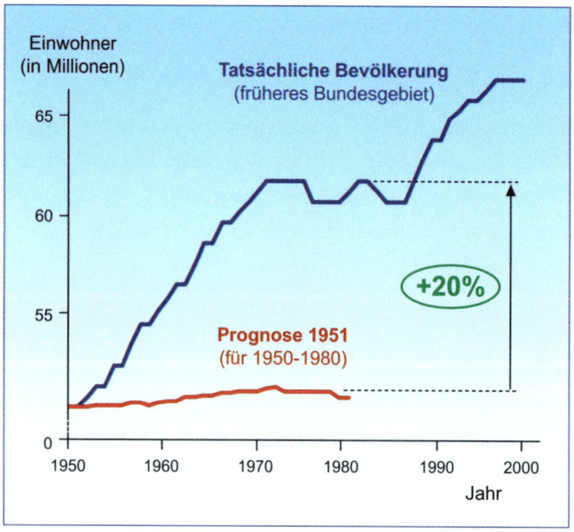

Bild 7 Prognose und Entwicklung der Bevölkerung in Deutschland: Für Planungen untauglich [Bretz 2001]

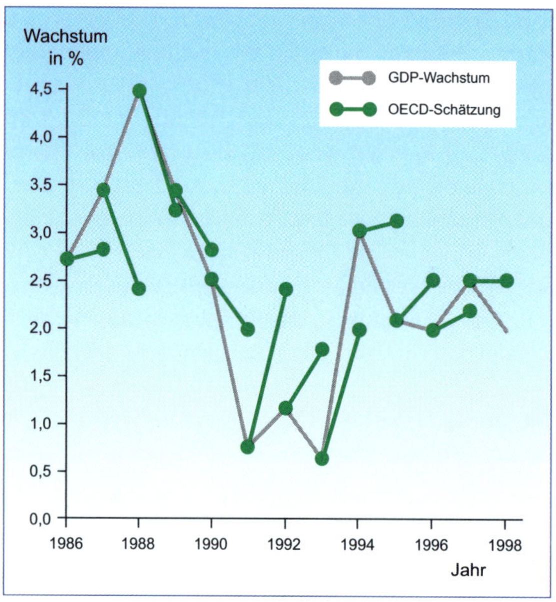

Bild 8 Ein-Jahres-Prognose und tatsächliches Wachstum des Bruttosozialproduktes (Gross Domestic Product) der G7-Staaten von 1986 bis 1994: Wissenschaftlich sicher korrekt durchgeführt, aber mit falschen Ergebnissen [Orrell 2007]

Beschleunigung, Komplexität, Unsicherheit und Dynamik in vielen Bereichen der Wirtschaft und Gesellschaft zunehmen, basieren Prognosen auf Theorien, die von nichtveränderlichen Rahmenbedingungen ausgehen.

Wissenschaftlich gesehen ist die Untersuchung hervorragend. Aus Anwendersicht ist sie nicht zu verwerten. Man kann schlussfolgern, dass die empirische Forschung zwar als Wissenschaftsdisziplin anerkannt ist, die Verlässlichkeit der Aussagen jedoch ebenso wenig zuverlässig ist wie die derTrendforschung. Die Wissenschaft sollte sich also mit dem Grundprinzip der Prognose beschäftigen, statt die Modelle und Verfahren zu verbessern.

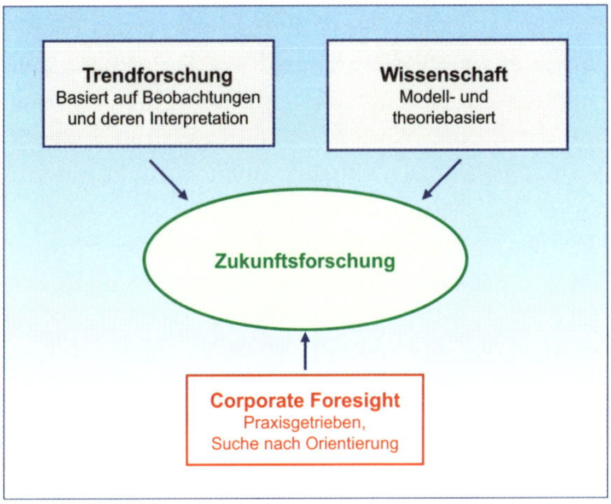

Bild 9 **Einordnung der Zukunftsforschung: Weder die Trendforschung noch die Wissenschaft sind bisher geeignet, die Unsicherheit im betrieblichen Umfeld abzubauen**

Insgesamt stellt sich die Situation wie im Bild 9 skizziert dar. Die auf Anwendung ausgelegte betriebliche Vorausschau (Corporate Foresight) unterstützt bei der Entscheidungsfindung. Der Bedarf nach besseren Orientierungshilfen ist da. Eine Unterstützung sowohl von den Trendforschern als auch von den Wissenschaftlern ist willkommen. Wie im Abschnitt zuvor schon angemerkt, fehlt für eine Zukunftsforschung die theoretische Basis – eine Erweiterung des wissenschaftlichen Bezugsrahmens wäre Voraussetzung für eine höhere Akzeptanz.

Über Wahrscheinlichkeiten

Sowohl in der Praxis als auch in der Literatur findet man häufig Versuche, zukünftige Ereignisse mit Wahrscheinlichkeiten zu belegen. Das Marktforschungsinstitut Gartner gibt beispielsweise für bestimmte Ereignisse in der Zukunft Eintrittswahrscheinlichkeiten an. Auch im Wetterbericht wird häufig die Regenwahrscheinlichkeit für zum Beispiel den nächsten Tag angegeben. Aber: Die Niederschlagswahrscheinlichkeit – in Prozent – sagt lediglich aus, dass es in der Vergangenheit unter ähnlichen

Wetterkonstellationen – Luftdruck, Temperatur usw. – zu Niederschlag in entsprechender Häufigkeit kam. Dieser Wert wird als Wahrscheinlichkeit für Regen angegeben. Die Annahme ist, dass die Anzahl der Parameter konstant bleibt und nur dann macht eine Aussage zur Wahrscheinlichkeit Sinn. Wenig Sinn macht die Wahrscheinlichkeitsaussage hingegen bei Marktbetrachtungen – so wie von Gartner praktiziert. Derartigen Aussagen liegt die Annahme zugrunde, dass der Markt abgrenzbar ist und alle Einflussfaktoren entweder konstant bleiben oder kalkulierbar sind. Man geht also bewusst davon aus, dass in dem betrachteten Zeitraum keine Substitutionsprodukte den Markt beeinflussen und auch keine sozialen oder wirtschaftlichen Veränderungen zu Verschiebungen führen – es quasi keine Weiterentwicklung gibt. Die Annahme ist jedoch falsch. Dies ist ein gutes Beispiel dafür, wie Sicherheit suggeriert wird.

Bild 10 zeigt eine Übersicht zur Entwicklung von Wissen. Zum einen ist das Wissen selber aufgetragen, vom Wissen bis zum Nichtwissen. Die andere Koordinate stellt gewissermaßen das Bewusstsein über das Wissen dar. Es beginnt mit dem „Wissen, dass man etwas weiß" bis hin zum unbewussten Wissen. Im Zentrum steht das kodifizierte Wissen zum Beispiel eines Unternehmens – abgelegt in Büchern, Präsentationen oder digital als Dateien. Daran schließt sich ein Bereich des Halbwissens und des verborgenen Wissens an – ungeschriebene Gesetze, nichtdokumentiertes Prozesswissen, aber auch persönliche Kontakte. Alles außerhalb dieses Bereiches ist Unwissen – betrieblich bzw. weltlich. Die blau gestrichelte Linie soll das Wissen der Menschheit markieren, welches täglich anwächst. Dennoch ist die Unwissenheit unendlich. Der Wissenschaftstheoretiker Karl Popper [Popper 1969] formuliert das so: „Wir können prinzipiell nicht wissen, was wir künftig wissen werden, denn sonst

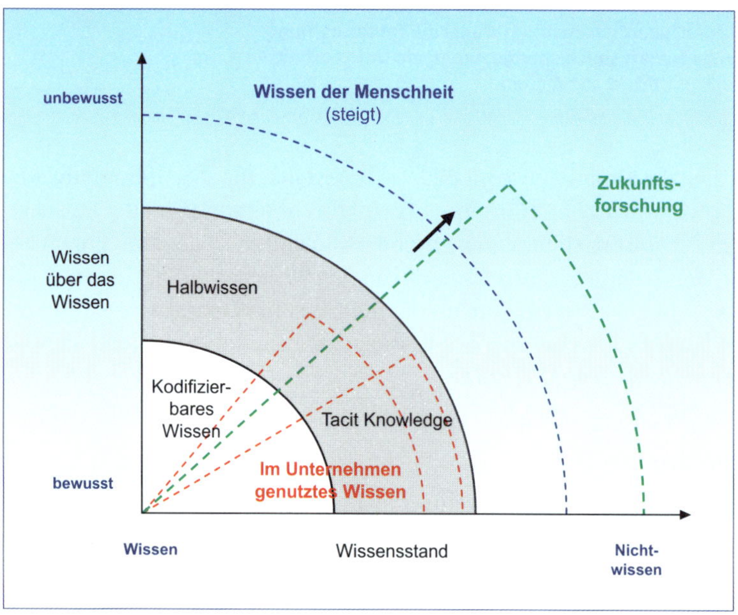

Bild 10 Abenteuer Wissen: Ein unendlicher Raum

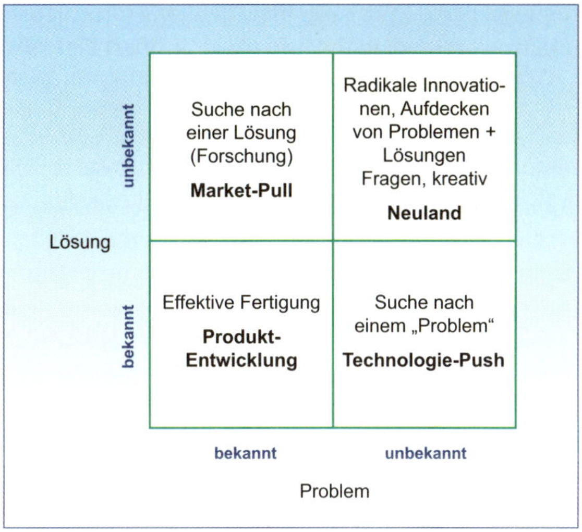

Bild 11 Die Problem-Lösungs-Matrix: Auf der Suche nach Problemen und Lösungen

wüssten wir es schon.“ Man kann demnach davon ausgehen, dass es in der Zukunft Neuigkeiten geben wird, die momentan als Unwissen bzw. Ungewissheit in unbekannter Größenordnung erfasst werden. Eine Angabe von Wahrscheinlichkeiten für Werte unbekannter Größe ist wenig sinnvoll. Und die Angabe von Eintrittswahrscheinlichkeiten für zukünftige Entwicklungen ist unter der Annahme von nicht geschlossenen Systemen nicht sinnvoll. Ausgenommen sind beispielsweise Trivialitäten etwa derart, wie sie Keynes formulierte: „In the long run, we are all dead“ [Keynes 1936].

Auf Probleme und den Problemlösungsraum von Bild 1 übertragen, ergibt sich dann eine Darstellung wie in Bild 11.

Bekannte Probleme und bekannte Lösungen werden durch aktuelle Märkte und die Standard-Produktentwicklung abgedeckt. Gibt es für bekannte Probleme noch keine Lösungen, ist die Suche marktinduziert (Market-Pull). Andererseits werden gerade auf forschungsintensiven Gebieten neue Technologien entwickelt, für die es vordergründig keine Probleme gibt. Zur Nutzbarmachung der Technologie gilt es, Anwendungen zu suchen, es gibt einen Technology-Push. Die Aufmerksamkeit speziell in der Zukunftsforschung richtet sich auf den Quadranten „Neuland“. Weder Probleme noch Lösungen sind bekannt. Man begibt sich tatsächlich ins Neuland – zweifelsfrei gilt diese Situation für die meisten vorstellbaren und nicht vorstellbaren Situationen in der Zukunft.

„In einer Welt des ständigen Wandels“, so schrieb Watts Wacker in „The Deviants Advantage“, „stellen gute Fragen die eigentliche Knappheit dar“ [Wacker 2002]. Keine Problemlösungsstrategie oder Marketingstrategie kann hier weiterhelfen. Nur fragen, forschen, probieren, Hypothesen bilden und Beweise suchen kann helfen, sich dem Unbekannten zu nähern.

„Anyone who is technically proficient can solve a problem that is already formulated, but it takes true originality to formulate a problem in the first place." (Albert Einstein, zitiert nach [Sternberg 1999])

Der Versuch, zukünftige Ereignisse mit Wahrscheinlichkeiten belegen zu wollen, erweist sich also als unsinnig. Versuchen Sie sich beispielsweise vorzustellen, wie hoch die Wahrscheinlichkeit eines Terroranschlages in naher Zukunft ist (was häufig in der Politik diskutiert wird). Vergleichen Sie diesen Wert mit der empfundenen Wahrscheinlichkeit VOR dem 11. September 2001. Vermutlich ist Ihre heute empfundene Eintrittswahrscheinlichkeit für einen Terroranschlag weit höher als sie vor dem einprägsamen Anschlag in New York war. Objektiv betrachtet ist sie heute wie damals unbekannt, nur heute ist uns bewusster, dass es Terror tatsächlich gibt. Bezieht man die gestiegenen vorbeugenden Anstrengungen in die Überlegungen ein, erkennt man, dass die Möglichkeiten und Freiräume zur Durchführung von Terroranschlägen heute niedriger sind als damals. Als Risiko ausgedrückt ist es heute geringer als damals.

Mathematiker witzeln darüber: Wenn Sie einen Bombenanschlag auf ein Flugzeug befürchten, nehmen Sie eine Bombe mit an Bord. Die Wahrscheinlichkeit, dass zwei Bomben an Bord sind, geht gegen Null.

Entscheidungen bei Risiko und Unsicherheit

Aufbauend auf den Überlegungen, dass Wahrscheinlichkeiten ungeeignet sind, wenn man Entscheidungen für die Zukunft treffen will, stellt sich die Frage, ob Risiko und Risikoberechnungen geeigneter sind, wenn man mit Unsicherheit umgehen will. Risikomanagement ist in vielen Unternehmen eine feste Institution mit der Aufgabe, unklare Entwicklungen zu bewerten und ggf. Gegenmaßnahmen vorzuschlagen.

Der Ökonom Frank Knight hat schon 1921 in seinem Buch „Risk, Uncertainty and Profit" [Knight 1921] den Unterschied zwischen Risiko und Unsicherheit klargestellt. Risiko ist demnach Zufälligkeit mit bekannten Wahrscheinlichkeiten – zum Beispiel kann der Wurf einer Münze nur Ähre oder Zahl ergeben – Unsicherheit hingegen ist die Zufälligkeit mit unbekannten Wahrscheinlichkeiten – wie beim Bürgermeister in der Anekdote zu Beginn des Kapitels. [Cleary 2006]

Auf die Unternehmerpraxis übertragen bedeutet das: Investmentbanker sehen sich dem Risiko ausgesetzt (Gewinn oder Verlust), Unternehmer jedoch stehen einer Vielzahl möglicher Entwicklungen gegenüber (Unsicherheiten). Der Grad und das Ausmaß der Unsicherheiten nimmt zu und Unternehmen stehen dem Phänomen hilflos gegenüber – die vielen Versuche, Unsicherheiten mit Instrumenten des Risikomanagements zu „lösen", sind ein Indiz für diese Hilflosigkeit – und sind dabei zum Scheitern verurteilt. Für den Umgang mit Unsicherheit in der Zukunft werden neue Konzepte benötigt – die entweder Unsicherheit minimieren helfen oder eben die Unsicherheit akzeptieren und damit umgehen können.

In dem Zusammenhang argumentiert Rosenzweig, dass die Suche nach Sicherheit eine Illusion ist, „... because it leads us to overlook the essential unpredictable nature of business“ [Rosenzweig 2007].

Dieses Buch ist ausschließlich dem Umgang mit Unsicherheit gewidmet. Die Kapitel 2, 3 und 4 widmen sich der Analyse und in den Kapiteln 5 und 6 geht es um die Synthese; um die konkreten Aktionen, die sich aus neuen Erkenntnissen ergeben.

Trotz etlicher ernstzunehmender Bedenken hat sich die von Carl Friedrich Gauß im neunzehnten Jahrhundert entwickelte (Gaußsche) Glockenkurve (auch Gaußkurve oder Gaußsche Normalverteilung genannt) für die Berechnung von Wahrscheinlichkeiten in wirtschaftlichen, statistischen und sozialen Belangen durchgesetzt und viele weitere Berechnungen, Koeffizienten und Terme basieren darauf. Das Gaußsche Modell geht davon aus, dass der Durchschnitt die Regel ist, also eine Normalverteilung vorliegt. Ausnahmen werden dem untergeordnet. Ein Beispiel – paradoxerweise aus der Finanzwelt – zeigt, dass diese Ausnahmen – die 10 Handelstage mit den stärksten Bewegungen innerhalb der letzten 20 Jahre – fast 50 Prozent des Wertes vom S&P500-Index ausmachen. Die Annahme einer Normalverteilung von statistischen Schwankungen von Aktienkursen ist demzufolge eine katastrophale Fehlannahme (Bild 12).

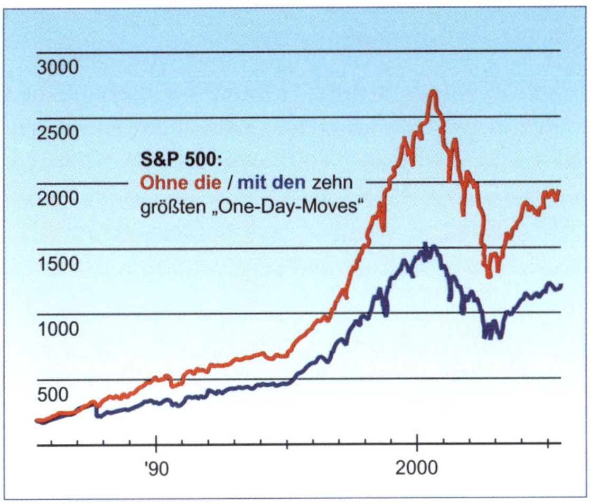

Bild 12 Falsche Statistikwelt: Die Ausnahmen machen den Effekt [Fortune 2005]

Gerade im Hinblick auf die steigende Komplexität und Dynamik wirtschaftlicher Vorgänge stellt sich die Frage, ob bei Risikobetrachtungen die Randbedingungen stimmen und ob Aussagen zum Risiko nicht Entscheidungen nachteilig beeinflussen (bzw. Risiko nur als relative Komponente verwenden).

Risikomanagement ist als Instrument im Umgang mit Unsicherheit nur teilweise geeignet, da es den – unter Umständen hochrelevanten – Anteil unvorhergesehener

Ereignisse nicht abdeckt und sich Risiko in diesem Zusammenhang lediglich auf Bekanntes und Kalkulierbares bezieht.

Das Phänomen Zeit

Unter den grundlegenden philosophischen Kategorien ist die der Zeit für die Zukunftsforschung das zentrale Element: Jegliches Nachdenken über die Zukunft, jegliches Vorhersagen und Planen setzt schon vom Begrifflichen her Zukunft als Aspekt der Zeit voraus und impliziert zumeist Modelle vom Verlauf der Zeit, die sich in Wendungen wie „Offenheit der Zukunft" oder in Begriffen wie „Foresight", „Trend" oder „Zukunftsgestaltung" ausdrücken.

„Was ist also Zeit?" fragte schon der Philosoph Augustinus und erklärt, er wüsste es, außer, er würde danach gefragt [Baeriswyl 2000]. Das menschliche Zeitempfinden ist immer an Veränderung geknüpft – das Bewusstsein von Veränderung ist die Bedingung für die Wahrnehmung von Zeit. Der Philosoph John Ellis McTaggart behauptete, dass „ein Universum, in dem sich absolut nichts veränderte (einschließlich der Gedanken der in ihm existierenden bewussten Wesen), ein zeitloses Universum" wäre [Zimmerli 1993]. Neben dieser organischen Weltsicht, die sich auf das tägliche Erleben der Zeit (Langeweile und Stress, Älterwerden usw.) stützt, entwickelte sich seit dem Mittelalter die naturwissenschaftliche Perspektive auf die Zeit, die sich hauptsächlich mit der genauen Messung befasst und dadurch kalt, steril und unbarmherzig in ihrem Takt zum Maß der Dinge wird.

Kennzeichnend für die Epoche, in der Zukunftsforschung zu einer gesellschaftlichen und unternehmerischen Notwendigkeit wird, ist zudem der Versuch des Menschen, sich aus der zyklischen Zeit der Natur zu entkoppeln. Folge der Industrialisierung, Metrisierung, Operationalisierung und Rationalisierung ist, dass sich der Mensch nicht mehr an natürlichen Kreisläufen orientiert, sondern dass Zivilisation und technischer Fortschritt den Takt vorgeben. Tempo, Zeitnot und Beschleunigung sind das Ergebnis.

Im Alltag erscheint es uns selbstverständlich und unumstößlich, dass die Zeit im Universum nur in eine Richtung verläuft und sich so Vergangenheit, Gegenwart und Zukunft auf einem endlosen Zeitstrahl darstellen lassen. Anders als die Dinge im Raum ist die Zeit nicht sinnlich wahrnehmbar. Sie bleibt eigentümlich unbegreifbar. Das Vergangene ist nicht mehr, das Zukünftige ist noch nicht. Die Gegenwart indes erscheint nur als kleiner, nicht mehr messbarer Augenblick, der die Vergangenheit mit der Zukunft verbindet.

Wir leben im Heute, unsere Erfahrung basiert auf der Vergangenheit, aber zu fällende Entscheidungen betreffen ausschließlich die Zukunft. Der Zeitverlauf ist irreversibel, verleitet jedoch dazu, Erlebtes in die Zukunft zu projizieren bzw. Kenntnisse der Gegenwart unreflektiert zu extrapolieren. Mark Twain hat unter diesen Randbedingungen 1883 die zukünftige Ausdehnung des Mississippi prognostiziert: „In the space of 176 years the Lower Mississippi has shortened itself 242 miles... therefore any calm person who is not blind or idiotic can see ... in 742 years from now the Mississippi will only be a mile and three-quarters long ..." [Twain 1984].

Während die Zukunft also bis zu einem bestimmten Grad unbestimmt ist, wurden in der Vergangenheit Fakten geschaffen. Handlungen sind jedoch ausschließlich der Gegenwart vorbehalten. „Würde indes das Leben nur an vergangenen Erfahrungen ausgerichtet, wäre jede Erneuerung unmöglich. Würde man umgekehrt über keine Erinnerung verfügen, wäre jede Situation neu.“ [Brockhaus 2000]

Streng genommen vollzieht sich jede Handlung unter einmaligen Bedingungen, die sich niemals mehr exakt wiederholen werden. Für jede Situation ist das bisher Gelernte, die Erfahrung, demnach nur bedingt nützlich. Die Handlungsfähigkeit in der Gegenwart ist dadurch gekennzeichnet, Neues von Gewesenem zu unterscheiden und für das Neue an der Situation auch neuartige Handlungsoptionen zu entwickeln.

Übertragen auf einen bestimmten Moment in der Zukunft bedeutet das, dass jegliche Handlungsfähigkeit vom Verhältnis des Neuen zum Bekannten abhängt. Die Unvorhersehbarkeit ergibt sich nun aus der Tatsache, dass wir heute – in der Gegenwart – nicht wissen können, was wir zu jenem Moment in der Zukunft wissen werden – was also an Neuem zum Bekanntem dazugekommen sein wird. Damit ist das Grundproblem jeglicher Zukunftsuntersuchung formuliert.

Die beste Vorbereitung auf die Zukunft besteht folglich zum einen aus der Anhäufung von Wissen – Stichwort: „Lernen auf Vorrat“. Zum anderen ist es erforderlich, die Intelligenz und Reaktionsfähigkeit zu erhöhen, um auf das Neue – Unbekannte – entsprechend reagieren zu können.

Konzeptionelle Grundlagen

Wir denken und argumentieren stets in sehr vereinfachten Modellvorstellungen. Dieses „Weltbild“ ist individuell verschieden und beruht in hohem Maß auf Vorerfahrung, kulturellen Hintergründen und sozialen und persönlichen Werten. Die reale Welt ist zu kompliziert, als dass man sich bei bewussten Reflektionen und Argumentationen auf sie beziehen könnte – anderenfalls kommt man in das bekannte philosophische Dilemma, dass alles von allem abhängt.

Für die weiteren Überlegungen sei nun angenommen, dass nur sehr einfache Vorgänge, die klar abgrenzbar sind und wenigen oder keinen Abhängigkeiten unterliegen, vorhergesagt werden können. Demzufolge kann man weiterhin davon ausgehen, dass hochkomplexe Probleme und Fragestellungen nicht mit einfachen Ansätzen zu lösen sind und die Prognostizierbarkeit nur für extrem einfache Systeme – zum Beispiel der klassischen Physik – gegeben ist. Gerade bei der Entwicklung von Unternehmensstrategien wird die Komplexität von Situationen häufig unterschätzt – mehr dazu im Kapitel 5.

Für die weiteren Ausführungen gelten folgende Annahmen:

1. Zeit ist die entscheidende, interessante Komponente der Zukunftsforschung. Zukünftige Ereignisse sind immer mit Unsicherheit behaftet.
2. Mit zunehmender Dynamik und Komplexität steigt die Unsicherheit und Kontrollmöglichkeiten nehmen ab.

3. Zukünftige Ereignisse mit Wahrscheinlichkeiten über deren Eintritt zu belegen, ist zwar unter Zukunftsforschern beliebt, aber dennoch fehlerhaft im Ansatz.
4. Angaben über Risiko sind nur für abgeschlossene Systeme sinnvoll.
5. Wissen spielt eine große Rolle für Zukunftsüberlegungen. Es ist die Grundlage der Gedankenmodelle und damit die Basis für die Vorstellungskraft.
6. Veränderungen sind temporäre, endliche Prozesse.
7. Persönliche Eindrücke und Ansichten prägen die Sicht der Dinge.
8. Glück, Pech und schlicht Zufall können Entwicklungen entscheidend beeinflussen. Aus der Foresight-Perspektive heraus ergeben sich für die systematische, methodische Vorgehensweise kaum Ansatzpunkte.
9. Von der Vergangenheit auf die Zukunft schließen zu wollen ist bestenfalls mutig, schlimmstenfalls gefährlich, und meistens zu oberflächlich.
10. Die Grundstrukturen des Wandels sind erkennbar und mit der Unterscheidung in „notwendig", „möglich" und „gewollt" wird die Zukunft gestaltbar.

1.2 Veränderungen in der Umwelt

Wir alle spüren die Veränderung, es wird viel darüber geschrieben und berichtet. Aber ***was*** ist es eigentlich, das sich in der Umwelt ändert? Als Umwelt sei hier alles bezeichnet, was außerhalb eines Unternehmens abläuft.

Die Vorstellung von einem Universum, das ständigen Veränderungen unterliegt und dabei bestimmten Gesetzmäßigkeiten folgt, geht zurück bis auf Heraklit von Ephesos (ebenfalls ein Vorsokratiker). Seine Werke stellen eine elementare Basis für die westliche Weltsicht dar – selbst Hegel sieht in Heraklits Lehren von den Gegensätzen die Grundlage seiner dialektischen Philosophie. Platon fasst später Heraklits Weltsicht zu den berühmten Worten „Panta rhei – alles fließt" – zusammen. Alle Dinge befinden sich in einem fortwährenden Fluss, die einzige Gewissheit ist der endlose Wandel. Permanenz sei eine Illusion. Platon verwendet das Beispiel eines Menschen, der nicht zweimal in den gleichen Fluss steigen könne. Sowohl der Fluss als auch der Mensch haben sich zwischenzeitlich geändert. Auch wenn es auf den ersten Blick trivial klingen mag, so ist es doch das Verdienst von Platon, uns daran zu erinnern, dass wir allzu leicht der Illusion der Beständigkeit unterliegen und die Veränderungen übersehen. So wie der Frosch, der – in einem Wasserbehälter sitzend – stirbt, wenn die Temperatur langsam bis zum Kochen erhöht wird. Bei einer schlagartigen Temperaturänderung hingegen würde er aus dem Behälter springen. In unserer Welt, mit Reizen und Informationen überflutet, haben wir uns – wie der Frosch – daran gewöhnt, uns auf das vermeintlich „Wesentliche" zu konzentrieren und übersehen dabei sehr leicht graduelle Veränderungen (mehr dazu in Kapitel 2).

Klar wird indes, dass Veränderungen sehr unterschiedlicher Natur sein können. Eine Klassifizierung der Veränderungen erscheint sinnvoll, da die Aussage, dass sich alles ändert und nichts permanent ist, für die Unternehmenspraxis wenig hilfreich ist – denkbar wäre etwa eine Unterscheidung in strukturelle und graduelle Veränderungen.

Tabelle 1 Eine Möglichkeit zur Klassifizierung von Veränderungen

Umfeldbereich	Veränderungen	
	strukturell	graduell
Natur	Hurrikan	Erderwärmung
Gesellschaft	Wissensgesellschaft	Geburtenrückgang
Technologie	Internet als Medium	Miniaturisierung
Wirtschaft	Globalisierung	Währungskurse
Politik	Demokratisierung	Verschuldung der Haushalte
Mensch	Pubertät	Weiterbildung
Werte	Zeitbewusstsein	Individualisierung

Außerdem kann man die Umwelt in Bereiche einteilen, die jeweils spezifischen Veränderungen unterliegen. Wie in Tabelle 1 zu sehen, lässt sich das System Umwelt in Bereiche untergliedern, die zwar miteinander vernetzt sind, sich aber dennoch unabhängig voneinander verändern. Auffällig ist in dem Zusammenhang, dass jeder Bereich anderen Regeln folgt und nach anderen „Systemzeiten" tickt. Die Natur ändert sich prinzipiell eher langsam. Der Einfluss des Menschen „zwingt" der Natur jedoch eine schnellere Wandlung auf – zum Beispiel die Erderwärmung oder das Abschmelzen der Gletscher. Dagegen sind vor allem in den Bereichen, in denen der Einfluss des Menschen sehr hoch ist, sehr sprunghafte Änderungen möglich.

Der Mensch treibt Veränderung voran

Die Hauptursache für Veränderungen ist der Mensch selbst und daher sind Veränderungen zum größten Teil unberechenbar. Politische Einflüsse und militärische Aktionen können – zum Teil sehr überraschend – für Veränderungen sorgen (z.B. der Fall der Mauer im Jahre 1989). Aber auch das Konsumverhalten ist Änderungen unterworfen. Diagnostizierbare ökonomische Veränderungen – ebenfalls „menschgetrieben" – sind eher träge, wohingegen am Finanzmarkt regelrechte Sprünge tiefgreifende, weitreichende Veränderungen hervorrufen können – ein Beispiel dafür ist der Zusammenbruch der New Economy im Jahre 2000. Diese Änderungen sind auf das einerseits entschiedene, andererseits panikartige Verhalten der Marktteilnehmer zurückzuführen. Das Verhältnis der Rationalität zur Emotionalität bei der Entscheidungsfindung bestimmt den Grad der durch den Menschen getriebenen Veränderung.

Gerade durch seine Verhaltensspielräume ist der Mensch bei Zukunftsüberlegungen immer die große Unbekannte. Die fälschlicherweise angenommene Rationalität (z.B. in wissenschaftlichen Ökonomiemodellen, die von einem Markt ausgehen, der durch Angebot und Nachfrage bestimmt wird, und dabei eine solche vollständige Rationalität annehmen) führt oft zu Fehleinschätzungen. Es ist davon auszugehen, dass die Unberechenbarkeit menschlicher Entscheidungen noch zunehmen wird, da durch elektronische Vernetzung Informationen und vor allem auch Geld digital in Sekundenbruchteilen transferiert werden können – weltweit. Die ursprünglich träge Komponente Mensch wird unkalkulierbar – sowohl in der Masse als auch als Einzelner.

Bild 13 zeigt Einflüsse, die sowohl die Komplexität als auch die Dynamik ansteigen lassen. Und obwohl vieles so bleiben wird, wie es ist, werden durch steigende Abhängigkeiten auch die Anfälligkeiten steigen.

Die zukünftige Welt wird so ähnlich sein wie die heutige. Vieles bleibt so, Einiges ändert sich marginal, aber auch radikale Änderungen wird es geben. Das ist relativ gewiss. Nur, was wird sich ändern und was nicht? Wir kennen die Zukunft nicht, aber wir müssen sie gestalten. Vorausschauendes Nachdenken ist eine der Voraussetzungen für vorbeugendes Handeln. Durch „Denken auf Vorrat" wird aus dem zerstörerischen „Lernen nach dem Crash" ein „Lernen vor dem Crash".

Eine Reihe von Ansätzen zur Erklärung von Veränderungsprozessen sind bekannt. Entsprechend ihrer Form unterscheidet man lineare, exponentielle, spiralförmige

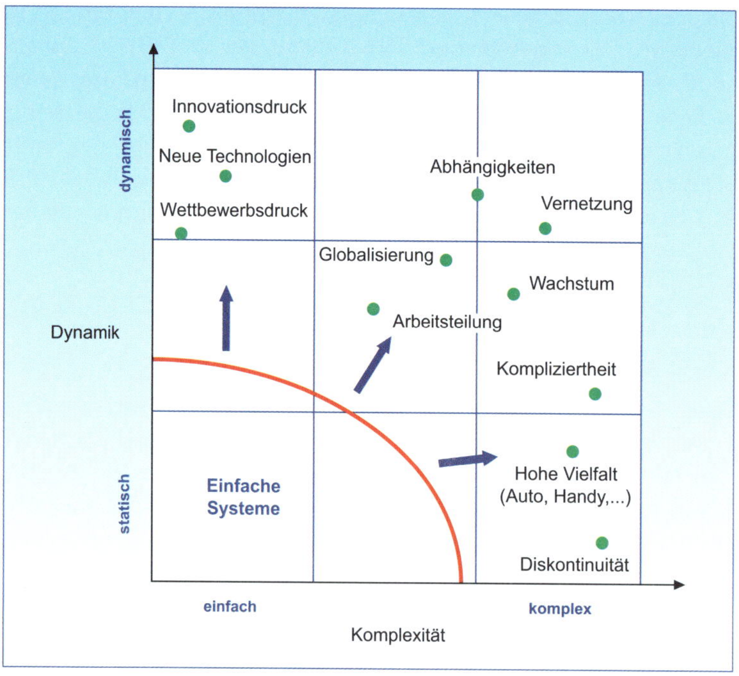

Bild 13 Dynamik und Komplexität: Vom einfachen System bis zur Unberechenbarkeit

und noch weitere Modelle. Allen Ansätzen gleich ist der hohe Abstraktionsgrad. Im Folgenden werden zwei Modelle vorgestellt, die Veränderungen partiell und retrospektiv erklären.

Evolutionstheorie

Die Evolution verläuft keinesfalls linear in eine determinierte hypertechnische Zukunft hinein, sondern wie alle lebendigen Evolutionen in Brüchen, Widersprüchen, Rückschlägen und Umwegen. Nur sehr selten in der Geschichte wird das Eine komplett von dem Anderen abgelöst. Gesetzmäßige Vorgänge und Zufall wirken zusammen – alles Werden ist Rekombination. Und alle zukünftigen Lösungen entstammen einem Möglichkeitsraum für zukünftige Lösungen [Röß 1993].

Wellentheorie

Nikolai Dimitrijewitsch Kondratieff (1892 bis 1938) gilt als Begründer der „Theorie der langen Wellen". Nach dem auf ihn zurückgehenden Modell kommt es alle 30 bis 50 Jahre zu einer sogenannten „Basisinnovation". Bisher waren dies:

1. Kondratieff-Zyklus (K1): Dampfmaschine, Baumwolle
2. Kondratieff-Zyklus (K2): Stahl, Eisenbahn
3. Kondratieff-Zyklus (K3): Elektrotechnik, Chemie
4. Kondratieff-Zyklus (K4): Automobil
5. Kondratieff-Zyklus (K5): Informationstechnik, Computer

Ein Kennzeichen der Kondratieff-Zyklen ist, dass bereits vorhandene, aber bisher ungenutzte (und unbewusste) Ressourcen plötzlich ins allgemeine Bewusstsein treten und breite Bedeutung erlangen. Im ersten bis vierten Zyklus waren diese Ressourcen (materielle) Energie, seit dem K5 ist es (immaterielle) Information und Wissen. Unternehmen erkennen die Chancen, die sich durch Nutzung der neuen Ressourcen ergeben, meistens erst beim Auftreten von Instabilitäten (z.B. der Übergang zur Computertechnologie). So wird es wohl auch in Zukunft sein, schon allein deswegen, weil die Dauer eines Kondratieff-Zyklus länger ist als der wirtschaftliche Horizont eines Unternehmens.

Wie in Bild 14 dargestellt, sind die Annahmen und Vermutungen über den Nachfolgezyklus K6 von Bio- über Nanotechnologie, aber auch Wissensmanagement als Nachfolger der Informationstechnologie breit gestreut. Hier wird auch der Nachteil des Modells klar: Erst im Nachhinein bzw. mittendrin kann man zweifelsfrei feststellen, was den Kondratieff-Zyklus charakterisiert.

Da Unternehmen und Umwelt nur teilweise den gleichen Regeln folgen, sind auch die Veränderungen und Mechanismen unterschiedlich. Die Umwelt braucht keine Rücksicht auf Unternehmen zu nehmen, aber die Unternehmen müssen in der Umwelt überleben!

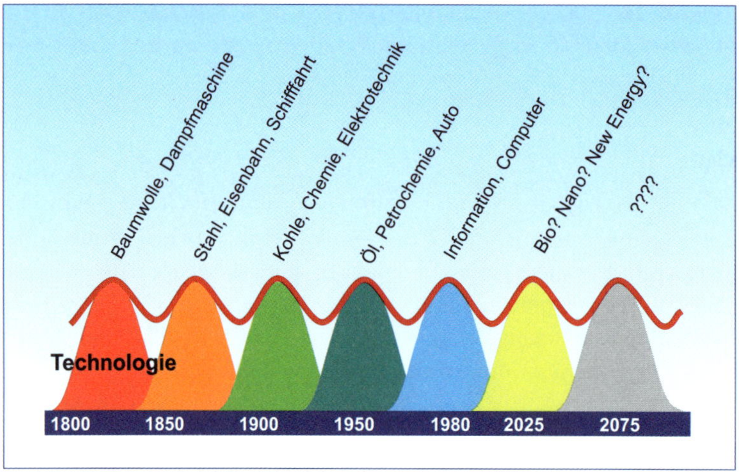

Bild 14 Die Kondratieff-Zyklen: Was kommt nun?

1.3 Die Entwicklung von Unternehmen

Im Buch „The Company" beschreibt John Micklethwait die Erfolgsgeschichte von Unternehmen. Neben der Familie sieht er sie als bedeutendste Organisation unserer Zeit an und hebt besonders ihren Wert für die gesellschaftliche und wirtschaftliche Entwicklung hervor. Der Erfolg von Unternehmen liegt in der Fähigkeit, sich an Veränderungen anzupassen [Micklethwait 2003]. Jedes Unternehmen ist daraus entstanden, dass jemand eine Chance oder eine Bedrohung früher erkannt hat als andere. Das wird durch unzählige Beispiele belegt – stellvertretend sei nur Henry Ford erwähnt, der das Potential erkannte, welches in der automatisierten Autoproduktion lag.

Im Verlauf des Unternehmerlebens entstehen Misserfolge aus zu spät erkannten Risiken und Bedrohungen und jeder Erfolg aus früh erkannten Chancen. Und nicht unbedingt das Unternehmen, von dem man es erwarten würde, ist dafür prädestiniert, Risiken oder Chancen rechtzeitig zu erkennen. Häufig werden stabile Industriestrukturen von Branchenfremden herausgefordert. So wurde die elektrische Glühlampe nicht von einem Gaslampenhersteller erfunden und etabliert und die Digitalkamera nicht von einem traditionellen Kamerahersteller – sie bedrohten aber das bestehende Geschäft bzw. lösten es vollständig ab.

Machen wir folgendes Gedankenexperiment: Für das Unternehmen besteht die Möglichkeit, sich das Umfeld selbst auswählen oder gestalten zu können. Was würde es vorziehen?

- Man geht davon aus, dass es Ziel der Unternehmen ist, Gewinn zu erwirtschaften. Der Kunde ist Mittel zum Zweck, da er im Austausch gegen ein Produkt oder eine Serviceleistung das Geld „abliefert". Ein idealer Kunde wäre reich, aber anspruchslos. So könnte man Premiumpreise für wenig Service und einfache Produkte verlangen.

- Nur ein riesiger Markt garantiert riesige Gewinne. Unter Markt sei hier Nachfrage verstanden, die sich in Stückzahlen und Volumen ausdrückt. Wettbewerb wirkt sich nur störend auf den erzielbaren Preis und das Volumen aus. Idealerweise besteht also eine Monopolsituation.
- Eine weitere Komponente ist das Risiko bzw. die unternehmerische Unsicherheit, welche in unserem Wunschszenario vernachlässigbar gering – also NULL – wäre. Der ideale Markt wäre auf lange Sicht stabil.
- Alle Unsicherheitsfaktoren wären ausgeschaltet, der Wettbewerb bliebe aus, der Markt und die Nachfrage wären riesig, die Kundenwünsche blieben weitestgehend konstant.

Tabelle 2 **Das ideale im Vergleich zum realen Umfeld eines Unternehmens**

	Ideales Umfeld	Reales Umfeld
Markt	unendlich groß und schützbar	endlich, begrenzt und offen für Wettbewerber
Risiko	Null / zu vernachlässigen	vorhanden
Wettbewerb	Null / kontrollierbar	unberechenbar
Kunden	– anspruchslos – konstante Nachfrage – reich bzw. kaufwillig	– anspruchsvoll – ambivalent – spontan
Umfeld	stabil	instabil
Zukunft	absehbar	nicht vorhersehbar
Überraschungen	keine	jederzeit möglich
Produkt	Wertkette ist automatisierbar (Economy of Scale)	Wertkette ist nur teilweise automatisierbar

In Tabelle 2 ist der Unterschied zwischen einem für Unternehmen idealen und einem realen Marktumfeld dargestellt. Der ideale Markt wird eine Wunschvorstellung der Unternehmen bleiben, nur ansatzweise und temporär haben solche Monopolkonstellationen vorgelegen (zum Beispiel die Situation bei der Deutschen Post und der Deutschen Telekom vor der Deregulierung). Langfristige Erfolge, erzielt unter realen Bedingungen, sind deshalb besonders hoch anzuerkennen.

In anderen Fällen wiederum muss man sich fragen, ob Unternehmen für die Unternehmensplanung und die Unternehmensziele mit einem idealisierten oder einem realen Umfeld rechnen.

„Wir haben Boeing deutlich unterschätzt!" Das sagt (Ex-) EADS-Co-Chef Tom Enders am 11. Juli 2006 und beschreibt damit die Situation, in der sich Airbus und Konkurrent Boeing tatsächlich befinden. An sich eine alltägliche Situation im Wettbewerb und Geschäftsleben. Sie spiegelt jedoch die Lage wider, in der sich Unternehmen heutzutage befinden.

Wissen Manager etwa Dinge, die andere Marktteilnehmer (noch) nicht wissen, liegen da (noch) enorme Unternehmensressourcen brach, die vielleicht noch nicht angezapft sind, oder werden da einfach ideale Umfeldbedingungen angenommen? Wie realistisch sind solche Aussagen dann überhaupt? Warum sich Manager zu solchen Aussagen hinreißen lassen, kann nur gemutmaßt werden. Vielleicht eine Mischung aus Ehrgeiz, Eitelkeit, Unwissenheit, Selbstüberschätzung oder Blindheit, fehlender Vorausschau und Realitätsverlust?

Wir werden es erst in ein paar Jahren erfahren, wenn überhaupt. Denn sind die Ziele erstmal formuliert und kommuniziert, ist auch der Ehrgeiz geweckt. Josef Ackermann von der Deutschen Bank verkündete so zum Beispiel ein Renditeziel von 25% (Eigenkapitalrendite) und ist fest entschlossen, es auch zu erreichen.

Wurden derartige Ziele unter der Annahme von idealen Bedingungen erstellt, dauert es meist nicht lange, bis das reale Umfeld sich meldet, um die Planung ad absurdum zu führen. Naheliegend ist es nun, Kosten zu senken, und schon kommt es zum Widerspruch zwischen einem idealen und einem realen Unternehmen (Tabelle 3). Hamel und Prahalad nennen in ihrem Buch „Wettstreit um die Zukunft" die Strategie der Kostensenkung eine „No-Brainer-Strategie". Ein häufig zu beobachtendes Phänomen in der Wirtschaftsgeschichte ist, dass Unternehmen erst Anstrengungen unternehmen, um die Kosten zu senken, häufig durch Entlassungen, um dann festzustellen, dass man als Unternehmen zu klein ist, um wettbewerbsfähig zu sein. Die Folge ist der Zusammenschluss mit einer anderen Firma (beispielsweise Alcatel-Lucent).

Unternehmen müssen auf Veränderungen in ihrem Umfeld reagieren. Die Marktgesetze erfordern es. In Bild 15 ist die Position des Unternehmens in der Umwelt schematisch dargestellt. Als Mikroebene werden alle Umweltbereiche bezeichnet, die sich

Tabelle 3 Ideales und reales Unternehmen im Widerspruch

	Ideales Unternehmen (aus Sicht des Unternehmens)	Reales Unternehmen
Kosten	gering/sinkend	angemessen bis zu hoch
Motivation/Einsatz	hoch/steigend	abhängig von Führungsstil und Kultur
Mitarbeiter	Humankapital	Menschen
Aufwand zur „Pflege"	gering	abhängig vom Respekt gegenüber Mitarbeitern und Unternehmenspolitik
Kosten	gering/sinkend	angemessen bis zu hoch

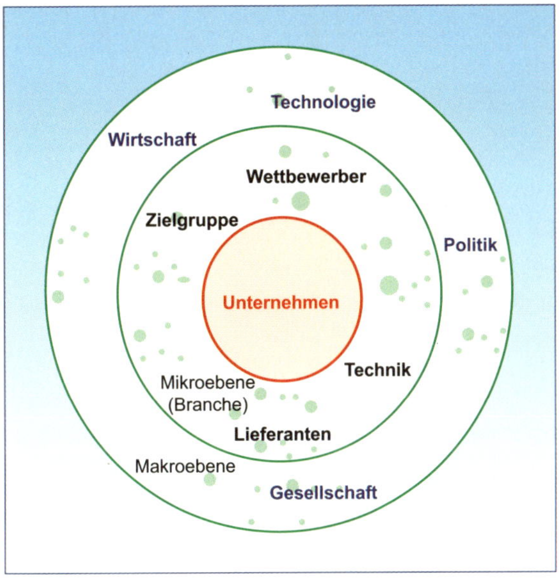

Bild 15 Das Unternehmensumfeld: Mikro- und Makroebene

im unmittelbaren Zugriffsbereich des Unternehmens befinden. Nicht angrenzende Bereiche werden als Makroebene zusammengefasst. Wie im letzten Abschnitt schon dargelegt, unterliegt diese Umwelt einer ständigen Änderung – mehr oder weniger stark. Die Fähigkeit, Veränderungen und Entwicklungen zu antizipieren und die daraus resultierenden Chancen und Bedrohungen früher als der Mitwettbewerber zu erkennen und in die Unternehmensstrategie einzubeziehen, wird im 21. Jahrhundert zu einem der wichtigsten unternehmerischen Erfolgsfaktoren werden.

Die Anzahl publizierter und angewandter Managementkonzepte erreicht in den letzten Jahren neue Rekordstände – siehe Bild 16. Die Nachfrage nach immer neuen Konzepten scheint da zu sein und sie ist ein Indiz für die gestiegene Unsicherheit der Unternehmen im Umgang mit Veränderung, gestiegenem Wettbewerb, sich ändernden Märkten usw. Anstatt hektisch immer neuen Konzepten zu folgen, wäre die Besinnung auf eigene Stärken von größerem Nutzen. Denn die innere, organische Stärke von Unternehmen wird oftmals falsch eingeschätzt. Mehr dazu in Kapitel 5.

Die durchschnittliche Lebensdauer eines Unternehmens – Fortune 500 oder ähnliche Größe – liegt zwischen 40 und 50 Jahren. In einigen Ländern überleben 40% aller neu gegründeten Firmen nicht den zehnten Geburtstag. Ein Drittel der 1970 in der Fortune 500 gelisteten Unternehmen existierte 1983 nicht mehr – aufgekauft oder bankrott. Einen ähnlichen Vergleich zieht Foster [Foster 2001]: Von den 1917 gelisteten Forbes-100-Firmen existierten 2001 noch ganze 17! Wie kommt es, dass die durchschnittliche Lebenserwartung eines Menschen mit ca. 75 Jahren höher ist als die von Unternehmen?

Dem Anschein nach ist das eine akademische Frage, die jedoch aus der Foresight-Perspektive von hohem Interesse ist.

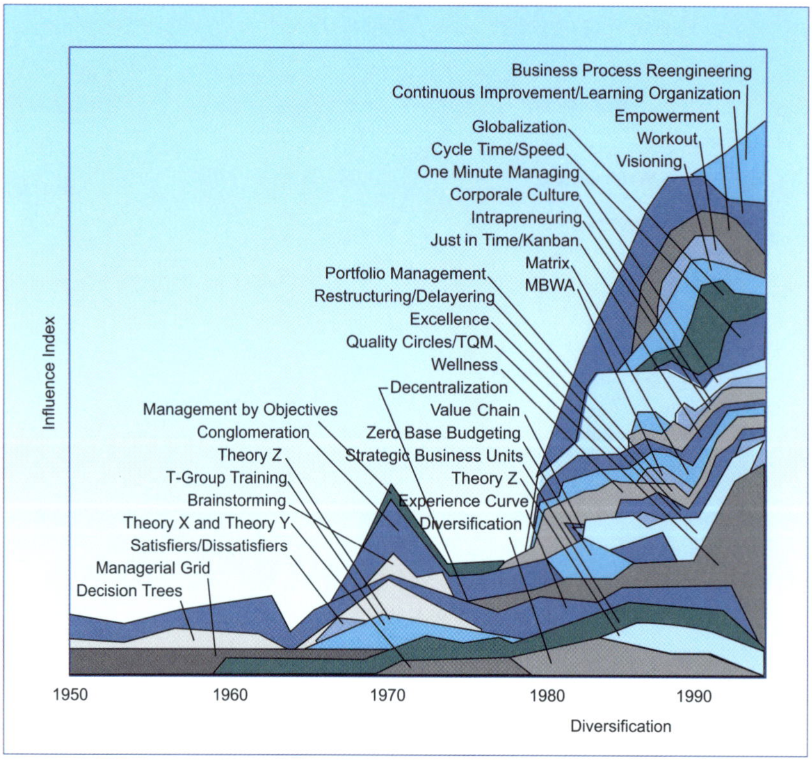

Bild 16 Die Entwicklung von Managementkonzepten: Eine Geschichte permanenter Diversifikation [Pascale 1990]

Zunächst muss vermerkt werden, dass es auch Unternehmen gibt, die älter als 700 Jahre sind. Die Ursprünge von Stora (Unternehmen aus Schweden, startete im Kupferbergbau und ist heute in der Papierindustrie tätig) lassen sich bis ins Jahr 1300 zurückverfolgen, Sumitomo (Unternehmen aus Japan, begann mit dem Handel von Medikamenten und Büchern und ist heute eines der größten Industriekonglomerate Japans) bis 1590. Die Brauerei Weihenstephan soll im Jahre 1000 gegründet worden sein – lange bevor es die von Adam Smith verfasste Theorie zum Wohlstand der Nationen gab. Mit gesundem Menschenverstand, aber ohne Managementkonzepte überlebten sie Hunderte von Jahren, überstanden Kriege, Seuchen, Inflationen, Finanzkrisen usw. War es Zufall oder wodurch erklären sich solche Unterschiede? Collins und Porras [Collins 1994] identifizierten in einer Studie sogenannte „Visionary Companies". Diese, so die beiden Stanford-Professoren, zeichnen sich vor allem durch die Fähigkeit aus, von Veränderungen der Umwelt zu lernen, sich anpassen zu können und mehr Wert auf die Beibehaltung ihrer Ideale als auf die Steigerung des Shareholder Value zu legen.

Die Realität unterscheidet sich gravierend von den Idealzuständen. Einige Herausforderungen, denen sich Unternehmer gegenüber sehen, sind auf den nächsten Seiten beschrieben.

1.4 Die Zukunfts-Herausforderungen für Unternehmen

Obwohl Unternehmen von unterschiedlichen Zielen geprägt sein können, ist allgemein akzeptiert, dass die Hauptziele in der Steigerung der Profitabilität und in der Steigerung der Marktanteile liegen. Die Shareholder fordern finanzielle Stärke, Marktmacht sichert zukünftige Profite. Das Problem ist, dass sich beide Ziele im Grunde widersprechen und zu Konflikten führen. Die Zeiten, in denen Märkte durch Mangel gekennzeichnet waren, sind vorbei. Hersteller kämpfen um Kunden und versuchen, sich auf geeignete Art und Weise – durch Produktmerkmale, die Marke, den Preis, Service usw. – vom Mitwettbewerber zu differenzieren und die Aufmerksamkeit des Kunden auf sich zu ziehen.

Der Drang nach Differenzierung und nach unterscheidbaren Produkten widerspricht oftmals den Bemühungen nach Kosteneinsparungen – zum Beispiel durch Outsourcen und Standardisierung (Bild 17). Balance würde zu einer Win-Win-Situation führen. Die Kunden sind zufrieden, zufriedene Kunden bedeuten steigenden Marktanteil und das Unternehmen kann ebenso mit der Situation zufrieden sein, da es Gewinn erwirtschaftet. Solche Situationen sind jedoch selten von langer Dauer: Kunden ändern sich und damit auch deren Bedürfnisse. Kann das Unternehmen diese Änderungen nicht nachvollziehen bzw. antizipieren, führt es über kurz oder lang zu einer Lose-Lose-Situation. Kunden werden unzufrieden, wechseln zur Konkurrenz mit der Folge von sinkenden Marktanteilen und weniger Gewinn.

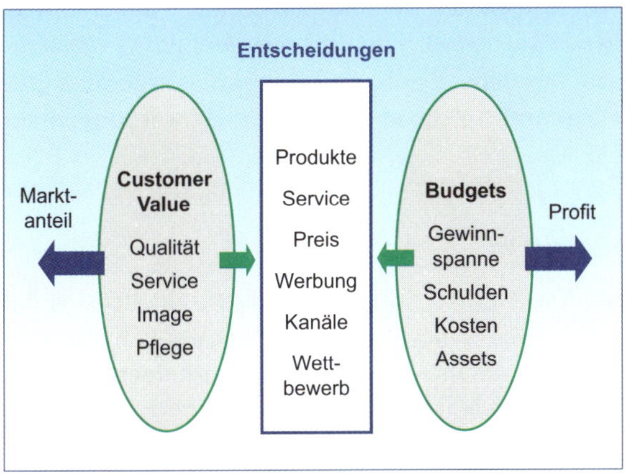

Bild 17 Profitmaximierung versus Marktanteil: Widerspruch oder Balance?

Der häufigere Fall ist jedoch, dass Unternehmen mit der „Ertragssituation" unzufrieden sind. Überwiegend durch Kosteneinsparungen – in Ausnahmefällen durch Produkt- oder Innovationsoffensiven – versuchen sie, darauf zu reagieren. Das Einsparen von Kosten ist jedoch eine heikle Sache. Die Annahme, dass man einen Teil der Belegschaft entlassen kann und dabei gegenüber dem Kunden die gleiche oder höhere Leistung erbringen kann, ist naiv, aber weit verbreitet. In der Realität führt das nicht selten zu Mehrbelastung und Überlastung, Qualitätseinbußen und steigenden Fehlerraten. Kosten sparen ist wichtig, aber es muss kontinuierlich geschehen und nicht abrupt! Kosteneinsparungsprogramme führen selten zu den erhofften Gewinnsteigerungen, aber häufig zu unzufriedeneren Kunden [Hamel 1995].

Nirgendwo tritt der Widerspruch zwischen Kundenorientierung und Kosteneinsparung/Gewinnmaximierung so deutlich auf wie bei Service-Hotlines.

Beispielsweise bei einem bekannten Mobilfunkbetreiber in einem Münchener Geschäft: In einem sehr medienwirksam-futuristisch gestalteten Shop wird der Kunde herzlich empfangen. Im Eingangsbereich kann es Ihnen passieren, dass Sie von mehreren attraktiven, hilfsbereiten Damen angesprochen werden. Im Neukundengeschäft ist der Kunde tatsächlich König. Sind Sie jedoch schon Vertrags-Kunde und haben Fragen oder Reklamationen, steht Ihnen der Gang in den Keller bevor (kein Witz!). Hier merken Sie auch sofort an der Länge der Schlange und später an der Wartezeit, dass sich die Mehrzahl der attraktiven Damen wohl tatsächlich im Erdgeschoss um Neukunden kümmert.

In den Geschäftsgrundsätzen des Unternehmens findet man die folgende Aussage: „... Wir stehen für hervorragende Arbeit und höchste Kundenzufriedenheit. Auf unseren Service ist Verlass." [O_2 2006] Es klingt wie Hohn und zeigt auch die Kluft zwischen Anspruch und Wirklichkeit, die Entfernung zwischen Topmanagement und der Arbeit an der Basis und den Grundwiderspruch zwischen Gewinnmaximierung und Kundenservice.

Nachfolgend sind einige Herausforderungen und Dilemmas formuliert, denen Unternehmen ausgesetzt sind. Im Laufe des Buches wird deutlich werden, dass es Zusammenhänge zwischen den Dilemmas, Strategie, Erfolg und Zukunftsverständnis gibt und ein besseres Wissen über die Zukunft für die aktuellen Herausforderungen ein besseres Verständnis bringt.

Das Dilemma der unterschätzten Zukunft

Wie zu Beginn des Kapitels angemerkt, sind es die Unternehmen, die sich für die Zukunft interessieren. Sie sehnen sich nach Sicherheit, Investitionen sollen sich auszahlen und der Erfolg des Unternehmens möglichst planbar und vorhersehbar sein.

„Today's CEOs, Boards, and senior managers often report that they feel stuck ... they have no time to think about the future because of the pressing nature of today's problems. The pressure from market analysts for the next quarter's prospects creates a constant need to deliver short-term performance. The paradox is that these CEOs know that unless they also look ahead continuously, there may be no future for their organizations. Often the future looks so different from the present that CEOs may be apprehensive about discussing it with their Boards and management. Many feel that long-term future is either too complex or too uncertain to be planned for. They rely instead on traditional strategic planning, which appears to them to ensure survival, but which may in fact condemn the organization to its own extinction by failing to properly understand the future of its markets [Marsh 2002].

Paradoxerweise hat sich in den wenigsten Firmen eine Institution etablieren können, die sich systematisch mit Fragen der Zukunft und langfristigen Entwicklungen beschäftigt. In der Untersuchung „Zukunftsforschung in Unternehmen" wird festgestellt, „... Zukunftsforschungseinrichtungen bleiben in Unternehmen eher die Ausnahme ... und weniger als sieben Prozent der befragten Unternehmen wagen einen Blick in die Zukunft weiter als zehn Jahre voraus" [Kreibich 2002]. Es sieht so aus, als ob der Bedarf für Foresight-Aktivitäten besteht und in den Chefetagen der Unternehmen die Notwendigkeit dafür auch eingesehen wird. Geht es jedoch um konkrete Vorstellungen zur Umsetzung, wird sich lieber den Lieblingsthemen Rationalisierung und Effizienzsteigerung gewidmet. Dieser Effekt ist auch von abnahmewilligen Übergewichtigen bekannt. Der Wunsch abzunehmen ist da, allein der Wille und die Konsequenz fehlen und so bleibt – bis auf die fettarme Milch – alles beim Alten.

Wie trügerisch diese Beruhigungspille sein kann, zeigt das Beispiel der Musikindustrie: In den Neunzigerjahren ging es der Musikindustrie blendend. Die CD hatte sich als Medium etabliert und das Geschäftsmodell basierte darauf, die richtigen Interpreten unter Vertrag zu bekommen und die Herstellung und die Vermarktung der CD möglichst billig zu gestalten. Die Planer und Strategen der Branche sind schlaue und clevere Leute und doch sind sie von der technologischen Entwicklung – die die Musikbranche in die größte Krise ihres Bestehens stürzte – überrascht worden.

Der Rückgang der Anzahl verkaufter CDs und damit des Gewinns der Musikkonzerne führte zu den üblichen Reaktionen. Nachfolgend zur Illustration einige Maßnahmen, die so oder ähnlich in der Musikindustrie abgelaufen sein könnten:

Restrukturierung:	Umorganisation und Entlassung von Mitarbeitern, um die Kostenposition zu verbessern, höhere Effizienz als Ziel.
Reengineering:	Verbesserung der Abläufe und internen Prozesse mit dem Ziel, Kosten einzusparen und effizienter zu werden.
Qualität:	Start eines Programms zur Steigerung der Qualität von Tonträgern und Tonqualität, um die Wettbewerbsfähigkeit zu erhöhen.
Kundenfokus:	Trend-Scouts erkunden noch intensiver den „Zeitgeist" und Trendsetter, um noch besser den Musikgeschmack zu treffen.
Benchmarking:	Vergleich und Bewertung des Geschäftskonzeptes mit anderen Wettbewerbern mit dem Ziel, Verbesserungspotential zu erkennen.
Forschung:	Intensivierung der Forschung auf dem Gebiet des Kopierschutzes. Ziel ist es, mit einem ausgeklügelten DRM(Digital-Rights-Management)-System Kunden an der unerlaubten Weitergabe von Musik zu hindern bzw. zum Kauf zu „zwingen".

Balanced Scorecard:	Ausgehend von der Unternehmensstrategie werden kritische Erfolgsfaktoren (KEF) bestimmt und daraus wird mit Key-Performance-Indikatoren (KPI) ein Kennzahlensystem (Scorecard) erstellt. Die Messgrößen repräsentieren die Erreichung der strategischen Ziele. In einem kontinuierlichen Prozess werden Ziele und Zielerreichung überprüft und durch korrigierende Maßnahmen gesteuert. Durch die Perfektionierung des bisherigen Systems wird vorausgesetzt und akzeptiert, dass sich die Systembedingungen nicht ändern, was jedoch – wie im Beispiel – riskant ist.

Was hätte das alles geholfen? Die Geschichte ist bekannt. Die Spielregeln wurden neu entworfen und die Musikindustrie hat dabei die Kontrolle über den Endkunden weitestgehend verloren. Betriebsblindheit führte dazu, dass eine technologische Entwicklung (Komprimierung der Daten mit MP3) übersehen wurde. Der dadurch ermöglichte Dateiaustausch mittels P2P (Peer-to-Peer), der die Verbreitung der Musik durch Napster revolutionierte, konnte zwar zumindest zeitweilig durch rechtliche Schritte unterbunden werden. Aber Apple hat es schließlich verstanden, das Konzept zu Ende zu denken und durch die Kombination iPod-iTunes eine neue, einfache Möglichkeit der Musikauswahl, der Musikverwaltung und nicht zuletzt des Musikerlebnisses zu erschaffen.

Die (hypothetische) Frage bleibt, ob die Musikindustrie mit mit einem entsprechenden Foresight-System ihre eigene Betriebsblindheit hätte überwinden und die Digitalisierung der Musik fünf Jahre vor Apple für das eigene Geschäftskonzept nutzen können. Die Antwort ist müßig, aber wenn man bedenkt, wie sich der ganze Bereich der

Tabelle 4 Reifegrad im „Corporate Foresight"

	Zustand	Prinzip
Level 0	Betriebsblindheit. Tagesgeschäft, Umsatz und Quartalsgewinn bestimmen alles. Es fehlt die Einsicht und das Wissen über den Nutzen von Foresight-Aktivitäten und demzufolge wird weder Geld noch Zeit in Vorausschau-Aktivitäten „verschwendet".	*Hoffnung*
Level 1	Einsicht in die Notwendigkeit ist gegeben. Der Fokus liegt jedoch auf „Stellschrauben" und „Automatismus". Die Vorstellung ist, dass man durch eine Untersuchung die wichtigen Stellschrauben und Hebel für den Erfolg findet, die den zukünftigen Erfolg – quasi automatisiert – garantieren können. Untersuchungen beziehen sich hauptsächlich auf das unmittelbare Unternehmensumfeld.	*Knopfdruck*
Level 2	Das Prinzip der Vorausschau und der sich ergebenden Möglichkeiten ist verstanden und wird praktiziert. Kontinuierliche Umfeldbeobachtung verhindert Betriebsblindheit und unterstützt die Zukunftsstrategie.	*Radar*

Unterhaltungsindustrie verändert, und beobachtet, wie Organisationen und Unternehmen ihre Betriebsblindheit gerade ausbauen und die Veränderungen einfach nicht wahrhaben wollen, dann sind in den nächsten Jahren Überraschungen – auf dem Niveau der Musikindustrie der neunziger Jahre – zu erwarten.

Bewertet man die Einsicht in die Notwendigkeit der Vorausschau, erhält man drei Gruppen (Tabelle 4).

Um Level 2 zu erreichen, ist das Verständnis für alternative Zukunftsaussichten bzw. Zukünfte erforderlich. Das Buch möchte Sie auf dem Weg dorthin begleiten, das Verständnis wecken und Ihnen Unterstützung bei der Umsetzung geben.

„Topmanager verwenden im Schnitt weniger als 3 Prozent ihrer gesamten Zeit darauf, ein Bild von der Zukunft aus der Sicht des ganzen Unternehmens zu entwerfen. Und in einigen Unternehmen ist es sogar nicht einmal ein Prozent. Das Eine wie das Andere ist viel zu wenig, um klare Aussagen über die Zukunft zu bekommen.“ [Hamel 1995] Für Level 2 brauchen sie nicht nur Motivation und Willenskraft, sie sollten – für ernsthafte Veränderungsbemühungen – auch mehr als die von Hamel erwähnten 3 Prozent ihrer Arbeitskraft spendieren.

Das Dilemma Beschleunigung

Es ist weithin akzeptiert, dass sich die Welt schneller ändert, dass alles schneller „tickt“. Wodurch entsteht dieses Gefühl? Wie kommt das? Ist es nur ein Gefühl?

Vor allem der technische Fortschritt beschleunigt unsere Welt und das Streben nach Wettbewerbsvorteilen. Die These von der modernitätsabhängig abnehmenden Vorhersehbarkeit der Zukunft ist keine rhetorische Behauptung. Die abnehmende Vorhersehbarkeit zukünftiger Lebensverhältnisse ist vielmehr die Konsequenz temporaler Innovationsverdichtung, also der messbar gewachsenen Menge der wissenschaftlichen und technischen, organisatorischen und kulturellen Neuerungen pro Zeiteinheit.

Es passiert die sogenannte Gegenwartschrumpfung – die Zeit einigermaßen konstanter Lebens-, Arbeits- und Produktionsverhältnisse nimmt ab. Die unbekannte Zukunft rückt näher an die Gegenwart heran. Die wachsende Nähe des Unbekannten bringt Unsicherheit. War in der Vergangenheit vor allem die Unkalkulierbarkeit wohlbekannter Ereignisse Grund zur Sorge („Tritt A oder B ein?“), sind es nun die Unvorhersehbarkeiten des Neuen („Was wird kommen?“).

Telefon, Internet und Broadcastdienste erlauben es, Informationen in Lichtgeschwindigkeit über Ländergrenzen hinweg zu übertragen. Über Breitbandnetzwerke ist auch der Austausch von Daten und Dokumenten weltweit in Höchstgeschwindigkeit kein Problem. Elektronische Börsen und Electronic Banking erlauben es, in kürzester Zeit riesige Vermögen und finanzielle Werte zu verschieben und zu investieren. Das Echtzeit-Empfinden dehnt sich aus dem unmittelbaren Lebensumfeld aus auf globale Ebenen – die Welt wächst zusammen. Mehr Informationen in kürzeren Zeitabständen – mediale Präsenz – vermitteln das Gefühl der Beschleunigung.

Persönliche Mobilität und Gütertransport haben sich ebenso beschleunigt, im Vergleich zur digitalen Welt – also den Informationen und Finanzen –, jedoch weniger rasant.

Die unterschiedlichen Geschwindigkeiten für Finanz-, Informations- und Warenmärkte führen zu Verwerfungen, Volatilitäten und Unsicherheiten an den Märkten. Zwischen realer und virtueller Welt (Netzwelt) entsteht eine zeitliche Differenz. Dadurch steigen die Erwartungshaltungen und der Druck in der realen Welt. Im Hype der New Economy manifestierte sich die weiter drehende Spirale. Slogans wie „Die Schnellen fressen die Langsamen" haben den Druck auf betriebliche Prozesse erhöht. Produktentwicklungszeiten und Innovationszyklen werden kürzer, können jedoch mit den wechselnden Kundenbedürfnissen kaum mithalten. Bild 18 zeigt das Ergebnis einer Untersuchung von Arthur D. Little, welche sich verkürzende Lebenszyklen verschiedener Brachen darstellt.

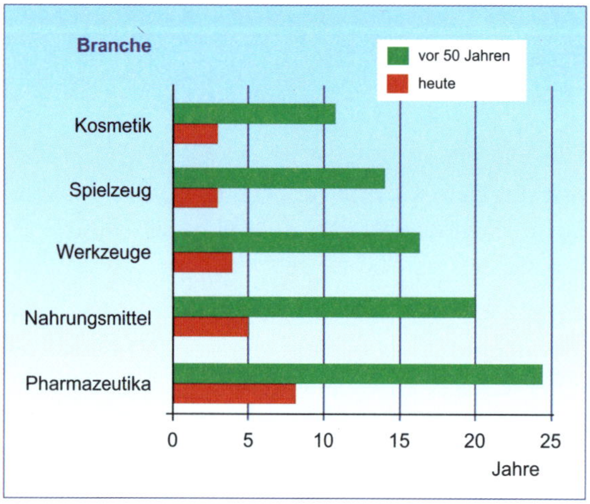

Bild 18 **Der Verfall der Produktlebenszyklen: Kaum Zeit zum Entwerfen neuer Produkte [Little 1997]**

Früher war die Lebenserwartung eines Schweines etwa drei Jahre, heute ist es in sechs Monaten schlachtreif. Wird es in naher Zukunft dazu kommen, dass die Schweine schon vor der Geburt geschlachtet werden? Oder ist es vielmehr so, dass die Grenzen der Beschleunigung in naher Zukunft erreicht sein werden?

„Zeit ist Geld" ist eine der Binsenweisheiten, die verhindert, dass Probleme und Situationen durchdacht werden, und dafür sorgt, dass die schnellste Lösung den Vorzug vor der besten Lösung bekommt, mit hektischem Reagieren als Folge. Die Zukunft wird zeigen, dass Zeit mehr als Geld ist.

Das Dilemma der Komplexität

Zunächst einmal ist „Komplexität“ auch so etwas wie ein Gefühl. „Komplexität“ wird beschrieben durch eine Kombination aus Kompliziertheit, Variantenvielfalt und Dynamik und ist damit nicht das Gegenteil von „einfach“. Alle drei Komponenten nehmen permanent in ihren Ausmaßen zu – was man tagtäglich beobachten kann.

Technische Geräte mit immer weiter ansteigender Funktionsvielfalt, aber auch das Bestreben nach Regulierung und die damit verbundenen Ausnahmen vergrößern die uns umgebende „Kompliziertheit“. Das Stichwort für geringere Kompliziertheit heißt Benutzerfreundlichkeit. Der Anwender muss nicht unbedingt verstehen, was passiert, aber man sollte ihm die Irritation beim Umgang mit einem Gerät ersparen.

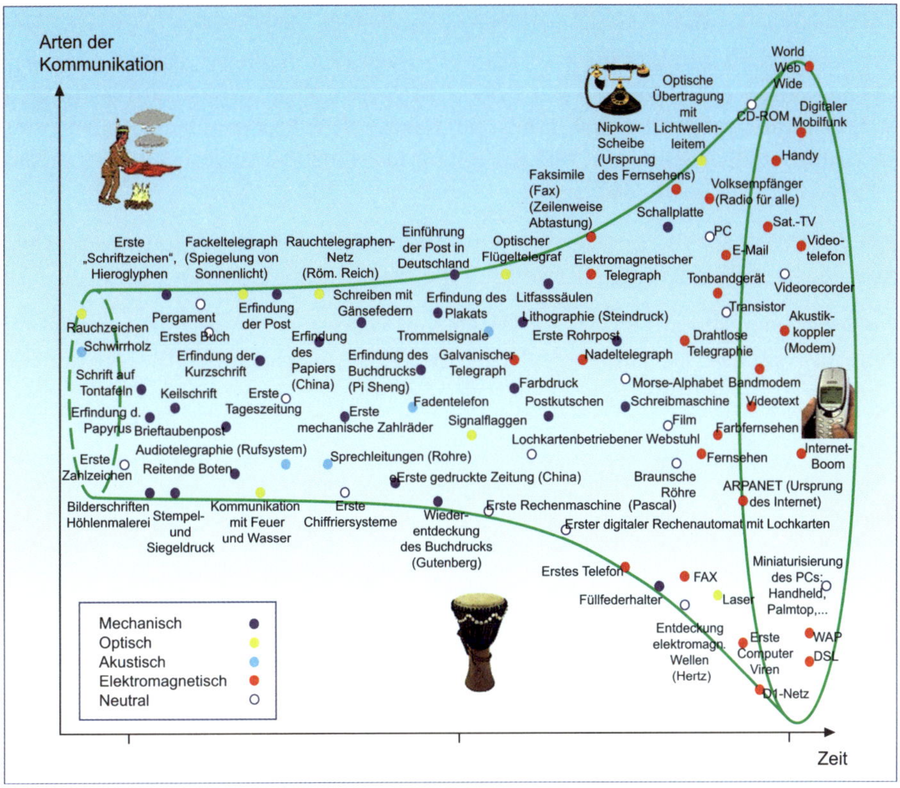

Bild 19 **Die Kommunikationsmedien: Rasanter Anstieg der Komplexität im 5. Kondratieff-Zyklus**

In Bild 19 ist die Entwicklung der Kommunikationsmöglichkeiten seit der Entwicklung der ersten Schriftzeichen dargestellt. Ausgehend von den ausschließlich persönlichen Kontakten hat sich – getrieben durch den technischen Fortschritt – eine unüberschaubare Vielfalt herausgebildet. Ob Telefon, E-Mail, Fax, SMS, MMS, Brief oder persönliches Gespräch. Zu den technischen Möglichkeiten kommen persönliche Präferenzen und situationsbezogene Kriterien zur Auswahl des geeigneten Kommunikationskanals. Es ist zu erwarten, dass weitere Möglichkeiten entstehen werden, und das in wahrscheinlich noch kürzeren Abständen als bisher.

„Die gesellschaftliche Wirklichkeit ist damit nicht die einzige, sondern oft und so oft anders vorhanden, wie es divergierende teilsystemische Perspektiven auf sie gibt." So beschreibt Uwe Schimanek die Komplexität in der polykontexturalen Gesellschaft [Ahlemeyer 1997].

Komplexität erlaubt Ambivalenz. Gesellschaften, die auf dem Ideal der Freiheit basieren, generieren durch die Vielfalt einen ungeheuren Möglichkeitsraum. Im Gegensatz dazu sind Diktaturen, strenge Religionen oder andere weniger entwickelte Gesellschaftsformen durch geringe Differenzierungsmöglichkeiten gekennzeichnet. Variantenvielfalt und Multioptionen lassen sich jedoch nicht nur aus der Perspektive der Gesellschaft, sondern auch an der steigenden Produktvielfalt erkennen. Es gab Zeiten, da war der Automarkt mit Ober-, Mittel- und Kleinwagenklasse recht übersichtlich. Die heutige Modellpolitik ist mit Cabrio, SUV, Roadster, Van, Minivan usw. wesentlich unübersichtlicher. Und das gilt für fast alle Bereiche des täglichen Lebens – Fahrrad, Turnschuhe, Jeans usw.

Erhöhte Dynamik äußert sich als steigende Geschwindigkeit der Veränderung. In Bild 20 ist die Beschleunigung in der Verbreitung neuer Technologien zu sehen.

Das alles hat nicht nur Einfluss auf Märkte und Kunden – die Aufnahmefähigkeit für Neues ist schlicht begrenzt – sondern auch auf das Management. Die Vertrautheit

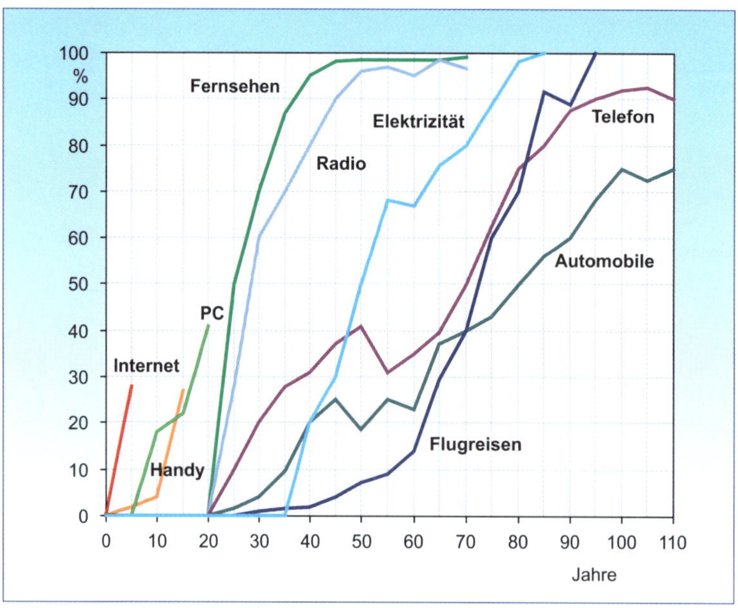

Bild 20 Neue Produkte und Technologien: Immer schnellere Verbreitung

geht verloren, die Einstellung auf immer wieder neue Situationen vergrößert das Gefühl von Turbulenz. Deshalb wirkt es geradezu naiv, wenn Managementbücher den Eindruck vermitteln wollen, durch Befolgen der – je nach Autor – drei bis zehn Punkte Handlungsanleitung lasse sich die Komplexität und Turbulenz managen. Beispielsweise vermittelt Sawhney [Sawhney 2001] den Eindruck, durch Befolgen seiner sieben Schritte sei man auf dem Weg zum „Unternehmen der Zukunft" – so auch der Titel der deutschen Ausgabe.

Wenn sich Strategiepläne auf eine Liste von Handlungsanweisungen reduzieren lassen, sind sie entweder so allgemein, dass sie wenig hilfreich sind, oder sie erfassen die Situation nur ausschnittsweise. Dass die Business Week den Autor als „John Maynard Keynes für das Netz-Zeitalter" bezeichnet, ändert nichts an der Situation – es wirkt eher peinlich.

Weitere Ursachen für den Komplexitätsanstieg sind Wettbewerb und Regulierung.

Die Einführung des Flaschenpfandes 2004 in Deutschland für Einweg-Getränkeverpackungen hat es geschafft, aus einem einfachen, bewährten System aus standardisierten – also flächendeckend genutzten – Mehrwegflaschen und spezialisierten Einwegflaschen ein unüberschaubares, unpraktikables System mit hohem Zusatzaufwand zu entwickeln.

Der Verbraucher ist gezwungen, möchte er nicht auf das Flaschenpfand verzichten, nicht nur beim Kauf zwischen Einweg- und Mehrwegverpackungen, sondern nun auch noch zusätzlich zwischen richtigen Einwegverpackungen und Einwegpfandflaschen (Der Name ist schon ein Widerspruch!) zu unterscheiden. Bei der Rückgabe musste der Kunde eine zeitlang zusätzlich noch sorgfältig zwischen den einzelnen Pfand-Einwegverpackungs-Systemen der verschiedenen Handelsketten unterscheiden.

Der Einkauf und die Rückgabe der Verpackungen werden so schnell zur Herausforderung. Aber nicht nur der Kunde ist Opfer der gesteigerten Komplexität beim Getränkekauf. Auch der Handel stöhnt unter dem Zusatzaufwand, der durch Sortierung, Transport und Lagerung entsteht (inzwischen bringen genervte Kunden nicht mehr alle gekauften Verpackungen zurück, was dem Handel eine Zusatzeinnahme beschert).

Blickt man nach 2 Jahren zurück und vergegenwärtigt sich die Motivation für den Schritt hin zu diesem System, fragt man sich, ob der Zusatzaufwand gerechtfertigt war und ist. Das Ziel war, den Anteil von Einwegverpackungen am gesamten Aufkommen auf einen willkürlichen Wert zu reduzieren. Das Ziel mag erreicht worden sein, aber zu welchem Preis? Hat das noch etwas mit Nachhaltigkeit zu tun?

Antoine de Saint-Exupéry soll über Technik gesagt haben: „Die Technik entwickelt sich vom Primitiven über das Komplizierte zum Einfachen." Vor diesem Hintergrund erstaunt es nicht, dass Geräte, die es verstehen, die Kompliziertheit zu reduzieren, wie zum Beispiel der iPod – der sich durch einfache Bedienung und ein problemloses Bespielen dank der Musikplattform auszeichnet –, so erfolgreich sind und Technologien wie WAP – das von Anwendern als fummelig bezeichnet wird – floppen.

Douglas C. Engelbart – der Erfinder der Computermaus – sagt über Komplexität [Fouke 2000]: „The Complexity and Urgency of the world's problems are just going to snowball. And unless we can do something effective about improving our collective abilities to deal with such complex, urgent things, humanity is doomed. Humanity has never, ever had to deal with such complex and rapid change. So we have no history of how to accommodate to it. If we just go on what used to be the way of incorporating improvements, it's not going to work. There is both a threat and an opportunity."

Komplexität hinterlässt ein Ohnmachtgefühl. In hochvolatilen Gesellschaften und Märkten sind keine optimalen Entscheidungen mehr möglich. Die Vorstellung, man könne Situationen beherrschen ohne sie zu verstehen, scheint zur Normalität zu werden. Man kann Komplexität jedoch nicht einfach verringern. Die Reduktion der Komplexität außen steigert die Komplexität innen. Eine Systematisierung von Komplexität versucht Graf (Bild 21).

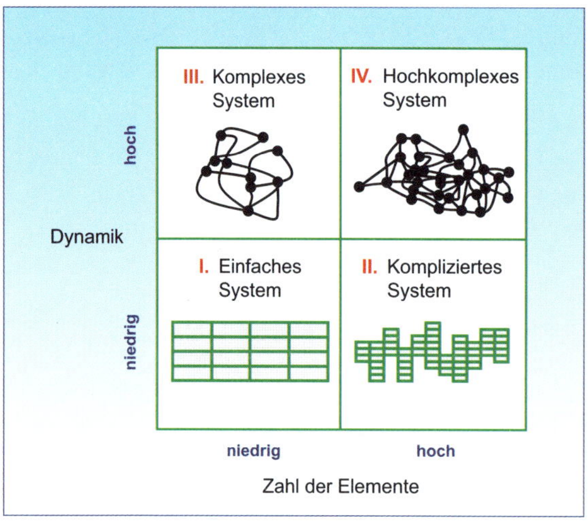

Bild 21 **Komplexität von Systemen: Versuch der Systematisierung (in Anlehnung an [Graf 2005])**

Komplexität bedeutet Instabilität und damit Unvorhersehbarkeit. Die Zukunft war nie und wird nie vorhersehbar sein, neu sind jedoch die raschen und abrupten Veränderungen, die häufig zufällig oder von unsicherer Art sind. Die Suche nach einem hypothetischen und auf Dauer haltbaren Gleichgewichtszustand oder nach vorhersehbaren und kontrollierbaren Trends wird unter diesen Bedingungen unmöglich.

Das Dilemma der Komplexität besteht insofern darin, dass wir zwar die Umwelt als komplexer werdend wahrnehmen, aber einfache Lösungen fordern oder anstreben.

Das Wachstums-Dilemma

Unternehmen stehen unter Wachstumsdruck. Warum?

Aus den unterschiedlichsten Gründen: Es ist ein Paradigma – so fest verwurzelt in den Köpfen, dass schon das Hinterfragen Unverständnis und Stirnrunzeln auslösen könnte:

- Zum einen wegen der Verpflichtung gegenüber den Shareholdern, die sehen wollen, dass sich ihr Anteil am Unternehmen positiv entwickelt.
- Zum anderen wegen des Wettbewerbes und der mit Wachstum verbundenen verbesserten Marktmacht.
- Auch persönliche Gründe – (sportliche) Eitelkeit oder Erfolgsdruck des Managements – spielen eine Rolle.
- Das Streben nach mehr Gewinn durch ausgeweitete Unternehmenstätigkeit ist eine gesellschaftliche Norm und gilt als erstrebenswertes Ziel.
- Wie durch die evolutionäre Entwicklung demonstriert, gelten wachsende Systeme als gesund.

Dem Ziel nach Wachstum liegt die Annahme „Wachstum bedeutet Erfolg" zugrunde. Je größer ein Unternehmen ist, desto schwieriger wird es jedoch sein, weiteres Wachstum sicherzustellen. Die Möglichkeiten dazu sind begrenzt. Einerseits ist die Aufnahmefähigkeit von Märkten begrenzt und zum anderen sind Preissteigerungen bei hohem Wettbewerb schwer durchsetzbar. Neue Geschäftsfelder wären eine Möglichkeit – aber wie schon im Abschnitt über die idealen Umweltbedingungen gesehen, sind die lukrativen Märkte nicht von Dauer. Sich ganz neue Märkte zu erschaffen – Sony mit dem Walkman, Starbucks mit Cafés – ist sicher der aufwändigste und riskanteste Weg, aber bei Erfolg auch der lukrativste.

Das Streben nach Wachstum bringt Unternehmen immer mehr in die Position, sich hauptsächlich um „lukrative" und „große" Geschäfte kümmern zu können (Stichwort: Key-Account). Scheinbar kleine Nischengeschäfte werden vernachlässigt – dabei entstehen Massenmärkte IMMER aus Nischenmärkten! Auf der Suche nach Wachstumsmärkten – als Orte, um als Unternehmen wachsen zu können, wird auch gern vernachlässigt, dass ALLE Märkte auch mal schrumpfen. Unternehmenswachstum in schrumpfenden Märkten ist sicher eine besondere Herausforderung. Noch. In Zukunft wird es wohl Normalität sein.

Die kleinste deutsche Bank ist die Raiffeisenbank in Gammesfeld. Der Bankdirektor heißt Fritz Voigt. Es gibt einen achtköpfigen Verwaltungsrat, der zum großen Teil ehrenamtlich tätig ist. „Die Raiffeisenbank Gamesfeld ist nicht nur die kleinste Bank Deutschlands, es ist wahrscheinlich auch die erfolgreichste" (FAZ 24.12.2006). Die Konditionen: 2,5% Sparbuch, 3,5% langfristiger Kredit, 4,5% Konsumentenkredit.

Zum Vergleich die größte Bank, die Deutsche Bank: Sparen: 0,5% Zinsen (ab 5000 € 2,8% Zinsen). Kredite: langfristige Kredite: 7,9% Zinsen, kurzfristige Kredite: 9,84% Zinsen. Rahmenkredit: ab 10,25% Zinsen (www.deutsche-bank.de; Konditionen ab

01.01.2007). 836 Niederlassungen bei 26336 Mitarbeitern (Ende 2005). (Quelle: Gier nach Größe. Spiegel 11/2006)

Größe und Wachstumsbestrebungen sind demnach von Vorteil für das Unternehmen, aber nicht zwingend auch für die Kunden.

Das Dilemma des Kapitals

Hier geht es um das Dilemma zwischen innerer und äußerer Realität des Kapitalismus, zwischen Kurz- und Langfristigkeit.

Der Kapitalismus – ökonomisch gesehen – begründet sich in der Macht des Kapitals. Hauptantrieb und Motivation ist die Vermehrung von Besitz. Seit den 1950er Jahren hat sich die Geldmenge verfünfzigfacht. Nun mehren sich aber die Anzeichen, dass diese Ära an Grenzen stößt. Die immer weitere Kapitalisierung unternehmerischer Entscheidungen führt dazu, dass Bereiche des Lebens, die sich nicht durch ihren monetären Wert ausdrücken lassen, zum Beispiel das Großziehen eines Kindes, von Menschen als gering geschätzt werden. Würden Familien nach den Grundsätzen der Marktwirtschaft geführt – und Unternehmen („Geiz ist geil") und der Staat (intransparente Steuerpolitik) „erziehen" die Bürger mehr und mehr dazu – würde es sich mehr lohnen, ein Schwein aufzuziehen als ein Kind.

Das Fatale ist, dass dieser Effekt nicht nur im Unternehmensumfeld zu Spannungen führt, sondern weite Teile der Gesellschaft erfasst. In allen entwickelten Industriestaaten sinken die Geburtenraten. Die Gründe mögen vielschichtig sein und die aufgeregte Diskussion hat bis jetzt nichts geändert. Fakt ist, Kinder bedeuten finanzielles Risiko für die Familie. Monetär betrachtet ist Mutterschaft Ausfallzeit und wird inzwischen gesellschaftlich so behandelt. Das Gleiche passiert in der Wirtschaft: Die kurzfristige Orientierung und der Wettbewerbsdruck der Kapitalmärkte führen nun dazu, dass langfristig ganze Marktsegmente wegbrechen. Und so gibt es eine Menge „ungeborener Marktsegmente".

Die Verfügbarkeit von Kapital führt fast zwingend zum Wunsch nach Vermehrung, die sich in Form der Rendite ausdrückt und messen lässt. Nun zeigt sich jedoch – beispielsweise durch Aktienrückkauf-Programme großer Firmen, dass die Möglichkeiten zur weiteren Vermehrung nicht durch fehlendes Kapital, sondern durch fehlende Investitionsmöglichkeiten in Form von Ideen begrenzt sind.

Unternehmen haben perfektioniert, wie man Geld erwirtschaftet, das knappe Gut hingegen werden die Ideen sein.

Das Problem mit Ideen und Wissen ist jedoch, dass sie so unbequem sind, schwer behandelbar und – anders als Geld – nicht zählbar, es gibt keine Zinsen. Man kann sie auch nicht sammeln, etwa in einer Bank – im Gegenteil: Die Mitarbeiter sind die Quelle und die Träger von Wissen und die kosten Geld und spazieren täglich durchs Werktor. Das Dilemma ist, dass Unternehmen langfristig nur eine Chance haben, wenn sie die Herausforderung annehmen, Mitarbeiter nicht als Kostenfaktor, sondern als Ideenquelle zu betrachten.

Das Dilemma Wettbewerb

„Der Wettbewerb nimmt zu." So lautet eine gebräuchliche Aussage – sei es um neue Sparmaßnahmen zu verkünden oder für neue Forschungsaktivitäten zu argumentieren. Doch wie entsteht Wettbewerb?

Neue Unternehmen und neue Märkte starten immer mit einer Idee bzw. dadurch, dass eine Chance gesehen wird, also die Möglichkeit, durch einen Mehrwert für den Kunden im Markt Fuß zu fassen. Wettbewerbsvorteile entstehen hauptsächlich dadurch, dass man die Chancen zuerst, vor allen Anderen, sieht und den Markt mit dem daraus resultierenden zeitlichen Vorsprung vorbereiten kann.

Das Dilemma steckt in der kurzen zur Verfügung stehenden Zeit, in den möglichst niedrigen Kosten, im exakten Herausfinden des Kundenbedarfs.

Mit dem von Porter vorgestellten Five-Forces-Modell steht ein Instrument zur Verfügung, welches die Wettbewerbsintensität analysiert. Als Kriterien werden Eintrittsbarrieren für neue Marktteilnehmer, Substitutionsmöglichkeiten, die Macht gegenüber Käufern und Zulieferern und die Wettbewerber verwendet (siehe Anhang II, Abschnitt 10.2.3). Mit dem auch als Branchenstrukturanalyse bezeichneten Vorgehen bekommt man einen Eindruck von der Attraktivität der Branche. Das Ergebnis der Analyse ist die Empfehlung, schwer umkämpfte Industrien zu meiden und sich auf attraktive Branchen zu konzentrieren. Nun beweisen jedoch beispielsweise Dell im hart umkämpften PC-Markt und Aldi im schwierigen Lebensmittelmarkt, dass nicht ausschließlich das Marktumfeld ausschlaggebend ist, sondern dass Vorausschau, strategisches Geschick und unternehmerisches Denken entscheidendere Faktoren für Markterfolg sind.

Der Vergleich des idealen und realen Unternehmensumfelds in Abschnitt 1.3 hat schon gezeigt, dass günstige – ideale – Marktbedingungen nur für kurze Zeit vorherrschen. Es kann also geschlussfolgert werden, dass durch die Suche nach „einfachen" Märkten, etwa durch die Portfolioanalyse, im Wesentlichen die Wettbewerbsfähigkeit und die Innovationsfähigkeit des Unternehmens leiden.

Das Dilemma Kunde

Wenn es nach den Experten geht, müsste eigentlich klar sein, was der Kunde will. CRM-Systeme (Customer-Relationship-Management-Systeme), Sinus-Milieus (Bild 22) und Kundenbefragung sind nur einige Instrumente aus der Marketingabteilung, die diesen Eindruck vermitteln wollen. In der Realität stehen sich Hersteller und Kunde aber nicht selten schulterzuckend gegenüber – unverstanden und ahnungslos wie noch nie.

Das Problem ist, dass der Drang nach Effizienz auch den Umgang mit dem Kunden prägt, und so geht es weniger darum, den Kunden und seine Bedürfnisse zu verstehen (was alleine noch keinen Mehrwert bringt und nicht messbar ist), sondern darum, dem Kunden etwas zu verkaufen. Die Entwicklungszeiten und Produktlebenszyklen werden kürzer; das geht aber nur gut, wenn auch die Nutzungszeiten abnehmen. Das bedeutet, der Kunde muss öfter als bisher alt gegen neu austauschen.

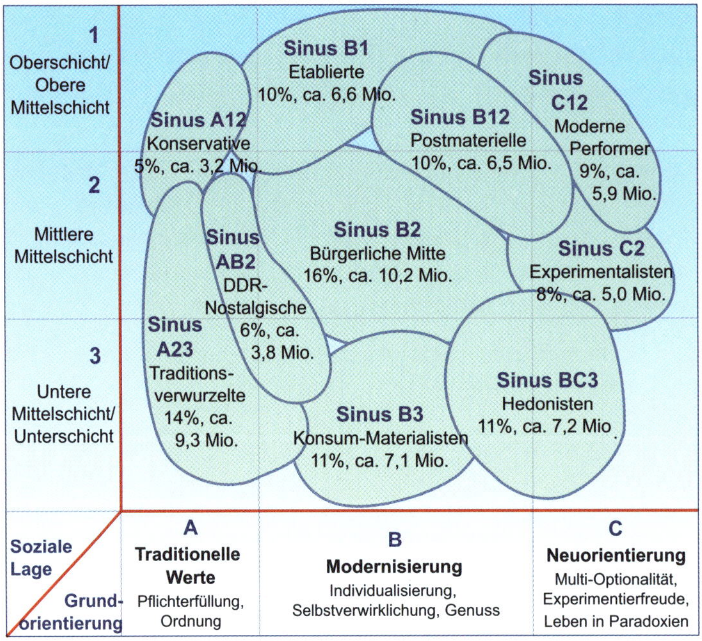

Bild 22 Die Sinus-Milieus in Deutschland 2006 („Kartoffelgrafik"): Wie weit gilt diese überschaubare Welt? [www.sinus-sociovision.de]

Zunehmend wird er aber zum „Spielverderber" und erfüllt nicht die durch die Hersteller kalkulierten Erwartungen.

Entsprechend den früheren CRM-Verheißungen müsste es längst den „gläsernen" statt des unberechenbaren Kunden geben. Hier kommt etwas ins Spiel, was man sicherlich als Trend bezeichnen kann (mehr zum Thema „Trend" in Kapitel 3): Auch der Umgang mit Kunden wird zunehmend automatisiert. Einen Großteil der täglichen Besorgungen kann man mühelos über Automaten abwickeln. Fahrkarten, Check-in am Flughafen, Tanken, Getränkekauf, Getränkeflaschenrückgabe, Bank sowieso, Briefmarken, DVD-Verleih – alles ist heute schon möglich und Unternehmen arbeiten mit Hochdruck am vollautomatischen Einkauf (Future Store in Rheinberg!).

Der Ablauf des Verkaufsprozesses wird dabei formalisiert und teilweise standardisiert. Der Kunde hat nur die Wahl zwischen Kauf oder Nichtkauf, zwischen Service und Nichtservice. Entscheidet er sich für dieses Schema, akzeptiert er die Konsequenz, dass bei Problemen und Unklarheiten ER den Mehraufwand hat. Neben der sich auflösenden Einkaufskultur auf der einen Seite werden auf der anderen Seite Konzepte für Erlebnisshopping erarbeitet – zum Beispiel Starbucks, das die traditionelle Kaffeehaus-Kultur neu und erfolgreich interpretiert [Pine 1999].

Für Serviceanbieter ergibt sich damit langfristig ein weiteres Problem: Sie wissen nichts mehr vom Kunden – der Kontakt ist abgerissen. Banken haben heute schon dieses Problem. Der größte Teil des Geschäftes läuft elektronisch, über Automaten oder über Call-Center – anonymisiert. Aber wer sind die Kunden? Was wollen sie? Um den Kunden verstehen zu können, muss man den Kontakt suchen, nicht abbrechen!

In jedem Falle wollen sie ernstgenommen werden. Bei Massenmarketing und Customer-Relationship-Management-Ansätzen sind Zweifel daran angebracht, ob dies auch erfolgt – denn beides sind Instrumente, um den Kunden besser zu „überzeugen“ oder zu „adressieren“, wie man in Marketingabteilungen zu sagen pflegt.

Die Ansprache des Kunden über Zielgruppen ist ein weiterer Versuch, den störrischen Kunden in den Griff zu bekommen. Das traditionelle Schichtenmodell wurde durch Lebensstile erweitert und über diese beiden Kriterien – Schichten und Stile – werden Milieus definiert. Diese Zielgruppen – oder Milieus – sollen möglichst homogene Gruppen mit ähnlichen Mustern und Präferenzen in der Lebensführung – abbilden. Sigma- oder Sinus-Milieus (Bild 22) sind sicher die bekanntesten Vertreter; sie unterscheiden sich nur marginal. Der Erfolg der Milieus begründet sich in der vermittelten Einfachheit. Die Botschaft ist klar – der Kunde ist gar nicht so kompliziert – es gibt ungefähr zehn Gruppen mit zehn unterschiedlichen, aber innerhalb der Gruppe jeweils gleichen Bedürfnissen. In der Einfachheit liegt jedoch auch das Problem: Der Versuch einer Eigenbewertung bzw. Klassifizierung gerät da leicht zur Herausforderung. Ist man bürgerliche Mitte, weil man eine Espressomaschine besitzt oder Experimentalist, da Single? Gehört man ins Etablierten-Milieu, weil man Individualreisen macht oder ist man doch postmateriell, da man Bio-Lebensmittel bevorzugt? Es lässt sich feststellen: Je nach Situation würden unterschiedliche Milieus „passen“. So ganz eindeutig sind sie aber eben nicht und spätestens damit stellt sich die Frage nach dem Sinn des Ganzen und danach, ob der Ansatz nicht doch etwas veraltet ist und noch davon ausgeht, dass die Welt sehr stabil und überschaubar ist [Raschke 2005].

Das heißt, auch in Zukunft wird der Kunde ein großer Unsicherheitsfaktor bleiben. Es bleibt eine Illusion, der Kunde sei eine steuerbare Größe, die sich mit Hilfe von einigen Daten erfassen und „formen“ oder „managen“ ließe (da in Deutschland Managementkurse „Kundenzufriedenheit managen“ angeboten werden, scheint sich dieser Trugschluss jedoch hartnäckig zu behaupten). Mit welcher Unsicherheit Verhaltensanalysen von Kunden, oder in dem Fall Meinungsanalysen von Wählern behaftet sind, lässt sich an der letzten Bundestagswahl im Jahre 2005 erkennen. Trotz intensiver Erhebungen und peniblem Studium der Wähler hielt sich der Wähler nicht an die Prognosen der Wahlforscher.

Die traditionelle Annahme, dass der Kunde prinzipiell rational handelt und so als Homo Oeconomicus modelliert werden kann, ist auch mehrfach widerlegt worden. Barry Schwartz stellt beispielsweise in dem Buch „The Paradox of Choice“ ein paar ausgewählte Herausforderungen vor, denen der Kunde in der heutigen Zeit ausgesetzt ist [Schwartz 2004]. So viele Faktoren – neben Preis, Kundennutzen und Funktionalität, Vergleich, aber auch der Auswahl an Produkten – spielen eine Rolle, dass es unmöglich erscheint, diese alle verstehen, nachbilden oder beeinflussen zu können.

Auch zukünftig wird der Kunde das unbekannte Wesen bleiben, da jeder Mensch nun mal anders tickt und noch so moderne Gruppierungsversuche immer ein Kompro-

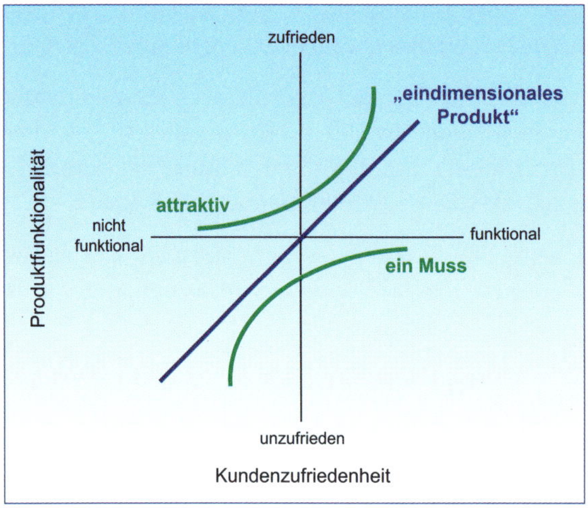

Bild 23 Kano-Diagramm: Das Potential, die Kundenzufriedenheit zu steigern, ist im Bereich des „Neuen“ besonders hoch.

miss bleiben werden. Mit der Einsicht, heute den Kunden nur ansatzweise verstehen zu können, wirkt ein Blick in die Zukunft beängstigend. Wie wird sich DER Kunde weiterentwickeln? Auch er wird lernen – und Produkteigenschaften und Service wieder mehr Beachtung schenken.

„But often the customer does not really know, what she wants or needs. Indeed, the customer may have no perceived preexisting needs at all.“ [Lester 2004]. Unternehmen sind darauf spezialisiert, Probleme zu lösen, und das effizient. Aber wenn der Kunde sein Bedürfnis nicht genau beschreiben kann, wie lässt sich dann ein Problem formulieren? In Zukunft wird es darum gehen, Probleme zu finden, nicht die Lösungen (vgl. Bild 1).

Kano [Kano 1984] hat schon 1984 ein Modell entwickelt (Bild 23), welches den Zusammenhang zwischen Kundenzufriedenheit und Produktfunktionalität darstellt. Produkteigenschaften, die als überraschend und überzeugend eingeschätzt werden und den Kundennutzen positiv beeinflussen, tragen überdurchschnittlich zur Kundenzufriedenheit bei. Das mag trivial klingen, zeigt aber, dass vor allem neue Produkteigenschaften ausschlaggebend sind. Das ist zumindest ein Ansatzpunkt, um auch in Zukunft Einfluss auf den „Unsicherheitsfaktor“ Kunde zu nehmen.

Das Dilemma der Messbarkeit

Der Glaube an Zahlen ist unerschütterlich. Zahlen suggerieren Genauigkeit und Sicherheit – sie vermitteln das Gefühl, alles sei unter Kontrolle. Die Ansicht „weniger ist oft mehr“ und die Philosophie, wonach nur gut ist, was messbar ist, haben zum Teil fatale Folgen für Unternehmen.

Die Fähigkeit von Unternehmen, neues Wissen und Erfindungen in neue Produkte zu überführen und am Markt vorzustellen und zu positionieren, wird als Innovationsfähigkeit bezeichnet. Auch der Ehrgeiz der Betriebswirtschaftler hat bisher nicht dazu geführt, dass man diese Fähigkeit – als vergleichbare Größe – in einer aussagekräftigen Zahl darstellen kann. In vielen Studien und Untersuchungen wird daher die Zahl der Patente und des F&E-Aufwandes als Orientierungsgröße für Innovationskraft verwendet. Das zeigt jedoch das ganze Ausmaß des Dilemmas. Ein Patent schützt eine Erfindung – nicht mehr und nicht weniger. Ob die Erfindung geeignet ist, ein neues Produkt zu entwickeln und neue Geschäfte anzustoßen, bleibt jedoch offen.

Das Klammern an Zahlen und der Wille, alles messen und kontrollieren zu wollen, sowie die Verknüpfung von Messwerten mit Bewertungskriterien kann leicht dazu führen, dass das eigentliche Ziel aus dem Blickfeld verschwindet. In einem Gedankenexperiment überlegt sich Roger D. Pollard [Fouke 2000], bei welcher Technologie es sich lohnen würde, sie unerfindbar – also die Erfindung rückgängig – zu machen. Er kommt zu einem verblüffenden Schluss: Spreadsheet Software – zum Beispiel Microsoft Excel.

„Spreadsheet software has led practitioners in the humanities, social sciences, and liberal arts to believe that to be numerically literate, complete, and accurate; all you need to do is feed data into rows and columns of a spreadsheet. Many decisions taken by managers who have no scientific training are based on erroneous conclusions drawn from such analysis."

Dem ist wenig hinzuzufügen. Die Popularität der Numerik im Allgemeinen und der Matrizen im Besonderen im Unternehmensumfeld liegt vermutlich an der Einfachheit. Komplexe Sachverhalte werden auf Zahlen bzw. Quadranten reduziert und vermitteln den Eindruck der Vollständigkeit und des Absoluten. Unerfasstes bleibt unberücksichtigt und wird auch bei der weiteren Betrachtung ausgeblendet. Methoden und Instrumente – qualitative oder quantitative – so wie sie zum Beispiel im Anhang vorgestellt sind – unterstützen bei der Visualisierung, Strukturierung oder Auswertung. Eine intelligente Interpretation können sie nicht ersetzen.

Um beim Beispiel der Patente zu bleiben: Auch wenn eine hohe Anzahl von Patenten als Erfolg gewertet wird, sie liefert weder eine Aussage über die Innovationsfähigkeit, noch gibt sie eine Garantie für erfolgreiche Innovationen. Für die Anzahl der umgesetzten Erfindungen gibt es jedoch noch keine Messgröße und so bleibt es wohl erstmal das Ziel, die Anzahl der Patente zu erhöhen. Für Überlegungen zur Zukunft sind Patente indes völlig ungeeignet. Wie kann man Unsicherheit und Risiko in Kennzahlen ausdrücken? So gilt ganz generell:

Das Leben und das Unternehmen lassen sich nicht in allen Bereichen kategorisieren und in Zahlen darstellen. Wie wird beispielsweise Motivation oder unternehmerische Qualität bei Mitarbeitern gemessen?

„Statistiken sind deshalb so beliebt, weil sie suggerieren, man könnte komplexe Zusammenhänge ohne strukturelle Einsicht, einfach durch Zahlen verstehen." So fasst Norbert Bolz [Bolz 1997] das Dilemma zusammen.

Das Dilemma der Informationen

Der Erkenntnisgewinn ist kontinuierlich und treibt die Veränderung voran, aber die Aufnahme- und Verarbeitungskapazität der Unternehmen ist begrenzt.

Wenn man davon ausgeht, dass Informationen und Wissen der Rohstoff für die Innovationen von morgen sind, dann ermöglicht der technische Fortschritt in Form von Internet, elektronischen Datenbanken und Archiven einen einfachen Zugang dazu. War bisher der Zugang zu Informationen von Bedeutung, hat sich die Situation nun verändert. Als leicht zur Verfügung stehender Artikel (Commodity-Artikel) ist Information nun nicht mehr geeignet, Wettbewerbsvorteile zu erlangen. Mit dem Informationsüberfluss stellt sich automatisch auch eine Informationsknappheit ein. Denn die „richtigen, wichtigen", einen Wissensvorsprung schaffenden Informationen sind entscheidend. Was aber ist richtig und wichtig? Das hängt vom Kontext des Unternehmens ab und kann insofern auch nur vom Unternehmen erbracht werden. Informationstechnologie kann da nur begrenzt helfen – wie im Kapitel 6 ausführlich dargestellt.

Der Umgang mit Informationen ist und wird eine wichtige Kompetenz werden: verstehen, reflektieren, bewerten, filtern, kombinieren und neues Wissen generieren und lernen. Im Zuge der IT-Euphorie haben aber viele Unternehmen versäumt, die Fähigkeiten dazu weiterzuentwickeln. Das mag auch daran liegen, dass beispielsweise Tätigkeiten wie Lesen und Verstehen – also der Aufnahme von Information und der Verarbeitung – keine Wertschöpfung beigemessen wird.

Der bisherige Vorteil größerer Firmen mit großen Budgets wird geringer werden. Intelligenter Umgang mit Informationen – Qualität und die Interpretation statt Quantität – werden immer wichtiger.

Das Dilemma der Ignoranz

Präsident Eisenhower beauftragte die Paley-Kommission mit einer Untersuchung zum Thema Energie. Ziel war es, die Versorgung mit Energie und damit die weitere Entwicklung der Vereinigten Staaten sicherzustellen. Die Kommission ging in dem Report davon aus, dass das Land spätestens Anfang der siebziger Jahre mit einer Energie-Unterversorgung bzw. -Knappheit rechnen müsse, und empfahl, massiv „neue" Energiequellen – zum Beispiel die Sonnenenergie – zur Versorgung zu nutzen. Mit ihrer Einschätzung lag die Paley-Kommission ziemlich richtig. Nur, es nützte nichts. Eisenhower setzte voll auf Nukleartechnologie und im Vergleich zu dem damals noch recht billigen Erdöl war die Solartechnologie „zu teuer". (Kapitel 7 widmet sich ausschließlich dem Thema Erdöl als Energieträger und -lieferant und der möglichen Zukunft mit oder ohne den begehrten schwarzen Stoff.)

Das Beispiel zeigt jedoch, wie sich die Entscheidungsträger und die „Denker" voneinander entfernt haben. Entweder gelingt es den Denkern nicht, ihre Ideen richtig zu vermitteln, oder die Entscheider verstehen zwar die Message (zumindest zum Teil), ignorieren sie aber bzw. berücksichtigen sie nicht, nur teilweise oder als Alibi.

Aus welchen Gründen auch immer (mehr dazu im Kapitel 2): Entscheidungen aus dem Bauch heraus zu fällen, gerade in turbulenter werdenden Zeiten, kann schnell zum Problem werden.

Das Dilemma der Effizienz

Effizient ist eine Handlung, wenn mit dem geringstmöglichen Aufwand das gewünschte Ziel erreicht wird. Effizienz beschreibt im Wesentlichen den Kosten-Nutzen-Zusammenhang.

Betriebswirtschaftlich gesehen ist der Wunsch nach Effizienz verständlich, aus Unternehmenssicht jedoch nicht ausreichend. Effizienz allein – ohne Effektivität – kann sich katastrophal aufs Unternehmen auswirken. Als sich beispielsweise die Gaslampenhersteller Anfang des letzten Jahrhunderts auf die Effizienz in der Herstellung der Gaslampen konzentrierten, übersahen sie die Entwicklung der elektrischen Glühlampen.

Effektivität – „das Richtige tun" – wie Drucker sagt, ist eine strategische Aufgabe und kann NIEMALS durch Effizienz ersetzt werden.

Ziemlich kritisch gehen Hamel und Prahalad mit dem Thema Effizienz um [Hamel 1995]. Sie werfen Managern vor, sich vorzugsweise um den Nenner – also die Kosten – zu kümmern (Effizienz = Nutzen/Aufwand), da es einfacher erscheint. „... aggressive denominator reduction under a flat reverse stream is simply a way to sell market share and the future of the company. Marketing strategists term this a harvest strategy and consider it a no-brainer."

Einen Schritt weiter geht Arie de Geus [Geus 1997]. Er beschreibt, wie es möglich ist, eine Firma innerhalb von 12 Monaten zu ruinieren. Der Ausgangspunkt – so de Geus – ist die Feststellung des Managements, dass die Firma nicht profitabel genug ist und dies ändern möchte.

Die Aussage ist klar: Die Zukunft liegt in der Vergrößerung des Zählers – ehrgeizige Wachstumsziele lassen sich nur über Investitionen verwirklichen.

Das Dilemma der Opportunität

Ähnlich wie physikalische Systeme streben auch Organisationen auf ein Gleichgewicht oder, wie es Nicolis und Prigogine [Nicolis 1989] ausdrücken, auf einen Zustand der „Temporary Stability" zu. Ursache ist zum einen Zufriedenheit mit Erreichtem und die Trägheit gegenüber Veränderungen. Andererseits trägt das Verhältnis zwischen Mitarbeitern und Unternehmensführung zur Stabilität und Konsensbildung bei.

Manager fördern im Allgemeinen diejenigen, die gut zum Gesamtbild passen – also ähnliche Ansichten und Meinungen vertreten – und vor allem konsensfähig sind. In umgekehrter Richtung – bottom-up – werden Mitarbeiter dazu erzogen, dass es sich für die Karriere auszahlt, keinen „Ärger" zu machen, also keine anderen Meinungen als die in der Organisation akzeptierten zu vertreten. Konsensorientierte Organisationen bewegen sich in einer Art „Comfort Zone". In turbulenten, von Unsicherheit geprägten Zeiten ist die Anfälligkeit dafür besonders hoch.

Das wird noch verstärkt durch die übliche Praxis, hohe Leistungen in der Vergangenheit durch Beförderungen anzuerkennen. Das Fatale daran ist, dass nicht die zukunftsorientierten Mitarbeiter zu mehr Einfluss kommen, sondern erfolgreiche, aber vergangene Erfolgsrezepte in die Zukunft getragen werden. Es läuft darauf hinaus, dass neue, unbekannte Probleme mit alten Erfolgsrezepten behandelt werden – mit zum Teil fatalen Folgen [Pfeffer 2000].

Fitte Organisationen mit einer geringen Neigung zu Opportunität können sich besonders rasch auf neue Umweltbedingungen einstellen bzw. sind in der Lage diese selber voranzutreiben.

In Kapitel 5 und 6 wird das Thema „Zukunftsorientierte Organisation – Lernende Organisation" nochmals aufgegriffen.

Das Dilemma der Innovationen

Dass Innovationen für den Unternehmenserfolg wichtig sind, ist unbestritten. Nicht nur Unternehmenslenker und Autoren weisen regelmäßig auf die Bedeutung von Innovationen hin. Selbst die Bundesregierung hat die Tragweite erkannt und bemüht sich um eine bessere Förderung. Das Problem an der Situation ist jedoch, dass versucht wird, Innovationen zu „managen", als käme es lediglich auf einen soliden Prozess an. So werden – im Rahmen des Innovationsmanagements – Innovationsprojekte gestartet. Um diese bewerten zu können – und nur die „Besten" werden gefördert – muss im Projektantrag das erwartete Ergebnis des Innovationsprojektes schon festgeschrieben werden. Die kollektive Annahme in Unternehmen ist, dass erst klar sein muss, was konkret „geboren" wird, bevor ein diesbezügliches Projekt gestartet wird.

Die Vorstellung, dass der spielerische, kreative Suchprozess Teil von Innovationsprojekten sein muss, ist wenig verbreitet. Es sei an dieser Stelle wieder auf Popper verwiesen, der sagte: „Wir können prinzipiell nicht wissen, was wir künftig wissen werden, denn sonst wüssten wir es schon" [Popper 1969]. Traditionelle Ansätze zur Innovation, wie beispielsweise von Hauschild beschrieben [Hauschild 2004], sehen stattdessen den Prozess im Mittelpunkt und sehen Innovation vor allem im „Neues für bekannte Probleme".

In Bild 11 wurde der Problem-Lösungs-Raum dargestellt. Der Bereich „unbekanntes Problem/unbekannte Lösung" wird beim Thema Innovationen fast immer ausgeblendet. Das Ergebnis ist, dass Innovationen fast ausschließlich im inkrementellen Bereich angesiedelt sind.

Rolf Berth von der Düsseldorfer Akademie Schloss Garath hat zu diesem Thema eine Studie angefertigt und veröffentlicht [Berth 2003]. Dafür wurden 432 Innovationsprojekte aus 32 Branchen untersucht und die beteiligten Manager befragt. Das Ergebnis ist in Tabelle 5 dargestellt – es ist erschreckend. Der höchste Anteil vom F&E-Budget fließt in „Bagatellinnovationen" und Verbesserungen, welche auch die höchste

Tabelle 5 Innovationen zwischen Fordern und Fördern (Zahlenangaben in Prozent) [Berth 2003]

Innovationsart	Wertschätzung der Manager	Renditeerwartungen der Manager		Tatsächlich erzielte Rendite		Floprate	Durchschnittlicher Anteil am Budget für F&E	
Altprodukte	Hoch	7,3		5,2		–	19	
Produktpflege	Mittel	6,8		3,7		–	31	
Verbesserung	Hoch	14,9		6,9		69	22	
Erneuerung	Mittel	15,1		11,8		67	16	
Durchbruch	Gering	9,1	12,3	14,7	34,6	61	7	12,0
Vision/Mission	Ablehnend	3,2		19,9		64	5	

Anerkennung bei Managern genießen. Durchbruchinnovationen sind unbeliebt, trotz höchster erzielter Renditen. Berth resümiert: „Vor denjenigen Innovationen, die das höchste Ansehen bis hin zum Nobelpreis bringen und die höchsten Renditen bei mäßigem Risiko erzielen, schreckt die überwiegende Mehrheit der Manager ängstlich zurück. Nur so können wir erklären, dass der Anteil von Durchbrüchen und Visionen an den gesamten Innovationen seit 25 Jahren rückläufig ist."

Ähnlich alarmierend wird die Situation in einer Studie des IFO-Institutes gesehen [IFO 2003]. Hier wird festgestellt, dass im Jahre 2002 Produkte in der sogenannten Schrumpfungsphase – also am Ende des Lebenszyklus – am Umsatz gemessen die Produkte der Markteinführungsphase um 6% übersteigen – der schlechteste Wert seit 20 Jahren. Neben der reinen Bestandsaufnahme geht Christensen in dem Buch „The Innovator's Dilemma" [Christensen 2000] noch einen Schritt weiter und diagnostiziert, dass unter anderem die Fixierung auf den Kunden zum Dilemma beiträgt. Der kann jedoch radikale Innovationen nicht einmal artikulieren (ein Beispiel dafür war der Airbag). Weiterhin argumentiert Christensen, dass Manager neben den dringendsten Dingen die wichtigen vernachlässigen bzw. erst dann die wichtigen „managen", wenn sie dringend sind. So wird aus Innovationsmanagement rasch Krisenmanagement.

Hamel und Prahalad [Hamel 1994] sehen Corporate Foresight und Innovationen als wichtige Bestandteile, Unternehmen auf die Zukunft vorzubereiten. Langfristige Bekenntnisse zu einem Geschäftsgebiet und der Wille, die Ressourcen und Kompetenzen zu fördern, sind Grundvoraussetzung für erfolgreiche Innovationen.

Gassmann [Albrecht 2005] schätzt, dass von tausend Ideen zwei Innovationen mit geschäftlichem Erfolg übrig bleiben. Dies zeigt, dass Innovationen riskant und schwierig zu „managen" sind. Sich deshalb auf die „Low Hanging Fruits" zu konzentrieren, ist trügerisch – so kreierte Sony zwar den Musikmarkt für Walkman, verschlief aber völlig den Übergang zur digitalen Musik (MP3). Festhalten am bestehenden (vermeintlich sicheren) Geschäft sorgte für den Abstieg des Marktführers zum Nischenanbieter.

Also: Innovationen nicht nur fordern, sondern auch fördern.

Das Dilemma der Orientierungslosigkeit der Planung

Woran orientiert man sich? In der Regel am Mittelmaß oder am Wettbewerb. Und weil man keine Ideen hat, ergeben sich – ökonomisch vielleicht sogar kurzfristig sinnvoll – solche Aktionen wie Aktienrückkäufe. Sie sind ein knallhartes Indiz für Ideenlosigkeit, dafür dass keine Ideen für anderweitige Investments vorhanden sind.

Situationen werden falsch eingeschätzt. Ob Kunde, Wettbewerber, Partner, Regierung, Rohstoffpreise – immer öfter kommt es vor, dass Annahmen und Einschätzungen nicht zutreffen. Die Ausnahme wird zur Regel: „Komplexität erzeugt Unsicherheit. Unsicherheit erzeugt Angst. Vor dieser Angst wollen wir uns schützen. Darum blendet unser Gehirn all das Komplizierte, Undurchschaubare, Unberechenbare aus. Übrig bleibt ein Ausschnitt – das, was wir schon kennen. Weil dieser Ausschnitt aber mit dem Ganzen, das wir nicht sehen wollen, verknüpft ist, unterlaufen uns viele Fehler – der Misserfolg wird logisch programmiert." [Dörner 2003]

Wozu braucht man dann Pläne?

Schon Rumpelstilzchen hatte einen Plan: „Heute back' ich, morgen brau' ich, und übermorgen hole ich der Königin ihr Kind." Ein toller Plan, leider erfolglos, weil auch dabei Annahmen, die fest eingeplant waren, nicht zutrafen.

„Planen ist Handeln auf Probe. Beim Planen tut man nicht, man überlegt, was man tun könnte." [Dörner 2003]

Steht der Plan erst einmal, ist er heilig. Selbst wenn klar wird, dass beim Planen etwas nicht berücksichtigt wurde. Zweifel, Vielfalt, Überraschungen und Unsicherheiten sind die größten Feinde der Planer. Das geht soweit, dass Kausalitäten verdreht werden – die Welt, Kunden, Wettbewerb usw. werden an den Plan angepasst.

Eine Korrektur des Planes ist eine empfindliche Störung dieses Plans, organisatorisch und psychologisch, und wird als persönliche Niederlage angesehen. Wie schon vorab angedeutet, ist der Markt ein dynamisches, komplexes System, welches sich spontan ändern kann. Wechselnde Bedürfnisse, nicht vorhersehbare Probleme und eine Vielzahl von Optionen sind bei Planern unberücksichtigte Annahmen. Wenn aber Pläne regieren, also ein System all seine Teile gnadenlos in seine Ordnung zwingt, dann steht und fällt das Ganze mit dem Wohl jedes Teiles. Der Erfolg eines Plans hängt demzufolge von den Einzelteilen ab – den Ausführenden und den Rahmenbedingungen – weit weg von den Planern. Bedenkt man die Komplexität, Abhängigkeiten und Dynamik unserer Welt, wird damit klar, dass in Zukunft nur durch adaptives Handeln – unabhängig vom Plan – die Anpassung an veränderte Situationen erfolgen kann.

Ein Weg aus den Dilemmas?

Die Liste der hier aufgeführten Dilemmas ist nur ein Auszug ohne Anspruch auf Vollständigkeit. Was aber klar wird: Das Steuern eines Unternehmens unter „Cruise Control" – so wie von Berner dargestellt [Berner 2004] – ist der falsche Ansatz. Komplexen Situationen kann nicht mit einfachen Mitteln aus der Standard-Management-Toolbox begegnet werden. Die Probleme, Herausforderungen und Dilemmas, denen Unternehmen heute gegenüber stehen, sind ungemein vielschichtig, oftmals vernetzt, unübersichtlich und nicht abgrenzbar. Nur im Zusammenspiel vieler Stakeholder – die verschiedene Meinungen vertreten und Sichtweisen haben – sind sie zukunftsorientiert zu lösen. Individuelle Lösungen sind gefragt, die vor allem Analyse- und Synthesefähigkeiten erfordern.

Der Aufgabenbereich von Unternehmen lässt sich in Routineaufgaben und Nicht-Routine-Aufgaben unterteilen. Routineaufgaben lassen sich programmieren und automatisieren, sie laufen unter gegebenen Bedingungen stets gleich ab. Nicht-Routine-Aufgaben wie z.B. Strategieentwicklung oder Innovationen lassen sich hingegen NICHT automatisieren. Versuche, das zu tun, konzentrieren sich auf die Formalisierung des Ablaufes – was zu Prozess-Handbüchern statt Erneuerung führt.

Die Zukunft von Unternehmen wird NICHT im Routineteil entschieden. Die Intelligenz von Unternehmen wird der entscheidende Erfolgsfaktor im Überlebenskampf und Wettbewerb sein. Diese zeigt sich durch die Fähigkeit, Signale und Veränderungen erkennen zu können, und vor allem – und das ist das Entscheidende – die Fähigkeit, als Unternehmen diese schnellen und langsamen Veränderungsprozesse auch verstehen, interpretieren und reflektieren und entsprechend proaktiv oder reaktiv handeln zu können.

In dem Buch „What's your Corporate IQ" untersucht Underwood sehr ausführlich die Fähigkeiten von Unternehmen und schlägt die Darstellung in einem IQ vor. Er stellt fest: „I have never found a high IQ Company that was in trouble" [Underwood 2004]. Mit dem nachfolgenden Test kann man eine Einschätzung zur Lage des Unternehmens bekommen. Er unterscheidet sich zu dem von Underwood vorgeschlagenem Test, der sich auf den momentanen Zustand bezieht, durch die Ausrichtung auf die Zukunft. Die Frage ist: „Wie intelligent ist das Unternehmen?" Die Intelligenz des Unternehmens bezieht sich dabei auf die Fähigkeit, sich im Markt durchzusetzen, schnell auf Veränderungen reagieren zu können und primär zu überleben. Mit dem Ergebnis bekommt man eine erste Vorstellung darüber, wie gut das Unternehmen auf die Zukunft vorbereitet ist.

Es sei darauf hingewiesen, dass der Test zur Orientierung und Diagnose dient und Indizien für Verbesserungen gibt. Eine umfassende Analyse und die individuelle, situationsabhängige Bewertung kann dadurch NICHT ersetzt werden.

Hinweise

- Um eine aussagekräftige Bewertung zu bekommen, vermeiden Sie bitte, die Wunschvorstellung oder Ihre Ziele anzugeben. Wählen Sie die Antwort aus, die der Realität am nächsten kommt!
- Wählen Sie pro Frage nur EINE Antwort aus.
- Beziehen Sie ihre Antworten auf den Unternehmensbereich, den Sie kennen. Falls Sie den Überblick über das ganze Unternehmen haben, beziehen Sie die Antworten auf das ganze Unternehmen.

1.5 Intelligenztest für Unternehmen

Dieser Test ist selbstverständlich analog auch auf Organisationen, Behörden und Verbände anwendbar.

1. Wie informiert sich das Unternehmen über die Unternehmensumwelt und Veränderungen im Businessumfeld?

a) Systematisch und institutionalisiert, viele Quellen werden zentral erfasst. ☐

b) Eher zufällig dringen Informationen zu den Entscheidungsträgern. ☐

c) Teilweise, mit unterschiedlichem Fokus und Aufwand und verschiedenen Methoden. ☐

d) Selten bis nie, es gibt kaum Zeit dafür. ☐

2. Wie werden Informationen im Unternehmen behandelt?

a) Informationen bedeuten Macht, Informationsweitergabe Machtverlust. ☐

b) Es gibt verschiedene Plattformen und Informations- und Knowledge-Management-Systeme. Die komplizierte Bedienung und Zeitmangel verhindern eine stärkere Nutzung. ☐

c) Mitarbeiter sind angehalten, Informationen im Sinne des Unternehmens zum besten Nutzen weiterzugeben. Dafür werden Ressourcen bereitgestellt. ☐

d) Es findet kaum ein Informationsaustausch im Unternehmen statt. Das Management schenkt dem Thema kaum Beachtung. ☐

3. Wie werden strategische Entscheidungen getroffen?

a) Strategiemanagement ist im wesentlichen Krisenmanagement. ☐

b) Die Strategie wird jährlich geplant und basiert auf der Budgetplanung. ☐

c) Es gibt eine langfristige Orientierung, basierend auf einer kontinuierlichen Analyse, und daraus abgeleitete taktische Maßnahmen. ☐

d) Die Strategie wird von der Unternehmensspitze „gemacht" und geplant. ☐

4. Wie wird die Leistung der Mitarbeiter beurteilt?

a) Die jährliche Planung und Kontrolle schließt eine vollständige Messbarkeit der Ergebnisse ein. ☐

b) Da Teamarbeit gefordert und gefördert wird, wird auch das Team bewertet. Herausragende individuelle Leistungen werden gesondert ausgezeichnet. ☐

c) Der Vorgesetzte bewertet einmal jährlich die Leistung seiner Mitarbeiter. Dazu findet ein Gespräch zwischen Mitarbeiter und Chef statt. ☐

d) Es gibt keine Leistungsbeurteilung. Durch die Länge der Unternehmenszugehörigkeit wird das Gehalt festgelegt. ☐

5. Welche Kriterien sind für eine Einstellung und Beförderung von Bedeutung?

a) Erfolge in der Vergangenheit und die notwendige Selbstdarstellung sind entscheidend. ☐

b) Strategische Denkweise und Zukunftsorientierung sind entscheidend. ☐

c) Es gibt nur temporäre Beförderungen, das verhindert hierarchische Verkrustungen. ☐

d) Individuelle Leistung und die richtigen Kontakte sind wichtig. ☐

6. Was motiviert Mitarbeiter, im Unternehmen zu arbeiten?

a) Die Motivation speist sich aus den individuell vorgegebenen Zielen und deren Erreichung. Ziele und Erfüllung werden einmal jährlich abgestimmt. ☐

b) Das Unternehmen ist um intrinsische Motivation bemüht. Monetäre Leistungsanreize gelten als überholt und nicht zielführend. ☐

c) Die Motivation ergibt sich aus der Abhängigkeit vom Einkommen. Die Mehrheit der Mitarbeiter hat jedoch innerlich gekündigt. ☐

d) Die Hoffnung auf schnelle Karriere ist der größte Motivator. ☐

7. Wie geht das Unternehmen mit Innovationen um?

a) Innovationen werden gefordert, aber kaum gefördert. ☐

b) Innovation bedeutet: Geld trifft Idee. Schnell. ☐

c) Es gibt ein Innovationsmanagementsystem und die meisten verlassen sich darauf. ☐

d) Wir reden nicht viel über Innovationen. Wenn wir eine Idee haben, gehen wir zum Chef oder direkt zu demjenigen, von dem wir glauben, er kann uns weiterhelfen. Wir haben die Freiheit, uns mit Ideen auseinanderzusetzen. ☐

8. Ein Wettbewerber bringt eine geniale Idee als Produkt auf den Markt. Wie lange dauert es, bis Ihr Unternehmen reagiert und ggf. ein vergleichbares Produkt am Markt platziert hat?

a) Es ist unsere Stärke, sehr schnell zu reagieren. Wir beobachten Märkte und Wettbewerber sehr genau und kontinuierlich. Unsere Produktentwicklung hat sich auf den Nachbau spezialisiert. ☐

b) In unserer Strategieplanung sind kaum Spielräume für Überraschungen. Es ist wahrscheinlich, dass wir erst reagieren, wenn unser Markt wegbricht. ☐

c) Die Budgetplanung für dieses Geschäftsjahr ist abgeschlossen. Die Produktplanung kann für das nächste Geschäftsjahr beantragt werden. ☐

d) Wir beobachten erst einmal die Entwicklung am Markt. Bei Bedarf sind wir in der Lage, rasch zu reagieren. ☐

9. Sie haben eine interessante Idee und sind der Meinung, sie sei für das Unternehmen von hohem Wert. Welche Möglichkeiten haben sie, diese umzusetzen oder voran zu bringen?

a) Es gibt ein Innovationsmanagement-Onlinetool. Die Reaktionszeit beträgt ca. 6 Monate. ☐

b) Es gibt die Mglichkeit, eine Erfindungsmeldung zu formulieren, Ergebnisse bleiben im Unternehmen eher unbeachtet. ☐

c) Es ist kein Budget für solche „Ausnahmen" eingeplant und damit erst im nächsten Geschäftsjahr möglich. Antrag läuft. ☐

d) Die Idee wird auf der unternehmensinternen Innovation-Fair „Money meets Idea" vor Managern, „Investoren" und Interessenten vorgestellt. Entscheidungen werden umgehend getroffen. Ziel ist es, sofort einen Paten bzw. Treiber und Förderer für die Idee zu finden. ☐

10. Ist Ihr Unternehmen in der Lage, Veränderungen am Markt zu bewirken?

a) Das Management sieht unser Unternehmen als Trendsetter, aber in der Realität sparen wir uns zu Tode und haben Mühe, dem Wettbewerb zu folgen. ☐

b) Veränderungen am Markt erfolgen zu rasch für unser Unternehmen. Das Management orientiert sich hauptsächlich an Kennzahlen des Finanzmarktes. ☐

c) Durch unsere Innovationskraft generieren wir ständig neue Märkte und versuchen, Wettbewerbsvorteile durch Neuerungen am Markt zu erlangen. ☐

d) Unsere Philosophie ist „Wir gestalten den Markt". Das gilt sowohl für das Tempo als auch für die Produkte und den Auftritt am Markt. ☐

11. Welche Zukunftsvorstellungen hat Ihr Unternehmen?

a) Die Zukunft sieht so ähnlich aus wie heute – nur viel besser. ☐

b) Das Unternehmen betreibt Zukunftsforschung sehr systematisch, informiert sich über Methoden und Inhalte. Die Unternehmensstrategie wird dadurch aktiv mitgestaltet. ☐

c) Unser Ziel ist es, den Unternehmenswert zu steigern und den Gewinn in den nächsten Jahren zu verdoppeln. Wie, wird sich zeigen. ☐

d) Es gibt Bereiche im Unternehmen, die sich mit der Zukunft beschäftigen. Die Ergebnisse werden jedoch kaum wahrgenommen – weder im Management noch im Rest des Unternehmens. Die Umsetzung geschieht eher zufällig. ☐

12. Wie werden administrative Aufgaben im Unternehmen abgewickelt (z.B. Urlaub, Reiseplanung und -abrechnung, Gehaltsabrechnung, Personalfragen, Arbeits- und Projektplanung)?

a) Es gibt für alles einen Spezialisten oder Ansprechpartner, der die Mitarbeiter unterstützt und so für eine schnelle Abwicklung sorgt. ☐

b) Das Unternehmen achtet streng darauf, den Gesamtaufwand so gering wie möglich zu halten. Zeiteinsparung steht vor Kosteneinsparung. ☐

c) Das Unternehmen ist bemüht, nach und nach alle administrativen Aufgaben zum größten Teil durch die Mitarbeiter selbst (z.T. elektronisch) ausführen zu lassen und durch eine Zentralabteilung lediglich zu betreuen. Das erhöht zwar den Aufwand für den Mitarbeiter, senkt aber die Kosten fürs Unternehmen. ☐

d) Alles ist streng geregelt und sehr bürokratisch. Ohne Unterschrift geht nichts. ☐

13. Gibt es einen vorherrschenden Führungsstil?

a) Ein autoritärer Führungsstil hat sich durchgesetzt, das sorgt für Klarheit und Schnelligkeit. ☐

b) Eine Entscheidungsschwäche ist im ganzen Unternehmen erkennbar. Jeder scheut sich, falsche Entscheidungen zu treffen. Lieber keine als die falsche Entscheidung. ☐

c) Der Chef hat eher die Funktion eines Coaches. Durch die hohe Eigenverantwortung, die die Mitarbeiter bei der Ausführung ihrer Arbeit haben, berät er bei schwierigen Entscheidungen und Budgetfragen. ☐

d) Es gibt keinen bevorzugten Führungsstil. Die Führungskräfte sind auf Zielerfüllung getrimmt. Wie sie die Ziele erreichen, ist ihre Sache. ☐

14. Worin äußert sich die Lernfähigkeit des Unternehmens?

a) Crossfunktionale Teams sorgen für den Wissenstransfer innerhalb des Unternehmens und über die Abteilungsgrenzen hinaus. ☐

b) Die Lernfähigkeit wird durch Cost-Center-Strukturen und Abteilungsgrenzen blockiert. ☐

c) Lernen lässt sich weder in der Projektstruktur des Unternehmens abbilden, noch ist ein monetärer Nutzen erkennbar. ☐

d) Durch Lessons-learned-Aktivitäten und Best-Practice-Initiativen wird versucht, Erfahrungen aus Fehlern und Erfolgen im Unternehmen zu verbreiten. ☐

15. Wie lässt sich die Unternehmenskultur am ehesten charakterisieren?

a) Respekt, Offenheit und Fairness sind zwar in den Unternehmensleitlinien festgeschrieben, in der Realität zeigt es sich jedoch, dass Einiges dem persönlichen und dem Unternehmenserfolg geopfert wird, wenn es notwendig erscheint. ☐

b) Respekt, Offenheit und Fairness ist in den Unternehmensleitlinien festgeschrieben und das Management bemüht sich stets um Vorbildfunktion in dieser Hinsicht. ☐

c) Die Kultur basiert auf Macht und Machtstrukturen. Der Kampf um Einfluss und Macht prägt den Unternehmensalltag und verhindert einen höheren Unternehmenserfolg. ☐

d) „Konsenskultur" trifft es am ehesten. Konsensfindung kostet jedoch Zeit und Geld. ☐

Auswertung

Frage	Antwort	Punkte Foresight	Punkte Reaktionsgeschwindigkeit
1	A	3	2
	B	1	2
	C	1	1
	D	0	0
2	A	0	1
	B	1	0
	C	2	3
	D	0	1
3	A	0	1
	B	1	0
	C	3	3
	D	1	2
4	A	0	1
	B	3	3
	C	2	2
	D	0	0
5	A	0	2
	B	3	3
	C	2	2
	D	1	0
6	A	2	1
	B	3	2
	C	0	0
	D	1	3
7	A	1	1
	B	2	3
	C	2	0
	D	2	2
8	A	1	3
	B	0	0
	C	2	0
	D	2	3
9	A	1	1
	B	1	0
	C	2	2
	D	3	3
10	A	1	0
	B	0	0
	C	2	1
	D	2	3
11	A	0	0
	B	3	3
	C	2	0
	D	2	1
12	A	2	3
	B	3	3
	C	0	1
	D	0	0
13	A	1	3
	B	0	0
	C	3	2
	D	1	1
14	A	3	2
	B	0	1
	C	0	0
	D	2	2
15	A	0	2
	B	3	2
	C	0	0
	D	2	0
Gesamt			
Maximal		40	40

Bewertung

In der Tabelle sind die Punktzahlen für jede Antwort angegeben. Dadurch lässt sich eine Gesamtpunktzahl jeweils für *Foresight* und *Reaktionsgeschwindigkeit* errechnen. Die Gesamtpunktzahl wird in das Diagramm (Bild 24) übertragen. Aus der Position des Schnittpunktes ergibt sich eine Bewertung für Ihr Unternehmen.

Proaktiv: Das Unternehmen ist darum bemüht, die Veränderungen der Umwelt zu verstehen und auch zu einem gewissen Anteil zu antizipieren. Dem Unternehmen fehlt es jedoch daran, das generierte Wissen zum eigenen Vorteil umzusetzen. Ver-

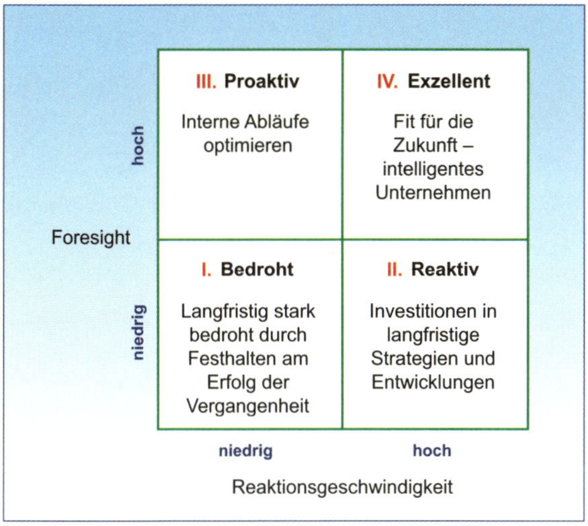

Bild 24 Der IQ der Organisation: Indikator für die Zukunftsfähigkeit

besserungspotential besteht vor allem in der besseren betrieblichen Kommunikation und Einbindung in den Strategieprozess.

Reaktiv: Veränderungen im Unternehmens- und Marktumfeld werden durch das Unternehmen sehr rasch wahrgenommen und die notwendigen Reaktionen zügig angegangen und umgesetzt. Die häufigen Wechsel und Anpassungen in der Organisation erfordern einen hohen personellen Aufwand und binden enorme Ressourcen. Durch eine stärkere Vorausschau und die Vorwegnahme von Entwicklungen könnte sich das Unternehmen noch besser auf die Zukunft vorbereiten.

Exzellent: Das Unternehmen hat die Zeichen der Zeit erkannt und ist gut vorbereitet auf die Zukunft. Es hat verstanden, dass Effizienz allein nicht ausreicht, um langfristig erfolgreich zu sein. Je nach Position in dem Feld sind Verbesserungen jedoch weiterhin möglich.

Bedroht: Sie wollen die Sachen, die Sie bisher gemacht haben, immer noch etwas besser machen. Wahrscheinlich ist Ihr Unternehmen im Moment recht erfolgreich. Es ist aber gerade dabei, die Zukunft zu verschlafen. Weder ist sichergestellt, dass Veränderungen im Unternehmensumfeld bei der Strategie berücksichtigt werden, noch sind die internen Prozesse auf schnelle Veränderungen ausgelegt. Bei kleinsten Veränderungen im momentan stabilen Markt wird das Unternehmen massive Probleme bekommen.

In den nächsten Kapiteln werden Möglichkeiten zur Verbesserung der Situation erarbeitet und vorgestellt.

Kapitel 2

Erkennen

Veränderungen in der Umwelt registrieren und sammeln

Es war am Anfang des letzten Jahrhunderts. Ein Forscherteam entdeckt auf Papua-Neuguinea einen bis dato unbekannten Stamm.

Zu Beginn beobachten die Forscher die Eingeborenen und stellen fest, dass diese ein recht friedfertiges Volk sind, welches jedoch noch in der Steinzeit lebt. Der Häuptling erweist sich als freundlich, neugierig und durchaus intelligent. Und so beschließt man, Kontakt mit den Eingeborenen aufzunehmen. Man verständigt sich zwar mehr schlecht als recht, baut aber dennoch langsam Vertrauen zueinander auf. Die Forscher sind sich der wissenschaftlichen Tragweite ihrer Entdeckung bewusst und schlagen dem Häuptling ein Experiment vor.

So kommt es, dass dieser – recht unvoreingenommen – die Gelegenheit bekommt, in eine für ihn unbekannte Welt zu reisen. Gemeinsam mit den Forschern reist er nach Singapur und lernt während des Aufenthaltes die „neue" Welt kennen. Innerhalb eines Tages bekommt er alles gezeigt, was Singapur zu dieser Zeit zu bieten hatte. Damals alltäglich und Stand der Technik waren der Überseehafen mit den großen Ozeandampfern, mehrstöckige Häuser, Straßen mit Verkehr, Fahrräder, Autos, Kutschen, Menschen, die Kleider tragen, Geld als Zahlungsmittel, der Markt als Handelsplatz, Kulturzentren usw. Die Menschen benutzen Messer und Gabel zum Essen, tragen Brillen als Sehhilfe und leiden schon unter Stress.

Der Häuptling schaut sich alles mit ausdrucksloser Miene an und es ist nicht klar, ob es Desinteresse oder Staunen ist.

Am nächsten Tag geht es dann zurück zu seinem Stamm, voll beladen mit den Eindrücken aus einer anderen Welt. Was die Forscher nun in dem Experiment vorsahen und geplant hatten, war, zu verfolgen, was der Häuptling seinem Stamm von seiner Reise berichten würde.

So gespannt wie die Forscher waren, so enttäuscht waren sie auch. Mussten sie doch feststellen, dass nur ein einziges Detail die Aufmerksamkeit des Häuptlings fesselte und alle anderen Neuigkeiten in seiner Welt kein Verständnis fanden und deshalb einfach ausgeblendet wurden. Aufgeregt berichtete er seinen Stammesmitgliedern, dass es in der anderen Welt eine Möglichkeit gibt, noch mehr Sachen, zum Beispiel Bananen, auf dem Kopf zu tragen, als sie es gewohnt waren.

Wie ist das Ergebnis des Experiments zu interpretieren? Der Häuptling hat die Sachen, die er sich nicht erklären konnte, einfach ausgeblendet bzw. als uninteressant eingestuft. Leider war es das Meiste. Für einen Hafen oder ein Schiff hätte er vermutlich nicht einmal Worte gefunden, um sie verständlich zu beschreiben. Die Erfahrung und das Vorwissen prägen die Sicht auf die Dinge.

Daran hat sich nichts geändert.

Wir sehen unsere Umwelt gefiltert durch unsere Erfahrungen und vorgeprägt durch unser Wissen. Nur Sachen, die wir verstehen, werden aufgenommen. So kommt es, dass wir Dinge leicht übersehen oder nicht sehen wollen. Es kommt jedoch darauf an, die Sensoren stets wach zu halten und aufmerksam zu bleiben. Besonders erfolgreiche Unternehmen neigen dazu, sich an den Erfolg zu gewöhnen und Bedrohungen zu übersehen.

Prinzipiell wird unsere Sicht auf die Dinge durch unsere Erfahrung geprägt – was auch Gegenstand des folgenden Kapitels sein wird.

2.1 Plädoyer für vorausschauendes Denken und Handeln

Auf die Zukunft vorbereitet zu sein und nicht von Veränderungen überrascht zu werden, ist für Unternehmen ebenso wichtig wie der Umgang mit Unsicherheiten. Beides erfordert genaue Kenntnis und ein klares Verständnis des Unternehmensumfelds.

Wie wir in den nächsten Kapiteln sehen werden, kann man als Unternehmen Entwicklungen vorantreiben und damit unter Umständen großen Einfluss auf das Unternehmensumfeld ausüben. Anderseits werden die weitaus zahlreicheren und massiveren Veränderungen außerhalb des Unternehmens stattfinden. Auch die Zukunft wird zu einem weitaus größeren Teil außerhalb statt innerhalb der Firma gestaltet. Diese Entwicklungen zu ignorieren, würde bedeuten, die Zukunft des Unternehmens aufs Spiel zu setzen. Das Umfeld entwickelt sich weiter – mit oder ohne das Unternehmen. Henry Kissinger bemerkte einmal: „There can not be a crisis next week, my schedule is already full", was den kausalen Zusammenhang pointiert auf den Punkt bringt.

Bevor erläutert wird, was zum Unternehmensumfeld gehört und wie man es erfasst, vorab noch einige allgemeine Bemerkungen:

Obwohl sich Unternehmen in vielerlei Hinsicht unterscheiden, vereint sie doch das eine gemeinsame Ziel – die Transformation von Eingangsgrößen zu Ausgangsgrößen und die Schaffung eines Mehrwerts. Diese Aktivitäten finden unter dem Einfluss von externen Veränderungen statt, die sich als komplex, volatil und sehr dynamisch erweisen. Bei der Analyse der Unternehmensaktivitäten und strategischen Überlegungen sind sie unbedingt zu berücksichtigen.

Die Unternehmensumwelt wird zunehmend von dynamischen Veränderungen geprägt. Die Globalisierung der Märkte und schneller wechselnde Umfeldveränderungen zwingen Unternehmen dazu, ihr strategisches Verhalten ständig an neue Bedingungen anzupassen. Ein vorausschauendes Denken und Handeln wird immer notwendiger, da in vielen Branchen Produkte und Dienstleistungen in wesentlich kürzeren Zeitabständen als bisher durch „Neues" ersetzt werden. Die Fähigkeit, Veränderungen und Entwicklungen zu antizipieren und die daraus folgenden Chancen und Risiken „früher" als Mitwettbewerber zu erkennen, wird im 21. Jahrhundert zu den wichtigsten unternehmerischen Erfolgsfaktoren gehören [Reher 2001].

Ein Unternehmen kann sich nur so gut entwickeln, wie es sein Umfeld verstanden hat.

2.2 Das Unternehmensumfeld

Prinzipiell wird alles, was nicht innerhalb des Unternehmens abläuft, als Unternehmensumfeld betrachtet. Wenn Sie aus dem Fenster Ihres Büros sehen, haben Sie das Umfeld wahrscheinlich schon im Blick. Und damit auch schon das Hauptproblem der Unternehmensanalyse direkt vor Augen. Die Menge an Informationen – es geht quasi um den Rest der Welt – muss die Kapazitäten jedes Unternehmens übersteigen.

„The capacity of firms to deal with market situations in a cognitive sense, their capacity to process information and turn it into knowledge, is small compared to the sheer scale of problems which confront them. Companies can never deal completely with the complexity of the real world." [Ormerod 2005]

Es gilt demnach, sich auf die wichtigsten Informationen zu konzentrieren. Die entscheidende Frage dabei ist:

„Was sind im jeweiligen konkreten Fall die wichtigen Informationen?"

In der Literatur gibt es umfangreiche Untersuchungen zum Thema Umfeldanalyse. Deren Nutzen für Unternehmen im Allgemeinen und die strategische Analyse im Besonderen ist unbestritten [Quinn 1988, Johnson 1988]. Untersuchungen und Forschungsergebnisse belegen, dass die Performance von Unternehmen mit funktionierender Analyse der Unternehmensumwelt höher ist als ohne [Choo 1995]. Fahey & Narayanan [Fahey 1986] argumentieren, dass Unternehmen besonders erfolgreich sind, wenn die eingeschlagene Strategie den Änderungen im Umfeld entspricht.

Ausgangspunkt bzw. zentraler Punkt für die strategische Analyse und damit auch die Umweltanalyse ist die SWOT-Analyse (Strength-Weaknesses-Opportunities-Threads), die in Kapitel 5 und in Abschnitt 10.5.1 näher erklärt wird [Andrews 1971]. Die Grundidee der SWOT-Analyse ist es, den strategischen Fit, also die Adaption von Firmenstärken und -schwächen auf die Bedrohungen und Chancen aus dem Umfeld zu ermitteln.

Strukturierung des Unternehmensumfeldes

Zunächst empfiehlt sich für die Analyse eine Gliederung und Strukturierung des Unternehmensumfelds entsprechend der Betrachtungsebene. In der Literatur wird bei der Abgrenzung zwischen Unternehmen und ihrer Umwelt häufig zwischen einer „weiteren Unternehmensumwelt" (Makroebene bzw. Makrowelt) und einer „engeren Unternehmensumwelt" (Mikroebene bzw. Mikrowelt) unterschieden [Fahey 1986; Bea 2001] oder zwischen „Context Environment" und „Operational Environment" [Worthington 2003].

Bild 25 greift auf diese Unterscheidung zwischen Mikro- und Makroumfeld zurück und zeigt die Möglichkeiten der Interaktion – Steuerung, Beeinflussung und Reaktion

– und somit auch schon ansatzweise die strategische Bedeutung. Mehr Informationen dazu bietet Tabelle 6.

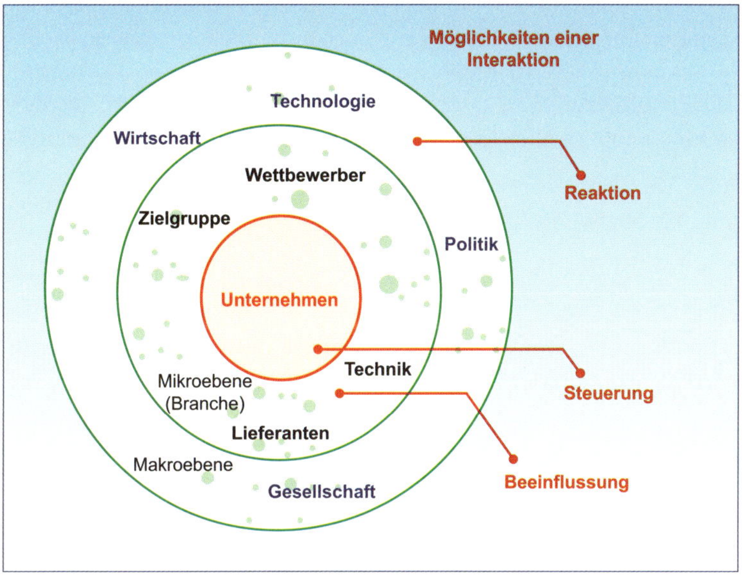

Bild 25 Das Unternehmensumfeld: Mikro- und Makroebene

Tabelle 6 Der Fokus der Umweltanalyse und die Bedeutung für die Unternehmensstrategie

Betrachtungsebene	Bestandteile	Strategische Bedeutung
Unternehmen	Organisation, Strukturen, Strategie, Kultur, Stil usw. (7S Modell -> Kapitel 5/6)	*Steuerung und Einfluss* Zum Beispiel Planung, strategische Maßnahmen, Initiativen
Mikroumfeld	Branche und Industrie, Wettbewerber, Märkte, Kunden, Zulieferer, Partner usw.	*Unmittelbarer Einfluss* Zum Beispiel über Produkte, Marketing, Lobbying, Partnering, Mergers & Acquisitions, Verträge
Makroumfeld	Gesellschaft, Wirtschaft, Politik, Wissenschaft usw.	*Mittelbarer Einfluss* Lobbying, Forschung, revolutionäre Innovationen, Sponsoring

Das Mikroumfeld

Das Unternehmen interagiert mit dem Mikroumfeld. Für die einzelnen Elemente des Mikroumfeldes haben sich dedizierte Analysemethoden durchgesetzt (Kundensegmentierung, Wettbewerberanalysen, Industrieanalyse usw.). So gibt es beispielsweise mit dem Marketing und Vertrieb zwei betriebliche Einheiten, die sich mit dem Kunden und damit auch den adressierten Märkten beschäftigen und mit Hilfe von

Instrumenten wie Segmentierung, Befragung, Fokusgruppen usw. Informationen zusammentragen und bereitstellen.

Im Allgemeinen wird das Mikroumfeld durch die direkte Einflussnahme und den Kontakt von Unternehmen mit diesem Umfeld recht intensiv beobachtet; dabei sammelt das Unternehmen Informationen. In einer gesamtheitlichen, systematischen Betrachtung, die das ganze Unternehmen im Kontext betrachtet, ist die zentrale Bereitstellung dieser Informationen notwendig und muss sichergestellt werden. Informationen werden hauptsächlich in quantitativem Format und mit quantitativen Methoden gehandhabt.

Im Anhang (Kapitel 10) sind einige Instrumente und Methoden vorgestellt.

Das Makroumfeld

Demgegenüber enthält das Makroumfeld alle Bereiche, auf die das Unternehmen keinen unmittelbaren Einfluss hat. Das Makroumfeld bezeichnet den generellen Kontext des Unternehmens – den Teil der Umwelt, dem sich das Unternehmen im Wesentlichen anzupassen hat. Interaktionen finden nur zu einem sehr geringen Teil oder gar nicht statt. Gerade durch die minimalen Möglichkeiten zum Zugriff ergibt sich für Unternehmen die Pflicht der Beobachtung, um gegebenenfalls schnell auf Änderungen reagieren zu können.

Anders als im Mikroumfeld gibt es für das Makroumfeld keine gesonderte, methodische Betrachtung der einzelnen Elemente. Vielmehr hat sich der Ansatz nach der sogenannten STEEP-Methodik (siehe Abschnitt 10.1.1) durchgesetzt. Die Ursprünge dieser Methodik gehen auf Rhynne zurück [Rhynne 1971], der die FAR-Methode entwickelte (Field Anomaly Relaxation) und sie später bei einem Projekt für das Nationale Zentrum für R&D der USA 1971 veröffentlichte. Andere Forscher übernahmen die Methode und entwickelten sie weiter [Schwartz 1974].

STEEP steht für folgende Bereiche des Makroumfelds:

- S – Social, die Gesellschaft
- T – Technology, Wissenschaft und Technologie
- E – Economy, Wirtschaft
- E – Ecology, Umwelt (in einigen Abhandlungen wird statt Ecology auch Ethic verwendet)
- P – Political, Politik

Neben der ursprünglichen Form – STEEP – finden noch Modifikationen wie PESTEL (L für Legal, Recht und Gesetz) und STEEPV (V für Values, Werte) Anwendung.

Diese grobe Struktur des Makroumfeldes in fünf Feldern ist eine Orientierungshilfe und lässt sich weiter gliedern. Jeder Bereich kann entsprechend Tabelle 7 untersucht werden.

Tabelle 7 Analyse des Makroumfeldes mit STEEP

STEEP/PESTEL-Elemente	Durch die Analyse zu beantwortende Fragen
Social – Gesellschaft Veränderungen in der Gesellschaft, Werteverschiebungen	Wie wird sich die gesellschaftliche Entwicklung auf die Nachfrage und die Belegschaft auswirken? Unterstützen das Bildungssystem und die sozialen Sicherungssysteme geplante Investments?
Technology Wissenschaft/Technologie	Gibt es technologische Treiber? Gibt es technologische Durchbrüche und Weiterentwicklungen, die berücksichtigt werden müssen? Gibt es Möglichkeiten für Technologietransfer?
Economy Wirtschaft/Volkswirtschaft	Wie stabil ist das wirtschaftliche Gesamtumfeld? Wie entwickeln sich einzelne Industrien? Unterstützen die Finanzmärkte die weitere Entwicklung?
Ecology Umwelt	Wie stabil ist das Öko-Umfeld? Bedrohen Industrien das Öko-System?
Political Politik	Wie stabil ist das politische Umfeld? Wie ist der Einfluss der EU?
Legal Recht und Gesetz	Welche Auswirkungen haben Steuergesetze auf das Geschäft? Wie wirken sich Gesetze auf Beschäftigung und Geschäft aus?

Hat man die Struktur des Unternehmensumfelds ermittelt, wird es möglich, gezielt nach Informationen zu den Segmenten zu suchen. Bevor im Abschnitt 2.4 darauf eingegangen wird, wie man zu einer homogenen Informationszusammenstellung kommt, erfolgt im Abschnitt 2.3 ein Exkurs zum Thema Informationsverarbeitung.

Weitere Ansätze zur Umweltbeobachtung

Der Vollständigkeit halber sei erwähnt, dass es noch andere Ansätze gibt, die Umwelt zu strukturieren, um die Informationen vorteilhafter in der Strategieentwicklung und Zukunftsvorausschau anwenden zu können.

In „Sex, Ecology, Spirituality: the Spirit of Evolution" stellt Wilber [Wilber 2000] den sogenannten Vier-Quadranten-Ansatz vor (Bild 26). Er unterscheidet zum einen zwischen Individuum und Gruppe und andererseits zwischen intern und extern und versucht so, mehrere Aspekte zu beleuchten. Dabei weist er zu Recht darauf hin, dass es vor allem die nicht eindeutigen Informationen sind, die für Unternehmen in der Zukunft von Interesse sind, räumt aber auch ein, dass die Methode sehr aufwändig ist; dieser hohe Aufwand ist sicher der Grund für die nur schwache Verbreitung.

Ein weiteres Modell, welches beim Erkennen der Umwelt vor allem berücksichtigt, ***wie*** Menschen ihre Umwelt sehen, statt sich nur auf den Inhalt zu konzentrieren, wurde schon 1974 von Graves vorgestellt [Graves 1974]. Unter dem Namen Spiral Dynamics wurde es von Beck und Cowan zu der heute verwendeten Form weiterentwickelt [Beck 1996]. In einer Art Doppelhelix werden dabei die Lebensbedingungen und die kognitiven Kapazitäten gegenübergestellt und mit Farbmarkierungen verse-

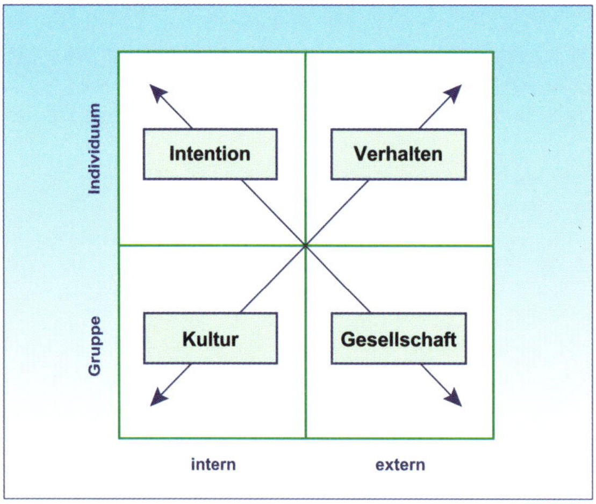

Bild 26 Umweltbeobachtung: Die vier Quadranten (nach [Wilber 2000])

hen. Diese zwar ungewöhnliche, aber doch intensive Art, sich die Umwelt zu erarbeiten, wird nur in Einzelfällen angewendet.

Es kann nur gemutmaßt werden, warum sich ausgerechnet die STEEP-Methode so durchgesetzt hat. Vermutlich liegt der Grund für die Popularität in der einfachen Struktur und Anwendung. Sie ist jedoch auch der Nachteil der Methode, da Indizien für Vollständigkeit bzw. Sorgfalt bei der Anwendung fehlen. Zeiten hoher Arbeitsbelastung und Zeitdrucks verleiten bei STEEP zu Analysen, die sich lediglich mit bekannten Oberflächenphänomenen beschäftigen.

Neben der Struktur, die zum Beispiel mit STEEP die Unternehmensumwelt in Segmente gliedert, ist der Inhalt von wesentlicher Bedeutung. Die Erwartung an die Umweltanalyse liegt darin, ein Gefühl für die Veränderungen zu bekommen, damit man sich als Unternehmen darauf vorbereiten und einstellen kann. Bevor man sich Überlegungen bezüglich der Zukunft widmet, muss nämlich klar sein, wie die Gegenwart „funktioniert". Eine große Herausforderung besteht darin, den Umfang der Analyse richtig einzuschätzen. Reicht ein Blick aus dem Fenster? Oder sollte man pro Segment eine Studie in Auftrag geben? Die Erfahrung lehrt, dass wichtige Erkenntnisse durch selbständige, intensive Recherchen gewonnen werden. Zur Abschätzung des Aufwandes ist in vielen Fällen ein Erfahrungswert ein besserer Ratgeber als Budget- und Zeitvorgaben.

2.3 Informationen als Basis für Entscheidungen

Wir leben in einer Umwelt, die reich an Informationen ist. Es wird geschätzt, dass die Informationsmenge jährlich um über dreißig Prozent steigt [Lyman 2003] und der jährliche Zuwachs an neuen Informationen – gespeichert auf Medien – erreicht 5 Exabytes ($5 \cdot 10^{18}$ Bytes). Das Problem ist nicht mehr das Fehlen von Informationen, sondern es sind die fehlenden Kapazitäten zur Auswahl der richtigen wichtigen und entscheidenden Informationen.

Wer sich in der heutigen Zeit nicht ständig mit Entwicklungen im Unternehmensumfeld befasst, läuft Gefahr, dass das Wissen über das eigene Geschäft veraltet. Die zum richtigen Zeitpunkt verfügbaren strategischen Informationen, verbunden mit dem richtigen Umgang und der gezielten Anwendung, bestimmen im entscheidenden Maße den wirtschaftlichen Erfolg von Unternehmen.

„Die Intuition ist als Informationsquelle gern gesehen, doch müssen wir uns klarmachen, dass unsere Intuition im Wesentlichen eine Funktion unserer Erfahrung ist. Erfahrungswissen kann mitunter sehr einschränkend für eine freie Sicht auf die Zukunft sein."[Micic 2000]. Damit sind die Herausforderungen an die Informationslogistik und die Prozesse zur Verarbeitung bereits formuliert.

Die strategische Arbeit ist im Wesentlichen ein informationsverarbeitender Prozess und hängt entscheidend von den verwendeten Informationen ab. Das Hauptproblem liegt darin, den Entscheidungsträgern die notwendigen Informationen nahezubringen. Das Dilemma ist, wie im Kapitel 1 schon beschrieben, dass Entscheidungen meistens zentral getroffen werden, die Informationen jedoch im gesamten Unternehmen durch alle Mitarbeiter des Unternehmens und extern aufgenommen werden. Der Informationsfluss ist zum einen durch die Aufnahmekapazität der Informationsempfänger und derjenigen, die die Information nutzen, zeitlich und physisch begrenzt und beschränkt sich zum anderen auf dedizierte Nachfragen seitens des Managements.

In dem Buch „Invisible Advantage" beschreiben die Autoren [Low 2002], dass Manager in einer Befragung aussagten, die falschen Informationen für Entscheidungen zur Verfügung zu haben. Es stellt sich die Frage „Warum?" Und, werden Entscheidungen auf der Basis ungenügender Informationen getroffen? Oder liegt es an den Managern? Bei reaktivem Handeln können Informationslücken entstehen. Bei proaktivem Handeln sollte die Informationsbeschaffung systematisch und kontinuierlich erfolgen.

Unternehmen investieren eine Menge Geld, um die „richtigen" Informationen zu erhalten. Hintergrund ist die Annahme: Je mehr Informationen zur Verfügung stehen und je umfangreicher die Situation beschrieben werden kann, desto „sicherer" kann eine Entscheidung getroffen werden. Diese Annahme kann jedoch leicht dazu führen, dass Entscheidungen verschoben oder nicht gefällt werden. Wie das Zitat von Ormerod zu Beginn des Kapitels 2.2 schon darlegt und die eigene Erfahrung bestätigt, ist es unmöglich, alle Informationen zu einem Sachverhalt zusammenzutragen. Es wird immer die Frage – oder das unbefriedigende Gefühl – bleiben: Sind die Informationen vollständig? Sind es die richtigen? Liefern sie die richtigen Indizien für die Zukunft? Helfen sie bei Entscheidungen? (Das Phänomen „Paralyse durch Analyse" wird in Kapitel 5 nochmals aufgegriffen.)

Wie schon mehrfach erwähnt, können sich Situationen zügig ändern – schließlich ist das Umfeld dynamisch (Bild 27). Die zum Zeitpunkt t_1 zur Verfügung stehenden Informationen sind Grundlage für die Entscheidung A. Zum Zeitpunkt t_2 hat sich der

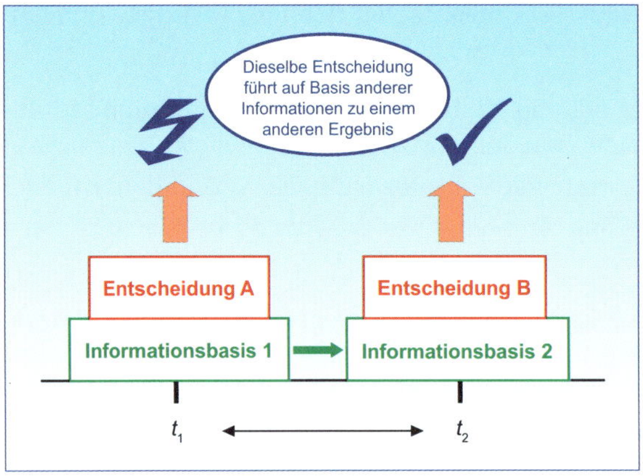

Bild 27 Entscheidungen als Funktion der Zeit: Die Situation ändert sich

Informationsstand unter Umständen geändert. Die neue Situation führt zu einer anderen Entscheidung B: „Hätte ich gewusst, dass ..., dann hätte ich anders gehandelt." Wer kennt ihn nicht, diesen Satz? Wenn man zum Zeitpunkt t_2 auf t_1 zurückblickt und die Entscheidungen überdenkt, hätte man – unter Hinzunahme neuerer Informationen – vielleicht anders entschieden. Diese eigentlich banale, unbedeutende Erkenntnis könnte jedoch auch rasch zu einem unternehmensrelevanten und bedeutsamen Problemfall, ja zu einer Bedrohung werden.

In Bild 28 ist der Weg einer Information von einem Ereignis außerhalb des Unternehmens zum Empfänger innerhalb der Firma dargestellt. Es ist zu erkennen, dass es

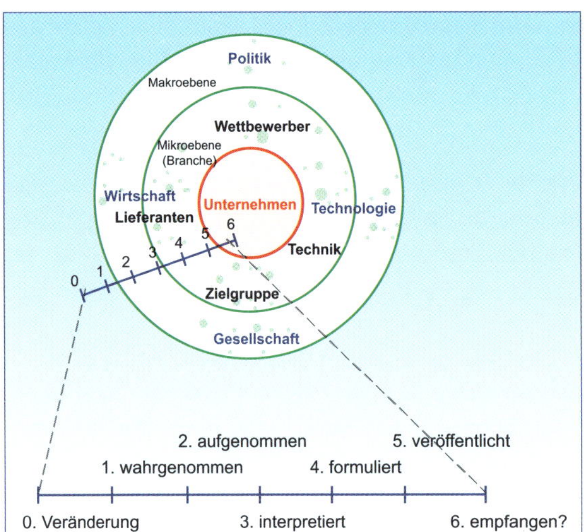

Bild 28 Der Weg der Information ins Unternehmen: Was kommt an?

viele Hürden und Hindernisse gibt, bis die Information über das Ereignis im Unternehmen an der richtigen Stelle „gehört“ wird.

Wenn der berühmte Sack Reis in China umfällt, ist die Wahrscheinlichkeit groß, dass man es in Europa nicht mitbekommt. Die Medien oder andere Informationskanäle filtern das Ereignis – wahrscheinlich wegen Bedeutungslosigkeit – aus der Flut der Informationen heraus. Ihr Fokus richtet sich auf vermeintlich interessantere Aspekte, wobei sich „interessant“ sehr nach den Abnehmern richtet. Bestimmte Informationen werden unterdrückt, andere verstärkt – zum Beispiel aus eigenen, zum Beispiel aus geschäftspolitischen Interessen.

Wie in Bild 28 zu erkennen ist, sind mehrere Schritte notwendig, damit ein Unternehmen von Veränderungen erfährt. Akteure – Information Broker oder Medien – müssen eine Veränderung erkennen, aufbereiten und weiterleiten. Eine Vielfalt in der Auswahl der Informationsquellen stellt deshalb sicher, dass verschiedene Sichtweisen bis zum Unternehmen gelangen und dort analysiert werden können.

Geht man davon aus, dass eine Information – wichtig oder unwichtig – ins Unternehmen getragen wird (Bild 29), dann ist damit die erste Hürde überwunden. Die Information qualifiziert sich zur Handlungsinformation und kann bei Reaktionen berücksichtigt werden. Damit sie aber auch bei Entscheidungen berücksichtigt wird, muss die Information die Lücke zur Ebene 3 überwinden.

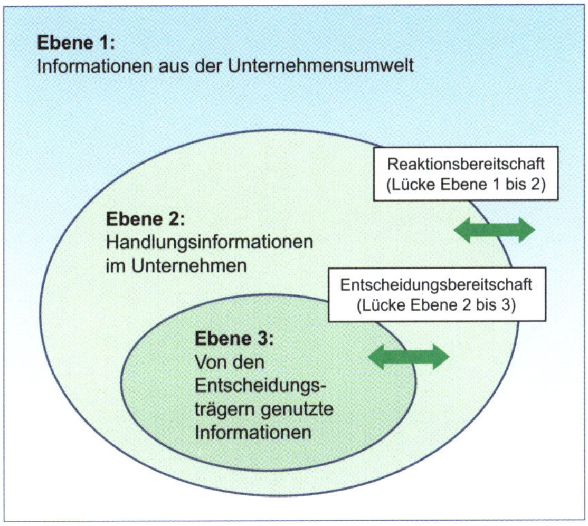

Bild 29 **Die Informationsebenen beim Überraschungsproblem: Der Weg von der Information zur Entscheidungsinformation (in Anlehnung an [Kunze 2000])**

Wäre der umfallende Sack Reis in China eine strategisch wichtige Information, ist nachzuvollziehen, wie lang der Weg der Information bis zum Entscheidungsträger ist und wie viele Filter sie passieren muss. Aus Entscheidersicht kann die Schlussfolgerung nur sein, sich aktiv in die Vorgänge der Informationsbeschaffung einzuschalten und die Balance zwischen Informationsüberflutung und Informationsselektion selbst zu steuern.

Filter

Ein wesentlicher Unsicherheitsfaktor bei diesem Prozess ist der Mensch selbst. Die Analyse und Bewertung von Informationen verlagert sich in den subjektiven Bereich, wie bei der Anekdote aus Singapur. Sogenannte „Wahrnehmungsfilter" erschweren eine weitgehend objektive Auswahl und Verteilung von Informationen [Weick 1985]. Darüber hinaus spielen Aspekte der Motivation, des Egoismus und des Machtstrebens des Menschen in Bezug auf Informationsweitergabe eine entscheidende Rolle [Krystek 1993].

Informationsbedarf

Die Unterscheidung zwischen objektivem und subjektivem Informationsbedarf ist in Bild 30 dargestellt. Aus der Darstellung wird ersichtlich, dass bei der Aufnahme der Information nicht immer eindeutig unterschieden werden kann zwischen „interessant aber nicht notwendig" und „notwendig aber überraschend". Viele Informationen sind neu und überraschend, andere sind zwar interessant, aber nicht direkt notwendig. Die Konzentration auf die interessanten und notwendigen Informationen (Mittelteil) wäre optimal. Aufgrund des iterativen Erkenntnisgewinnes erfolgt die Eingrenzung des Informationsbedarfs schrittweise.

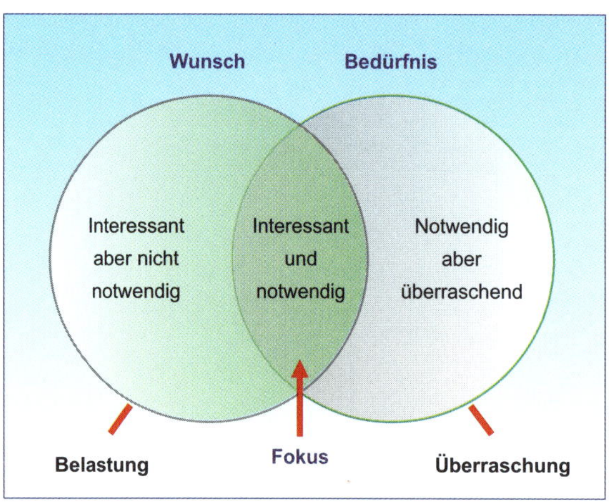

Bild 30 Informationsbedarf und -angebot: „Interessant und notwendig" ist optimal (in Anlehnung an [Marti 1996])

War es vor Jahren noch entscheidend, Informationen zu bekommen, liegt das Augenmerk nun darauf, die verfügbare Menge an Informationen auf das interessante und notwendige Maß zu reduzieren. Die Kapazität und die Fähigkeit der Informationsverarbeitung sind also dahingehend zu steigern und zu verbessern, dass Informationen aufgenommen und selektiert werden.

Wissensmanagement

Damit ein Unternehmen in effektiver Art und Weise neue Kernkompetenzen und strategische Ressourcen generieren kann, ist es darauf angewiesen, existierende Daten, Informationen und Wissen innerhalb des Unternehmens zu identifizieren sowie zugänglich zu machen und damit die Verknüpfung und Generierung neuen Wissens zu ermöglichen. Informationen sind das Rohmaterial für Wissen und für Überlegungen bezüglich der Zukunft. Die Sicht auf die Zukunft beginnt und endet mit den zur Verfügung stehenden Informationen und der Fähigkeit, diese zu kombinieren und zu „dehnen". Es muss aber in jeder Phase des Prozesses klar sein, dass das Ergebnis jeder Zukunftsbetrachtung – ob Trend, Szenario, Vision oder Strategie – immer abhängig von den Eingangsinformationen ist.

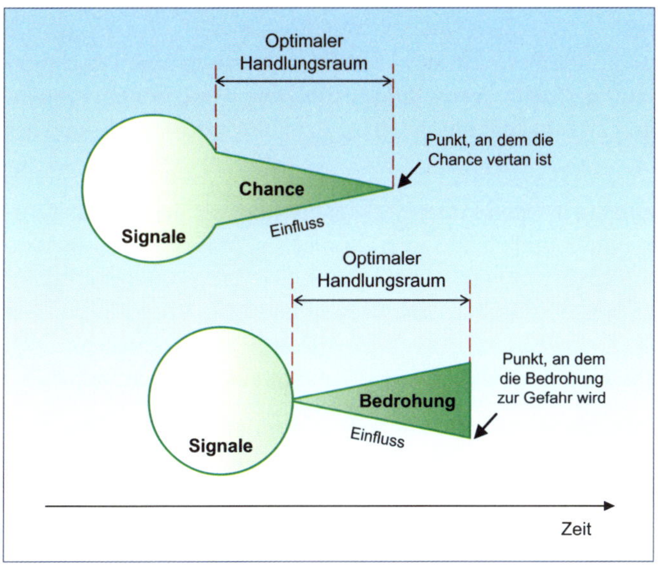

Bild 31 Signale und Reaktionszeiten: Chancen schwinden, Bedrohungen eskalieren

Wissen und Informationen sind ganz besondere Güter. Zum einen sind sie zeitabhängig. Ihr Wert und somit die strategische Bedeutung steigen oder fallen mit der Zeit (Bild 31). Andererseits (Bild 10, Kapitel 1) sind weder Wissen noch Information rein objektiv. Zum überwiegenden Teil liegen sie subjektiv vor. Die Bandbreite des Wissens reicht von reinen Fakten bis zu Halbwissen und Spekulation, wobei die Unterscheidung zwischen diesen Kategorien nicht immer eindeutig ist. Somit gibt es beim Umgang und der „Verarbeitung" viele Hindernisse und Fallen, wie sie im Folgenden beschrieben sind.

Informationspathologien

Die Fülle an Informationen stellt Unternehmen vor große Probleme. Während auf der einen Seite ein Mangel an Informationen beklagt wird, gibt es andererseits Überlegungen, wie man mit der Flut an Informationen sinnvoll umgeht. Das Thema Informationspathologien beschäftigt sich mit Problemen, die bei der Beschaffung, Zusammenstellung und dem Austausch von Informationen auftreten können. Verzerrte Übermittlung, falsche Deutung und Verwendung von Informationen stehen im Mittelpunkt der Betrachtung.

Hierarchiebedingte Informationspathologien entstehen bei der Kommunikation hierarchisch ungleicher Organisationsmitglieder und deren Abhängigkeit untereinander. Durch Belohnungsstreben oder Sanktionsfurcht werden kritische Informationen, die die Zielerreichung gefährden, unterschlagen oder im positiven Sinne verändert, bevor sie nach oben in die nächste Hierarchiestufe weitergeleitet werden. Das führt zu Behinderung und Verzerrung der Informationen – insbesondere bei mehrstufigen Informationsflüssen (Stichwort: Stille Post) –, was wiederum zu falschen Entscheidungen und damit zu negativen Konsequenzen für das Unternehmen führen kann.

Bei einer zu stark zentralisierten Beschaffungs- und Interpretationsfunktion kommt es auf Grund von Überlastung, Quellenferne, Konsensneigung, Verdichtung, Fehleinschätzung und Abstraktion zu Informationsstau bzw. zu mangelnder Verwertung der Information.

Dazu kommen die doktrinenbedingten Informationspathologien. Eine Realitätsdoktrin liegt vor, wenn Erfahrungen und Sichtweisen auf neuere Entwicklungen übertragen werden, obwohl die Gültigkeit fraglich ist. Hingegen liegt eine Aufklärungsdoktrin vor, wenn die Erwartungshaltung der Organisation gegenüber der Information den Ausschlag gibt und nur solche Informationen weitergeleitet werden, die den Erwartungen entsprechen. Nach dem Motto: „Es kann nicht sein, was nicht sein darf."

Informationen, die sich nicht in bestehende Kontexte einordnen lassen, werden häufig als Bedrohung empfunden und verdrängt. Besonders steigende Komplexität lässt die Informationsaufnahme und die Verarbeitungskapazität an die Grenze stoßen. Das führt dazu, dass Informationen nur teilweise aufgenommen bzw. falsch interpretiert werden.

Kommunikationsbarrieren

Neben organisationsspezifischen Anmerkungen bezüglich einer nicht angemessenen Informationsversorgung werden in der Fachliteratur auch Kommunikationsbarrieren genannt, die bei der Kommunikation immer zu vermeiden sind, völlig egal, welche Organisationsstruktur vorliegt. Dabei handelt es sich um [Frank 2001]:

- *Überbelastung*

  Zu viele Informationen in kurzer Zeit.

- *Stereotypisierung und Interpretation von Ursachen*

  Da verschiedene Organisationsformen verschiedene Informationsbedürfnisse haben, sind Empfänger von Informationen beim Verständnis der Nachricht (auch unbewusst) von Vorerfahrungen geleitet, genauso bei Annahmen über Ursachen.

- *Filter*

  Bei der Übermittlung über mehrere Stationen hinweg wird die eigentliche Nachricht womöglich in ihrem semantischen Gehalt verändert, da das Verstehen von Nachrichten potentiell individuell unterschiedlich ist.

- *Gerüchte*

  Es werden nicht offiziell bestätigte Informationen weitergegeben, beispielsweise verursacht durch einen Mangel an offiziellen Informationen.

- *Feedbackmangel*

  Der Sender erfährt nicht, wie seine Nachricht tatsächlich verstanden wird.

- *Unverständlichkeit der Nachricht*

  Nachrichten können durch eine Fülle von Abkürzungen oder Fachsprache schwer verständlich sein.

- *Schlechte Präsentation der Nachricht*

  Eine unangemessene Präsentation der Nachricht kann zu einem nicht ausreichenden Verständnis der Information führen.

Bounded Rationality

Die Bounded-Rationality-Theorie, die sich mit dem Thema der begrenzten Kapazität zur Verarbeitung von Informationen beschäftigt und den Einfluss auf die Entscheidungsfindung untersucht, wurde von Simon vorgestellt [Simon 1972].

Die Grundidee ist, dass auf Grund von fehlenden Kapazitäten zur Informationsverarbeitung die Suche nach Alternativen sequenziell erfolgt, was dazu führt, dass die erste befriedigende Lösung gewählt wird. Ob eine alternative Lösung als befriedigend angesehen wird oder nicht, hängt auch von der Anzahl möglicher Alternativen ab. Ist es schwierig, Alternativen zu finden, sinkt das Anspruchsniveau. Dagegen steigt es bei vielen verfügbaren Alternativen.

Das führt in vielen Fällen zur Auswahl der nichtbesten Lösung.

Mindset, Mental Maps

Die menschlichen Sinne sind in ihrer Aufnahmefähigkeit begrenzt – es gibt wesentlich mehr Informationen, Daten und Ereignisse um uns herum, als wir verarbeiten können. Wir selektieren die Dinge, die uns interessieren (ein Fisch hat keine Vorstellung vom Konzept Feuchtigkeit, da er Trockenheit nicht kennt). Dadurch formen wir ein Modell der Wirklichkeit, welches die Unmenge an Ereignissen bemerkt, sortiert und benutzt. Das ist notwendig, um die Komplexität zu reduzieren und ein Verständnis für die Umwelt zu entwickeln. Dieses Modell ist relativ starr. Dies birgt die Gefahr, dass wir das sehen, was wir erwarten, nicht das, was tatsächlich da ist.

Manager tendieren dazu, erfolgreich erprobtes Vorgehen zu wiederholen, dabei ist es genauso wichtig, neue Gedanken und Ideen aufzunehmen. Dagegen helfen Kommunikation, Diskussion und Informations- und Wissensaustausch; sie fördern die Regeneration der „Mental Models".

„Mental models are invisible in the corporation. They are neither explicit nor examined, but they are pervasive. When a company's mental models become out of sync with reality, management makes forecasting errors as well as poor decisions." [Foster 2001]

Wie wir im Kapitel 4 sehen werden, sind Szenarien geeignet, um die Gedankenwelt zu öffnen und Denkblockaden zu lösen, und insofern eine Art Frischzellenkur für die Denkmodelle.

IT-Unterstützung

Die rasante Entwicklung des Internets ermöglicht völlig neue Wege der Informationserschließung. Über eine Vielzahl von Quellen sind Informationen beispielsweise über Kunden, Märkte, Konkurrenz, Branchen und technische Entwicklung schneller und in höherer Intensität als bislang abrufbar [Kunze 2000].

Ohne eine Aufbereitung der gewonnenen Informationen droht aber eine Informationsüberflutung. Jemand muss den Informationen bzw. Nachrichten einen Wert beimessen, eine Bewertung und Klassifizierung vornehmen und die Bedeutung für das Unternehmen hinterfragen. Diese Intelligenz kann durch keine IT-Unterstützung übernommen werden und so kommt es, dass genau in diesem Bereich Engpässe auftreten.

War in der Vergangenheit der Besitz von Informationen eine Herausforderung und ausreichend zur Erlangung von Wettbewerbsvorteilen, sind es nun die intelligente Verknüpfung der Informationen und das Selektieren. Daten und Informationen sind leicht verfügbar und gelten als quantitativ reichlich aber qualitativ fraglich. Die vorliegenden Informationen zu sinnhaftem, strategischem Wissen zu verarbeiten, ist die Herausforderung – und zwar ohne IT. Das bedeutet, das vorliegende Material muss gelesen und erfasst, muss verstanden, reflektiert, verarbeitet und durchdacht werden. Erst dann lohnt es sich, auf die Frage nach „so what?" Antworten zu suchen.

Bei aller Euphorie gegenüber den neuen Tätigkeiten, die der Fortschritt in der Informationstechnologie ermöglicht, kann doch nicht oft genug darauf hingewiesen werden: IT kann und darf nur eine Unterstützung sein. Diese Unterstützung kann vor allem bei der Recherche, Suche und der sinnhaften Speicherung der Daten erfolgen. Automatisches Finden wirklich relevanter Informationen, die einen entscheidenden Vorsprung gegenüber den anderen Suchenden schaffen, und die automatische Zusammenstellung entsprechender Dokumente werden jedoch in absehbarer Zukunft eine Illusion bleiben.

Es gibt Versuche, News und Trends automatisch – im Internet – zu detektieren. Die Systeme – auch Suchagenten genannt – werden mit Schlagwörtern und Suchkriterien „gefüttert" und beginnen die Abfrage und Suche im Netz. Wenn aber eine Situation oder ein Ereignis so neu ist, dass ich es mit den Suchkriterien und Schlagwörtern nicht abbilden kann, wird der Agent es auch nicht finden. Wiederholt sei an Popper erinnert: „Wir können prinzipiell nicht wissen, was wir künftig wissen werden, denn sonst wüssten wir es schon."

Ein installiertes Testsystem hätte weder SARS noch Tsunami als wichtige Neuigkeit angezeigt, obwohl beide Ereignisse zweifellos bedeutende Ereignisse waren. Es kann festgehalten werden, dass programmierte Suchagenten zwar für Routineaufgaben sinnvoll sind, um wirkliche Neuigkeiten aufzuspüren, die begrifflich gesehen noch nicht eindeutig beschrieben werden können, sind sie hingegen nicht hilfreich.

Es geht nicht darum, möglichst viele Informationen effizient zu verarbeiten, sondern die richtigen Informationen verstanden zu haben, sie reflektieren zu können und dann intelligente Schlüsse zu ziehen bzw. durch geeignete Fragestellungen die Recherche zu vertiefen.

2.4 Wie man das Umfeld verstehen lernt

Damit die Aufnahme von Informationen aus der Umwelt nicht dem Zufall überlassen bleibt, machen sich Unternehmen Gedanken um die Systematik und suchen nach einem Kompromiss zwischen Aufwand und Nutzen – das gilt auch für die für strategische Entscheidungen wichtigen und notwendigen Informationen.

Fokussieren

Die Systematik beginnt damit, dass man den Untersuchungsgegenstand und den Fokus der Untersuchung definiert. Für die Beantwortung einer konkreten Fragestellung unterscheiden sich der Informationsbedarf und die Herangehensweise erheblich gegenüber einem regelmäßigen Umweltscan, der dazu dient, das Unternehmen auf Veränderungen vorzubereiten (Bild 32).

Das Beobachten der Umwelt führt zu Informationen, welche man sammeln, verdichten, verarbeiten, validieren, strukturieren und darstellen kann, zur Verfügung stellen und zugänglich machen kann. Im Idealfall nimmt dann der Wert der Information mit jedem Verarbeitungsschritt zu. In der Realität startet man sehr allgemein und fokussiert immer stärker (Bild 33).

In Tabelle 8 sind mögliche Arten der Umfeldbeobachtung aufgeführt – beginnend mit relativ ziellos bis zu sehr fokussiert. Generell kann man die Umwelt ohne konkretes Ziel beobachten. Dann sind die Sensoren auf „neu" eingestellt; man nennt diese Art der Informationssammlung gewöhnlich „Scannen".

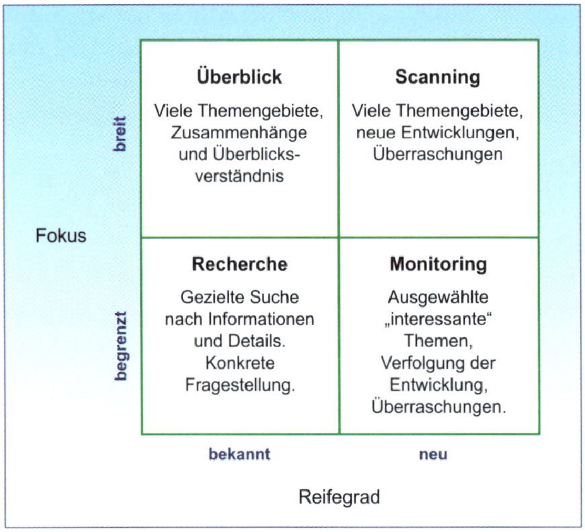

Bild 32 Informationsbeschaffung: Fokus und Reifegrad bestimmen die Methode

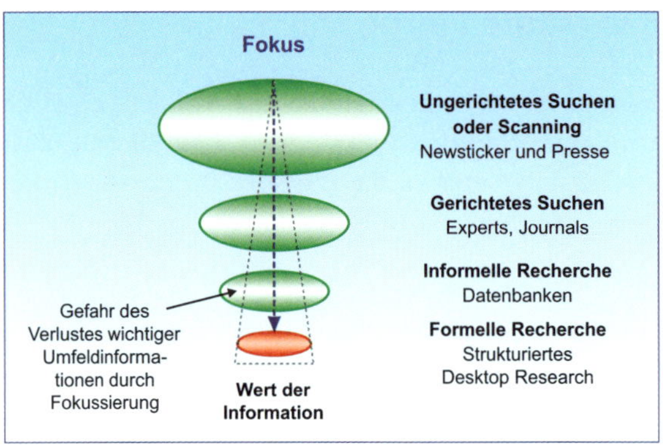

Bild 33 Informationspräzisierung: Von allgemeinen Quellen bis zur gezielten Arbeit von Experten

- Scannen

  Auf der Suche nach „Early Warnings“ und „Early Signals“ wird das Umfeld relativ breitbandig abgesucht. Der Schwerpunkt beim Scannen liegt auf der Menge der Informationen, weniger auf spezifischen Anforderungen. Welche Änderungen sind in der Umwelt erkennbar? Was ist ungewöhnlich, was ist neu und könnte bedeutsam werden? Der neugierige, ungerichtete Blick, breitbandig und unfokussiert, nimmt fast alles auf, was einen Bezug zum Unternehmen hat. Sogenannte „Schwache Signale“ können aber am Ende entscheidende Wettbewerbsvorteile bringen (Bild 34). Ist aber die „Vorbereitungszeit“ des Unternehmens zu groß, verstreicht der „optimale Handlungsraum“ ungenutzt und eine Chance kann rasch zur Bedrohung werden (siehe „Weak-Signal-Analyse“ in Abschnitt 10.4.3).

Tabelle 8 Arten der Umfeldbeobachtung

	Ziel	*Anwendung*	*Aufwand*	*Anzahl Quellen*	*Vorgehen*
Zielloses Beobachten – Scanning	Interessensgebiete allgemein beobachten	Entdeckungen	gering	viele	Breites, oberflächliches Suchen
Orientiertes Beobachten – Monitoring	Neues und Wichtiges auswählen	Verstehen	gering	einige	Überfliegen ausgewählter Quellen
Informelle Recherche	Formulierung von Fragen und Unklarheiten	Lernen	mittel	einige	Fokussierte Suche nach Antworten
Formelle Recherche	Spezifizieren von konkreten Zielen	Entscheidungsgrundlage	hoch	viele	Systematische Beschaffung von Informationen, um bestimmte Fragen zu beantworten
Gezielte Suche und Studium	Erlangung von Verständnis	Lernen und Weiterentwickeln	mittel	einige	Überblickswissen und Suche nach Zusammenhängen, Abhängigkeiten und Wirkweisen

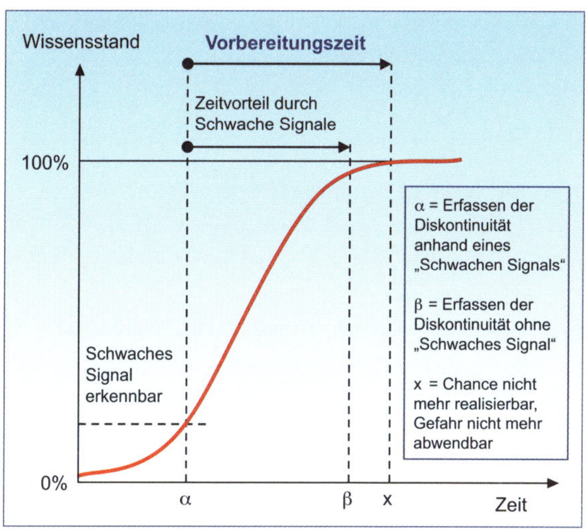

Bild 34 Schwache Signale frühzeitig erkennen: Die Chance durch Zeitvorteil

Auf der Suche nach Informationen scannen Firmen das allgemeine Unternehmensumfeld. Bewusst werden unvollständige, widersprüchliche, auch mehrdeutige und unklare Daten und Informationen aufgenommen, um Ansätze für Veränderungen und Trends zu erkennen. Besonders für Firmen in sehr dynamischem und volatilem Umfeld kommt dem Scannen eine wichtige strategische Bedeutung zu. Es kommt darauf an, die entscheidenden Informationen aus der Fülle zu finden.

In Bild 35 ist der Fokus in Abhängigkeit des Neuigkeitsgrades und der Detaillierung angegeben. Neue Signale lassen sich zum einen analysieren (Detailwissen), und zum anderen verliert neues Wissen durch die Aufnahme an Neuigkeit.

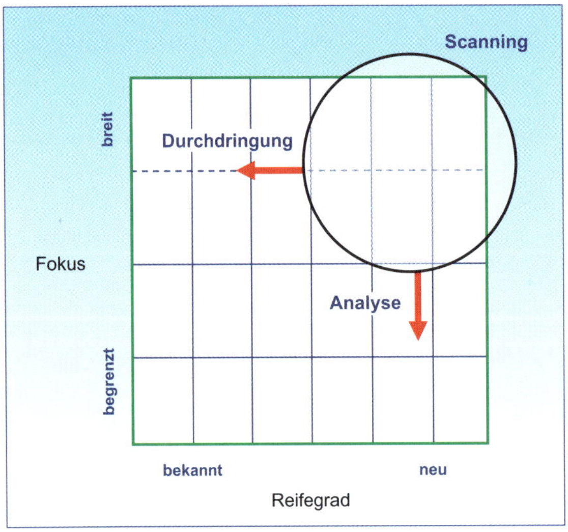

Bild 35 Das Scannen: Der Fokus liegt auf „neu" und „unspezifisch"

- Monitoring

  Im Gegensatz zum Scanning orientiert man sich beim Monitoring auf eine konkrete Fragestellung und beobachtet interessante Entwicklungen über einen längeren Zeitraum. Beim Monitoring ist das Untersuchungsfeld schon begrenzt und abgesteckt; man ist gezielt auf der Suche nach Informationen und recherchiert auf einem bestimmten Gebiet. Themen und Veränderungen werden beobachtet. Für das Unternehmen ist dabei vor allem die Fähigkeit von Bedeutung, bestimmte Entwicklungen interpretieren zu können.

- Informelle und formelle Recherche

  Noch konkreter wird es, wenn nach Antworten auf sich ergebende Fragen gesucht wird. Je nach Fragestellung und Wissensstand kann sich die Recherche informell oder formell gestalten.

- Studium

  Um ein neues Themengebiet zu erfassen, beginnt man gewöhnlich mit der Ausarbeitung eines Überblicks. Sehr allgemein geht es um Fragen nach dem Status quo, wer sind die Hauptakteure? Welche Motivation sorgt für Veränderung? Wodurch wird das Thema beeinflusst und welche Zusammenhänge und Wechselwirkungen gibt es zu anderen Themen?

Hat man sich einmal einen Überblick erarbeitet, gilt es, den Wissensstand z.B. durch Scanning aktuell zu halten, die weitere Entwicklung von Einzelaspekten z.B. zu monitoren oder durch gezielte Nachforschungen (Recherche) Antworten auf sehr detaillierte Fragen zu bekommen.

Aufnahme der Informationen

Die Liste an möglichen Informationsquellen ist lang. Grundsätzlich kann man unterscheiden, ob die Informationen intern oder extern vorliegen bzw. in primärer oder sekundärer Form. Bei der Betrachtung des Inhaltes kommt es vor allem auf den Fokus und die Art der Aufnahme an (schriftlich, persönlich, Datenträger, Datenformate, Kosten usw.).

Eine Auswahl von Informationsquellen ist in Tabelle 9 aufgeführt. In Kapitel 9 finden Sie eine Auflistung konkreter, nützlicher Informationsquellen.

Tabelle 9 Informationsquellen – unter anderem zum Scannen und Monitoren

Externe Informationsquellen	Aufnahme/Medium	Fokus
Zeitungen/Zeitschriften	Lesen/Papier	allgemein
Fachzeitschriften	Lesen/Papier/elektronisch	konkret
Analysen, Studien, Reports	Lesen/Papier/elektronisch	konkret
Interviews	Gespräch/persönlich	konkret
Diskussionen	Gespräch/persönlich	konkret/allgemein
Konferenzen	Gespräch/audiovisuell	konkret
Patente	Lesen/Papier/elektronisch	konkret
Notizen	Lesen/Papier/elektronisch	konkret/allgemein
News	Lesen/Papier/elektronisch	konkret/allgemein
Papers	Lesen/Papier/elektronisch	konkret/allgemein
Bücher	Lesen/Papier/elektronisch	allgemein
Fachbücher	Lesen/Papier/elektronisch	konkret
Pressemitteilungen	Lesen/Papier/elektronisch	konkret/allgemein
Blogs	Lesen/elektronisch	konkret/allgemein
Experten/Professoren	Gespräch/pers. Kontakt	konkret
Firmen	Gespräch/pers. Kontakt	konkret
Internet	Lesen/anonym/elektronisch	sehr allgemein/konkret

Tabelle 9 Informationsquellen – unter anderem zum Scannen und Monitoren (Forts.)

Interne Informationsquellen	Aufnahme/Medium	Fokus
Bestehendes Wissen / Informationsstand der Mitarbeiter	Gespräch/Unterlagen, Ablage	konkret/allgemein
Eigene Dokumentationen: Notizen, Daten, Dokumentation	Lesen/Papier/elektronisch	konkret/allgemein
Eigene Marktforschung	Lesen/Papier/elektronisch	konkret
Mitarbeiter und Kommunikation	Gespräch/persönliche Kontakte	konkret/allgemein
Datenbanken/Wiki	Recherche/elektronisch	konkret/allgemein
Statistiken	Lesen/Papier/elektronisch	konkret/allgemein
Archiv	Lesen/Papier/elektronisch	konkret/allgemein
Reports	Lesen/Papier/elektronisch	konkret/allgemein
Analysen	Lesen/Papier/elektronisch	konkret/allgemein
Präsentationen	Lesen/Papier/elektronisch	konkret/allgemein

Die Fülle von Quellen und die unterschiedlichen Formate und Darstellungen machen die Verarbeitung nicht einfacher. Alleine die in der Tabelle angegebenen Möglichkeiten der Formate, in denen die Informationen vorliegen können, lassen den notwendigen Aufwand erahnen, der beim Studium von verschiedenen Eingangsquellen entstehen kann. Um sie nutzbar und verfügbar zu machen, müssen Informationen kodifiziert (im Vorzugsformat), strukturiert, verlinkt und verdichtet werden. Ganz entscheidend ist es, sich Widersprüche, Unsicherheiten sowie zweifelhafte Informationen bewusst zu machen und gegebenenfalls weiter zu recherchieren.

Den Erkennungsprozess als reine (unstrukturierte) Sammlung von Informationen auszugestalten, reicht nicht aus. Die recherchierten Informationen würden sonst möglicherweise so aufbereitet und visualisiert werden, dass ein „Gesamtbild" als Modell der Realität erzeugt wird [Pörner 2000].

Kritischer Umgang mit Informationen

Wenn man sich eine solide Informationsbasis schaffen will, kommt man an der Behandlung von Widersprüchen und unterschiedlichen Aussagen nicht vorbei. Man ist gezwungen, Entscheidungen zu treffen. Diese Entscheidungen können anhand der Zuverlässigkeit der Quellen oder durch Hinterfragen und Recherchieren erfolgen.

Damit man sich jedoch nicht in Details verliert, kann man die Information bewusst als nicht eindeutig markieren. Beispielsweise ist die Aussage bezüglich der „Reichweite" von Erdöl sehr unterschiedlich. Auch Experten schätzen die Lage um Größenordnungen verschieden ein – zwischen dreißig Jahren und mehreren hundert Jahren bewegen sich die Meinungen. Es ist aber müßig, solche Details im Einzelnen zu hinterfragen. Wichtiger ist hingegen, dass man erkennt, dass die Information nicht eindeutig ist.

Verdichten der Informationen

Dieser Schritt ist der aufwändigste und er erfordert Erfahrung, Geduld, Fokussierung und Übersicht über das vorliegende Material. Als Ergebnis bekommt man aufbereitete Informationen – geeignet zur weiteren Analyse. Je klarer Sie sich hier über Strukturen und Abgrenzungen werden, desto leichter vermeiden Sie ein Zurückspringen aus der Analyse zurück zur Informationsvalidierung.

Das Arbeiten mit dem Informationsmaterial erhöht die Sicherheit mit dem Thema. Es wird verständlicher, die Informations-Puzzelteile werden durchdacht, Gedanken werden strukturiert, Ideen formuliert und diskutiert. Dabei entstehen neue Fragen, die gezielt beantwortet werden oder auch gewollt offen bleiben. Aber erst durch die Arbeit mit der Information reifen die Vorstellungen und Ihr Wissen zum Thema. Viel Erfahrung und Übersicht sind für diese Zusammenstellung notwendig, was jedoch oft unterschätzt wird. Informationen intelligent zusammenzufassen bedeutet nicht einfach, zu abstrahieren. Selektieren, Homogenisieren, Filtern, Fragen stellen, Infragestellen, Erweitern, Ergänzen, Reduzieren, Kombinieren, Strukturieren, Verstehen und Clustern erfordern hohe Konzentration und besondere geistige Fähigkeiten.

Ohne diesen Schritt (bzw. falls er schlecht ausgeführt ist) werden Sie das Material nicht verarbeiten können, Sie bleiben an der Oberfläche und können das inhaltliche Wissen nicht erfassen. Nehmen Sie die Herausforderung an, auch wenn in unserer heutigen Zeit der permanenten Zeitknappheit und des Dauerstresses der Drang groß ist, es zu vermeiden oder es „machen zu lassen". Über die Zukunft nachdenken heißt in erster Linie, die Vergangenheit zu verstehen.

GetAbstract ist eine Firma aus der Schweiz (www.getabstract.com), die den Inhalt von Büchern zusammenfasst und den Kunden in einer strukturierten Form zur Verfügung stellt. Diese kommerzielle Form der Informationsverdichtung hat sich bewährt. Man erhält einen Überblick über das Buch – aus der Sicht des Rezensenten, der das Buch mit seinem Verständnis liest und studiert und die nach seinem Empfinden wichtigen Stellen hervorhebt und die entscheidenden Erkenntnisse herauszieht. Der Vorteil liegt klar auf der Hand. Statt hunderter Seiten liest man etwa 5 Seiten und kann sich anhand der Kernaussagen und Bewertung ein Bild verschaffen. Will man mehr Details wissen, kauft man sich gerne das Buch, um dann genauer nachzulesen.

Die Idee ist simpel und doch verblüffend und kann gut als Vorbild für die Verdichtung von Informationen dienen. Der Inhalt wird in einer strukturierten Form zusammengefasst:

Take-aways:	Kernaussage des Buches
Rating:	Gesamt-Rating / Umsetzbarkeit / Innovationsgrad / Stil
Relevanz:	Empfehlung und Lernmaterial

Abstract:	Zusammengefasster Inhalt
Über den Autor:	Informationen zur Person

Es ist möglich, Bücher mit Hunderten von Seiten auf fünf bis acht Seiten zusammenfassend darzustellen. Bei der Anwendung dieser Informationen muss jedoch bewusst sein – und hier sei noch einmal auf das Stichwort Informationsfilter verwiesen –, dass derjenige, der das Buch zusammenfasst, persönliche Meinungen, Erfahrungen, Hintergrundinformationen und einen individuellen Bildungsstand hat. Dazu kommen Vorgaben vom Unternehmen, die sich aus den Anforderungen der breiten Masse der Nutzer und Leser rekrutieren.

Wenn man sich vorstellt, wie viele Bücher publiziert werden – allein in Deutschland sind es täglich fast 300 (inklusive Belletristik) – dann versteht man, dass es nicht annähernd möglich ist, alle zu erfassen. Nimmt man weiterhin an, dass die Hälfte davon Fach- und Sachbücher sind, dann ist es selbst bei gutem Willen nicht möglich, auch nur einen Bruchteil davon zu lesen – selbst wenn man sich nur auf die relevanten konzentriert und auch die internationale Literatur unbeachtet lässt. Hier kommt „GetAbstract" ins Spiel. Man kann die Bücher erfassen und die Kernaussagen mitnehmen. Bevor man ein Buch liest, kann man sich sonst lediglich am Cover und am Werbe- oder Klappentext orientieren – Titel, Untertitel, Infotext und besonders bei amerikanischen Büchern mit verbreiteten Zitaten über das Buch – was aber nicht bei allen Büchern wirklich eine Orientierung darstellt. Jeder hat schon mal ein falsches Buch gekauft, nach ein paar Seiten Lesen hat er es dann weggelegt. Mit der GetAbstract-Zusammenfassung gelang ein Kompromiss.

Zusammenfassen von Informationen jedoch ist – in einer bestimmten Weise – eine Kunst. Es ist eine Tätigkeit mit hoher kognitiver Anforderung und Bedarf an Intelligenz (Kapazität). Bücher sind, wie andere Quellen auch, keine homogenen Informationslieferanten. Ein Kapitel wird als enorm wichtig empfunden und bedarf mehr Erklärungen. Im Gegensatz dazu mag es Kapitel oder Abschnitte geben, die für das Verständnis und die Lesbarkeit wichtig sind, aber keine wichtigen Informationen enthalten.

Dass das Budget in jedem Fall das falsche Kriterium ist, um den Umfang der Umfeldanalyse festzulegen, wurde schon hervorgehoben. Auffällig ist, dass in vielen Fällen die Bedeutung der Analyse unterschätzt wird und es kommt zu unliebsamen Überraschungen – in der Zeitung steht dann: „Firma XYZ hat die Entwicklung verschlafen." Für XYZ können Sie eine riesige Liste erstellen. Ob es um Produkte wie MP3-Player geht, um Carving-Ski, die Digitalkamera oder um politische Entwicklungen.

Wenn man sich Scannen, Monitoren und die Analyse der Umwelt ähnlich wie eine Krankenversicherung vorstellt – ohne eine solche spart man zwar Kosten, aber hat das Risiko – werden die Notwendigkeit und der Nutzen deutlicher. Ähnlich wie bei der Feuerwehr oder Versicherung sollte die Umweltanalyse ein kontinuierlicher Vorgang sein. Aus zwei Gründen: Erstens, hat man sich einmal eine Basis geschaffen, dann kann man sich auf die Veränderungen konzentrieren. Zweitens ist der nötige Zeitraum zur Identifikation einer Veränderung kürzer.

Eine sorgfältige und umfangreiche Umweltanalyse allein ist natürlich noch kein Garant für überraschungsfreie Zukunft, aber sie gibt das Gefühl der Sicherheit. Klar ist, alle Informationen aufnehmen ist unmöglich, nur aus dem Fenster schauen ist zu wenig. Irgendwo dazwischen wird der Kompromiss aus Aufwand und Nutzen liegen. Als Daumenregel kann gelten, wenn man bei der Recherche oder beim Scannen oder Monitoring erste Wiederholungen – also Mehrfachnennungen von Informationen – bekommt, erreicht man einen Sättigungsgrad, der nur mit sehr viel Aufwand verbessert werden könnte. Weitere Herausforderungen und Gefahren stecken dann in der weitergehenden Aufbereitung der Informationen. In jedem Fall aber ist eine inhaltsabhängige Entscheidung über den Umfang besser als eine budgetabhängige Entscheidung über den Aufwand.

Noch mal zur Erinnerung, die Qualität der strategischen Entscheidungen hängt unmittelbar von der Sorgfalt der Umweltanalyse ab. Amerikaner bringen das mit „shit in – shit out" gerne auf den Punkt.

Darstellen der Informationen und Zugang

Das Finden und Beschaffen von Informationen ist das Eine. Mit der Aufbereitung stellt sich die Frage der Darstellung und der Ablage für den weiteren Zugriff. Die Kommunikationsformen in Unternehmen führen dazu, dass Informationen in Präsentationen und Reports thematisch zusammengestellt werden. Diese werden entweder auf konkrete Anfrage hin zur Verfügung gestellt oder es werden Informationen „auf Vorrat" zusammengefasst und allgemein zur Verfügung gestellt. Beide Formen sind nicht optimal und haben ihre Grenzen. Eine detaillierte Betrachtung enthält Kapitel 5.

Wie erkennt man Veränderungen und wie werden Informationen aktuell gehalten? Ganz allgemein gesagt: durch Beobachtung und Vergleich. Durch Beobachten wird ein Zustand erfasst und eine Veränderung liegt vor, wenn ein Vergleich mit früheren Zuständen Unterschiede ergibt bzw. wenn neue Phänomene auftauchen.

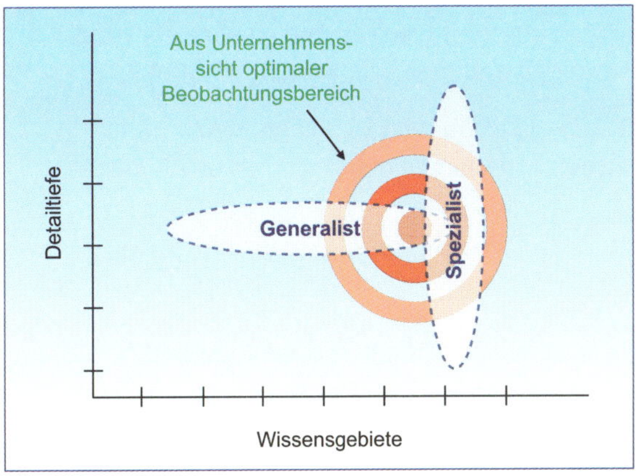

Bild 36 Themenbetrachtung in Breite und Tiefe: Immer ein Kompromiss

Die Schwierigkeit beim Erkennen von Veränderungen ergibt sich dadurch, dass Veränderungen nicht aus Neugier oder Interesse aufgenommen werden, sondern die Veränderung möglichst exakt im Kontext des Unternehmens zu betrachten ist. Die möglichen Auswirkungen der Veränderungen – später im Buch in Möglichkeiten und Bedrohungen unterteilt – sind von besonderem Interesse. Damit stellt sich auch die Herausforderung und Schwierigkeit der Umweltbeobachtung dar: Aus Unternehmenssicht kann die Umfeldbeobachtung nur ein Kompromiss sein zwischen einer breiten, aber oberflächlichen, und einer ausgewählten, detaillierten Themenbetrachtung (Bild 36).

Tipps zur Vorgehensweise bei der Umfeldbeobachtung

- Das Beobachten der Unternehmensumgebung gehört zum Handwerkszeug. Es dient der Orientierung und dem Verständnis der Branche und der Welt.

  Strategische Überlegungen und Entscheidungen basieren zum großen Teil auf diesen Informationen. Die Bedeutung dieser Aktivitäten ist demzufolge nicht zu unterschätzen. Da diese jedoch in vielen Firmen in der Tat vernachlässigt werden – die Spannweite reicht von keine Aktivitäten bis sporadisch und zufällig –, sei darauf hingewiesen, dass eine feste institutionelle, systematische, kontinuierliche Bearbeitung vermeidet, dass durch die operativen Belastungen das Thema Zukunft „vergessen“ wird.
- Es ist immer sinnvoll, vom Allgemeinen zum Konkreten zu arbeiten, um zu vermeiden, dass man durch eine zu fokussierte Recherche einen Großteil an Informationen und Neuigkeiten übersieht und unberücksichtig lässt.
- Es gibt keinen vollständigen Informationsstand zu einem Thema oder Problem.
- Ein gefühlt hoher Informationsstand hilft aber, das Verständnis für die Situation zu bekommen, Zusammenhänge zu erkennen und Schlussfolgerungen ziehen zu können.
- Eine Beurteilung der Informationen im Stadium des Erkennens und der Informationsaufnahme führt zur Vorfilterung – eine Bewertung ist aber erst sinnvoll, wenn alle Informationen vorliegen und gesichtet werden (Kapitel 3)
- Die Fragestellung „Wie und was ändert sich in dem Unternehmensumfeld?“ darf sich nicht ändern in „Wir suchen Argumente, damit wir uns nicht ändern müssen“.
- Auf die Vielfalt kommt es an. Vielfalt bedeutet unterschiedliche Argumente und Sichtweisen.
- Nur durch Verstehen anderer Perspektiven erlangt man Sicherheit in der thematischen Diskussion.

2.5 Die Zukunft des Fernsehens (I)

Zur besseren Verdeutlichung werden an einem Beispiel – „Zukunft des Fernsehens" – die Erkenntnisse angewendet und vertieft. Die gesamte Entwicklung der Unterhaltungs- und Medienindustrie ist von Unsicherheiten geprägt, zeichnet sich durch ein turbulentes Umfeld und dynamische Märkte aus und wird durch innovative Technologien vorangetrieben. Das im Kapitel 1 (Dilemma der unterschätzten Zukunft) vorgestellte Beispiel über den Wandel in der Musikindustrie gibt einen ersten Eindruck, welche dramatischen Umwälzungen ausgelöst werden könnten.

Das Anwendungsbeispiel verfolgt drei Ziele:

- die Veranschaulichung der Ideen und Konzepte des jeweiligen Kapitels
- die schrittweise Weiterentwicklung des Themas, beginnend mit einer unübersichtlichen Informationszusammenstellung über die strategische Entscheidungsfindung, bis zum Aktionsplan
- eine inhaltliche Aufarbeitung zum Thema, die besonders für die „Spielteilnehmer" (Sender, Konsumenten, Technologielieferanten, Produzenten usw.) von Interesse sein sollte.

Eine Übersicht über die Entwicklung des Themas zeigt Bild 37.

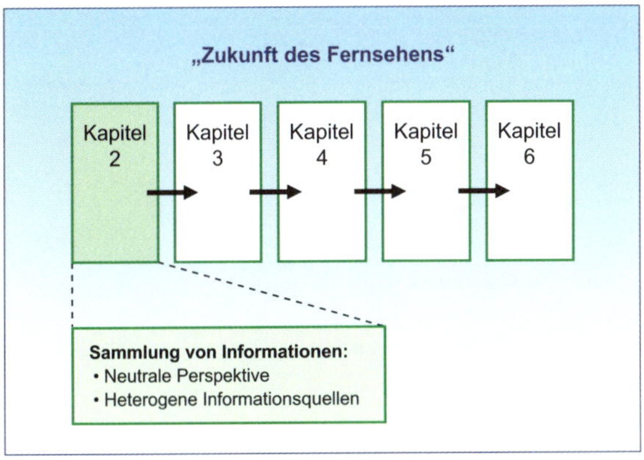

Bild 37 Untersuchungsprojekt „Zukunft des Fernsehens": Zuerst werden Informationen gesammelt

Die Untersuchung soll allgemein über mögliche Entwicklungstendenzen informieren. Statt einer konkreten Fragestellung geht es um das „Wie könnte das Fernsehen der Zukunft aussehen?" Der breit angelegte Fokus und die offene Fragestellung lassen viel Spielraum und erlauben unterschiedliche Blickwinkel. Der Untersuchungsgegenstand wird wie folgt festgelegt:

Thema: „Zukunft des Fernsehens"

- Fokus: Unterhaltungsindustrie/Medienindustrie
- Region: Deutschland/Europa
- Zeitrahmen: bis ca. 2020

Ziel ist es zunächst, aus der unübersichtlichen und durch Unsicherheit und viele Einflussfaktoren geprägten Situation einen strukturierten Informationsüberblick zu generieren (Kapitel 2 und Kapitel 3) und daraus eine plausible Zukunftsvorstellung in Form von Szenarien zu entwickeln (Kapitel 4). Die Auswirkungen auf die Strategie und die Umsetzung werden ausschließend behandelt (Kapitel 5/6).

In diesem Kapitel geht es darum, Informationen zum Thema aus möglichst verschiedenartigen Quellen zu sammeln. Der Schwerpunkt liegt dabei zum einen auf einer möglichst hohen Neutralität. Soweit es geht, sollten Vorselektionen („Das geht nicht!", „Niemals!", „Das klingt spannend!") vermieden werden. Die Bewertung wird später durchgeführt, wenn es einen Überblick über das gesamte vorliegende Material gibt. Zum anderen geht es um die Vielfalt. Eine Vielzahl von Quellen vermittelt unterschiedliche Perspektiven und dadurch neue Einsichten.

Tabelle 10 enthält die Zusammenstellung der verwendeten 22 Informationsquellen. Für jede Quelle wurde eine Zeile mit jeweils den Quellenangaben, der Kernaussage, Angaben über Indizien, Signale und Referenzen angelegt.

Tabelle 10 Informationssammlung: Zukunft des Fernsehens

Nr.	Informationsquellen	Kernaussage	Indizien und Signale	Referenzen und Bemerkungen
1	Zeitschrift: Technology Review Artikel: Gregor Honsel, „Entfesselt fernsehen" Artikel: Wolfgang Blau, „Ich-TV auf Sendung" 09/2006	Neue Übertragungswege • Aus Sicht der Marktforscher bietet IPTV (Fernsehen über das Internetprotokoll) für den Kunden keine signifikanten Produktvorteile. • Bis 2010 prognostiziert man 1,3 Millionen IPTV-Anschlüsse (zum Vergleich: Derzeit verfügen 20 Millionen Haushalte über Kabel.) IPTV-Startups wie ClickTV bieten Funktionen an, die den Informations- und Unterhaltungswert einer Sendung durchaus erhöhen.	• Die herkömmlichen Übertragungswege werden über kurz oder lang durch innovative Möglichkeiten des Fernsehempfangs abgelöst. • Es ist fraglich, ob IPTV als Nischenangebot eine „Revolution des Fernsehens" verursachen wird.	
2	Online-Dokument: B.A.T Freizeit Forschungsinstitut, Opaschowski: „Deutschland 2010 – Voraussagen der Wissenschaft zur Zukunft unserer Gesellschaft", Hamburg 2001	Verhaltenstrends der Fernsehkonsumenten • Aufgrund des begrenzten Zeitbudgets fordert der Medienkonsument möglichst prägnante Informationen „Wo?", „Was?" und „Wie?". • TV-Konsumenten wollen berieselt und unterhalten werden, während sie anderen Beschäftigungen und Gedanken nachgehen. • „Mehr erleben in gleicher Zeit" wird zum Paradigma der Fernsehgewohnheiten. Für langatmige und nachdenkliche Sendungen bleibt demnach keine Zeit.	• Für die TV-Konsumenten nimmt der Unterhaltungswert des Fernsehens einen zunehmend höheren Stellenwert ein. • Fernsehen entwickelt sich zum unbewussten Konsum (Fernsehen als passives Medium). • Die Eventkultur verdrängt die Wissenskultur.	• „Die inflationäre Verbreitung von Unterhaltungssendungen macht das Fernsehen auch zum Wegwerf-TV." • „Insbesondere Vorabendprogramme werden zum Fast-Food-TV im Halbstunden-Rhythmus." • „There is no idle time anymore."

Tabelle 10 Informationssammlung: Zukunft des Fernsehens (Forts.)

Nr.	Informations-quellen	Kernaussage	Indizien und Signale	Referenzen und Bemerkungen
		Programmentwicklung im Fernsehen • Als Konsequenz der gewandelten Freizeitgewohnheiten der Zuschauer werden TV-Sendungen immer kürzer. • Auf die Optik und Aufmachung der Programme wird mehr Wert gelegt als auf die Inhalte und den Informationsgehalt. • Der Unterhaltungswert der Programme gewinnt an Bedeutung.		*Über das Fernsehen als Nebenbei-Medium:* „Wenn in Deutschlands guten Stuben der Fernseher läuft, schauen immer weniger hin. Für zwei Drittel der Bevölkerung ist das Fernsehen zur Nebensache geworden. Die überwiegende Mehrheit der TV-Konsumenten wendet sich vom Bildschirm ab und anderen Dingen zu: Beim Fernsehen wird gelesen und gegessen, gebügelt und gebastelt, man unterhält sich, telefoniert mit Freunden..."
3	Online-Dokument: Matthias Kremp, „Die Zukunft des Fernsehens" Spiegel Online, 29. August 2006	Zur technischen Innovationsentwicklung des Fernsehens • Der Trend bei den Konsumentenwünschen geht zu größeren Displays. • Das Marktforschungsunternehmen Display Search prognostiziert, dass im Jahr 2010 fast die Hälfte aller verkauften Geräte eine Bilddiagonale von 94 cm (37 Zoll) aufweisen werden. • Aufgrund gestiegener Kapazitäten und des rasanten Ausbaus der Produktionsstätten ist die LCD-Technologie auf dem Vormarsch und wird (bei Diagonalen größer 42 Zoll) bald auf dem gleichen Preisniveau liegen wie Plasmas. • Der Umstieg auf hochauflösende TV-Programme wird aufgrund sehr hoher Kosten nur langsam vonstattengehen.	• Die neue Displaytechnologie kann als Treiber der neuen Infotainmentgesellschaft betrachtet werden.	
4	Online-Dokument: nanoVision, „Ihre Frage an die Zukunft"	Zukunftsvisionen über das Fernsehen • 2010: Die multifunktionalen Technologien werden dem Benutzer diverse Möglichkeiten bieten: Videos bestellen, chatten, telefonieren, einkaufen usw. • 2025: Dem Verbraucher werden Hunderte von Bezahlkanälen und Spartensendern zur Verfügung stehen.	• Die Fernsehlandschaft wird fragmentierter und ausdifferenzierter.	„Das Wohnzimmer wird zur Schaltzentrale. Internet und Fernsehen haben den Medienbund fürs Leben geschlossen."
5	Online-Dokument: Holger Dambeck: „Fernsehen ist tot" Spiegel Online, 1. September 2006	• Anbieter überschlagen sich mit immer neuen TV-Standards und Verbreitungswegen • Die Technologien der Übertragung werden immer komplexer und ausgereifter und sind mit hohen Kosten für die Verbraucher verbunden. Dies führt zur Verunsicherung. • Bei jüngeren Menschen nimmt der Fernsehkonsum ab, da sich Internet und Computerspiele als bevorzugte Medien durchgesetzt haben.	• Die Komplexität der Technologien könnte zu einer Überforderung der Benutzer führen. • Angesichts des veränderten Medienverhaltens könnte das klassische TV langfristig durch Computer und Internet abgelöst werden.	„Man kann durchaus von einem TV-Chaos sprechen." „Und wenn die [junge Generation] ihre Gewohnheiten mit dem Älterwerden halbwegs beibehält und auch mit 30 oder 40 lieber an der Konsole spielt und im Netz unterwegs ist als fernzusehen, dann ist Fernsehen tot."

Tabelle 10 Informationssammlung: Zukunft des Fernsehens (Forts.)

Nr.	Informationsquellen	Kernaussage	Indizien und Signale	Referenzen und Bemerkungen
6	Online-Dokument: Brigitte Baetz, „Die Zukunft des Fernsehens. Was die Digitalisierung möglich macht." Spiegel Online, 29. Juli 2006	• Das sog. Triple-Play, Internet, Telefonie und Fernsehen aus einer Hand, ist für den Endverbraucher mit hohen Kosten verbunden.	• Die Möglichkeiten der Fernsehübertragung werden immer komplexer und teurer für den Verbraucher.	„Das Fernsehen der Zukunft könnte also einem Zeitungskiosk ähneln, mit Hunderten von Angeboten, ausdifferenziert und einzeln bezahlbar – und sogar überall abrufbar."
7	GfK-Studie zu den Märkten der Unterhaltungselektronik in Westeuropa 31.08.2006	• Im ersten Halbjahr des Jahres 2006 gab jeder Käufer durchschnittlich 676 € pro TV-Gerät aus (25% mehr als im Vorjahr).	Dieses Konsumverhalten spiegelt den Trend zu höherwertigen Produkten wider.	
8	Interview mit ZDF-Intendant Markus Schächter: „Triple-Play verschiebt Marktgewichte" 03.03.2006	• Zu den wichtigsten Entwicklungen des Fernsehens gehören das digitale Antennenfernsehen (DVB-T), das mobile Handy-TV und das hochauflösende Fernsehen HDTV. • Privates Fernsehen wird zunehmend zum Bezahlfernsehen. • Die Grundverschlüsselung von werbefinanzierten Kanälen hätte eine monatliche Digitalgrundgebühr zur Folge.	Es ist fraglich, ob der Fernsehkonsument in Zukunft bereit sein wird, Gebühren für verschlüsselte Fernsehkanäle zu zahlen.	
9	Online-Dokument: Dr. Uwe Hasenbrink, „Zukunft der Fernsehnutzung" Hans-Bredow-Institut für Medienforschung an der Universität Hamburg	• Die Fernsehnutzer sehen sich einer Zunahme von Spartenkanälen gegenüber, einer wachsenden Bedeutung von Pay-Angeboten und neuen Programmformen.	Die Entwicklung des Fernsehens spiegelt die aktuellen gesellschaftlichen und kulturellen Wandlungsprozesse wieder: Individualisierung, demographische Entwicklung, Zunahme von Ein-Personen-Haushalten, Verschiebungen im Verhältnis von Öffentlichkeit und Privatheit.	„Fernsehen wird nicht mehr sein, was es war."
10	Buch: Münchner Kreis, „2014 – Die Zukunft von Information, Kommunikation und Medien"	• Die Experten prognostizieren, dass innerhalb von 10 Jahren die ortsgebundene Rundfunkversorgung über Kabel und Satellit erfolgen wird. • Das terrestrische Netz wird für den mobilen Empfang genutzt. • Experten erwarten, dass die tageszeitlich aufgebauten Programme durch zeitlich wiederholte Programmteile abgelöst werden, die parallel gesendet werden. • Nach Schätzung der Experten sind internetfähige TV-Geräte in den deutschen Haushalten spätestens bis 2014 selbstverständlich. • Experten erwarten, dass 2014 durchschnittlich 24% des Zeitbudgets auf elektronische Kommunikation entfallen wird.	• Flexible Programmgestaltung begünstigt wachsende Mobilität und individuelle Tagesabläufe.	

Tabelle 10 Informationssammlung: Zukunft des Fernsehens (Forts.)

Nr.	Informationsquellen	Kernaussage	Indizien und Signale	Referenzen und Bemerkungen
11	Zeitschrift: Absatzwirtschaft Nr. 7 vom 01.07. 2006 Dirk Ziems/Thomas Ebenfeld, „Der Zuschauer bestimmt die Zukunft des Fernsehens"	• Im Hinblick auf die neuen technischen Standards zeichnet sich zurzeit ein Innovationsstau ab → Angesichts der Komplexität der Systeme haben die Konsumenten den Durchblick verloren. • Der technische Fortschritt setzt sich nur durch, wenn er für die Konsumenten einen psychologischen Nutzen stiftet. • Die Programmüberflutung kann zu einer Überlastung der TV-Nutzer führen.	• Den Konsumenten fehlt eine klare Ansage, welche Entwicklung wirklich zukunftstragend ist. • Für die TV-Nutzer zählt allein das Programm, egal ob sie ein Bild über Satellitenantenne oder Telefonkabel erreicht.	„Sie wollen erst einmal sehen, welche der aufgeheizten Innovationsankündigungen sich am Ende durchsetzt – und sich dann anschließen."
12	Zeitschrift: Media Perspektiven Nr. 3, 2006	• Der Umfang der Fernsehnutzung und die Reichweite des Fernsehens haben sich im Jahre 2005 im Vergleich zum Vorjahr kaum verändert.	• Ein Indiz für die langsam fortschreitende Fragmentierung der Fernsehnutzung ist das Ergebnis, dass der gemeinsame Marktanteil der sechs führenden Programme von 81 auf 71% gesunken ist.	
13	Zukunftsinstitut GmbH: Dr. Eike Wenzel et al., „Medialution – von den Massenmedien zur digitalen Individualisierung"	• Abschied von Massenmedien • Verlage und Sender müssen „crossmedial" präsent sein • Aus Angebots- werden Nachfrage-Medien • Stärkere Einbeziehung von situativen Bedürfnissen • Die Überall-Kommunikation und Medienkonsum erfasst die Nutzer	Es herrscht gnadenloser Verdrängungskampf um: • Aufmerksamkeit • Zeitbudgets • Geldbudgets	„Im Jahre 1988 konnten die Deutschen übersichtliche acht TV-Programme empfangen, heute sind es 308." „Zwischen 1970 und 2000 ist die Zahl der Zeitschriften von 850 auf 1942 angestiegen."
14	Siemens AG, Interner Report: Ulf Pillkahn, „Voice, Data and Media Convergence", 2004	Es werden sich drei Media-Plattformen entwickeln: • Lean forward: PC und Spielkonsole interaktiver Einzelanwender, Schwerpunkt Interaktion und Austausch, auch möglich ist TV (DVB) und Kommunikation (VoIP) • Lean back: TV Gruppenerlebnis, Schwerpunkt Bild- und Tonqualität (Home-Cinema), auch möglich ist Internet und Kommunikation • Mobile: Mobile Phone/Laptop Einzelanwendung, Schwerpunkt Kommunikation, auch möglich ist TV und Internet (UMTS/EDGE/GPRS) Jede der drei Plattformen wird multimediale Anwendungen beherrschen, sich aber auf eine spezialisieren (Internet, Fernsehen oder Kommunikation)!	Siehe Bild 38	Interner Report
15	Euroforum, The Conference Company	• Der TV-Markt befindet sich in einem grundlegenden Transformationsprozess und stellt die Key-Player der TV-Landschaft (Produzenten, Vermarkter, Netzbetreiber usw.) vor enorme Herausforderungen.		

Tabelle 10 Informationssammlung: Zukunft des Fernsehens (Forts.)

Nr.	Informationsquellen	Kernaussage	Indizien und Signale	Referenzen und Bemerkungen
16	Artikel : Welt am Sonntag „Apple-Chef Steve Jobs bricht mit der Tradition" 17.09.2006	• Apple hat ein Gerät konzipiert, welches es ermöglicht, PC-Inhalte wie Musik, Fotos und Filme drahtlos auf den Fernseher zu übertragen.		
17	Online-Dokument: Reinhard Mohr, „Fernsehen 2067" Spiegel Online, 29. Dezember 2006	Drei Gigatrends in Sicht: • Bullshit-Faktor: Verflachung, Angleichung nach unten • Vanity-Effect: hemmungslose Eigen-PR und ungebremste Selbstliebe • Distinction-Drift: Eigenproduktion und Nischensender		„Die Menge des Fernsehmülls wird ins Unermessliche wachsen."
18	Jean-Claude Bisenius; Wolf Siegert Multi Media Mobil. Mobile Dienste in digitalen Rundfunk- und Telekommunikationsnetzen. Analysen & Perspektiven Schriftenreihe der MABB, 2002	• Überblick über Multi-Media-Technologien, Netze, Strukturen, Endgeräte, Anwendungen • Untersuchung der Wertschöpfungsketten der Akteure im Medienumfeld und Entertainmentmarkt • Bezug zu sozialem Umfeld und Erlebniswelten	Konkurrierende Technologien auf Netz und Endgeräte-Seite. Mit der Mobile-World betreten neue Akteure die Szene, neue Geschäftsmodelle und Veränderungen sind möglich.	
19	„Archiv-TV vor dem Durchbruch." Zukunftsletter 07/2004	• BBC hat ein frei zugängliches Online-Archiv eingerichtet • Der Nutzer ist nicht mehr nur Konsument, sondern Gestalter • Internet-Archiv wird über zentrale Server and P2P verbreitet	Live-Aspekt digitaler Produktion verliert an Bedeutung. Archive entwickeln sich zur Schlüsselressource.	„Der Fernseher der Zukunft wird zum personalisierten Nachfragemedium und in den Info-Highway eingegliedert."
20	„The Future of Television" Newsweek May 30th	Ironischer Artikel über die Zukunft des Fernsehens	Die Abhängigkeit von den Medien steigt.	„As reality television becomes ubiquitous, being unknown becomes cool."
21	Manfred Spitzer: Vorsicht Bildschirm	• Auseinandersetzung mit dem Thema Fernsehen, Video, Internet • Basiert auf wissenschaflichen Erkenntnissen (Spitzer ist Prof. und leitender ärztlicher Direktor der psychiatrischen Universitätsklinik in Ulm) • Folgen zu hohen „Bildschirm-Konsums: Übergewicht, Lese- und Aufmerksamkeitsstörungen, gestörtes Sozialverhalten, steigende Gewaltbereitschaft und eine massiv gestörte geistige Entwicklung	Auswirkungen von hohem Fernsehgenuss ist gewaltig, besonders bei Kindern.	
22	Online-Dokument: „Goodbye television. Hello Joost." http://www.joost.com/about.html	• Ankündigung von Joost • Ähnlich Skype sollen Video- und TV-Inhalte im P2P-Verfahren ausgetauscht werden • Pilotprojekt (Betatest) mit Test-Usern ist gestartet.	Die Art und Weise des Fernsehens wird komplett verändert. Technologie und Plattform-Entwicklung treibt die Veränderung.	„Joost™ is a new way to watch TV, free of the schedules and restrictions that come with traditional television. Combining the best of TV with the best of the internet, Joost™ gives you more control and freedom than ever before – control over what you watch, and freedom to watch it whenever you like."

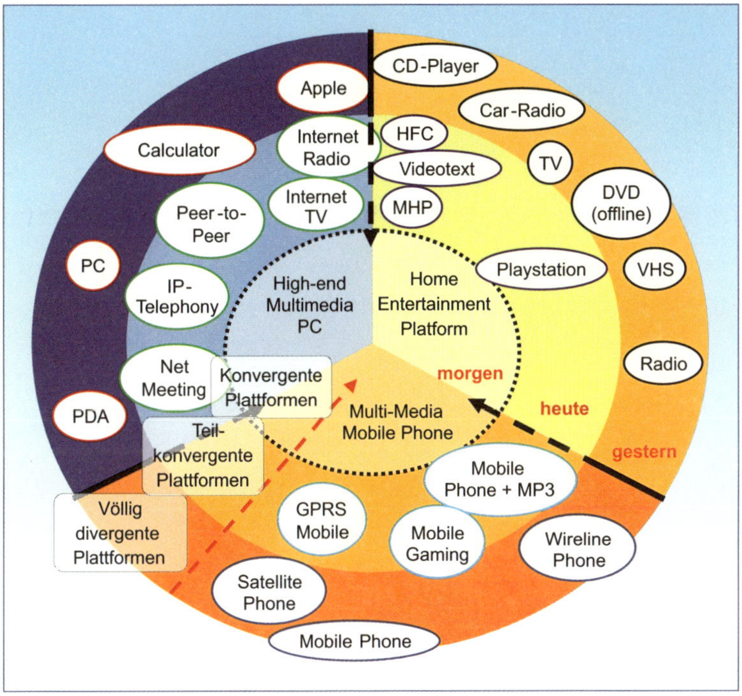

Bild 38 Konvergenz der Medien: Der Weg in die Zukunft

Die Informationsaufnahme erfährt hier schon einen wichtigen Schritt der Verdichtung, in dem die als wichtig eingestuften Kernaussagen und Erkenntnisse extrahiert werden. Die Tabelle dient vor allem als Referenz. Das „Big Picture" entsteht während der Informationsaufnahme (z.B. Lesen) im Kopf. Das ist auch ein Grund dafür, dass man Informationen aus erster Hand (ungefiltert) erhalten und selbstständig erfassen sollte. Damit wird das Gehirn auf die nächsten Schritte vorbereitet, was im Prinzip noch wichtiger ist, als die Tabelle zu füllen.

Im nächsten Kapitel werden die Informationen aufbereitet und strukturiert.

Kapitel 3

Nachdenken

Sortieren und Strukturieren der Informationen

Ein Stamm der Neandertaler hat ein Problem, das Stammesoberhaupt macht sich große Sorgen. Wenn es so weitergeht, werden sie irgendwann ausgestorben sein. Der Nachwuchs bleibt aus, immer weniger Kinder werden geboren! Nun sitzen die Stammesobersten am runden Tisch und beratschlagen, wie man die Situation ändern kann. Das Problem ist, sie wissen nicht, wie es eigentlich zu Nachwuchs kommt. Eine brenzlige Situation, auch für die Reputation des Chefs. Seine Position ist bedroht, wenn er keine Konzepte zur Lösung anbieten kann. Als Präsident hat er schon einige Erfahrung sammeln können und bevor er etwas entscheidet, möchte er sich die Meinung der Ratsmitglieder anhören.

Die Götter seien schuld und man müsse größere Opfer leisten, wird kundgetan. Nein, die schwache Sonnenstrahlung der letzten Jahre sei schuld. Noch ein anderer äußert die kühne These, dass Sex etwas mit den Kindern zu tun hat. Sollte er Recht haben? Als Stammesoberhaupt hat er gelernt, vorsichtig zu sein, übereilte Entscheidungen aus der Not heraus verschlimmerten die Situation in der Vergangenheit nur. Er möchte nichts überstürzen – gerade bei einem fast absurd klingenden Vorschlag – und schlägt einen Versuch vor.

Es wird vereinbart, dass 100 Paare über einen noch festzulegenden Zeitraum Sex haben sollen. Eine andere Gruppe von Paaren – ebenfalls 100 – verzichtet in diesem Zeitraum komplett auf Sex. Dann wolle man wieder zusammenkommen, auswerten und neu beratschlagen.

Der Vorschlag wird knapp angenommen, nur der Zeitraum des Versuchs ist noch fraglich. Bis zum Sommer – das wären noch 6 Neumonde. Oder doch 12 Neumonde, das wäre aber noch bis zum Winter – eine lange Zeit (für ein Naturvolk). Nach heftiger Diskussion einigt man sich auf 10 Neumonde – ab sofort!

Die Monde gehen auf und unter und nach 10 Mondwechseln liegt folgendes Ergebnis vor: Die „Sex-wie-gehabt-Gruppe" hat 11 Kinder geboren und 5 Schwangerschaften zu verzeichnen. Die „No-Sex-Gruppe" hat 5 Kinder und 5 Schwangerschaften zu melden.

Der Rat trifft sich wieder und ist ratlos. Was hat das zu bedeuten? Unter statistischen Gesichtspunkten würde man eine geringe Korrelation konstatieren.

Durch den geringen Unterschied beschließt der Rat, die Idee nicht weiter zu verfolgen. Sex hat nichts mit Nachwuchs zu tun! Die Idee bzw. der Verdacht konnte nicht bestätigt werden.

(Die Idee zu dieser Anekdote geht zurück auf einen Text von Einhorn und Hogarth [Einhorn 1987].)

Die Geschichte könnte sich auch heute etwa so abspielen. Dass die No-Sex-Gruppe Kinder und Schwangerschaften melden kann, kann als Messfehler begründet werden, zum Beispiel heimlichen Sex – was bei heutigen Messreihen so auch bekannt ist. Heute wissen wir über den Zusammenhang zwischen Sex und Nachwuchs und haben auch die Fähigkeiten, über einen Zeitraum von 9 Monaten Vorstellungen zu entwickeln – sowohl in die Vergangenheit als auch in die Zukunft. Dennoch: Veränderungen in der Umwelt – dargestellt als Trend oder nicht – sind oftmals komplexe Phänomene. Diesen mit einfachen, naheliegenden Lösungen zu begegnen, geht oftmals am Problem vorbei.

3.1 Umweltveränderungen

Die Umwelt ist komplex, chaotisch und nicht vorhersehbar; wir spüren es täglich. Dinge und Werte wie beispielsweise Angebot und Nachfrage, Technologien, Lebensstile, Kundenwünsche und politische Konstellationen ändern sich rasch. Änderungen in einem Bereich haben Auswirkungen auf andere Bereiche. Alle Lebensbereiche sind verbunden und vernetzt.

In diesem Kapitel geht es darum, wie man mit den Informationen umgeht. Informationen sind kein Wissen. Wie können diese Informationen so aufbereitet werden, dass sie dem Unternehmen nützen, zum Beispiel bei der Entscheidungsfindung und Beurteilung von Situationen?

Die Erkenntnisse aus den ersten beiden Kapiteln lassen sich wie folgt zusammenfassen:

- Die Welt ist ständigen Veränderungen ausgesetzt.
- Nicht alles, was sich ändert, können wir erkennen.
- Stabile Grundstrukturen und weniger stabile Bereiche prägen unser Weltbild.
- Veränderungen haben Ursachen und folgen Freiräumen.

Dieser Zusammenhang lässt sich anhand des bekannten Eisberg-Modells verdeutlichen (Bild 39). Unter der Wasseroberfläche – auf den ersten Blick nicht erkennbar für den Betrachter – sind die relativ stabilen Systeme und Strukturen wie Werte, Traditionen, Bewusstsein, Glaube und Religion, aber auch monetäre Strukturen und evolutionäre und naturwissenschaftliche Gesetzmäßigkeiten angesiedelt.

Darauf aufbauend liegen die Bereiche, die sich deutlich schneller ändern können. Technologische Entwicklungen, Konsumverhalten, Bewegungen an den Kapitalmärkten, Konjunkturzyklen, aber auch Stimmungen wie Lifestyle und Moden gehören zu dieser Gruppe. Wie wir später noch sehen werden, sind Trends ein Instrument, um Strömungen und Tendenzen in diesem Bereich erfassen, beschreiben und bewerten zu können.

Die Spitze des Eisberges bilden die Ereignisse und Wildcards. Sie sind sehr leicht zu erkennen, sie sind meistens medienwirksam und ziehen die Aufmerksamkeit auf

Bild 39 Das Eisberg-Modell: Sichtbare Ereignisse, verborgene Trends und Strukturen

sich. Jedoch sind sie unvorhersehbar, und im Überraschungsmoment liegt auch die Gefahr der Verdrängung.

Die Feuerwehr ist ein Beispiel für aktive Prävention, also dafür, wie man sich für Überraschungen rüsten kann. Die wiederkehrenden Überschwemmungen der Elbe zeigen, dass vorbeugendes Lernen und Umsetzen des Wissens oft an bürokratischen Hürden, politischem Kalkül oder Zaghaftigkeit scheitern und selbst kalkulierbare Umweltphänomene zu Überraschungen und Bedrohungen führen können. Auch in der Wirtschaft gibt es oft Überraschungen. Wer hätte vor gut einem Jahr gedacht, dass Airbus und EADS in solch einer Krise stecken? Volle Auftragsbücher und mit dem A380 ein Prestigeobjekt, was optimistisch in die Zukunft blicken ließ. Und heute? Ein ebenso überraschender wie ungewöhnlicher Absturz. Selbst wenn jemand behauptet, das Airbus-Desaster gespürt zu haben, so gibt es demgegenüber auch absolut unberechenbare Ereignisse wie Terroranschläge, Vulkanausbrüche, Epidemien oder den Enron-Zusammenbruch 2001.

Tabelle 11 zeigt eine Unterscheidung möglicher Zukünfte in Abhängigkeit von Ungewissheit und Unsicherheit in vier Kategorien. Es ist zu erkennen, dass es eine Verschiebung von der überraschungsfreien Zukunft hin zu einer Vielzahl möglicher Veränderungen und Zukünfte gibt und weiterhin geben wird. Unklarheit entsteht durch hohe Dynamik und viele Neuheiten. Die hohe Vernetzung und die kausalen Abhängigkeiten machen es zunehmend schwerer, eine Situation eindeutig in eines der vier vorgeschlagenen Segmente einzuordnen.

Eine ähnliche Unterscheidung – jedoch mit dem Schwerpunkt auf Umwelt – schlagen Ansoff und McDonnell [Ansoff 1990] vor (Tabelle 12). Sie gehen davon aus, dass sich die Umwelt in Zukunft stärker verändern wird als in der Vergangenheit. Die Spannweite geht von sich wiederholenden Veränderungen (Turbulenzgrad 1) bis hin zu überraschenden Veränderungen (Turbulenzgrad 5).

Tabelle 11 Vier Arten der Unsicherheit (in Anlehnung an [Courtney 1997])

	Überraschungsfreie Zukunft	Alternative Zukünfte	Bandbreite von verschiedenen Zukünften	Unklarheit
Situation	Es liegt eine stabile Situation vor und es sind keine Überraschungen zu erwarten.	Es ergeben sich einige abgrenzbare Optionen und Alternativen.	Unübersichtliche Situation mit vielen Faktoren und Abhängigkeiten	Hohe Dynamik und Komplexität, verbunden mit viel Halb- und Unwissen
Beispiele	Gesellschaftliche Veränderungen mit geringer Dynamik, zum Beispiel Alterung der Gesellschaft	Parlamentswahl, Technologieentwicklung	Markteintritt in Emerging Markets, politisches Umfeld in Nahost	Neue Technologien und Innovation lösen Hype aus.

Tabelle 12 Klassifizierung der Turbulenz nach Ansoff und McDonnell [Ansoff 1990]

Umwelt-turbulenz	Wiederholend	Ausbreitend	Verändernd	Unstetig	Überraschend
Komplexität	National, ökonomisch		Regional, technologisch		Global, soziopolitisch
Ähnlichkeit von Ereignissen	Ähnlich	Extrapolierbar		Unstetig ähnlich	Unstetig neu
Geschwindigkeit der Veränderung	Langsamer als Reaktion	Geringfügig langsamer als Reaktion	Ähnlich der Reaktion	Geringfügig schneller als Reaktion	Schneller als Reaktion
Sichtbarkeit der Zukunft	(Periodisch) wiederkehrend	Vorhersehbar	Prognostizierbar	Teilweise prognostizierbar	Nicht prognostizierbar
Strategische Aggressivität	Stabil, basierend auf Präzedenz	Reaktiv, basierend auf Erfahrung	Antizipatorisch, basierend auf Extrapolation	Unternehmerisch, basierend auf erwarteter Zukunft	Kreativ unstetig, basierend auf Kreativität
Turbulenz-Level	1 (niedrig)	2	3	4	5 (hoch)

Wie kann man ein turbulentes Umfeld erfassen und beschreiben? Die beiden vorgestellten Ansätze zur Beurteilung der Umweltsituation nach Courtney bzw. Ansoff und McDonnell als auch das Eisbergmodell sind bei dem Versuch, die unübersichtliche Informationslage zu ordnen, sehr hilfreich, gehen aber nicht weit genug. In den seltensten Fällen ist davon auszugehen, dass eine Gesamtsituation eindeutig zu klassifizieren ist. Man kann jedoch einen Schritt zurückgehen und die Faktoren und Kräfte betrachten, die zu den jeweiligen Situationen führen.

Die Situationen lassen sich in ihre Elemente „zerlegen" und jedes für sich lässt sich auf den Grad der Veränderungen und der Beobachtbarkeit hin untersuchen und unterscheiden.

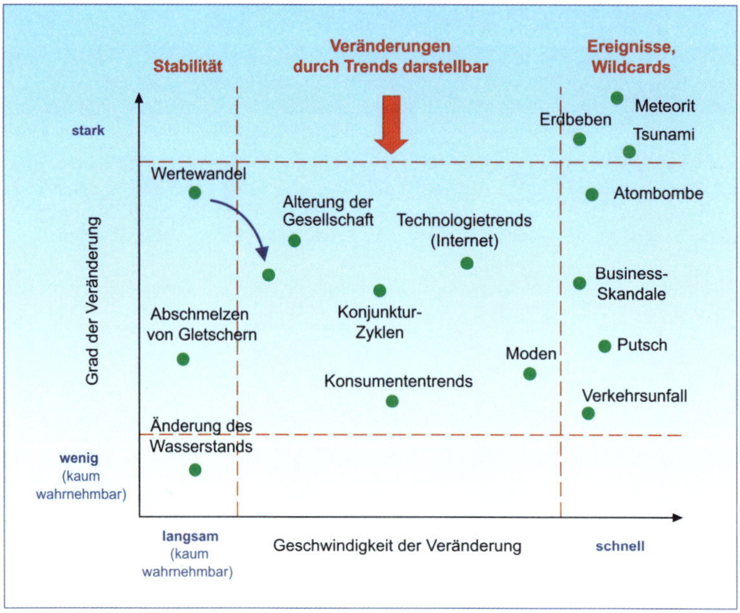

Bild 40 Trends als Zeichen der Veränderung: Zwischen Stabilität und Wildcards

Überträgt man diese Kriterien in ein Diagramm (Bild 40), ergeben sich für die „Geschwindigkeit der Veränderung" drei Bereiche. Zum einen der mit „Stabilität" bezeichnete Bereich, der dadurch gekennzeichnet ist, dass hier Paradigmen, Konstanten und sich kaum ändernde Elemente angesiedelt sind. Das andere Extrem sind chaotische Zustände, die nur spekulativ betrachtet werden können (Ereignisse, Wildcards).

Weiterhin kann man sich einen Bereich vorstellen, der weder stabil noch chaotisch ist. Dieser Ausschnitt ist durch gerichtete, kontinuierliche Veränderungen charakterisiert und lässt sich durch Trends darstellen. Damit werden Trends als Instrument bzw. Modell verstanden – eines von mehreren zum Beschreiben von Veränderungen – und unterscheiden sich insofern von den bisherigen Ansätzen.

Das es sich bei der Darstellung in Bild 40 um eine Momentaufnahme handelt, ist durch die Verschiebung von „Wertewandel" angedeutet.

Im Kapitel 2 wurde bereits herausgearbeitet und dargestellt, das sich Erkenntnisse allgemein und Erkenntnisse über die Zukunft im Speziellen sehr stark hinsichtlich ihrer Natur und Qualität unterscheiden können. Platon bemühte sich um eine Differenzierung und unterscheidet im sogenannten „Liniengleichnis" zwischen Sichtbarem und Denkbarem. Kant berücksichtigt in seinen Werken die individuelle Meinungsbildung. „Glauben" und „Wissen" unterscheiden sich nicht durch die persönliche Stärke der Überzeugung, sondern darin, ob die Überzeugung auch objektiv erwiesen werden kann oder als gesichert gilt. Demnach kann in besonderen Fällen der Glaube sogar subjektiv verlässlicher sein als das Wissen. [Kant 2005]

Diese Überlegungen erlauben es, das existierende Zukunftsverständnis, welches sich in der bisherigen Zukunftsdiskussion im Wesentlichen an Trends orientiert und die Form des Wissens unberücksichtigt lässt, zu erweitern. Nachfolgend werden die Zukunftselemente definiert und begrifflich im weiteren Text auch so verwendet.

Definition der Zukunftselemente

Bild 41 zeigt die Zukunftselemente in einer Matrix, aufgespannt durch die Kriterien „Wissensspektrum" und „Spektrum der Veränderungen". Im Rahmen der hier angestellten gesamtheitliche Betrachtung dient diese Darstellung vor allem der allgemeinen Kategorisierung der Begriffe und der nachfolgenden Verwendung.

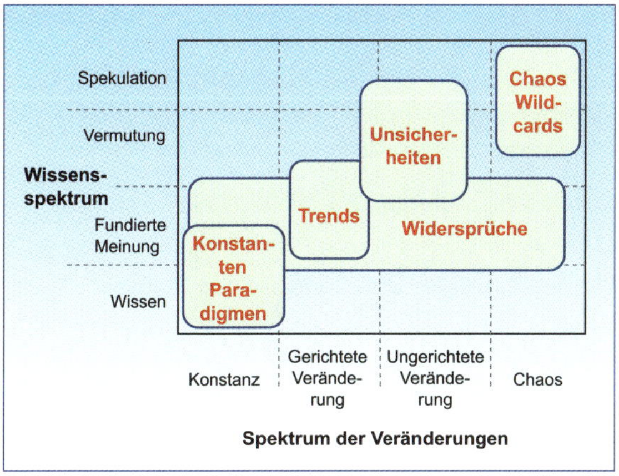

Bild 41 Die Zukunftselemente: Im Spektrum von Veränderung und Wissen

Spektrum der Veränderung:

- *Konstanz: Der Bereich der Paradigmen*

  (Annähernd) stabile Zustände charakterisieren diesen Zustand. Typisch dafür sind die Naturkonstanten und natürliche Zyklen im Universum (Gezeiten, Jahreszeiten).

- *Gerichtete Veränderung: Der Bereich der Trends*

  Dies sind abzusehende, zum Beispiel zyklische, wellenförmige oder evolutionäre Veränderungen.

- *Ungerichtete Veränderung: Der Bereich der Unsicherheiten*

  Typisch dafür sind Wirtschafts-und Finanzsysteme oder etwa wissenschaftliche Diskussionen ohne eindeutige Antwort.

- *Wildcards: Das Chaos*

  Das sind Überraschungen, die in keiner Weise abzusehen oder einzuplanen sind.

Spektrum des Wissens:

- *Wissen: Es entspricht dem Stand der Wissenschaft und ist durch Fakten belegbar.*

  Beispielsweise ist der Energieerhaltungssatz für viele Diskussionen ein guter Ausgangspunkt.

- *Fundierte Meinung: Vieles spricht dafür, so dass man davon ausgehen kann.*

  Es ist zwar nicht vollständig erklärt und bewiesen, aber viele Indizien sprechen dafür, es ist subjektiv zureichend. Beispiel: Rauchen ist schädlich und verkürzt die Lebenszeit.

- *Vermutung: Durch Kombination von Indizien und Annahmen könnte man zu einem Schluss kommen.*

  Es ist der Versuch, Unwissen durch geschickte logische Verknüpfungen von Fakten und Tatsachen zu „erhellen“. Beispiel: Unter der Annahme, dass sich das Vogelgrippe-Virus auf den Menschen übertragen lässt, kann es zu einer Pandemie mit ungeahnten Auswirkungen auf die Zivilisation kommen.

- *Spekulation: Hoffnung, Glaube, Wünsche und Ängste sind kennzeichnend für diese Stufe.*

  Über die langfristigen Auswirkungen der Gentechnologie auf den Mensch und die Umwelt lässt sich beispielsweise spekulieren. Die Diskussion ist von der Hoffnung auf eine Technologie ohne Nebenwirkungen geprägt. Aber ob genveränderte Lebensmittel tatsächlich sinnvoll und notwendig sind, konnte noch nicht nachgewiesen werden.

In Tabelle 13 sind die Zukunftselemente noch einmal zusammengestellt. Sie werden in den folgenden Kapiteln erläutert.

Tabelle 13 **Die Zukunftselemente im Überblick**

Zukunftselemente	Erklärung	Abschnitt
Konstanten und Paradigmen	Als sicher geltende Erkenntnisse und stabile Zustände	3.2
Trends	Gerichtete Veränderungen, die teilweise auf Tatsachen beruhen und teilweise auf Überzeugungen und subjektiven Ansichten	3.3
Unsicherheiten	Unwissenheit über Neuartiges und durch optionale Entwicklungsverläufe. Vermutungen und Intuition sind prägend.	3.4
Widersprüche	Gegensätzliche Ansichten bzw. Meinungen, die über alle Stufen der Veränderung möglich sind.	3.5
Chaos und Wildcards	Dieses Element ist unkalkulierbar und kann zu plötzlichen Veränderungen führen, ist jedoch gedanklich im Bereich der Spekulation erfassbar.	3.6

3.2 Stabilität – Paradigmen und Annahmen

Philosophisch gesehen hat Platon Recht, wenn er die Welt in ständiger Bewegung sieht – „Panta rhei“ – „alles fließt“. Aus Unternehmenssicht ist das jedoch wenig hilfreich – gerade unter dem Einfluss der Informationslawine, der wir täglich ausgesetzt sind.

Implizit geht man meistens davon aus, dass viele Dinge des täglichen Lebens gleichförmig, sich gleichartig wiederholend, verlaufen.

Bei der Analyse des Unternehmensumfeldes ist es hilfreich, sich zuerst zunächst die impliziten Annahmen und Paradigmen bewusst zu machen. Zum einen ist das ein Ausgangspunkt für die Überlegungen bezüglich der weiteren Entwicklung. Diese Vorgehensweise verkleinert die Möglichkeitsräume der Veränderungen und verringert damit auch den Aufwand und Diskussionsbedarf. Beispiele für die sich wenig bis nicht ändernden Elemente der Umwelt sind Naturkonstanten, natürliche Kreisläufe und Abläufe (Gezeiten, Jahreszeiten), aber auch Paradigmen. Als Paradigmen werden hier vorherrschende Denkmuster bezeichnet. Nach Kuhn sind Paradigmen solange anerkannt, bis Phänomene auftreten, die mit der bis dahin gültigen Lehrmeinung nicht vereinbar sind [Kuhn 1962].

Paradigmen unserer Zeit sind beispielsweise „Wachstum schafft Beschäftigung“ oder „Moderne IT-Infrastruktur steigert die Effizienz“ oder der Glaube an die Dienstleistungsgesellschaft als Rettung der Industriegesellschaft.

Während Paradigmen fest in den Gedankenmodellen verankert sind und so als selbstverständlich gelten und deshalb kaum hinterfragt werden, beziehen sich Annahmen auf den Kontext, auf Randbedingungen, die als stabil vorausgesetzt werden. Beispielsweise ist bei einer Untersuchung zum Thema „Future of the Automobile“ eine (implizite) Annahme, dass es in der Zukunft Automobile geben wird, die den heutigen in gewisser Weise ähneln und den Begriff Automobil noch verdienen. Das Explizieren solcher Annahmen mag pedantisch wirken, das Bewusstmachen indes führt zu mehr Klarheit, und im Analyseprozess – der gewöhnlich von Unsicherheiten gekennzeichnet ist – ist es hilfreich, feste Bezugspunkte zu haben. Obwohl es sicher nicht der primäre Grund ist, weshalb Zukunftsstudien erstellt werden, so ist die Diskussion über Randbedingungen und Annahmen ein wertvoller Beitrag.

Eine klare Abgrenzung zwischen Annahmen und Paradigmen indes ist nicht möglich und eine begriffliche Eindeutigkeit ist auch nur in entsprechendem Kontext gegeben. Die Gefahr der Detaildiskussion besteht in solchen Graubereichen immer: Es mag Meinungsverschiedenheiten darüber geben, ob es sich tatsächlich um ein Paradigma handelt. Eine endgültige und umfassende Klärung ist oftmals nicht möglich. In solch einem Fall empfiehlt es sich, die Gruppenmeinung als Bezugspunkt zu verwenden oder mit verschiedenen Ansichten weiterzuarbeiten, da ansonsten schnell Handlungsunfähigkeit droht.

Paradigmen und Konstanten: Beispiele

Naturkonstanten: Lichtgeschwindigkeit c (ist innerhalb eines Mediums konstant), Elementarladung e, Kreiskonstante π.

Physikalische Gesetzmäßigkeiten: Ausbreitung des Lichts, Gravitation.

Gesellschaftlich: Familien als kleinste Organisationszellen der Gesellschaft.

Technologisch: Die Miniaturisierung und Leistungssteigerung auf dem Gebiet der Halbleiter wird durch Moore's Law abgebildet [Moore 1967], was aber an physikalische Grenzen stößt.

Ökonomisch: Preise werden durch Angebot und Nachfrage geregelt.

Ökologisch: Öffentliche Nah-und Fernverkehrssysteme sind umweltfreundlicher als das Auto.

Politisch: Demokratie ist die modernste, fortschrittlichste Gesellschaftsform.

Meistens werden sie implizit vorausgesetzt und angenommen, doch ist es unerlässlich für eine solide Zukunftsbetrachtung, Paradigmen in Frage zu stellen bzw. ihre weitere Gültigkeit kritisch zu hinterfragen. Auf der anderen Seite ist es gerade in unübersichtlichen, turbulenten Situationen wichtig und vorteilhaft, sich Klarheit über die „sicheren" Bestandteile zu machen. Eine entscheidende Frage lautet also: Worauf kann ich mich verlassen, was gilt als gesichert, selbst wenn andere Entwicklungen nicht abzusehen sind?

Paradigmenwechsel als fundamentale Trends

Wie oben schon beschrieben, ist ein Paradigma eine zwar allgemein akzeptierte Ansicht zu einem Thema – die nicht notwendigerweise richtig sein muss, aber dennoch anerkannt ist (beispielsweise Milch sei gesund) – und impliziert viele Grundannahmen. In der alltäglichen Kommunikation dienen Paradigmen häufig als gemeinsame unausgesprochene Diskussionsgrundlage.

Mit Paradigmenwechsel wird gemeinhin eine wichtige qualitative Änderung eines Denkmusters bezeichnet. So ist ein Paradigmenwechsel eine radikale Änderung im persönlichen Glauben, in komplexen Systemen oder in Organisationen. Die ursprüngliche Art und Weise des Denkens oder des Organisierens wird durch eine radikal andere ersetzt. Solche Wechsel werden durch neuere wissenschaftliche Erkenntnisse (Darwins Evolutions-Theorie und die Entdeckung der Gesetze der Planetenbewegung durch Johannes Kepler) oder durch revolutionäre Technologien ausgelöst (Internet). Die damit einhergehenden Änderungen und deren Verbreitung folgen den üblichen Mechanismen der Verbreitung von Trends (wie beispielsweise eindrucksvoll in „Tipping Point" von Malcolm Gladwell beschrieben [Gladwell 2001]).

Mit dem „Paradigmenwechsel", der für Wandel steht, ist der Übergang zu dem nächsten Abschnitt geschaffen, den Veränderungen.

3.3 Veränderungen – Trends

Der Blick in die Zukunft ist durch Ungewissheit geprägt. Wie im Bild 10 im ersten Kapitel dargestellt, hängt unsere Vorstellung von der Zukunft unter anderem von unserem Wissensstand ab. Mit der Festlegung der Zukunftselemente (vgl. Bild 41) ergibt sich im Übergang zwischen „fundierter Meinung“ und „Vermutung“ der Bereich der Trends:

Das Phänomen Trend

Was ist ein Trend?

Es gibt Dutzende Definitionen, aber hier geht es explizit darum, Trends als Instrument zu verstehen und ein Verständnis dafür zu entwickeln. Im gängigen Sprachgebrauch meint man damit etwas, das gerade „in“ ist, oder eine Richtung, in die etwas geht. „Etwas“, das sind in aller Regel der Zeitgeschmack oder Konsumgewohnheiten. „Trend“ bezeichnet dann allgemein den zeitlich messbaren Verlauf einer Entwicklung in eine bestimmte Richtung.

Im Lexikon steht unter „Trend“: „... Grundausrichtung der statistisch erfassten Entwicklung einer Zeitreihe. Umfasst längere und lange Zeiträume, stellt stets einen Ausschnitt dar und ist demzufolge auch in der Geltung begrenzt. Für die Vergangenheit besitzt der Trend nur einen Feststellungswert, in die Zukunft lässt er sich nicht verlängern wegen der Unvorhersehbarkeit von außen wirkender Einflüsse.“ [Meyers 2003]

Das ist als Erklärung für ein Instrument unzureichend. Wie in Bild 42 dargestellt, kann man sich einen Trend als eine zeitliche Veränderung vorstellen. Rückblickend ergeben die statistisch in Zusammenhang gebrachten Daten einen Trend und lassen sich diagnostizieren. Aufbauend auf diesen erfassten Daten kann man unter Berücksichtigung von Randbedingungen und weiteren Annahmen Hypothesen für die Zukunft generieren – mit der Unsicherheit über den exakten Verlauf und die dadurch entstehende Bandbreite der Entwicklung.

Zu diesen eher allgemeinen Begriffserklärungen von Trend kommen noch die der einzelnen Wissenschaftsbereiche, die aber auch nicht einheitlich verwendet werden. In wirtschafts- und sozialwissenschaftlicher Hinsicht etwa sind Trends Veränderungen des Werte- und Verhaltensgefüges der Gesellschaft. In der Marktforschung wird damit die Veränderung und Entwicklung des Konsum- und Verbraucherverhaltens bezeichnet. Dort hat sich ein eigenständiger Wissenschaftsbereich etabliert: die Trendforschung.

Kritisch muss angemerkt werden, dass – ähnlich wie in der Zukunftsforschung – die Methoden der Trendforschung zum Teil nicht nachvollziehbar sind und beobachtete Veränderungen schlicht nur extrapoliert werden. „Trends sind schlicht nur irgendwelche Beobachtungen, die neu genug oder sensationell genug sind, um Erstaunen zu provozieren“ [Rust 2002]. Das mag von Fall zu Fall plausibel erscheinen und vereinfacht die Sicht der Dinge, für unsere Anliegen ist es hingegen wenig zielführend.

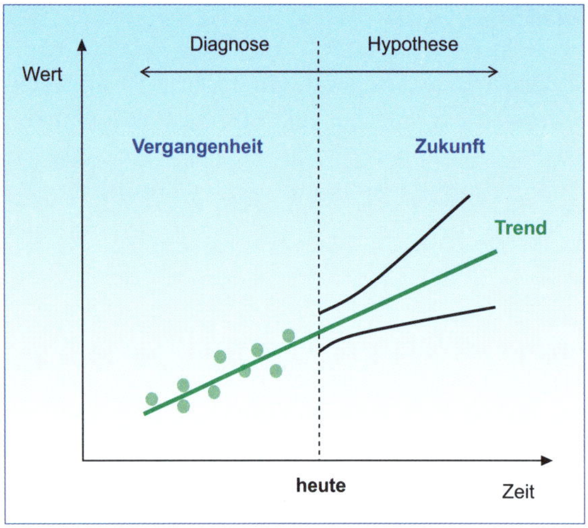

Bild 42 Der Trend: Zeitliche Veränderung einer Bezugsgröße auf der Basis statistischer Daten

Da die Verlockungen zur Verfälschung und zu Fehlinterpretationen von Informationen hoch sind, hier nochmals der Hinweis:

Um belastbare, solide und nachvollziehbare Analysen erstellen zu können, ist es entscheidend, über den ganzen Prozess hinweg sorgfältig zu arbeiten. Das bedeutet: Informationen neutral behandeln, bei Zweifeln kritisch hinterfragen und vorgeprägte Meinungen vermeiden.

Trends sind beispielsweise hervorragend dazu geeignet, Informationen zu verschleiern. Wie eingangs schon erwähnt, ist es eine weit verbreitete Unart, bei relativer Unwissenheit von Trends zu sprechen. Unter der Annahme „es entwickelt sich irgendwie weiter" muss es ja wohl einfach ein Trend sein. „Der Trend geht zu E-Learning!" weiß eine Redaktion im Internet. „Wirklich?", fragt man sich da. Wodurch manifestiert sich dann dieser Trend? Ein Buch verrät: „Der Trend geht zu mehr Gefühl" – bei Managern. Stimmt das denn auch oder ist das nur eine „gefühlte Veränderung"? Die tägliche Wirtschaftspresse geht mit dem Wort Trend recht locker um. Dabei wird deutlich: Trends sind keine Fakten. Trends sind Gebilde, die von Annahmen geprägt sind, beim Sender wie beim Empfänger. Das macht den Umgang mit ihnen so schwierig. Und deshalb nochmals der Appell: kritisch nachfragen! Die Behauptung, dass etwas ein Trend sei, beweist noch lange nicht, dass das auch stimmt.

Systematisierung von Trends

Der Begriff Trend wird in verschiedensten Kontexten und auch auf Grund der implizierten Neuartigkeit sehr inflationär verwendet. Er ist selbstbezüglich, autologisch – das heißt, Trends sind gerade Trend. Die Anwendung ist zum Teil so schwammig, dass man prinzipiell jedes Gegenwartsereignis als Trend bezeichnen könnte, ohne dass es zu Protesten käme. Aber gerade dieses Postulieren von Trends und Aussagen der Art „Wir wissen nicht genau was es ist, aber ein Trend ist es allemal“ tragen nicht gerade zur Klarheit bei. Aus diesem Grunde folgt zunächst erst einmal eine Einordnung und Begriffsdefinition von Trend-Phänomenen mit dem anschließenden Versuch einer Systematisierung (Tabelle 14).

Trends bestehen zu einem Teil aus Fakten, Daten und dokumentierbaren Informationen. Der andere Teil – die Projektion in die Zukunft – ist geprägt durch Visionen, persönliche Einschätzungen, Vermutungen, Wünsche und Spekulationen. Die Übergänge sind fließend und Nährboden für Halbwissen und Missverständnisse, aber auch für bewusste Spekulationen und Manipulationen. Trends sind von ganz unterschiedlicher Natur, schwer greifbar und durch fehlende Kriterien auch schwer vergleichbar.

Für den konstruktiven Umgang mit Trends ist eine fundierte Beschreibung und Abgrenzung essenziell; sie bildet die Grundlage für ein gemeinsames Verständnis. Nachfolgend werden Vorschläge gemacht, wie man die komplexen und heterogen vorliegenden Informationen bezüglich eines Trends erfassen und so strukturieren kann, dass eine tiefergehende Analyse und eine vergleichende, differenzierte Betrachtung und Bewertung erst möglich werden. Einer inhaltlichen Unterscheidung folgt eine Einteilung nach trendtechnischen Kriterien.

Tabelle 14 Begriffsdefinition von Trend-Phänomenen

	Erläuterung	*Beispiel*
Signal	Informationen und Neuigkeiten, die größere Veränderungen auslösen könnten	„Babyboom in Hamburg“ („Die Welt“ 16.08.2006)
Trend	Veränderung, die beobachtbar ist und einen zeitlich stetigen Verlauf vermuten lässt	Mehr Akademiker(innen) sind kinderlos
Emerging Trend	Gerade entstehender Trend, der weitere Verlauf ist schwer abzusehen	Männer übernehmen mehr Verantwortung bei der Familienplanung
Mikrotrend	Veränderungen in kleinem Maßstab, regional ausgeprägt oder kaum beobachtbar	Steigende Zahl von Ein-Kind-Familien führt zu verändertem Verhalten in der Gesellschaft
Megatrend	Trend in großem Maßstab, langanhaltend mit tiefgreifenden Veränderungen	Alternde Gesellschaft
Metatrend	Zusammenfassung von Trends und/oder Megatrends	Demographische Veränderung
Pseudotrend	Phänomen wird als Trend dargestellt, obwohl es keiner ist	Unternehmen setzen sich verstärkt für Familien ein (tatsächlich gibt es kaum noch Betriebskindergärten)
Trendbruch	Als Trend charakterisierte Entwicklung wird von einem plötzlichen Bruch gekennzeichnet	Pillenknick
Key-Trend	Als besonders wichtig identifizierte Trends	Marketingfokus verschiebt sich zur reiferen Generation

Trends lassen sich nach einer ganzen Reihe von Kriterien gruppieren oder systematisieren, so zum Beispiel: Inhalt, Dynamik, Form, Verbreitung, Stärke, Einfluss, Berechenbarkeit, Projektion, Risiko usw. Einige dieser Kriterien werden zur weiteren Betrachtung ausgewählt.

Eine inhaltliche Abgrenzung von Trends könnte für das Makroumfeld in Anlehnung an die STEEPV-Segmentierung (vergleiche Kapitel 2) folgendermaßen aussehen:

S	Society	Gesellschaftstrends
T	Technology	Technologietrends
E	Economy	Wirtschaftstrends
E	Ecology	Umwelttrends
P	Political	Politiktrends
V	Values	Wertetrends

- *Gesellschaftstrends*

  Erste Signale neuer Trends finden sich vor allem bei gesellschaftlichen Gruppierungen, die im Spannungsfeld von traditionellen Wertevorstellungen und gesellschaftlicher Realität leben (Familiensinn versus Singleinteressen).

  Beispiel: Alterung der Gesellschaft

- *Technologietrends*

  Im Wesentlichen geht es hier um neue Technologien, die das Potential haben, ein neues Kundenbedürfnis zu generieren bzw. die bestehenden Technologien zu substituieren. Von Bedeutung ist in diesem Zusammenhang die Bewertung mehrerer konkurrierender Technologien:

  - Welche Technologie wird sich am Markt durchsetzen?
  - Gibt es eine Lobby oder Gremien, Konsortien und Industrievereinigungen, die bestimmte Technologien unterstützen?

  Beispiele: Polymerelektronik als günstige Alternative zu Silizium,
  LED als neue Licht-Technologie

- *Wirtschaftstrends*

  Solche Trends entstehen im Wesentlichen durch Änderungen in der Art der Wertschöpfung und der Geschäftsabläufe. Oft handelt es sich dabei um neue Businessmodelle oder um veränderte Perspektiven auf Unternehmensprozesse oder -ziele.

  Beispiele: E-Business, Outsourcing, Offshoring, Shareholder-Value-Orientierung

- *Umwelttrends*

  Dieser Bereich erfasst die Veränderungen in Natur und Umwelt.

  Beispiel: Erwärmung der Erdoberfläche und Klimawandel

- *Politiktrends*

  Politische Entscheidungen und Tendenzen beeinflussen die Gesetzgebung und bewirken so umfangreiche Veränderungen.

  Beispiel: verschärfte Sicherheitspolitik

- *Wertetrends*

  Gesellschaftliche wie auch private Werte, Wertevorstellungen und -gefüge verändern sich und haben dadurch enormen Einfluss auf die Gestaltung einer Gesellschaft.

  Beispiel: Individualisierung führt zur Single-Gesellschaft

Analog zum Makroumfeld könnten für das Mikroumfeld folgende Trends definiert werden:

- *Markttrends*

  Basierend auf einer tatsächlichen und sich abzeichnenden Nachfrage nach Applikationen und Produkten ergeben sich Märkte und Marktsegmente, ausgedrückt in Marktzahlen (Umsatz und Produkte). Trends werden im Allgemeinen durch Extrapolation aktueller und historischer Werte ermittelt.

  Beispiel: Steigende Nachfrage nach Flat-Panel-Displays

- *Kundentrends*

  Diese Trends beschäftigen sich mit folgenden Fragestellungen:

  - Verändern sich Kundenstrukturen?
  - Verschiebt sich das Interesse der Kunden?
  - Welche Bedürfnisse entstehen und wie lassen sich diese in konkrete Produkte umsetzen?
  - Lassen sich Kunden in Segmenten darstellen?

  Beispiel: Trend zum Onlinekauf

- *Produkttrends*

  Produkte ändern im Laufe der Zeit nicht nur Design und Funktionalität. Auch Produktzyklus, Sicherheitsanforderungen, Größe, Gewicht, Garantieleistungen und Qualität sind veränderliche Kriterien bei der Auswahl eines Produktes.

  Beispiel: Steigender Anteil von Dieselfahrzeugen bei Neuzulassungen

- *Lieferantentrends*

  Die Verbesserung der Wertschöpfung innerhalb von Unternehmen führt auch zu neuen Formen der Zusammenarbeit mit Lieferanten.

  Beispiel: Just-in-Time-Lieferung, Personal-Leasing oder Outsourcing

- *Wettbewerbertrends*

  Auch die Veränderungen im Wettbewerb lassen sich durch Trends charakterisieren.

  Beispiel: Wettbewerbszunahme durch neue Marktteilnehmer, Konsolidierung

Zeitliche Einteilung von Trends

Wie in Kapitel 2 schon beschrieben, sind Veränderungen, und so auch Trends, thematisch übergreifend und vernetzt. Die Mobilisierung der Menschheit hat zum Beispiel Auswirkungen auf das Klima und die Umwelt. Die Reaktionszeiten der betroffenen „Systeme“ sind dabei höchst unterschiedlich. Allgemein kann man sagen, dass Umwelt- und Gesellschaftstrends längere Systemzeiten haben, wohingegen Technologie-, Produkt- und Applikationstrends dynamischer sind, was an der Wechselwirkung von Treibern und der Reaktionszeit der Teilnehmer liegt. Man kann so zwischen dynamischen und trägen Prozessen unterscheiden und demzufolge auch die Trends in dynamische und eher träge Trends einteilen. Extreme bezüglich der Systemzeiten bilden die Megatrends mit ihrer langen Systemzeit auf der einen Seite (zum Beispiel das Schmelzen der Gletscher) und Emerging Trends auf der anderen Seite mit kurzen oder sogar unbekannten Systemzeiten (zum Beispiel Tamagochi oder Kickboards).

Einteilung nach Trendstärke

Die Trendstärke sagt etwas über die Verbreitung und das Potential einer Veränderung aus. Fehlende Bezugspunkte zur Stärke machen die Einschätzung aber sehr schwierig. So könnte sich ein Emerging Trend zu einem Key-Trend entwickeln oder als Pseudotrend wieder verschwinden.

Nimmt man zum Beispiel an, dass der steigende Bandbreitenbedarf bei steigendem übertragenem Datenvolumen ein Trend ist (Trend 1), und nimmt man weiter an, dass die zunehmende Verbreitung von digitalen Broadcast-Diensten ebenso ein Trend ist (Trend 2), dann fällt beim Vergleich der beiden Trends sofort die unterschiedliche Stärke auf. Trend 1 erfasst die Internetnutzer weltweit, wohingegen Trend 2 die Nutzer der digitalen Broadcastservices umfasst.

Ein Indiz für die Stärke eines Trends kann bei diskreten oder quantifizierbaren Trends die Anzahl der Nutzer und die Entwicklung dieser Anzahl sein.

Bei nicht quantifizierbaren Trends (zum Beispiel steigende Individualisierung) müssen spezifische Indizien erarbeitet werden. Eine steigende Individualisierung könnte durch vielfältigere Autoangebote – über die klassischen Unter-, Mittel-, Ober- und Luxusklasse hinausgehende Modelle wie SUV, Van, Cabrio oder Geländewagen – belegt werden. Die Stärke hingegen kann lediglich geschätzt werden und beruht auf den Beobachtungen und Informationen, wie sich der Trend manifestiert.

Formale Struktur von Trends

Jede Veränderung hat Ursachen. Im Trend manifestiert sich die Veränderung. Je besser man die Hintergründe, Antriebe und die Anatomie eines Trends versteht, desto besser lassen sich Vorhersagen über den weiteren Verlauf machen (Bild 43).

Ein Trend wird grundsätzlich über eine Bezugsgröße dargestellt. Beispielsweise ließe sich ein Trend „Steigendes Ernährungsbewusstsein in der deutschen Bevölkerung“ über die Bezugsgröße „Umsatz Bioprodukte“ darstellen.

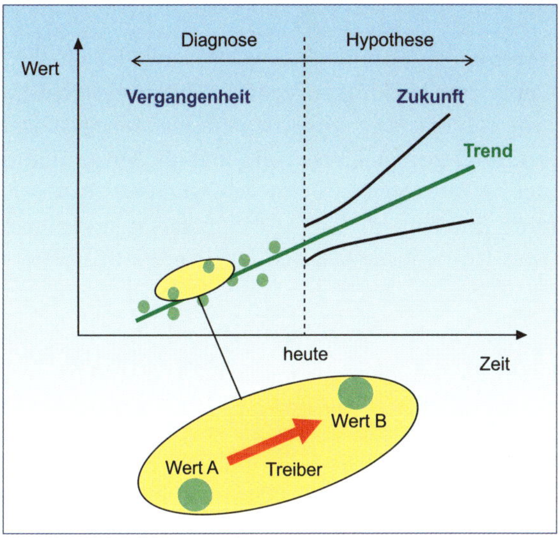

Bild 43 Antriebe eines Trends: Wirkung von Treibern

Um den Trend zu verstehen, muss man die Ursachen ergründen. Was treibt den Trend – also die Veränderung – an? „Treiber" für den Beispieltrend sind u.a.:

- Misstrauen gegenüber der industriellen Nahrungsmittelherstellung
- Förderung der (zumeist) regionalen Biolebensmittel-Erzeuger
- Fleischskandale
- andere Lebensmittelskandale
- bessere Aufklärung und Information
- Lebensstil und Zeitgeist.

Für jeden dieser Treiber können nun weiter die Ursachen – sie seien als „Kräfte" bezeichnet – erforscht werden. Der Treiber „Misstrauen gegenüber der industriellen Nahrungsmittelherstellung" wird beispielsweise durch folgende Kräfte gespeist:

- Ziel der Lebensmittel-Konzerne ist Gewinnmaximierung.
- Höherer Industrialisierungsgrad führt zu weiterer Belastung der Lebensmittel mit Zusatzstoffen.
- Lebensmittelkontrollen sind unzureichend.

Wie in dem Beispiel dargestellt, lassen sich für jede Veränderung, die durch einen Trend manifestiert und über eine Bezugsgröße darstellbar ist, Treiber (1. Hierarchie-Stufe) und Kräfte (2. Hierarchie-Stufe) ermitteln. Ein Trend wird also getragen von Treibern und Kräften. Diese bestimmen die Richtung und die Macht des Trends. Ebenso existieren (oder entstehen durch die Trendentwicklung) Gegenkräfte, die die Stärke der Trends schwächen oder gar blockieren.

Trends und Gegentrends

Wenn sich etwas ändert, beispielsweise ein Trend entsteht, wird dieser in den meisten Fällen Gegentrends „erzeugen" oder andere Reaktionen auslösen. Die steigende Globalisierung hat beispielsweise dazu geführt, dass viele Gegeninitiativen gestartet werden. Regionalisierung als Gegentrend zur Globalisierung und als Beweis dafür, dass nicht nur Gewinnmaximierung ein Ziel sein kann und sich Arbeit und Ressourcen weltweit nach unten orientieren (niedrige Preise) und die Märkte nach oben (hohe Gewinne), sondern dass auch nachhaltiges Wirtschaften ein erstrebenswertes Ziel sein kann.

Bei strategischen Überlegungen sind sowohl die Trends als auch die Gegentrends zu berücksichtigen, da man durch Unterstützung der treibenden Kräfte bzw. durch die Unterdrückung der Gegenkräfte Entwicklungen beeinflussen kann.

Zum Beispiel kann man zu dem Trend „Steigendes Ernährungsbewusstsein in der deutschen Bevölkerung" den Gegentrend „Lebensmittel vom Discounter" ausmachen und damit den steigenden Absatz von Lebensmitteln im untersten Preissegment als Bezugsgröße heranziehen.

Veränderungen sind von treibenden und bremsenden Kräften gekennzeichnet. Haben sich zum Beispiel bei Markttrends bestimmte Kräfte durchgesetzt und es wurde eine kritische Masse erreicht, wird der Trend durch eine Eigendynamik getragen. Ein Beispiel dafür ist etwa die Einführung einer neuen Produktgeneration. Zur Darstellung eignet sich das Force-Field-Diagramm (Bild 44).

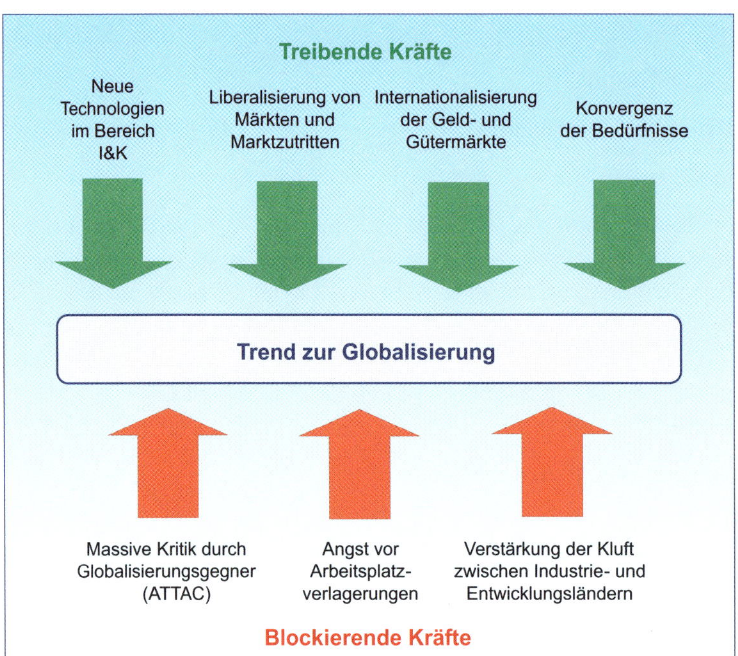

Bild 44 Force-Field: Treibende und blockierende Kräfte am Beispiel Globalisierung

Inhaltliche Struktur von Trends

Ein Trend als Ausdruck einer Veränderung lässt sich oftmals nicht exakt abgrenzen oder ist nicht klar eindimensional ausgerichtet und darstellbar. Vielmehr ist ein Trend in der Realität ein Bestandteil eines Geflechts von Trends und Wechselwirkungsbeziehungen. Um einen Trend verstehen zu können, ist deshalb die Kenntnis über die Position und Verflechtung im Gesamtzusammenhang sehr hilfreich.

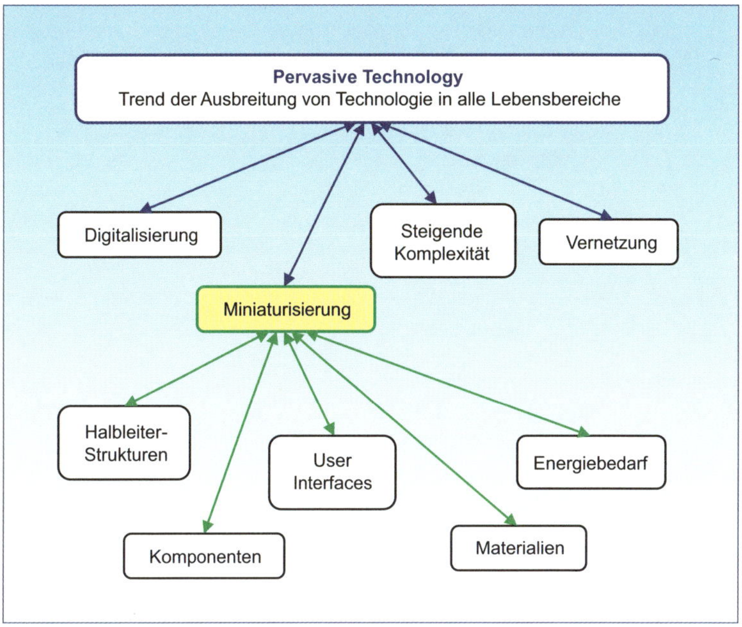

Bild 45 Vernetzung von Trends: Eine Fülle von Wechselwirkungen

Im Bild 45 ist beispielhaft die Struktur bezüglich des Trends zur „Ausbreitung von Technologie in alle Lebensbereiche“ dargestellt. Der steigende Drang zur Miniaturisierung, die weitere Vernetzung und Digitalisierung, aber auch die ansteigende Komplexität, tragen zur Verstärkung und Verbreitung des Trends bei. Miniaturisierung wiederum wird durch weitere Kräfte vorangetrieben. Auf diese Weise lassen sich Abhängigkeitsdiagramme erstellen, die erheblich zum Verständnis der Gestalt und Eigenschaften des Trends beitragen.

Entstehung und Ausbreitung von Trends

Wie schwer es ist, einen Trend zu erzeugen, ist allen bekannt, die sich als *Trendsetter* sehen.

Malcolm Gladwell [Gladwell 2000] beschreibt in dem Buch „The Tipping Point“ sehr anschaulich, wie Trends entstehen können, wodurch sie beeinflusst werden und wie sie sich ausbreiten. Neben den netten Episoden ist die wohl wichtigste Erkenntnis, dass es in erster Linie ein soziales Problem ist, durch wen und vor allem wie Information weitergegeben wird. Er nennt es „Law of the Few“. Es gibt einige, die besser als andere in der Lage sind, Informationen einprägsam und überzeugend weiterzugeben, so dass der Funke überspringt. Medien spielen eine ebenso große Rolle. In Bild 46 ist zu sehen, wie die Anzahl von Medienberichten über ein Thema zu Reaktionen in Politik und Organisationen führt.

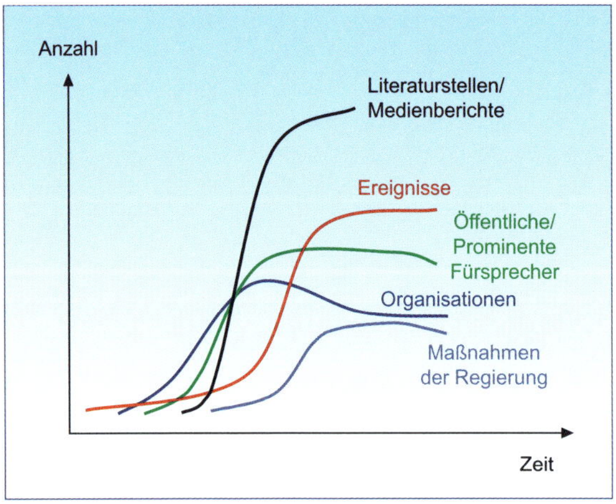

Bild 46 **Strukturelle Trendlinie: Erst kommen die Medien, dann die Reaktion (in Anlehnung an [Molitor 1979])**

Sieht man von den durch den Mensch direkt beeinflussten Trends ab, kann man davon ausgehen, dass auch für die Entstehung und Ausbreitung von Trends die Naturgesetze Gültigkeit haben. So ist die Klimaerwärmung beispielsweise auf den hohen Gehalt an Treibhausgasen zurückzuführen – und damit wiederum auch auf den Menschen.

Projektion von Trends

Die Form eines Trends gibt die Entwicklung und seinen Verlauf wieder. Stellt man die Funktionswerte in einem Diagramm dar, bekommt man eine Vorstellung des Trendverlaufs über der Zeit (Bild 47). Die Bezugsgröße ist auf der Ordinate aufgetragen.

Beziehen sich Trends auf Mengen und Anzahlen (zum Beispiel Markttrends oder Produkttrends), dann gestaltet sich die Angabe recht einfach, sie geschieht quantitativ.

Bei Wertetrends oder Politiktrends sieht es anders aus. Wie manifestiert sich steigendes Qualitätsbewusstsein? Oder Zufriedenheit? Durch welche Trendform kann man den häufig genannten Trend der „steigenden Terrorgefahr“ abbilden? Ist es womöglich gar kein Trend, sondern nur die steigende Angst in der Bevölkerung vor Terror? Aber wie manifestiert sich die?

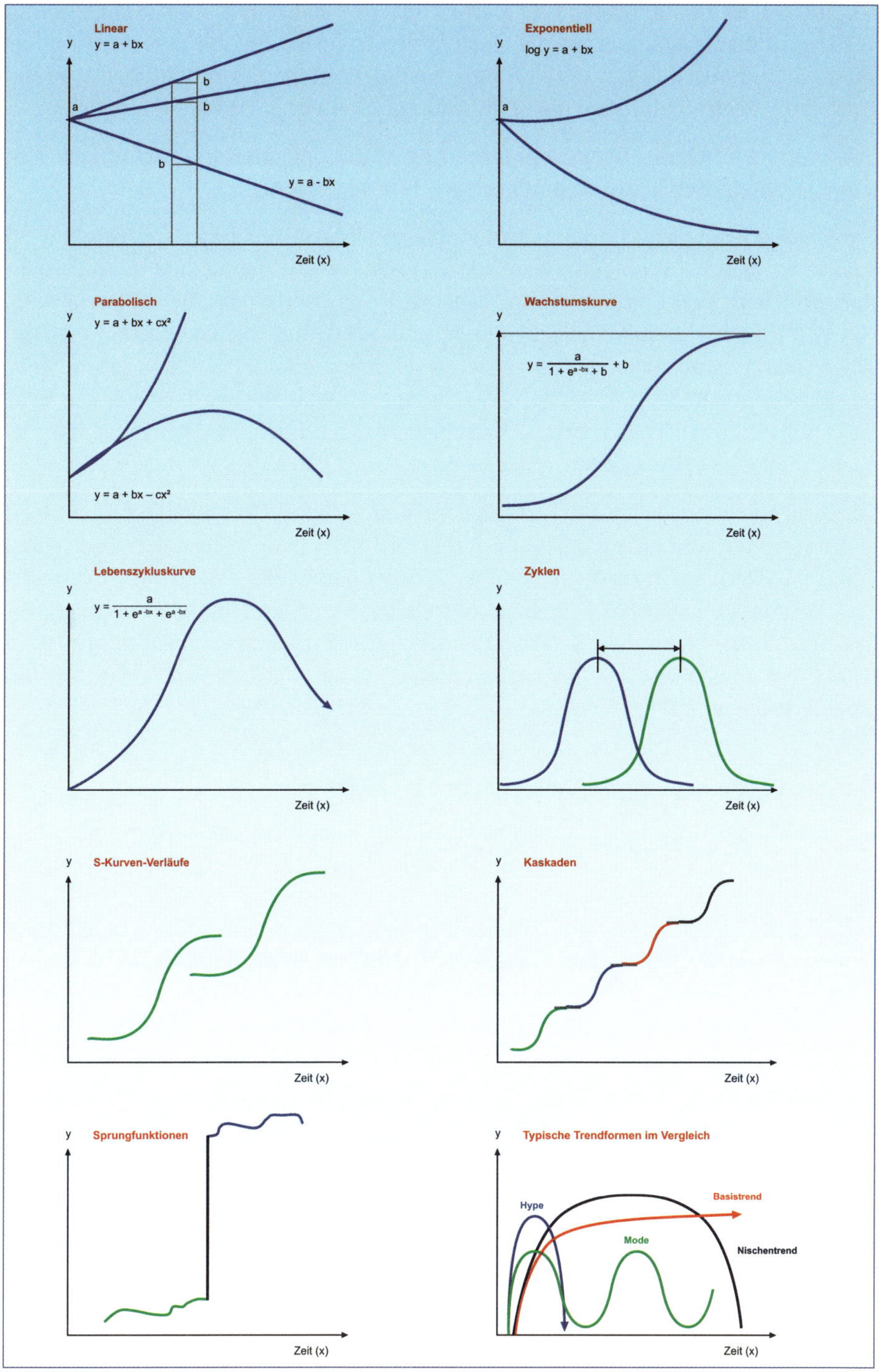

Bild 47 Projektion von Trends: Viele völlig unterschiedliche Kurvenverläufe sind möglich

Sorgfalt bei der Formulierung und Klarheit, auf welche Größen sich die Entwicklung bezieht, sind entscheidend für die Qualität der Trends. Viele der „weichen" Trends kann man im Regelfall nur durch repräsentative Umfragen ermitteln. Der Aufwand erscheint jedoch nicht immer gerechtfertigt. Im Zweifelsfall ist weniger mehr.

Dass man natürlich nur Daten vom bisherigen Verlauf hat und den zukünftigen Weg lediglich abschätzen kann, kommt noch erschwerend hinzu.

Der Mensch neigt dazu, für komplexe Probleme einfache Lösungen zu ergreifen. So kommt es, dass bei Problemen häufig der Verlauf der Vergangenheit in die Gegenwart projiziert wird (Extrapolation). Dabei wird vergessen, dass dies eben nur eine von vielen Entwicklungsmöglichkeiten ist und auf Grund von komplexen, dynamischen Markt- und Wirtschaftsstrukturen eine unveränderte Entwicklung eher unwahrscheinlich ist. Die Fehlprognosen der Marktanalysten belegen das sehr anschaulich! Die Abschätzung des Verlaufs lässt sich nur bei gesicherten oder einfachen Problemen extrapolieren, ansonsten empfiehlt sich eine Systembetrachtung.

Die Form eines Trends lässt sich zweifelsfrei erst am Ende (wenn keine Änderungen mehr auftreten und ein stabiler Zustand erreicht ist) bzw. retrospektiv feststellen. Sinn und Zweck der Trendbetrachtungen ist aber gerade die Projektion von Trends, also, den Verlauf in der Zukunft abzuschätzen. Die Annahmen über den weiteren Verlauf von Trends sollten ein Kernelement der Trendanalyse sein. In der Praxis wird jedoch vor allem Wert auf die Argumentation gelegt, dass es sich tatsächlich um einen Trend handelt.

Qualitative und quantitative Analysen und Projektionen

Für quantitative Untersuchungen – die im Wesentlichen auf Messungen beruhen und sich als Fakten qualifizieren – wird ein Messsystem benötigt. Messgrößen, Vergleichsgrößen, Gesamtmenge und ein Messansatz müssen festgelegt werden. Ruft man sich jedoch Bild 10 aus Kapitel 1 ins Gedächtnis zurück, wenn man sich mit neuem Wissen auseinandersetzt, geht es um Begriffe und Vorstellungen, die neu sind und eben noch nicht messtechnisch erfasst werden können. Geht man davon aus, dass achtzig Prozent der Technologien der nächsten 10 Jahre noch nicht – weder namentlich noch vom Konzept her – bekannt sind, wie könnte man diese Technologien messtechnisch – also quantitativ- erfassen?

Bild 48 zeigt den Zusammenhang. In der Gegenwart bemühen wir uns darum, Dinge zu quantifizieren und als Zahlen darzustellen, beispielsweise mittels Statistik. Je weiter wir in die Zukunft schauen, desto geringer wird der quantitative Anteil werden. Die qualitative Betrachtung nimmt zu. Beide Vorgehensweisen ergänzen sich!

Quantitative Methoden basieren in der Regel auf ökonometrischen Modellen, welche die Zielgrößen der Zukunft möglichst genau ermitteln. Auf den Methoden der exakten Wissenschaften basierend, vermitteln sie auch den Eindruck, die Prognosen seien exakt, was wiederum zu falschen Interpretationen führen kann. Andererseits ist es eine Frage, wie hilfreich ein exakter Wert in der Zukunft für eigene Überlegungen ist, wenn man die Annahmen als veränderlich annehmen muss. Beispielsweise

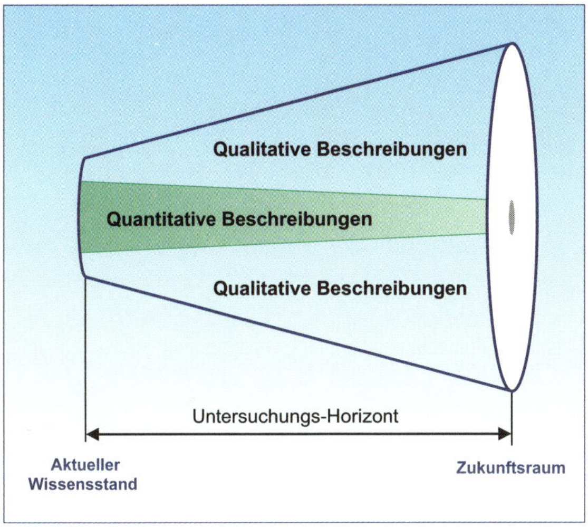

Bild 48 Quantitative versus qualitative Analysen: Zeitabhängige Betrachtung

zeigt Bild 49 eine Projektion der Bevölkerungszahlen in Deutschland bis ins Jahre 2160 – relativ präzise Angaben. Aber wie hoch ist die Aussagekraft, wenn nicht klar ist, ob es Deutschland in 150 Jahren in der Form noch gibt? Schließlich wurde das Deutsche Kaiserreich vor weniger als 150 Jahren gegründet – im Jahr 1871!

Für längerfristige Betrachtungen kommen aus diesem Grunde ausschließlich qualitative Untersuchungen in Frage.

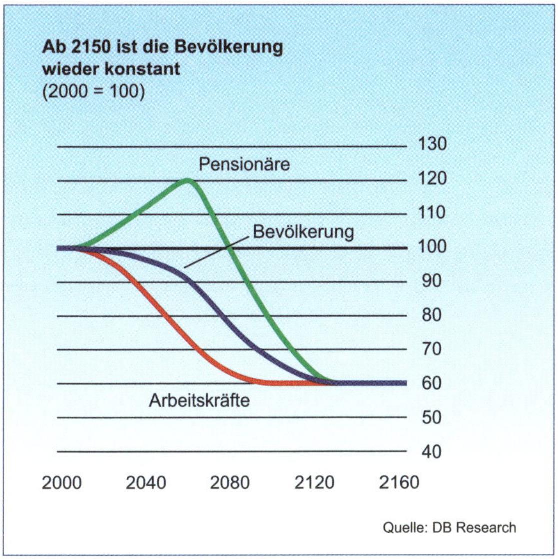

Bild 49 Quantitative Prognosen: Beispiel Bevölkerungsentwicklung in Deutschland bis ins Jahre 2160 [Quelle: DB-Research]

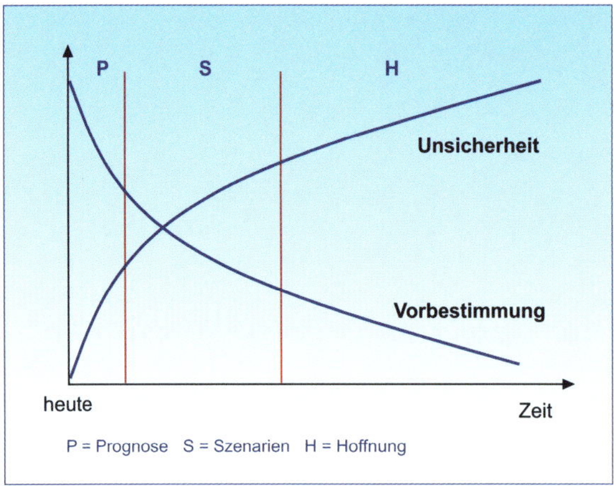

Bild 50 Unsicherheit und Vorbestimmung: Eine Schere (in Anlehnung an [Heijden 2005])

Wie in der Bild 50 schematisch dargestellt ist, nimmt die Unsicherheit bei Prognosen mit fortschreitender Zeit rapide zu und die Vorbestimmung rasch ab. Die „Vorbestimmung" lässt sich durch kausale Zusammenhänge und ableitbare Veränderungen ermitteln. Durch die nicht immer einfach zu erkennende Vernetzung zwischen Trends und den Zusammenhängen von Veränderungen sind die Abhängigkeiten zweiter, dritter und vierter Ordnung nicht mehr überschaubar und bleiben in Überlegungen zur Entwicklung meist unberücksichtigt.

Beschreibt man Veränderungen und Trends qualitativ – zum Beispiel als steigend, explodierend, abnehmend, stabil, wechselnd, alternierend usw. – ist das für langfristige Aussagen ausreichend und meist seriöser.

Trendbrüche

Neben der reinen Projektion sind vor allem Sprünge und Brüche im Trendverlauf von Bedeutung. Im Gegensatz zu Trends, die eine kontinuierliche Entwicklung darstellen, sorgen Trendbrüche für radikale Änderungen und bieten sowohl neue Möglichkeiten, als auch Gefahren. Deshalb ist jeder Trend bzw. jede Hypothese daraufhin zu prüfen, ob vielleicht Potential für eine abrupte Veränderung vorliegt (Sprungfunktion, Bild 47).

Beschreibung und Darstellung von Trends

Zur Beschreibung der Trends haben sich Mustervorlagen (Templates) mit einer formalisierten Struktur bewährt. Das garantiert eine homogene Informationsbasis und die einfache, übersichtliche Darstellung.

Der Aufwand zur Ausarbeitung solcher Trends ist leider recht hoch. Aber es ist ein entscheidender Schritt, mit dem man sich Verständnis über eine Situation verschaffen kann. Das Zukaufen fertiger Trendthesen erspart zwar Zeit und Aufwand, kann aber nie den Einblick verschaffen wie die selbstständige Ausarbeitung (man sagt ja, durch Lesen behält man 10% der Information, durch Lesen und Hören zirka 30% und durch aktives Erarbeiten über 60%). Werden Trends in einem Team ausgearbeitet, ist die Teammeinung ein sehr guter Indikator für die Qualität und das Verständnis zum Trend. Auch bei der Bewertung ist später die Teammeinung maßgebend.

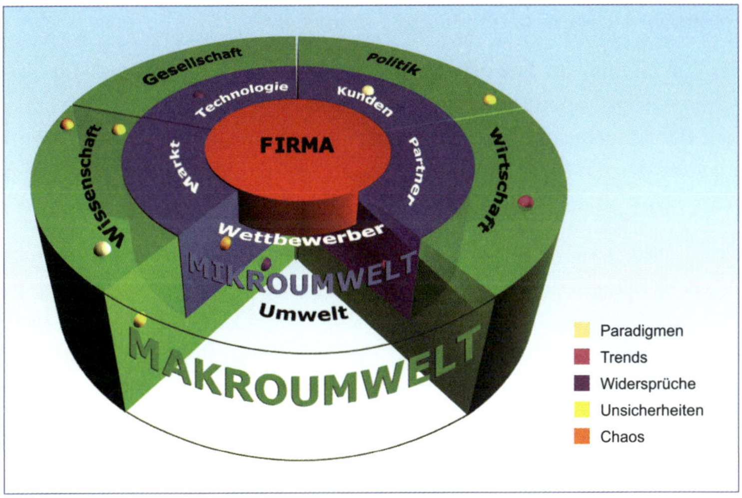

Bild 51 Radardarstellung: Die Veränderungen im Unternehmensumfeld

Die Visualisierung eines Trends erfolgt gewöhnlich in einem Diagramm. Zur gesammelten Darstellung aller Trends, Paradigmen und Wildcards eignen sich sogenannte Radare. Sie dienen vor allem der Übersicht und Kommunikation. Im Radar lassen sich mehrere Kriterien platzieren, für die eine Bewertung durchgeführt werden soll. Ein Beispiel hierfür zeigt Bild 51. Zur Erklärung sei noch auf die Bewertung der Trends verwiesen, die im Anschluss folgt.

Bewertung von Trends

Das strikte Trennen zwischen Informationsaufnahme und Bewertung ist essenziell zur Wahrung der Objektivität.

Es hat sich gezeigt, dass es sinnvoll ist, erst mit der Bewertung zu beginnen, nachdem alle Informationen zusammengetragen und aufbereitet wurden. In der Praxis ist das nicht immer ganz einfach, da schon mit der Aufnahme eine Bewertung vorgenommen wird (siehe Kapitel 1). Doch die Trennung schafft Transparenz und Nachvollziehbarkeit und Vorurteile werden – soweit möglich – vermieden. Außerdem werden beim Sammeln von Informationen eventuell mehrere Quellen benutzt, die wiederum unterschiedliche Sichtweisen einbringen. Die Bewertung erfolgt jedoch immer aus Sicht des Unternehmens!

Eine Bewertung verfolgt zwei Ziele:

- Die vorliegende Liste der – noch gleichwertigen – Elemente zu priorisieren. Der Grundgedanke dabei ist, dass sich zwar alle Elemente weiterentwickeln, aber nicht alle Elemente haben für das Unternehmen die gleiche Bedeutung.
- Die Wechselwirkung zwischen den Elementen zu betrachten. Dazu wird die Informationsbasis in die Elemente Paradigma, Trends und Wildcards zerlegt und jedes Element wird separat betrachtet und analysiert.

Worauf kommt es für Sie bei der Bewertung an? Auf die Kriterien und auf die Einschätzung. Als Unternehmer oder Manager sind Sie daran interessiert, welchen Einfluss ein Trend auf Ihr Unternehmen und Ihr Geschäft hat bzw. haben könnte. Denn Trends sind keine Selbstläufer. Jeder Trend wird durch Treiber und Kräfte in Richtung und Stärke geformt – und ist damit auch beeinflussbar.

Die Bewertung von Trends ist eine große Herausforderung, geht es doch darum, den weiteren Verlauf abzuschätzen. Eine gute Ausarbeitung macht sich hier zwar bezahlt, kann aber nie das Dilemma ausschließen, dass die Bewertung nie argumentativ endgültig belegt werden kann. Die Wissenschaftler liefern sich zu diesem Thema eine heftige Diskussion. Zum besseren Verständnis sei deshalb hier ein kurzer Ausflug in die wissenschaftliche Diskussion zum Thema „Bewertung von Trends“ erlaubt.

Exkurs: Bewertungsmodelle von Trends in der Literatur

Die einfachen Ansätze basieren überwiegend auf den beiden Bewertungsdimensionen „Einfluss“ und „Unsicherheit“.

Wilson setzt im Rahmen der Umfeldanalyse die sogenannte „Issues Priorities Matrix“ ein. Ziel der Analyse der Umwelt des Unternehmens ist es, frühzeitig vor kommenden Issues zu warnen und proaktiv strategische Antworten darauf zu entwickeln [Wilson 1983]. Als Issue wird – von Wilson – in diesem Zusammenhang ein bedeutender externer oder interner Trend (oder eine Entwicklung) bezeichnet, der sich auf den zukünftigen Unternehmenserfolg in besonderem Maße auswirkt.

Zur Identifikation von Issues wendet er zunächst das Issue Mapping an. Dazu werden im Rahmen des Scanning und Monitoring erkannte Trends aus der Makroumwelt mit der Mikroumwelt des Unternehmens in Beziehung gesetzt. Basierend auf dieser Gegenüberstellung werden Issues abgeleitet, die dann anhand der Issues Priorities Matrix bewertet werden können. Im Anschluss wird eine Matrix mit den beiden Dimensionen Wahrscheinlichkeit der Entwicklung und Auswirkung auf das Unternehmen aufgestellt (vgl. Bild 52). Zunächst gilt es für jeden Trend, die Wahrscheinlichkeit zu schätzen, ob er sich zu einem bedeutenden Issue entwickelt. Im zweiten Schritt wird eine Aussage darüber getroffen, wie stark der mögliche Einfluss auf das Unternehmen sein kann (angenommen, dass sich ein Issue entwickelt). Wilson weist darauf hin, dass ein Bewertungssystem für die Einschätzung von Einfluss und Wahrscheinlichkeit beliebig komplex oder einfach sein kann, verzichtet aber auf weiterführende Überlegungen dazu. Letztlich hält er eine Unterscheidung in „hoch“, „mittel“ und „gering“ für die Bewertung beider Dimensionen für ausreichend.

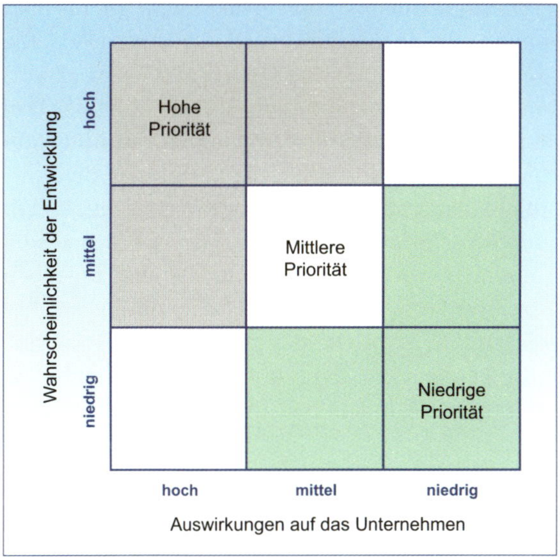

Bild 52 Issues Priorities Matrix: Bewertung nach Wahrscheinlichkeiten (nach [Wilson 1983])

Abhängig von ihrer jeweiligen Position in der Matrix werden den Issues unterschiedliche Prioritäten zugeteilt. Entwickelt sich ein Trend mit mittlerer bis hoher Wahrscheinlichkeit zu einem Issue und beeinflusst das Unternehmen mittelmäßig bis stark, erhält der Trend höchste Priorität. Geringe Priorität wird hingegen für Issues vergeben, die sich mit geringer bis mittlerer Wahrscheinlichkeit entwickeln und auch nur geringen oder mittleren Einfluss auf das Unternehmen haben. Dazwischen liegen die Issues mit mittlerer Priorität.

Ohne Wahrscheinlichkeiten kommen die beiden Bewertungsansätze von Schwartz [Schwartz 1991] und van der Heijden [Heijden 2005] aus. Beide sind eng mit der Szenariotechnik verknüpft. Die Szenariotechnik ist ein Instrument der strategischen Frühaufklärung und „... dient der Erarbeitung mehrerer Szenarien, das heißt hypothetischer Zukunftsbilder eines sozioökonomischen Bereichs, die verschiedene mögliche Entwicklungen unterschiedlicher Faktoren und die Zusammenhänge zwischen diesen berücksichtigen“ [Götze 1993]. Schoemaker setzt das Verfahren in Beziehung zu Ansoffs Konzept der schwachen Signale, indem er feststellt „It [scenario planning, Anm. d. Verf.] institutionalizes the hunt for weak signals ...“ [Schoemaker 1997]. Huss/Honton identifizieren drei Arten der Szenarioanalyse: die intuitive Logik, die Trend-Impact-Analyse und die Cross-Impact-Analyse [Huss 1987]. Während die intuitive Logik vollkommen ohne mathematische Algorithmen auskommt, zählen die beiden anderen Verfahren zu den quantitativen Ansätzen. Die Ansätze von Schwartz und van der Heijden gehören der ersten Kategorie an. Beide beschäftigen sich im Rahmen der Szenarioerstellung explizit mit Trends. Die Bewertung von Trends spielt dann eine Rolle, wenn es darum geht, ein Gerüst für die Szenarien zu bestimmen (Szenario-Framework).

Schwartz unterscheidet in diesem Zusammenhang drei Begriffskategorien, die aber aus seiner Sicht nicht eindeutig voneinander abzugrenzen sind [Schwartz 1991]. Die erste Kategorie bezeichnet er als treibende Kräfte (Driving Forces), die zweite als vorbestimmte Elemente (Predetermined Elements) und die dritte als kritische Unsicherheiten (Critical Uncertainties). Die treibenden Kräfte beschreiben Entwicklungen in Gesellschaft, Technologie, Wirtschaft, Politik und Umwelt. Sie bestimmen den Ausgang der Szenarien. Schwartz empfiehlt dabei ausdrücklich, nach Trends und Trendbrüchen zu suchen – nicht ohne auf die Schwierigkeit hinzuweisen, die sich ergibt, wenn man versucht, Letztere zu erahnen. Vorbestimmte Elemente sind hingegen bereits heute bekannt und sicher in ihrer Entwicklung, unabhängig davon, welches Szenario tatsächlich eintritt. Zu den kritischen Unsicherheiten macht Schwartz keine konkreten Aussagen, außer dass ihre Betrachtung eng mit den vorbestimmten Elementen verbunden ist. Identifiziert werden sie, indem man die Annahmen bezüglich der vorbestimmten Elemente in Frage stellt.

Da die Szenarien möglichst verschiedene Zukunftsbilder beschreiben sollen, interessieren für ihren Aufbau genau die Elemente, die nicht nur besonders stark auf das Unternehmen wirken, sondern deren zukünftige Ausprägungen außerdem sehr unsicher sind. Daher sollen die Trends anhand ihrer Bedeutung und ihrer Unsicherheit bewertet werden. Für die zwei bis drei Trends, die als am unsichersten mit dem größten Einfluss bewertet wurden, gilt es, sich mehrere Ausprägungen zu überlegen. Darauf basierend werden dann die Dimensionen für das „Szenario Framework" bestimmt. Im Anschluss daran können die Szenarien mit den restlichen Trends angereichert und dann ausformuliert werden.

Van der Heijden geht bei seinem Ansatz ähnlich wie Schwartz vor. Auch er verwendet Begriffe wie zum Beispiel treibende Kräfte und kritische Unsicherheiten. Ergänzend nimmt er Megatrends in die Betrachtung auf. Letztere zeichnen sich dadurch aus, dass sie beobachtbare Ergebnisse einzelner Umweltkräfte sind (zu dieser und weiteren Definitionen vgl. [Heijden 2005]).

Während sich Schwartz wenig zu den kritischen Unsicherheiten äußert, führt Van der Heijden dafür das Konzept der Vorhersagbarkeit (Predictability) ein, das im Folgenden kurz erläutert wird. Mit zunehmender Größe des Vorhersagezeitraums wird es immer schwieriger, die Entwicklung zu bestimmen. Gleichzeitig nimmt die Unsicherheit zu, so dass im kurzfristigen Bereich noch klassische Prognosemethoden (Forecasting) eingesetzt werden können, während mittelfristig Szenarien sinnvoll sind. Langfristig bleibt lediglich die Hoffnung als Alternative. Van der Heijden weist darauf hin, dass es neben großen Unsicherheiten auch einzelne vorbestimmte Elemente (Predetermined Elements) geben kann. Allerdings kann deren präzise Vorhersage schwierig sein. Während also zwar die Grundrichtung einer Entwicklung bestimmt werden kann, kann der genaue Ausgang extrem unsicher sein.

Vergleichbar mit Wilsons „Issues Priorities Matrix" entwickelt van der Heijden die „Impact-Predictability-Matrix" (Bild 53). Wie bei Schwartz wählt er für die späteren Szenariodimensionen (Kapitel 4) die Elemente, die hohen Einfluss auf das Unternehmen haben bei gleichzeitig hoher Unsicherheit.

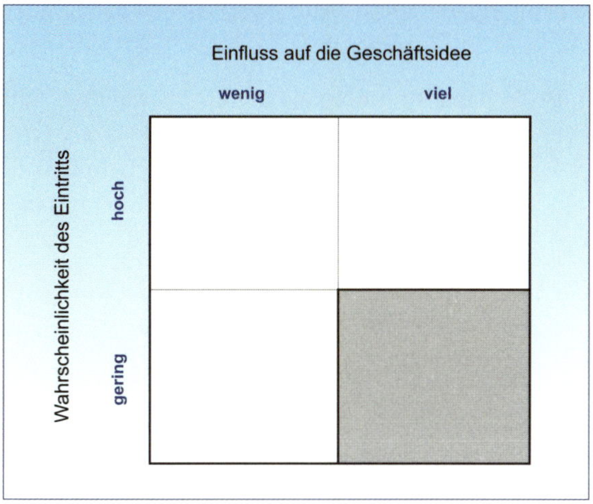

Bild 53 Impact-Predictability-Matrix: Einordnungsmöglichkeit für Themen (Szenariodimensionen) (in Anlehnung an [Heijden 2005])

Dabei weist van der Heijden darauf hin, dass es sich um eine relative Betrachtungsweise handelt, das heißt, dass prinzipiell alles wichtig bzw. nicht vorhersagbar ist, aber manche Elemente mehr Einfluss haben bzw. leichter vorhersagbar sind. Bei der Wahl der Szenariodimensionen geht van der Heijden wie Schwartz vor und konzentriert sich auf die rechte untere Ecke der Matrix, wo die Elemente mit hohem Einfluss und gleichzeitig hoher Unsicherheit bezüglich ihrer Entwicklung positioniert sind.

Van der Heijden warnt davor, die mit Themen bzw. Trends ausgefüllte Matrix so zu interpretieren, dass die Zukunft erschöpfend und komplett durchdacht wurde. Es fehlen die unerwarteten Ereignisse, die vom Team gar nicht erst in Betrachtung gezogen wurden. Aus diesem Grund empfiehlt er kontinuierliches „Monitoring" und Wiederholungen von Szenario-Projekten anstatt einer episodischen Durchführung.

Ging es zuvor hauptsächlich um die Bewertung von Einzelelementen, ist die Wechselwirkung zwischen den Elementen insofern interessant, da man ein Gefühl dafür bekommt, welche Elemente besonders aktiv sind und welche sich passiv verhalten.

Eine weitere Variante der komplexen Ansätze zur Trendbewertung stellen die netzwerkorientierten Ansätze dar. Hier können zwei Varianten unterschieden werden, die Einflussmatrix [Gomez 1997] auf der einen Seite und die Cross-Impact-Analyse [Porter 1991] auf der anderen. Beide Methoden arbeiten mit Matrizen, in denen die wechselseitigen Beziehungen zwischen verschiedenen Größen dargestellt werden.

Bei der Einfluss- oder Wechselwirkungsmatrix gilt es, die Intensität der Beziehungen zwischen allen Größen eines Netzwerks zu bestimmen (1 = schwacher Einfluss, 2 = mittlerer Einfluss und 3 = starker Einfluss). Die Werte in der Einflussmatrix werden zeilenweise aufsummiert und ergeben die Aktivsumme für jede Größe. Analog ergibt sich durch spaltenweises Aufsummieren die Passivsumme. Anhand dieser beiden Summen werden die Größen in einer Matrix platziert. Entsprechend ihrer Position werden träge, reaktive, aktive und kritische Elemente differenziert (siehe dazu Bilder 89 und 90 in Abschnitt 4.8).

Die Cross-Impact-Analyse [Porter 1991] basiert, anders als die Einflussanalyse, auf Wahrscheinlichkeiten und findet vor allem Anwendung in der Szenariotechnik (vgl. Kapitel 4). Dabei wird untersucht, wie sich die bedingte Eintrittswahrscheinlichkeit eines Ereignisses ändert, wenn ein zweites Ereignis eintritt. Dessen Eintrittswahrscheinlichkeit wird vorher geschätzt.

Ein Netzwerk-orientierter Ansatz – die Morphologische Box – wird im Anhang (Abschnitt 10.4.1) genauer erläutert.

Anwendungsfelder von Trends

Auf die Zukunft vorbereitet zu sein und mögliche Entwicklungen vorweggenommen zu haben, eröffnet Optionen, Möglichkeiten und Spielräume für aktive Einflussnahme.

Trends gehören zu den wenigen Anhaltspunkten, aus denen ersichtlich ist, in welche Richtung sich Veränderungen bewegen. Dementsprechend hoch ist die ihnen entgegengebrachte Aufmerksamkeit. Abhängig von den auf den Trend wirkenden Kräften und dem Grad der Beeinflussung sind die Alternativen der Interaktion mit Trends recht unterschiedlich. Wie in Bild 34 gezeigt, nimmt die Möglichkeit der Beeinflussung von Trends aus Sicht des Unternehmens mit zunehmender Entfernung vom Unternehmen ab. Hohe Einflussmöglichkeiten bieten dem Unternehmen die Chancen der proaktiven Gestaltung von Trends und damit der Zukunft des Unternehmens, hingegen können unabhängige Trends lediglich beobachtet werden und gegebenenfalls kann entsprechend reagiert werden. Vor diesem Hintergrund ergeben sich Anwendungsfelder für Trends:

- *Trends als Kommunikationsmittel*

  Trends kommen häufig zur Anwendung, wenn Veränderungen beschrieben werden sollen. Mit ihnen lässt sich sehr deutlich ein gemeinsames Verständnis zu einem Problem entwickeln. Die inhaltliche Diskussion und das Verständnis tragen zur Meinungsfindung bei.

- *Trends als Marketinginstrument*

  Durch das Schaffen von Trends (Trendsetting) und das Unterstützen von Entwicklungen können Veränderungen aktiv getrieben werden. Dadurch lassen sich Kaufentscheidungen beeinflussen und bei entsprechender Handhabung Entscheidungen von Kunden sogar manipulieren. Hier ist es von besonderer Bedeutung, dass beim Trendsetting sorgfältig gearbeitet wurde.

- *Trends als Grundlage der strategischen Arbeit*

  Die systematische Arbeit mit Trends ist ein fundamentaler Bestandteil der strategischen Analyse und ein nützliches Instrument. Das Verständnis für und der Umgang mit Trends sind unter anderem eine Basis für die Entwicklung von Szenarien.

3.4 Unsicherheiten

Strenggenommen sind alle Zukunftselemente „Unsicherheiten“. Im Spektrum der Veränderungen und der Art des Wissens über die Veränderungen können jedoch Bereiche identifiziert werden, die als stabil (Paradigmen und Konstanten) bzw. als Veränderungen mit erkennbarer Richtung (Trends) zu bezeichnen sind (wie zuvor beschrieben). Unter „Unsicherheiten“ als Zukunftselement sind diejenigen Veränderungen zu sehen, die als ungerichtete Veränderung identifiziert werden: Eine Richtung bzw. Tendenz in der Wandlung ist nicht erkennbar; mehrere Optionen der Entwicklung sind denkbar. In der Mehrzahl sind „Unsicherheiten“ mit Entscheidungen verknüpft – einfach oder in Kombination („Wie wird sich das Unternehmen mit dem neuen Vorstandsvorsitzenden entwickeln?“). Nur in Ausnahmefällen sind in der Natur richtige „Unsicherheiten“ erkennbar („Wird der Vulkan ausbrechen?“). Die tatsächliche Ungewissheit in komplex und unübersichtlich erscheinenden Situationen kann durch die Zerlegung der Situationen in die verschiedenen Zukunftselemente auf die Zukunftselemente „Unsicherheit“ begrenzt werden.

3.5 Widersprüche

Die Welt ist voller Widersprüche. Es kann und soll aber nicht Ziel von Zukunftsbetrachtungen sein, diese aufzulösen. Vielmehr ist im Rahmen der Untersuchungen die Benennung und Darstellung von großer Bedeutung.

Widersprüche kennzeichnen entgegengesetzte Aussagen, die sich auf ein und dasselbe Objekt beziehen. Ob und welche Aussagen wahr sind, ist zum Zeitpunkt der Untersuchung nicht zu klären.

Schon die Bibel musste mit Widersprüchen leben. So gibt es unterschiedliche Aussagen, ob Noah jeweils ein Paar oder sieben Paare auf die Arche mitnimmt. Auch ob Jesus sein Kreuz selbst trug oder es getragen wurde, wird widersprüchlich dargestellt:

„... und er trug sein Kreuz und ging hinaus zur Stätte, die da heißt Schädelstätte, auf Hebräisch Golgatha“ (Johannes 19, 17).

„... und als sie ihn verspottet hatten, zogen sie ihm den Mantel aus und zogen ihm seine Kleider an und führten ihn ab, um ihn zu kreuzigen. Und als sie hinausgingen, fanden sie einen Menschen aus Kyrene mit Namen Simon, den zwangen sie, dass er ihm sein Kreuz trug“ (Matthäus 27, 31-32).

In Zukunftsbetrachtungen sind Widersprüche nicht auszublenden oder zu lösen, eine frühzeitige Benennung erleichtert jedoch die Kombination der Zukunftselemente und die Entwicklung des Zukunftsbildes.

3.6 Unbestimmtheit – Chaos und Wildcards

Es gibt Entwicklungen, die höchst unbestimmt und überraschend eintreten. Terroranschläge, die Reaktorkatastrophe von Tschernobyl und die Tsunami-Katastrophe seien als Negativbeispiele genannt. Positiv – aus Unternehmenssicht – sind beispielsweise Konjunkturbelebung oder überraschende Erfindungen und Entdeckungen. So unbestimmt wie sie sind, so müssen sie doch bei einer Analyse beachtet werden, sowohl in der Umfeldanalyse als auch bei der Strategieentwicklung.

Da nicht alle Fälle betrachtet werden können, hat es sich bewährt, mögliche (bekannte) Ereignisse zu sammeln und als schwer zu beeinflussende Wildcard mitzuführen.

Neben Naturkatastrophen sieht beispielsweise Steinmüller auch in Innovationen eine Möglichkeit von Wildcards [Steinmüller 2003]. Während Steinmüller Wildcards als „unwahrscheinlich, aber keinesfalls ausgeschlossen" einschätzt, nennt Cornish eine Wildcard „a surprising and extremely consequential event" [Cornish 2003]. Er argumentiert weiter, dass der Eintritt von Wildcards in der Zukunft anzunehmen ist, da die Vergangenheit gezeigt hat, dass sie eintreten.

Wahrnehmungsgrenze

Auch als Unternehmen kann man sich nicht gegen alle Eventualitäten absichern. Hier sei an die Geschichte im ersten Kapitel erinnert. Der Bürgermeister erfährt, dass seine Stadt zerstört wird, was eine schwerwiegende Wildcard ist. Nun muss man sich eingestehen, dass es Situationen gibt, gegen die man sich nicht versichern kann und die Handlungsunfähigkeit bedeuten. Ob man sich auf Wildcards einstellen kann, ist eine viel diskutierte Frage. Ansoff hat schon in den siebziger Jahren mit den sogenannten schwachen Signalen versucht zu belegen, dass sich große Ereignisse im Vorfeld durch Indizien und Signale ankündigen. Das Problem ist nur: Wer ist in der Lage, die Unmenge von Signalen nicht nur zu analysieren, sondern auch noch im Zusammenhang zu betrachten? Niemand. Bei gewöhnlichen, sich andeutenden Änderungen sind viele Unternehmen, Institute und Regierungen schon überfordert. Man denke nur an die Rentendiskussion in Deutschland. Die Zahl der Geburten geht seit über 80 Jahren zurück. Das ist bekannt. Aber der Frosch stirbt schließlich, wenn man die Temperatur langsam erhöht, hingegen reagiert er bei plötzlicher Änderung der Temperatur und springt aus dem Glas.

Es ist zu beobachten, dass die Reaktionsfähigkeit und Entscheidungsfreude nach aufgetretenen Wildcards wesentlich höher sind.

3.7 Von der Hypothese zum Zukunftselement

Veränderungen können zwar einfach so entstehen – wie im Abschnitt vorher erläutert wurde – für die Analyse der Wandlung ist aber allein das Wissen über die Veränderung bedeutend. Oder anders ausgedrückt, die Welt könnte sich ändern und weiterentwickeln, auch ohne unser Wissen darüber.

Im Kapitel 2 wurde schon beschrieben, wie Informationen zu einem Thema gesammelt und strukturiert werden. Diese vorliegende Informationsbasis wird nun durch die Elemente wie Paradigma, Trends, Chaos, Unsicherheit und Widersprüche beschrieben. Das führt zu einer weiteren Abstrahierung und sinnhaften Strukturierung der Information. Ein Startpunkt ist, sich zu überlegen, welche Anteile sich wie ändern:

- Welche Veränderung lässt sich als Trend darstellen?
- Was sind Paradigmen?
- Was sind Konstanten?
- Gibt es Widersprüche?
- Was könnte Chaos verursachen oder welche Wildcards sind vorstellbar?
- Sind Unsicherheiten eindeutig identifizierbar?

Der Sinn und Nutzen dieser Aufteilung und Homogenisierung liegt vor allem darin, dass die vorliegenden Elemente dann wesentlich einfacher handhabbar und einzeln analysierbar sind als eine rohe, unstrukturierte Informationsbasis, bei der es auch erhebliche Differenzen beim Informationslevel geben kann. Der Weg vom Wissensraum über die Informationsbasis zu Hypothesen und die anschließende Strukturierung in die Zukunftselemente ist schematisch in Bild 54 zu sehen. Bild 55 zeigt den

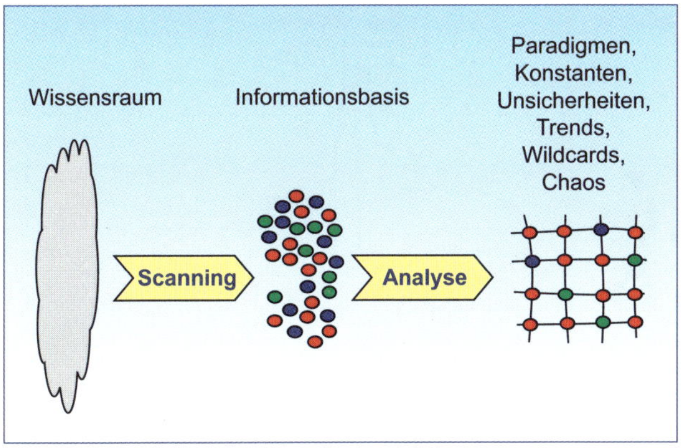

Bild 54 Aus der Informationsbasis werden Hypothesen zu Trends, Paradigmen, Unsicherheiten, Widersprüchen und Wildcards erstellt

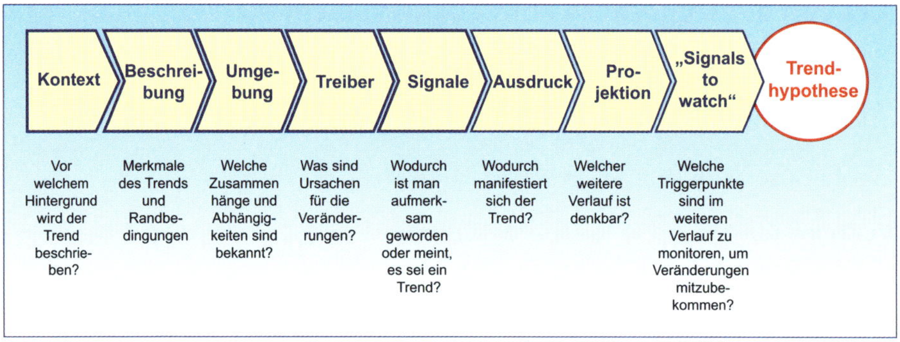

Bild 55 Erstellung einer Hypothese am Beispiel von Trends: Der Ablaufplan

dazu gehörigen Prozess. Mit Hilfe des Beispiels am Ende dieses Kapitels kann man den Ablauf leicht nachvollziehen.

Wie dargestellt wird aus den vorliegenden Informationen eine Trendhypothese formuliert. Bild 56 zeigt das Beispiel eines ausgearbeiteten und verifizierten Trends. Die Trendhypothese – abgeleitet aus der Informationsbasis in einem Projekt – lautete: „Die menschliche Evolution hat ihren Höhepunkt erreicht“.

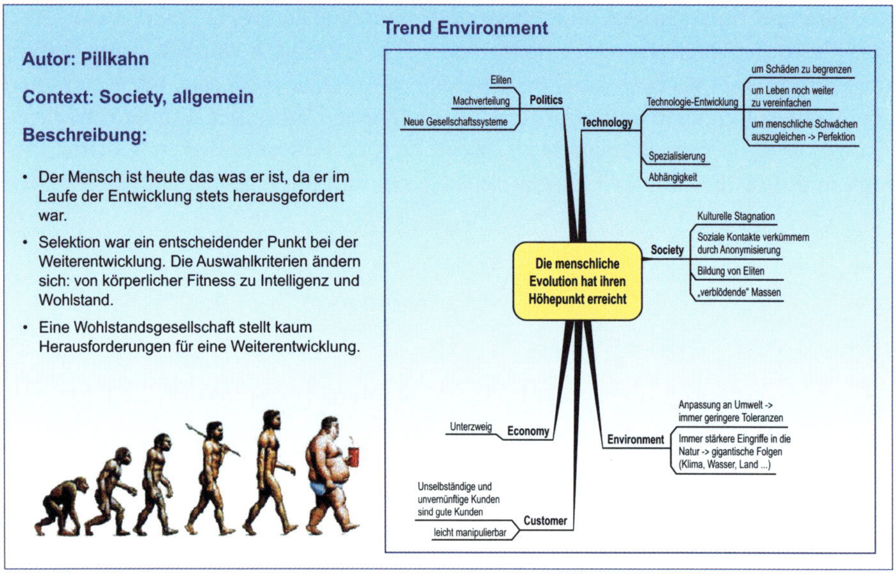

Bild 56 Beispiel: Ausgearbeitetes und verifiziertes Zukunftselement – Trend (erste Seite) [Quelle: Pillkahn]

Die Beschreibung eines Zukunftselements sollte üblicherweise folgende Punkte enthalten:

- *Kontext*
  Vor welchem Hintergrund wird der Trend beschrieben?
- *Beschreibung*
  Merkmale des Trends und Randbedingungen
- *Umgebung/Environment*
  Welche Zusammenhänge und Abhängigkeiten sind bekannt?
- *Driver/Inhibitoren*
  Was sind Ursachen für die Veränderungen?
- *Signale*
  Wodurch ist man aufmerksam geworden oder meint, es sei ein Trend?
- *Ausdruck*
  Wodurch manifestiert sich der Trend?
- *Projektion*
  Welcher weitere Verlauf ist denkbar?
- *„Signals to watch"*
  Welche Triggerpunkte sind im weiteren Verlauf zu monitoren, um Veränderungen mitzubekommen?

Es hat sich in der Praxis erwiesen, dass es hilfreich für die Weiterarbeit ist, Trendhypothesen, die sich nicht als eindeutige Trends qualifizieren, als Unsicherheiten oder Widersprüche zu klassifizieren und nachfolgend gesondert zu behandeln. (Unsicherheit bezieht sich hier auf den Eintritt – also ob es ein Trend ist oder nicht, nicht um die Frage, wie sich der Trend weiterentwickelt).

Widersprüche bei der Analyse und Beschreibung von Trends lassen sich zumeist auf menschliche Inkonsequenzen zurückführen, beispielsweise steigt das Gesundheitsbewusstsein und gleichzeitig kann Fettleibigkeit zunehmen. Solche Elemente können nicht durch Trends abgebildet werden.

Die Zukunftselemente als Instrumente der strategischen Arbeit

Aus Information wird Wissen. Im Kapitel 2 wurden Informationen zusammengestellt und strukturiert. Nun werden die Informationen in Kontext gebracht, kombiniert, weiter strukturiert, formuliert, bewertet und beschrieben. Deshalb ist es entscheidend, wer beispielsweise Trends ausarbeitet. Aus der Erfahrung kann gesagt werden, dass die Recherche und Beschreibung von Trends und die Diskussion in einer Arbeitsgruppe die geeignete Möglichkeit sind, sich ein Verständnis zu erarbeiten und Wissen zu generieren.

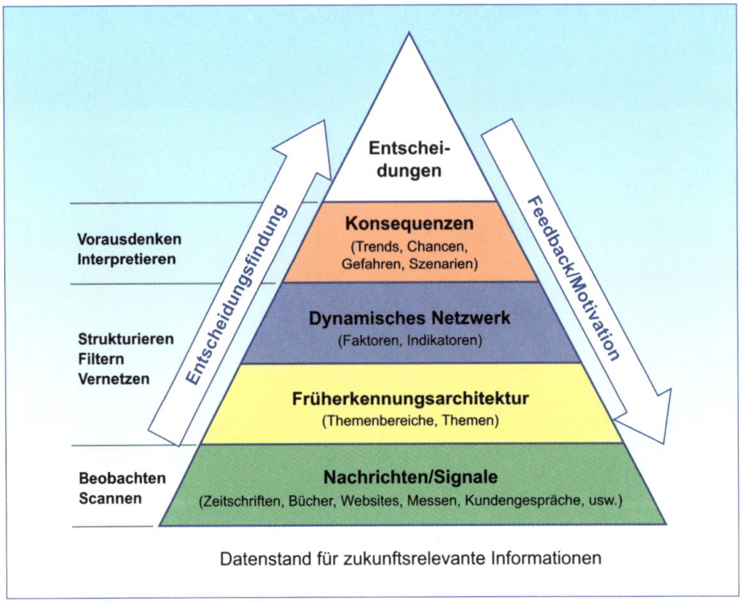

Bild 57 **Datensammlung und Auswertung von Zukunftselementen: Basis der Strategieentwicklung**

Bild 57 zeigt, wie das Vorgehen bezüglich der Zukunftselemente in die Strategieentwicklung eingebunden werden kann.

Zum besseren Verständnis wird nun der hier beschriebene Vorgang am Beispiel „Zukunft des Fernsehens" dargestellt. Schließlich wird dieses Thema durch viele technische Neuerungen getrieben und es erscheint dynamisch und innovativ. So geht es im Folgenden um die Darstellung der Situation durch Zukunftselemente sowie um die Strukturierung der im Teil I gesammelten Informationen.

3.8 Die Zukunft des Fernsehens (II)

Als Fortsetzung von Kapitel 2 folgt nun eine weitere Verdichtung und Strukturierung der vorliegenden Informationen. Bild 58 zeigt die Übersicht und den Fortschritt im Untersuchungsprojekt.

Die vorliegenden Informationen liegen zwar gelistet und erfasst in Tabellenform vor, zeichnen sich aber noch durch eine gewisse Beliebigkeit und Heterogenität aus. Zunächst werden Elemente – Aussagen und Einzelinformationen – gebildet, die die weitere Verarbeitung wesentlich erleichtern. Signale, Bruchstücke, Fakten, Spekulationen, Meinungen und Veränderungen werden zu Elementen „umsortiert". Als Zwischenschritt bietet sich an, die Informationen in einer Mindmap zu organisieren, dargestellt in Bild 59. Diese Mindmap dient als Vorlage zur Bildung von Elementen: Aus vorhandenen Informationen

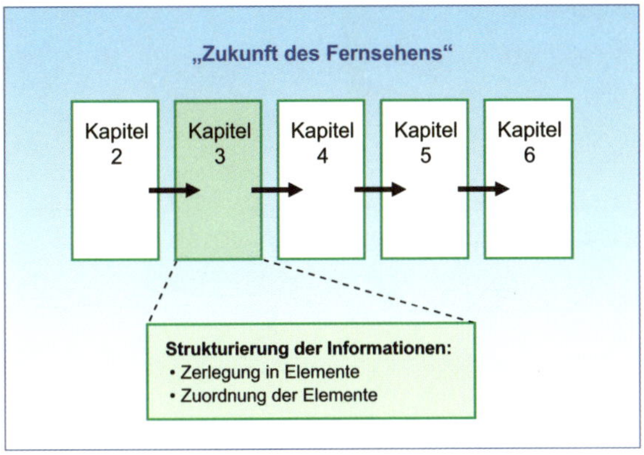

Bild 58 Untersuchungsprojekt „Zukunft des Fernsehens", Schritt 2: Strukturieren der Informationen

werden dann, unterstützt durch die Fragen aus Tabelle 15, Hypothesen entwickelt (Tabelle 16), die dann recherchiert und fundiert belegt werden. Bild 60 zeigt die Ausarbeitung am Beispiel vom Trend T5.

Jedes der generierten Elemente hat unter dem Aspekt „Veränderung" einen Einfluss auf das Thema „Fernsehen der Zukunft" Alle Zukunftselemente werden entsprechend dem Schema (Bild 41, Tabelle 15) einer der fünf Kategorien zugeordnet. Eine Zusammenstellung zeigt Tabelle 16; Bild 61 gibt eine Zuordnung der Elemente in einem Radar.

Spätestens hier wird deutlich, dass eine eindeutige, zweifelsfreie Zuordnung nicht unbedingt gegeben ist. Die bei der Erfassung angestrebte Neutralität wird mehr und mehr durch Meinungen ergänzt bzw. ersetzt. Beispielsweise wurde das Element „IPTV wird für

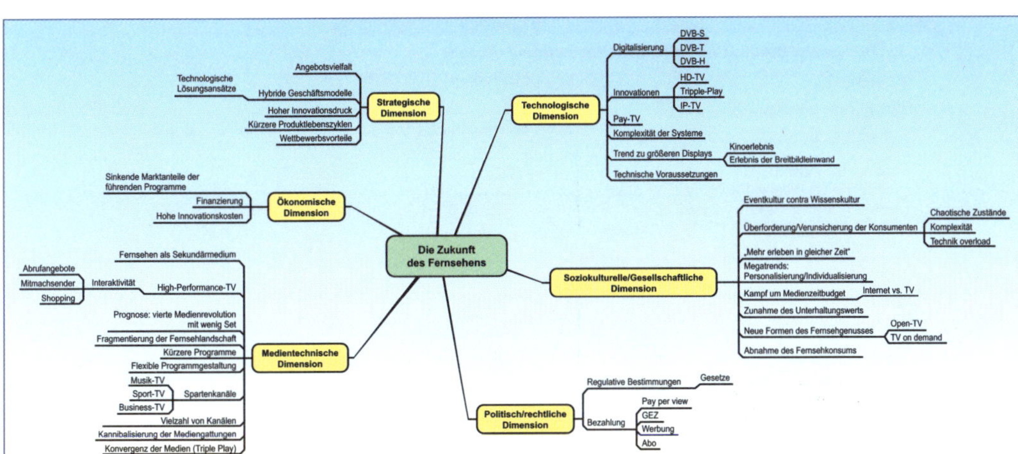

Bild 59 Die Mindmap: Medium zur ersten Strukturierung

Tabelle 15 Die Kategorien der Zukunftselemente

Zukunftselemente	Zuordnung
Paradigmen, Konstanten (P)	Welche Informationen gelten als gesichert und können als Fakten und Paradigmen bezeichnet werden?
Trends (T)	Was wird sich an der aktuellen Situation ändern, was sind Ursachen, Treiber und Wirkzusammenhänge?
Widersprüche (W)	Welche Widersprüche sind in den vorliegenden Informationen enthalten?
Unsicherheiten (U)	Was sind Unsicherheitsfaktoren für die weitere Entwicklung?
Chaos, Wildcards (C)	Welche Überraschungen und Entwicklungsbrüche könnten zu radikalen Änderungen und Störungen führen?

den Fernsehzuschauer Vorteile in der Anwendung bringen" (U1) als Unsicherheit klassifiziert. Diese Annahme entspricht meiner persönlichen Einschätzung, die sich wiederum weitestgehend aus den zusammengestellten Informationen ableitet. Hier wird klar, dass es zu Aussagen bzgl. der Zukunft keine neutrale Meinung geben kann. Sie wird immer durch eine persönliche Ansicht ersetzt werden. Bezüglich U1 ist mir als Autor bewusst, dass es andere Meinungen geben kann – ja geben muss – die wiederum auf anderen Informationen und Erfahrungen basieren oder durch Wünsche geleitet sind.

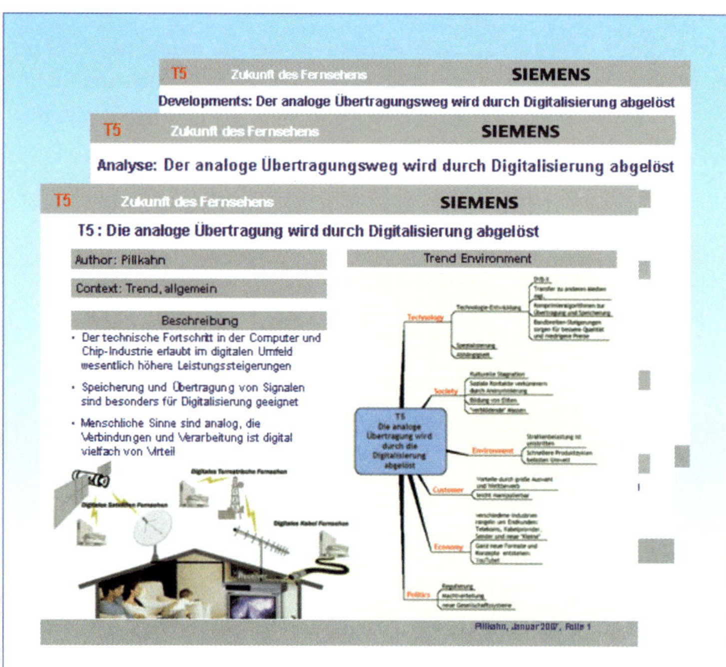

Bild 60 Strukturierung: Die Ausarbeitung der Zukunftselemente, der zweite Schritt am Beispiel von T5

Tabelle 16 Informationsstrukturierung: Zukunft des Fernsehens

Paradigmen, Konstanten	Trends	Widersprüche	Unsicherheit	Chaos, Wildcards
P1: Das TV ist das Hauptmedium der Unterhaltung. **P2**: „Mehr erleben in gleicher Zeit" wird zum Dogma der Fernsehgewohnheiten. **P3**: Komplexität der Systeme hat eine Verunsicherung der Konsumenten zur Folge. **P4**: Die Technik für die digitale Übertragung von Fernsehen über Satellit und Breitband-Verteilnetze ist ausgereift und erprobt. **P5**: Dem Zuschauer in Deutschland stehen derzeit fünf Übertragungswege zur Verfügung: terrestrische Ausstrahlung (DVB-T), Kabel, Satellit, Telefonleitung (via DSL), mobile (UMTS, DVB-H). **P6**: TV-Konsumenten wollen passiv unterhalten werden. **P7**: Das neue Leitmedium Internet beansprucht bereits 12% des täglichen Zeitbudgets bei den 14- bis 49-Jährigen. **P8**: Der Fernsehzuschauer hat zwei Bedürfnisse in Bezug auf das Medium Fernsehen: Unterhaltung und Information. **P9**: Die Bildqualität und die Anzahl der Empfangs-Möglichkeiten haben zugenommen.	**T1**: Das Fernsehen entwickelt sich zum „Nebenbei-Medium" bzw. „Sekundärmedium" (parallele Mediennutzung). **T2**: Das Angebot der Übertragungswege und Technologien wächst inflationär. **T3**: Insbesondere bei der jüngeren Generation nimmt der Fernsehkonsum – durch eine veränderte Mediennutzung – ab. **T4**: Die innovativen Technologien des TV werden komplexer und sind mit hohen Kosten für die Verbraucher verbunden. **T5**: Die analoge Übertragung wird durch die Digitalisierung abgelöst. **T6**: TV-Sendungen werden immer kürzer als Konsequenz der gewandelten Freizeitgewohnheiten. **T7**: Der Unterhaltungswert und die Aufmachung der Programmsendungen gewinnen an Bedeutung zu Lasten des Informationsgehalts. **T8**: Der Trend bei den Konsumentenwünschen geht zu größeren Displays. **T9**: Privates Fernsehen entwickelt sich zum verschlüsselten Bezahlfernsehen. **T10**: Es kommt zu einer Konvergenz der Medien – Technologien verschmelzen synergetisch (siehe Triple-Play). **T11**: Es kommt zu einem erbitterten Kampf um das Zeitbudget der Fernsehnutzer. **T12**: TV on Demand wird sich durchsetzen, das heißt, jeder kann sein eigenes Programm zusammenstellen, Fernsehen wird individueller. **T13**: Die Fernsehlandschaft wird weiter verspartet (spezielle Programme für immer engere Zielgruppen, zum Beispiel MTV, n-TV, CNN, DSF).	**W1**: Der technische Fortschritt setzt sich nur durch, wenn er für die Konsumenten einen psychologischen Nutzen stiftet. **W2**: Kann der Nutzen der neuen Technologien die Kosten für den Endverbraucher kompensieren? **W3**: Widersprüchliche Angaben über die Entwicklung des TV-Konsums (Rückgang oder Zunahme).	**U1**: Wird IPTV signifikante Produktvorteile für die TV-Konsumenten bieten? **U2**: Haben neue, hochauflösende TV-Programme und -Formate (z.B. HDTV) überhaupt Zukunftschancen? (Henne-Ei-Problem) **U3**: Sind die technologischen Entwicklungen mit den regulativen Rahmenbedingungen und den gesetzlichen Bestimmungen vereinbar? **U4**: Welche Auswirkungen haben die neuen Formen des Fernsehgenusses? (TV on Demand) **U5**: Es ist fraglich, ob und mit welchem Konzept die Spartensender langfristig wirtschaftlich tragfähig sind. **U6**: Es könnte zu einer Kannibalisierung der Mediengattungen sowie einzelner Kanäle kommen. (Internet verdrängt TV / TV verdrängt Kino) **U7**: Inwiefern wird das Fernsehen durch die Dominanz des Internets einen Bedeutungsverlust erleiden? (In Bezug auf Berichterstattung, Unterhaltung usw.)	**C1**: Die Produktlebenszyklen technischer Produkte werden immer kürzer. **C2**: Es besteht ein enormer Innovationsdruck seitens der Gerätehersteller, aber auch von Seiten der Mediengestalter. **C3**: Reaktion der Regulierungsbehörde und der Politik auf die Verbreitung von Gewalt-Videos, Sex und Pornografie. **C4**: Der TV-Markt befindet sich in einem grundlegenden Transformationsprozess, die Entwicklungspotentiale sind erkennbar und stellen die verschiedenen Marktplayer vor eine enorme Herausforderung.

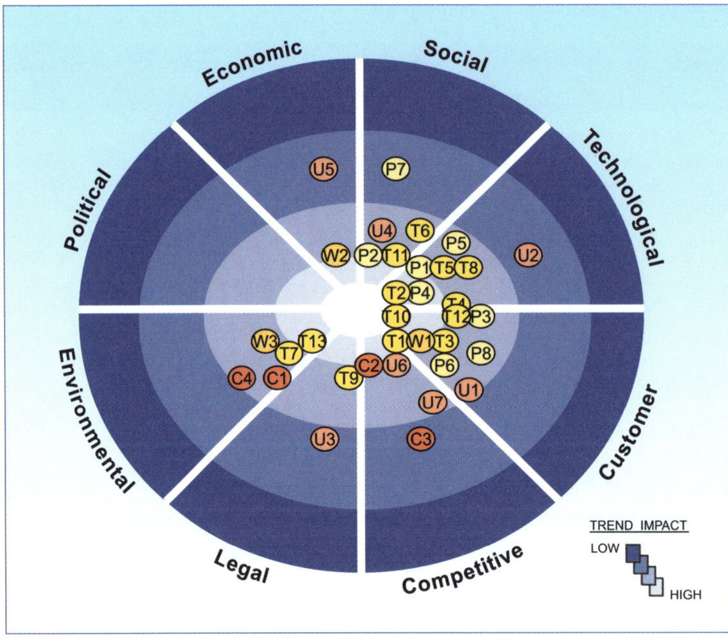

Bild 61 Nach der Strukturierung: Darstellung der Elemente im Radar

Die Deutsche Telekom investiert in diesen Bereich und sieht demzufolge die Entwicklung und insbesondere den Kunden positiver. Eine Einschätzung des Elementes als Trend wäre nachvollziehbar. Es wurde schon darauf hingewiesen: Wird im Team gearbeitet, bieten sich bestimmte Formen des Abstimmens an, um Meinungsverschiedenheiten zu klären bzw. um eine Team-Meinung zu generieren.

Kapitel 4

Verstehen

Antizipieren in die Zukunft

Es ist Aufbruchstimmung, die Wirtschaft wächst, der Energiebedarf steigt. Eine wichtige Rolle in der Versorgung mit Energie spielt Erdöl. Die Industrie hat sich darauf eingestellt, dass der Bedarf jährlich ca. 6 bis 7 Prozent steigt und die Kapazitäten zur Förderung und zum Transport mit ähnlichen jährlichen Raten ausgeweitet werden. Alles scheint perfekt abgestimmt zu sein. Es sind die 7 größten Ölfirmen, die 7 Schwestern, die sich gut auf die Situation eingestellt haben. Geld verdienen scheint nur eine Frage der effizienten Ausweitung bei Kapazitäten zu sein. Alles scheint friedlich und alles scheint stetig zu wachsen.

Wirklich alles?

Eine kleine Gruppe denkt über das Unvorstellbare nach: dass die Phase des stetigen kontinuierlichen Wachstums jäh unterbrochen werden könnte. Intensiv werden Veränderungen studiert, Nachrichten und Berichte ausgewertet und mögliche Entwicklungen durchgespielt. Man kommt zu dem Ergebnis, dass dramatische Veränderungen die bisherige stabile, gleichmäßige Entwicklung unterbrechen könnten und beschließt, diese Gedanken dem Management vorzustellen.

Eindringliche Appelle „von unten" folgen, bis sich die Leitung entschließt, Vorsorgemaßnahmen anzustoßen.

Wie sich später herausstellte, hatte die Gruppe um Pierre Wack die Situation richtig eingeschätzt und durch ihre Hartnäckigkeit Shell zur zweitgrößten der 7 Schwestern und profitabelsten Ölfirma werden lassen.

Der Wettbewerbsvorteil für Shell ergab sich aus der Tatsache, dass die anderen Ölfirmen bis zu zwei Jahre benötigten, um überhaupt zu realisieren, was da im Jahre 1973 geschehen war. Das Ergebnis sollte als die erste Ölkrise in die Geschichte eingehen und es dauerte weitere 5 bis 6 Jahre, die die Ölfirmen – die nur mit konstantem expotenziellem Nachfragewachstum gerechnet und alle Ressourcen daraufhin optimiert hatten – benötigten, um die Kapazitäten anzupassen.

Bild 62 zeigt die Überkapazitäten, die sich infolge der Ölkrise bildeten und zu riesigen Einbußen für die Firmen führten. Shell hingegen war auf die Situation vorbereitet, strategische und operationale Maßnahmen konnten umgehend greifen und die Reaktionszeit erheblich reduzieren – dank Szenariotechnik innerhalb eines Jahres.

(In Anlehnung an: BP Statistical Review; Kees van der Heijden, Scenarios – The Art of Strategic Conversation 1996 [Heijden 1996])

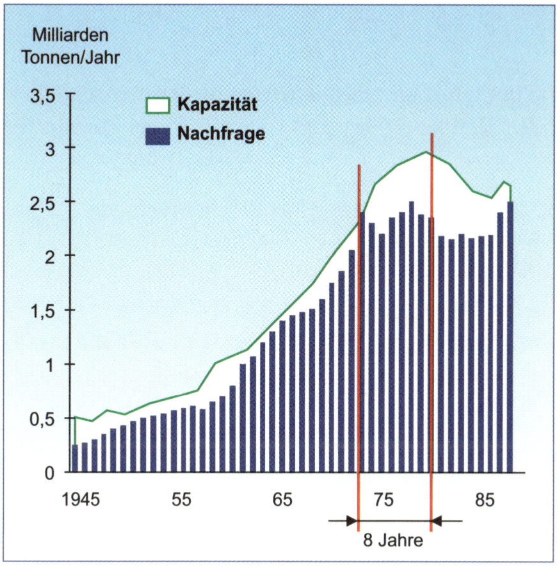

Bild 62 Welt-Ölbedarf und Raffinerie-Kapazität: Schlechte Übereinstimmung (Quelle: [Heijden 1996])

4.1 Memories of the Future

Nicht nur Unternehmen und Organisationen sind dem veränderlichen Umfeld ausgesetzt und müssen sich behaupten, jeder Mensch muss sich auf Veränderungen der Umwelt einstellen. Nach David Ingvar – einem schwedischen Neurobiologen – ist davon auszugehen, dass das menschliche Gehirn ununterbrochen bewusst und unbewusst Signale und Informationen aus der Umwelt aufnimmt [Ingvar 1985]. Diese Informationen werden derart gefiltert, dass der Informationsstrom ständig mit Erlebnissen, Erfahrungen und Gelerntem aus der Vergangenheit und dem aktuellen Kontext verglichen wird.

Bei Übereinstimmungen wird dieser Triggerpunkt bewusst gemacht. Fährt man zum Beispiel mit dem Auto im Stadtverkehr, gilt die Aufmerksamkeit fast uneingeschränkt dem Verkehr. Nebenbei Radio hören ist indes kein Problem. Eine Verkehrsnachricht oder ein ungewohntes Geräusch am Auto entgeht deshalb nicht der Aufmerksamkeit – die natürlichen Filtermechanismen greifen. Darüber hinaus werden durch Kombination aus dem Wissen der Vergangenheit und aus den aktuellen Situationen denkbare Abläufe projiziert. Ingvar spricht von Zeitpfaden und verweist darauf, dass es sich um keine Vorhersagen im engeren Sinn handelt. Vielmehr geht es um Handlungsstränge und Optionen. Wird der Autofahrer durch die Verkehrsdurchsage über einen Umfall auf der geplanten Fahrroute informiert, wird er sich mit der neuen Situation auseinandersetzen. „Werde ich pünktlich zu meinem Termin kommen?“ „Sollte ich vielleicht anrufen?“ „Wird es eine Umleitung geben, wieviel länger wird es dadurch dauern?“ Oder: „Es ist zwar ärgerlich, aber damit muss ich rechnen. Nun bin ich eben 30 Minuten später zu Hause". Dieses Konzept nennt Ingvar „Memories of the Future".

Es ist insofern akzeptiert, dass es in der Literatur zur Beschreibung der menschlichen Vorausschau zitiert wird [Geus 1997, Heijden 1996] und vortrefflich als Vorbild für Unternehmen geeignet ist.

Sicher gibt es bei der konkreten täglichen Umsetzung große Unterschiede – Menschen mit geringen kognitiven Fähigkeiten werden gerne als Schlafmützen bezeichnet – sehr aufmerksamen Mitmenschen bescheinigt man dagegen, dass sie das Gras wachsen hören könnten. Es wird davon ausgegangen, dass diese Fähigkeiten trainierbar sind. Und was im Kleinen – beim Menschen – funktioniert und durch die Evolution dem Menschen als Fähigkeit quasi mitgegeben wurde, gilt auch im Großen – als Konzept für Unternehmen. Im Unterschied zum Menschen geht es beim Unternehmen jedoch darum, sich als Organisation eine Meinung zu bilden, die Filter und Sensoren richtig einzustellen, strategische Überlegungen anzustellen.

Tabelle 17 Vergleich Unternehmen und Mensch: Der Mensch hat ein natürliches Immunsystem

	Beim Mensch	Im Unternehmen
Informations-aufnahme	*Durch möglichst viele Sinnesorgane*	*Idealerweise durch viele Mitarbeiter und zahlreiche Quellen.* Wie werden Informationen aufgenommen und dokumentiert?
Informations-filter	*Weiterleitung von den Sinnesorganen zum Gehirn.* Bewusste (Sonnenbrille) und unbewusste Filterung (Hintergrundgeräusche)	*Informationsfluss im Unternehmen.* Wie werden Informationen aufbereitet und verdichtet (z.B. von vielen Quellen auf verlässliche Informationen und Aussagen)? Wie wird entschieden, was von Bedeutung ist und was nicht? Und wer entscheidet es? Wie gelangen die Informationen zu den Entscheidungsträgern?
Informations-verarbeitung	*Ausschließlich im Gehirn* Die verfügbaren Informationen werden zur Generation von Zeitpfaden und Handlungsoptionen verwendet.	*Unternehmensleitung, Strategieabteilungen, Unternehmensplanung* Abhängig von der Art und Form der Organisation werden Informationen sehr zentral/dezentral, bewusst/unbewusst und explizit/implizit verarbeitet und resultieren z.B. in einer Unternehmensstrategie.
Reaktionen	*Reflexe, Handlungen und Umsetzungspläne*	*Entscheider und Management stoßen die Strategie-Implementierung und Umsetzung an.* Reaktionen können auf allen Unternehmensebenen stattfinden (z.B. Vermeidung von Betriebsunfällen).
Störungen	Bei der Feststellung von Ohrenschmerzen oder Sehschwäche wird (normalerweise) ein Arzt aufgesucht.	Selbst die Feststellung, dass die „Sinnesorgane" nicht optimal auf die Veränderungen der Umwelt ausgerichtet sind und das Unternehmen dadurch beeinträchtigt ist, ist eine Herausforderung. **Es gibt keinen Normalzustand „gesund".**

Was beim Mensch evolutionär entstanden ist, muss im Unternehmen jedoch bewusst installiert und trainiert werden. Ein Unternehmen hat – im Gegensatz zum Menschen – kein Unterbewusstsein, kein Immunsystem und kein Gewissen und kann dementsprechend nicht reflexartig reagieren.

In Tabelle 17 werden die Abläufe („Memories of the Future") beim Menschen und in Unternehmen verglichen. Obwohl es von der Art her ähnlich abläuft, liegt der Unterschied auf der Hand: Was beim Menschen in einem Kopf abläuft, wird im Unternehmen auf viele Köpfe verteilt. Ist es für eine Einzelperson oft schon schwer, sich zu entscheiden („Kaufe ich es oder kaufe ich es nicht?") und viele Informationen zu einer Entscheidung zu verdichten, so ist es besonders in großen Unternehmensorganisationen unmöglich, alle verfügbaren Köpfe in Entscheidungsprozesse einzubinden. Es leuchtet ein, dass ein erheblicher Aufwand darin besteht, die Ideen und Informationen auszutauschen – also von einem Kopf auf die vielen Köpfe des Unternehmens zu verteilen und zu einer geschlossenen Meinung zu gelangen.

Besonders eindrucksvoll wird der Vergleich zwischen Mensch und Unternehmen, wenn man sich vorstellt, dass eine Störung des normalen Ablaufes eintritt. Der menschliche Organismus wird vom Immunsystem „betreut". Es sorgt – bis zu einem gewissen Grad – dafür, dass die Prozesse stabil ablaufen. Störungen werden normalerweise durch Schmerzempfinden vom Körper angezeigt und ein Arzt kann beispielsweise Ohrenschmerzen untersuchen und behandeln oder ggf. eine Brille verschreiben – bei Kurzsichtigkeit.

Welche Immunreaktionen laufen im Unternehmen ab? Es gibt kein Immunsystem wie bei Organismen. Einziger Indikator ist in den überwiegenden Fällen der Unternehmenserfolg in Form von Wachstum oder Profit. Bleibt der aus oder geht zurück, laufen die Notprogramme an. Manager mit Saniererqualitäten sind dann gefragt; bis dahin helfen Beruhigungspillen. Aber ist das nicht so, als ob ich ein Kind erst am Ende des Schuljahres auf Grund von schlechten Noten zum Arzt schicken würde, obwohl es seit Beginn des Schuljahres Augenprobleme hat?

Woran merken Sie in ihrem Unternehmen, dass eine Therapie angebracht wäre? Gibt es regelmäßige Fitness-Checks?

Schon Coase hat 1937 darauf hingewiesen [Coase 1937], dass Unternehmen keine starren Gebilde sind und die Erklärungen der Ökonomen zum Verständnis von Unternehmen – das zum großen Teil auf der Theorie von Angebot und Nachfrage basiert – nicht erklären können, warum Firmen entstehen, sich verändern und auf Änderungen am Markt reagieren. In der sich daraufhin entwickelnden Betriebswirtschaftslehre weisen Jensen und Meckling [Jensen 1976] darauf hin, dass Unternehmen komplexe Einrichtungen sind und unterstreichen, dass die „Blackbox"-Betrachtung lediglich in der Makroökonomie akzeptabel ist.

Organisationen sind demzufolge komplexe Einrichtungen, die ihren eigenen Grundsätzen gehorchen und die wissenschaftliche Neugier auf sich ziehen. Unstrittig ist, dass – wie beim Menschen – durch die „Sinnesorgane" in Unternehmen Informationen aus der Umwelt aufgenommen werden – kontinuierlich und durch alle Mitarbeiter. Anders als beim Menschen, der auf bestimmte Impulse sofort reagieren kann, reagieren Organisationen sehr träge. Entscheidungen werden vorzugsweise zentral getroffen – unter Einbeziehung eines Bruchteiles der im Unternehmen vorhandenen Informationen. Die Fähigkeit, die wichtigen Informationen zu filtern und schnell und gezielt zu den Entscheidungsträgern weiterzuleiten, unterscheidet Unternehmen voneinander und hat Auswirkungen auf die Strategieentwicklung und deren Umsetzung – sie ist Ursache für Erfolg und Nicht-Erfolg.

In einer Studie über Fehler in Unternehmen hat Sydney Finkelstein [Finkelstein 2004] auf der Basis von zahlreichen Untersuchungen von Firmen im Wesentlichen drei Faktoren herausgearbeitet, die Ursache für „Corporate Desaster“ sind:

- Die Realität wird falsch interpretiert und missverstanden.
- Wichtige Informationen, die das Weltbild entscheidend beeinflussen, gelangen nicht zu den Entscheidungsträgern bzw. denjenigen, die diese Informationen „verarbeiten“.
- Topmanager sind so überzeugt von ihren Fähigkeiten und Kompetenzen und so von „ihrer“ Strategie eingenommen, dass sie diese bis zum bitteren Ende verteidigen.

Mental Maps – Gedankenmodelle und Weltbilder – sind demzufolge ein wesentlicher Bestandteil für die Entscheidungsfindung und Handlungsfähigkeit. Das aktive Arbeiten an „Memories of the Future“ in Form einer unternehmerischer Vorausschau unterstützt den Vorgang der Informationsbeschaffung und -verarbeitung und Strategieentwicklung und verbessert die Reaktionsfähigkeit von Unternehmen. Ähnlich wie die Zeitpfade bei der persönlichen Vorausschau von Menschen kann man sich den Ablauf vom Erkennen über die Sensoren bis zur Entscheidung und Handlung vorstellen. Der Vorteil des Unternehmens liegt in der Fähigkeit, mehr Informationen aufnehmen, speichern und verarbeiten zu können. Die Herausforderung für Unternehmen – und das ist der Nachteil gegenüber dem menschlichen Vorgehen – liegt dabei vor allem darin, viele Informationsquellen systematisch und kontinuierlich zu handlungsfähigen Entscheidungen im Sinne des Unternehmens zu verdichten und die Energie nicht in politischen und persönlichen, methodischen Meinungsverschiedenheiten zu vergeuden. Ideal wäre demnach, wenn alle Mitarbeiter als „Sensoren“ und „Filter“ agieren würden, die Zusammenstellung der Informationen, die Analyse und Entscheidungsfindung aber zentral stattfände (wie beim Mensch) – z.B. in einem zentralen Foresight-Institut.

Wie weiter oben beschrieben, ist der Wissensstand der Entscheidungsträger, verglichen mit dem im gesamten Unternehmen verfügbaren Wissen, marginal; und doch werden und müssen Entscheidungen getroffen werden. Studien und Untersuchungen, die viele verschiedenartige Informationsquellen des Unternehmens einbeziehen, unterstützen den Informationsfluss im Unternehmen und erhöhen die Akzeptanz, auch wenn die Herausforderung der Koordination, die dezentral und vielfältig in unterschiedlichen Formaten anfallenden Informationen und Signale in die zentrale Verarbeitung und Entscheidungsfindung einzubeziehen, bestehen bleibt.

4.2 Möglichkeiten und Grenzen der Vorausschau

Weder Erfahrung, „Empirie“ genannt, noch Wissen, also „Theorie“, sind – separat betrachtet – geeignete Vorgehen, um vollständige und zweifelsfreie Zukunftsbilder zu entwerfen. Eine Frage, die schon im Kapitel 1 angesprochen wurde und in der Fachwelt heftig diskutiert wird, ist die der Wissenschaftlichkeit von Aussagen über die Zukunft. Der Grundwert der Wissenschaft ist das Streben nach Wahrheit. Die Wahrheit bezieht sich auf die Wirklichkeit, und die unabhängige Beobachtbarkeit und die Widerspruchsfreiheit sind von der Wissenschaftstheorie verwendete Kriterien zur Beurteilung. Insofern kann Zukunftsforschung nie zweifelsfrei wissenschaftlich fundiert sein. Beobachtung kann frühestens in der Gegenwart stattfinden.

Ist ein falsches Ergebnis besser, wenn es wissenschaftlich ist?

Auch Goethe haderte schon mit den Begriffen:

„Kunst und Wissenschaft sind Worte, die man so oft braucht und deren genauer Unterschied selten verstanden wird, man gebraucht oft eins für das andere, und schlägt dann gegen andere Definitionen vor: Ich denke, Wissenschaft könnte man die Kenntnis des Allgemeinen nennen, das abgezogene Wissen, Kunst dagegen wäre Wissenschaft zur That verwendet. Wissenschaft wäre Vernunft, und Kunst ihr Mechanismus, deshalb man sie auch praktische Wissenschaft nennen könnte. Und so wäre denn endlich Wissenschaft das Theorem, Kunst das Problem.“ [Goethe 2002]

Demnach ist die Wissenschaft die Theorie für die Gegenwart und für Vergangenes. Aber was erklärt die Zukunft? Kunst? Aus der Perspektive der Gegenwart ist Zukunft eine Mischung aus Wahrheit (Wissenschaft) und Annahmen (Kunst). Richtig und Falsch gibt es nicht, nur Mögliches und Unmögliches. Dennoch gibt es Grundsätze und Anhaltspunkte, die Menschen zu Aussagen und Annahmen über die Zukunft bewegen und auf deren Basis Ereignisse der Zukunft beschreibbar werden. Darauf aufbauend lässt sich Orientierungswissen erzeugen.

Für den erfolgreichen Umgang mit der Unsicherheit der Zukunft kristallisieren sich drei Kompetenzen heraus:

- *Umgang mit Nichtwissen*
  Man kann nicht wissen, was wir in Zukunft wissen. Je weiter wir in die Zukunft blicken, desto unsicherer wird das Bild.
- *Umgang mit Komplexität*
  Zukunftsentwicklungen sind multikausale Ergebnisse von Wechselwirkungen zwischen Systemkomponenten und deren Umfelder.
- *Umgang mit der Veränderungsdynamik*
  Die Dynamik selbst ist nicht steuerbar und so wird Adaption und Flexibilität wichtiger als Effizienz.

Durch die richtige Kombination aus Wissen und Annahmen kann man der Zukunft wichtige Informationen entreißen.

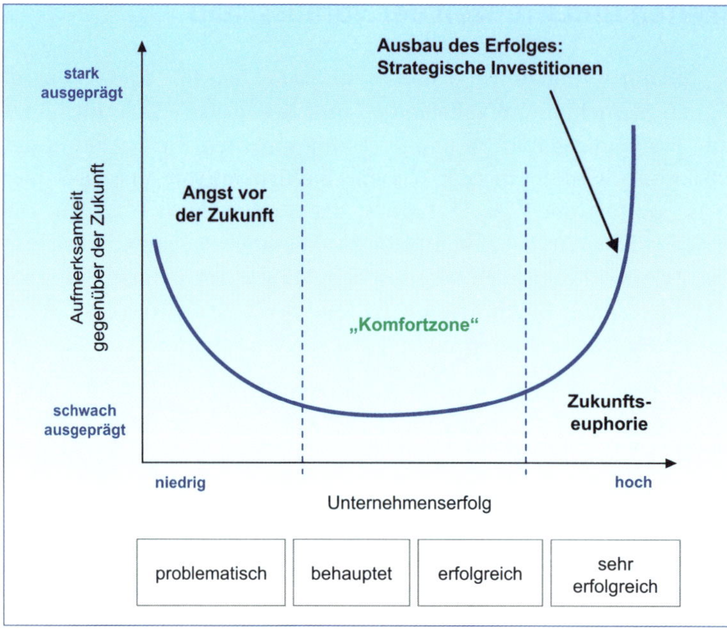

Bild 63 Der Wunsch, die Zukunft zu verstehen: Eine Funktion des Unternehmenserfolgs

Die Motivation, sich mit der Zukunft zu beschäftigen, ist in Unternehmen und Branchen durchaus unterschiedlich ausgeprägt. Meist ist der „Leidensdruck“ gering („Komfortzone“ in Bild 63), und der Blick richtet sich mehr auf die Gegenwart, denn auf die Zukunft. In diesem Stadium erscheint das Umfeld stabil und aus Unternehmenssicht könnte es wohl immer so weiter gehen. Aber das Unternehmensumfeld wandelt sich permanent (Kapitel 1)! Besonders hoch ist Aufmerksamkeit gegenüber der Zukunft zum Einen, wenn das Wasser bis zum Hals steht und sich aus der Angst in dieser Situation heraus die Frage nach dem Überleben stellt. Andererseits steigt das Interesse an der Zukunft dramatisch an, wenn es um Investitionen geht. Aus einer erfolgreichen Position heraus entsteht der Wunsch nach noch mehr Erfolg – sei es Größe oder Gewinn – und es ergibt sich die Frage nach zukunftssicheren Investitionsmöglichkeiten – auch strategische Investitionen genannt. Im ersten Fall ist der Wunsch nach einer schnellen Lösung verständlicherweise besonders ausgeprägt. Der Aufwand für eine fundierte Analyse – aus Zeit- und Kostensicht – darf dann nicht unterschätzt werden. Der zweite Fall hingegen ist idealtypisch: „Geld sucht Idee.“ Den größten Nutzen einer Vorausschau hätten hingegen all die vielen Unternehmen in der „Comfort-Zone“. Aus dem Dornröschenschlaf gerissen, würden Denkmodelle neu geschaffen, Horizonte erweitert, Paradigmen in Frage gestellt und aktiv nach neuen Geschäftsmöglichkeiten gesucht.

Im Kapitel 1 wurde ein ideales Unternehmensumfeld skizziert. Für ein Unternehmen geht es in erster Linie darum, die Gegenwart zu überleben und in der Zukunft erfolgreich zu sein. Darunter lassen sich weitere Zukunftswünsche von Managern subsumieren, z.B. der Wunsch nach Wachstum, Wettbewerbsfähigkeit, einer effizienten

Organisation und einem stabilen Umfeld, das eine risikolose Planung für die Zukunft ermöglicht. Diese und weitere Wünsche sind in der Tabelle 18 zusammengetragen. Geht ein Manager nun davon aus, dass eine Foresight-Studie, die Zukunftsbilder enthält, alle diese Wünsche erfüllen wird, wird er enttäuscht sein. Zukunftsstudien oder Zukunftsbilder geben schließlich keine Garantien auf Erfolg!

Tabelle 18 Erwartungen an Zukunftsbilder und Foresight-Studien

Wunsch und Hoffnung der Unternehmen	Wirklichkeit und Möglichkeit von Zukunftsbildern
Garantierter Erfolg in der Zukunft	Unterstützung, keine Garantie
Wachstum	Identifizieren von Wachstumsmöglichkeiten
Planbarkeit und Sicherheit	Auswertung und Umsetzung der Ergebnisse schafft den eigentlichen Nutzen. Kein Automatismus!
Geringes Risiko bei strategischen Entscheidungen und Investitionen	Ein empfundenes Risiko lässt sich nicht gänzlich beseitigen. Die Sicherheit bei Entscheidungen resultiert aus dem erarbeiteten Wissen.
Höhere Wettbewerbsfähigkeit	Die Wettbewerbsfähigkeit lässt sich durch abgeleitete, strategische Maßnahmen erhöhen.
Zukunftsfähige Produkte	Ein Teilergebnis sind Ideen für neue Produkte.
Effiziente Organisation	Umorganisation ist Teil der Strategieumsetzung („Stucture follows Strategy").
Stabiles Umfeld und neue Märkte	Stabile Unternehmensfelder sind Vergangenheit. Adaption ist nur durch kontinuierliche und systematische Vorausschau möglich.

Eine sinnvolle Einbettung der Zukunftsuntersuchungen in die strategische Unternehmensplanung vorausgesetzt, stellt sich der Nutzen für ein Unternehmen wie folgt dar:

- Die Flexibilität und Reaktionsbereitschaft im Unternehmen wird erhöht.
- Die unternehmerische Fitness wird erhalten und damit die Fähigkeit, sich immer wieder neu zu erfinden.
- Damit erhöht sich die Wettbewerbsfähigkeit – vor allem in turbulentem Unternehmensumfeld.
- Durch das Erkennen von Gefahren wird aus Unsicherheit kalkulierbares Risiko.
- Die Arbeit an Zukunftsprojekten und die Kommunikation der Ergebnisse im Unternehmen ermöglichen ein gemeinsames Verständnis über die Zukunft und den Weg.
- Durch Zukunftsbilder und das Generieren von Wissen auf Vorrat werden Überraschungen gedanklich bereits vorweggenommen.

- Szenarien und Zukunftsbilder sind ein Kommunikationsinstrument zum Austausch der Visionen und Ansichten und erlauben, strategische Entscheidungen transparent darzustellen.
- Durch die Kontinuität im Foresight-Prozess entsteht ein betriebliches Immunsystem.

Das Potential für Zukunftsbetrachtungen ist durch die strategische Fähigkeit des Unternehmens limitiert. Und so relativiert Mintzberg den Nutzen von Szenarien für Unternehmen: „Changing the managerial worldview proved to be a much more demanding task than actually building the scenario“ [Mintzberg 1994].

4.3 Ursprünge und Entwicklung der Vorausschau

Zukunftsforschung und Vorausschau gibt es seit mehr als 30 Jahren. In den letzten Jahren ist die Popularität von Zukunftsbetrachtungen enorm gestiegen, sowohl aus akademischer als auch aus betriebswirtschaftlich-unternehmerischer Sicht. Institutionen und Organisationen entwickelten eine Vielzahl von Techniken und Methoden, wodurch sich die Situation heute als unübersichtlich und chaotisch darstellt [Martelli 2001]. Dieser Eindruck wird durch die hohe Zahl sich widersprechender Definitionen, Charakteristiken und Prinzipien im Bereich der Zukunftsforschung erhärtet.

Das Wissen über Verfahren zur Zukunftsbetrachtung entspringt im Wesentlichen aus vier Quellen:

1. Es gibt viele Beiträge von Praktikern, die die Anwendung ihrer Methode beschreiben und viel Erfahrung im Umgang damit besitzen.
2. Anwender von Szenarien hauptsächlich aus größeren Unternehmen teilen ihre Erfahrungen mit und berichten über die Konstruktion von Szenarioprojekten.
3. Akademische Artikel im Bereich der Zukunftsforscher-Literatur beschreiben zahlreiche Modelle zur Konstruktion von Szenarien. Aber: „Many of which are impractical and most of which have never been adequately tested“ [Schmaars 1987].
4. Veröffentlichungen über Forschungsergebnisse und empirische Studien versuchen, den Nutzen von Szenarien als langfristiges Planungstool nachzuweisen.

Ursprünge der systematischen Zukunftsbetrachtung

Beim Review der Literatur und dem Studium von Fallbeispielen fällt auf, dass sich die Situation recht unübersichtlich darstellt. Schon vom Begriff her gibt es alle Variationen und Kombinationen: Szenario-Analyse, Szenario-Planung, Forecast, Prognose-Methoden, Zukunftsdenken, Framework, nur um einige zu nennen. Aber auch sonst scheint es keinen Bereich im Umfeld von Szenarien zu geben, bei dem Konsens herrscht. Definitionen, Prinzipien, Ansätze, Charakteristik unterscheiden sich je nach Autor und Veröffentlichung. Mason konstatiert auch, dass der Begriff Szenario genauso missbraucht bzw. schwammig in der Anwendung ist wie der Begriff „Strategie“ [Mason 1994]. Martelli bezeichnet die Situation als „methodisches Chaos“ und bezweifelt, dass es in naher Zukunft überwunden sein wird [Martelli 2001].

Es kann und soll nicht Ziel des Buches sein, Ordnung in das begriffliche Chaos zu bringen. Begnügen wir uns daher mit einer historischen Darstellung von Szenarien, denn sie sind eine der zentralen Komponenten der Zukunftsbetrachtung.

Das Konzept der Szenarien hat eine lange Geschichte. Obwohl schon zu Beginn der Zivilisation und vorhandenem Bewusstsein vorstellbar, kann Platons „Republik“ als einer der ersten Versuche angesehen werden, die Zukunft in Bildern darzustellen. In dem Werk beschreibt Platon ungefähr 390 vor Christus seine Vorstellungen einer idealen Republik und weist bereits damals auf die noch heute aktuellen Probleme gerade im Bereich Justiz hin. Der in der Form von Dialogen erstellten Theorie wird auch heute noch ein pädagogischer Wert bescheinigt. Und die preußischen Militärstrategen von Clausewitz und von Moltke beschäftigten sich im Rahmen von Strategieplanungsspielen mit Szenario-ähnlichen Ansätzen. Eine ausführliche Zusammenstellung von seit 1900 veröffentlichten Visionen und Szenarien findet sich in „Visionen 1900-2000-2100“ von Angela und Karl-Heinz Steinmüller [Steinmüller 1999].

Der moderne/neuzeitliche Szenariobegriff wurde von Herrmann Kahn eingeführt. Das Ende des 2. Weltkrieges brachte für US-Politiker und Militärs Entscheidungsfreiräume und damit auch Fragen und Unsicherheiten über die weiteren Ziele und Vorgehensweisen. In dieser Zeit wurde 1946 als Ergebnis eines gemeinsamen Projektes zwischen der US Airforce und der Douglas Aircraft Company die Rand Corporation gegründet. In den folgenden Jahren wurden viele Techniken und Methoden exklusiv für das US-Militär entwickelt, um methodisch bei Orientierung und Planung zu unterstützen. Erst nachdem Kahn 1961 die Rand Corporation verließ und das Hudson Institute gründete, wurden die Ergebnisse seiner Methoden veröffentlicht. Zusammen mit Wiener schrieb er das Buch „The Year 2000: A Framework for Speculation on the next Thirty-Three Years“ und veröffentlichte es 1967 [Wiener 1967]. Es gilt als Meilenstein auf dem Gebiet der Szenario-Planung. Kahn definierte und verwendete den Begriff Szenario und gilt damit als Vater der neuzeitlichen Szenario-Analyse.

Die Ursprünge des IFTF (Institute For The Future) gehen ebenfalls auf die Rand Corp. zurück. Helmer und Gordon – ehemalige Rand-Mitarbeiter – begannen mit Szenarien im Businessumfeld zu experimentieren und gehören zu den Pionieren der Zukunftsforschung in den USA.

Durch die neuartigen Ansätze wurden eine Menge Reaktionen und Aktionen angestoßen und provoziert. Zum einen wurden Studien veröffentlicht, die sich kritisch mit der Zukunft auseinandersetzen und vor einer weiteren ungebremsten Entwicklung warnen – beispielsweise der „Club of Rome“ mit der Studie „The Limits to Growth“ [Meadows 1970], zum anderen begannen mit Shell auch Unternehmen, sich mit Zukunftsszenarien zu beschäftigen.

Bedeutende Untersuchungen zur Entwicklung der Zukunft sind chronologisch in Tabelle 19 dargestellt. Der Begriff „Szenario“ wird in den Betrachtungen relativ großzügig verwendet. Was davor als „Visionen“ und „Utopie“ beschrieben wurde, ist mit der Begriffseinführung durch Kahn zu „Szenarien“ geworden.

Neben den eher weiter gefassten Begriffserklärungen in der angegebenen Literatur gibt es auch recht eng gefasste Erläuterungsversuche.

Kahn als Schöpfer des Wortes sah Szenarien so: „Scenarios describe hypothetically a succession of events with the objective of drawing attention to causal relationships and working towards decisions.“ Er hob damit schon die Bedeutung für Meinungsbildung und Entscheidungsfindung hervor. Ute von Reibnitz hebt in ihrer Definition vor allem den Weg in die Zukunft hervor: „Unter einem Szenario versteht man die Beschreibung einer zukünftigen Situation und die Entwicklung bzw. Darstellung des Weges, der aus dem Heute in die Zukunft hineinführt“ [Reibnitz 1992]. Wilms favorisiert Szenarien als Systemansatz [Wilms 2006]. Porter hebt die Unterscheidung zu Prognosen und Forecasts hervor: „... an internally consistant view of what the future might turn out to be – not a forecast, but one possible future outcome“ [Porter 1985]. Auch Wack unterstreicht die intelligente, schöpferische Leistung bei der Erstellung von Szenarien: „The scenarios focused less on predicting outcomes and more on understanding the forces that would eventually compel an outcome; less on figures and more on insight“ [Wack 1985]. Und so lassen sich ohne weiteres fünfzig verschiedene Definitionen finden, die sich alle in Hinsicht auf Bezugsrahmen, Abgrenzung und/oder die Methodik unterscheiden [Schnaars 1987, Schwartz 1996, Heijden 1996, Fahey 1998, Marsh 2002, Lindgren 2003, Zürni 2004].

Im weiteren Verlauf des Buches wird der Begriff Szenario mit der folgenden Bedeutung verwendet, wobei die Merkmale idealtypisch zu betrachten sind:

Szenarien

- sind hypothetische Zukunftsbilder, die in einem festgelegten Kontext einen Ausschnitt beschreiben,
- spannen einen Raum möglicher Entwicklungsalternativen auf,
- beschreiben Entwicklungspfade und dienen der Orientierung,
- enthalten qualitative und quantitative Aussagen,
- sind bewusst für eine Situation mehrzahlig angelegt, um die Unbestimmtheit und mögliche Alternativen zu zeigen

Prinzipiell unterscheiden sich Szenarien durch ihren alternativen Ansatz von Prognosen (Tabelle 20).

Die Einteilung in Fakultäten erlaubt eine Abgrenzung hinsichtlich des Ursprungs und der Ziele (Tabelle 21).

In der Zukunftsforschung haben sich zwei Grund-Philosophien herausgebildet. Die organische Philosophie beruht im Wesentlichen auf den Szenario-Prinzipien und die mechanistische Philosophie geht davon aus, dass die Zukunft vorherbestimmt ist

Tabelle 19 Bekannte Zukunftsbetrachtungen der Vergangenheit und in der Gegenwart

Nr	Autor	Titel	Jahr
1	Plato	Republic	ca. 390 BC
2	Thomas Morus	Utopia	1516
3	Tomasso Campanelle	Der Sonnenstaat	1602
4	Francis Bacon	The New Atlantis	1626
5	Louis Mercier	L'an 2440	1770
6	Daniel Gottlieb Mehring	Das Jahr 2500 oder der Traum Alradi's	1794 / 1795
7	Jules Verne	Paris au XXe siècle	1864
8	Ferdinand Amersins	Das Land der Freiheit	1874
9	Kurt Lasswitz	Bilder aus der Zukunft	1878
10	Edward Bellamy [Bellamy 1978]	Looking backwards	1888
11	Herbert George Wells [Wells 1996]	The Time Machine	1895
12	George Orwell [Orwell 1949]	1984	1949
13	Arthur C. Clarke [Clarke 1958]	Profiles of the Future	1958
14	Herman Kahn / Anthony Wiener [Kahn 1967]	The Year 2000	1967
15	Horst Wagenführ [Wagenführ 1970]	Industrielle Zukunftsforschung	1970
16	Karl Steinbuch [Steinbuch 1970]	Programm 2000	1970
17	Alvin Toffler [Toffler 1970]	Future Shock	1970
18	Ossip K. Flechtheim [Flechtheim 1971]	Futurologie. Der Kampf um die Zukunft.	1971
19	Club of Rome [Meadows 1972]	The Limits to Growth	1972
20	Daniel Bell [Bell 1976]	The Coming of the Post-Industrial Society	1973
21	John Naisbitt [Naisbitt 1982]	Megatrends	1982
22	Michael F. Jischa [Jischa 1993]	Herausforderung Zukunft	1993
23	Ian Morrison / Greg Schmid [Morrison 1994]	Future Tense	1994
24	Hamish McRae [McRae 1994]	The World in 2020. Power, Culture and Prosperity.	1994
25	Joe Coates / John B. Mahaffie / Andy Hines [Coates 1997]	2025. Scenarios of US and Global Society Reshaped by Science and Technology.	1997
26	Michio Kaku [Kaku 1998]	Zukunftsvisionen	1998
27	Angela & Karl-Heinz Steinmüller [Steinmüller 1999]	Visionen 1900-2000-2100.	1999
28	Hans Georg Graf [Graf 2002]	Global Scenarios. Megatrends in World-wide Dynamics.	2002
29	Edward Cornish [Cornish 2004]	Futuring. The Exploration of the Future.	2004
30	Tom Standage (Hrsg.) [Standage 2005]	The Future of Technology	2005
31	James Canton [Canton 2006]	The Extreme Future	2006
32	Eric Garland [Garland 2007]	Future, Inc.	2007
33	David Orrell [Orrell 2007]	The Future of Everything	2007

Tabelle 20 Definition Szenario und Unterscheidung zu Prognose

	Prognosen	Szenarien
Merkmale	Versuch der exakten Vorhersage von Ereignissen, vergangenheitsbezogen	Versuch der Darstellung von Ausschnitten der Zukunft als Alternativen, zukunftsorientiert
Grundlage	Basierend auf Wahrscheinlichkeiten	Basierend auf Möglichem und Vorstellbarem
Zeitraum der Betrachtung	Kurz- bis mittelfristig	Mittel- bis langfristig
Entscheidungsaspekt	Deterministisch	Alternative Szenarien als Entscheidungsgrundlage
Variablen	Fakten, quantitativ, objektiv, bekannt	Objektiv und subjektiv, bekannt und unbekannt (vorstellbar), qualitativ und quantitativ
Risiko-Bezug	Unterdrücken von Risiko	Bewusstmachen von Risiko

Tabelle 21 Die Fakultäten der Szenarioentwicklung

Fakultät	Beschreibung	Vertreter/Beispiele
Künstlerisch-schöngeistig	Vor allem in Büchern und Filmen wird die Zukunft beschrieben. Die künstlerische Freiheit bzw. der nicht vorhandene Anspruch der Wissenschaftlichkeit und Nutzbarkeit führen zu fantasievollen Darstellungen und erweitern die Vorstellungskraft (Science Fiction).	Bücher von da Vinci, Francis Bacon, Jules Verne, Orwell Filme: z.B. Minority Report, Payback
Militärisch	Die Kriegsführung und die strategischen Vorteile im Kampf sind die Motive dieser Fakultät. Der Schwerpunkt der Arbeit liegt im „Durchschauen" des Gegners und der Vorwegnahme der Handlung (aktive Vorbereitung) bzw. in der Reaktion (reaktiv).	von Moltke und von Clausewitz RAND Corporation Pentagon
Politisch	Die politische Fakultät sieht Szenarien als Instrumente, um Interessen durchzusetzen. Beginnend auf globaler Ebene im Interesse der Menschheit bis zur lokalen Ebene zum Machterhalt.	Herrmann Kahn Club of Rome UNO
Ökonomisch-technologisch	Wettbewerbsfähigkeit, unternehmerischer Erfolg und technischer Fortschritt kennzeichnen die ökonomisch-technologische Fakultät	Shell, GE SRI, IFTF

bzw. sich aus dem Heute bestimmen und berechnen lässt und folgt damit dem Prognose-Modell.

Organische Philosophie

Die hauptsächlich in den USA entwickelten Ansätze (im Bild 64 als angloamerikanische Ansätze bezeichnet) gehen von vorzugsweise qualitativ-verbalen Beschreibungen aus. Diese tragen sowohl bei der Formulierung als auch bei der Interpretation der

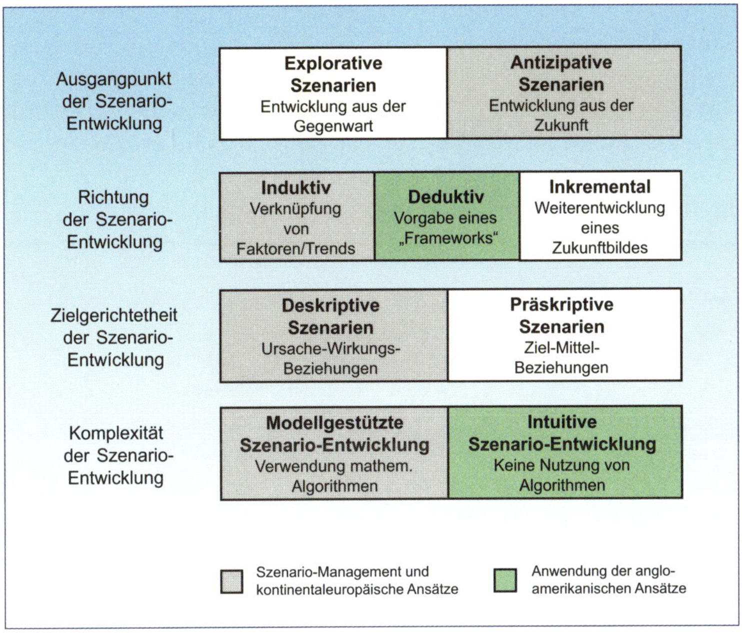

Bild 64 Szenarien: Kriterien zur Differenzierung (in Anlehnung an [Fink 2001]

„Nichtexaktheit" Rechnung. Hauptaugenmerk liegt auf der Durchdringung der Situation und der Generation von Alternativen und Optionen.

Mechanistische Philosophie

Fortschritte in der Rechentechnik sorgten auch auf dem Gebiet der Szenarioentwicklung für Bestrebungen, diese verstärkt einzusetzen. Vor allem Frankreich wird hier als Ursprung gesehen. Die Ansätze sind in Bild 64 als kontinentaleuropäisch bezeichnet.

Neben diesen beiden Philosophien prägten sich Strömungen geringerer Bedeutung aus, bei denen sich meist nur eine Methode als Mittelpunkt bildete. Beispielhaft seien hier Systems Dynamics (entwickelt vom MIT [Forrester 1991]) und die matrixbasierten Verfahren (Cross-Impact-Analyse – CIA, Trend-Impact-Analyse – TIA) genannt.

Darüber hinaus haben sich in der Erstellung von Szenarien verschiedene Methoden entwickelt, die im Folgenden dargestellt werden.

Erfahrungen aus bisherigen Zukunftsbetrachtungen

Viele Präsentationen über Zukunftsthemen beginnen mit der Darstellung von Irrtümern der Vergangenheit, beispielsweise Darstellungen wie Bild 65.

In einer Marktstudie von Daimler Benz soll 1900 vermerkt sein: „Die weltweite Nachfrage nach Autos wird 1 Million nicht übersteigen, insbesondere wegen der begrenzten Anzahl an Chauffeuren.“ Thomas Watson wird die Aussage „Ich denke, dass es einen Weltmarkt für vielleicht fünf Computer gibt.“ aus dem Jahre1943 als Vorstandsvorsitzender von IBM vorgehalten, und Ken Olsen soll 1977 in der PC-Steinzeit orakelt haben „Es gibt keinen Grund, warum irgend jemand einen Computer in seinem Haus wollen würde.“. Und auch Bill Gates selber, eigentlich bekannt als Pionier und Vordenker, soll sich 1981 – noch unwissend über den Speicherbedarf von Microsoft-Programmen – geäußert haben: „640 KB sollte genug für jedermann sein.“

Bild 65 Nach einem Opernbesuch nachts in Paris im Jahre 2000: Aus Sicht des Jahres 1902 (Albert Robida, Quelle: Bridgeman Art Library)

Doch neben vielen oft zitierten Irrtümern über die Zukunft gibt es jede Menge verblüffende „Vorhersagen“. So gab es im Jahre 1912 schon die Vorstellung von Videokonferenzen bzw. Bildübertragungen (Bild 66)!

Francis Bacon beschrieb schon 1626 die Trauminsel „Neu-Atlantis“: „Wir machen auch die einen [Tiere] künstlich größer und länger, als sie von Natur aus sind, die anderen umgekehrt zwergenhaft klein und nehmen ihnen ihre natürliche Gestalt ... auch bringen wir es durch künstliche Mittel zuwege, dass Früchte und Blüten früher oder auch später kommen, als es ihre Zeit ist ... als sie es ihrer Natur nach zu tun pflegen.“ [Bacon 1995]

Lässt sich das als erste Warnungen vor Genmanipulationen interpretieren? Oder als Ausblick auf die Pharmaindustrie? Der Punkt ist doch, wieso kamen Personen – und in dem Fall waren es allesamt Experten in ihrem Fach (mehr zu Experten später) – zu diesen Erkenntnissen? Ein Blick zurück lohnt, um aus den Fehlern Anderer für die eigene Praxis der Zukunftsbetrachtung zu lernen.

Die Jahrtausendwende war ein interessanter Orientierungspunkt im Kalender und der Zeitrechnung. Und so kommt es auch nicht von ungefähr, dass sich viele Men-

Bild 66 Im Jahre 2000 werden Menschen Videotelefone benutzen: Vision aus dem Jahr 1912

schen im Vorfeld Gedanken machten, wie die Welt im Jahre 2000 aussehen mag. Das Schwierige an der Vorausschau ist, dass man erst ex post einschätzen kann, ob die Überlegungen richtig waren oder in die richtige Richtung gingen. Heute – im neuen Jahrtausend – kann man die Aussagen einschätzen, bewerten und es ist das Ziel, Schlussfolgerungen für das eigene Vorgehen abzuleiten.

Isaac Asimov stellte 1986 in einem Buch Überlegungen und Zukunftsvorstellungen des neunzehnten Jahrhunderts zusammen [Asimov 1986]. Sehr ausführlich hat sich Denis List in seiner Dissertation mit Zukunftsbetrachtungen auf das Jahr 2000 befasst [List 2004]. In der Arbeit wurden nicht nur die Vorhersagen mit der eingetretenen Wirklichkeit verglichen. Es wurden auch das Vorgehen, die Methodik und das verwendete Material miteinander verglichen. Die abgeleiteten und im Folgenden kurz dargestellten Erkenntnisse sollen anschließend bei der Szenario-Entwicklung Berücksichtigung finden.

Viele der untersuchten Materialien waren nicht eindeutig als Szenarien gekennzeichnet, da der Begriff erst später eingeführt wurde. Die Auswahl erfolgte anhand der Vergleichbarkeit und der Orientierung im Jahr 2000. Fünfzehn Beispiele (Tabelle 22)

Tabelle 22 Jahr-2000-Betrachtungen [List 2004]

Art der Vorausschau	Gefundene Beispiele	Verwendete Beispiele
Geschichten	6	2
Sammlungen	5	1
Formale Szenarien	64	7
Studien/Umfragen	8	2
Modelle	22	3

wurden genauer untersucht und bewertet. Eine Übersicht der untersuchten Jahr-2000-Untersuchungen gibt Tabelle 23, inklusive einer Einschätzung. Diese Einschätzung ist im Wesentlichen ein Vergleich der beschriebenen Zukunftsbilder mit der Jahr-2000-Realität. Die verschiedenen Untersuchungsthemen erschweren allerdings die Bewertung und eine objektive Beurteilung ist nur bedingt möglich.

Auffällig ist, dass auch für langfristige Ausblicke relativ akkurate Beschreibungen erstellt wurden, beispielsweise beschrieb Bush in „As we may think" von 1945 schon so etwas wie Desktop PC, Internet und ansatzweise auch digitale Fotografie („Dry Photography").

Beim Studium der verschiedenen Szenarien kann man feststellen:

- Die meisten Studien waren in der Ausführung relativ genau, zumindest allgemein, Details waren zum Teil jedoch deutlich falsch.
- Die Szenarios lieferten bessere Ergebnisse als die Forecasts.
- Normative Komponenten spielen eine wichtige Rolle.
- Befürchtungen über selbsterfüllende Prophezeiungen trafen nicht ein.
- Der betriebene Aufwand hat nicht unbedingt Einfluss auf die Qualität der Ergebnisse.
- Zwei Hypothesen wiederholten sich in den meisten Szenarien:

  Der Glaube, dass Technologie alle Probleme lösen kann (siehe dazu auch Kapitel 6) und die Hervorhebung der Notwendigkeit von Nachhaltigkeit und dem Schutz der Erde.

Folgende Probleme lassen sich beim Studium der Szenarien erkennen:

1. Die meisten Studien beschrieben „ihre" Zeit besser als das Jahr 2000.
2. Keine klare Verbindung zu 2000 (Warum nicht 1985?).
3. Technologische Veränderungen wurden überbewertet, soziale Veränderungen vernachlässigt (vgl. Bild 67).
4. Die Szenarien sind sich ähnlich und alle treten teilweise ein.
5. Einige waren so vage und allgemein formuliert, dass sie nur schwer zu bewerten waren („the level of public health will be higher in 2000").
6. Die meisten waren sehr extern-orientiert. Aber Zukunft entsteht im Kopf.
7. Einige Szenarien waren durch den eingeschränkten Fokus limitiert. („Europa 2000" war Westeuropa 2000 und ignorierte den Ostblock).
8. Experten sind selten in der Lage, über die Experten-Domäne hinaus zu schauen.
9. Bedeutende Persönlichkeiten tragen wenig zum Erfolg von Szenarien bei.
10. Nur ein Szenario [Jungk 1969] machte sich Gedanken darüber, wie Menschen im Jahre 2000 leben und denken.

Tabelle 23 Jahr-2000-Betrachtungen im Vergleich

Jahr der Erstellung	Name	Fokus	Methode	Region	Referenz	Einschätzung
1967	Mankind 2000	Umfassend	Expertenbefragung und Öffentlichkeit	10 Länder, reich und arm	[Jungk 1969] [Ornauer 1976] [Galtung 2003]	*****
1968	Architecture 2000	Architektur und angrenzende Gebiete	Experten-Gefühl	World	[Jencks 1971]	****
1945	As we may think	Informationstechnology	Experten-Gefühl	USA	[Bush 1945]	****
1980	Australia at the Crossroads	Makroökonomisch	2 Szenarios (Shell-Methode)	Australia	[Kasper 1980] [Galer 1982]	****
1988	Perspective 2000	Politik, Ökonomie und Umwelt	Ökonomie: 3 Szenarios (kritische Unsicherheiten)	World	[Newton 1990]	***
1987	Norway 2000	Umfassend	3 normative Szenarios	Norway	[Osmundsen 1986] [Nore 1988]	***
1985-89	Poland 2000	Umfassend	3 normative Szenarios	Poland	[Wierzbicki 1991]	***
1975	Telecom 2000	Telefon-Kommunikation	Modellierung, Forecasting verschiedene Methoden, keine Szenarios	Australia	[Telecom Australia 1975]	**
1974-76	Europe 2000	Gesellschaft, umfassend	Verschiedene Methoden	Europe	[Hall 1977]	**
1966	The Year 2000	Umfassend	1 Haupt-Szenario + 8 Neben-Szenarios, Forecasting und Modellierung	World	[Kahn 1967]	**
1976	OECD Interfutures	Internationale Wirtschaftsentwicklung	6 Szenarios: verschiedene Methoden	World	[Norse 1979]	**
1996	Information commerce	Geschäftsanwendungen des Internets	4 Szenarios (kritische Unsicherheiten), 16 Treiber	USA	[Randall 1997]	**
1984	Forecast 2000	Umfassend	Befragung von 1346 Experten und Jugendlichen	USA	[Gallup 1985]	**
1977	Global 2000 (Carter Report)	Wirtschaft, Umwelt	Ökonometrische Modellierung der offiziellen Statistiken	World	[Barney 1980]	*
1893	Today Then	Umfassend	Befragung von 74 Experten	USA	[Walter 1992]	*

Bild 67 So könnten im Jahr 2000 Erbsen gegessen werden: Vision aus dem Jahr 1883

Auch bei der Entwicklung von Szenarien lassen sich Trends beobachten (siehe Bild 68):

- In den sechziger Jahren standen Transport-Themen (auch Weltraum) im Mittelpunkt.
- Die Siebziger standen im Zeichen der Umweltverschmutzung und Umwelt.
- Ab den Achtzigern ging es um Computer; Telekommunikation war ab den Neunzigern spannend.
- Ab der Jahrtausendwende steht – neben anderen Themen, wie der Klimaentwicklung – der Terrorismus im Interesse.
- Dauerbrenner sind künstliche Intelligenz, Energie und kosmische Überlegungen.

Auch aus Deutschland sind Zukunftsbetrachtungen für das Jahr 2000 bekannt. Das Buch „Programm 2000“ [Steinbuch 1970] von Karl Steinbuch ist wohl die bekannteste. Die Bedeutung von Bildung und deren Rolle in der Zukunft spielt eine zentrale Rolle in der Vorausschau. Seine Kritik am deutschen Bildungssystem wurde durch die Pisa-Studie bestätigt.

Horst Wagenführ untersucht die Zukunft aus der Perspektive der Industrie [Wagenführ 1970]. Obwohl nicht explizit auf das Jahr 2000 ausgerichtet, liefert er interessante Hypothesen. Unter anderem wird die zukünftige wirtschaftliche Entwicklung mit folgender These beschrieben: „... in der kommenden Generation wird es zweierlei

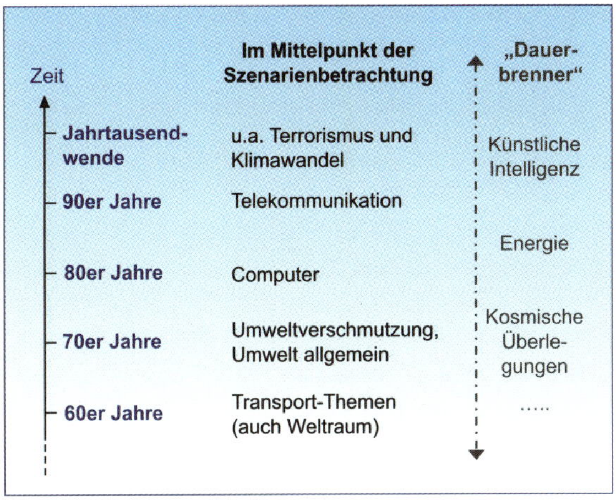

Bild 68 Das Interesse an der Zukunft: „Zeitgeist“-Themen und Dauerbrenner

Arten von Ökonomien geben: eine des Mangels und eine des Überflusses.“ Damit wird die vom Marktmodell her bekannte Angebots-Nachfrage-Theorie auf das Angebot der Ressourcen verlegt – gerade in Hinsicht auf die absehbaren Abhängigkeiten und Limitierungen der globalen Ressourcen ein vielversprechender Ansatz.

Dass auch Wagenführ trotz seiner eindrucksvollen Thesen die Zukunft aufgrund des „Zeitgeistes“ beschreibt, zeigt sich darin, dass er zum einen für Arbeitskräfte eine 3-Tage-Woche im Jahre 1985 für vorstellbar hält. Die Annahme war zu der Zeit, dass Maschinen, Roboter und Computer die Arbeitszeit verkürzen. Dem ist jedoch nicht so, im Gegenteil, die Arbeitszeit entfernt sich gerade wieder vom 35 Wochenstunden-Tief. Zum anderen geht er davon aus, dass die zukünftige Ökonomie weniger als bis dato bekannt nach dem Profit-Prinzip ausgerichtet sein wird, was wohl eine Wunschvorstellung war und bleibt.

Folgende Erkenntnisse lassen sich aus diesen Erfahrungen ableiten und als „gelernte Lektion“ in die eigene Praxis übernehmen:

- Den Fokus der Untersuchung sollte man auf gesellschaftliche Veränderungen setzen, da sie an allen Veränderungsprozessen beteiligt sind.
- Technologische Entwicklungen werden häufig überschätzt bzw. von Wunschdenken geleitet. Sie breiten sich z.B. meistens langsamer aus – wenn überhaupt – als von den Entwicklern „vorhergesagt“.
- Einen exakten Zeitpunkt für die Untersuchung festzulegen, ist nicht notwendig, da einige Jahre plus/minus kaum feststellbar bzw. unterscheidbar sind. Wichtig ist jedoch, den Zeitpunkt weit genug in die Zukunft zu setzen, damit man die „Extrapolations-Falle“ vermeidet.
- Viele Entwicklungen finden im Unterbewusstsein statt. Sie sollten nicht vernachlässigt werden.

- Den Fokus der Untersuchung lieber weiter als enger setzen, damit Randerscheinungen nicht übersehen werden.
- Es ist sicherzustellen, dass sich Szenarios untereinander unterscheiden.
- Bei der Verwendung von Trends sind auch die Gegentrends zu berücksichtigen.

Mögliche Themen für die nächsten 25 Jahre

- Energie, insbesondere im Zusammenhang mit den knapper werdenden fossilen Brennstoffen und dem Klimawandel (siehe Kapitel 7).
- Klimaschutz bzw. der Schutz des gesamten Ökosystems rückt mit dem Bekanntwerden der Auswirkungen von Umweltschäden durch Mensch und Industrie ins Bewusstsein der Politik.
- Ernährung, vor allem aus der Sicht der Anbaufläche heraus. Die weltweite nutzbare Fläche für Landwirtschaft ist begrenzt. In Zukunft werden die Nutzungen für Ernährung und Bio-Kraftstoffe konkurrieren.
- Das politische Weltbild, das sich mit Russland als neuer Energiemacht und China als neuer Wirtschaftsmacht massiv verändern könnte; zusammen mit den USA und Europa könnte es vier Weltmächte geben.
- Gentechnik speziell und die allgemeine Frage, inwieweit der Mensch in natürliche Vorgänge eingreifen sollte und darf – insbesondere, wenn die Folgen nicht abschätzbar sind – werden uns die nächsten Jahre begleiten. Das Experiment „Mensch" wird aber wohl erst mit einem Desaster zur Ächtung führen.
- Die Finanzsysteme könnten in den Mittelpunkt der Aufmerksamkeit gelangen. Zum einen, weil sich gesellschaftliche Interessen und die Interessen von Finanzinvestoren weiter voneinander entfernen. Zum anderen könnte die Rolle des Geldes in Frage gestellt werden und für den Austausch von Waren könnten andere Modelle vorgeschlagen werden.
- Technologien haben immer eine große Rolle in den Zukunftsbetrachtungen gespielt und werden auch in den nächsten Jahren eine große Bedeutung einnehmen. Wie in der Vergangenheit werden auch in Zukunft die technologischen Möglichkeiten überschätzt bzw. die langfristigen Auswirkungen zu wenig berücksichtigt. (Die technischen Lösungen von heute sind die Probleme von morgen!)

4.4 Zukunftsbilder

In diesem Abschnitt soll nun der Sprung von der Einzelbetrachtung zu umfassenden Zukunftsbildern gewagt werden, also zusammenhängenden, zukünftigen Situationen, die sich aus mehreren, miteinander in Verbindung stehenden Elementen zusammensetzt. Damit erreicht man eine neue Qualität, denn die Analyse von Einzelelementen und deren losgelöste Projektion werden der Interaktion und Dynamik von Entwicklungen und der Komplexität im Allgemeinen nicht gerecht.

Wie schon mehrfach betont, kann man die Zukunft nicht vorhersehen. Jedoch können Annahmen über die Zukunft gemacht und so Vorstellungen entwickelt werden, wie die Zukunft aussehen könnte. Im Folgenden wird die Entwicklung der Zukunftsbilder ausgehend von den Elementen und den Grundannahmen erläutert.

Grundannahmen

1. Der zugrundeliegende Gedanke ist, dass in Zukunft nicht – ähnlich wie bei einem Kaleidoskop – vollständig neue, verschiedenartige Welten entstehen: Man wacht nicht plötzlich morgens auf und die Mehrzahl der Autos fährt mit einem neuartigen Antrieb. Vielmehr entsteht die Zukunft evolutionär, immer aufbauend auf dem Zustand der Gegenwart. Demnach gibt es immer einen Anteil, der sich nicht ändert und ein verändertes Delta. Mit größer werdendem Zeithorizont vergrößert sich das Delta und der nicht veränderte Anteil nimmt ab.
2. Eine weitere Annahme ist, dass Veränderungen zum Teil kontinuierlich ablaufen, zum Teil jedoch sehr überraschend eintreten können. Wie bereits in Bild 40 illustriert wurde, sind sprunghafte Änderungen in der Natur und der Umwelt eher die Ausnahme – zum Beispiel Erdbeben und Tsunamis. Vom Menschen verursachte Sprünge in der sich ansonsten kontinuierlich ändernden Umwelt sind entweder bewusst herbeigeführt (Atombombenabwurf 1945) oder das Ergebnis von Massenreaktionen – zum Beispiel eine Panik beim Börsencrash.
3. Dass alle Aussagen, die die Zukunft betreffen, mit einem Grad an Unsicherheit über den Eintritt behaftet sind, ist eine weitere Randbedingung. Dieser Wert ist individuell, subjektiv und nicht messbar. Das Bemühen sollte von Anfang an darauf gerichtet sein, verifizierbares Wissen und Tatsachen von Meinungen, Annahmen und Spekulationen zu trennen und so die Transparenz zu erhöhen. Wissen und Glauben kann im Umgang mit der Zukunft einen erheblichen Unterschied ausmachen (vgl. Bild 41).

Zur Darstellung des Konzeptes hat sich der Zukunftstrichter bewährt. Mit zunehmender Entfernung von der Gegenwart weitet sich der Trichter und stellt damit den größer werdenden Möglichkeitsraum dar. Der Raum für mögliche Entwicklungen wird in der Darstellung durch einen Kreis bzw. Schirm symbolisiert (Bild 69). Das Bild zeigt einen Zukunftstrichter am Beispiel der zukünftigen Entwicklung eines Unternehmens. Mögliche Faktoren, die die Richtung beeinflussen könnten, sind als Pfeile dargestellt. Mehrere alternative Pfade sind angedeutet. Es muss aber darauf hingewiesen werden, dass – dadurch, dass die Zukunft offen ist – der Kreis eine willkürliche Begrenzung vorgibt, die so nicht besteht. Selbst die Ausgangssituation ist nicht exakt abgrenzbar. Was gehört alles zum Unternehmen? Das Grundstück? Die Mitar-

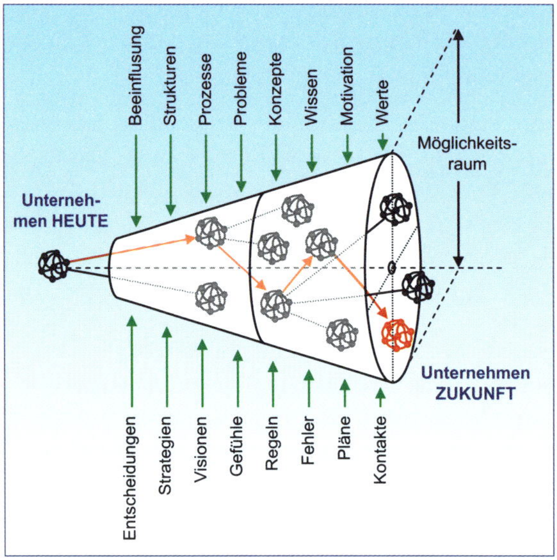

Bild 69 Der Szenariotrichter: Möglichkeitsraum für die Optionen der Zukunft

beiter? Das Wissen? Die Maschinen? Die Kunden? Damit soll angedeutet werden, wie schwierig – abhängig von der Perspektive – die klare Abgrenzung des Untersuchungsobjektes sein kann (siehe Abschnitt „Abgrenzung und Fokussierung“).

4. Die letzte, aber wichtigste Annahme betrifft den Umgang mit Unwissenheit. Zwangsläufig wird man beim Umgang mit der Zukunft mit bewusstem oder unbewusstem Nichtwissen konfrontiert. Gegen unbewusstes Nichtwissen kann man wenig unternehmen und damit auch nie garantieren, dass Zukunftsstudien vollständig sind. Für die Seriosität jeglicher Versuche, die Zukunft zu verstehen, ist der Umgang mit erkannter Unwissenheit entscheidend. Akzeptieren und explizieren ist der einzige Weg, da sonst Lügen und Spekulationen der Weg geebnet wird.

Die wichtigsten Grundsätze im Umgang mit der Zukunft sind:

- Die Neutralität so lange wie möglich bewahren
- Transparenz und Nachvollziehbarkeit im Vorgehen garantieren
- Akzeptanz von unbewusster Unwissenheit (im Gegensatz zur Lüge)
- strikte Trennung von Tatsachen, Glauben und Meinungen (Zukunftselemente).

Damit wird in jedem Falle gesichert, dass die Suche nach Sicherheit und Orientierung nicht durch Interessen (auch eigene!) geleitet wird und es so zu „verschobenen“ Zukunftsbildern kommt.

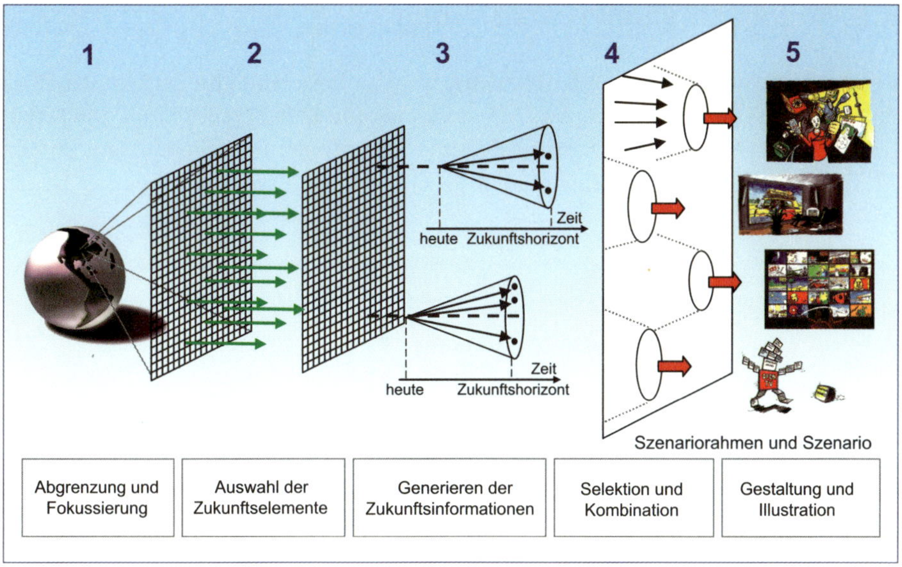

Bild 70 Entwicklung von Zukunftsbildern: Fünf Schritte

Das Konzept zum Generieren von Zukunftsbildern ist in Bild 70 gezeigt. Es geht von fünf Schritten aus, angefangen mit der simplen Frage, worum es bei der Untersuchung überhaupt gehen soll: Welches Ziel soll mit der Erstellung von Zukunftsbildern, Szenarien oder anderen Zukunftsforschungen erreicht werden (Tabelle 24)?

Tabelle 24 Die fünf Entwicklungsschritte zur Entwicklung der Zukunftsbilder

Schritt	Fragestellung	Schwerpunkt	Kapitel
1	Worum geht es überhaupt? Was versucht man zu klären?	Orientierung: Von der realen Welt zum Untersuchungsobjekt	4.5
2	Wie repräsentiere ich das Untersuchungsobjekt?	Sammlung der Zukunftselemente	3.1 4.6
3	Was weiß ich tatsächlich über die Zukunft?	Zukunftsinformationen	4.7
4	Wie könnte das Grundgerüst des Zukunftsbildes aussehen?	Systemarchitektur, Konstruktion der Zukunftsbilder	4.8
5	Wie kann man die Zukunftsbilder verständlich darstellen?	Illustration und Visualisierung	4.9

4.5 Abgrenzung und Fokussierung

Der Ausgangspunkt für die Zukunftsbetrachtung – beispielsweise im Rahmen eines Projektes – ist die Zielsetzung bzw. die damit verbundene Fragestellung. Die Erfahrung zeigt, dass Ziel und Erwartungshaltung nicht immer übereinstimmen. Im Bild 71 sind die möglichen Konstellationen in einer Matrix dargestellt. Neugier ist ein

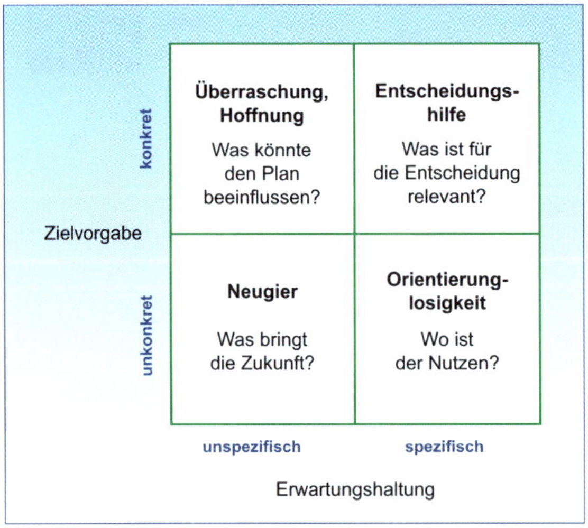

Bild 71 **Einstellungen gegenüber Zukunftsbetrachtungen: Geprägt von Zielvorgabe und Erwartungshaltung**

starkes Motiv und kann zu einer offen formulierten Fragestellung führen („Was bringt die Zukunft?“). Im Gegensatz dazu führt eine sehr konkret formulierte Fragestellung zu einem enger begrenzten Untersuchungsfeld und anderem Vorgehen („Wie sieht das Auto der Zukunft aus?“). Prinzipiell gibt es für die Zielvorgabe keine Einschränkung (Bild 72).

Für den Erfolg von Zukunftsbetrachtungen ist es entscheidend, dass die Erwartungen den Zielvorgaben entsprechen. Aus der Erfahrung heraus kann man sagen, dass der Ansatz mit einer vagen Zielvorgabe, aber hohen Erwartungen an das Ergebnis („Wir brauchen eine neue Cash-Cow“) zu Enttäuschungen führen wird. Je unkonkreter andererseits die Erwartung ist, desto höher ist die Wahrscheinlichkeit, dass die Ergebnisse als „nett“ abgelegt werden und zu keiner Veränderung im Unternehmen beitragen werden. Damit ergibt sich auch die Frage des Zwecks der Untersuchung: Wie werden die Ergebnisse in Strategieprozesse eingebunden oder als Kommunikationsinstrument eingesetzt? Klarheit im ersten Schritt – beispielsweise durch die Explizierung der Ziele und Erwartungen und der Vorstellung über die Verwendung der Ergebnisse – vermeidet Missverständnisse.

Mit der Festlegung des Untersuchungsgegenstandes und der Abgrenzung startet die Zukunftsuntersuchung beispielsweise im Rahmen eines Projektes. Obwohl oftmals

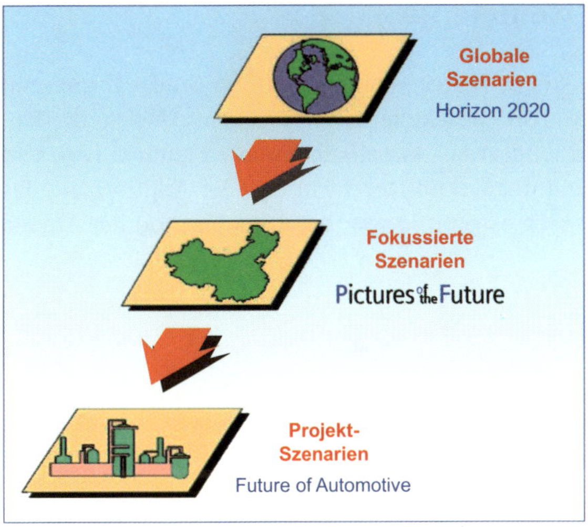

Bild 72 Zielvorgaben der Zukunftsbetrachtung: Fokussierung (Beispiele der Siemens AG)

ein latent vorliegender Wunsch oder ein nicht deutlich artikulierbares Anliegen zu einer Zukunftsstudie führt, sollte – neben Ziel und Erwartungshaltung – über drei Dimensionen von Anfang an Klarheit bei allen Beteiligten bestehen:

- Fokus
- Zeitrahmen der Untersuchung
- betrachtete Regionen.

Verdeutlicht ist das in Bild 73. Man sieht, dass mit der Festlegung des Fokus auch die Art und Weise und das Vorgehen der Untersuchung bestimmt wird.

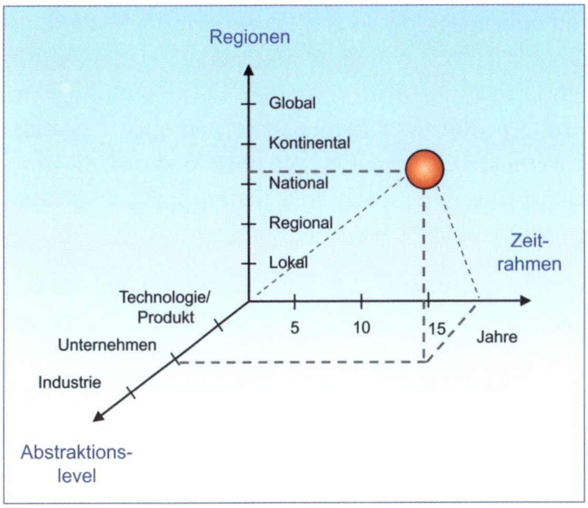

Bild 73 Fokusermittlung: Ein dreidimensionaler Orientierungsrahmen

4.6 Auswahl der Zukunftselemente

Im Kapitel 3 wurde beschrieben, wie Veränderungen nach ihrem Grad – beginnend mit Konstanten und Paradigmen über gerichtete Veränderungen, Unsicherheiten, Widersprüchen bis zu Chaos und Wildcards – klassifiziert werden können (vgl. Bild 41). Abhängig von der Zielsetzung der Zukunftsbetrachtung, der Abgrenzung des Themengebietes und des Fokus geht es nun darum, die Situation und das Thema repräsentativ zu beschreiben:

Mit welchen Zukunftselementen lässt sich die Wirklichkeit ausreichend beschreiben und abbilden?

Durch die Auswahl der Elemente findet eine Operationalisierung der Situation statt. Eine sinnvolle Auswahl zeichnet sich dadurch aus, dass es zwischen den Elementen kaum zu Überschneidungen kommt, aber trotzdem der Eindruck entsteht, dass mit den gewählten Elementen das Problem ausreichend erfasst ist. Eine vollständige Abbildung ist nie möglich, aber im Zweifelsfall geben mehr Elemente ein besseres Bild.

Jedes der ausgewählten Elemente muss beschrieben vorliegen (siehe Kapitel 3).

4.7 Der eigentliche „Blick" in die Zukunft

Das Kernelement jeder Zukunftsbetrachtung ist die Vorausschau. Es geht darum, der Zukunft soviel Informationen wie möglich zu entlocken und so das ernüchternde „Die Zukunft lässt sich nicht vorhersagen" teilweise zu revidieren: „Die Zukunft lässt sich nicht *vollständig* vorhersagen."

In der Literatur wird oftmals auf verschiedene Methoden der Zukunftsforschung verwiesen [Möhrle 2005, Zürni 2002,Ralston 2006, Millett 1991, Gausemeier 1996]. Eine Auswahl von Methoden der Technologiefrüherkennung ist in Bild 74 dargestellt. Bild 75 zeigt die Anwendungshäufigkeit einiger Methoden auf Grund einer Befragung [Z-Dossier 2002]. Untersucht man die aufgeführten Methoden genauer, wird man feststellen, dass nur einige tatsächlich in der Lage sind, Aussagen über die Zukunft zu generieren. Beispielsweise sagt die oft zitierte „Patentanalyse" lediglich aus, dass Erfindungen getätigt wurden. Die wenigsten Patente geben jedoch Auskunft darüber, ob die Erfindung brach liegt oder weiterverfolgt wird, und bieten damit keine Hinweise für die Zukunft. Die Aussagekraft ist in der Regel eher gering.

Um den Nutzen der Methoden für die Zukunftsbilder besser einschätzen zu können, soll hier eine Unterteilung der üblichen Methoden der Zukunftsforschung vorgeschlagen werden:

- Methoden zur Zukunftsanalyse
- Methoden zur Gegenwartsanalyse
- Methoden zur Meinungsbildung und Entscheidungsfindung.

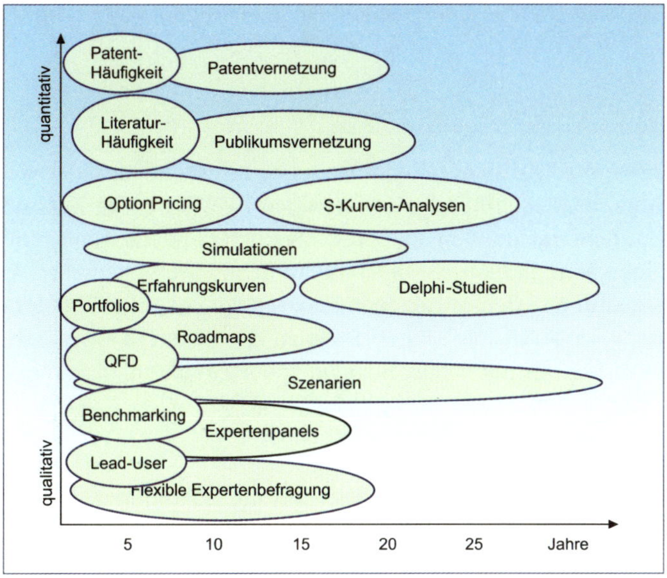

Bild 74 Methoden der Technologievorausschau: Unterschiedliche Reichweite (in Anlehnung an [Lichtenthaler 2005])

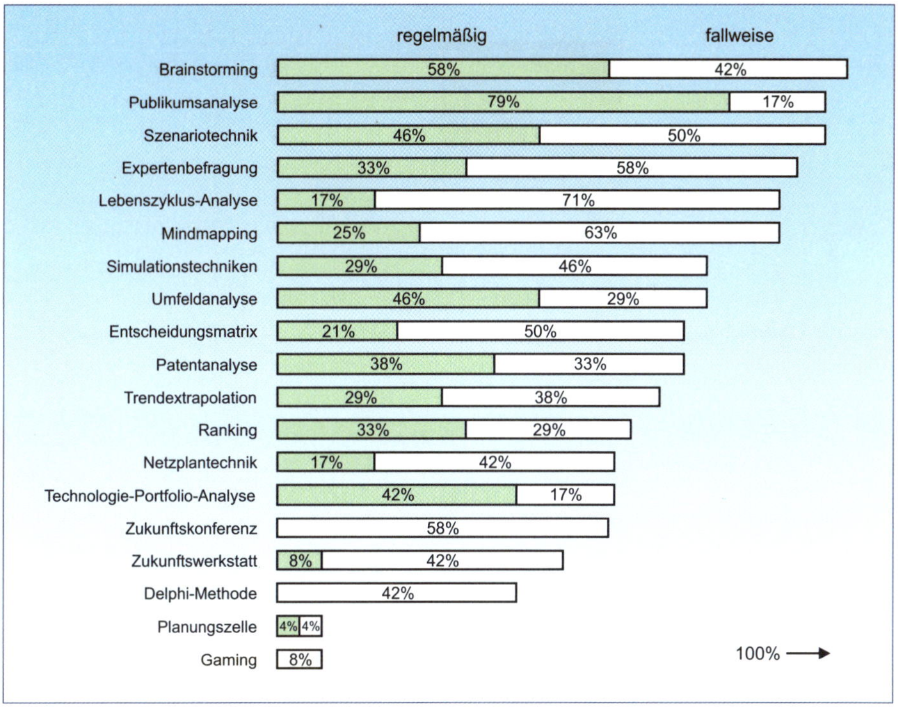

Bild 75 Methoden der Zukunftsforschung: Häufigkeit ihrer Anwendung (in Anlehnung an [Z-Dossier 2002])

Für den Blick in die Zukunft eignen sich ausschließlich die Methoden der Zukunftsanalyse.

4.7.1 Prinzipien und Methoden zur Zukunftsanalyse

Das am häufigsten angewandte Prinzip der Zukunftsanalyse basiert auf der Idee von Trends und der Annahme, dass identifizierte Strömungen bis weit in die Zukunft anhalten. Basieren Zukunftsbetrachtungen aber ausschließlich auf dem Trend-Prinzip, führt das zu einseitigen, wenig anspruchsvollen Zukunftsbildern. Systematisches Vorgehen und die Einbeziehung weiterer Prinzipien reichern die Zukunftsbilder hingegen an. Die nachfolgend aufgeführten Grundprinzipien sind dadurch charakterisiert, dass sie eine neue Erkenntnis über einen Zustand in der Zukunft generieren.

Kausale Logik

Kausale Logik bedeutet: So wie die Gegenwart das Ergebnis der Handlung in der Vergangenheit ist, wird die Zukunft heute gestaltet. Eine Aktion hat eine Reaktion zur Folge, die unter Umständen Auswirkungen bis weit in die Zukunft hat. Die Zukunftsthesen sind kausaltheoretisch fundiert. Es kommt zu zeitlichen Abhängigkeiten und der Auswirkung von Bestimmungsfaktoren auf den zukünftigen Zustand (Bild 76).

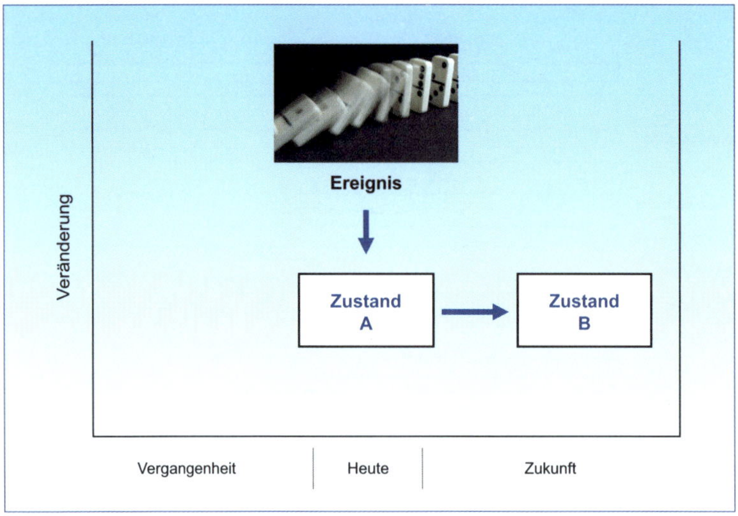

Bild 76 **Kausale Zusammenhänge: Tritt Ereignis X ein, verändert sich Zustand A in Zustand B**

Beispielsweise ist bei einer Schwangerschaft abzusehen, wann es zur Geburt kommen wird. Ein begonnenes Medizinstudium wird in der Hoffnung auf eine Anstellung als Arzt begonnen.

Abhängig von den Systemzeiten, können die Auswirkungen nicht unmittelbar spürbar sein (Beispiele Klimaerwärmung oder ungesunde Ernährung).

Im einfachsten Fall sind Zustände in der Zukunft durch Handlungen in der Gegenwart determiniert. Die Schwierigkeit besteht nun darin, dass sich die Abhängigkeitsbeziehungen ändern. Bestimmungsfaktoren ändern sich hinsichtlich Art und Stärke, neue Faktoren (z.B. Störereignisse) treten auf.

Das Prinzip der kausalen Logik ist vor allem für kurzfristige Veränderungen oder einfache, logische Zusammenhänge geeignet. Für komplexere Situationen mit wechselseitigen Abhängigkeiten und Rückkopplungen werden Modelle entwickelt. Effekte der zweiten oder dritten Ordnung (Bild 77) bleiben dabei aber oft unberücksichtigt (später mehr dazu bei den Methoden).

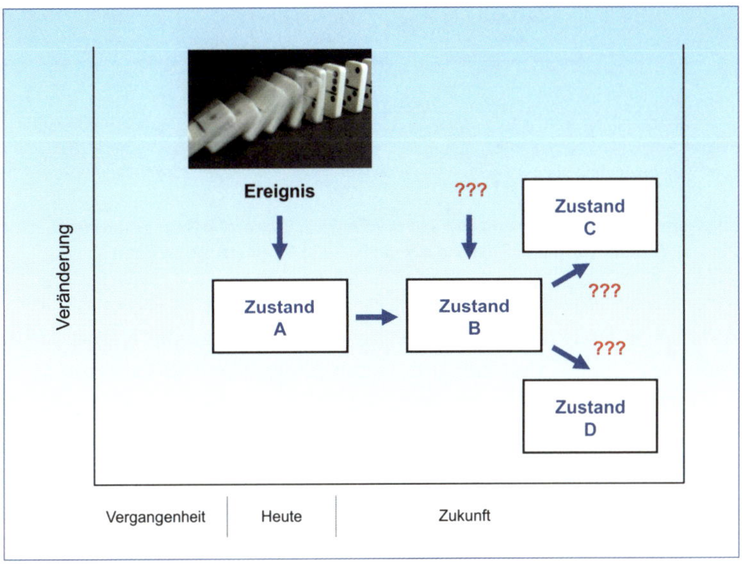

Bild 77 **Langfristige Projektionen: Die eigentliche Herausforderung sind Effekte der 2. oder 3. Ordnung**

Gesetzmäßigkeiten

Wissenschaftler streben nach Wissen und Erklärung und leiten aus Beobachtungen Theorien und Gesetzmäßigkeiten ab (Bild 78). In diesem Sinne liefern die Naturwissenschaften eine Reihe von Zukunftsinformationen: „Die Sonne wird auch in zwanzig oder in fünfzig Jahren morgens im Osten aufgehen", „alles, was leichter als Luft ist, wird auch dann noch fliegen" und „ein Fliegenpilz wird auch dann noch bei Verzehr eine tödliche Wirkung auf den Menschen haben". Die Zukunftsinformation resultiert aus der Reproduzierbarkeit des Ablaufes und der damit verbundenen Absehbarkeit. Aber genau diese Wiederholbarkeit ist in den Sozialwissenschaften nicht immer gegeben. Dass Ausnahmen die Regel bestätigen, ist ein schwacher Trost.

Beispielsweise ist die Art und Weise der Verbreitung von neuen Technologien recht gut erforscht; sie lässt sich bis zu einem gewissen Grad gut abschätzen [Stoneman 2004]. Dennoch sind Unternehmen bei der Einführung neuer Technologien teilweise

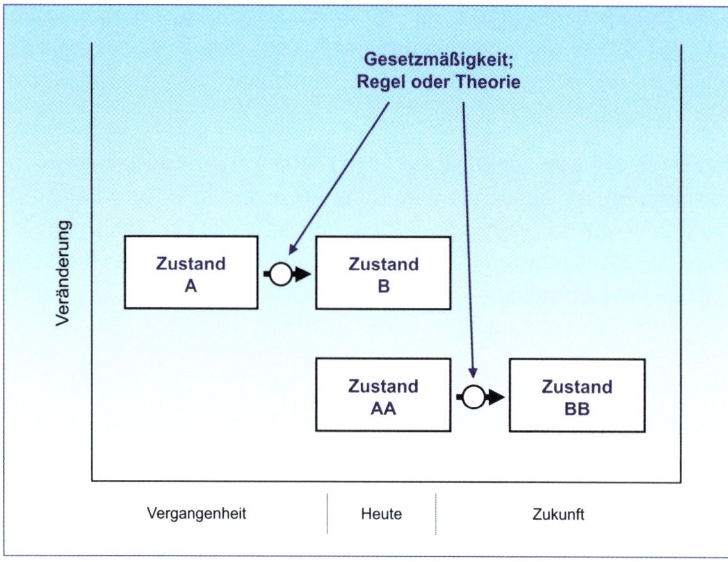

Bild 78 Gesetzmäßigkeiten: Die Veränderung von Zustand A nach Zustand B folgt einer Regel, die auch für die Veränderung von Zustand AA nach Zustand BB zutreffen kann

ratlos, da Anwender sich nicht an die Theorie halten. Auch über das Verhalten in Teams – Gruppendynamisches Verhalten – gibt es zahlreiche Theorien [Schein 1965]. Die Anwendung der Theorien auf Zukunftsfragen bzgl. des Verhaltens von Gruppen ist wenig erforscht und insofern nicht ohne weiteres möglich. Situationsbezogene – auch spontane – Reaktionen, Interaktion und Rückkopplungen prägen die Entwicklung und sind oftmals schwer vorhersehbar.

Darüber hinaus gibt es Theorien, die auf idealtypischen Annahmen beruhen. Beispielsweise geht das Lebenszyklus-Modell davon aus, dass sich die Entwicklung von Produkten in gleichen Phasen abbilden lässt. Unbestritten lässt sich das Modell auf eine Vielzahl von Produkten anwenden, aber nicht ausnahmslos. Die im Kapitel 1 erwähnten Wellen- und Evolutionstheorien sind weitere Beispiele, die insbesondere das Problem deutlich machen, dass nicht immer (bzw. erst im Nachhinein) eindeutig ist, welches Gesetz oder welche Theorie anwendbar ist.

Geeignet ist dieses Grundprinzip (Bild 78) für mittel- und langfristige Veränderungen bzw. so lange, wie die persönliche Einschätzung das Gesetz für gültig hält.

Zeitreihen

Zukunftsaussagen, die auf Zeitreihen basieren, sind beispielsweise in der Betriebswirtschaftslehre unter dem Namen Prognostik bzw. Trendanalyse weit verbreitet. Ob quantitativ ermittelt – mit den Instrumenten der Statistik unterstützt – oder qualitativ erstellt – also über verbale Beschreibungen: Trends basieren auf Zeitreihen und der Annahme, dass eine beobachtete Veränderung sich als Trend in die Zukunft fortsetzt – zeitlicher Determinismus, dargestellt durch Extrapolation (Bild 79).

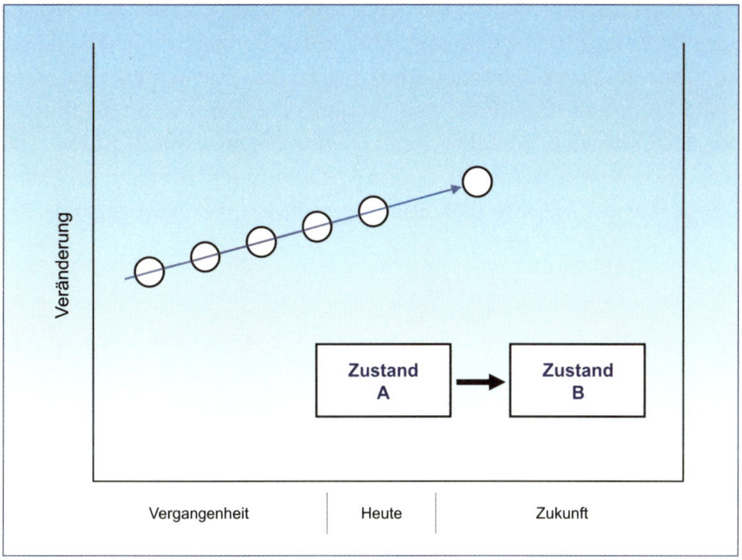

Bild 79 Zeitreihen: Die Veränderungen in der Vergangenheit dienen dem Schluss auf den Zustand in der Zukunft

Die Schwierigkeit bei diesem Grundprinzip besteht darin, die Anwendbarkeit des Prinzips festzustellen und die Dauer der Gültigkeit (siehe dazu Abschnitt 1.1). Beispielsweise kann sich eine steigende Anzahl von Scheidungen und eine fallende Anzahl von Hochzeiten nicht unendlich fortsetzen. Oder: Vergleicht man die Aussagen „die Zahl der Naturkatastrophen steigt stetig an" und „die Zahl der Verkehrstoten in Deutschland fällt", so lassen sich beide Beobachtungen in einer Zeitreihe abbilden. Aber kann man beide als Trend bezeichnen und welche Zukunftsinformation lässt sich daraus ableiten? Wird es in fünfzig Jahren keine Verkehrstoten mehr geben, aber dafür sterben umso mehr Menschen bei Naturkatastrophen? Wie lange haben solche Zeitreihen Gültigkeit?

Das Prinzip der Zeitreihen eignet sich für mittelfristige Aussagen – also über Dinge in absehbarer zeitlicher Entfernung –, unter der Annahme gleich bleibender, überschaubarer Entwicklung der Einflussfaktoren (Zeitstabilitätshypothese).

Fantasie und Kreativität

Das anspruchsvollste Grundelement der Zukunftsanalyse basiert einzig und allein auf der Vorstellungskraft. Einstein betont deren Bedeutung gegenüber dem verfügbaren Wissen: „Fantasie ist wichtiger als Wissen. Wissen ist begrenzt, Fantasie aber umfasst die ganze Welt." Und er adelt die geheimnisvolle Zukunft: „Das Schönste, was wir erleben können, ist das Geheimnisvolle. Es ist das Grundgefühl, das an der Wiege von wahrer Kunst und Wissenschaft steht. Wer es nicht kennt und sich nicht mehr wundern, nicht mehr staunen kann, der ist sozusagen tot und sein Auge erloschen." [Einstein 1999]

Nur die Vorstellungskraft und die Gesetze der Natur können die Fantasie begrenzen. Aus ihr entspringende Zukunftsinformationen sind Vorstellungen, die auf Indizien beruhen (Bild 80), ohne dass man Aussagen über den Eintritt machen kann. Wie im Kapitel 1 dargestellt, kommt es darauf an, viele Fragen zu stellen – denn die Fragen sind wichtiger als die Antworten: Richtig gestellte Fragen geben die Richtung vor. Durch den Versuch, diese zu beantworten, werden Spekulationen, Glauben und Meinungen in Form einer Antwort unmittelbar auf einen möglichen Eintritt geprüft.

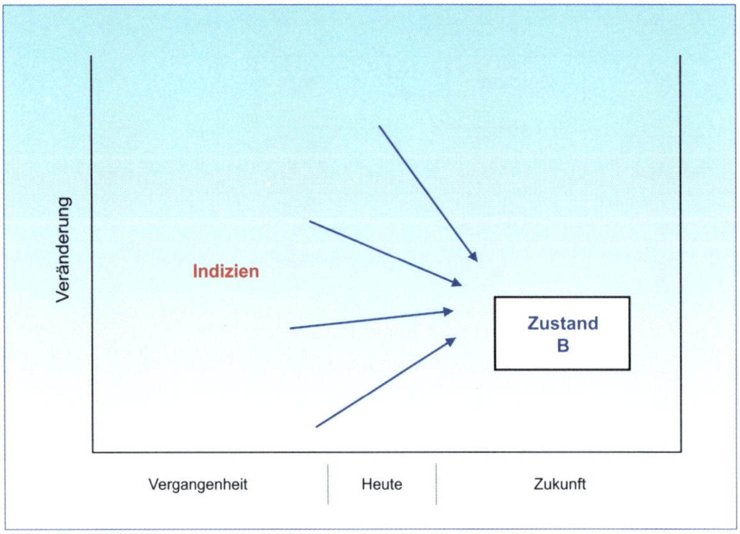

Bild 80 Fantasie und Kreativität: Das Überlegen neuer Zustände auf Grund von Indizien, unabhängig von der Vergangenheit

Wie die Erfahrung zeigt, werden technologische Entwicklungen überschätzt und gesellschaftliche Veränderungen unterschätzt. Ein guter Ausgangspunkt ist daher die Frage, wie wir in Zukunft leben werden: Was ist wichtig? Was verliert an Bedeutung? Die einfachen Dinge bestimmen den Kontext: Was könnte auf der Titelseite einer Tageszeitung am 25. Mai 2025 stehen? Wie werden wir bezahlen? Wird es überhaupt noch Banken geben oder werden Kauf-, Verkaufs- und Tauschvorgänge über rein virtuelle Guthaben abgebildet?

Robert Jungk hebt die Bedeutung der Fantasie als Grundprinzip hervor: „Es kann sein, dass nur ein Bruchteil von dem, was man sich ausdenkt, Wirklichkeit wird. Aber erst einmal muss man sich etwas ausdenken, dann zieht sozusagen der Gedanke, die Vorstellung, die Fantasie die Wirklichkeit nach sich. Ich stelle mir also die Fantasie als einen enormen Magneten vor, der die Wirklichkeit nach sich zieht. Wenn ich diesen Magneten ausschalte, dann kann nichts mehr werden.“ [Jungk 1988]

Die Herausforderung bei diesem Grundprinzip ist es, den schmalen Grat zu treffen zwischen „Fantasievoll genug, um das vertraute Gedankenmodell zu verlassen“ und

„dabei doch nicht so phantastisch, um durch Science-Fiction-Ambitionen den Bezug zum Heute zu verlieren".

Proaktive Gestaltung

Bei diesem Grundprinzip ist die Devise „Fakten schaffen und die Zukunft selber gestalten". Im Rahmen der gegebenen Möglichkeiten werden Veränderungen beeinflusst und so wird der Grad der Unsicherheit verringert.

Proaktive Gestaltung ist das einzige Grundprinzip, das man beeinflussen kann. Aus passiver Beobachtung wird aktive Gestaltung. Die Art der Beeinflussung und der Gestaltung entsprechen dem Rahmen der Möglichkeiten. Wie im Bild 25 dargestellt wurde, nimmt der Einfluss mit zunehmender Entfernung vom Unternehmen ab. Sogenannte Trendsetter sind jedoch in der Lage, Märkten und anderen Bereichen des Mikro- und Makroumfeldes eine Richtung und Orientierung zu geben.

Bei der proaktiven Gestaltung ist die Zukunftsinformation das Ergebnis der eigenen Handlung.

Die fünf Grundprinzipien im Überblick

Tabelle 25 zeigt die fünf Grundprinzipien im Überblick. Es wird deutlich, dass in der kombinierten Anwendung der Grundprinzipien mehr Zukunftsinformationen zum Zukunftsbild beitragen und sich ergänzen.

Tabelle 25 **Die fünf Grundprinzipien der Zukunftsanalyse im Überblick**

Grundprinzip	Orientierung	Zeitlicher Bezug
Kausale Logik	vergangenheitsbezogen	kurz- bis mittelfristig
Zeitreihen	vergangenheitsbezogen	kurz- bis mittelfristig
Gesetze und Theorien	allgemein gültig	kurz-, mittel- und langfristig
Fantasie und Kreativität	zukunftsorientiert	mittel- bis langfristig
Proaktive Gestaltung	zukunftsorientiert	kurz- bis mittelfristig

Die bekannten Methoden der Zukunftsforschung lassen sich ausnahmslos einem der Grundprinzipien zuordnen. Nachfolgend sind einige Methoden beschrieben und im Besonderen die Art und Weise der Antizipation von Zukunftswissen.

Theorien und „Gesetze"

Die Gefahr bei der Antizipation von Zukunftswissen liegt darin, die weitere Entwicklung auf Grund der Vergangenheit als gegeben hinzunehmen. Das führt zu solchen Phänomenen wie Moore's Gesetz, das besagt, dass sich die Leistungsdichte der Halbleiter alle achtzehn Monate verdoppeln wird. Im Jahre 1965 von Gordon Moore antizipiert [Moore 1965], hat es auch nach vierzig Jahren noch seine Gültigkeit. Bedenkt man jedoch die enormen finanziellen Anstrengungen, die durch die immer weitere Miniaturisierung erforderlich werden, stellt sich die Frage nach dem weiteren Verlauf. Statt sich also „blind“ auf den Automatismus dieser Gesetzmäßigkeit zu verlassen, wird bei genauerer Betrachtung klar, dass sie von endlicher Dauer sein muss. Die wohl spannendere Frage ist, ob die explodierenden, erforderlichen Investitionen für neue Chipgenerationen oder das Erreichen des atomaren oder sub-atomaren Levels zu einem Bruch im Verlauf des extrapolierten Trends führen werden.

Andere kritische Theorien sind zum Beispiel Metcalfe's Law, nach dem der Wert eines Telekommunikationsnetzes proportional zum Quadrat seiner Nutzer ist, oder Gilder's Law, nach dem sich die Bandbreite mindestens dreimal so schnell verdoppelt wie die Computerleistung, oder das „Law of creative destruction“: „When the rate of external change exceeds the rate of internal change, disaster is imminent“ [Pritchett 1995].

Auf einer ähnlichen Annahme beruhen die Überlegungen zum S-Kurven-Modell. Technologien breiten sich am Anfang sehr langsam aus, ab einer gewissen kritischen Masse und entsprechend vielen Multiplikatoren jedoch relativ schnell. Wird ein Sättigungsgrad in der Verbreitung erreicht, verflacht die Kurve. Modis hat dieses Modell weiterentwickelt und favorisiert es für Ausbreitungsvorgänge [Modis 1994]. Man darf jedoch nicht vergessen, auch dieses Modell ist ein Idealzustand. Retrospektiv lässt sich die S-Kurve auch relativ einfach ermitteln. Bei einer Vorausschau jedoch hat man keine Referenzpunkte.

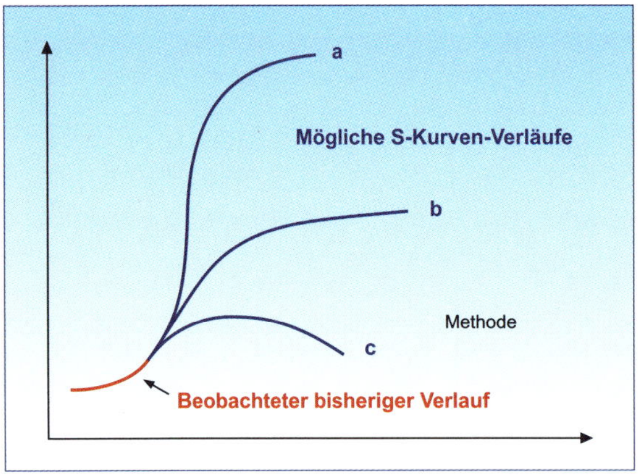

Bild 81 S-Kurven-Konzepte: Mögliche Verläufe

Bild 81 verdeutlicht dieses Problem. Der rote Verlauf stellt den beobachtbaren Fortschritt einer Kenngröße dar. Optimisten glauben an die S-Kurve und gehen vom Verlauf *a* aus. Doch auch die Verläufe b und c sind möglich. Pessimisten könnten einwerfen, dass selbst bei der roten Kurve schon die Sättigung erreicht ist. Es kommt – wie so oft – auf die Sichtweise und Interpretation an.

Berechnungen

Bei konstanter Fluggeschwindigkeit und der Annahme eines störungsfreien Fluges lässt sich die genaue Ankunft am Zielflughafen ermitteln. Aus der logischen Verknüpfung von Gegenwartsinformationen kann man demnach ein Zukunftsereignis kalkulieren. Wie in diesem Beispiel lässt sich auf Grund von Änderungen in der Gegenwart auf Ereignisse in der Zukunft schließen. Das gilt jedoch nur für einfache Vorgänge und es lässt sich im Prinzip nur für einzelne Ereignisse darstellen. Dabei wird immer von der Annahme ausgegangen, dass konstante Verhältnisse vorliegen und es zu keinen Störungen im Ablauf kommt (Zeitstabilitätshypothese) [Hansmann 1983]. Fahr- und Flugpläne basieren auf diesem Zukunftsprinzip.

Extrapolation

Die „Extrapolierer" gehen davon aus, dass die Zukunft so ähnlich aussieht wie das Heute. Identifizierte Strömungen und Trends lassen sich in die Zukunft „verlängern". Dieses Vorgehen ist relativ weit verbreitet und wird wegen seiner Einfachheit häufig angewendet. Doch nur wenn die zu Beginn der beobachteten Entwicklung angenommenen Randbedingungen und Grundannahmen ihre Gültigkeit behalten, kann Extrapolation richtige Aussagen über den weiteren Verlauf liefern. Trotz der akzeptierten Beschleunigung in der Umfeldveränderung wird jedoch genau diese falsche Annahme oftmals implizit vorausgesetzt, was häufig zu Fehleinschätzungen führt. Als Beispiele seien die oftmals zu positiven Angaben über Marktentwicklungen genannt. Es ist, als würde man Auto fahren und dabei ausschließlich in den Rückspiegel schauen.

„Forecasts are not always wrong; moreoften than not, they can be reasonable accurate. And that is what makes them so dangerous. They are usually constructed on the assumption that tomorrow's world will be much like today's. They often work because the world does not always change. But sooner or later forecasts will fail when they are most needed." [Wack 1985]

Modelle und Simulationen

Man kann die Welt in einem Modell abbilden – davon gehen jedenfalls die Modellierer aus. Zustände, Zusammenhänge und Abhängigkeiten werden formalisiert und zu Formeln und Systemen „verarbeitet". Klimaforscher versuchen seit langem, mit Modellen das Klima auf der Erde als Software nachzubilden – mit mehr oder weniger großem Erfolg. Ein entscheidender Vorteil dieses Vorgehens liegt darin, dass man sich sehr genau überlegen muss, wie einzelne Variablen im Modell voneinander abhängen, wie sie sich verändern und was konstant bleibt. Durch nichts lernt man ein System und die Zusammenhänge besser kennen als durch die Nachbildung im Modell. Der Aufbau des Modells kann jedoch schon bei relativ einfachen Systemen sehr aufwändig werden. Die Simulation – also die Anwendung des Modells mit konkreten Werten – wird da schnell zur Nebensache.

Weitere Nachteile sind die Ungewissheit, ob das Modell vollständig ist, und die Zuverlässigkeit der Aussage. Selbst wenn man dieses Manko akzeptiert, muss man sich bewusst machen, dass es sich „nur“ um ein starres und unflexibles Gebilde handelt – Erweiterungen sind sehr mühsam. Selbst die Einführung von Softwaretools zur Unterstützung konnte nicht zur weiteren Verbreitung – gerade im Business-Umfeld – beitragen.

Forrester gilt als Mitbegründer von System Dynamics – einem Modellierungstool. Die hohen Aufwendungen, verglichen mit den nicht ganz einfach zu interpretierenden Ergebnissen, haben wohl eine weitere Verbreitung verhindert – zur Strukturierung und zur Darstellung von Situationen (what-if) und Problemen kann es jedoch sehr nützlich sein. [Sterman 2000]

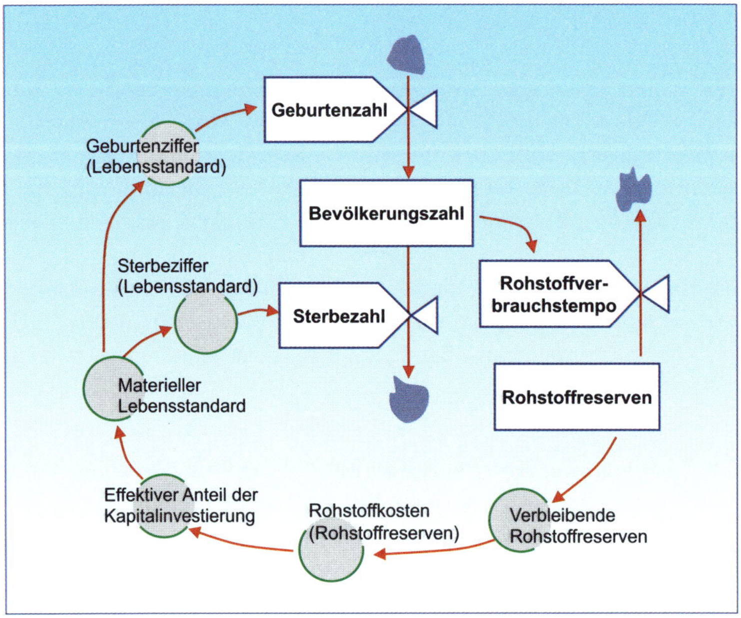

Bild 82 Rohstoffvorräte und Bevölkerungswachstum: Ein einfaches Modell

Bild 82 zeigt ein relativ einfaches Modell [Forrester 1971]. Fügt man den Verlauf der Entwicklung der Eingangsgrößen (Bild 83) in dieses Modell ein, lassen sich damit die Ausgangsgrößen ermitteln (z.B. Bevölkerungszahl) und man kann die Wirkung der sich ändernden Eingangsgrößen auf das Gesamtsystem beobachten.

Brainstorming

Kreativität und Motivation von Menschen haben einen sehr großen Einfluss auf die Zukunft. Jules Verne zum Beispiel hat mit seinen Romanen viele Impulse für nachfolgende Generationen geliefert. Man schätzt, dass ca. 300 seiner Ideen später in Erfindungen und Produkte mündeten.

Wenn man davon ausgeht, dass Zukunft nicht einfach passiert, sondern aktiv gestaltet werden kann, wird man den Einfluss der Kreativität nicht unterschätzen. Wie

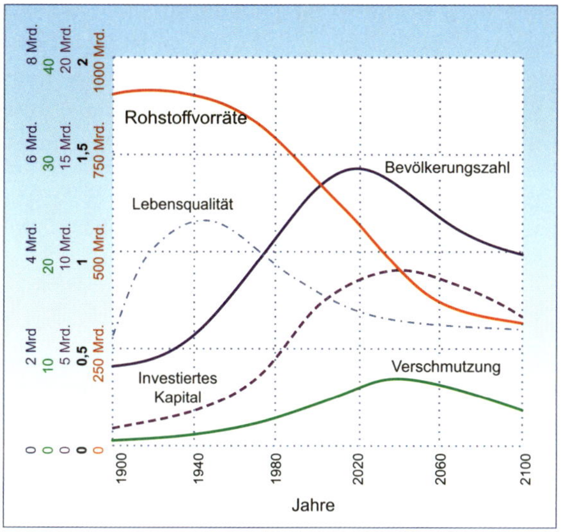

Bild 83 **Zunehmende Bevölkerungszahl und steigender Rohstoffverbrauch: Folge sind abnehmende Lebensqualität und steigende Kapitalinvestitionen**

Teresa Amabile in ihrem Beitrag „How to kill Creativity“ [Amabile 1998] jedoch beschrieb, sind es aber nur wenige Organisationen, die Kreativität bewusst fördern. „Serious business“ hat (noch) keinen Platz für und kein Interesse an kreativen Ansätzen: zu anstrengend und zu riskant. Doch bei ernsthaften Überlegungen zur Zukunft kommt man nicht daran vorbei – im nächsten Abschnitt wird darauf genauer eingegangen.

Brainstorming ist eine erfolgversprechende Methode, die Vorstellungskraft zu erweitern und neue Ideen zu generieren.

Erkennen von Wiederholungsmustern

Alle zyklischen Vorgänge bieten Wiederholungsmuster, sowohl in der Natur als auch in der Zivilisation. Die Jahreszeiten oder beispielsweise das Weihnachtsfest zählen dazu: Jährlich schon im Spätsommer beginnen im Einzelhandel die Vorbereitungen auf die Feiertage zum Jahresende. Es ist davon auszugehen, dass dies auch in 50 oder 100 Jahren noch so sein wird und damit ist wieder ein Stück Zukunft kalkulierbar.

Andererseits ist auch Vorsicht geboten. Feiertage und Jahreszeiten werden sicher so oder in ähnlicher Form wieder eintreten. Aber es gibt auch Zyklen, die weder so vorherbestimmt sind wie die Feiertage, noch so an die Bewegung der Erde gekoppelt sind wie die Jahreszeiten. Beispielsweise gilt die Chartanalyse als Methode, um Aktienkursverläufe vorwegzunehmen. Der Verlauf des Aktienkurses wird analysiert und bei bestimmten Formationen und Mustern (Pattern) wird auf den weiteren Verlauf geschlussfolgert. Die Logik hinter dieser Methode erschließt sich jedoch nicht ganz. Da der Aktienkurs von sehr vielen Faktoren abhängt – zum Beispiel Informationen über das Unternehmen, Informationsstand und Situation der Marktteilnehmer – die sich wiederum selber beständig ändern, ist es eher zweifelhaft, ob auf diese Art und Weise tatsächlich der weitere Kursverlauf erkennbar ist. Des weiteren ist zu vermuten, dass, falls es je die wahre Methode gäbe, mit der der zukünftige Kursverlauf bestimmbar wäre, und genügend Marktteilnehmer mit dieser Methode arbeiten würden, der Kurs dadurch wiederum beeinflusst werden würde – anders als vorbestimmt.

Dieses Prinzip der Wiederholungsmuster bleibt also auf kausal zusammenhängende Fälle begrenzt.

Entscheidungen

Bei dieser Methode werden Ereignisse für die Zukunft festgelegt und geplant. Dass die Olympischen Winterspiele 2010 in Vancouver stattfinden, steht fest. Die Weltraumstation ISS soll bis zum Jahre 2010 fertiggestellt sein und mindestens 10 Jahre aktiv sein. Auch die Europäische Union plant langfristig, die Ratspräsidentschaft im Jahre 2020 wird Finnland übernehmen (von Januar bis Juni). Eine Schwangerschaft dauert etwa neun Monate und endet mit der Geburt eines Kindes. Mit dieser bewussten Entscheidung beginnt die Zukunft eines Menschenlebens. Dadurch, dass der Termin für das christliche Osterfest ein bewegliches Datum ist, sich nach dem Mond richtet, aber durch viele Ausnahmen gekennzeichnet ist (Osterparadoxien), wird der Termin durch die Kirche festgelegt. So ist bekannt, dass im Jahre 2391 Ostern auf den 24. März fällt. Eine Festlegung, die zwar sehr weit in die Zukunft reicht, aber anschaulich zeigt, wie die Zukunft durch Festlegungen und Entscheidungen gestaltet wird. Das Prinzip vermindert in jedem Fall die Unsicherheit und erhöht die Planungssicherheit. Fakt ist aber auch, dass so etwas im sich kontinuierlich wandelnden Wirtschaftsleben nur in Ausnahmefällen machbar ist. Im Gegensatz zur Planung, also der Willensbekundung zur Tat, werden durch die Festlegungen schon Tatsachen geschaffen.

Schwache Signale

Unter dem Namen „Weak Signals“ oder „Schwache Signale“ ist das Konzept von Igor Ansoff bekannt geworden [Ansoff 1976]. Selbst wenn dieses Konzept viele Kritiker hat, hat Ansoff damit die Grundlage der strategischen Frühaufklärung geschaffen. Sein Ansatz widmet sich den Diskontinuitäten, das sind ... schwer vorhersehbare Ereignisse, deren Eintritt die Unternehmung zu einschneidenden Anpassungsmaßnahmen zwingt [Ansoff 1981]. Angekündigt werden diese Überraschungen häufig durch schwache Signale. Schwache Signale können mit unpräzisen Hinweisen auf bevorstehende Ereignisse gleichgesetzt werden. Im Vergleich dazu sind die starken Signale ausreichend erkennbar und konkret, so dass das Unternehmen den Einfluss abschätzen kann.

Das Konzept birgt ein Dilemma: Ist die Gefahr konkret, ist es zu spät zu handeln – bei vager Information jedoch sind die Diskontinuitäten nicht absehbar. Um dem Dilemma zu entkommen, schlägt Ansoff eine abgestufte Reaktion abhängig von der

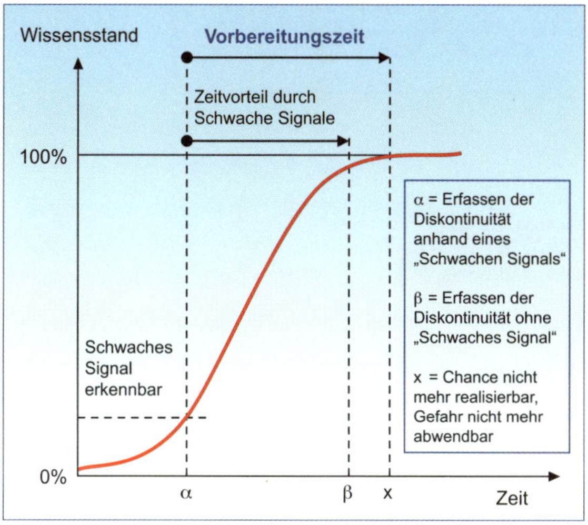

Bild 84 **Erkennen schwacher Signale: Zeitvorteil durch Früherkennung (in Anlehnung an [Ansoff 1980])**

Stärke des Signals vor. In Bild 84 ist der Zeitvorteil durch die frühzeitige Identifikation von relevanten schwachen Signalen erkennbar.

Mintzberg kritisiert an dem Ansatz den enorm steigenden Aufwand. Er argumentiert, dass im Prinzip jeder noch so unbedeutende Hinweis ein schwaches Signal sein kann. Woran erkennt man ein schwaches Signal? Durch die Annahme, dass es an Bedeutung gewinnt, und damit ist es entsprechend Bild 41 eine Vorstufe zum Trend.

Historische Analogien

Ein Prinzip, das unter bestimmten Umständen auch zu Zukunftsinformationen führen kann, sind Analogien zu Ereignissen in der Vergangenheit. Obwohl bekannt ist, dass sich die Geschichte niemals exakt wiederholen kann, so gibt es doch Konstellationen, die auf ähnliche Entwicklungen schließen lassen. Sowohl die Angaben zur Regenwahrscheinlichkeit, die meisten Bauernregeln, das Wellenmodell nach Kondratieff, aber auch bestimmte Regeln an den Finanzmärkten basieren auf diesem Prinzip.

Zusammenfassung der Methoden

Mit den identifizierten Methoden der Zukunftsanalyse lassen sich die Methoden wie in Bild 85 anordnen; Tabelle 26 gibt noch einmal eine kurze Charakterisierung. Alle diese Methoden sind mehr oder weniger geeignet, Informationen über die Zukunft zu generieren. Es ist aber auch zu erkennen, dass die Aussagekraft unterschiedlich hoch ist.

Die Szenario-Analyse hat sich als das gängige Verfahren zur Vorausschau etabliert. Sie ist mehr als ein Set von Methoden und als Prozess zu sehen, denn als Einzel-

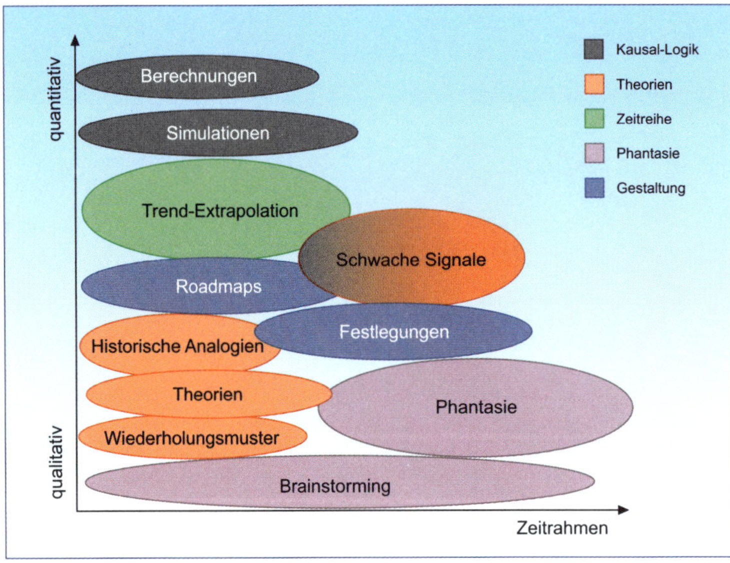

Bild 85 Zukunftsanalysen: die meisten Methoden reichen nicht weit in die Zukunft

Tabelle 26 Methoden der Zukunftsanalyse

	Methode	Annahmen	Zukunftsinformation
1	*Berechnungen*	Keine Zwischenfälle, stabiler Ablauf	Das Geplante trifft genau so ein.
2	*Extrapolation*	Randbedingungen bleiben stabil, keine Änderung im Setting	Für kurze Zeiträume (Systemzeit) sind Entwicklungen absehbar.
3	*Modelle und Simulationen*	Modell ist vollständig und ändert sich nicht gegenüber der Realität	Wenn-dann-Information
4	*Entscheidungen*	Aktive Gestaltung der Zukunft	Kontrollierte Entwicklung
5	*Schwache Signale*	Schwache Signale sind Vorboten für Veränderungen und Diskontinuitäten	Indizien und die Ahnung der Verstärkung des Signals und des zunehmenden Einflusses
6	*Historische Analogien*	Lernen aus der Geschichte: Annahme, dass sich Entwicklung wiederholt	Wenn-dann-Information, Entwicklung entsprechend dem „Vorbild"
7	*Erkennen von Wiederholungsmustern*	Wiederholung von Ereignissen unter bestimmten (gleichen) Bedingungen	Wenn-dann-Information
8	*Brainstorming*	Nur durch die Vorstellungskraft limitiert	Generieren von Visionen, Zielen und Ideen
9	*Theorien und Gesetze*	Gesetzmäßigkeiten und Algorithmen lassen den Verlauf „erahnen"	Verlauf einer Systemvariablen
10	*Roadmaps*	Durch Festlegen von Fixpunkten die Zukunft planen und gestalten zu können	Orientierung in die Zukunft (Memories of the Future)

Methode. Insofern ist sie ausgezeichnet geeignet, mehrere der hier angegebenen Grundprinzipien oder der Methoden zu kombinieren. Die Auswahl hängt vom persönlichen Geschmack, von der zur Verfügung stehenden Zeit und vom Budget ab. Vielfalt – also die Kombination mehrerer dieser Grundprinzipien – ist ratsam, kann sich aber als sehr beschwerlich gestalten, da die gewonnen Informationen unstrukturiert und heterogen sind oder – im Extremfall – sogar widersprüchlich.

4.7.2 Methoden der Gegenwartsanalyse

Methoden, die die aktuelle Situation analysieren oder die Informationen strukturieren helfen, wurden schon im Kapitel 2 und Kapitel 3 vorgestellt. Darüber hinaus gibt es jedoch Methoden, die in der Literatur hartnäckig als Methoden der Zukunftsforschung dargestellt werden, aber nicht darauf ausgelegt sind, Zukunftsinformationen zu generieren [Wilms 2006, Zürni 2004] (Tabelle 27).

Tabelle 27 Methoden der Gegenwartsanalyse

	Methode	Annahmen	Zukunftsinformation
1	*Patentanalyse*	Forschungsschwerpunkte, Beschreibung einer Erfindung	Keine. Eventuell Information über Forschungsstrategien von Wettbewerbern
2	*Mindmapping*	Technik zur Strukturierung der Informationen	Keine
3	*Wechselwirkungsanalyse (Cross-Impact-Analysis)*	Vernetzung von Entwicklungsbewegungen und die Annahme, dass diese auch in Zukunft Gültigkeit hat	Informationen über gegenseitigen Einfluss
4	*Literaturstudium*	Informationen und Wissen über zukünftige Ereignisse	Keine unmittelbare Zukunftsinformation, nur durch Reflektion und Inspiration

Weitere Methoden zur Analyse der Mikro- und Makroumwelt sind im Anhang 2 zu finden.

4.7.3 Methoden der Meinungsbildung und Entscheidungsfindung

Neben den genannten Methoden gibt es auch eine ganze Reihe von Methoden, die in der Literatur auch als Zukunftsmethoden bezeichnet werden, die jedoch Gegenwartsinformationen verarbeiten und strukturieren und Meinungen abgleichen.

Persönliche Meinungen können und müssen sich unterscheiden. aber da gerade Zukunftsuntersuchungen oft in Gruppen bearbeitet werden, ist es notwendig, Meinungsunterschiede zu Gruppenmeinungen zu konsolidieren, zu Entscheidungen zu kommen, die auch von der Gruppe mit getragen werden, Diskussionen zielführend zu moderieren und nicht zuletzt offen für Kompromisse zu sein.

Ein Kardinalfehler bei der Meinungsbildung besteht darin, dass recherchierte und sorgfältig zusammengetragene Erkenntnisse über die Zukunft durch Manager – die durch ihre formale Macht in der Organisation dazu legitimiert sind – „berichtigt" werden bzw. passend gemacht werden. Statt zu überlegen, was die Zukunft für das Unternehmen bedeutet, wird die Zukunft an das Unternehmen angepasst und der ursprüngliche Sinn der Untersuchung wird so reductio ad absurdem geführt.

Zur Erinnerung: Bei den Zukunftsbetrachtungen geht es nicht darum, persönliche Meinungen und Ansichten durchzusetzen. Es geht in erster Linie um ein neutrales Zukunftsbild. Neben den Grundprinzipien und Methoden zur Zukunftsanalyse sind daher die Methoden zur Meinungsbildung von entscheidender Bedeutung.

Nachfolgend werden einige Methoden zur Meinungsbildung im Umfeld von Zukunftsprojekten vorgestellt und beschrieben.

Delphi-Methode

Beispielsweise geht es bei der Delphi-Methode darum, Expertenmeinungen auf einen kleinsten gemeinsamen Nenner – „für alle akzeptabel" – zu bringen. Bei Voraussagen über technische Entwicklungen herrschen bis heute subjektive Expertenmeinungen vor [Blohm 1972]. Der Befragungsmodus der Delphi-Methode erlaubt angesichts dieser Situation ein gewissermaßen intersubjektives Ausmitteln der mehr oder minder spontan und intuitiv zustande gekommenen individuellen Auffassungen. Die Methode beruht auf der Annahme, dass eine Prognose, auf die sich die Mehrheit des befragten Personenkreises einigen kann, größere Glaubwürdigkeit besitzt als die Mutmaßung eines Einzelnen. Daraus folgt natürlich, dass die Zusammensetzung der Gruppe einen erheblichen Einfluss auf das Ergebnis der Befragung hat. Mit großer Vorsicht ist dem Zusammenhang zwischen Motivation und Sachkenntnis des Befragungsteilnehmers zu begegnen. Sie mag dazu führen, dass Zukunftsentwicklungen auf dem Arbeitsgebiet zu optimistisch eingeschätzt werden, wobei auch selbsterfüllende Prophezeiungen nicht abwegig erscheinen.

Beobachten der Trendsetter

Es gibt Organisationen, Institutionen und Persönlichkeiten, deren Einfluss auf die Zukunft unbestritten ist. Meinungsträger und Meinungsbildner werden die Zukunft mitgestalten – so glauben jedenfalls die „Jünger" und orientieren sich an den dominanten „Göttern". Durch Studieren der „Trendsetter" und der Berücksichtigung ihres Einflusses kann man Entwicklungen vorwegnehmen.

Das wird durch viele Beispiele belegt. Der Einfluss von Bill Gates und Microsoft auf die Computerindustrie ist enorm, ebenso wie Steve Jobs und Apple die Musikindustrie mitgestalten, Dell mit seinem revolutionären Businessmodell die Computerindustrie oder Google das Internet durch einfache Möglichkeiten der Suche prägen.

Anderseits gibt es auch genügend Gegenbeispiele: Scott McNealys Net-PC gibt es immer noch nicht und manchmal hilft auch eine noch so starke Lobby nichts. WAP wollte und will sich einfach nicht durchsetzen – trotz riesiger Investitionen in Technologie und Werbung.

Es bleibt ein riskanter Weg, sich nur auf die Gurus der Branche und deren Meinung zu verlassen. Deren Motive und Argumente können jedoch bei eigenen Überlegungen sehr nützlich sein. Es sollte aber auch klar sein – gerade wenn man als Firma ehrgeizige Ziele verfolgt: Durch (blindes) Folgen kann man kein Marktführer werden.

Expertenmeinungen

Der Glaube an die Experten ist ungebrochen. Wen bezeichnet man als Experten? Besitzt jemand auf einem Gebiet besonderes Wissen oder Fähigkeiten und hat diese schon demonstriert, so gilt sie oder er als Experte des Faches. Das Domänen-Know-how, welches denjenigen auszeichnet, ist jedoch auch eine starke Bürde.

Befragt zum Thema „Zukunft der Frau", wird man von Alice Schwarzer und dem Papst (beides Experten!) diametrale Antworten bekommen. Das Problem ist damit offenkundig. Es gilt, den richtigen „Experten" zu finden. Oder anders gesagt, für jede vorstellbare Zukunft wird man den passenden Experten finden können. Dem Vertrauen in die Expertise der Experten liegt der Trugschluss zugrunde, dass durch die Kenntnisse auf dem Spezialgebiet auch Wissen und Informationen über die Zukunft vorhanden sein müssen.

Denis Loveridge hat in der Studie „Experts and Foresight: Review and Experience" [Loveridge 2004] die Rolle von Experten im Foresight-Prozess untersucht und kommt zu dem Schluss, dass die Meinungen der Fachleute gemeinhin überbewertet werden. Teilweise kann eine entsprechend vorgetragene Expertenmeinung zur Voreingenommenheit führen. In der Wahrnehmung erhalten die Meinungen von Experten schnell den Status von Tatsachen oder des Vorbestimmten. „Die bemühten Experten geben dabei oft schlechte Prognostiker ab: Sie propagieren Lieblingsideen und neigen dazu, die Geschwindigkeit, mit der sich neue Technologien durchsetzen, zu überschätzen, und sind häufig blind für konkurrierende Technologien und für Neben-, Folge- und Wechselwirkungen. Daran scheint sich bis auf den heutigen Tag nicht allzu viel geändert zu haben." [Steinmüller 2000]. Dabei wächst der Bedarf an Experten nach wie vor, schließlich leben wir im Zeitalter von immer ausdifferenzierteren Wissensgebieten.

Gruppenmeinungen

Nicht erst seit dem Buch „The Wisdom of Crowds" von James Surowiecki [Surowiecki 2001] ist bekannt, dass Gruppen mit mehr als drei Personen beim Lösen von Problemen besser sind als Einzelpersonen. Das lässt sich auch experimentell belegen. Im Unterschied zu einem Einzelkämpfer haben die Gruppen die Möglichkeit, ihre Gedanken und Ansichten auszutauschen. Durch die Verschiedenartigkeit der Gruppenmitglieder werden unterschiedliche Ansätze diskutiert und weiterentwickelt. Zwar ist es auch Gruppen nicht gegeben, die Zukunft zu beschreiben oder Unsicherheiten abzuwenden, jedoch kann eine gemeinsam entwickelte Vorstellung von der Zukunft plausibler und vollständiger sein als Einzelmeinungen.

Das Zauberwort heißt „Shared Vision". „The practice of shared vision involves the skills of unearthing shared ‚pictures of the future' that foster genuine commitment and enrollment rather than compliance" [Senge 1990].

Spiel- und Entscheidungstheorie

Die Spieltheorie ist eine logisch-mathematische Analysemethode. Die Metapher des Spiels wird verwendet, um Situationen zu beschreiben und zu modellieren und damit zu Entscheidungen zu kommen. Obwohl dieses Teilgebiet der Mathematik enorm an Aufmerksamkeit gewinnt – und zwar nicht nur in der Mathematik, was sich auch an den fünf Wirtschaftsnobelpreisen für spieltheoretische Arbeiten zeigt –, so ist es zum Ableiten von Zukunftsaussagen doch nur begrenzt geeignet.

Durch die sehr vereinfachte Darstellung von Situationen als Spiel ist das Ergebnis auch nur begrenzt wieder auf die Realität übertragbar. Aus komplexen, unübersichtlichen Problemen wird ein Spiel mit einer festen Anzahl von Spielern und einer Spielregel modelliert – operationalisiert, klar und übersichtlich. Damit wird das Problem aus der realen Welt auf eine Formel reduziert, für die dann – unter Laborbedingungen – optimale, diskrete Entscheidungen zu finden sind. Der andere Nachteil dieser Methode ist, dass in der Spieltheorie immer von rationalen Entscheidungen ausgegangen wird: Die Spielteilnehmer haben alle Informationen und handeln logisch und rational. Inzwischen gilt jedoch die Sichtweise, dass sich Menschen überwiegend rational verhalten, definitiv als überholt – eine Tatsache, die Künstler schon immer wussten.

Dennoch können mit dieser Methode Indizien für wichtige – die Zukunft entscheidend beeinflussende – Entscheidungen gesammelt werden. Allein der Umgang mit und die Bearbeitung der Fragestellung erweitern den gedanklichen Horizont und damit den Lösungsraum.

Intuition

Entscheidungen – „aus dem Bauch" heraus – basieren auf Gefühlen, unvollständigen Informationen und einer im Unterbewusstsein ablaufenden Analyse und Bewertung. Eine klare, stringente, logische Begründung kann oft nicht gegeben werden. Warum

Tabelle 28 Methoden der Meinungsbildung und Entscheidungsfindung

	Methode	Annahmen	Zukunftsinformation
1	*Expertenmeinung*	Experte weiß mehr durch sein „Expertenwissen"	Individuell
2	*Gruppenmeinung*	Gruppe weiß mehr	Nicht eindeutig
3	*Spiel- und Entscheidungstheorie*	Rationale, logische Entscheidungen	Wenn-dann-Analyse
4	*Intuition*	Unterbewusstsein weiß mehr	Gefühle, Hoffnung, Ahnungen

so und nicht anders entschieden wurde, bleibt unklar. Bei Überlegungen die Zukunft betreffend hat das die Auswirkung, dass Entwicklungen nicht rational begleitet werden, sondern emotional beeinflusst und damit intransparent. Das Ergebnis könnte ein Wunschbild sein statt eines neutralen Zukunftsbildes.

Dieses Thema spielt bei Untersuchungen bezüglich Unsicherheit und Zukunft eine große Rolle. Viele Einschätzungen beruhen auf Intuition und können bis auf weiteres auch nicht durch exakte Wissenschaften und rationale, neutrale Argumentationen abgelöst werden. Wie bei den anderen Grundprinzipien auch, gibt es keine Garantie für die Richtigkeit. Erst ex-post kann gesagt werden, ob die Intuitionen auf dem Weg in die Zukunft hilfreich waren.

4.7.4 Auswahl der Foresight-Methoden („Blick in die Zukunft")

Um den Einfluss der kritischen Punkte zu minimieren, erwartet man von Teilnehmern in Foresight-Projekten Offenheit, Integrität, Überblick zum Thema und die Fähigkeit, Alternativen sachlich abwägen können.

Bei der Vorstellung der Methoden wurde deutlich, dass nicht alle für die Zukunftsanalyse geeignet sind. Eine Unterscheidung in Methoden der Gegenwartsanalyse, Methoden der Zukunftsanalyse und Methoden der Meinungsbildung ist sinnvoll. Eine bewusste Trennung und Anwendung hilft bei der Transparenz und Beibehaltung der Neutralität. Die Gruppe sollte die Meinungsvielfalt fördern, um sich dann auf eine Gruppenmeinung zu verständigen.

Beim „Blick in die Zukunft" kommen primär die Methoden der Zukunftsanalysen zur Anwendung. Für die zuvor identifizierten Elemente werden Hypothesen für die zukünftige Entwicklung entworfen. Die Anwendungsmöglichkeiten der Grundprinzipien auf die Kategorien der Zukunftselemente zeigt Tabelle 29.

Tabelle 29 Anwendung der Grundprinzipien auf die Zukunftselemente

Zukunftselemente	Kausal	Gesetze	Zeitreihen	Fantasie	Gestaltung
Paradigmen/Konstanten	x	x		x	
Trends		x	x		x
Unsicherheiten	x	x		x	x
Widersprüche	x	x		x	
Chaos/Wildcards	x			x	

4.7.5 Bildung von Hypothesen

Der Apekt der Zeit spielt beim Erstellen der Hypothesen eine besondere Rolle. Bei der Definition des Zukunft-Projektes wird unter anderem der betrachtete Zeitrahmen festgelegt. Ob der Zeitpunkt fünf Jahre oder zehn Jahre in der Zukunft liegt oder noch weiter, hängt in der Regel von der Fragestellung und dem Ziel des Projektes zusammen. Der Wunsch nach einer solchen Präzision ist verständlich, eine exakte Festlegung auf eine Jahreszahl jedoch wenig hilfreich.

Zur Verdeutlichung sei angenommen, es liegen zwei identifizierte, recherchierte und ausgearbeitete Zukunftselemente vor – beispielsweise (aus dem Beispiel „Zukunft des Fernsehens) P1 „Das TV ist das Hauptmedium der Unterhaltung" und T6 „TV-Sendungen werden immer kürzer als Konsequenz der gewandelten Freizeitgewohnheiten". Aus heutiger Sicht ist P1 ein Paradigma, hat also einen sehr stabilen Charakter. T6 dagegen ist aus heutiger Sicht ein Trend. Bei einer Vorgabe der Zielzeit auf fünf oder zehn Jahre fällt es schwer, den Unterschied zwischen der Fünf-Jahres-Marke und der Zehn-Jahres-Marke zu erkennen: Ist das Fernsehen in fünf Jahren noch Hauptmedium der Unterhaltung? Wie kurz sind die Fernsehsendungen in fünf Jahren? Und wie ändert es sich dann zwischen fünf und zehn Jahren? Es ist also fast unmöglich, die Zielzeiten exakt zu treffen.

Besser ist unter Berücksichtigung der Systemzeit eine Festlegung in kurzfristig, mittelfristig und langfristig. Die Systemzeit ist themenspezifisch. Im Falle des Beispiels „Zukunft des Fernsehens" wird sie auf sieben bis acht Jahre geschätzt. Die Schätzung berücksichtigt dabei den Lebenszyklus eines Fernsehers und drückt aus, wie das System „Fernseher" Änderungen und Erneuerungen verarbeiten kann. Ein System „Notebook" hat eine kürzere Systemzeit und ein System „U-Bahn" eine wesentlich längere, „Erde" als System betrachtet eine noch längere Systemzeit. Zeithorizonte können damit etwa folgendermaßen definiert werden:

Kurzfristig = unmittelbar anschließend
Mittelfristig = bis zum Ablauf ca. einer Systemzeit
Langfristig = alles, was dem Ablauf einer Systemzeit folgt

Damit wird die zeitliche Betrachtung an die Veränderungsmöglichkeiten des Untersuchungsobjektes gekoppelt. Das ist bei der Hypothesenbildung hilfreicher als abstrakte, nicht zuordenbare Zeitpunkte in der Zukunft.

Tabelle 30 **Systematische Hypothesenbildung für die Zukunftselemente**

Zukunftselemente	kurzfristig	mittelfristig	langfristig
Paradigmen/Konstanten	ausgearbeitet	keine Änderung	z.B. Gesetze
Trends	ausgearbeitet	z.B. Zeitreihen, Gesetze	z.B. Zeitreihen, Gesetze
Unsicherheiten	ausgearbeitet	z.B. Gestaltung	z.B. Fantasie
Widersprüche	ausgearbeitet	z.B. kausal	z.B. kausal
Chaos/Wildcards	ausgearbeitet	z.B. Spekulation	Spekulation
Neue Elemente	nicht zutreffend	z.B. Fantasie, Gestaltung	Spekulation

Für jedes der Elemente kann die Hypothese in Form einer Tabelle analog Tabelle 30 ermittelt werden. Es muss davon ausgegangen werden, dass sich die Kategorie des Elementes in der Zukunft ändert und neue Elemente hinzukommen. Auf diese Art und Weise lassen sich – unter Berücksichtigung der Grundprinzipien und Methoden der Zukunftsanalyse – systematisch für alle Elemente Annahmen entwickeln.

4.8 Entwicklung des Szenariorahmens und der Szenarien

Um zu konsistenten Zukunftsbildern zu kommen, müssen die Zukunftselemente in die richtige Kombination gebracht werden. Bisher liegen alle Elemente als einzelne Bausteine vor.

Richtig heißt dabei im Wesentlichen plausibel. Ziel ist es, Kombinationen mit hoher innerer Homogenität und hoher äußerer Heterogenität zu ermitteln. Durch die Anordnung und Verknüpfung entsprechender Bilder ergeben sich Szenariorahmen, die dann in einem weiteren Schritt zu vollständigen Szenarien entwickelt werden.

Anzahl der Szenarien

Wieviele Zukunftsbilder ein optimales Ergebnis liefern, kann nicht allgemeingültig beantwortet werden. Abhängig von der Fragestellung und dem Ziel des Projekts sollten es mehr als zwei und weniger als zehn sein. Nach oben wird die Anzahl durch den notwendigen Aufwand begrenzt, nach unten durch das Verständnis von Szenarien. Tabelle 31 zeigt eine Bewertung der Zahl eingesetzter Szenarien.

Die Erfahrungen haben gezeigt, dass sich einige Methoden sehr gut eignen und zu einem Framework kombinieren lassen. Abhängig von der Situation, Motivation, Übersichtlichkeit und möglichem Aufwand kann man sich zwischen Minimal-, Standard- oder Maximalansatz entscheiden (Tabelle 32).

Tabelle 31
Die Anzahl der Szenarien ergibt sich aus der Fragestellung und der „Zukunfts-Philosophie"

Anzahl der Szenarien	Bewertung
1	„Most likely", also wahrscheinlichstes Szenario. Aus Sicht des Strategen ist es bequem, trotzdem ist es falsch. Es gibt keine wahrscheinlichen Szenarien.
2	Bei zwei Szenarien entstehen in der Regel Extremszenarien, die in der späteren Auswertung schwierig zu behandeln sind.
3	Es besteht die Gefahr der Orientierung am „zentralen" Szenario.
4	Möglich, guter Kompromiss zwischen Aufwand und Nutzen.
5	Möglich.
Mehr als 5	Möglich, aber Aufwand bei der Erstellung und Auswertung steigt und ist eventuell nicht mehr vertretbar.

Tabelle 32 Drei Ansätze zur Erstellung des Szenariorahmens

	Minimalansatz	Standard	Maximalansatz
Anzahl Unsicherheiten	2	ca. 3 bis 8	> 8
Eingesetzte Tools und Methoden	Vier-Quadranten-Matrix	Wilson-Matrix, Morphologische Analyse	Wilson-Matrix, Morphologische Analyse, Wechselwirkungsanalyse, Konsistenzanalyse
Aufwand	gering	angemessen	sehr hoch
Anwendung	Einfache Fragestellung	Problemstellungen mit überschaubarer Anzahl an Unsicherheiten und Elementen	Komplexe Themen mit vielen Freiheitsgraden und Unbekannten

Minimalansatz

Der Minimalansatz ist denkbar, wenn sich beim Überblick über alle Elemente zwei Kriterien identifizieren lassen, an denen sich die weitere Entwicklung festmachen lässt. Eine detaillierte Beschreibung findet sich in [Pillkahn 2005]. Solche Minimalszenarien lassen sich beispielsweise bei der Einführung neuer Produkte oder Technologien anwenden (Bild 86). Ein Kriterium ist die Nachfrage, das andere die Verfügbarkeit. Es ergeben sich so top-down vier Alternativen. Die Zukunftselemente werden entsprechend dem Kontext angepasst und verbunden.

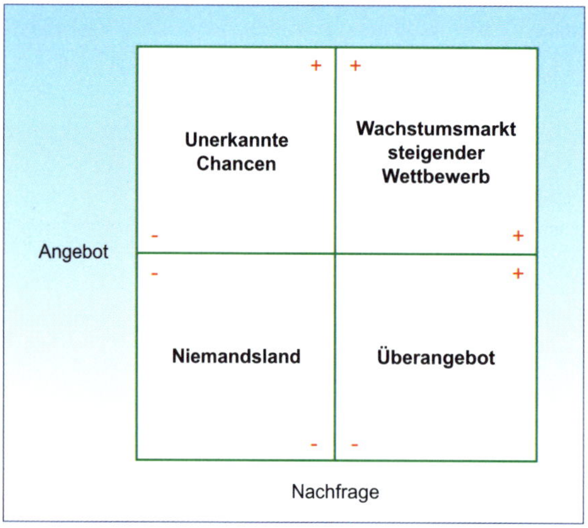

Bild 86 Entwicklung von Szenarien: Der Minimalansatz

Standardansatz

Lässt sich die Anzahl der Unsicherheiten nicht auf zwei reduzieren, empfiehlt sich der Standardansatz (siehe Tabelle 30) Hierbei erfolgt die Beurteilung der weiteren Entwicklung etwas differenzierter. Zunächst werden alle Elemente separat nach geschätzter Unsicherheit in der weiteren Entwicklung und ihrem möglichen Einfluss auf die Entwicklungsrichtung des Themas bewertet (Wilson-Matrix, Bild 87). Die als kritisch eingeschätzten Elemente zeichnen sich durch hohe Unsicherheit bei geschätztem hohem Einfluss aus. Das macht sie besonders interessant und die hohe Unsicherheit wird noch einen Schritt weiter untersucht.

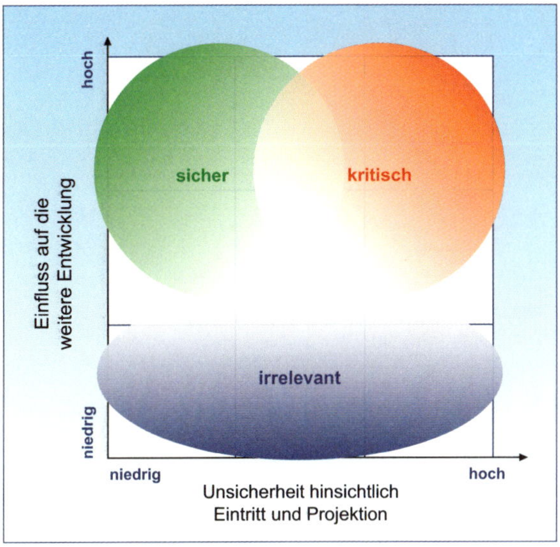

Bild 87 **Bewertung von Entwicklungselementen auf ihre Bedeutung: Die Wilson-Matrix**

Für jedes zu untersuchende Element müssen sich zwangsläufig je nach Ausprägung verschiedene Alternativen ergeben. Im Bild 88 ist der Ablauf schematisch dargestellt:

1. Eintragen der kritischen Elemente in den Kopf der Spalten (im Beispiel vier Elemente)
2. Ausarbeiten von möglichen, vorstellbaren Alternativ-Entwicklungen (mindestens zwei) und Eintrag der Ausprägung in die entsprechende Spalte
3. Kombination von Ausprägungen zu plausiblen Strängen
4. Jeder Strang bildet die Kernzelle für ein Szenario, für das jeweils ein aussagekräftiger Name gesucht wird.

Beim Schritt 3 werden diejenigen Ausprägungen miteinander verbunden, die sich nicht widersprechen und vom Gefühl her zusammenpassen. Die hohe Anzahl möglicher Kombinationen kann nur durch iteratives Probieren sinnvoll in Zusammenhang gebracht werden. Die Anzahl der Stränge richtet sich nach der Anzahl der gewünschten Szenarien.

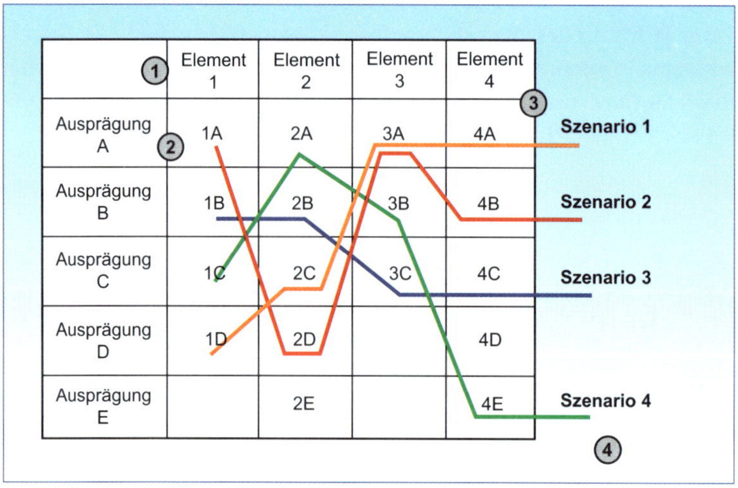

Bild 88 Morphologische Analyse: Die Szenarien sind abhängig von der Ausprägung der einzelnen Zukunftselemente

Der Szenariorahmen ergibt sich, indem der entwickelte Szenario-Kern durch die anderen Elemente ergänzt wird. Die stabilen („sicher“) und irrelevanten Elemente (Bild 87) sind für alle Szenarien gleich, die Unterschiede liegen in den kritischen Elementen und den speziell ermittelten Ausprägungen.

Maximalansatz

In Situationen und Fragestellungen, die durch eine noch höhere Anzahl an Elementen und Unsicherheiten gekennzeichnet ist, kommt der Maximalansatz zur Anwendung. Durch die Unübersichtlichkeit kann der Szenariorahmen nicht – wie im Standardansatz – aus der Übersicht heraus erstellt werden. Einige Zusatzschritte sind notwendig. Zunächst kann man die Anzahl der Elemente mit Hilfe der Wechselwirkungsanalyse reduzieren.

Dabei werden die Beziehungen und Einflüsse der Elemente untereinander analysiert (Bild 89). Jede Kombination wird separat untersucht und nach dem Einfluss auf einer Skala von 0 (unabhängig) bis 3 (starker Treiber) bewertet. Über die Aktivsumme lassen sich so die Elemente ermitteln, die auf die anderen Elemente besonders stark einwirken und treiben (im konkreten Fall T1, T4, T7, T8, T10).

Durch die Auswahl der Elemente entsprechend Bild 90 fokussiert man sich auf die Faktoren mit dem höchsten Gestaltungspotential. Diese dienen als Basis und Ausgangspunkt für die Entwicklung des Szenario-Kerns.

	T1	T2	T3	T4	T5	T6	T7	T8	T9	T10	Aktive Summe
T1		3	3	3	2	3	3	2	1	2	22
T2	0		3	0	3	0	2	0	1	2	11
T3	1	1		0	0	0	2	1	0	0	4
T4	2	2	3		3	2	3	1	1	2	16
T5	0	2	3	0		0	2	1	1	3	13
T6	2	1	3	1	1		1	0	1	2	13
T7	1	2	2	2	2	1		3	2	3	18
T8	2	3	3	1	1	0	3		1	2	16
T9	2	1	0	2	1	2	2	2		1	13
T10	3	3	3	3	3	0	2	2	1		20
Summe	15	18	23	12	16	8	20	12	9	17	

Aktive: T1 T7 T10
Passive: T2 T3 T7

0 unabhängig 2 abhängig
1 leichte Beeinflussung 3 starker Treiber

Bild 89 Wechselwirkungsanalyse (Beispiel mit 10 Trends T1 bis T10): Die starken Treiber formen die Zukunftsbilder

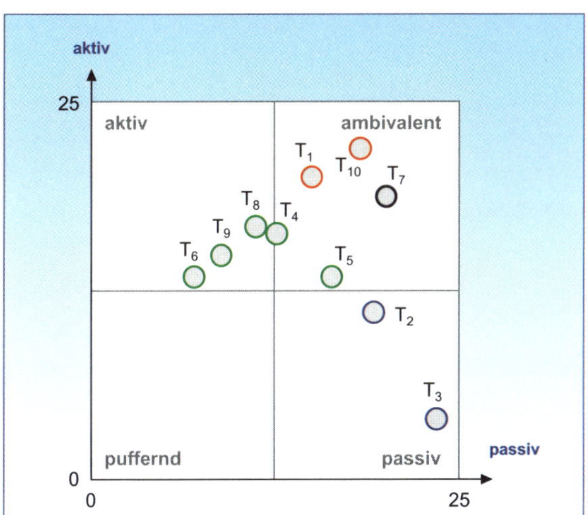

Bild 90 Auswertung zur Wechselwirkungsanalyse: Auswahl der entscheidenden Elemente

Anschließend werden die ausgewählten Elemente analog dem Standardansatz der Bewertung mit Hilfe der Wilson-Matrix (Bild 87) der morphologischen Analyse unterzogen.

Aufbauend auf dem mit den Ausprägungen ausgefüllten Morphologischen Kasten erfolgt beim Maximalansatz in einer weiteren Matrix (Bild 91) eine Konsistenzanalyse. Schrittweise wird die Verträglichkeit der Ausprägungen in der Kombination geprüft und damit die Auswahl der Szenario-Stränge strukturiert. Was beim Standardansatz in der Übersicht durchgeführt wurde (Schritt 3) erfolgt nun ausführlicher. Wie im Bild 91 zu erkennen ist, wird dadurch die Konsistenz der Stränge sichergestellt.

	1A	1B	1C	2A	2B	3A	3B	4A	4B	4C
1A										
1B										
1C										
2A	1	3	5							
2B	2	4	3							
3A	3	3	2	4	5					
3B	1	4	5	2	1					
4A	2	2	3	5	2	4	2			
4B	3	4	4	4	4	3	5			
4C	2	2	3	3	3	2	1			

1 total inkonsistent
2 partiell inkonsistent
3 neutral
4 begünstigend
5 unterstützend

Bild 91 Konsistenz-Analyse: Warum, weshalb, was passiert?

Nach folgendem Schema werden die Ausprägungen in der Kombination bewertet:

1 – Totale Inkonsistenz (unmögliche Kombination)

2 – Partielle Inkonsistenz (widersprüchliche Kombination)

3 – Neutral (kein gegenseitiger Einfluss)

4 – Gegenseitige Begünstigung (positive Beeinflussung)

5 – Gegenseitige Abhängigkeit (beide Projektionen sind gekoppelt)

Dieser etwas formalisiertere Ansatz ist am aufwändigsten und es gibt eine ganze Reihe von Softwareprodukten, die dabei unterstützen. Es darf jedoch nicht vergessen werden, dass eine hohe quantifizierte Konsistenz kein Garant für schlüssige Zukunftsbilder sein kann. Sowohl die Generierung und Operationalisierung der Elemente, als auch die Bewertungsschritte sind hochgradig subjektiv, basierend auf

Bauchgefühl, Annahmen und Wünschen. Die exakte Auswertung von ungenauen Eingangsgrößen wird so schnell zu einer rein akademischen Übung – Quantifizieren von Bauchgefühl. Aus Erfahrung kann man sagen, dass Szenarien mit weniger Elementen, die aber durchdrungen, durchdacht und diskutiert werden können, bessere Ergebnisse liefern als von einer Software berechnete Szenarien, die jedoch nicht nachvollziehbar sind.

Welcher der Ansätze zum Einsatz kommt, ist situationsabhängig und vor allem persönlicher Geschmack. Die Szenariotechnik ist ein Framework, das jede Menge Freiräume für Methodeneinsatz und Experimente bietet. Die Kombination von mehreren Methoden und Grundprinzipien garantiert jedoch robustere Szenarien.

4.9 Gestaltung der Zukunftsbilder

Ausgehend von dem Ergebnis des Szenariorahmens werden die Zukunftsbilder entworfen und beschrieben. Die Form der Darstellung der Zukunftsbilder hängt im Wesentlichen vom Ziel, von den verfügbaren Möglichkeiten der Gestaltung und den angestrebten Kommunikationswegen ab.

Neben der Darstellung des Zukunftsbildes ist vor allem der Transport der Kernbotschaften wichtig: Was sind die wichtigen Erkenntnisse und wie sollen sie zum Empfänger – dessen Aufnahmekapazität und Aufmerksamkeit begrenzte Ressourcen sind – transportiert werden?

Wie in Tabelle 33 zu sehen, ist es am einfachsten, den Szenariorahmen ohne weitere Ausgestaltung weiter zu verwenden, z.B. für die interne Strategieentwicklung. Ist jedoch eine weitreichende Kommunikation der Erkenntnisse – sowohl intern aus auch ggf. extern – geplant, bietet es sich an, die Elemente des Szenariorahmens in verständliche Geschichten zu verpacken. Ob man sich zuerst eine Geschichte überlegt und dann die Elemente darin verpackt oder mit den Elementen beginnt und die Geschichte „außenrum" baut, ist persönlicher Geschmack. Beide Wege sind möglich. Wichtig ist, dass Rahmen und die Geschichte zusammenpassen.

Tabelle 33 Möglichkeiten der Gestaltung von Zukunftsbildern

	Gestaltung des Zukunftsbildes als	Angewendet bei
1	*Szenariorahmen*	Keine Kommunikation geplant
2	*Geschichte*	Verpackung der Elemente in eine Handlung
3	*Visualisierung*	Grafische Unterstützung in Verbindung mit der Geschichte. Darstellung komplexer Sachverhalte
4	*Multimediale Aufbereitung*	Umsetzung der Botschaften in einen Film, geeignet für High-Level-Kommunikation und zur Ansprache einer hohen Anzahl von Empfängern

Die Kommunikation der Szenarien kann mit grafischen Komponenten beliebig aufwändig durchgeführt werden. Beispiele aus aktuellen Projekten sind in den Bildern

Bild 92 Visualisiertes Zukunftsbild: Küchen-Showroom 2015 (Jacques Helot 2005)

Bild 93 Visualisiertes Zukunftsbild: Küchenszenario 2015 (Jacques Helot 2005)

Bild 94 Visualisiertes Zukunftsbild: Kühlschrank 2010 (Jacques Helot 2005)

92 bis 94 zu sehen. Der Königsweg ist aber die Darstellung der Kernbotschaften in einem Film. Wenn es die Ressourcen erlauben – und nicht nur der technische Aufwand ist enorm – ist dies sicher der anspruchsvollste, aber auch vielversprechendste Weg der Kommunikation von Zukunftsbildern.

4.10 Bewertung von Szenarien

Was ist ein gutes Szenario?

Eines, das etwas bewirkt!

So einfach kann man die Frage beantworten. Die Wirkung kann an der Spannung der Handlung liegen, an neuen Erkenntnissen, an der Relevanz des Themas oder der Verständlichkeit. Alles sind Kriterien zur Einschätzung von Szenarien. Am wichtigsten sind jedoch die Spuren, die es hinterlässt. Solche Spuren könnten sein:

- Umdenken und Überdenken von Denk- und Verhaltensmustern
- Veränderte Prozesse
- Neuanfänge
- Abbrüche
- Initiativen
- Motivation, Begeisterung usw.

Andererseits muss auch klar sein, dass Szenarios keine Wunder bewirken können. Für die Umsetzung ist schließlich der Empfänger verantwortlich.

Auch wenn man geneigt ist, nach dem Lesen oder Sehen eines Szenarios zu urteilen, wie plausibel es ist und wie wahrscheinlich der Eintritt ist, so ist dies wenig hilfreich für eine Bewertung: „At first, people refuse to believe that a strange new thing can be done, and than they begin to hope it can be done. Than they see it can be done – then it is done and all the world wonders why it was not done centuries ago." (Francis Hodgson Burnett in [Marsh 2002])

Es ist wohl menschlich, dass Vorstellungen über die Zukunft unmittelbar mit einer Wahrscheinlichkeit versehen werden. Es sei aber noch einmal betont, es geht hier nicht um Eintrittswahrscheinlichkeiten oder Vorhersagen. Gute Szenarien provozieren und inspirieren.

4.11 Pictures of the Future

Unter dem Namen „Pictures of the Future" werden bei Siemens systematisch Zukunftsbilder entwickelt. *Systematisch* bedeutet vor allem „in regelmäßigen Abständen" und „in einem vorgegebenen Framework." Das Besondere am Vorgehen ist dabei die Kombination aus Extrapolation und Retropolation [Stuckenschneider 2005]. Aufbauend auf dem Konzept von Mirow und Linz [Mirow 2000] wurde das methodische Vorgehen (Bild 95) kontinuierlich weiterentwickelt und ist heute wichtiger Bestandteil der Strategieentwicklung.

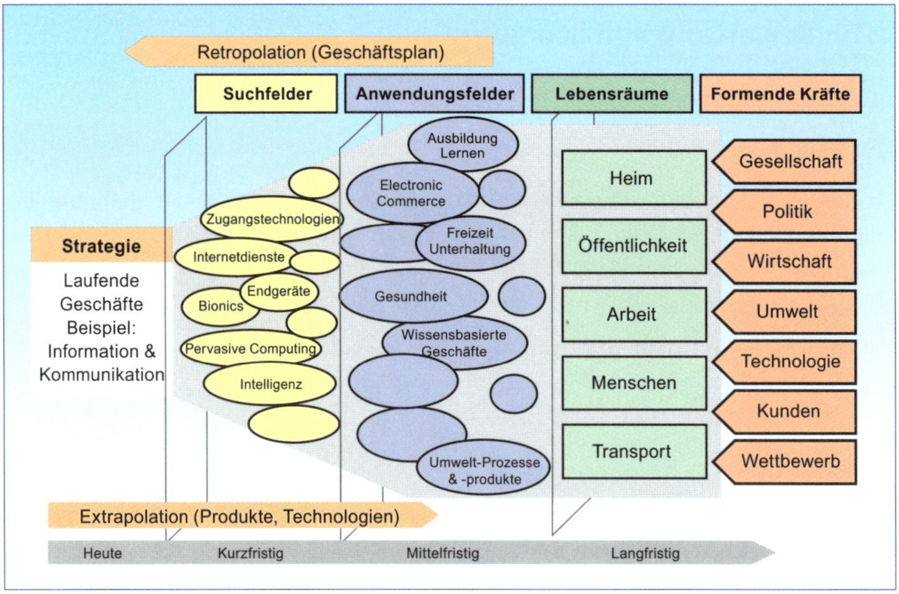

Bild 95 Szenario-Technik im „Strategic Visioning": Extrapolation und Retropolation [Mirow 2000]

Bild 96 So können Pictures of the Future aussehen: Ein Beispiel aus dem Bereich „Healthcare"

Ausgangspunkt der Betrachtung ist die aktuelle Geschäftsstrategie, die sich in Portfolios, Produkt- und Technologie-Roadmaps sowie Strategieplänen darstellt. Während die traditionelle Planung eingeschlagene Entwicklungspfade „linear" weiterentwickelt, wird die Sichtweise durch das „Strategic Visioning" komplementiert. Es werden Zukunftsbilder entwickelt und die Strategieplanung erweitert, bzw. durch neue und zusätzliche Perspektiven ergänzt.

Wie das Beispiel im Bild 96 zeigt, werden die Erkenntnisse tatsächlich in kommunizierbare Bilder übertragen. Auf diese Weise werden für alle Siemens-Arbeitsgebiete in regelmäßigen Zeitabständen „Pictures of the Future" erarbeitet. Diese dienen der strategischen und technologischen Orientierung, der Vorausschau, der Meinungsbildung und sind Grundlage zur Diskussion. Sie dienen der Kommunikation sowohl innerhalb der Firma, aber auch zum Dialog mit anderen Firmen, Institutionen, Universitäten und Partnern – Shell, IBM, Coca-Cola, Boeing, Samsung, IFTF, um nur einige zu nennen.

Mit der langjährigen Erfahrung auf dem Gebiet der Zukunftsforschung ist auch eine intenisve und kontinuierliche Verbesserung der Methodik vorgesehen und angestrebt. Bild 97 zeigt einen erweiterten und verbesserten Ablauf.

Im Bestreben der ständigen Verbesserung des Prozesses konzentrieren sich die Untersuchungen und Weiterentwicklungen auf folgende Schwerpunktthemen:

- Wissen ist nicht gleich Wissen. Wie zuvor schon beschrieben, reicht die Bandbreite von Tatsachenwissen über Meinungen bis hin zu Spekulationen. Die stärkere Berücksichtigung der unterschiedlichen Formen im Prozess würde die Qualität der Zukunftsbilder weiter erhöhen. Die Bewertung ist eine Herausforderung.

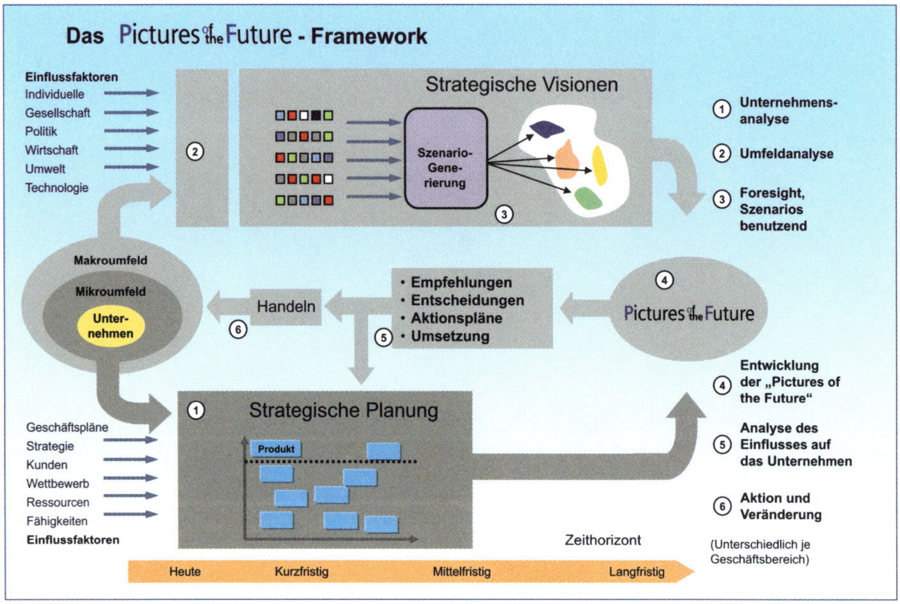

Bild 97 Das PoF-Framework: Verbesserter Ablauf

- Mit der Erarbeitung von Wissen ergibt sich die Frage nach einer intelligenten Ablage. Die Anforderungen beispielsweise hinsichtlich des Austausches innerhalb und außerhalb des Unternehmens, der Praktikabilität und der Kennzeichnung der Aktualität gehen weit über die Fähigkeiten aktueller Wissensmanagement-Systeme hinaus.
- Die Rolle der Wissenschaft im Foresight-Prozess bleibt ungeklärt. Die im Abschnitt 1.1 dargestellten Fragestellungen stehen im Fokus der Verbesserungsaktivitäten mit dem Ziel, die Aussagekraft der Zukunftsbilder zu erhöhen und fundierter zu gestalten.
- Die Sicherstellung der Kontinuität und Neutralität der Foresight-Aktivitäten und die Integration im Strategieprozess muss auch im schwierigen unternehmerischen Umfeld gegeben sein. Die Frage nach der geeigneten Organisationsform, welche Unabhängigkeit und Mitsprache gewährleistet, ist ein zentraler Punkt im weiteren Programm.

4.12 Zukunft des Fernsehens (III)

In den vorangegangenen Kapiteln wurden zum Thema „Zukunft des Fernsehens" folgende Beiträge erarbeitet:

- Am Anfang stand die Recherche: Es wurden Informationen gesammelt und eine Informationsbasis erstellt (Kapitel 2).

- Aus diesem Material wurden Zukunftselemente identifiziert, Hypothesen erstellt und die Elemente entsprechend der Veränderungsdynamik einer der fünf Kategorien zugeordnet (Kapitel 3).

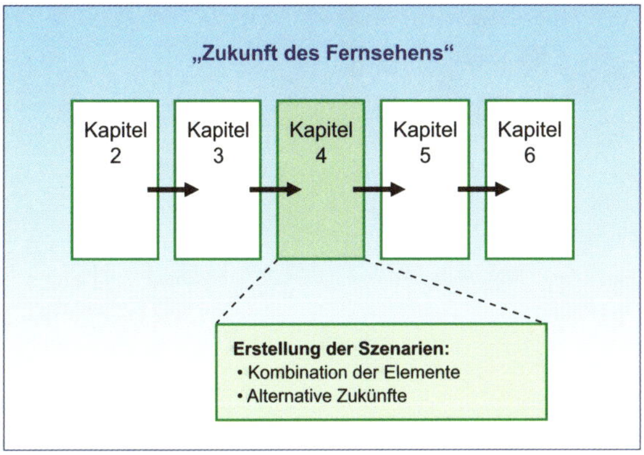

Bild 98 **Untersuchungsprojekt „Zukunft des Fernsehens", Schritt 3: Erstellung der Szenarien**

Bild 98 zeigt die Übersicht und den Fortschritt im Untersuchungsprojekt.

Bewertung

Nun erfolgt die Bewertung der Elemente (Tabelle 16, Kapitel 3), dargestellt mit der Wilson-Matrix (Bild 99). Zum einen wird der Einfluss auf die Thematik bewertet und zum anderen die weitere Entwicklung – als *Unsicherheit* – eingeschätzt. Wie im Kapitel 3 schon beschrieben, ist die persönliche Einschätzung eine Mischung aus Wissen und Meinung – nach bestem Wissen und Gewissen – ohne den Anspruch auf Richtigkeit.

Für die Erstellung der Szenarien werden prinzipiell alle ausgearbeiteten Elemente verwendet. Die Elemente im rot umrahmten Bereich gelten aufgrund der Bewertung als besonders unsicher und als besonders wichtig für die weitere Entwicklung des Fernsehens und werden wie nachfolgend beschrieben „speziell behandelt".

Konkret geht es um die Elemente W1, W2, W3, U1, U4, U6 und U7. Da sie als sehr unsicher eingeschätzt werden, müssen mehrere mögliche Entwicklungsrichtungen vorstellbar sein. Diese möglichen, alternativen Entwicklungpfade – auch Ausprägungen genannt – werden für jedes Element separat entworfen. Sie enthalten den „Blick in die Zukunft" und die Zukunftsinformationen werden mit Hilfe der fünf Grundregeln und der Methoden (vorgestellt in Abschnitt 4.7) „generiert". Für jedes der selektierten Elemente werden die möglichen Ausprägungen – mindestens zwei, sonst bestünde keine Unsicherheit – in einer Tabelle untereinander erfasst. Diese Form wird als Morphologischer Kasten (oder „Zwicky-Box", nach seinem Erfinder Fritz Zwicky) bezeichnet. Mögliche Ausprägungen für das Anwendungsbeispiel sind in Bild 100 eingetragen.

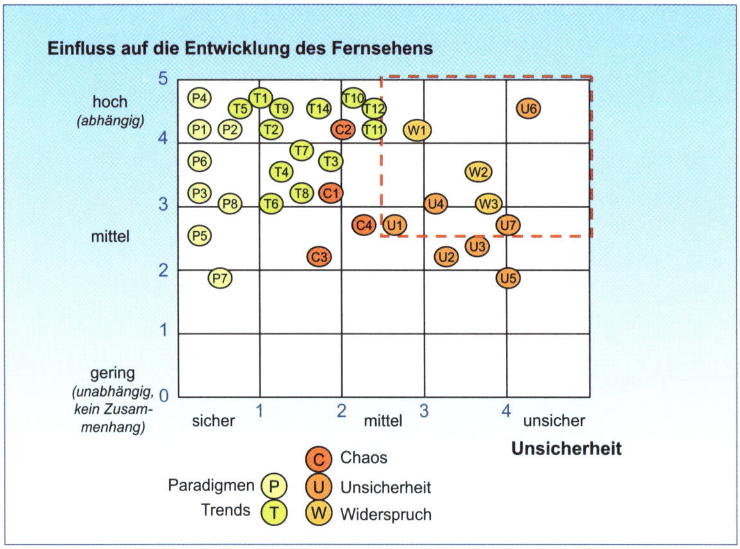

Bild 99 Die Bewertung der Zukunftselemente: Jedes Element geht in die Szenarien ein

Die Überlegung zu den alternativen Entwicklungen ist ein anspruchsvoller Vorgang – schließlich geht es hier um die Erweiterung der Elemente in die Zukunft. Diskussionen – mit Experten und Laien –, Brainstorming oder andere kreative Methoden können an dieser Stelle unterstützen. Eine Begrenzung erfolgt lediglich durch die Vorstellungskraft. Sind für jedes Element einige Alternativen formuliert worden, geht es darum, Ausprägungen plausibel und widerspruchsfrei zu kombinieren und zu verbinden. Beispielsweise ergibt die Kombination aus W1c und W3a einen Widerspruch. Mit dem Ziel, in sich konsistente Szenarien zu entwickeln, sollten sich die Elemente der Kombinationen inhaltlich nicht widersprechen.

Wie zuvor im Kapitel 4 dargestellt, ist die Anzahl von vier Szenarien ein guter Kompromiss zwischen Aufwand und Nutzen. Bei dem Versuch, die Ausprägungen zu vier Kombinationen zu verbinden, die dann die Basis der Szenarien darstellen, ist darauf zu achten, dass die Stränge sich möglichst stark voneinander unterscheiden und möglichst viele der Ausprägungen verwenden, jedoch sollte idealerweise keine Mehrfachverwendung auftreten. Das garantiert eine hohe Abdeckung der möglichen Zukünfte durch die vier Szenarien.

Die farbigen Linien in Bild 100 verbinden im Anwendungsbeispiel die Ausprägungen zu je einem Szenariostrang. Ist eine Kombination ermittelt, wird ein Name für das Szenario gesucht (letzte Spalte). Mehrere Iterationen sind hier möglich und sinnvoll.

Bei der Festlegung der Verbindungslinien sind folgende Kriterien zu beachten:

- Die Kombinationen sollten konsistent und in sich widerspruchsfrei sein.
- Untereinander sollten sich die Kombinationen durch größtmögliche Unterschiede und wenig Gemeinsamkeiten auszeichnen.

	W1	W2	W3	U1	U4	U6	U7	Szenario
a	Überforderung und Verunsicherung der TV-Konsumenten durch komplexe Technologien.	In Anlehnung an die Wiki-Idee wird sich Open-Source-TV durchsetzen.	Technikoverload führt zur Ablehnungshaltung der TV-Nutzer. Die Vielfalt der Medienlandschaft nimmt zu.	IP-TV bietet eine Vielzahl von Diensten, die der Nutzer bereits kennt (zum Beispiel Spielfilme zum Herunterladen).	Fernsehkonsum wird aus dem Korsett der vorgegebenen Programmschemata befreit.	Fernsehen wird sich zunehmend zum Sekundärmedium entwickeln.	Internet und Fernsehen treten in einen harten Wettbewerb um die Gunst der Aufmerksamkeit.	Quo vadis, TV?
b	Benutzer streben nach einfacher Bedienung in der High-Tech-Welt.	Triple-Play (Bündelung von TV, Handy und Internet) ermöglicht die parallele Mediennutzung.	Fernsehempfang wird flexibler („überall Fernsehen“ setzt sich durch).	IP-TV kann interaktive Showformate hervorbringen (Zuschauer können in eine Sendung eingeblendet werden).	Neue Angebote, Business-Modelle und Formate entstehen. Neueinsteiger aus anderen Industrien steigen ins TV-Geschäft ein.	Die hochmodernen Endgeräte vermitteln den Nutzern ein Kinoerlebnis im Wohnzimmer.	Das traditionelle Fernsehen muss sich als interaktives Medium erst etablieren.	High-Performance TV
c	TV-Zapping sowie paralleler TV-Konsum setzen sich zunehmend durch, als Resultat des neuen Paradigmas „Mehr erleben in gleicher Zeit“.	Neue Technologien für zu Hause als Statussymbol.	Neue Formate, Inhalte und Verteilmechanismen eröffnen neue Fernseherlebnisse.	In Deutschland müssen funktionierende Geschäftsmodelle für IP-TV erst noch entworfen werden.	Die Programmangebote für bestimmte Zielgruppen nehmen zu.	Social Networking funktioniert bald auch über TV; Communities nutzen TV zum Infoaustausch.	Bezüglich der Nutzungszeit befindet sich das Internet bei der jungen Generation auf Platz 1.	TV à la carte
d	Spezialisierte Programme sind den Nutzern wichtiger als der Übertragungsweg.	Die Digitalisierung führt zu einem enormen Anstieg der Programm- und Kanalvielfalt.	Die Fragmentierung der Fernsehnutzung nimmt weiter zu.	IP-TV bietet mehr Vielfalt und individuelle Nutzungsformen.	Jeder wird zum Content Creator und kann Inhalte zur Verfügung stellen.	Allroundkanäle, die ein breites Massenpublikum ansprechen, verlieren an Bedeutung.	Fernsehen erfindet sich neu. Durch neue Formate werden neue Zuschauergruppen erschlossen.	Open-TV

Bild 100 Szenarioentwicklung: Auswahl der Ausprägungen zur Bildung von Szenarien

Nun werden die Szenarien entworfen und beschrieben:

Ausgangspunkt sind der Titel des Szenarios und die Kombination der Ausprägungen. Die Elemente dienen als Anhaltspunkte und Rahmen für das eigentliche Szenario. Viel Fantasie, Erfahrung, Schreibtalent und Ausdauer ist notwendig, um die Einzelteile zu einer Story zu verbinden. Die Verpackung in einer Geschichte dient dazu, den Ausschnitt aus der Zukunft besser kommunizieren zu können. Je spannender und packender die Geschichte geschrieben ist, umso besser lassen sich die systematisch ermittelten Elemente und Ideen verpacken und transportieren. Zur Erinnerung: Szenarios sind Instrumente der Kommunikation!

Sehen Sie selbst: Nun folgt für jedes Szenario eine Geschichte und ein Bild zur besseren visuellen „Erleuchtung“.

Szenario 1: Quo vadis, TV?

Für Szenario 1 ergibt sich folgender Szenario-Rahmen:

Komponente	Element	Beschreibung
Titel	Quo vadis TV?	Unklare Entwicklung – viele Möglichkeiten
Hauptfigur	Laura Lustig	Kurz nach der Trennung von ihrem Freund
Szene	Wohnzimmer	Es sollte ein ruhiger Fernseh-Abend werden.
Paradigmen, Konstanten	P1	Das TV ist das Hauptmedium der Unterhaltung.
	P2	„Mehr erleben in gleicher Zeit" wird zum Paradigma der Fernsehgewohnheiten.
	P3	Komplexität der Systeme hat eine Verunsicherung der Konsumenten zur Folge.
	P4	Die Technik für die digitale Übertragung von Fernsehen über Satellit und Breitband-Verteilnetze ist ausgereift und erprobt.
	P5	Dem Zuschauer in Deutschland stehen derzeit fünf Übertragungswege zur Verfügung: terrestrische Ausstrahlung (DVB-T), Kabel, Satellit, Telefonleitung (via DSL), mobile (UMTS, DVB-H).
	P6	TV-Konsumenten wollen passiv unterhalten werden.
	P7	Das neue Leitmedium Internet beansprucht bereits 12% des täglichen Zeitbudgets bei den 14- bis 49-Jährigen.
	P8	Der Fernsehzuschauer hat zwei Bedürfnisse in Bezug auf das Medium Fernsehen: Unterhaltung und Information.
	P9	Die Bildqualität und die Anzahl der Empfangsmöglichkeiten haben zugenommen.
Trends	T1	Das Fernsehen entwickelt sich zum „Nebenbei-Medium" bzw. „Sekundärmedium" (parallele Mediennutzung).
	T2	Das Angebot der Übertragungswege und Technologien wächst inflationär.
	T3	Insbesondere bei der jüngeren Generation nimmt der Fernsehkonsum – durch eine veränderte Mediennutzung – ab.
	T4	Die innovativen Technologien des TV werden komplexer und sind mit hohen Kosten für die Verbraucher verbunden.
	T5	Die analoge Übertragung wird durch die Digitalisierung abgelöst.
	T6	TV-Sendungen werden immer kürzer als Konsequenz der gewandelten Freizeitgewohnheiten.
	T7	Der Unterhaltungswert und die Aufmachung der Programmsendungen gewinnen an Bedeutung zu Lasten des Informationsgehalts.
	T8	Der Trend bei den Konsumentenwünschen geht zu größeren Displays.
	T9	Privates Fernsehen entwickelt sich zum verschlüsselten Bezahlfernsehen.
	T10	Es kommt zu einer Konvergenz der Medien – Technologien verschmelzen synergetisch (siehe Triple-Play).
	T11	Es kommt zu einem erbitterten Kampf um das Zeitbudget der Fernsehnutzer.
	T12	TV on Demand wird sich durchsetzen: Jeder kann sein eigenes Programm zusammenstellen, Fernsehen wird individueller.

Komponente	Element	Beschreibung
	T13	Die Fernsehlandschaft wird weiter verspartet (spezielle Programme für immer engere Zielgruppen, zum Beispiel MTV, n-TV, CNN, DSF).
Widersprüche	W1a	Überforderung und Verunsicherung der TV-Konsumenten durch komplexe Technologien.
	W2d	Die Digitalisierung führt zu einem enormen Anstieg der Programm- und Kanalvielfalt.
	W3a	Technikoverload führt zur Ablehnungshaltung der TV-Nutzer. Die Vielfalt der Medienlandschaft nimmt zu.
Unsicherheiten	U1a	IP-TV bietet eine Vielzahl von Diensten, die der Nutzer bereits kennt (zum Beispiel Spielfilme zum Herunterladen).
	U2	Haben neue, hochauflösende TV-Programme und -Formate (z.B. HDTV) überhaupt Zukunftschancen (Henne-Ei-Problem)?
	U3	Sind die technologischen Entwicklungen mit den regulativen Rahmenbedingungen und den gesetzlichen Bestimmungen vereinbar?
	U4b	Neue Angebote, Businessmodelle und Formate entstehen. Neueinsteiger aus anderen Industrien steigen ins TV-Geschäft ein.
	U5	Es ist fraglich, ob und mit welchem Konzept die Spartensender langfristig wirtschaftlich tragfähig sind.
	U6a	Fernsehen wird sich zunehmend zum Sekundärmedium entwickeln.
	U7a	Internet und Fernsehen treten in einen harten Wettbewerb um die Gunst der Aufmerksamkeit.
Chaos, Wildcards	C1	Die Produktlebenszyklen technischer Produkte werden immer kürzer.
	C2	Es besteht ein enormer Innovationsdruck seitens der Gerätehersteller, aber auch von Seiten der Mediengestalter.
	C3	Reaktion der Regulierungsbehörde und der Politik auf die Verbreitung von Gewalt-Videos, Sex und Pornografie.
	C4	Der TV-Markt befindet sich in einem grundlegenden Transformationsprozess, die Entwicklungspotentiale sind erkennbar und stellen die verschiedenen Marktplayer vor eine enorme Herausforderung.
Kreativität und Fantasie	individuell	Einbringung durch die Verbindung der Elemente zu einer Story

Szenario 1

Nach fast sieben Jahren Beziehung mit Achim ist sie nun wieder allein. Es war besser so, sagt sie sich immer wieder. Was die Trennung nun genau für sie bedeutet, darüber muss sich Laura erst noch klar werden. Es wird sich Einiges ändern in ihrem Leben, das ist gewiss. Heute Abend will sie jedoch abschalten. Nach den turbulenten letzten Tagen einfach mal in Ruhe fernsehen. So wie früher mit Achim...

Im Wohnzimmer macht sie es sich gemütlich und schaltet den Fernseher ein. Dabei wird ihr bewusst, dass es immer Achim war, der sich um alles gekümmert hat – die Technik und so.

Auf dem Bildschirm erscheint eine Nachricht – von Achim:

Liebe Laura,

Irgendwann wirst du mal fernsehen wollen. Ich hatte ja das HIX System installiert und ich dachte, ein paar Hinweise zur Bedienung wären nützlich für dich.

Eigentlich ist alles ganz einfach. Wenn du das hier liest, ist der HIX Server schon funktionsbereit. Du musst dann einfach noch in den ‚View-Mode' gehen. Vorher solltest du dir aber überlegt haben, was du sehen willst. Einfach fernsehen im ÖF oder PF? Dann am besten den Programm-Guide von TV-Now aktivieren. Kostest zwar, aber du brauchst bloß draufklicken. Mit dem neuen Standard ist es auch möglich, parallel einige Programme anzutesten, bevor du es dann wirklich auswählst und bezahlen musst. Für die Bezahlung habe ich die A-Box eingerichtet (die ganz unten). Es sollte noch Guthaben drauf sein, sonst musst du neu laden (akzeptiert im Moment wohl nur die TV-Card von ÖF). Das System wird gerade von DVB-X auf DVB-Y umgestellt. Musst du mal probieren, ob du es mit der HIX-extra Erweiterung noch empfangen kannst. Ansonsten über Kabel, dort musst du aber nun für jeden Kanal extra bezahlen.

Oder du willst einen Film sehen. Da gibt es auch mehrere Möglichkeiten. Auf dem Server liegen noch einige Filme. Möchtest du einen davon sehen, musst du über das xx3 (die Box in der Mitte) gehen, um einen der Filme freizuschalten. Oder du wählst einen aus der QLib aus (vorher evtl. neuesten Decodierer runterladen und installieren). Eine Alternative wäre auch iMovie, ist aber, glaube ich, nicht kompatibel zum HIX und du müsstest es dann auch über xx3 laufen lassen.

Dann besteht noch die Möglichkeit übers Internet. Stichwort Web 4.8a. Ich hoffe, du hast die Fiberline noch nicht abbestellt. Bei MeTube gibt es ja jetzt auch die Sport-Ereignisse. Wenn du auf der Site bist, deinen Key eingeben und dann noch die Formate justieren. Das geht mit der Box ganz oben. Das orange Kabel muss aber in der linken Buchse stecken, ansonsten kommt das Signal vom Server und nicht vom Modem.

Bild 101 Quo vadis, TV? – Ein Dschungel der Technik (Jacques Helot 2007)

Sie wollte doch einfach nur ein bisschen fernsehen, früher hat sie dazu einfach auf „ON" gedrückt. Aber klar, das analoge Fernsehen wurde vor 10 Jahren abgeschaltet.

Die GEMA und GEZ monitoren ja jetzt über den implantierten Eye-Scan, was die Leute so sehen. Ich hoffe, das vergisst du nicht, sonst bekommst du eine E-Abmahnung und du weißt, das kann teuer werden.

Wie ich es gesagt habe, es ist ganz einfach. Solltest du doch noch Fragen haben, kannst du mich auch anrufen. Dann musst du in den ‚Talk-Mode' wechseln ...

Sie schnappte nach Luft. Zu der Trennung von Achim kam jetzt wohl noch die Trennung vom Fernsehen. Heute Abend wird sie sich einem der vielen ungelesenen Bücher widmen – ganz altmodisch – und nicht digital – und morgen könnte sie eigentlich mal wieder ins Kino gehen.

Szenario 2: High-Performance-TV

Für Szenario 2 ergibt sich folgender Szenario-Rahmen:

Komponente	Element	Beschreibung
Titel	High-Performance-TV	Neue Technologien bringen echten Kundennutzen und Entertainment-Genuss
Hauptfigur	Hans Silberling	Technikfreak und Movieexperte
Szene	Home-Cinema	Ein ganz normaler Freitagabend – Hans beim Zappen
Paradigmen, Konstanten	P1	Das TV ist das Hauptmedium der Unterhaltung.
	P2	„Mehr erleben in gleicher Zeit" wird zum Paradigma der Fernsehgewohnheiten.
	P3	Komplexität der Systeme hat eine Verunsicherung der Konsumenten zur Folge.
	P4	Die Technik für die digitale Übertragung von Fernsehen über Satellit und Breitband-Verteilnetze ist ausgereift und erprobt.
	P5	Dem Zuschauer in Deutschland stehen derzeit fünf Übertragungswege zur Verfügung: terrestrische Ausstrahlung (DVB-T), Kabel, Satellit, Telefonleitung (via DSL), mobile (UMTS, DVB-H).
	P6	TV-Konsumenten wollen passiv unterhalten werden.
	P7	Das neue Leitmedium Internet beansprucht bereits 12% des täglichen Zeitbudgets bei den 14- bis 49-Jährigen.
	P8	Der Fernsehzuschauer hat zwei Bedürfnisse in Bezug auf das Medium Fernsehen: Unterhaltung und Information.
	P9	Die Bildqualität und die Anzahl der Empfangsmöglichkeiten haben zugenommen.
Trends	T1	Das Fernsehen entwickelt sich zum „Nebenbei-Medium" bzw. „Sekundärmedium" (parallele Mediennutzung).
	T2	Das Angebot der Übertragungswege und Technologien wächst inflationär.
	T3	Insbesondere bei der jüngeren Generation nimmt der Fernsehkonsum – durch eine veränderten Mediennutzung – ab.
	T4	Die innovativen Technologien des TV werden komplexer und sind mit hohen Kosten für die Verbraucher verbunden.

Komponente	Element	Beschreibung
	T5	Die analoge Übertragung wird durch die Digitalisierung abgelöst.
	T6	TV-Sendungen werden immer kürzer als Konsequenz der gewandelten Freizeitgewohnheiten.
	T7	Der Unterhaltungswert und die Aufmachung der Programmsendungen gewinnen an Bedeutung zu Lasten des Informationsgehalts.
	T8	Der Trend bei den Konsumentenwünschen geht zu größeren Displays.
	T9	Privates Fernsehen entwickelt sich zum verschlüsselten Bezahlfernsehen.
	T10	Es kommt zu einer Konvergenz der Medien – Technologien verschmelzen synergetisch (siehe Triple-Play).
	T11	Es kommt zu einem erbitterten Kampf um das Zeitbudget der Fernsehnutzer.
	T12	TV on Demand wird sich durchsetzen: Jeder kann sein eigenes Programm zusammenstellen, Fernsehen wird individueller.
	T13	Die Fernsehlandschaft wird weiter verspartet (spezielle Programme für immer engere Zielgruppen, zum Beispiel MTV, n-TV, CNN, DSF).
Widersprüche	W1c	TV-Zapping sowie paralleler TV-Konsum setzt sich zunehmend durch als Resultat des neuen Paradigmas „Mehr erleben in gleicher Zeit".
	W2c	Neue Technologien für zu Hause als Statussymbol.
	W3b	Fernsehempfang wird flexibler („Überall Fernsehen" setzt sich durch).
Unsicherheiten	U1b	IP-TV kann interaktive Showformate hervorbringen (Zuschauer können in eine Sendung eingeblendet werden).
	U2	Haben neue, hochauflösende TV-Programme und -Formate (z.B. HDTV) überhaupt Zukunftschancen (Henne-Ei-Problem)?
	U3	Sind die technologischen Entwicklungen mit den regulativen Rahmenbedingungen und den gesetzlichen Bestimmungen vereinbar?
	U4a	Fernsehkonsum wird aus dem Korsett der vorgegebenen Programmschemata befreit.
	U5	Es ist fraglich, ob und mit welchem Konzept die Spartensender langfristig wirtschaftlich tragfähig sind.
	U6b	Die hochmodernen Endgeräte vermitteln den Nutzern ein Kinoerlebnis im Wohnzimmer.
	U7b	Das traditionelle Fernsehen muss sich als interaktives Medium erst etablieren.
Chaos, Wildcards	C1	Die Produktlebenszyklen technischer Produkte werden immer kürzer.
	C2	Es besteht ein enormer Innovationsdruck seitens der Gerätehersteller, aber auch von Seiten der Mediengestalter.
	C3	Reaktion der Regulierungsbehörde und der Politik auf die Verbreitung von Gewaltvideos, Sex und Pornografie.
	C4	Der TV-Markt befindet sich in einem grundlegenden Transformationsprozess, die Entwicklungs-Potentiale sind erkennbar und stellen die verschiedenen Marktplayer vor eine enorme Herausforderung.
Kreativität und Fantasie	individuell	Einbringung durch die Verbindung der Elemente zu einer Story

Szenario 2

Ja, Hans Silberling aus Oberwössen ist zufrieden. Er hat nicht nur das 3,20 x 2,10 Display im Wohnzimmer eingerichtet, auch der Media-Hub ist nun installiert.

Er ist begeistert und seine Frau ist es auch. Die Mega-Bildschirme haben ja schon seit längerer Zeit die traditionellen Fernseher abgelöst. Neu ist die 3D-Technik in Verbindung mit VDTV (Very-High Definition TV). Das ist Kinoerlebnis zu Hause!

Heute soll Mission Impossible X in die Kinos kommen. Als Premiumkunde der Alpha-Studios bekommt er eine Single-View-Kopie des Films. Zusammen mit seiner Frau freut er sich gewaltig auf das Highlight des heutigen Abendprogrammes.

Die Auswahl ist nicht immer so einfach, im Gegenteil, sie wird mehr und mehr zur Herausforderung. Das Angebot ist erdrückend. Man kann zwischen unzähligen Angeboten im Internet wählen.

Bild 102 **High-Performance-TV: Unendliche Möglichkeiten bei hohem technischem Komfort (Jacques Helot 2007)**

Ein paar DVDs hat er auch noch – hauptsächlich aus Nostalgiegründen. Davon wird er sicher den Film vom ersten Date mit seiner Frau aufheben (Herr der Ringe III), ansonsten besteht die Notwendigkeit nicht mehr. Hat er einen Wunsch, ermittelt der Movie-Finder aus den weltweiten Beständen ein passendes Angebot sortiert nach Preis, Rechten usw. Innerhalb von 10 Sekunden steht der Film zur Verfügung.

Möglich ist es nun sogar, sich Filme im Parallel-Mode anzuschauen. Semi-parallel bedeutet, seine Frau könnte einen anderen Film als er schauen und doch dasselbe Display benutzen – ein Unterschied im Betrachtungswinkel von fünf Grad reicht aus. Das hat wohl schon viele Ehen gerettet, gemeinsames Individual-Erlebnis. Es gibt aber auch den Real-Parallel-Mode: Für die besonders aufnahmefähigen Konsumenten laufen zwei Filme gleichzeitig. Für solche Spielerein sind Herr Silberling und seine Frau zu alt. Lediglich für die Lottozahlen benutzen sie diesen Mode. Eine der letzten Sendungen des öffentlichrechtlichen Rundfunks schauen sie Samstag abend – aus Tradition, jedoch meistens parallel. *Fernsehen* müsste nun eigentlich *Nahsehen* oder *Parallelsehen* heissen.

Seit die interaktiven Spiele auch im Wohnzimmer Einzug hielten, nahm der Anteil des traditionellen Fernsehens weiter ab. Er selber ist kein Freund dieser Spiele, jedoch fasziniert von den technischen Möglichkeiten. Eine Vermischung aus realer und virtueller Welt vermittelt ganz neue Spielerlebnisse und manchmal ist es schwer zu unterscheiden, ob es sich gerade um einen normalen Anruf handelt oder um eine Aufforderung zum Spiel.

Eine andere Funktion des Media-Hub hat er dafür mehr schätzen gelernt. Über den Hub hat er Zugriff auf das vollständige Angebot, egal wo er sich gerade befindet. Ob im Arbeitszimmer, unterwegs im Hotel, im Auto, Flugzeug – er kann sich seine gewohnte, individuelle Medienlandschaft an jeden Ort „mitnehmen". Lediglich das Format wird angepasst.

Nun bekommt er signalisiert, Mission Impossible X liegt bereit. Prima, nur seine Frau ist noch nicht da. Trotzdem wird er warten, denn den Film können sie nur einmal sehen.

Szenario 3: TV à la Carte

Für Szenario 3 ergibt sich folgender Szenario-Rahmen:

Komponente	Element	Beschreibung
Titel	A la Carte	Große Auswahl, aber kaum Zeit
Hauptfigur	Max Fieber	Hobby-Koch
Szene	Wohnzimmer	Mit seinem „Bio-Food" Internet-Sender auf Sendung
Paradigmen, Konstanten	P1	Das TV ist das Hauptmedium der Unterhaltung.
	P2	„Mehr erleben in gleicher Zeit" wird zum Paradigma der Fernsehgewohnheiten.
	P3	Komplexität der Systeme hat eine Verunsicherung der Konsumenten zur Folge.
	P4	Die Technik für die digitale Übertragung von Fernsehen über Satellit und Breitband-Verteilnetze ist ausgereift und erprobt.
	P5	Dem Zuschauer in Deutschland stehen derzeit fünf Übertragungswege zur Verfügung: terrestrische Ausstrahlung (DVB-T), Kabel, Satellit, Telefonleitung (via DSL), mobile (UMTS, DVB-H).
	P6	TV-Konsumenten wollen passiv unterhalten werden.
	P7	Das neue Leitmedium Internet beansprucht bereits 12% des täglichen Zeitbudgets bei den 14- bis 49-Jährigen.
	P8	Der Fernsehzuschauer hat zwei Bedürfnisse in Bezug auf das Medium Fernsehen: Unterhaltung und Information.
	P9	Die Bildqualität und die Anzahl der Empfangsmöglichkeiten haben zugenommen.
Trends	T1	Das Fernsehen entwickelt sich zum „Nebenbei-Medium" bzw. „Sekundärmedium" (parallele Mediennutzung).
	T2	Das Angebot der Übertragungswege und Technologien wächst inflationär.
	T3	Insbesondere bei der jüngeren Generation nimmt der Fernsehkonsum – durch eine veränderten Mediennutzung – ab.

Komponente	Element	Beschreibung
	T4	Die innovativen Technologien des TV werden komplexer und sind mit hohen Kosten für die Verbraucher verbunden.
	T5	Die analoge Übertragung wird durch die Digitalisierung abgelöst.
	T6	TV-Sendungen werden immer kürzer als Konsequenz der gewandelten Freizeitgewohnheiten.
	T7	Der Unterhaltungswert und die Aufmachung der Programmsendungen gewinnen an Bedeutung zu Lasten des Informationsgehalts.
	T8	Der Trend bei den Konsumentenwünschen geht zu größeren Displays.
	T9	Privates Fernsehen entwickelt sich zum verschlüsselten Bezahlfernsehen.
	T10	Es kommt zu einer Konvergenz der Medien – Technologien verschmelzen synergetisch (siehe Triple-Play).
	T11	Es kommt zu einem erbitterten Kampf um das Zeitbudget der Fernsehnutzer.
	T12	TV on Demand wird sich durchsetzen: Jeder kann sein eigenes Programm zusammenstellen, Fernsehen wird individueller.
	T13	Die Fernsehlandschaft wird weiter verspartet (spezielle Programme für immer engere Zielgruppen, zum Beispiel MTV, n-TV, CNN, DSF).
Widersprüche	W1d	Spezialisierte Programme sind den Nutzern wichtiger als der Übertragungsweg.
	W2b	Triple-Play (Bündelung von TV, Handy und Internet) ermöglicht die parallele Mediennutzung.
	W3d	Die Fragmentierung der Fernsehnutzung nimmt weiter zu.
Unsicherheiten	U1d	IP-TV bietet mehr Vielfalt und individuelle Nutzungsformen.
	U2	Haben neue, hochauflösende TV-Programme und -Formate (z.B. HDTV) überhaupt Zukunftschancen (Henne-Ei-Problem)?
	U3	Sind die technologischen Entwicklungen mit den regulativen Rahmenbedingungen und den gesetzlichen Bestimmungen vereinbar?
	U4c	Die Programmangebote für bestimmte Zielgruppen nehmen zu.
	U5	Es ist fraglich, ob und mit welchem Konzept die Spartensender langfristig wirtschaftlich tragfähig sind.
	U6d	Allround Kanäle, die ein breites Massenpublikum ansprechen, verlieren an Bedeutung.
	U7c	Bezüglich der Nutzungszeit befindet sich das Internet bei der jungen Generation auf Platz 1.
Chaos, Wildcards	C1	Die Produktlebenszyklen technischer Produkte werden immer kürzer.
	C2	Es besteht ein enormer Innovationsdruck seitens der Gerätehersteller, aber auch von Seiten der Mediengestalter.
	C3	Reaktion der Regulierungsbehörde und der Politik auf die Verbreitung von Gewaltvideos, Sex und Pornografie.
	C4	Der TV-Markt befindet sich in einem grundlegenden Transformationsprozess, die Entwicklungspotentiale sind erkennbar und stellen die verschiedenen Marktplayer vor eine enorme Herausforderung.
Kreativität und Fantasie	individuell	Einbringung durch die Verbindung der Elemente zu einer Story

Szenario 3

Max Fieber ist Hobby-Koch. Seit er mit seinen Freunden einen eigenen Sender betreibt, nimmt sein Hobby sogar beängstigende Dimensionen an. Vor einem Jahr gründeten sie gemeinsam „Bio-Food". Trotz riesigem Verdrängungswettbewerb in der gesamten Medien- und Unterhaltungsbranche behaupten sie sich erfolgreich in ihrer Nische. Sie nutzen die Möglichkeit des Internetfernsehens und sind damit einer von über 10.000 Sendern in Deutschland. Ihr Thema ist Kochen mit ausschließlich biologischen Zutaten.

Für die traditionellen Sender kam das Internet zwar nicht überraschend, wurde aber doch irgendwie unterschätzt. Sparten und Nischensender haben fast alle den Betrieb eingestellt. Einzig Vollprogramme – einschließlich der öffentlichen Sender – konnten sich durchsetzen. Für Sender, die sich auf ein spezielles Thema konzentrieren, hat die Sendung übers Internet viele Vorteile. Der entscheidende ist wohl die Reichweite. Aber auch die verwendete Technik zur Produktion und die Sendetechnik ist alles andere als speziell, so wie beim traditionellen Fernsehen. Heute gibt es Starter-Kits zum Aufbau eines eigenen Senders für 1000 Euro, inklusive der Betriebskosten für ein Jahr.

Die Idee zu dem Projekt kam – wie so oft im Leben – durch Zufall. Er hatte jemanden zum Abendessen eingeladen und wollte sich zum einen vergewissern, ob er Bockshornklee für das Chicken Vindaloo braucht, und zum anderen, ob er Koriander und Kurkuma pürieren oder hineinstreuen soll. Auf die Schnelle konnte er es nicht finden und er wünschte sich, in seiner Küche schnell darauf Zugriff zu haben. Die Idee war geboren.

Um die Jahrtausendwende gab es eine Zeit, da wollten Küchengerätehersteller Bildschirme für Kühlschränke verkaufen – damit die selbständig nachbestellen und dann virtuell einkaufen gehen. Die Idee floppte furchtbar, spätestens seit ein Kühlschrank in der Nähe Berlins zwei Paletten Milch bestellte. Die war zwar haltbar, aber so lange dann doch nicht.

Bild 103 TV a la Carte: Fernsehen für Spezialisten (Jacques Helot 2007)

Mit dem Kochsender verhalf „Bio-Food" dem Bildschirm in der Küche jedoch zu einer Renaissance. Displays werden direkt über dem Kochfeld eingebaut. Hobby-Köche können am Bildschirm den Kochfortschritt mitverfolgen und ständig mit der Realität vergleichen. Anders als die Kochsendung im Fernseh-Kochstudio kann das private Kochstudio zu jeder beliebigen Zeit beginnen und die Auswahl an Rezepten ist mit mehr als 100.000 mehr als reichlich.

Eine neue Funktion ist gerade im Test. Nicht die Hobby-Köche, sondern die Bequemen sind im Visier. Neben der Kochvorführung ist über den Sender auch ein Fernkochen möglich. Steuerparameter – beispielsweise Garzeit und Temperatur werden überwacht. Anbrennen kann so eigentlich nichts mehr.

Zum Fernsehen selber kommt er kaum noch, aber einen eigenen Sender zu haben, ist auch viel cooler. Und das, wo er erst vor ein paar Jahren kochen gelernt hat.

Szenario 4: Open-TV

Für Szenario 4 ergibt sich folgender Szenario-Rahmen:

Komponente	Element	Beschreibung
Titel	Open-TV	Revolution von unten
Hauptfigur	Kevin Knolle	Moderator der Sendung
Szene	Tonhalle Gera	Alive-Award (AA)
Paradigmen, Konstanten	P1	Das TV ist das Hauptmedium der Unterhaltung.
	P2	„Mehr erleben in gleicher Zeit" wird zum Paradigma der Fernsehgewohnheiten.
	P3	Komplexität der Systeme hat eine Verunsicherung der Konsumenten zur Folge.
	P4	Die Technik für die digitale Übertragung von Fernsehen über Satellit und Breitband-Verteilnetze ist ausgereift und erprobt.
	P5	Dem Zuschauer in Deutschland stehen derzeit fünf Übertragungswege zur Verfügung: terrestrische Ausstrahlung (DVB-T), Kabel, Satellit, Telefonleitung (via DSL), mobile (UMTS, DVB-H).
	P6	TV-Konsumenten wollen passiv unterhalten werden.
	P7	Das neue Leitmedium Internet beansprucht bereits 12% des täglichen Zeitbudgets bei den 14- bis 49-Jährigen.
	P8	Der Fernsehzuschauer hat zwei Bedürfnisse in Bezug auf das Medium Fernsehen: Unterhaltung und Information.
	P9	Die Bildqualität und die Anzahl der Empfangsmöglichkeiten haben zugenommen.
Trends	T1	Das Fernsehen entwickelt sich zum „Nebenbei-Medium" bzw. „Sekundärmedium" (parallele Mediennutzung).
	T2	Das Angebot der Übertragungswege und Technologien wächst inflationär.
	T3	Insbesondere bei der jüngeren Generation nimmt der Fernsehkonsum – durch eine veränderten Mediennutzung – ab.
	T4	Die innovativen Technologien des TV werden komplexer und sind mit hohen Kosten für die Verbraucher verbunden.

Komponente	Element	Beschreibung
	T5	Die analoge Übertragung wird durch die Digitalisierung abgelöst.
	T6	TV-Sendungen werden immer kürzer als Konsequenz der gewandelten Freizeitgewohnheiten.
	T7	Der Unterhaltungswert und die Aufmachung der Programmsendungen gewinnen an Bedeutung zu Lasten des Informationsgehalts.
	T8	Der Trend bei den Konsumentenwünschen geht zu größeren Displays.
	T9	Privates Fernsehen entwickelt sich zum verschlüsselten Bezahlfernsehen.
	T10	Es kommt zu einer Konvergenz der Medien – Technologien verschmelzen synergetisch (siehe Triple-Play).
	T11	Es kommt zu einem erbitterten Kampf um das Zeitbudget der Fernsehnutzer.
	T12	TV on Demand wird sich durchsetzen: Jeder kann sein eigenes Programm zusammenstellen, Fernsehen wird individueller.
	T13	Die Fernsehlandschaft wird weiter verspartet (spezielle Programme für immer engere Zielgruppen, zum Beispiel MTV, n-TV, CNN, DSF).
Widersprüche	W1b	Benutzer streben nach einfacher Bedienung in der High-Tech-Welt.
	W2a	In Anlehnung an die Wiki-Idee wird sich Open-Source-TV durchsetzen.
	W3c	Neue Formate, Inhalte und Verteilmechanismen eröffnen neue Fernseherlebnisse.
Unsicherheiten	U1c	In Deutschland müssen funktionierende Geschäftsmodelle für IP-TV erst noch entworfen werden.
	U2	Haben neue, hochauflösende TV-Programme und -Formate (z.B. HDTV) überhaupt Zukunftschancen (Henne-Ei-Problem)?
	U3	Sind die technologischen Entwicklungen mit den regulativen Rahmenbedingungen und den gesetzlichen Bestimmungen vereinbar?
	U4d	Jeder wird zum Content Creator und kann Inhalte zur Verfügung stellen.
	U5	Es ist fraglich, ob und mit welchem Konzept die Spartensender langfristig wirtschaftlich tragfähig sind.
	U6c	Social Networking funktioniert bald auch über TV; Communities nutzen TV zum Info-Austausch.
	U7d	Fernsehen erfindet sich neu. Durch neue Formate werden neue Zuschauergruppen erschlossen.
Chaos, Wildcards	C1	Die Produktlebenszyklen technischer Produkte werden immer kürzer.
	C2	Es besteht ein enormer Innovationsdruck seitens der Gerätehersteller, aber auch von Seiten der Mediengestalter.
	C3	Reaktion der Regulierungsbehörde und der Politik auf die Verbreitung von Gewaltvideos, Sex und Pornografie.
	C4	Der TV-Markt befindet sich in einem grundlegenden Transformationsprozess, die Entwicklungspotentiale sind erkennbar und stellen die verschiedenen Marktplayer vor eine enorme Herausforderung.
Kreativität und Fantasie	individuell	Einbringung durch die Verbindung der Elemente zu einer Story.

Szenario 4

Da steht er, kann es noch gar nicht fassen und lässt alles noch mal Revue passieren:

Mit Napster fing alles an. Plötzlich konnte man Musik austauschen, einfach so. Bis die Musikindustrie das Experiment stoppte. Später kam Apple und startete mit iTunes einen neuen Versuch, legal Musik zu vertreiben. Dann war es nur eine Frage der Zeit, bis Internetfernsehen und Videoportale folgen würden. Heute kann man über Media-Directories Zugriff auf jegliche Art von Medienformaten bekommen. Die Grenzen zwischen Videos, Fernsehen, Clips, Shows, Moderation und Kommunikation verschwimmen mehr und mehr.

Inzwischen gibt es Media-Designer, die die Funktion haben, Zeitblöcke zu gestalten, also mit verfügbaren Inhalten zum Zweck der Unterhaltung in – auf den Konsumenten abgestimmter Weise – zu füllen. „Ausgewogene Unterhaltung" ist die Devise. Was früher die Programmzeitschrift war, ist heute der Media-Designer.

Mit den neuen technischen Möglichkeiten entwickelte sich auch eine ganz andere Kultur beim Kreieren von multimedialen Inhalten. Was irgendwann mit „Deutschland sucht den Superstar" in der Musikszene begann, hat bald darauf auch die Filmemacher gepackt. Die haben sich dann sogar noch getraut, einen Schritt weiter zu gehen, und haben den Wettbewerb selber in die Hand genommen. Als wenn „Deutschland sucht den Superstar" nicht von RTL, sondern von Musikstudenten organisiert würde.

Bild 104 **Open-TV: Jeder kann mitmachen (Jacques Helot 2007)**

Und genau deshalb ist er heute hier in der Tonhalle Geras, einer Kleinstadt im Osten Thüringens. Kevin Knolle ist nervös. Heute ist sein Auftritt. Er ist eigentlich Dozent an der Universität. Er weiss, dass sein Auftritt heute mit denen der Profis vom Fernsehen verglichen werden wird und dass die Verleihung des Alive-Awards die Einschaltquoten der Fernsehanstalten – wie im letzten Jahr – in den Keller jagt, obwohl das Projekt quasi ohne Werbeetat auskommt. Und er weiss auch, dass eine gute Vorbereitung alles ist und hat sich deshalb alle 100 Kandidaten auf den Award vorher angeschaut. Die Gäste haben fast vollständig ihre Plätze eingenommen und es geht los: *„Guten abend und herzlich Willkommen zur Verleihung des „Alive-Awards ..."*

Alle Filmprojekte sind Arbeiten von unbekannten Regisseuren oder Amateur-Filmemachern. Zuerst war er überrascht. Die Filme sind mit den großen Brüdern und Schwestern aus Hollywood und den Fernsehstudios vergleichbar. Die Fortschritte in der Computeranimation und Movie-Design und Schnitt-Software sind enorm. Filme werden nicht mehr gedreht, sondern entwickelt. Zum Starten muss man die Charaktere und eine Struktur des Drehbuches auswählen. Daraus generiert die Software einen kompletten Film. Details und der Ton werden nachbearbeitet.

Die Spannung steigt. Sein Favorit ist noch gut im Rennen. Die Abstimmung ist relativ kompliziert, aber sein Freund Bruno hat das übernommen. Das Ergebnis errechnet sich aus den Stimmen im Saal und den Abstimm-Ergebnissen, die online im Filme-Portal abgegeben werden. Hier können auch die Filme diskutiert werden und Produzenten und Konsumenten treffen sich dort zum Gedankenaustausch.

Er war sich fast sicher, dass die Reportage über die letzten noch mit Benzin fahrenden Autos aus Russland unter den Gewinnern sein wird, „The last Carboy", er hatte mit Bruno gewettet.

Es ist soweit:

„And the winner is ..."

Reflektion zu den Szenarien

Zweifelsfrei ist das Thema Medien und insbesondere Fernsehen ein spannendes, turbulentes Gebiet. Viele Änderungen sind zu erwarten, Anbieter drängen mit ihren Innovationen auf den Markt. Die Kunden sind jedoch verunsichert. Das Angebot und die Auswahl steigen – ob es aus Kundensicht besser wird, sei dahingestellt. Den meisten Kunden ist es egal, ob das Fernsehbild über Kabel oder IPTV ins Haus kommt. Zuverlässig und günstig soll es sein. Es ist ein gesättigter Markt und es wird schwer, neue Formate, Geräte, Übertragungswege usw. zu etablieren.

4.13 Lessons Learned

Betrachtet man die Vielfalt der Methoden, vergleicht Ursprünge, Vorgehensweise und Ergebnisse, so lassen sich einige Lessons Learned ableiten:

- Es gibt nicht DIE Methode, die für alle Anforderungen und Bereiche geeignet ist.
- Die gedankliche Auseinandersetzung ist wichtiger als die Methode.
- Methodenvielfalt bringt mehr Sicherheit.

- IT-Unterstützung führt zu keinen besseren Szenarien. Durch die Numerik wird eine Genauigkeit ins System „designed“, die nicht gerechtfertigt erscheint.
- Wichtiger als IT-Unterstützung ist das Verhalten der Gruppe bei der Erstellung der Szenarien.
- Eine entscheidende Rolle spielen die eingangsseitig verwendeten Informationen (reichhaltig, vielfältig, unbewertet, neutral gehandhabt).

Nutzen und Anwendungen

Das Entwickeln von Szenarios ist ein besonders intensiver Prozess – dazu gehören Nachdenken, Spekulieren, Diskutieren, Vergleichen, Verwerfen, Analysieren, um nur einige Tätigkeiten zu nennen. Logik und wissenschaftliche Methoden allein sind nicht ausreichend. Kreativität, Fantasie, Wissen, Erfahrung und Vorstellungsvermögen sind für die Gestaltung der Zukunft von zentraler Bedeutung. Gute, provokante, herausfordernde und erfrischende Szenarios zu entwerfen, kann man denn auch mehr als Kunst denn als Wissenschaft bezeichnen.

Der Aufwand ist nicht zu unterschätzen, im Vergleich zu einer einfachen Hypothese ist ein Szenario ein vollständiges Bild, möglichst konsistent und vor allem durchdacht. Damit der Aufwand gerechtfertig ist, wird im nächsten Kapitel die entscheidende Frage betrachtet: Welche Bedeutung haben Szenarios für das Unternehmen?

Szenarios helfen, die eigene Unsicherheit zu begreifen und zu begrenzen und die Limits einer plausiblen Zukunft zu erkennen. Der Erfolg der Methode hängt von der Interpretation des Ergebnisses und den daraus resultierenden Handlungen ab. Das ist das Thema des nächsten Kapitels.

Kapitel 5

Planen

Nutzen der Chancen, Vermeiden von Bedrohungen

Es war im Jahre 1959.

Honda beginnt damit, im US-Markt Motorräder zu verkaufen. Sieben Jahre später – im Jahr 1966 – hat Honda einen Marktanteil von 63%. Im gleichen Zeitraum sank der Anteil importierter Motorräder aus Großbritannien von 49% auf 10%.

Die britische Regierung beauftragt die Boston Consulting Group mit einer Untersuchung des Falles und erhofft sich Erklärungen aus dem Report zu diesem Vorgang.

Der Bericht bringt Folgendes zu Tage:

Der Erfolg der japanischen Motorradindustrie basiert auf dem Wachstum im japanischen Heimatmarkt in den fünfziger Jahren. „... they had developed huge production volumes in small motorcycles in their domestic market, and volume-related cost reductions had followed."

Diese günstige Wettbewerbsituation nutzen die Japaner als Sprungbrett, um den Weltmarkt zu erobern.

„The Japanese motorcycle industry and in particular Honda, the market leader, present a [consistent] picture. The basic philosophy of the Japanese manufacturer is that high volumes per model provide the potential for high productivity as a result of using capital intensive and highly automated techniques."

Die Marketingstrategie war – aus Sicht von BCG – ausgerichtet auf Modelle mit hohen Produktionszahlen. Diese Konzentration auf Kostenreduzierung und auf das Produkt Engineering war die Grundlage für den Erfolg.

(Quelle: Strategy Alternatives for the British Industry, Boston Consulting Group 1975).

Richard Pascale (Co-Autor des Buches „The Art of Japanese Management", 1981) hatte die Gelegenheit, die Manager, die den Eintritt von Honda in den US Market leiteten, zu interviewen: „In truth we had no strategy other than the idea of seeing if we could sell something in the Unites States..."

Der entscheidende Unterschied zum BCG Report ist die Erkenntnis, dass der Erfolg Hondas teils durch harte Arbeit, teils durch Zufall zustande kam. Honda hatte sich zu Beginn hauptsächlich auf große Motorräder konzentriert. Die Angestellten und Mechaniker jedoch nutzten die in Japan üblichen kleineren 50-ccm-Maschinen statt der im „Macho-Markt" verkauften 250-ccm-Motorräder und erweckten damit Aufmerksamkeit im Alltag. Und das gerade in dem Moment, als die großen Maschinen Probleme bekamen – zu Beginn der 60er Jahre gab es Schwierigkeiten mit dem Ölsystem; es war in einigen Fällen undicht. Das wirkte sich ungünstig auf die Zuverlässigkeitswerte aus und man entschied sich – aus der Not heraus –, auch die kleineren Maschinen zu verkaufen.

Diese Hartnäckigkeit – auch bei Schwierigkeiten nicht gleich aufzugeben – sollte sich für Honda auszahlen. Zu der Zeit ahnte man bei Honda indes noch gar nicht, dass man damit einen neues Marktsegment in dem auf große Maschinen ausgerichteten US-Markt schuf.

Unterschiedlicher können die Meinungen über die Strategieentwicklung nicht sein. Zum einen die Feststellung, es war alles bis ins letzte Detail geplant, zum anderen die Aussage, dass nur Hartnäckigkeit, Aufmerksamkeit, Flexibilität, das Gespür für eine Geschäftsidee und auch Glück bzw. die Notsituation zum Erfolg führten.

Dies zeigt, dass sich Situationen aus unterschiedlichen Perspektiven unterschiedlich darstellen und dass aus größerer Entfernung schnell ein falsches Bild entstehen kann. Was aus der Ferne wie systematische Planung aussieht, entpuppt sich aus der Nähe als flexible Strategieeinstellung bei kontinuierlicher Zielverfolgung und es beweist, dass sich mit neuen Erkenntnissen auch Strategien bzw. das Vorgehen ändern müssen!

(Quelle: Die Idee geht auf den Artikel „Perspectives on Strategy: The real story behind Hondas success" von Richard T. Pascale, erschienen 1984 im California Management Review XXVI, no3 pp 47-72, zurück)

5.1 Zukunftsplanung als Versicherung

Die vorangegangenen Kapitel behandelten das Unternehmensumfeld. Informationen wurden gesammelt, Änderungen erfasst und künftige Entwicklungen antizipiert. Unter der Annahme, dass damit eine Vorstellung über die Zukunft des Unternehmensumfeldes vorliegt, geht es in diesem Kapitel um die Konsequenzen: Was kann man als Unternehmen tun? Was bedeuten die Entwicklungen für das Unternehmen? Wie kann man sich vorbereiten? Welche strategischen Maßnahmen sind erforderlich? Im Rahmen der strategischen Unternehmensplanung versucht man, auf diese Fragen Antworten zu finden und das Unternehmen „Future-Fit" zu machen.

Aber: „90 percent of carefully planned strategies do not work" [Fox 1982] – so das alarmierende Ergebnis einer Untersuchung über den Unterschied darüber, was strategisch geplant und dann tatsächlich „materialisiert" wird.

Ohne nun genauer auf die konkrete Zahl einzugehen: Man kann also annehmen, dass der Großteil der geplanten Strategien fehlschlägt. Ziemlich ernüchternd! Aber woran liegt es, dass sich Unternehmen mit der Gestaltung der Zukunft so schwer tun?

In diesem Kapitel wird untersucht, wie die Umweltanalyse (Kapitel 2 bis 4) und die Unternehmensanalyse (Kapitel 5) in die strategische Planung und Strategieentwicklung eingebunden werden können und wie Überlegungen über die Zukunft mit einfließen. Ob der Anteil erfolgreicher Strategien damit steigt, sei dahingestellt – es kommt auf den Versuch an. Erinnert sei hier an die „Memories of the Futures" (Kapitel 2). Insofern hilft uns die Auseinandersetzung mit der Zukunft bei der Orientierung, sie bereitet uns auf Zukünftiges vor.

Erinnert sei an die Eingangs gestellte Frage gestellt, warum man sich überhaupt mit der Zukunft auseinandersetzt, wenn man ihr doch machtlos ausgesetzt ist und kaum eine Möglichkeit der Steuerung und des Einflusses besteht.

Gestaltet wurde die Situation, in der wir heute leben, in der Vergangenheit. Beim Blick in die Zukunft geht man immer davon aus, dass die Vergangenheit klar und verständlich ist und nur den Blick nach vorne verschleiert. Dem ist nicht ganz so. In unserer Geschichte – der menschlichen wie der irdischen – ist auch bezüglich der Vergangenheit nicht alles eindeutig und klar. Weder die Entstehung der Erde ist zweifelsfrei geklärt, noch das Verschwinden der Saurier.

Durch unser heutiges Tun gestalten wir die – unsere – Zukunft, jedenfalls bis zu einem gewissen Grad. Unternehmen wir jedoch nichts, müssen wir die Zukunft so akzeptieren, wie andere sie für uns formen und damit arrangieren.

Mit der Zukunft verhält es sich wie mit einer Versicherung. Schließt man zum Beispiel eine Brandversicherung ab und es bricht ein Feuer aus, hat man die Gewissheit, richtig gehandelt zu haben. Bricht keins aus, könnte man Zweifel bekommen. Hätte man sich das Geld für die Versicherung sparen können?

Natürlich nicht! Aber so ähnlich ist es mit der Zukunft. Sich nicht mit ihr auseinanderzusetzen ist fahrlässig. Viele Unternehmen sparen sich den Aufwand – was brandgefährlich ist und zum „Learning after the Crash“ anstatt dem „Learning before the Crash“ führen könnte und vielleicht auch der Grund für den hohen Anteil fehlgeschlagener Strategien ist.

5.2 Strategie-Review

Als Strategie wird üblicherweise das langfristig geplante und ausgerichtete Anstreben eines Zieles bezeichnet. Es bedeutet, zur rechten Zeit die richtigen Dinge zu tun und damit zukünftiges Handeln und den Erfolg sicherzustellen. Auf das Unternehmen fokussiert heißt das, sich auf den zukünftigen Erfolg und Bestand des Unternehmens zu konzentrieren. In der Theorie stellt sich das relativ simpel dar: Man muss gewährleisten, dass stets mehr eingenommen als ausgegeben wird. Die Praxis ist aber dann – wie so oft – wesentlich komplizierter als die Theorie. Das kann man an zahlreichen Firmeninsolvenzen und Krisen erkennen.

Traditionelle Strategiekonzepte gehen von der Annahme aus, dass bei systematischer und intensiver Analyse und Bewertung der Situation adäquate Strategien generiert werden können, die dann den Weg in die erfolgreiche Unternehmenszukunft ebnen. Das Grundmodell der Strategiearbeit wird durch das Modell von Johnson und Scholes symbolisiert (Bild 105) [Johnson 1988]. Basierend auf der strategischen Analyse erfolgt die Sichtung der Optionen und die Auswahl und Implementierung der geeigneten Strategie. Diese idealtypische Darstellung orientiert sich an Standardfällen.

Andererseits wird jedes Jahr eine Unmenge neuer Frameworks, Tools und Konzepte als strategische Heilsbringer vorgestellt (vgl. Bild 16). Eine Orientierung im strategischen Dickicht – gekennzeichnet durch die zu einfache Darstellung einerseits und die

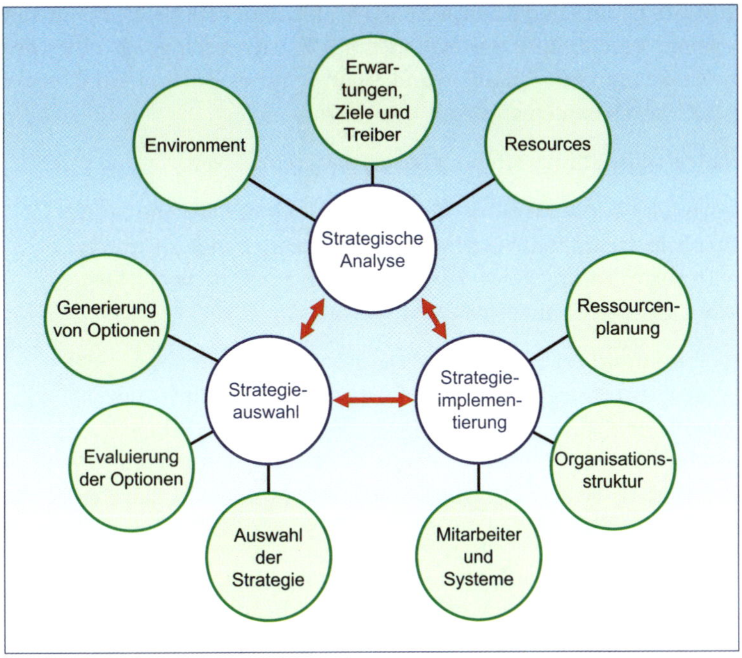

Bild 105 So einfach ist es nicht: Corporate Strategy [Johnson 1988]

andererseits im Überfluss vorhandenen Strategiekonzepte – ist daher dringend geboten

Historie

Die Idee der Strategie ist schon ziemlich betagt. Seit Tausenden Jahren machen sich Menschen Gedanken über Überleben und Erfolg in Kriegen oder der Politik. Politische und militärische Führer waren gezwungen, Entscheidungen zu fällen – über Richtung, Ziel, Politik, die Verwendung von Ressourcen usw. Obwohl der Begriff strategisches Management bzw. strategische Planung erst durch die amerikanischen Business Schools eingeführt wurde, wurde in allen Zivilisationen in der Geschichte nach strategischen Gesichtspunkten gehandelt. Klassische Texte wie „Die Kunst des Krieges" von Tzu – vor 2500 Jahren in China geschrieben – oder die politische Strategie von Machiavelli (The Prince 1513) oder die bereits erwähnten von Clausewitz und von Moltke mit den Ideen der Militärstrategie aus dem neunzehnten Jahrhundert haben nach wie vor Einfluss und nichts an Bedeutung und Aktualität verloren.

Erst Mitte des letzten Jahrhunderts wurde die Idee dann auf Unternehmen und Organisationen übertragen.

Die historischen Entwicklungen zum Thema „Strategie" seit 1968 werden von Whittington eindrucksvoll dargestellt [Whittington 1993]. Am Anfang noch als „Business Policy" bezeichnet, geht sie zurück auf Ideen von Alfred Chandler, Igor Ansoff und Alfred Sloan – den Gründern von General Motors. Ansoff veröffentlichte 1965 sein

Buch „Corporate Strategy: An Analytical Approach to Business Policy for Growth and Expansion". Mit seiner Beschreibug des Management-Ansatzes gilt es als eines der ersten Konzepte. Zusammen mit Chandler und Sloan schuf er den von Whittington als „Classical School" bezeichneten strategischen Ansatz.

Seitdem hat sich Strategie in drei weiteren Phasen weiterentwickelt:

- In den Siebzigern folgt der prozessorientierte Ansatz mit der Idee der Strategieentwicklung als fortschreitendem Prozess. Er wird unter anderen durch Henry Mintzberg vertreten und zeichnet sich dadurch aus, dass bei Strategieentwicklung alle Stakeholder mit einbezogen werden.
- Entsprechend Whittington verfolgt der evolutionäre Ansatz [Heuderen 1989, Nelson 1982] eine Aufwertung der Marktkräfte gegenüber der als irrelevant eingestuften rationalen Planung. Dieser Systemansatz wird von Gronavetter und Shrivastava favorisiert. Sie argumentieren, dass Strategie vor allem vom Kontext abhängt [Shrivastava 1986]. Wirtschaftliches Verhalten ist eingebettet in soziale und kulturelle Netze.
- In der Literatur wird seit den 80er Jahren verstärkt von „Strategischem Management" gesprochen und damit zum Ausdruck gebracht, dass in die Strategiefindung verschiedene Subsysteme einbezogen werden [Ansoff 1990, Davenport 2006].

Durch den fehlenden Bezug zur Praxis – vor allem dem Unwissen, wie in Unternehmen tatsächlich Strategien entwickelt werden – kam es häufig zu Kritik: „For nowhere in the planning literature has there been any indication whatsoever that efforts were made to understand how the strategy-making process really does work in organizations. ... In effect, a kind of normative naivete has pervaded the literature of planning – confident beliefs in what is best, grounded in an ignorance of what really does work." [Mintzberg 1994]

Begriffe und Definitionen

Wie viele andere Begriffe, die im Management verwendet werden, ist der Begriff Strategie extrem strapaziert und wird – durch die geheimnisvolle und fast mystische Ausstrahlung, die dem Begriff innewohnt – großzügig ausgelegt: „So zeigt sich, dass Strategie eines jener Wörter ist, die wir gern auf eine bestimmte Weise definieren, jedoch auf eine andere Weise verwenden" [Mintzberg 1999].

Es ist auch nicht die inflatorische Tendenz zu übersehen, dass Dinge als strategisch bezeichnet werden, um die Bedeutung zu steigern. So kann es schon mal passieren, dass es einen „Strategischen Einkauf" gibt und Dialoge, die unzweifelhaft wichtig sind, ebenfalls (übertrieben) als strategisch bezeichnet werden.

Was bedeutet nun Strategie?

- Die Bestimmung der langfristigen Grundziele und Aufgaben der Unternehmung und die Adoption und Allokation der entsprechenden Ressourcen. [Chandler 1962]

- Strategy is the common theme underlying a set of strategic decisions. [Fitzroy 2005]
- Organisationen wurden als effiziente, Ressourcen allokierende Mechanismen gesehen – darauf ausgerichtet, einen Wettbewerbsvorteil zu erzielen. [Porter 1985]
- „Strategy is the pattern of activities followed by an organization in pursuit of its long-term purposes." [Open 2000]

Und hier eine neue Definition unter Beachtung des Unsicherheitsaspektes:

- „Strategy is a handful of decisions that drive or shape most of a company's subsequent actions, are not easily changed once made, and have the greatest impact on whether a company meets its strategic objectives." [Coyne 1996]

Hamel und Prahalad [Hamel 1995] sehen die traditionelle Sicht der Strategie im Wesentlichen in drei Punkten verankert:

1. Dem Konzept des „Fit" – also der optimalen und effizienten Ausrichtung des Unternehmens im Wettbewerbsumfeld,
2. der Organisation der Ressourcen als Auswahl aus vielen Optionen und
3. der langfristigen Orientierung und Ausrichtung.

Man hat das Gefühl, dass man auf dem Gebiet der Unternehmensstrategie erst als Koryphäe gilt, wenn man sich mit wenigstens einer Strategiedefinition an der Diskussion beteiligt hat. Anders ist es jedenfalls kaum zu verstehen, dass es bei dem als Königsdisziplin bezeichnetem Gebiet der Unternehmensführung keine allgemein akzeptierte Definition des Untersuchungsgegenstands gibt.

Wir wollen hier keine weitere Definition hinzufügen. Vielmehr wird zum Verständnis auf die nachfolgende Zusammenfassung verwiesen.

Strategiekonzepte

Heute existiert im strategischen Management eine Vielzahl von Konzepten und es zeigt sich, dass Strategie eine komplexe Angelegenheit ist, die durch die sich ständig wandelnden Kontexte nicht durch Standardlösungen zu bewerkstelligen ist.

„Old fashioned decision making does not meet the needs of a world with too much information and too little time. So-called rational decision making, once the ideal, requires comprehensive knowledge of every facet of a problem, which is clearly impossible today." [Etzioni 1989]

Mintzberg hat den Versuch unternommen, die vielen Ansätze in Denkschulen zu gruppieren [Mintzberg 1999] (Tabelle 34, Bild 106).

Jedes der Konzepte, der Schulen und der Definitionen sieht das Thema „Strategie" aus einer anderen Perspektive und betont andere Aspekte. Zusammenfassend kann

Tabelle 34 Das Mintzberg-Modell

Denkschule	Merkmale: Strategie als ...
Designschule	... konzeptioneller Prozess
Planungsschule	... formaler Prozess
Positionierungsschule	... analytischer Prozess
Unternehmerische Schule	... visionärer Prozess
Kognitive Schule	... mentaler Prozess
Lernschule	... herausbildender Prozess
Machtschule	... Verhandlungsprozess
Kulturschule	... kollektiver Prozess
Umweltschule	... reaktiver Prozess
Konfigurationsschule	... Transformationsprozess

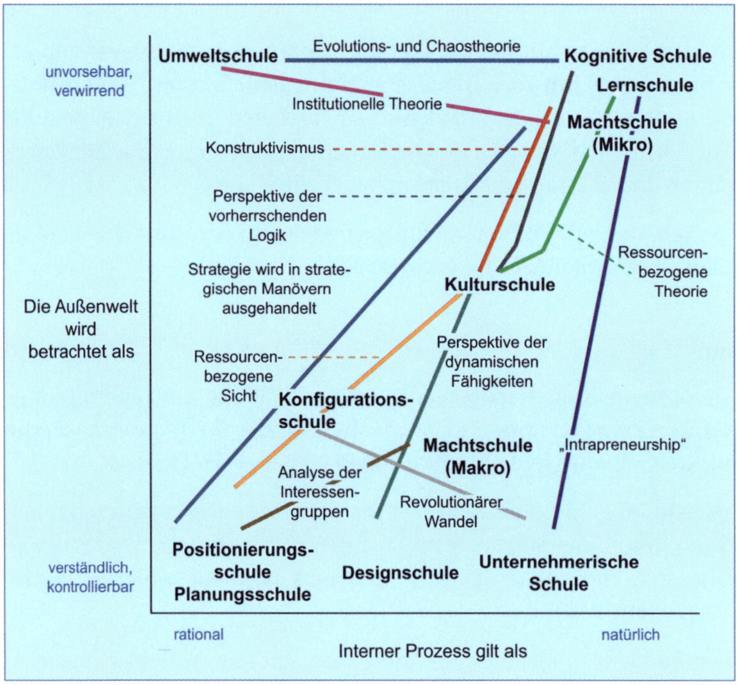

Bild 106 Orientierung im Dickicht: Die Kartierung des Strategiegestaltungsraumes [Mintzberg 1999]

man jedoch übereinstimmende Aussagen und Erkenntnisse in die anschließende Analyse mitnehmen (in Anlehnung an [Chaffee 1985]):

- Strategie betrifft sowohl die Organisation als auch ihre Umgebung.
- Das Wesen der Strategie ist komplex (Bild 107).
- Strategie beeinflusst das Wohlergehen der Organisation.
- Strategie betrifft sowohl Fragen des Inhaltes als auch Fragen des Prozesses.
- Strategien werden nicht vollkommen bewusst festgelegt.
- Strategien existieren auf verschiedenen Ebenen.
- Strategie beinhaltet verschiedene Denkprozesse.

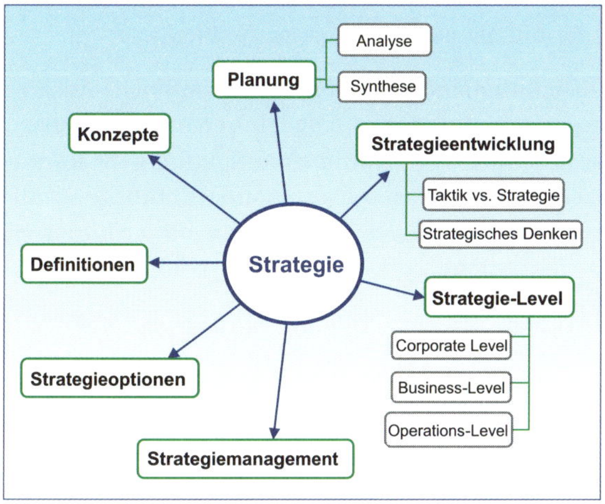

Bild 107 Basis-Mindmap: Das Wesen der Strategie

Strategien werden ausgehend von der Analyse der Umwelt und des Unternehmens formuliert und anschließend umgesetzt. In einer Feedbackschleife wird der Erfolg der Maßnahmen kontrolliert und die Ergebnisse werden der Unternehmensanalyse zugeführt. Dieses sehr allgemeine Modell ist zwar schon älter, hat aber nichts von seiner Aktualität eingebüßt. Versuche, die durchaus logische Abfolge – beginnend mit der Analyse, gefolgt von Strategieentwicklung bis zur Umsetzung und Kontrolle – zu umgehen und mit der willkürlichen Festlegung von Ergebnissen den Prozess zu verkürzen oder zu verlagern, haben nur kurzfristigen Erfolg. Dies zeigen zahlreiche Beispiele (VW, Marconi, Deutsche Telekom). „The trouble starts, if an executive decides, that the margin is to low“, sagt Arie de Geus [Geus 1997].

Allgemein akzeptiert – nicht nur in der Strategieentwicklung – ist die Annahme, dass einer sorgfältig durchgeführten Analyse die Synthese und Implementierung folgt – so jedenfalls der Grundgedanke der Strategiekonzepte der vergangenen Jahrzehnte.

Im neuen Jahrtausend scheint sich die Aufmerksamkeit insbesondere auf die Frage nach dem Umgang mit Unsicherheit und Komplexität zu richten. Zahlreiche Veröffentlichungen zu diesen Fragestellungen erhärten diese Vermutung [Day 2006, Ormerod 2005, Rosenzweig 2007, Finkelstein 2004, Taleb 2005, Kelly 2005].

Der folgende Abschnitt wird sich der Strategie in turbulenten Zeiten widmen.

5.3 Strategieentwicklung in turbulentem Umfeld

Neben den im vorigen Abschnitt dargestellten theoretischen Konzepten soll es nun hauptsächlich um Unsicherheit, Komplexität und Dynamik bei der Strategieentwicklung gehen. Was beim Review der vielen Konzepte, Meinungen, Ansichten und Theorien auffällt, ist, dass theoretisch – quasi am Reißbrett – alles sehr plausibel und einfach erscheint. Die Praxis indes – das wird man sehr schnell merken – unterscheidet sich gravierend von den fein säuberlich in Kästchen abgegrenzten theoretischen Problemen. Lehrbuchstrategien sind Einzelfälle und Ausnahmen der Praxis.

Immer öfter erleben Manager jedoch Situationen, bei denen herkömmliche Ansätze keine Hilfe mehr bieten und in ihrer Unterstützung und Bedeutung an ihre Grenzen stoßen. Die Strategien – unter der Annahme von „Equilibrium-Konditionen" formuliert – treffen plötzlich auf chaotische, undurchsichtige und unübersichtliche Konditionen. „In this world, they make reasonable assumptions about the evolution of product markets, capital markets, technology, and government regulation and, in effect, ‚assume away' most risk" [Bryan 2002].

Täglich kann man in der Zeitung lesen „wir haben den Wettbewerb unterschätzt" oder „das Produkt XYZ wird von den Kunden nicht so angenommen, wie wir erwartet haben".

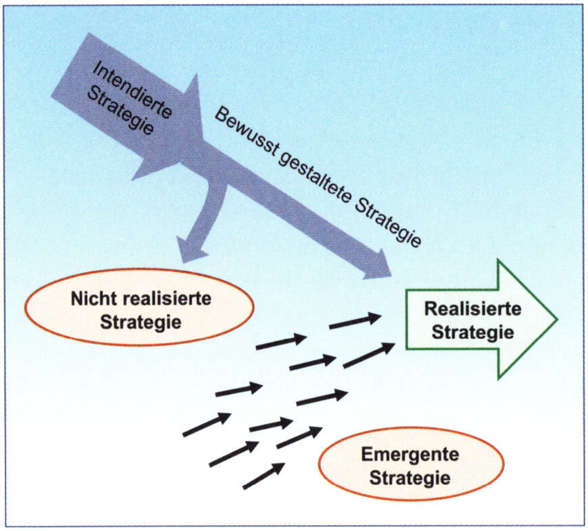

Bild 108 Strategieformation nach Mintzberg: Nur ein Teil des Plans wird umgesetzt

In einem turbulenten Umfeld sind die Anforderungen weit umfangreicher und anspruchsvoller als die durch die traditionelle Strategieplanung bezeichneten. Mintzberg entwirft aus diesem Gedanken heraus ein Modell unterschiedlicher Strategieformen [Mintzberg 1989]. Wie in Bild 108 dargestellt, ist es keinesfalls so, dass Strategien sauber entworfen und dann umgesetzt werden. Tatsächlich – und hier sei an die „Memories of the Future“ (Kapitel 4) erinnert – ist es so, dass die letztlich umgesetzte Strategie in einer Art Reifeprozess entsteht. Die intendierte oder geplante Strategie unterliegt den kontinuierlichen Einflüssen, wird abgewägt und teilweise verworfen. Andererseits entstehen neue Gedanken und beeinflussen als entstehende Strategien die dann realisierte Strategie.

Strategieentwicklung ist im Wesentlichen eine unternehmerische Fähigkeit – eine Kombination aus guter Beobachtungsgabe, Analysefähigkeit, Risikobereitschaft, starkem Willen und Durchsetzungskraft, Ideenreichtum und Fantasie, Entscheidungsfreude und vor allem Energie. Viele der aufgeführten Eigenschaften kann man zwar lernen, aber eben nicht aus einem Lehrbuch, sondern in der Praxis. Und die Herausforderung ist, das Unternehmen in einem von Wandel, Dynamik und Unsicherheit geprägtem Umfeld erfolgreich zu positionieren und den Erfolg langfristig zu sichern.

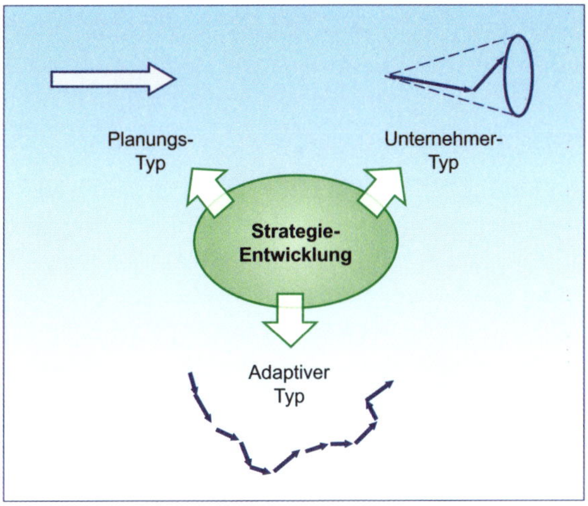

Bild 109 **Strategieentwicklung: Drei Grundtypen [Quinn 1988]**

Wie in Bild 109 dargestellt, lassen sich die strategischen Vorgehensweisen in drei Archetypen gruppieren. Zum einen, wie schon dargestellt, die strategische Planung – langfristig ausgerichtet, in einem stabilen Umfeld und vom Management top-down „verordnet“. Ergänzt durch den Unternehmer-Mode, der flexible Ansätze enthält, auch langfristig ausgelegt ist und durch tiefgreifende Entscheidungen gekennzeichnet ist. Der adaptive Mode ist ganz auf kurzfristige Reaktion ausgerichtet und geht von einem komplexen, unsicheren Umfeld aus; inkrementelle Schritte bringen das Unternehmen dem Ziel näher.

Selbst wenn die Einteilung der Strategien in Formen oder Modi eher akademischen denn praktischen Wert hat, so zeigt sie doch die Richtung: Die Ausnahme wird zur Regel werden.

Üblicherweise ist der Strategieplan auch so eine Art Masterplan, in Zement gegossen. So gleicht jegliche Abweichung vom heiligen Plan einer Niederlage und muss gerechtfertigt werden. Als Beispiel sei hier die Einführung der LKW-Maut in Deutschland oder die Inbetriebnahme des Airbus A380 erwähnt. Es sei dahingestellt, ob die Verzögerung am ehrgeizigen Projektmanagement oder der strategischen Führung gelegen hat. In beiden Fällen wurden Pläne von der Realität eingeholt und die Beteiligten mussten lernen, dass sich komplexe Interaktionen und Zusammenhänge nur bis zu einem gewissen Grade planen lassen.

Die strategischen Anforderungen an Unternehmen in den einzelnen Turbulenzgraden sind durchaus unterschiedlich. Für das in Kapitel 4 vorgestellte Szenario „Zukunft des Fernsehens" etwa kann man mit der Klassifizierung aus Tabelle 12 (Abschnitt 3.1) den Turbulenzgrad mit vier bis fünf bewerten. Wie der Tabelle zu entnehmen ist, ändert sich für das Unternehmen vor allem die Geschwindigkeit der Reaktion und die als „strategische Aggressivität" bezeichnete Art der Strategieentwicklung.

Wenn sich Umweltbedingungen ändern – in den meisten Fällen zeigt sich das durch steigende Turbulenzgrade –, sind Unternehmen überfordert und reagieren oft falsch oder gar nicht. Die strategischen Konzepte und Instrumente sind auf stabile bis sich gering ändernde Umweltbedingungen ausgelegt.

In einer Studie haben Wiggins und Rüffli 6772 Firmen über einen Zeitraum von 23 Jahren studiert [Wiggins 2002]. Sie teilten die untersuchten Firmen nach ihrer Leistungsfähigkeit in superior (überlegen), modal (mittelmäßig) und inferior (unterlegen) ein. Was sie in ihrer Auswertung feststellten, ist in der Tat erstaunlich. Nur 5% (!) aller Unternehmen konnten sich 10 Jahre oder länger im Superior-Segment behaupten. Sie schlussfolgern, dass Unternehmen mit temporärer, hoher Leistungsfähigkeit sehr effizient und exzellent eingestellt auf eine Umweltsituation sind. Ändert sich hingegen das Umfeld, verpassen sie die Reaktion und Neuausrichtung. Das unterstreicht, dass Wettbewerbsvorteile nur von temporärer Dauer sind und ständig neu aufgebaut werden müssen. Nur einigen Ausnahmunternehmen gelingt es, sich ständig neue Quellen zu erschließen und sich immer wieder aufs Neue zu erfinden. Nur 0,5% der Firmen behaupteten sich über einen Zeitraum von über 20 Jahren im Top-Segment und nur 0,04% oder 3 Unternehmen – American Home Products, Eli Lilly und 3M – schafften es, über einen Zeitraum von 50 Jahren sowohl effizient als auch anpassungsfähig zu sein.

Was ist so schwierig daran, sowohl effizient als auch anpassungsfähig zu sein, und das über einen längeren Zeitraum? Erinnert sei hier noch einmal an Kapitel 1 – von den Forbes-100-Firmen aus dem Jahre 1917 existierten 2001 noch 17!

Es kommt auf die ausgeglichene Aufmerksamkeit sowohl für die Umwelt als auch für das Unternehmen an und so ist für strategische Entscheidungen neben der Umfeldanalyse vor allem die Kenntnis über das eigene Unternehmen von Bedeutung. Dabei liegt die Vermutung nahe, dass erfolgreiche Strategien nicht nur das Unternehmerumfeld untersuchen und berücksichtigen.

5.4 Unternehmensanalyse

Es ist offensichtlich, dass wirtschaftlicher Erfolg nicht zufällig passiert. Die Position eines Unternehmens im Markt wird bestimmt durch die Fähigkeiten, sich im Markt zu behaupten. Bei direktem Vergleich können sich Unternehmen, obwohl sie in einem ähnlichen Marktumfeld operieren und vergleichbare Voraussetzungen besitzen, hinsichtlich ihrer Position und ihrem Erfolg erheblich unterscheiden.

Wie im vorangegangenen Kapitel deutlich wurde, sind Kenntnisse über das Unternehmensumfeld und die Entwicklungen von enormer Bedeutung für den zukünftigen Erfolg. Umfangreiches Wissen über das eigene Unternehmen spielt ebenso eine große Rolle. Ohne jetzt auf eine der am meisten diskutierten Fragen der Betriebswirtschaftslehre, ob der marktorientierte oder der ressourcenorientierte Ansatz der erfolgreichere ist, eine Antwort geben zu wollen, so kann doch gesagt werden, dass die Kombination aus beiden den Erfolg garantiert. Die Frage ist:

Was kann das Unternehmen besonders gut und was unterscheidet das Unternehmen von anderen? Andrews merkt dazu an: „... the distinctive competence of an organization is more than what it can do, it is what it can do particularly well" [Andrews 1971]. Gemeint ist also wirklich besonders gut, so gut, dass es andere Unternehmen nicht ohne weiteres imitieren können.

Was ist der Grund für den Erfolg?

Fragen sie jemand aus dem Top-Management nach den Stärken, die das Unternehmen wettbewerbsfähig machen. In den seltensten Fällen werden sie eine befriedigende Antwort bekommen. „Wir sind Marktführer" bezeichnet den Erfolg, sagt aber wenig über die Gründe für den Erfolg aus. Lag also der Erfolg (oder Nichterfolg) des Unternehmens im letzten Quartal (oder Geschäftsjahr) daran, dass das Unternehmen ausgezeichnet gearbeitet hat und die Strategie hervorragend aufgegangen ist?

- Oder lag es daran, dass die Konkurrenten Pech (was auch immer) hatten und deshalb nur sehr schlechte Ergebnisse schafften?
- Oder lag es daran, dass sich der Markt – und die Nachfrage – gerade sehr gut entwickelt und man da mitschwimmt?
- Oder waren es die Früchte der Restrukturierung?

Im einen Fall ist es Glück, im anderen jedoch Können. Aber solange die Zahlen stimmen, interessiert das die wenigsten. Erfolg – und hier wird Erfolg im Sinne von guten Geschäftszahlen angenommen – wird in den meisten Fällen dem Management zugesprochen, Misserfolg dem ungünstigen Markt. Das gilt in gewisser Weise auch in Zeiten mit boomender Konjunktur, wie etwa in Deutschland im Frühjahr 2007, aber auch zu diesem Zeitpunkt sagt die Mehrheit der Unternehmer, dass der Erfolg hauptsächlich aus den Sparmaßnahmen der Vorjahre resultiert – und damit das Ergebnis des ausgezeichneten Managements ist.

Es ist sogar so, dass Erfolg zu der Annahme führt, man hätte den richtigen Weg – die richtige Strategie – gewählt und müsse in Zukunft lediglich diese Strategie weiterführen, einfach von allem etwas mehr und etwas besser – „Strategy of Scales" genannt. Basierte der Erfolg jedoch nicht auf der Genialität des Managements, sondern auf dem schlafenden Wettbewerb oder auf temporärem Glück am Markt, kann man sich vorstellen, wohin es führt, wenn die Konkurrenz plötzlich aufwacht oder sich die Nachfrage ändert.

Die Annahme, die Strategie sorgt für den Erfolg, kann trügerisch, ja gefährlich sein. Bei Nichterfolg, wie schon erwähnt, ist nach durchschnittlicher Managermeinung entweder der Markt verantwortlich, da er sich anders verhält als erwartet, oder die Organisation, da sie die Strategie nicht richtig umsetzt. Mintzberg bringt das auf den Punkt: „If only you dumbbells had appreciated our brilliant strategies, all would be well. But the clever dumbbells might well respond: ‚If you are so smart, why didn't you formulate strategies that we dumbbells could implement? You knew who we are: why didn't you factor our incompetences into your thinking?'"

Es lässt sich schlussfolgern, dass jeder fehlgeschlagenen Strategie – per Definition – eine fehlerhafte Strategieformulierung vorausgeht und Misserfolg IMMER eine Auswirkung von Fehlentscheidungen im Management ist. Demzufolge darf sowohl die Strategieanalyse als auch die Strategieentwicklung NIEMALS weder eine Routineaufgabe noch ein Standardprozess werden, der womöglich noch per Knopfdruck die richtigen Schritte zum Erfolg ausgibt.

Um die Frage nach dem Erfolg oder Misserfolg einer Strategie vorab zu beantworten, kommt man um eine aussagekräftige Einschätzung des Unternehmens – inklusive der Stärken und Schwächen – nicht umhin. Jedoch: „Many companies, especially the large ones, have only the vaguest notion of the nature and degree of the competencies that they may posses" [Mintzberg 1989].

Selbsteinschätzung: Stärken und Schwächen des Unternehmens

Manager neigen dazu, Unternehmen ausschließlich nach Performancekriterien – Wachstum, Gewinn und EBIT – zu beurteilen und auch die Zielvorgaben entsprechend zu formulieren. Diese reduktionistische Betrachtungsweise verringert zwar die Komplexität in der Anschauung, bezieht sich jedoch ausschließlich auf die Vergangenheit und gibt wenig Aufschluss über die Gründe von Erfolg oder Nichterfolg. Gerade bei der Strategieentwicklung ist eine Einschätzung der Leistungsfähigkeit und des Potentials des Unternehmens entscheidend – nur mit der richtigen Einschätzung werden strategische Entscheidungen auch zu den gewünschten Resultaten führen.

Das soll keine Aufforderung sein, sich in Zukunft mehr mit sich selber zu beschäftigen. Vielmehr geht es darum, neben den Veränderungen in der Umwelt und der Unsicherheit, die vor uns liegt, sich ein realistisches Bild über das Potential – die Stärken und Schwächen des Unternehmens – zu machen.

Eigentlich selbstverständlich – sollte man meinen; eine Untersuchung von Howard Stevenson [Stevenson 1997] gibt Aufschluss: „... the result of the study brought into serious question the value of formal assessment approaches." Insbesondere wird angemerkt, dass in Top-Management-Positionen ein größerer Optimismus herrscht. Besonders interessant ist jedoch die Bemerkung, dass die Stärken im Wesentlichen anhand von historischen Daten – vor allem Erfolgen im Wettbewerb – angegeben wurden und Schwächen auf normativen Ansichten – persönlichen Einschätzungen – basierten. Stevenson schlussfolgert, dass Manager bei der Einschätzung der Stärken realistischer sind, bei den Schwächen jedoch von Wunschvorstellungen geleitet werden.

Mintzberg geht in seiner Einschätzung [Mintzberg 1994] noch einen Schritt weiter und argumentiert, dass vor allem die Entfernung der Manager vom Geschehen zu der Fehleinschätzung führt und des Weiteren seien Stärken und Schwächen situationsabhängig. Eine Stärke in einem Fall kann eine Schwäche im anderen Fall sein – allgemeine Aussagen sind demzufolge wenig hilfreich. Dass auch machtpolitische Aspekte eine neutrale Selbsteinschätzung behindern, sei an dieser Stelle nur erwähnt und wird im Kapitel 6 wieder aufgegriffen.

Für eine oberflächliche Analyse von Stärken und Schwächen könnten – neben Performance und EBIT – die Anzahl von Patenten, die Anzahl von Angestellten mit akademischem Abschluss, die Anzahl neuer Produkte, der Marktanteil und das Wachstum im Markt, Technologiebeherrschung und ähnliche Werte herangezogen werden. Die entsprechenden Werte sind meistens relativ einfach zu erheben, lassen sich quantifizieren und haben damit den Bonus des Bewert- und Vergleichbaren bei impliziter Genauigkeit. Genau diese suggerierte Genauigkeit lässt dann auch den Eindruck entstehen, man hätte sich einen Überblick über das Unternehmen oder ein Geschäftsfeld verschafft. Der Blick auf die offensichtlichen Erfolgsfaktoren ist als Unternehmensanalyse unzureichend, da er lediglich das Ergebnis von Aktivitäten aus der Vergangenheit zum Ausdruck bringt.

Ansoff hat eine recht umfangreiche Liste mit potentiellen Stärken und Schwächen erstellt [Ansoff 1965], die von Porter in Form der Value Chain erweitert wurde [Porter 1980] (Bild 165, Abschnitt 10.3.2). Seitdem lässt sich eine Tendenz in Richtung einer immer ausgeklügelteren Bewertung der Leistungsfähigkeit des Unternehmens und von Unternehmensfunktionen ausmachen. Mit der Einführung von Key-Performance-Indikatoren und Balanced-Scorecard-Systemen wurde die Quantifizierung von Leistungsdaten möglich.

Thompson schlägt beispielsweise vor, Unternehmen nach Kriterien wie u.a. Manufacturing Capabilities, Technological Skills, Quality/Product Performance und Reputation/Image auf einer Skala von 1 bis 10 zu bewerten. Dieser Wert wird mit denen der Wettbewerber verglichen – mehr noch, es gibt ein „Unweighted Overall Strength Rating"! Es ist also danach möglich, das Unternehmenspotential in einer Zahl auszudrücken. Wieder macht sich hier die starke und weit verbreitete Tendenz bemerkbar, dass Informationen ausgedrückt in Zahlen als präzise gelten [Thompson 2004].

Für Verwaltungszwecke mag das ausreichend sein. Es darf jedoch nicht vergessen werden, dass die ermittelten Daten lediglich ein Ausdruck der Leistungsfähigkeit sind, jedoch in keiner Weise eine Aussage über die Gründe und Rückschlüsse auf die Ursachen erlauben. Für eine Analyse mit dem Ziel, strategische Entscheidungen und Verbesserungen im Unternehmen herbeizuführen, ist es unzureichend. Notwendig ist ein systematischeres, wesentlich tiefgründigeres Vorgehen.

Charakterisierung des Unternehmens

Als Ausgangspunkt für die Charakterisierung eines Unternehmens kann das 7S-Modell verwendet werden (Tabelle 35, Bild 110). „Organizational change is really the inter-relationship between structure, strategy, systems, style, skills, staff and ...

Tabelle 35 Die 7S zur Charakterisierung von Unternehmen

	Element	Erläuterung
Die harten S	*Strategy* *Strategie*	Die Strategie des Unternehmens; alle Maßnahmen, die das Unternehmen in Erwartung von oder in Reaktion auf Veränderungen in seiner Umwelt plant.
	Structure *Struktur*	Die Basis für Spezialisierung, Koordination und Kooperation einzelner Unternehmensbereiche; sie wird wesentlich von der Strategie, der Unternehmensgröße und der Vielfalt der erbrachten Produkte/Leistungen bestimmt.
	Systems *Systeme*	Formelle und informelle Prozesse zur Umsetzung der Strategie in den gegebenen Strukturen.
Die weichen S	*Style/Culture* *Unternehmenskultur*	Die Kultur des Unternehmens, bestehend aus zwei Komponenten: Die Kultur der Organisation – die dominanten Werte und Normen, die sich im Laufe der Zeit entwickeln und zu sehr stabilen Elementen im Unternehmen werden können. Die Managementkultur bzw. der Führungsstil – eher eine Frage, was das Management tut, als was es sagt; womit verbringen die Manager ihre Zeit; worauf konzentrieren sie ihre Energie?
	Staff *Die Menschen*	Die Ausgestaltung des Personalwesens bzw. der HR-Aktivitäten: Personalentwicklungsprozesse, Sozialisierungsprozesse, Wertegestaltung beim Managementnachwuchs, Einbindung von neuen Mitarbeitern in das Unternehmen, Aufstiegsmöglichkeiten, Mentoring- und Feedbacksysteme
	Skills *Fähigkeiten*	Die charakteristischen Fähigkeiten – das, was das Unternehmen am besten kann und tut; Maßnahmen zur Ausdehnung und Entwicklung solcher wesentlichen Fähigkeiten und Kompetenzen.
	Shared Values und Superordinate Goals *Die Vision*	Die grundlegenden Ideen, auf denen das Unternehmen basiert, die Vision des Unternehmens – für das Unternehmen von großer Innen- und Außenwirkung, in der Regel mit einfachen Worten auf einem abstrakten Niveau formuliert.
Effektiv arbeitende Organisationen weisen eine ausgeglichene Balance zwischen diesen sieben Elementen auf. Hierin liegt auch der Ursprung einer weiteren Bezeichnung als Diagnosemodell für die Organisations-Effektivität. Jede Veränderung eines Elementes wird Auswirkungen auf alle anderen Elemente nach sich ziehen. Verändern sich bspw. Bestandteile des HR-Systems wie interne Karriereplanung, Aufstiegsmöglichkeiten und Weiterbildung, wird dies auch Veränderungen in der Unternehmenskultur, im Führungsstil, dadurch wiederum in den Strukturen und Prozessen und letztlich in den charakteristischen Fähigkeiten des Unternehmens nach sich ziehen.		

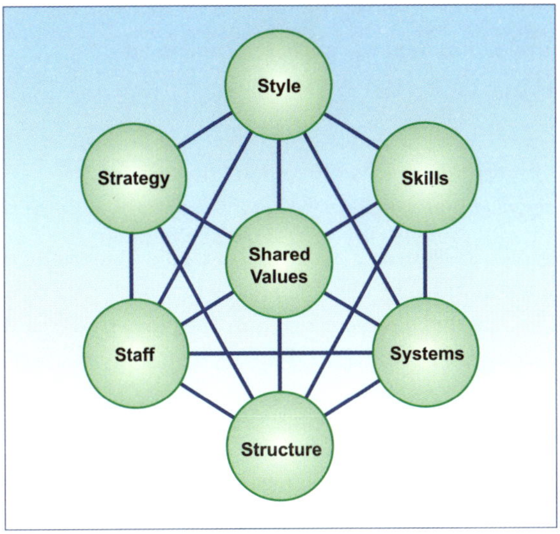

Bild 110 Das 7S-Modell: Alles ist voneinander abhängig [Quinn 1988, Waterman 1980]

superordinate goals" [Waterman 1980]. Es basiert auf der Erkenntnis, dass Unternehmen mehr sind als eine Struktur und eine Strategie und dass sie durch sieben Elemente charakterisiert werden können, die eng miteinander verbunden sind. Ändert sich an einem der Elemente etwas, hat das Einfluss auf die anderen Elemente und auf das Gesamtsystem „Unternehmen". Es widerspricht damit entschieden der oft verbreiteten naiven Annahme, dass es die eine geheimnisvolle Stellschraube gibt, die bei Betätigung zu mehr Erfolg führt.

Es wird Zeit, die viel zitierte Aussage von Chandler „Structure follows Strategy" zu überdenken und zu erweitern. Fähigkeiten, Werte, Kultur, Menschen, Systeme und Strukturen folgen der Strategie.

Nach der Charakterisierung des Unternehmens als System verschafft man sich in einem weiteren Schritt einen Überblick über vorhandene Ressourcen, Fähigkeiten und Kompetenzen. Entsprechend Grant [Grant 1998] kann man zwischen materiellen und nichtmateriellen Ressourcen unterscheiden.

Ressourcen, Fähigkeiten und Kompetenzen

Die materiellen Ressourcen lassen sich gliedern in

- *finanzielle Ressourcen*

  Das ist die Möglichkeit und Größenordnung des finanziellen Handlungsspielraumes, sowie vorhandene Geldreserven.

- *organisatorische Ressourcen*

  Dazu gehört die formale Struktur des Unternehmens: Planung, Kontrolle, Koordination, Umsetzung.

- *physische Ressourcen (Assetts)*

  Das sind Gebäude, Maschinen und Equipment wie auch der Zugang zu Materialien und Komponenten.

- *technologische Ressourcen*

  Im Wesentlichen zählen dazu die verfügbaren Technologien, die ggf. durch Patente und Schutzrechte geschützt werden.

Demgegenüber existieren immaterielle Ressourcen, die oftmals erst die (materiellen) Produktions- und Fertigungsanlagen zum Laufen bringen. „... while hard data may inform the intellect, it is largely soft data that generate wisdom. They may be difficult to analyze, but they are indispensable for syntheses – the key to strategy making" [Mintzberg 1999]:

- *Human Resources*

  Nicht die Anzahl der Mitarbeiter ist hier von Bedeutung, es sind die Fähigkeiten der Mitarbeiter. Aber auch Vertrauen und andere zwischenmenschliche Attribute gehören dazu, etwa Loyalität, Durchsetzungsvermögen, die Fähigkeiten des Managements sowie organisatorische Routinen.

- *Innovationspotential*

  Die entscheidenden Elemente des Innovationspotentials sind Ideen und die Fähigkeit, „Neues" zu erschaffen, Wissen zu generieren und Erfindungen in Produkte zu überführen.

- *Reputation*

  Hierzu gehören im Wesentlichen der Wert der Marke und das Vertrauen der Kunden und Mitarbeiter ins Unternehmen.

Schon an diesem Punkt wird klar, wie schwierig es ist, gerade die weichen Faktoren einzuschätzen. Wie schätzt man die Innovationsfähigkeit ein oder die Motivation der Mitarbeiter oder Art der Zusammenarbeit? Und vor allem: WER schätzt diese Attribute ein? Bei kleineren Unternehmen kann sich der Manager eine Meinung bilden und diese auch durch die Nähe zum Geschehen aktuell halten. Große Unternehmen haben hier einen großen Nachteil. Der Aufwand zur Erhebung ist recht hoch und wird deshalb – wie schon zuvor beschrieben – wohl oft vernachlässigt.

Wie in der Anekdote zu Beginn des Kapitels dargestellt, sind es vor allem die „weichen" Informationen, die für eine Einschätzung von Bedeutung sind. „This is why the alignment between a strategy and a company's real strengths is a critical, though often neglected, factor in determining whether strategies succeed" [Apesi 1999].

Stärken und Schwächen eines Unternehmens

Stärken beziehen sich hauptsächlich auf Wettbewerbsvorteile, andere Alleinstellungsmerkmale und Kompetenzen, die einen Unterschied zum Wettbewerber ausmachen und maßgeblich zum Erfolg beitragen.

Als Schwäche wird die organisatorische Unfähigkeit bezeichnet, bestimmte Entwicklungen nicht erkennen zu können oder die Umsetzung nicht in dem Maße durchführen zu können, wie es erforderlich wäre; aber auch funktionale Defizite können sich als Schwächen bemerkbar machen – beispielsweise Elemente aus der von Porter vorgeschlagenen Value Chain [Porter 1980].

Tatsache ist: Der Versuch einer systematischen Analyse von Stärken und Schwächen von Unternehmen befindet sich „in einem embryonalen Stadium“ [Jain 2004].

Eine der wenigen Untersuchungen zum Thema ist die Dissertation von Stevenson [Stevenson 1963]. Sie gibt Anhaltspunkte zur Einbeziehung der Stärken und Schwächen in die Unternehmensanalyse. Er schlägt folgende Kriterien zur Bewertung vor:

- Organisationsstruktur
- Formalismen und Regelungen
- Fähigkeiten des Top-Managements
- Informationssysteme [und die Fähigkeit der Nutzung]
- Abläufe und Prozeduren
- Verhalten und Einstellung der Manager
- Verhältnis zu den Gewerkschaften
- Technische Fähigkeiten
- Forschungspotential
- Neue Produktideen
- Produktionsstandorte und Kapazitäten
- Demografische Zusammensetzung des Personals
- Distribution
- Fähigkeiten des Vertriebes
- Produktlinien-Vielfalt
- Qualität und Qualitätskontrolle
- Reputation am Aktienmarkt
- Kundenverständnis
- Marktdominierung.

Es soll hier nicht das Ziel sein, einen vollständigen Rahmen zur Bewertung der Stärken und Schwächen eines Unternehmens zu entwickeln. Vielmehr geht es darum, sich über das Potential der Firma klar zu werden und zu hinterfragen, ob die Selbsteinschätzung realistisch ist. Es sei daran erinnert, dass viele strategische Fehlentscheidungen auf die falsche Bewertung der eigenen Fähigkeiten und Potentiale zurückzuführen sind – in den meisten Fällen Überschätzung. Nutt schätzt, dass die Hälfte aller Entscheidungen in Organisationen Fehlentscheidungen sind [Nutt 1999].

Die folgenden Fragenkomplexe liefern Anhaltspunkte auf der Suche nach Informationen, die dabei helfen sollen, das Unternehmen oder das Geschäftsgebiet besser zu verstehen und einschätzen zu können:

- Management
  - Wie werden die Fähigkeiten des Managements eingeschätzt?
  - Wird Entrepreneurship gefördert?
  - Wird *Gestalten* höher eingeschätzt als *Verwalten*?
  - Sind Manager Vorbilder für Angestellte und Mitarbeiter?
  - Wird die sich durch die Führungsposition ergebende Macht im Sinne des Unternehmens eingesetzt?
  - Welche Möglichkeiten des Eingreifens ins Management gibt es? (Und durch wen?).
  - Gibt es bevorzugte Führungsstile? Spielen Offenheit und Vertrauen oder Macht und Angst eine Rolle?
  - Wie stimmt sich das Management ab?

  Zur Komplexität und Unsicherheit, die Einfluss auf die Management-Entwicklungen haben, kommen noch die Konflikte innerhalb der Organisation dazu [Amit 1993]. Unter solchen Bedingungen zu Entscheidungen zu gelangen – unvollständiger Informationsstand, unübersichtliche Situationen und viele Optionen – wird zu einer für die Strategieentwicklung unverzichtbaren Kernkompetenz im Management.

- Wissen
  - Wie entsteht Wissen im Unternehmen?
  - Wie ist es im Unternehmen verteilt?
  - Welche Motivation gibt es für Mitarbeiter, ihr Wissen dem Unternehmen anzuvertrauen?
  - Welche Möglichkeiten gibt es, Wissen mitzuteilen?
  - Knowledge-Management-Systeme gelten als modern, können aber kein Wissen erzeugen – lediglich Informationen abbilden. Wie werden sie eingesetzt?
  - Welchen Stellenwert hat Wissen im Unternehmen?
  - Wie lernfähig ist das Unternehmen?
  - Wie kann man den Wissensbestand eines Unternehmens einschätzen?

  Die nicht-materiellen Ressourcen und Kompetenzen sind schwer zu bewerten, dies bleibt subjektiv und eine Herausforderung fürs Management. „Part of the problem is that ‚information' is generally a fact, whereas ‚knowledge', which focuses on linkages and relationships, is subjective" [Hauschild 2001].

- Kompetenzen
  - Gibt es Fähigkeiten und Kompetenzen im Unternehmen, die sich von Wettbewerbern unterscheiden und schwer zu kopieren sind?

  - Werden bestimmte Fähigkeiten gezielt gefördert?
  - Sind die Kompetenzen der Mitarbeiter bekannt?
- Innovationen
  - Gibt es eine Innovationskultur?
  - Werden Innovationen gefördert – oder nur gefordert?
  - Welche Motivationen gibt es, Innovationen zu fördern?
  - Ist die Organisation auf revolutionäre Innovationen vorbereitet? Oder werden nur „sichere“ evolutionäre Innovationen gefördert?
  - Wie wird mit Misserfolgen umgegangen?
  - Wie viele Ressourcen werden für Innovationen bereitgestellt – in Form von Zeit und Budget?
  - Wie werden Ideen bewertet und Innovationsprojekte ausgewählt?
  - Könnten persönliche und politisch-organisatorische Gründe wichtige Innovationen blockieren?
- Informationen
  - Wie werden wichtige Informationen im Unternehmen weitergeleitet?
  - Wie und wo werden Informationen generiert, verarbeitet und weitergeleitet?
  - Beschränkt sich Kommunikation im Unternehmen auf Reports von unten nach oben und Bewertung und Anweisungen von oben nach unten?
  - Wie werden Entscheidungen getroffen?
  - Gibt es Feedback-Schleifen?
  - Besteht die Möglichkeit einer hierarchieübergreifenden Kommunikation?
- Kultur
  - Wie kann man die Unternehmenskultur charakterisieren?
  - Welche Paradigmen und ungeschriebenen Gesetze gibt es?
  - Wie wird mit Meinungsverschiedenheiten umgegangen? Setzt sich die Meinung der höheren Hierarchie durch oder haben Argumente ein Gewicht?
  - Welche Symbole begleiten die Machtstrukturen?
  - Wie ist die Macht im Unternehmen verteilt?
- Motivation und Loyalität
  - Was motiviert Mitarbeiter, Angestellte und Führungskräfte, ihr Bestes zu geben?
  - Ist das Unternehmen loyal zu Mitarbeitern? Sind die Mitarbeiter loyal zum Unternehmen?
  - Wie arbeiten Mitarbeiter (abteilungsübergreifend) zusammen?

- Organisation
  - Welche Organisationsstruktur kommt im Unternehmen zur Anwendung?
  - Hat sie sich bewährt?
  - Welche Vorteile und Nachteile hat sie?
  - Welche Gründe rechtfertigen diese Struktur?
  - Orientiert sie sich an Aufgaben, Märkten, Prozessen, Mitarbeitern oder Kunden?
  - Wie schnell kann sich die Organisation an neue Gegebenheiten anpassen?
  - Wie werden Stakeholder und deren Bedürfnisse eingebunden?
  - Ist die Organisation lernfähig?
  - Werden Ergebnisse hinterfragt, um besser zu werden oder um einen Verantwortlichen zu finden?
- Möglichkeiten der Veränderungen
  - Wie werden Veränderungen im Unternehmen angestoßen?
  - Wer treibt Veränderungen voran?
  - Geschieht dies top-down oder bottom-up?
  - Hätte Selbstzufriedenheit eine Chance – mit den Auswirkungen, dass Weiterentwicklungen zum Stillstand kommen?
  - Wie verhält sich das Unternehmen in Krisensituationen?
  - Wie entstehen neue Geschäftsfelder?
  - Was hat die Organisation aus Veränderungen der Vergangenheit gelernt?
- Reaktionszeiten
  - Wie schnell ist das Unternehmen in der Lage, auf geänderte Situationen zu reagieren?
  - Wie erfasst das Unternehmen Veränderungen und wie werden Veränderungen im Unternehmen angestoßen?

  Neben der allgemeinen Charakteristik des Unternehmens kommt der Fähigkeit zur schnellen Reaktion eine ganz entscheidende Bedeutung zu. Die Reaktionszeit ist die Zeit von der Aufnahme eines Signals – schwach oder stark – bis zur Reaktion in Form von Strategieänderung, Entscheidungen und konkreten Maßnahmen und Aktionen (vgl. Bild 34).

In der Anekdote zu Anfang des Kapitels 4 wurde deutlich, wie unterschiedlich sich die Reaktionsfähigkeit am Markt auswirkt – im Beispiel 2 Jahre beim einen Unternehmen, sieben Jahre beim anderen. Entscheidend ist nicht allein die Erkenntnis über eine neue Situation oder Veränderungen, relevant ist der Weg bis zur Umsetzung.

Beispielsweise sieht sich die Telekom in ihrem traditionellen Geschäft von der neuen Technologie VoIP bedroht, die es erlaubt, zu wesentlich günstigeren Tarifen zu telefonieren. Seit langer Zeit (Jahren) ist das Wissen darüber an vielen Stellen der Firma latent vorhanden. Jedoch dauert es Jahre, bis man das Neue ernst nimmt und dann auch nur halbherzig reagiert.

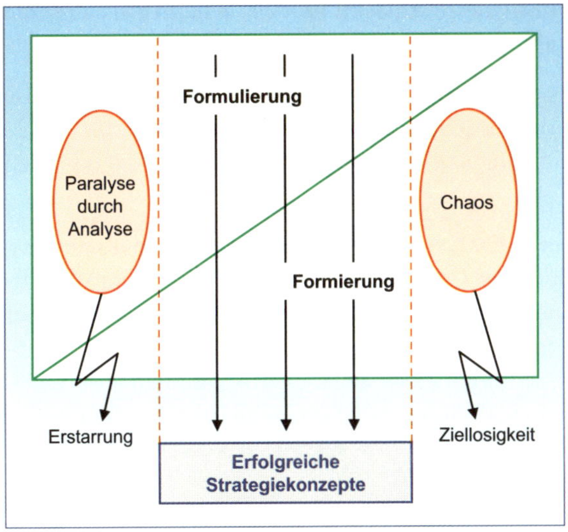

Bild 111 Das Kontinuum der Strategieentwicklung: Die richtige Gewichtung von Formulierung und Formierung (in Anlehnung an [Weidler 1997])

Sony ist als innovative Firma bekannt – als Erfinder des Walkman erkennt man wohl nicht das Potential digitaler Musik und überlässt den Markt fast vollständig Apple.

Die Liste ließe sich beliebig fortführen, ob es Produkte (etwa Russfilter) sind, gesellschaftliche Veränderungen (zum Beispiel die Gesundheitsreform in Deutschland) oder wirtschaftliche Veränderungen (die Herstellung von Phototechnik ist fast vollständig aus Deutschland verschwunden, weil die japanische Konkurrenz erst ignoriert wurde, dann zwar bemerkt wurde, aber man nie richtig darauf reagiert hat). Dieses Phänomen der Erstarrung scheint weit verbreitet zu sein (Bild 111).

Es soll hier nicht unerwähnt bleiben, dass die Analyse des Unternehmens genauso aufwändig sein kann wie die des Unternehmensumfeldes – gerade und besonders bei großen, unübersichtlichen Unternehmensstrukturen. Besonders in einem turbulenten Umfeld kann die Kenntnis über das Unternehmen helfen, die Unsicherheit zu reduzieren. Deutlicher ausgedrückt: Strategieentwicklung bei Unkenntnis von Umwelt UND Unternehmen gleicht einem Blindflug. Mit dem Wissen vom Unternehmen und der Möglichkeit des Einflusses erhöht sich die strategische Sicherheit – Freiheitsgrade werden reduziert.

5.5 Die Strategie-Synthese

„Und nun?“ – Der wichtigste Schritt bei der Strategieentwicklung ist die Synthese mit dem Ziel, neue Strategieoptionen zu generieren, Strategiepläne auszuarbeiten und Entscheidungen vorzubereiten. Die Erfahrung lehrt uns jedoch, dass die Interpretation, die Reflektion und das Durchdenken der Analyseergebnisse viel zu kurz kommen. Gewöhnlich ist es Termindruck, der in dieser Phase zu naheliegenden, vordergründigen und offensichtlichen Strategievorschlägen führt; was natürlich sofort die Frage provoziert, ob der hohe Analyseaufwand gerechtfertigt ist.

Nehmen Sie sich Zeit. Lehnen Sie sich zurück, lassen Sie die bisherigen Ergebnisse auf sich wirken. Das Entwickeln von Strategien ist ein kreativer Prozess, da hilft es auch, mal andere Perspektiven einzunehmen oder sich mal einen Tag mit anderen Dingen zu beschäftigen.

Nun besteht die Gelegenheit, bevor es dann richtig ernst wird, sich nochmals die strategischen Ziele, die Visionen und das Grundverständnis des Unternehmens ins Gedächtnis zu rufen. Mit der Einschätzung des Unternehmens, der Kenntnis über Ressourcen, Fähigkeiten, Kernkompetenzen und Wettbewerbsvorteile und der Einschätzung zur Umweltsituation – sowohl Makro- als auch Mikroumfeld – zum Beispiel in Form von Szenarien, ist man in der Lage, sich Gedanken über die strategische Ausrichtung zu machen.

5.5.1 Die strategischen Ziele und das strategische Grundverständnis

Ken Andrews gilt als der Pionier der SWOT-Analyse und war einer der ersten Theoretiker, der die Bedeutung des Strategy Fit formulierte, als der Kombination aus betrieblicher Stärke/Schwäche und den sich außerbetrieblich darstellenden Chancen und Bedrohungen [Andrews 1971]. Die ursprünglich von Andrews vorgeschlagene Vorgehensweise (Bild 112) unterscheidet sich von der heutigen, bekannten SWOT-Matrix. Im Gegensatz zu der heutigen Form der Matrix berücksichtigt die ursprüngliche Form die Orientierung und den Auftrag des Unternehmens.

Die Fragen „Was können wir tun?“, „Was sollten wir tun?“ und „Was erwarten andere von uns zu tun?“ haben wir schon im Vorfeld behandelt. Widmen wir uns, bevor es dann zur Strategieentwicklung geht, der Frage: „Was wollen wir tun“?

Beginnen wir mit einem auf den ersten Blick ganz einfachen Thema: Jede Firma sollte die Frage beantworten können, warum sie existiert. Die Ursache ist oft mit der Vision

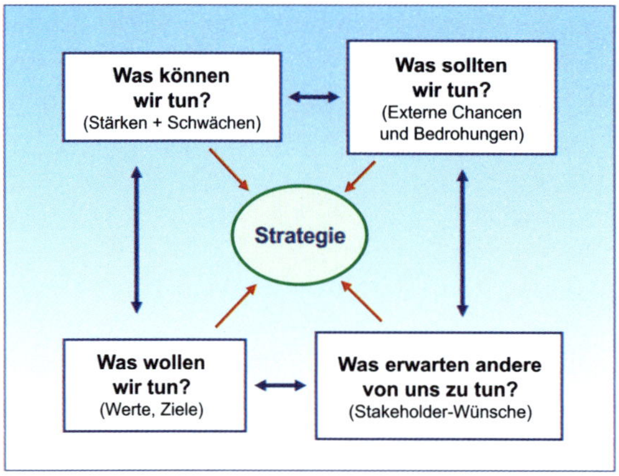

Bild 112 Strategisches Werkzeug: Die SWOT-Analyse nach Andrews

oder dem Ziel der Firma verbunden. Die Ausprägung kann unterschiedlich stark sein. Vorstellbar ist, dass kleinere Familienbetriebe aus der Motivation heraus – quasi selbstverständlich und weil es schon immer (seit Generationen) so war – existieren. Andere sind dem Shareholder Value verpflichtet. Wieder andere wollen mit der Firma einfach ihre Ideen umsetzen oder sehen eher die gesellschaftliche Verantwortung.

Auch wenn in der Mehrzahl der Fälle eher unterbewusst gehandelt wird, für die Reflektion der strategischen Ziele sind das Bewusstmachen und das gemeinsame Verständnis von enormer Bedeutung. Daran orientiert sich das Grundverständnis der Firma und ebenso die strategische Ausrichtung.

Im Rahmen der strategischen Analyse werden strategische Ziele des Unternehmens formuliert bzw. bereits vorhandene Ziele evaluiert. Dazu gehört die Überprüfung des Unternehmensleitbilds, der Visionen und der Unternehmensziele.

Das Unternehmensleitbild

Gibt es ein Unternehmensleitbild? Unternehmensleitbilder umfassen in der Regel die folgenden Punkte:

- die globale Geschäftspolitik, insbesondere die Angebotspolitik,
- das Verhältnis zu Kunden und Mitarbeitern,
- das Verhältnis zu Staat und Gesamtwirtschaft und
- Managementgrundsätze.

Die Leit- und Vorbildfunktion des Leitbildes steht und fällt mit der Glaubwürdigkeit. Den Führungskräften kommt in der Anwendung eine besondere Rolle zu.

Visionen

Gibt es eine Vision? Eine Vision sollte mitreißen und motivieren. Herausfordernde Ziele sind geeignet zur Identifikation mit dem Unternehmen (an dieser Stelle soll bewusst auf Beispiele verzichtet werden, denn jede Vision ist individuell zu entwickeln).

Eine Zahl aus dem Repertoire der Betriebswirtschaft ist hingegen wenig geeignet. Im Gegenteil. Rendite oder Gewinnvorgaben – das ist definitiv nachgewiesen – haben einen geringen bis negativen Einfluss auf die Leistungsbereitschaft von Mitarbeitern. Nichts kann Unternehmensführung und Belegschaft so entzweien wie Renditevorgaben. Und nichts kann ein Unternehmen so zusammenwachsen lassen wie herausfordernde, motivierende Visionen (beispielsweise die Vision, als erster Mensch auf dem Mond zu landen).

Wie passen die bisherigen Analyseergebnisse zu den – meistens top-down vorgegebenen – Visionen? Zeigen sich Widersprüche? Beispielsweise würden reduzierte Forschungsausgaben nicht zu der Vision eines Unternehmens passen, Technologieführer zu sein. Bild 113 gibt einen Eindruck von der möglichen Bandbreite bei der Formulierung von Visionen.

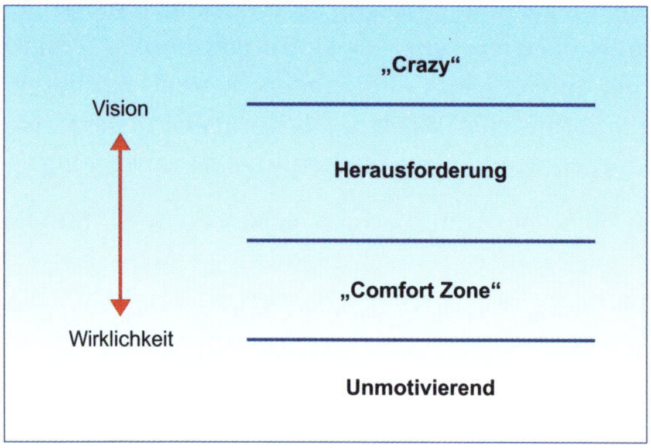

Bild 113 Die Vision: Meistens weit weg von der Realität der Unternehmen

Unternehmensziele

In den Zielen muss die Markt- und Gesellschaftsorientierung zum Ausdruck kommen. Deshalb unterscheidet man unter anderem:

- Leistungsziele
- Marktanteile
- Qualität
- Forschungsziele
- Qualifikation der Mitarbeiter
- Förderung der Mitbestimmung
- Erfolgsziele
- Rentabilität
- Kostensenkung
- Vermeidung von Kündigungen
- Förderung weiblicher Mitarbeiter
- Finanzziele
- Liquidität.

Welche Ziele im einzelnen Unternehmen Vorrang haben, hängt ab von

- den Eigentumsverhältnissen (Privateigentum, öffentliches Eigentum),
- der Wirtschaftsordnung (Marktwirtschaft oder Planwirtschaft),
- der Einstellung der Unternehmer bzw. Manager und
- der Stärke der Arbeiternehmervertretungen.

Auch hier stellt sich wieder die Frage: Passen die Unternehmensziele noch zum Unternehmen bzw. das Unternehmen noch zu den Zielen? Im Sinne der Glaubwürdigkeit und der Seriosität sollten hier keine Heterogenitäten zu erkennen sein.

Beispiel Telekom:

T-Spirit – Das Leitbild der Deutschen Telekom (http://www.telekom3.de/de-p/konz/1-ko/5-ko/inha/031017-leitbild-ar.html):

Steigerung des Konzernwertes:
„Wir steigern den Wert der Deutschen Telekom nachhaltig."

Partner für den Kunden:
„Wir begeistern unsere Kunden durch exzellente Produkte und Services."

Innovation:
„Wir schaffen ein Klima für Innovationen und Spaß an Leistung."

Respekt:
„Wir nutzen unsere kulturelle Vielfalt, respektieren und unterstützen uns."

Integrität:
„Wir kommunizieren offen und ehrlich und halten, was wir versprechen."

Top Exzellenz:
„Wir denken und handeln entschlossen, wollen mit den richtigen Menschen am richtigen Platz ständig effizienter werden, belohnen Leistung und sanktionieren Fehlverhalten konsequent."

Die sechs Werte machen deutlich, dass T-Spirit nicht nur ein philosophischer Überbau ist. T-Spirit ist das Leitbild, an dem das gesamte Handeln aller Mitarbeiter im Konzern ausgerichtet werden soll. Das Top-Management der Telekom hat sich dazu bekannt, die Unternehmenswerte konsequent vorzuleben und zu verankern. Ziel ist es, dass das neue Leitbild von allen Mitarbeitern im Konzern gelebt wird.

Vor dem Hintergrund dieser formulierten Ziele und Visionen einerseits und der Erfahrung als Kunde mit der Telekom und den aktuellen Meldungen aus der Tagespresse (5 Mrd. € Sparprogramm, Abbau von 32.000 Jobs und die Abmeldung von 2 Millionen Festnetzanschlüssen pro Jahr) andererseits fällt es schwer zu glauben, dass die Vorbildfunktion des Leitbildes tatsächlich gelebt wird.

Die Unternehmensziele nicht aus den Augen verlieren – das mag trivial klingen. Aber wie das Beispiel der Telekom zeigt, ist die Orientierung und Zielvorgabe enorm wichtig. Daran werden Unternehmen intern und extern gemessen und beurteilt. Und daran orientieren sich die zu entwickelnden Strategien.

5.5.2 Strategische Optionen und strategischer Fit

Neben der allgemeinen Vorstellung sollte jedem Unternehmen die Rolle innerhalb der Industrie, in der es tätig ist, klar sein. Ist sie eher aktiv – gestalterisch – oder passiv – auf die Nutzung von Chancen – ausgerichtet? „Depending on the extent of its ambition, a company can adopt one of three strategic postures: adopting, shaping, or reserving the right to play" [Kauffman 1995].

Die Frage, welche Einstellung die erfolgversprechendere ist, hat die Wirtschaftsforscher schon lange beschäftigt; eine pauschale Antwort ist nicht möglich. Solche

Tabelle 36 Archetypisches Verhalten im Spektrum der Veränderung (vgl. Bild 41)

Turbulenzlevel	Adopter	Shaper
Allgemein	Versucht, sich den veränderten Umweltbedingungen anzupassen. Notwendig: sehr gute Beobachtung von Markt/Kunden/Wettbewerber und Umwelt und deren Veränderungen. Flexible Organisationsstruktur. Kernkompetenzen werden bei Bedarf zugekauft. Orientierung nach außen. Vorsichtige Investments.	Versucht, die Spielregeln zu ändern oder neu zu erfinden. Notwendig: Mut, Stärke, Orientierung, Überzeugung, Wille und Markteinfluss. Stabile Organisationsform. Ausbildung und Ausbau von Kernkompetenzen. Orientierung nach Innen.
Paradigma	Verhalten der beiden Archetypen ist sehr ähnlich.	
Trends	Erkennt Trends und folgt ihnen mit Sicherheitsabstand.	Setzt Trends durch neue Produkte, Dienstleistungen oder Businessmodelle.
Widersprüche	Werden ignoriert oder verdrängt.	Werden ausgenutzt.
Unsicherheiten	Abwarten und beobachten. Bedrohungen ausweichen.	Position beziehen, Claims abstecken, Chancen nutzen.
Chaos	Passiv	Aktiv

Untersuchungen bezogen sich zu einem großen Teil auf ein stabiles Umfeld oder berücksichtigten nur unzureichend das Unternehmensumfeld [Grant 1998]. Bezieht man hingegen das Umfeld in die Betrachtung mit ein, kommt man zu Überlegungen, wie sie in Tabelle 36 zusammengestellt sind.

Die innere Einstellung der Unternehmen unterscheidet sich grundlegend. Im Laufe des Bestehens ändern Unternehmen ihre Rolle. Es gibt Beispiele für beide Richtungen. Samsung hat in der Elektronikindustrie als typischer Adopter angefangen. Ziel war, die Vorgaben anderer einfach besser umzusetzen. Mit dem Erfolg kommt nun der Wunsch, den Markt selber zu gestalten. Eigene Konzepte und Produktideen werden vorangetrieben.

Microsoft auf der anderen Seite hat sich von einem Shaper zu einem typischen Adopter entwickelt, der die erreichte Position und den Erfolg verteidigt. Innovationen werden hauptsächlich von anderen Firmen getrieben (zum Beispiel Google) und Microsoft reagiert.

Um zu vermeiden, dass man Schritt für Schritt in eine extrem passive Adopterrolle verfällt, was sehr rasch geschieht, wenn es niemand in der Organisation gibt, der neue Ideen zum „Shapen“ einbringt, ist es nützlich, vom Zeit zu Zeit über die eigene Rolle nachzudenken.

„You have to run faster and faster, just to stay at the same place“ [Kauffman 1995].

Das Paradoxe ist, je turbulenter sich das Umfeld entwickelt, und je unflexibler das Unternehmen in seinen Reaktionen ist, desto größer sollte der gestalterische Einfluss auf die Industrie sein. Oder, anders ausgedrückt, ist die Rolle des Shapers oft mit hohem Risiko verbunden, kann in turbulenten Situationen selbstbewusstes Handeln und agieren vorteilhafter sein als abzuwarten.

In einer Untersuchung – durchgeführt von 1985 bis 1995 – stellte McKinsey fest, dass von den 50 untersuchten Firmen 86% der erfolgreicheren Firmen eine „Market-Shaping"-Philosophie verfolgen. Das mag ein Hinweis darauf sein, dass allein durch die Anpassung und Verfolgung des Marktes eben auch „nur" durchschnittliche Ergebnisse erzielbar sind. Oder, deutlicher ausgedrückt, durch Adaption orientiert man sich am Mittelmaß.

5.5.3 Entwickeln der Unternehmensszenarien

Wenn es um die Zukunft des eigenen Unternehmens geht, wird diese meistens selbstverständlich durch strategische Pläne und Roadmaps beschrieben und als gegeben hingenommen. Pläne spiegeln jedoch in den meisten Fällen Wunschvorstellungen und Möglichkeiten wider. In Ausnahmefällen sind es Handlungsdirektiven, die tatsächlich auf die weitere Entwicklung schließen lassen. Nicht zuletzt deshalb stellt Mintzberg in Zweifel, ob Manager sich überhaupt an solchen Plänen orientieren [Mintzberg 1999].

Die Annahme, dass lediglich die Umwelt den Veränderungen ausgesetzt ist und das Unternehmen als eine mehr oder wenig konstante Komponente zu betrachten ist, ist überholt. Unternehmen verändern sich zum Teil schneller als die Umgebung. Analog zu den Umweltszenarien lassen sich in Unternehmen Veränderungen an Signalen, Trends und anderen Erkenntnissen (siehe Tabelle 37) festmachen. Aus diesem Grund wird das Konzept der „Unternehmensszenarien" hier vorgestellt.

Durch die vielen Freiheitsgrade, die sich durch die Vielfalt an Möglichkeiten ergeben, und die Eigendynamik, die von Unternehmen ausgeht, erscheint es sinnvoll, ähnlich

Tabelle 37 Bezug der Veränderungen auf das Umfeld und das Unternehmen

Elemente	Umwelt	Unternehmen
Paradigmen	Stabile, konstante Merkmale; z.B. Naturkonstanten, Streben nach Glück	Verlässliche Ausgangspunkte; z.B. Unternehmensziele und Unternehmensphilosophien
Trends	Absehbare Veränderungen; z.B. Alterung der Gesellschaft	Gewollte und ungewollte, aber gerichtete Veränderungen; z.B. Outsourcing
Widersprüche	Dilemmas (z.B. „Tragedy of the Commons") oder Meinungsverschiedenheiten	Gegensätzliche Bemühungen, die sich widersprechen, z.B. Teamfähigkeit versus Messbarkeit der persönlichen Leistung
Unsicherheiten	Veränderungen mit unklarem Verlauf bzw. Ausgang; z.B. Rohstoffmangel	Veränderungen mit unklarem Verlauf bzw. Ausgang; z.B. Unternehmenskultur, Kontinuität
Chaos	Unvorhersehbare „Wildcards", z.B. Katastrophen	Überraschende Ereignisse, z.B. Schadensansprüche durch fehlerhafte Produkte, feindliche Übernahme

wie bei den Umweltszenarien auch Szenarien – Unternehmensszenarien – zu entwickeln. Die Entwicklung des Unternehmens in die Zukunft verläuft keineswegs geradlinig und wird durch Menschen – rational und emotional – bestimmt. Durch die Einbeziehung aller bekannten Quellen für Veränderung in die Analyse wird die Darstellung anschaulicher.

Wie schon im Kapitel 3 und Kapitel 4 erläutert, kann man Umweltveränderungen entsprechend ihrer Dynamik und Absehbarkeit in Paradigmen, Trends, Widersprüche, Unsicherheiten und Chaos einteilen. Analog dazu kann man auch die Veränderungen eines Unternehmens analysieren und beschreiben.

Dies erfordert ein hohes Wissen über das Unternehmen und die Abläufe und ein ähnlich diszipliniertes und neutrales Vorgehen wie bei den Umweltszenarien. Das Erkennen der Stärken und Schwächen eines Unternehmens – wie es zuvor im Kapitel beschrieben wurde – führt zu logischen Schlussfolgerungen. Logische Schlüsse und tatsächliche Reaktionen können sich auf Grund der irrationalen Komponente, die in allen Unternehmen vorhanden ist, erheblich unterscheiden. Im Kapitel 2 wurden einige Gründe vorgestellt – beispielsweise sind Neid oder Ehrgeiz starke Motive für nicht-logische Handlungen.

Wie sind die Kräfte im Unternehmen verteilt? Wer trifft Entscheidungen? Wo werden Entscheidungen verschleppt? Welche Bereiche gelten als träge, welche als dynamisch? Wo wird gestaltet und wo wird das gemacht, was in bravem Gehorsam erwartet wird?

Schauen Sie in den Geschäftsbericht ihres Unternehmens. Stellt er die Wirklichkeit dar oder werden dort Sachen beschönigt? Wie groß sind die Unterschiede zwischen der inneren und der äußeren Perspektive bzw. der Perspektive von „oben"? (Mehr dazu im Kapitel 6 unter dem Stichwort „ungeschriebene Gesetze".)

Diese Aspekte werden in den Unternehmensszenarios berücksichtigt und sind auf dem Weg zur Strategieentwicklung als eine entscheidende Erweiterung zur bisherigen Praxis zu sehen. Der Ablauf zur Generierung der Unternehmensszenarien gleicht dem der Umweltszenarien – beispielhaft an der „Zukunft des Fernsehens" gezeigt (Abschnitt 5.8).

5.5.4 Entwickeln der Strategieoptionen

Aufbauend auf den Ergebnissen der Unternehmensanalyse – nachdem die Veränderungen analytisch erfasst, die normativen Ziele bewusst gemacht und die Unternehmensszenarien erstellt wurden – kann der nächste Schritt erfolgen, die Entwicklung der Strategieoptionen und das Ausarbeiten von Handlungsräumen und Handlungsoptionen.

Es ergeben sich nun die Fragen: Welche Möglichkeiten der Veränderung – des Eingriffes in die Organisation und die bewusste Gestaltung – hat man überhaupt? Wie kann man Einfluss auf das Unternehmen – oder ggf. die Umwelt – nehmen? Die Spannweite der Optionen ist groß. Alternativen für strategische Maßnahmen sind zum Beispiel:

- Nichts tun.
- Man kann personelle Veränderungen vornehmen.
- Man kann Investitionen tätigen.
- Partnerschaften können eingegangen oder gelöst werden.
- Akquisitionen können getätigt werden.
- Unternehmensteile können verkauft werden.
- Es können gezielt neue Kompetenzen aufgebaut, andere abgebaut werden.
- Budgets können verschoben und so Projekte, Programme oder Aktionen gefördert werden.
- Initiativen oder Programme können gestartet (oder beendet) werden.
- Zielvorgaben können verändert werden.
- Änderungen an den Finanzsystemen, Informationssystemen, sowie der Strukturen und Prozesse können vorgenommen werden.
- Operationale Änderungen können erfolgen – Verschiebung bzw. Verlagerung der Wertschöpfungskette.
- Maßnahmen zur Steigerung der Motivation der Mitarbeiter können angestoßen werden, ebenso andere Maßnahmen mit Einfluss auf die Unternehmenskultur.
- usw.

Diese Aufzählung stellt einen Ausschnitt aus dem Repertoire der strategischen Maßnahmen dar. Betrachtet man die Möglichkeiten der Veränderung rein quantitativ, ergeben sich genau vier Alternativen (Bild 114), charakterisiert durch intern/extern

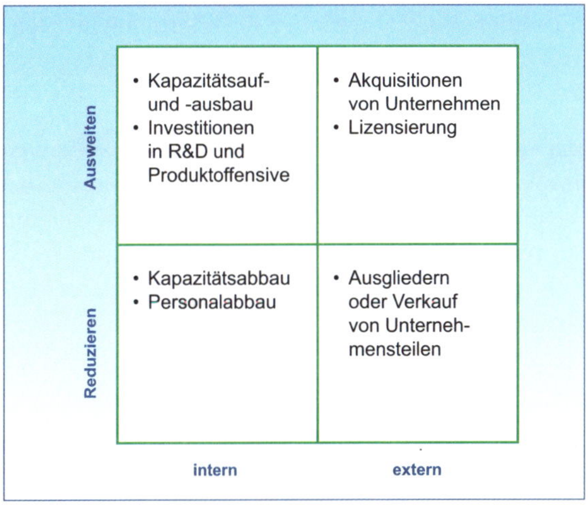

Bild 114 **Veränderungsmöglichkeiten im Unternehmen: Der quantitative Ansatz**

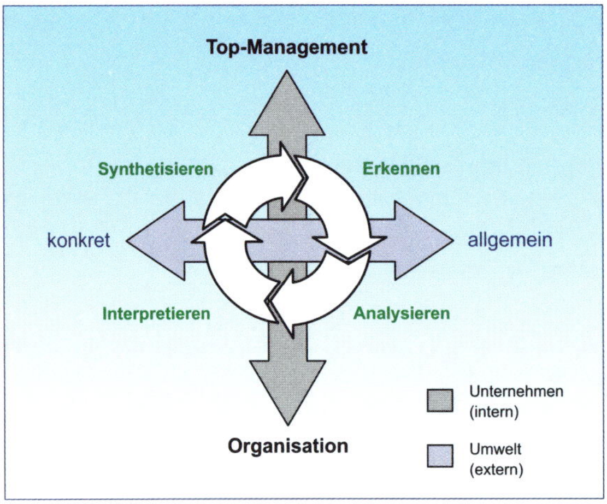

Bild 115 Veränderung im Unternehmen: Der qualitative Ansatz

und ausweiten/reduzieren, jeweils mit der Option, sich aus eigener Kraft oder mit externer Hilfe zu verändern.

Bei qualitativer Betrachtung ist der Spielraum ungleich größer, so wie die oben aufgeführte Liste verdeutlicht. Mögliche Varianten sind hauptsächlich risikobedingt unterschiedlich. Ist man gewillt, hohe Investments mit hohem Risiko zu tätigen, oder reicht es, durch kleinere Investments oder Partnerschaften im Spiel zu bleiben? Möglich wäre auch, sich gegen Angriffe zu schützen – zum Beispiel durch gezielten Kompetenzaufbau.

Auf dieser Basis werden Strategieoptionen generiert. Idealerweise im Team ausgeführt, ist es hauptsächlich eine Frage der Intelligenz, wie die vielen Informationen verarbeitet und Optionen generiert werden. In Bild 115 ist der Prozess durch Pfeile angedeutet, zum einen der Austausch der Informationen aus der Umwelt (allgemein – konkret), zum anderen der Informationsfluss innerhalb des Unternehmens (top-down und bottom-up). Und zentral läuft der Prozess der Strategieentwicklung als kontinuierlicher Kreislauf ab.

Beim Entwickeln der Strategieoptionen sollte es keine Tabus geben. Weder sollten zu ehrgeizige Ziele des Managements die Einschätzung der Stärken und Schwächen vernachlässigen, noch sollte bei erkennbaren Schwächen an den Zielen festgehalten werden. Strategieoptionen müssen realistisch sein und konsistent. An dieser Stelle entstehen folgenreiche Fehler, wenn „wollen" und „können" zu weit auseinander liegen und Organisationen überfordert werden.

5.5.5 Strategic Fit

„Strategic Fit" bedeutet, die Ressourcen und Fähigkeiten des Unternehmens so einzusetzen, dass Bedürfnisse des Markts – der Kunden – optimal bedient werden – sowohl in einem stabilen als auch in einem turbulenten, von Unsicherheit geprägten Umfeld.

Ausgehend von der aktuellen Situation gilt es nun, sich Gedanken über den Strategic Fit der Zukunft zu machen. Ausgangspunkt für die Betrachtung ist das erweiterte SWOT-Diagramm. Der Schwachpunkt der SWOT-Matrix liegt in ihrer Statik. Die Vereinfachung reduziert das Konzept auf die Strukturierung und Anordnung von Informationen (Bild 116).

Die Tatsache, dass mehrere Szenarien vorliegen, und bewusst keines davon als „most likely" ausgewählt wird, erschwert das weitere Vorgehen und die Antwort auf die

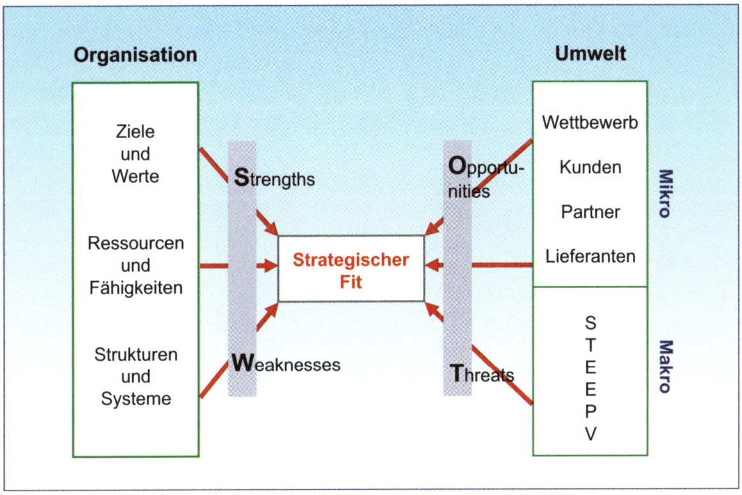

Bild 116 SWOT-Matrix und allgemeiner Strategierahmen: Die Kombination [Grant 1994]

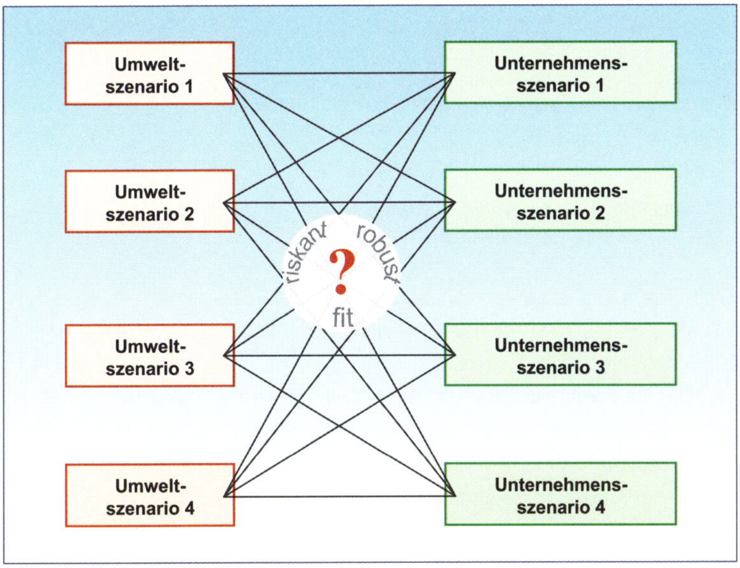

Bild 117 Strategic Fit: Gegenüberstellung der Szenarios

Frage, was nun mit den Szenarien und den Erkenntnissen passiert. Wie in Bild 117 dargestellt, werden die Umweltszenarien den Unternehmensszenarien gegenübergestellt und auf den „Fit" hin getestet.

5.5.6 Robuste Strategien

Das erste Ziel einer Firma muss sein, zu überleben. Das bedeutet, die Strategie muss in erster Linie robust sein. Erst wenn das gewährleistet ist, sollte man sich Gedanken um neue Geschäftsmöglichkeiten machen. In Anbetracht der sich bietenden Möglichkeiten und des Ehrgeizes im Management wird das leider oft übersehen (Karstadt-Quelle sei hier nur als eines von vielen Beispielen genannt). So trivial es klingt, ein Robustheits-Check sollte regelmäßig – ob mit oder ohne Ambitionen auf Veränderung – im Unternehmen durchgeführt werden.

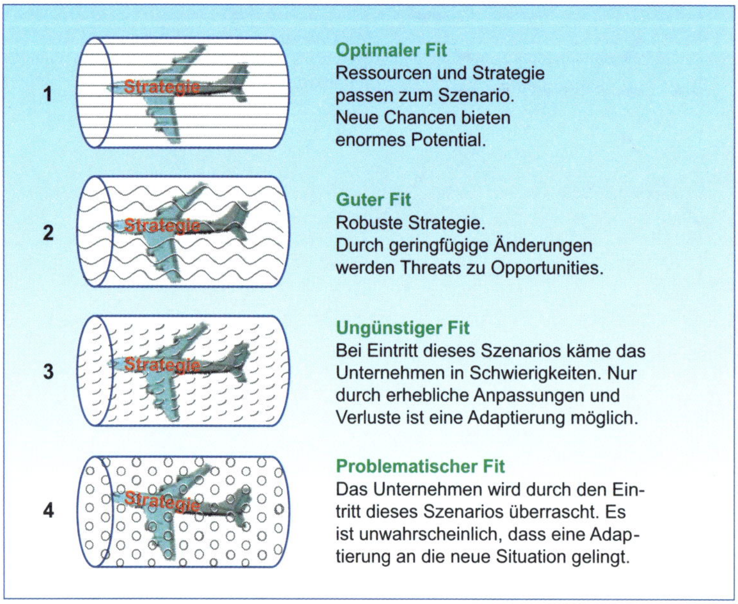

Bild 118 Windkanal-Metapher: Die Aerodynamik (Strategie) muss zu den Umgebungsbedingungen passen

Es wird deutlich, dass das Instrument der Gegenüberstellung von Umweltszenarien und Unternehmensszenarien gut als Diskussionsgrundlage geeignet ist. Damit können Optionen getestet werden, Für und Wider abgewägt und – optimalerweise im Team – kann aus den Szenarien und Optionen die Vorzugs-Strategie ausgewählt werden. In Bild 118 sind Beispiele der Bewertung anhand des von Schwartz vorgeschlagenen Windkanals vorgestellt [Schwartz 1991]. Die Metapher sieht die Unternehmensumwelt als Windkanal und das Flugzeug als Unternehmensstrategie. Der Widerstand ist am geringsten und die Flugeigenschaften sind am besten, wenn die Aerodynamik – also der strategische Fit – optimal eingestellt sind.

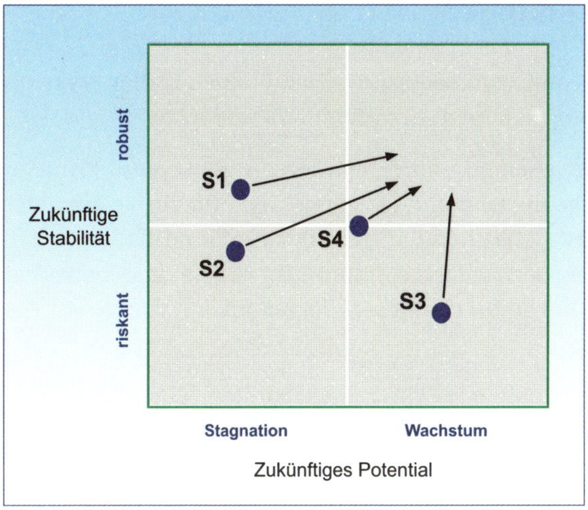

Bild 119 Potential und Stabilität: Ein steiler Weg nach oben

Eine Strategie gilt als robust, wenn alternative Entwicklungen, die eine Anpassung der Strategie erfordern, bei der Strategieentwicklung berücksichtigt wurden und werden und die Stabilität des Unternehmens im Fokus steht. Wachstumsstrategien sind immer mit einem höheren Risiko behaftet.

Bewertet man die Unternehmensszenarien nach den zwei Kriterien Stabilität und Potential und überträgt das Ergebnis in eine Matrix, kommt man zu einer Darstellung wie in Bild 119. Die Pfeile deuten das Ziel an: Dorthin sollte man im Idealfall kommen, zu Strategien, die robust sind und gleichzeitig hohes Wachstumspotential aufweisen. Da sich die Umwelt und das Unternehmen permanent verändert, ändert sich auch die Position der Szenarien ständig. Damit wird deutlich, dass Strategieentwicklung eine kontinuierliche Aufgabe ist und die Beurteilung einer Strategie nur eine Momentaufnahme sein kann.

Die geplante Strategie wird in jedem Falle von neuen Ereignissen beeinflusst werden. Wie im Bild 107 zu sehen war, entspricht die letztlich realisierte Strategie mit Sicherheit nicht der ursprünglich geplanten Strategie. Umso wichtiger ist es, sich schon im Zuge der Szenarioentwicklung mit Triggerpunkten vertraut zu machen. Das sind Ereignisse, die bei Eintritt eine Änderung der Strategie erfordern: Triggerpunkte sind antizipierte Ereignisse oder Veränderungen, die einen Einfluss auf die Strategie des Unternehmens haben werden.

Die Berücksichtigung der Triggerpunkte bei der Realisierung der Strategie erlaubt es, eine riskantere Strategie zu verfolgen – die Triggerpunkte immer im Blick habend und immer bereit, bei Eintritt der Triggerpunkte sofort Maßnahmen zu ergreifen. Der Vorteil dieser Methode liegt im Wesentlichen darin, dass Entscheidungen vorweggenommen werden. Bei Eintritt sind die Optionen schon vorhanden und eine wesentlich schnellere Reaktion ist möglich. Triggerpunkte sollten in jeder Strategieplanung fest verankert sein.

5.6 Strategische Entscheidungen

Zwischen dem Ende der Analyse und dem Beginn der Handlungen stehen strategische Entscheidungen. Entscheidungen sind notwendig für Veränderungen.

Aber eben diese Entscheidungen scheinen immer schwieriger zu werden. Manager werden unter anderem an ihren Entscheidungen gemessen. Ob diese gut oder schlecht waren, stellt sich aber erst später heraus. Keine Entscheidung statt einer falschen erscheint in vielen Fällen ein vertretbarer Kompromiss zu sein. In dem Bestreben, das Risiko gering zu halten, bekommt das sichere Nichtstun den Vorzug vor riskantem Neuland.

Idealtypisch sollte jede Form von Analyse zu einer Entscheidung führen. Bewusste Entscheidungen und die Kommunikation fördern Transparenz und Berechenbarkeit. Sie helfen, die innerbetriebliche Unsicherheit zu reduzieren und die Flexibilität zu erhöhen. Entscheidungsschwäche führt oft zu Phlegmatismus und Erstarrung. Da optimale Entscheidungen generell nicht möglich sind, sind es Schlussfolgerungen, die auf Grund von unvollständigen Informationen getroffen werden, die einen guten Manager ausmachen.

„The justification for the prestige, high prices, and attention lavished on strategy seems straightforward: doing the right thing, even if it isn't done perfectly, is more important than doing the wrong thing exceptionally well." [Pfeffer 2006]

Situationen ändern sich und so ändern sich auch die Randbedingungen und Entscheidungsgrundlagen. Die so wichtige Flexibilität von Unternehmen wird unter anderem durch die Entscheidungsfreude bestimmt. Weder der Wunsch nach Perfektion noch die Furcht vor Konsequenzen auf Grund von Fehlentscheidungen sollten als Grund für Verzögerungen im Entscheidungsprozess gelten. Eine sorgfältige Analyse und rasche Entscheidungen sind die Grundlage für intelligente, flexible und zukunftsorientierte Unternehmen.

5.7 Die Rolle der Strategieentwicklung im Unternehmen und die Einbindung von Zukunftsbetrachtungen

Gewöhnlich haben Strategieabteilungen in Unternehmen einen besonderen Stellenwert. Es sind die Institutionen, die aus der Unmenge der Informationen Entscheidungsgrundlagen erarbeiten und dabei sowohl den Überblick als auch den Blick fürs Detail behalten, aber auch mit der Herausforderung der Kommunikation innerhalb des Unternehmens konfrontiert sind. Mit den im Buch schon vielfach beschriebenen Veränderungen – intern und extern – werden auch die Anforderungen an die Strategieabteilungen wachsen.

Frederick Taylor prägte den Begriff des „Scientific Management" [Taylor 1911] und gilt als Begründer der Arbeitsteilung; durch die Anwendung seiner Methoden konnten erhebliche Produktionsverbesserungen erreicht werden. Schwerpunkt und die eigentliche Revolution seines Vorschlags zur Arbeitsteilung ist die Trennung von Planung und Kontrolle der Arbeit und der eigentlichen Arbeitsausführung. Mit diesem bis heute noch aktuellen Prinzip bekam auch die Rolle der Manager einen neuen Stellenwert.

Diese Trennung von „Denken" und „Handeln" hat sich in vielen Bereichen der Unternehmen durchgesetzt. In kleinen und Kleinstfirmen mag diese strikte Trennung noch erfolgversprechend sein. Je größer und komplexer Unternehmen und Strukturen werden, desto mehr verschwimmen die Grenzen und andere Herausforderungen treten hervor.

Dass Mitarbeiter bei der Verrichtung ihrer Arbeit mitdenken, wird als selbstverständlich erwartet. Das endet jedoch nicht selten im Dilemma oder in Unzufriedenheit, da zwischen dem „Vordenken" und dem „Mitdenken" einfach Unterschiede entstehen. Viele Firmen leben aber – ganz wie von Taylor vor fast 100 Jahren vorgeschlagen – noch in der Vorstellung, dass es Vorgaben für die Tätigkeiten gibt und lediglich die Ergebnisse zurückgemeldet werden. Mitdenken ist erwünscht – aber bitte nicht zuviel. Auch der Einsatz von sogenannten Knowledge-Management-Systemen, in die Ideen und Vorschläge eingebracht werden, die dann – eventuell – an anderer Stelle gelesen und aufgegriffen werden, kann das Fehlen von entsprechenden Rückkanälen in der Unternehmenskommunikation nicht ausgleichen.

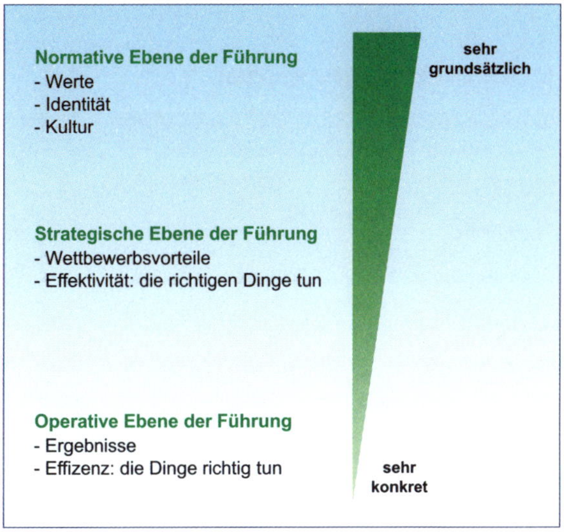

Bild 120 Sankt Galler Modell der strategischen Ebenen: Strategie als „Mittelbau"

In großen Firmen mit mehreren Geschäftsfeldern haben sich mehrere Strategieebenen etabliert. Entsprechend dem Sankt Galler Modell [Stürm 2003] geht man von drei Ebenen aus (Bild 120):

- Die normative Ebene der Führung beschreibt die Werte, die Identität und das Selbstverständnis des Unternehmens. Hier ist vor allem Kontinuität gefragt.

Im ganzen Geflecht von Veränderungen und Unsicherheiten liegt hierin die Stabilität – eine der wenigen Konstanten des Unternehmens.

- Auf strategischer Ebene geht es um die Ausrichtung des Unternehmens für einen möglichst optimalen Fit – heute und in Zukunft. Fit bedeutet dabei, die Ressourcen und Fähigkeiten des Unternehmens bestmöglich einzusetzen – für Wettbewerbsvorteile und Erträge. Es geht darum, „das Richtige" zu tun. Was aber das Richtige ist, ändert sich ständig.
- Die operative Ebene sorgt dafür, dass die Dinge „richtig" getan werden. Optimale (nicht effiziente!) Prozesse sind hier entscheidend, um Vorgaben umzusetzen, Pläne und Ziele erreichen zu können.

Neben den strategischen Ebenen – also der vertikalen Ausdehnung, die schon ein Indiz für die steigende Komplexität innerhalb von Unternehmen ist, lassen sich – (nach Johnson und Scholes [Johnson 1988]) auch im Strategieentwicklungsablauf – der horizontalen Ausdehnung – mehrere Schritte unterscheiden.

In dem Modell zur Corporate Strategie wird zwischen „Strategischer Analyse", „Strategieauswahl" und „Strategie-Implementierung" unterschieden. Jede der drei Funktionen wird von unterschiedlichen Personen ausgeführt und im Zuge der verschiedenen Positionen im Unternehmen auch durch verschiedene persönliche und Gruppenziele begleitet (Tabelle 38).

Tabelle 38 Strategiefunktionen nach Johnson und Scholes [Johnson 1988]

Funktion	Ausgeführt durch	Ziel
Strategische Analyse	Strategieabteilung/Planung	Umfassende Analyse
Strategieauswahl	Management	Richtige Entscheidungen
Strategie-Implementierung	Mittleres Management und Organisation	Effiziente Umsetzung

Damit das Management richtige Entscheidungen treffen kann, braucht es die entsprechenden Informationen und Analysen. Die Strategieabteilungen stellen die Untersuchung des Umfeldes – Mikro und Makro – und des Unternehmens zur Verfügung und berücksichtigen die vom Management vorgegebenen Ziele und Erwartungen. Die Strategieauswahl im Sinne von Entscheidungen obliegt dem Management, das wiederum darauf angewiesen ist, die richtigen und wichtigen Informationen von den Strategieabteilungen zu bekommen. Im Idealfall werden auf der Basis der Analyse die strategischen Entscheidungen für das Unternehmen gefällt. Die Implementierung der vorgegebenen Strategien liegt dann bei der Organisation.

Soweit der Idealzustand, aber „in reality, however, investment dollars often flow to projects favored by people who hold political power or who generated yesterdays revenues rather than tomorrows possibilities" [Beinhocker 1999].

In der Tat braucht es nicht verwundern, dass 90% der geplanten Strategien nicht funktionieren. Warum? Eine Vielzahl von Gründen verhindert eine höhere Erfolgsrate:

1. *Ungünstige Arbeitsteilung*

   Die Arbeitsteilung sieht vor, dass die Analyse von den Strategen durchgeführt wird, die Entscheidungen vom Management getroffen werden und die Ausführung durch die Organisation vorgenommen wird.

   Das Management – bekannt für permanente Zeitnot – legt Wert auf komprimierte, kurze und knappe Darstellung. Doch wie werden die Ergebnisse einer Analyse optimal aufbereitet? Es gleicht der Quadratur des Kreises – auf einer Seite die Ergebnisse darzustellen, wo Details möglicherweise entscheidender sein können und die Vorbereitung des Geistes im Vordergrund stehen müsste (Louis Pasteur: „... chances favor only the prepared mind."). Die Darstellung ist oft mit einem Informationsverlust verbunden, der die Entscheidungsfreude gewöhnlich bremst.

   Im Falle einer Entscheidung wird die Organisation über die getroffenen Maßnahmen informiert.

   Mögen die ersten beiden Pfade der Interaktion noch recht transparent sein, so ist der dritte Pfad – von der Organisation in Richtung Management und in Richtung Strategen – relativ unterentwickelt. Aus der Erfahrung lässt sich sagen, dass Strategieworkshops mit allen drei Akteuren wesentlich effektiver sind, um die durch die Arbeitsteilung entstehenden Kommunikationslücken zu überbrücken.

   „Senior managers need to be involved in designing the total strategy package, not piecemeal approaches." [Mass 1996]

2. *Schwerpunkte in der Strategiearbeit*

   Es ist zu beobachten, dass Unternehmen sehr viel Aufwand zur Analyse von Situationen, für die Ermittlung von Erfolgsfaktoren und für Wettbewerberanalysen betreiben. Wenn es darum geht, die Strategie zu formulieren, Optionen zu durchdenken und die Strategie festzulegen, wird relativ zügig und mit minimalem Aufwand vorgegangen. Dieses Phänomen lässt sich sowohl bei Unternehmensprojekten als auch bei öffentlichen Studien erkennen.

   Wird im ersten Teil noch Wert auf Details gelegt, kann man bei der Menge an Details leicht die Übersicht verlieren – und im entscheidenden Teil des Prozesses reduziert sich der Aufwand. Die Interpretation und Synthese „Was bedeutet das fürs Unternehmen? Welche Optionen bieten sich an? Was machen wir damit?" sollte viel stärker ausgebaut werden. Diese Fragen müssen diskutiert, ventiliert, Optionen durchgespielt und „Was wäre wenn?"-Analysen durchgeführt werden. Bild 121 verdeutlicht das Problem – das durch die Unterstützung von IT-Tools noch verstärkt wird. Es ist zu beobachten, dass der Ablauf und die Durchführung von Strategieprojekten durch die Verfügbarkeit und den Einsatz von IT-Tools bestimmt werden. Dazu noch einmal Mintzberg:

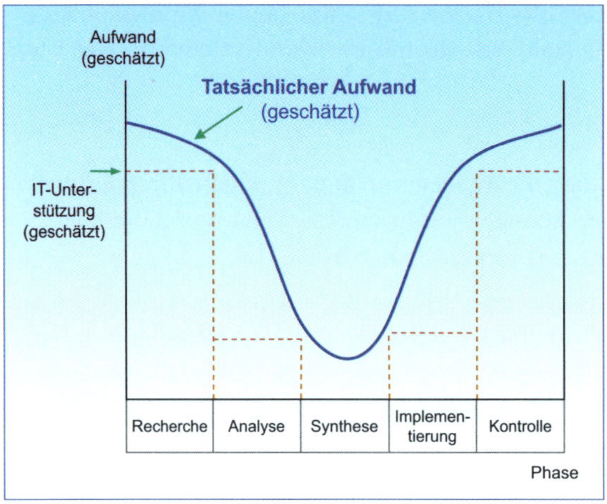

Bild 121 Die Entscheidungslücke: An der entscheidenden Stelle wird am wenigsten investiert

„For data to be ‚hard' means that they can be documented unambiguously, which usually means that they have already been quantified. That way planners and managers can sit in their offices and be informed ... The point is, that much information important for strategy making never does become hard fact" [Mintzberg 1994].

3. Strategische Planung

Wann werden Unternehmen strategisch aktiv? In der Regel wird die strategische Planung durch das Geschäftsjahr bestimmt. Beinhocker und Kaplan sagen über diese jährliche Planung: „Yet the extraordinary reality is that few executives think this time-consuming process pays off, and many CEOs complain that their strategic-planning process yields few new ideas and is often fraught with politics." Stattdessen argumentieren sie, „real-time-strategy making" zu unterstützen und ausdrücklich „creative accidents" zu fördern. [Beinhocker 2002]

4. Top-down ausgelegter Ablauf

Wie in der Anekdote zu Anfang des Kapitels eindrucksvoll beschrieben, entstehen Geschäftsmöglichkeiten durch Erkenntnisgewinn bzw. in Ausnahmefällen durch Zufall. „But in the case of emergent strategy, because big strategies can grow from little ideas (initiatives), and in strange places, not to mention at unexpected times, almost anyone in the organization can prove to be a strategist" [Mintzberg 1994].

Alle großen Geschäftsmöglichkeiten beginnen ganz klein. Die top-down ausgelegten Strategieprozesse sind jedoch weder auf Zufall noch auf Erkenntnisgewinn ausgelegt. In turbulenten Zeiten ist damit eine Erstarrung vorprogrammiert.

5. *Strategie ist zwar in erster Linie eine Entscheidung und Willensbekundung, aber der schwierige Teil ist die Umsetzung.*

Der belgische Maler und Surrealist René Magritte zeichnete eine Pfeife und betitelte das Bild „Ceci n'est pas une pipe“ – Das ist keine Pfeife (Bild 122).

Bild 122 Rene Magritte 1928/29: Ceci n'est pas une pipe [Quelle: akg-images]

Die Idee ist klar, er wollte damit veranschaulichen, dass die Darstellung eines Gegenstandes nicht der Gegenstand ist. Ähnlich verhält es sich mit der Strategie, Struktur und Organisation. Ein Org-Chart ist nicht die Organisation – nur ein Modell! Eine Veränderung der Organisation ist dann im Umkehrschluss nicht einfach das Verschieben von Boxen im Org-Chart.

„It was very clear, among the best practice companies we studied, that those who carry out strategy must also make it“ [Beinhocker 2002].

Fazit:

Es gibt nicht DIE Strategie. *Strategie* ist ein dynamischer Prozess, der ständig hinterfragt und angepasst werden muss (zum Beispiel in einem monatlichen Review, in das Hinweise auf Trigger einfließen). Grundvoraussetzung für ein erfolgreiches Unternehmen ist, dass Ziele, Strategien, Aktionen und Strukturen zusammenpassen und abgestimmt sind.

Das Potential zur Verbesserung ist enorm; das gilt wahrscheinlich für die meisten Unternehmen. Die Arbeitsteilung führt zum Anstieg der Komplexität und relativiert die von Taylor angestrebten Vorteile. Statt den Prozess weiter zu formalisieren und sogar programmieren zu wollen, sollte gemeinsames Lernen, Nachdenken und Gestalten angestrebt werden.

Die Reaktionsgeschwindigkeit (Bild 123) sollte im Fokus stehen, das heißt kurze Informationswege, dafür intensive Diskussionen und eine noch intensivere Synthese der Strategien und die Ermöglichung von Bottom-up-Informationsflüssen. Dazu gehört auch die Dezentralisierung von Entscheidungsspielräumen, die höhere Reak-

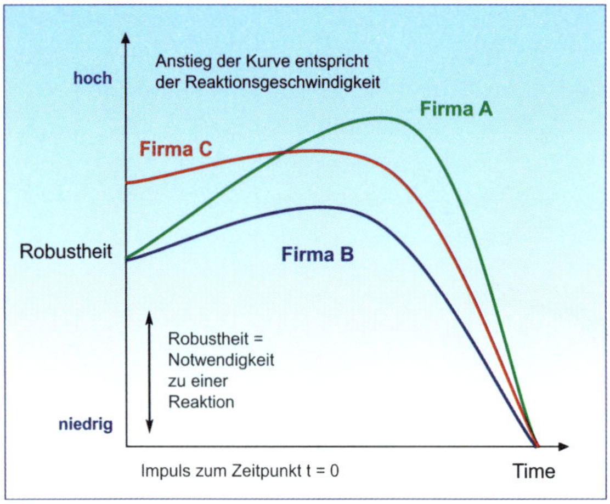

Bild 123 Reaktionszeit: Robuste versus reaktionsschnelle Unternehmen

tionsgeschwindigkeit ermöglicht und damit dem Ziel dient, die Firma „Future-fit" zu machen.

Anmerkung zum Bild 123: Richard Bettis und Michael Hitt entwickelten das Konzept der „Strategic Response Capability"[Bettis 1995]. Die Idee basiert auf dem aus der Biologie bekannten Prinzip der Stimulierung und Beobachtung der Reaktion eines Organismus. „Because of the dynamism in the new competitive landscape, firms cannot remain static even if they operate in mature industries." Für die „Fitness for Survival" legen sie zwei Komponenten fest: Die Fähigkeit zur Reaktion auf Bedrohungen und die Fähigkeit der besseren Positionierung durch das aktive Suchen neuer Möglichkeiten. Das Bild stellt 3 Firmen dar: A, B und C. Zum Zeitpunkt t = 0 wird ein Impuls ausgelöst. Firma C erweist sich als robuster als A und B – die gleich robust sind (hohe Robustheit bedeutet, dass die Firma den Impuls in gewisser Weise schon vorweggenommen hat und der Impuls nicht unmittelbar zur Bedrohung wird). Im weiteren Verlauf erweist sich A als reaktionsschnell und erhöht durch geeignete Maßnahmen (beispielsweise Rekonfiguration der Ressourcen) die Robustheit, C dagegen war am Anfang zwar sehr robust, zeigt aber im Verlauf eine geringe Reaktionsgeschwindigkeit. Robustheit und Reaktionsgeschwindigkeit helfen, die Intelligenz der Organisation zu erhöhen (vgl. auch Intelligenztest im Kapitel 1).

5.8 Die Zukunft des Fernsehens (IV)

Nun stellt sich die Frage, welche Unterstützung die in Kapitel 4 erstellten Szenarien bei der weiteren Gestaltung der Strategie – auf dem Weg der Umsetzung – bieten können. In Bild 124 ist der Fortschritt auf dem Weg „From Foresight to Insight to Action" abgebildet.

Die weiteren Überlegungen und Entwicklungen werden an dem Beispiel des fiktiven Unternehmens „Channel A" erläutert (Tabelle 39). Das Beispiel orientiert sich an der Beschreibung des Business-Cases „MTV versus Channel V" [Hitt 2005].

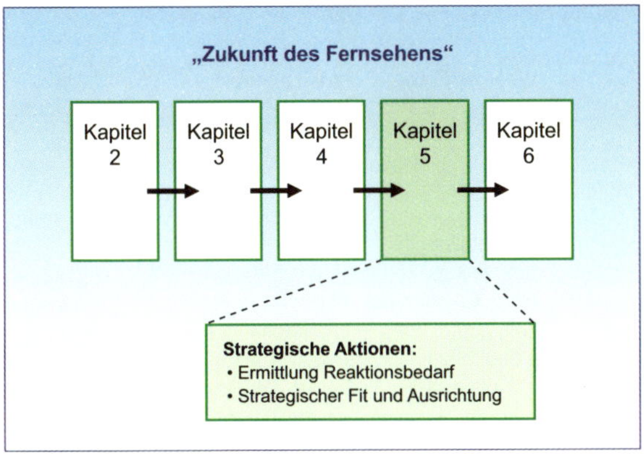

Bild 124 Untersuchungsprojekt „Zukunft des Fernsehens", Schritt 4: Strategische Aktionen

Der Fernsehsender hat die jüngsten Entwicklungen in dem Umfeld mitbekommen und macht sich Gedanken über die Zukunft. Über die weitere Ausrichtung und die zu verfolgende Strategie gibt es im Unternehmen unterschiedliche Ansichten. Die derzeitige Strategie ist darauf ausgerichtet, weiter zu wachsen. Das Unternehmen selbst ist noch recht jung und hat eine überschaubare Organisationsstruktur. Es ist im Privatbesitz und dem Eigner ist Solidität wichtiger als Wachstum. Eine Umwandlung in eine Aktiengesellschaft und die Notierung an der Börse käme nur im „Notfall" in Betracht, etwa beim Bedarf von frischem Geld für Wachstum. Der Eigentümer macht aber keinen Hehl daraus, geringeres Wachstum bei Eigenständigkeit einer komplizierten Eigentümerstruktur vorzuziehen. Spontane Aktionen, neue Angebote und innovative Formate als Instrumente zur Provokation im Mediensektor sind eines der erklärten Ziele.

Die internen Meinungen zur Zukunft des Senders gehen von „Erweiterung des Angebotes um eine Musikplattform (ähnlich iTunes)" über „Umstieg auf ein beitragsfinanziertes Ge-

Tabelle 39 Das Medienunternehmen „Channel A"

Kriterium	Channel A
Zielgruppe	Zuschauer im Alter 15 bis 40 Jahre
Reichweite	Deutschsprachiges Gebiet (D, A, CH)
Geschäftsmodell	Werbefinanziert
Aktuelle Strategie	Wachstum – neue Werbekunden, neue Märkte, neue Produkte, neue Kanäle
Inhaltliche Ausrichtung	Musik
Image	Cool
Formate	Clips, moderierte Shows, Konzerte, Charts
Verteilung	Satellite, Kabel, Broadcast, Webcast
Firmensitz	Hamburg

Tabelle 40 Strukturierung der Szenarioentwicklung für das fiktive Unternehmen „Channel A“

Paradigmen, Konstanten	Trends	Widersprüche	Unsicherheit	Chaos, Wildcards
P1: Unternehmensleitsatz des Fernsehsenders. **P2**: Vision des Fernsehsenders: „Qualitativ hochwertiges Programm – viel Information, etwas Unterhaltung, keine Gewalt und kein Sex.“ **P3**: Zielgruppe: informiert und interessiert. **P4**: Einschaltquote ist nicht das Maß der Dinge. **P5**: Unternehmenszentrale ist und bleibt in Hamburg. **P6**: Fernsehen ist und bleibt das Hauptmedium des Senders. **P7**: Das neue Leitmedium Internet beansprucht bereits 12% des täglichen Zeitbudgets bei den 14- bis 49-Jährigen. **P8**: Der Fernsehzuschauer hat zwei Bedürfnisse in Bezug auf das Medium Fernsehen: Unterhaltung und Information. **P9**: Die Qualität und die Anzahl der Einzelgeräte hat zugenommen.	**T1**: Outsourcing: Bestrebungen, teure Produktionen auszulagern. **T2**: Benchmarking: Der Kostenvergleich mit Wettbewerbern führt zu geringen Kosten, aber wenig Profil. **T3**: Innovationen: Sender versucht ständig, mit neuen Formaten und innovativer Berichterstattung Trends zu setzen. **T4**: Einführung von Verwaltungstools im Intranet sorgt für Systemabhängigkeiten. **T5**: Regionale Aspekte spielen im Programm eine immer stärkere Rolle. **T6**: Technik: Firma setzt auf neue Verbreitungswege und möchte investieren. **T7**: Finanzierung durch Premium-Inhalte. **T8**: Sender vergrößert Reichweite und wird Ende 2007 landesweit empfangen. **T9**: Strategische Entscheidungen werden mehr und mehr vom Eigentümer auf die Strategieabteilung übertragen.	**W1**: Knowledge Management versus individuelle Leistungsbeurteilung **W2**: Teamfähigkeit versus individuelle Leistungsbeurteilung **W3** Kreativität versus Effizienz **W4**: Qualität versus Quantität **W5**: Innovationen fördern versus Innovationen fordern	**U1**: Kontinuität: Wird sich das noch kleine Unternehmen in der turbulenten TV Landschaft behaupten können? **U2**: Wie geht das Unternehmen mit neuen Verbreitungskanälen und Sendetechnologien um? **U3**: Kann das Profil weiter gestärkt werden? **U4**: Image: Kann das Image als moderner Informationskanal ausgebaut werden? **U5**: Sind Unternehmensstrukturen flexibel genug, dass auf Änderungen reagiert werden kann? **U6**: Wachstum: Gelingt es, ohne riskante Finanzierungen solide zu wachsen? **U7**: Gelingt es, den Spirit auch in einem größeren Umfeld zu bewahren? **U8**: Gelingt es weiter, das Gefühl „wir sitzen in einem Boot“ zu bewahren?	**C1**: Produktlebenszyklen werden immer kürzer. **C2**: Es besteht ein enormer Innovationsdruck seitens der Gerätehersteller, aber auch von Seiten der Mediengestalter. **C3**: Übernahme, Verkauf, Insolvenz oder Zerschlagung **C4**: Ganz neue Medienlandschaft **C5**: Mediengesetze blockieren Ausstrahlung. **C6**: Schadenersatzansprüche **C7**: Streik der Mitarbeiter **C8**: Boykott der Zuschauer aufgrund von politischen oder religiösen Gründen.

schäftsmodell“ bis zu „Fokussierung auf das Internet als Kanal“. Der Vorstand ist sich unsicher und entscheidet sich für eine umfangreiche Analyse.

Unter anderem sollen die vier Umweltszenarien (Kapitel 4) zur Anwendung kommen. Darüber hinaus werden vier Unternehmensszenarien erstellt, um in einer Gegenüberstellung Aufschluss über die weitere Entwicklung zu bekommen.

Die Situation des Unternehmens ist in Tabelle 40 dargestellt. Bild 125 enthält die Bewertung und und in Bild 126 sind die Ausprägungen für die Elemente mit hohem Einfluss auf das Unternehmen und hoher Unsicherheit und daraus abgeleitet vier Unternehmensszenarien dargestellt. Darauf folgt die Gegenüberstellung der vier Unternehmensszenarien mit den vier Umweltszenarien aus Kapitel 4.

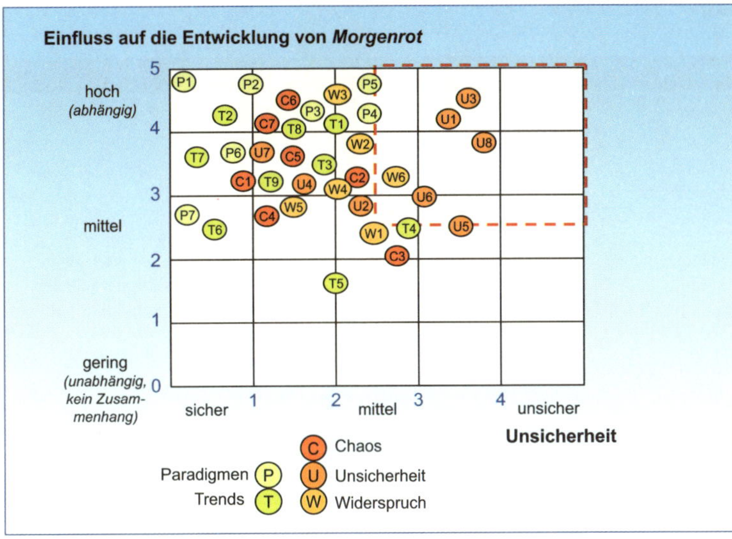

Bild 125 Bewertung: Unternehmens-Szenario *Morgenrot*

	T1	W1	W2	W3	W5	U2	C8	Szenario
a	Komplette Produktion wird ausgelagert.	Keine individuelle Leistungsbeurteilung.	Team steht im Vordergrund.	Schwerpunkt Kreativität – …	Innovation?	DVB – digitale Übertragung wird angestrebt.	Gestaltungsrahmen voll ausschöpfen unter Vermeidung von Boykotts	Kreativ
b	Teure Produktionen werden ausgelagert.	Individuelle Leistungsbeurteilung mit anteiliger Bezahlung	Förderung von Leistungsträgern und individuelle Leistungsbeurteilung.	… – Schwerpunkt Effizienz	Innovation fördern zum Beispiel durch Ideenmarkt (monatlich) und Extrabudget	Bestimmte Inhalte werden auf Homepage zur Verfügung gestellt.	Vertretung der Meinung – ohne Kompromisse	Konservativ
c	Partnering mit Sender aus Österreich/ Schweiz	Beurteilung der Gruppenleistung und Bonussystem	Bewertung von Projekt-Teams anhand der Ergebnisse + individuelle Beurteilung	Effiziente Produktion und Routineabläufe bei gleichzeitiger Schaffung kreativer Freiräume	Innovationen kommunizieren und nur die besten Ideen fördern (Fast Benefit)	Sender bleibt bei traditionellen Sendetechnologien.	Keine riskanten Inhalte	TV 2.0
d	Vertikale Integration – alle Sendungen werden inhouse gemacht.	Knowledge-Marktplatz	Anteilige Leistungseinschätzung: Sowohl Team als auch individuelle Beurteilung		Keine extra Programme oder Initiativen. Sicherstellung der natürlichen Weiterentwicklung des Unternehmens.	IPTV wird sowohl zum Senden genutzt als auch zur Verbreitung von „fremden" Inhalten.	Provokante Themen und Einbeziehung der Zuschauer	Fire-Fighter
e		Bonussystem für „Knowledge-Worker"				Radioprogramm wird als Option gesehen.		
f						On-Demand-Dienste als Erweiterung (Musik + Movies).		

Bild 126 Szenarioentwicklung zur Zukunft des Fernsehens: Unternehmensszenario „Channel A"

Szenario 1: „Kreativ"

Komponente	Element	Beschreibung
Titel	„Kreativ"	
Hauptfigur	–	Nicht anwendbar
Szene	Unternehmen	Nicht anwendbar
Paradigmen, Konstanten	P1	Unternehmensleitsatz des Fernsehsenders.
	P2	Vision des Fernsehsenders: „Qualitativ hochwertiges Programm – viel Information, etwas Unterhaltung, keine Gewalt und kein Sex."
	P3	Zielgruppe: informiert und interessiert.
	P4	Einschaltquote ist nicht das Maß der Dinge.
	P5	Unternehmenszentrale ist und bleibt in Hamburg.
	P6	Fernsehen ist und bleibt das Hauptmedium des Senders.
	P7	Das neue Leitmedium Internet beansprucht bereits 12% des täglichen Zeitbudgets bei den 14- bis 49-Jährigen.
	P8	Der Fernsehzuschauer hat zwei Bedürfnisse in Bezug auf das Medium Fernsehen: Unterhaltung und Information.
	P9	Die Qualität und die Anzahl der Einzelgeräte haben zugenommen.
Trends	T1c	Partnering mit Sender aus Österreich/Schweiz
	T2	Benchmarking: Der Kostenvergleich mit Wettbewerbern führt zu niedrigeren Kosten, aber geringerem Profit.
	T3	Innovationen: Sender versucht ständig, mit neuen Formaten und innovativer Berichterstattung Trends zu setzen.
	T4	Einführung von Verwaltungstools im Intranet sorgt für Systemabhängigkeiten.
	T5	Regionale Aspekte spielen im Programm eine immer stärkere Rolle.
	T6	Technik: Firma setzt auf neue Verbreitungswege und möchte investieren.
	T7	Finanzierung durch Premium-Inhalte
	T8	Sender vergrößert Reichweite und wird Ende 2007 landesweit empfangen.
	T9	Strategische Entscheidungen werden mehr und mehr vom Eigentümer auf die Strategieabteilung übertragen.
Widersprüche	W1e	Bonussystem für „Knowledge-Worker"
	W2c	Bewertung von Projekt-Teams anhand der Ergebnisse + individuelle Beurteilung
	W3a	Schwerpunkt Kreativität
	W4	Qualität versus Quantität
	W5b	Innovation fördern, zum Beispiel durch Ideenmarkt (monatlich) und Extrabudget
Unsicherheiten	U1	Kontinuität: Wird sich das noch kleine Unternehmen in der turbulenten TV-Landschaft behaupten können?
	U2b	Bestimmte Inhalte werden auf der Homepage zur Verfügung gestellt.
	U3	Kann das Profil weiter gestärkt werden?

Komponente	Element	Beschreibung
	U4	Image: kann das Image als moderner Informationskanal ausgebaut werden?
	U5	Sind Unternehmensstrukturen flexibel genug, um auf Änderungen reagieren zu können?
	U6	Wachstum: Gelingt es, solide zu wachsen ohne riskante Finanzierungen?
	U7	Gelingt es, den Spirit auch in einem größeren Umfeld zu bewahren?
	U8	Gelingt es weiter, das Gefühl „wir sitzen in einem Boot" zu bewahren?
Chaos, Wildcards	C1	Produktlebenszyklen werden immer kürzer.
	C2	Es besteht ein enormer Innovationsdruck seitens der Gerätehersteller, aber auch von Seiten der Mediengestalter.
	C3	Übernahme, Verkauf, Insolvenz oder Zerschlagung
	C4	Ganz neue Medienlandschaft
	C5	Mediengesetze blockieren Ausstrahlung
	C6	Schadenersatzansprüche
	C7	Streik der Mitarbeiter
	C8a	Gestaltungsrahmen voll ausschöpfen unter Vermeidung von Boykotts
Kreativität und Fantasie	individuell	Einbringung durch die Verbindung der Elemente zu einer Story

Szenario 2: „Konservativ"

Komponente	Element	Beschreibung
Titel	„Konservativ"	
Hauptfigur	–	Nicht anwendbar
Szene	Unternehmen	Nicht anwendbar
Paradigmen, Konstanten	P1	Unternehmensleitsatz des Fernsehsenders.
	P2	Vision des Fernsehsenders: „Qualitativ hochwertiges Programm – viel Information, etwas Unterhaltung, keine Gewalt und kein Sex."
	P3	Zielgruppe: informiert und interessiert
	P4	Einschaltquote ist nicht das Maß der Dinge.
	P5	Unternehmenszentrale ist und bleibt in Hamburg
	P6	Fernsehen ist und bleibt das Hauptmedium des Senders.
	P7	Das neue Leitmedium Internet beansprucht bereits 12% des täglichen Zeitbudgets bei den 14- bis 49-Jährigen.
	P8	Der Fernsehzuschauer hat zwei Bedürfnisse in Bezug auf das Medium Fernsehen: Unterhaltung und Information.
	P9	Die Qualität und die Anzahl der Einzelgeräte haben zugenommen.
Trends	T1b	Teure Produktionen werden ausgelagert
	T2	Benchmarking: Der Kostenvergleich mit Wettbewerbern führt zu geringen Kosten, aber wenig Profil

Komponente	Element	Beschreibung
	T3	Innovationen: Sender versucht ständig, mit neuen Formaten und innovativer Berichterstattung Trends zu setzen
	T4	Einführung von Verwaltungstools im Intranet sorgt für Systemabhängigkeiten.
	T5	Regionale Aspekte spielen im Programm eine immer stärkere Rolle.
	T6	Technik: Firma setzt auf neue Verbreitungswege und möchte investieren.
	T7	Finanzierung durch Premium-Inhalte.
	T8	Sender vergrößert Reichweite und wird Ende 2007 landesweit empfangen.
	T9	Strategische Entscheidungen werden mehr und mehr vom Eigentümer auf die Strategieabteilung übertragen.
Widersprüche	W1b	Individuelle Leistungsbeurteilung mit anteiliger Bezahlung
	W2b	Förderung von Leistungsträgern und individuelle Leistungsbeurteilung
	W3b	Schwerpunkt Effizienz
	W4	Qualität versus Quantität
	W5c	Innovationen kommunizieren und nur die besten Ideen fördern (Fast Benefit)
Unsicherheiten	U1	Kontinuität: Wird sich das noch kleine Unternehmen in der turbulenten TV-Landschaft behaupten können?
	U2c	Sender bleibt bei traditionellen Sendetechnologien.
	U3	Kann das Profil weiter gestärkt werden?
	U4	Image: Kann das Image als moderner Informationskanal ausgebaut werden?
	U5	Sind Unternehmensstrukturen flexibel genug, um auf Änderungen reagieren zu können?
	U6	Wachstum: Gelingt es, solide zu wachsen ohne riskante Finanzierungen?
	U7	Gelingt es, den Spirit auch in einem größeren Umfeld zu bewahren?
	U8	Gelingt es weiter, das Gefühl „wir sitzen in einem Boot" zu bewahren?
Chaos, Wildcards	C1	Produktlebenszyklen werden immer kürzer.
	C2	Es besteht ein enormer Innovationsdruck seitens der Gerätehersteller, aber auch von Seiten der Mediengestalter.
	C3	Übernahme, Verkauf, Insolvenz oder Zerschlagung
	C4	Ganz neue Medienlandschaft
	C5	Mediengesetze blockieren Ausstrahlung.
	C6	Schadenersatzansprüche
	C7	Streik der Mitarbeiter
	C8c	Keine riskanten Inhalte
Kreativität und Fantasie	individuell	Einbringung durch die Verbindung der Elemente zu einer Story

Szenario 3: „TV 2.0"

Komponente	Element	Beschreibung
Titel	„TV 2.0"	
Hauptfigur	–	Nicht anwendbar
Szene	Unternehmen	Nicht anwendbar
Paradigmen, Konstanten	P1	Unternehmensleitsatz des Fernsehsenders.
	P2	Vision des Fernsehsenders: „Qualitativ hochwertiges Programm – viel Information, etwas Unterhaltung, keine Gewalt und kein Sex."
	P3	Zielgruppe: informiert und interessiert
	P4	Einschaltquote ist nicht das Maß der Dinge.
	P5	Unternehmenszentrale ist und bleibt in Hamburg.
	P6	Fernsehen ist und bleibt das Hauptmedium des Senders.
	P7	Das neue Leitmedium Internet beansprucht bereits 12% des täglichen Zeitbudgets bei den 14- bis 49-Jährigen.
	P8	Der Fernsehzuschauer hat zwei Bedürfnisse in Bezug auf das Medium Fernsehen: Unterhaltung und Information.
	P9	Die Qualität und die Anzahl der Einzelgeräte haben zugenommen.
Trends	T1d	Vertikale Integration – alle Sendungen werden inhouse gemacht.
	T2	Benchmarking: Der Kostenvergleich mit Wettbewerbern führt zu geringen Kosten, aber wenig Profil.
	T3	Innovationen: Sender versucht ständig, mit neuen Formaten und innovativer Berichterstattung Trends zu setzen.
	T4	Einführung von Verwaltungstools im Intranet sorgt für Systemabhängigkeiten.
	T5	Regionale Aspekte spielen im Programm eine immer stärkere Rolle.
	T6	Technik: Firma setzt auf neue Verbreitungswege und möchte investieren.
	T7	Finanzierung durch Premium-Inhalte
	T8	Sender vergrößert Reichweite und wird Ende 2007 landesweit empfangen.
	T9	Strategische Entscheidungen werden mehr und mehr vom Eigentümer auf die Strategieabteilung übertragen.
Widersprüche	W1d	Knowledge-Marktplatz
	W2a	Team steht im Vordergrund.
	W3c	Effiziente Produktion und Routineabläufe bei gleichzeitiger Schaffung kreativer Freiräume
	W4	Qualität versus Quantität
	W5d	Keine extra Programme oder Initiativen. Sicherstellung der natürlichen Weiterentwicklung des Unternehmens.
Unsicherheiten	U1	Kontinuität: Wird sich das noch kleine Unternehmen in der turbulenten TV-Landschaft behaupten können?
	U2f	On-Demand-Dienste als Erweiterung (Musik + Movies)
	U3	Kann das Profil weiter gestärkt werden?
	U4	Image: Kann das Image als moderner Informationskanal ausgebaut werden?

Komponente	Element	Beschreibung
	U5	Sind Unternehmensstrukturen flexibel genug, um auf Änderungen reagieren zu können?
	U6	Wachstum: Gelingt es, solide zu wachsen ohne riskante Finanzierungen?
	U7	Gelingt es, den Spirit auch in einem größeren Umfeld zu bewahren?
	U8	Gelingt es weiter, das Gefühl „wir sitzen in einem Boot" zu bewahren?
Chaos, Wildcards	C1	Produktlebenszyklen werden immer kürzer.
	C2	Es besteht ein enormer Innovationsdruck seitens der Gerätehersteller, aber auch von Seiten der Mediengestalter.
	C3	Übernahme, Verkauf, Insolvenz oder Zerschlagung
	C4	Ganz neue Medienlandschaft
	C5	Mediengesetze blockieren Ausstrahlung.
	C6	Schadenersatzansprüche
	C7	Streik der Mitarbeiter
	C8b	Vertretung der Meinung – ohne Kompromisse
Kreativität und Fantasie	individuell	Einbringung durch die Verbindung der Elemente zu einer Story

Szenario 4: „Fire-Fighter"

Komponente	Element	Beschreibung
Titel	„Fire-Fighter"	
Hauptfigur	–	Nicht anwendbar
Szene	Unternehmen	Nicht anwendbar
Paradigmen, Konstanten	P1	Unternehmensleitsatz des Fernsehsenders.
	P2	Vision des Fernsehsenders: „Qualitativ hochwertiges Programm – viel Information, etwas Unterhaltung, keine Gewalt und kein Sex".
	P3	Zielgruppe: informiert und interessiert
	P4	Einschaltquote ist nicht das Maß der Dinge.
	P5	Unternehmenszentrale ist und bleibt in Hamburg.
	P6	Fernsehen ist und bleibt das Hauptmedium des Senders.
	P7	Das neue Leitmedium Internet beansprucht bereits 12% des täglichen Zeitbudgets bei den 14- bis 49-Jährigen.
	P8	Der Fernsehzuschauer hat zwei Bedürfnisse in Bezug auf das Medium Fernsehen: Unterhaltung und Information.
	P9	Die Qualität und die Anzahl der Einzelgeräte haben zugenommen.
Trends	T1a	Komplette Produktion wird ausgelagert
	T2	Benchmarking: Der Kostenvergleich mit Wettbewerbern führt zu geringen Kosten, aber wenig Profil

Komponente	Element	Beschreibung
	T3	Innovationen: Sender versucht ständig, mit neuen Formaten und innovativer Berichterstattung Trends zu setzen.
	T4	Einführung von Verwaltungstools im Intranet sorgt für Systemabhängigkeiten.
	T5	Regionale Aspekte spielen im Programm eine immer stärkere Rolle.
	T6	Technik: Firma setzt auf neue Verbreitungswege und möchte investieren.
	T7	Finanzierung durch Premium-Inhalte
	T8	Sender vergrößert Reichweite und wird Ende 2007 landesweit empfangen.
	T9	Strategische Entscheidungen werden mehr und mehr vom Eigentümer auf die Strategieabteilung übertragen.
Widersprüche	W1c	Beurteilung der Gruppenleistung und Bonussystem
	W2d	Anteilige Leistungseinschätzung: Sowohl Team als auch individuelle Beurteilung
	W3b	Schwerpunkt Effizienz
	W4	Qualität versus Quantität
	W5a	Innovation?
Unsicherheiten	U1	Kontinuität: Wird sich das noch kleine Unternehmen in der turbulenten TV-Landschaft behaupten können?
	U2e	Radioprogramm wird als Option gesehen.
	U3	Kann das Profil weiter gestärkt werden?
	U4	Image: Kann das Image als moderner Informationskanal ausgebaut werden?
	U5	Sind Unternehmensstrukturen flexibel genug, um auf Änderungen reagieren zu können?
	U6	Wachstum: Gelingt es, solide zu wachsen ohne riskante Finanzierungen?
	U7	Gelingt es, den Spirit auch in einem größeren Umfeld zu bewahren?
	U8	Gelingt es weiter, das Gefühl „wir sitzen in einem Boot" zu bewahren?
Chaos, Wildcards	C1	Produktlebenszyklen werden immer kürzer.
	C2	Es besteht ein enormer Innovationsdruck seitens der Gerätehersteller, aber auch von Seiten der Mediengestalter.
	C3	Übernahme, Verkauf, Insolvenz oder Zerschlagung
	C4	Ganz neue Medienlandschaft
	C5	Mediengesetze blockieren Ausstrahlung
	C6	Schadenersatzansprüche
	C7	Streik der Mitarbeiter
	C8d	Provokante Themen und Einbeziehung der Zuschauer
Kreativität und Fantasie	individuell	Einbringung durch die Verbindung der Elemente zu einer Story

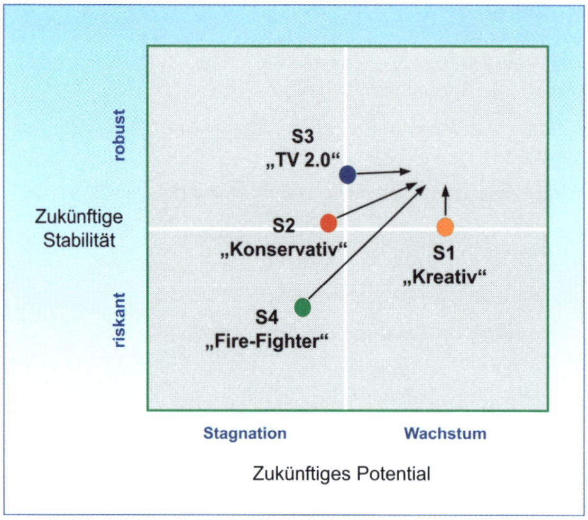

Bild 127 Potential und Stabilität: Positionierung der Szenarien

Entsprechend ihrer Stabilität und ihrem Potential können die Unternehmensszenarien in Bild 127 positioniert werden – Ziel ist eine Position mit robustem Wachstum.

Analyse des strategischen Fit

In Bild 128 sind die Umweltszenarien und die Unternehmensszenarien gegenübergestellt. Jedes der vier Unternehmensszenarien wird mit jedem der vier Umweltszenarien auf den strategischen Fit hin verglichen.

In Tabelle 41 ist beispielhaft gezeigt, wie die Gegenüberstellung des Umwelt-Szenarios für „Quo vadis, TV?“ mit dem Unternehmens-Szenario „Konservativ“ erfolgt. Das Prinzip funktioniert analog der SWOT-Analyse. Für den Bereich Unternehmensumwelt werden die aus dem Szenario resultierenden Gefahren und Möglichkeiten identifiziert. Für das

Umweltszenarien / Unternehmenszenarien	Quo vadis, TV?	High-Performance TV	TV à la carte	Open-TV	Bewertung
Kreativ	robust	robust	robust	robust	**Robuste Strategie**
Konservativ	unflexibel	Verpasste Chancen	Verpasste Chancen	Bedeutungslosigkeit	**Zu konservativ für dynamischen Markt**
TV 2.0	Mitgestalten und Einflussnahme	Wachstumschance	riskant	Bedrohung	**Große Chancen, aber auch große Risiken**
Fire-Fighter	überfordert	Follower	Follower	Bedrohung	**Fehlender „Future-Fit“, unbedingt strategisch vorbereiten**

Bild 128 Die Gegenüberstellung der Umwelt- und Unternehmensszenarien

Tabelle 41 Die Analyse des strategischen Fit „in der Zukunft"

	Umweltszenario „Quo vadis, TV?"	**Unternehmensszenario2 „Konservativ"**	
Möglichkeiten	Mit der Entwicklung neuer Technologien entstehen viele neue Geschäftsideen	Gut positioniert im bestehenden Markt, stabile Strukturen	*Stärken*
Gefahren	Abschied vom traditionellen Fernsehen, Technik-Frust	Sehr starr und **unflexibel**, einseitig ausgerichtet	*Schwächen*

Unternehmen gilt es, die Stärken und Schwächen aus dem Szenario abzuleiten. Durch das Ausfüllen der Matrix bekommt man einen Eindruck von den möglichen Entwicklungen, die sich zu einer Bewertung des Fit verdichten lassen. Durch die Bewertung aller 16 möglichen Anwendungsfälle lassen sich die möglichen, attraktiven und robusten Strategien ermitteln und das Risiko bestimmter Strategien wird verdeutlicht.

Es lässt sich erkennen, dass im Moment der Betrachtung die Unternehmensszenarien „Kreativ" und „TV 2.0" dem Wunsch einer robusten Strategie bei hohem Wachstumspotential am nächsten liegen. Damit sind diese beiden Szenarien die Grundlage für die zukünftige Strategie. Im konkreten Fall ließe sich die geplante Strategie dann wie folgt charakterisieren:

- Schwerpunkt Kreativität
- Effizienzsteigerung in den Routineaufgaben vorantreiben
- Verstärkte Berücksichtigung des Teamgedankens im System
- Aufbau einer Internetplattform.

Darüber hinaus werden in die Planung Triggerpunkte aufgenommen – beispielsweise technologische Weiterentwicklungen – die entsprechend konsequent verfolgt werden müssen und in die Planung einfließen.

Kapitel 6

Umsetzen

Veränderungen steuern

Anfang des letzten Jahrhunderts wurde die Milch zum überwiegenden Teil noch in Form von Milchkannen und Flaschen direkt ans Haus geliefert.

Tetra-Packs waren noch nicht erfunden und Milch wurde noch nicht homogenisiert (die Homogenisierung führt dazu, dass die Fettanteile durch hohen Druck in gleichförmige, kleinere Teile „homogenisiert", also angeglichen, werden, was die Milch haltbarer und bekömmlicher macht). Und so war es üblich, dass die Milch in einem offenen Gefäß vor der Haustür stand und sich an der Oberseite Rahm bildete.

Sehr zum Ärger der Konsumenten entdeckten Vögel diese lukrative Nahrungsquelle. So wurde in Großbritannien beobachtet, wie Meisen, Finken und andere Vögel immer öfter den nahrhaften Rahm in ihren Speiseplan aufnahmen, indem sie sich auf die Flasche setzten und am oberen Rand pickten.

Die Milchverarbeiter und -lieferanten reagierten und verschlossen daraufhin die Milchflaschen mit einem – bis noch vor einigen Jahre verwendeten – Aludeckel. Sie glaubten, das Problem so gelöst zu haben. Jedoch wurden in den Folgejahren Fälle beobachtet, bei denen Vögel die Aludeckel aufpickten, um an den liebgewonnenen Rahm zu gelangen. Ornithologen wurden auf diesen Sachverhalt aufmerksam und sie stellten fest, dass einige Vogelarten die „Innovation des Öffnens" besser beherrschten als andere. Eine Untersuchung ergab, dass besonders Meisen die „Technologie" des Aludeckel-Aufpickens gut beherrschten, Finken wurden jedoch nur vereinzelt beim Öffnen gesichtet. Die Forscher standen vor einem Rätsel. Was war der Grund dafür, dass Meisen innerhalb weniger Jahre in ganz Großbritannien in der Lage waren, Milchflaschen zu öffnen und Finken nur sehr vereinzelt?

Es wurde viel spekuliert und diskutiert. Untersucht wurden Schnabelformen, Geschmack, Bekömmlichkeit, das unterschiedliche Verhalten und weitere Merkmale der Vögel, die Ursache für die Verschiedenartigkeit waren.

Wie sich später herausstellte, ist die Art der Kommunikation zwischen den Vögeln der Grund für die unterschiedliche Ausbreitung der Fähigkeit. Meisen sind in Gruppen unterwegs und wechseln oft ihren Aufenthaltsort. Finken dagegen haben ein festes Revier, das sie nur sehr selten verlassen. Meisen sind also viel eher in der Lage, ihre Fähigkeiten weiter zu verbreiten und anderen Artgenossen beizubringen. Die fehlende Interaktion der Finken führt dazu, dass das Wissen lokal bleibt.

Die gleiche Frage – nach dem Phänomen der Wissensverbreitung – stellt sich auch in Unternehmen. Einige sind in der Lage, Wissen zu verbreiten, zu „sharen" und haben die Idee der lernenden Organisation verinnerlicht. Andere wiederum wundern sich darüber, warum Wissen lokal gespeichert bleibt – obwohl exzellente IT-Tools für die Verbreitung sorgen „könnten".

Eine mögliche Antwort gibt dieses Kapitel.

(Quelle: Idee geht auf die Darstellung in Arie de Gues' Buch The Living Company" zurück [De Gues 1997])

6.1 Die Dimensionen der Veränderung

Ziel des Buches ist es, die Fähigkeiten des strategischen Denkens zu erhöhen und im Umgang mit Unsicherheit sicherer zu machen. Von der Kochbuchmentalität vieler Strategie- und Managementbücher wird dabei deutlich Abstand gehalten. Nun geht es darum, das bisher Gelernte umzusetzen.

Die vielen goldenen Regeln zur Strategieumsetzung sind für uns kein Dogma. Stattdessen werden Themen, die bei der Umsetzung behindern, angesprochen und Mythen aus der Unternehmenspraxis diskutiert.

Warum tun sich Unternehmen bei der Umsetzung der Strategien so schwer? Veränderungen im Unternehmen durchzusetzen ist schwierig. Das lässt sich an der geringen Erfolgsquote ablesen. In einer Harvard-Studie wurden die Veränderungsbemühungen der Fortune-100-Firmen zwischen 1980 und 1995 untersucht [Isaksen 2006]. Fast alle hatten während des Untersuchungszeitraumes ein Veränderungsprogramm mit einem durchschnittlichen Investitionsvolumen von einer Milliarde US Dollar in Arbeit. Die Ergebnisse sind ernüchternd: In nur ca. 30% der Fälle konnte durch die Veränderung der Aufwand kompensiert werden und nur ca. die Hälfte aller Initiativen führte zu einer höheren Aktienbewertung.

Indes, die Veränderung ist nicht wegen der Änderung selbst so schwierig, sondern das Problem liegt wohl vor allem im Vorgehen:

„Social change and economic impact are not things that can be extrapolated out of a piece of hardware" [Rosenberg 1995]. – Üblicherweise werden bei der Strategieplanung und den möglicherweise folgenden Umsetzungsprogrammen soziale, menschliche Veränderungen oder wirtschaftliche Reformen zu wenig berücksichtigt. Werden dann Überraschungen und Indizien für Planabweichungen und Widerstände während der Umsetzung ignoriert, ist der Misserfolg schon vorprogrammiert. „Much of what we refer to ‚resistance to change' is really ‚resistance to uncertainty'. Thus the resistance derives from the process of handling and managing change, not from the change as such." [Carnall 2003]

Am Anfang dieses Buches wurde schon darauf hingewiesen, dass es keinen Super-Prozess gibt, der bei strenger Befolgung zu außergewöhnlichen Ergebnissen führt.

Im Kapitel 1 wurden schon einige Dilemmas diskutiert, denen Unternehmen ausgesetzt sind. Und die Einbeziehung von Zukunfts-, Trend-, Szenario- und Strategieanalysen in die Unternehmenspraxis eröffnet weitere Fallen, die es zu vermeiden gilt.

In Unternehmen lauern zahlreiche Hürden, die eine Veränderung verhindern. Jede Form der Analyse ist mit Aufwand verbunden und zielt auf Veränderung und Verbesserung. Damit sich der Aufwand tatsächlich auszahlt, sollte als Ergebnis auch wirklich die Veränderung – die Tat – und nicht die Analyse/Synthese – das Papier – im Fokus stehen. Der Erfolg einer Untersuchung steht und fällt mit der Umsetzung – um hier die in Kapitel 4 gemachte These aufzugreifen, was ein gutes Szenario ausmacht. Ein Szenario muss Veränderungen anregen, bewusst wird die Komfort-Zone verlassen, es provoziert und ist Diskussionsgrundlage. Die Frage nach der Bewertung von Szenarien ist demzufolge eigentlich falsch gestellt. Das Szenario, ebenso wie die Strategie, kann noch so gut sein – wenn es nichts bewirkt, wenn es zu keiner Handlung führt, ist es wertlos.

Veränderung oder Wandel

Veränderung ist nicht gleich Veränderung und schon gar nicht ist sie ein formalisierter Vorgang. Bild 129 zeigt einige Dimensionen aus dem Spektrum der Veränderung. Zum einen kann ein Umbau lokal begrenzt sein oder Teile oder das ganze Unternehmen betreffen. Mit zunehmendem Level im Unternehmen steigt die Zahl der eingebundenen Bereiche und damit die Komplexität des Prozesses. Das eröffnet Freiheitsgrade und die Möglichkeit für Effekte 2. oder 3. Ordnung, die bei der Planung nicht berücksichtigt wurden, nun aber zum Risiko werden können bzw. für Überraschungen sorgen könnten. Ähnliches gilt für die Anzahl der betroffenen Funktionsbereiche: Ist der Umbau auf die Marketingabteilung begrenzt oder sind alle zentralen Stellen betroffen? Ob ein Umbau aus eigener Überlegung – beispielsweise auf Grund einer Zukunftsstudie – erfolgt oder von „außen“ oder von „oben“ verordnet wird, wirkt sich ebenfalls auf die Gestaltung von Veränderungsprozessen aus. Im Bild 129 sind zwei Beispiele hervorgehoben. Zum einen (rotes Kästchen) eine strategische Maßnahme – der Aufbau eines Think-Tanks, um die „Zukunfts-Fitness“ des Unter-

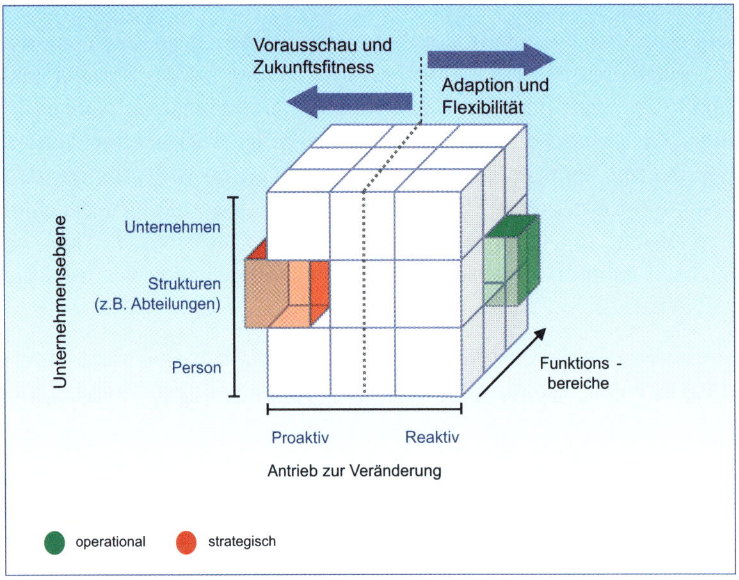

Bild 129 Dimensionen der Veränderung: Mindestens drei Freiheitsgrade

nehmens zu stärken. Eine operative (reaktive) Veränderung (grünes Kästchen) könnte die Neugestaltung des Themas „Informationsmanagement“ sein, da der Mehrwert bisheriger Versuche für das Unternehmen minimal war.

Der Zustand von Unternehmen kann stabil sein, er kann sich aber auch in einem fundamentalen Umwandlungsprozess befinden. Die meisten Unternehmen durchlaufen kontinuierliche, inkrementelle Veränderungen.

In der populärwissenschaftlichen Literatur wird prinzipiell von dem Fall ausgegangen, dass die Strategie von oben nach unten „geplant“ und „implementiert“ wird. Dass Umsetzungsbemühungen auch von unten nach oben ablaufen können, ist nicht ungewöhnlich (dazu folgt später das Beispiel „U-Boot“). Dieser Zweig der Veränderung ist jedoch nicht im traditionellen Sinne planbar und kann in den Planungsbemühungen nicht abgebildet werden, stellt demnach eine Unsicherheit bzw. Planungsunsicherheit dar.

Warum fällt es Unternehmen so schwer, konkrete Maßnahmen abzuleiten und diese dann in gelebte Unternehmenspraxis umzusetzen und was kann man dagegen tun? Zunächst wird im Folgenden der optimale Umsetzungsprozess – nach Lehrbuch – beschrieben, anschließend werden die Hürden erörtert, die in der Praxis erfolgreiche Veränderungen bremsen und verhindern.

Hinweise zur Vermeidung und Umgehung dieser Hürden sollen eine Hilfestellung geben und somit die Erfolgsquote von Umsetzungsprojekten erhöhen.

6.2 Die Logik der Veränderung

Entscheidungen markieren den Übergang von der Einsicht zur Tat – vom Verstehen zur Handlung. Mit der erreichten Klarheit über Ziel und Weg eröffnen sich die Möglichkeiten und die Pflicht zur Verwirklichung.

Die Schwierigkeit besteht zunächst darin, der festgelegten Strategie durch konkrete Maßnahmen Handlungsräume und Handlungsfreiräume zu verschaffen. Nur durch Konsequenz in der Umsetzung gelingt der Übergang von einem abstrakten Plan zur tatsächlichen Veränderung. Hat sich ein Unternehmen beispielsweise entschlossen, Technologieführer zu werden, gilt es nun, diese Strategie durch Forschungsprojekte, Neuentwicklungen, Innovationsinitiativen und weitere Maßnahmen mit Leben zu erfüllen.

Das Format eines Aktionsplanes ist in Bild 130 dargestellt. Abhängig von der Strategieebene (Unternehmensebene oder Abteilungsebene) und vom Umfang der Strategie kann dieser durch Einzelmaßnahmen oder ganze Maßnahmenpakete getrieben werden. Einzelaktionen, Programme, Initiativen, Projekte oder das Einrichten neuer Prozesse oder Strukturen für dauerhafte Veränderungen sind geeignet, um Strategien zur Umsetzung zu verhelfen. Mit der Zuordnung von Ressourcen, der Übertragung von Verantwortlichkeiten, dem Festlegen der Zeitrahmen und Erwartungen beginnt die „Operationalisierung“ und Einbeziehung in die Tagesabläufe.

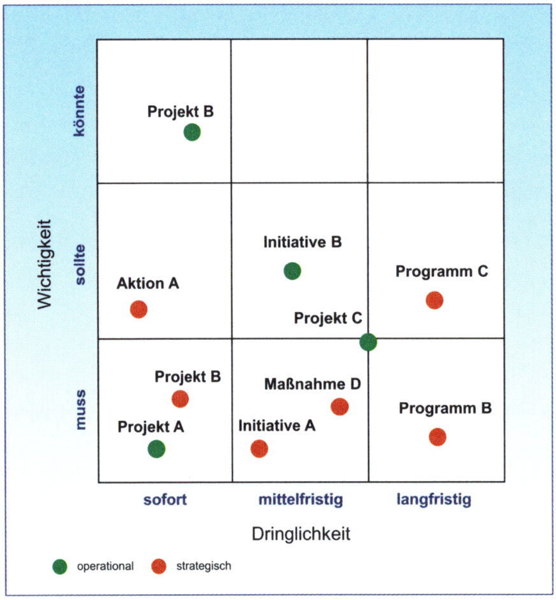

Bild 130 Das Ergebnis der Strategieanalyse: Der Aktionsplan

Die Veränderungskapazität von Organisationen ist begrenzt. Der ursächliche Geschäftsbetrieb mit dem Kunden im Zentrum verträgt nur ein gewisses Maß an Veränderung auf einmal. Im vorgeschlagenen Aktionsplan werden die wichtigsten, schnell umsetzbaren Maßnahmen zuerst begonnen, gefolgt von den aufwändigeren und längerfristigen Aktionen.

Erstaunlicherweise scheint gerade das eine große Herausforderung für Unternehmen zu sein und nicht wenige akkurat ausformulierte Strategien scheitern an der Umsetzung, weil sich der Übergang vom „Architekten" zum „Bauleiter" als problematisch erweist. Die in der wissenschaftlichen und populärwissenschaftlichen Literatur (z.B. in [Doppler 2005] und [Carnall 2003]) beschriebenen Konzepte erweisen sich in der Praxis oftmals als zu theoretisch. Nachfolgend werden einige Schwierigkeiten beschrieben, die eine einfache Umsetzung verhindern.

1996 wurden in den USA mehr als 1700 Businessbücher publiziert und es muss die Frage erlaubt sein, warum bei soviel vorhandenem Wissen soviel Fehler gemacht werden. Das Dilemma liegt in den Unternehmen selbst. Manager versuchen, Dinge richtig zu tun. Wichtiger für die Unternehmen wäre aber, die richtigen Dinge zu tun.

6.3 Die Realität der Veränderung in Unternehmen

Der Wunsch nach Veränderung und Neuerung bedeutet nicht automatisch auch die Bereitschaft zum Wandel. Im Gegenteil, der Wunsch nach Verbesserung steht sogar oft im Widerspruch zum Willen nach Veränderung. Aber wie kann sich etwas verändern, wenn die Systeme, die Kultur, die Menschen, die Prozesse möglichst unangetastet bleiben (sollen)? Damit steht die erste Umsetzungsfalle fest.

Einstein definierte Wahnsinn auch als „immer wieder das Gleiche tun und unterschiedliche Ergebnisse erwarten“, was vielleicht anders ausgedrückt werden kann mit: „Wenn Sie immer wieder das tun, was Sie schon immer getan haben, bekommen Sie immer wieder das, was Sie schon immer bekommen haben!“ Oft genug bringen Zauderer eine beliebige Menge Entschuldigungen und Gründe hervor, die gegen eine Veränderung sprechen, und so hängt der Erfolg im Unternehmenswandel ganz entscheidend vom Willen und der Grundeinstellung des Managements ab. Handelt es sich um tiefgreifende Veränderungsprozesse und werden Veränderungsprozesse kompromisslos vorangetrieben und proaktiv gestaltet oder sind es halbherzige Aktionen, spontan und oberflächlich ausgeführt, mit dem Ziel von kurzfristigem Erfolg? Die Schwelle der „Veränderungsmüdigkeit“ ist durch unverstandenen Aktionismus schnell erreicht und die Glaubwürdigkeit und das Vertrauen in die Führungsqualitäten des Managements sind ebenso schnell verspielt.

Die zweite Falle besteht darin: Veränderungen bedeuten Zusatzaufwand! Auch das sollte den Beteiligten klar sein. Jede Art der Veränderung und des Wandels – ob Unternehmenswandel oder lediglich eine lokal eingegrenzte Initiative – stellen einen Zusatzaufwand dar, der in den wenigsten Fällen langfristig eingeplant war. Die Ernsthaftigkeit von Veränderungsbemühungen steht in direktem Zusammenhang mit der Bereitschaft, Ressourcen dafür bereitzustellen.

Es ist durchaus sinnvoll, sich zu Beginn von Untersuchungen und Analyse- und Zukunftsprojekten zu vergewissern, inwieweit tatsächlich die Bereitschaft für Umsetzung und Veränderung vorhanden ist. Wenn im Vorfeld schon klar wird, dass der Auftraggeber weder Macht noch Motivation für wirkliche Umsetzungen und Veränderungen hat, wird sich der Erfolg in Grenzen halten und auf Miniprojekte begrenzt bleiben. Mit hoher Wahrscheinlichkeit wird eine weitere Studie für das Regal produziert.

Der „Papiertiger“ ist die dritte Falle! Man könnte Unternehmen in papier- und aktionsorientiert einteilen: Je größer Unternehmen sind – und Organisationen tendieren dazu, zu wachsen – desto stärker ist die Notwendigkeit des Informationsaustausches (Metcalfe's Law: Die Anzahl der Interaktionen steigt exponentiell, wenn die Anzahl der Teilnehmer linear steigt.). Das verstärkt die Verschiebung von zielorientierten Aktionen zu papierorientiertem Austausch. Dies wird dadurch noch erhärtet, dass die Wahrnehmung und Bewertung zwischen Papier und Aktion unterschiedlich ist. Taten, Veränderungen, konkrete Aktionen können sich mühsam gestalten, sind aufreibend und von Zähigkeit geprägt. Sie laufen oft – fast unsichtbar – im Hintergrund ab. Nicht so der Austausch von Informationen in Form von Präsentationen.

„An even more extreme form of substituting talk for action occurs when managers act as if talk, writing, and analysis are the main tasks that they, or anyone else in the firm, ever need to do. This problem seems to be particularly acute in large organizations, especially where many senior executives are financially oriented and out of touch with how work is done in their firms. Managers in such firms seem to spend much of their time preparing, delivering, and listening to flashy and well-rehearsed presentations that are designed to impress one another. Executives devote a great deal of time to presentations, but they often spend little or no time ‚on the ground'" [Pfeffer 1999].

Analysen werden meist vor größerem Publikum erläutert, Handlungsempfehlungen schlüssig aufgezeigt und Strategien abgeleitet. So wichtig es ist, Informationen auszutauschen, so gefährlich ist die Illusion, dass die schiere Präsentation von Informationen irgendetwas ändert. Junge Talente begreifen schnell, wie mühsam sich Umsetzungen und Taten gestalten können, wie undankbar sich das auf die Karriere auswirken kann und wie lukrativ eine hohe „Sichtbarkeit" im Unternehmen ist. Erfolgversprechender ist die Konzentration auf die persönliche Sichtbarkeit, den Konjunktiv und die Darstellung und Präsentation von Informationen. So paradox es klingt – die Anerkennung für verbal vorgetragene Visionen und Konzepte und tatsächlich umgesetzte Veränderungen unterscheidet sich stark. In den meisten Fällen erweist sich für die Akteure „Reden ist Gold" als erfolgreicher.

„Talk is also valued because ... the quantity and ‚quality' of talk can be assessed immediately, but the quality of leadership or management capability, the ability to get things done, can be assessed only with a greater time lag" [Pfeffer 1999].

Motivation für Veränderung

Wenn in einem Unternehmen keine Veränderungen stattfänden, wäre das Unternehmen über einen gewissen Zeitraum hinweg überlebens- und wettbewerbsfähig? Ja, aber wohl nicht sehr lange. Der amerikanische Qualitäts-Guru Deming drückte es so aus: „It is not necessary to change; survival is not mandatory" [Juran 2000]. Damit bringt er ein weitverbreitetes Missverständnis ins Rampenlicht: Unternehmen müssen sich verändern und sich adaptieren, und zwar ursächlich, um zu überleben und NICHT aus Gefälligkeit oder aus einer Laune oder einem Trend heraus!

Mit dem Wandel der Unternehmensumwelt (Makro-Umgebung) und der Geschäftsbedingungen (Mikro-Umgebung) ergibt sich somit zwingend die Notwendigkeit zur Veränderung und zur Anpassung. Ist das Unternehmen nicht in der Lage, sich mit derselben Geschwindigkeit (oder schneller) zu ändern als die Umwelt, werden sich früher oder später Probleme einstellen. Johnson & Scholes beschreiben diesen Effekt als „Strategic Drift". Bild 131 zeigt schematisch das Auseinanderlaufen zwischen der strategischen Änderung im Unternehmen und der Veränderung in der Unternehmens-Umwelt. Das *Driften* zu erkennen und das Unternehmen entsprechend anzupassen, ist die Aufgabe des Managements. Wer sonst hat den Überblick über die Position im Markt und die Übersicht übers Unternehmen?

Die Motivation für Veränderungen ergibt sich aus dem Bestreben, die Wettbewerbsfähigkeit des Unternehmens zu sichern. Aus der Verantwortung des Managements auch die Motivation abzuleiten, wäre blauäugig. Allenfalls in Familienunternehmen, Personengesellschaften oder Kleinstunternehmen kann man diese Motivation uneingeschränkt annehmen. Ansonsten unterliegen Manager – wie auch andere Angestellte – dem Interessenskonflikt zwischen persönlichen Interessen und dem Nutzen für das Unternehmen. Dieser Zwiespalt findet zwar in der Wissenschaft große Auf-

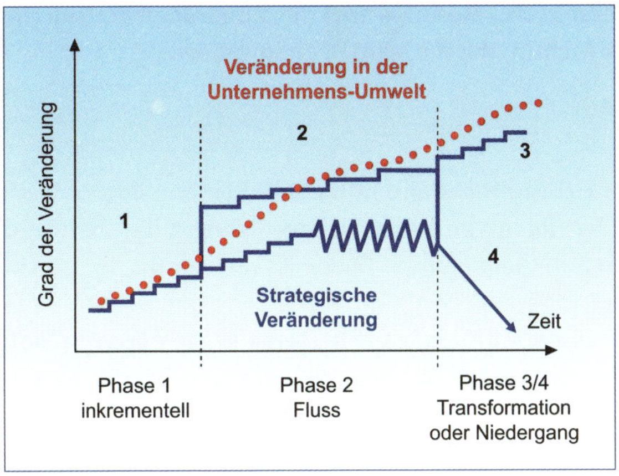

Bild 131 Muster der strategischen Veränderung: Ziel ist, keine Kluft zur Unternehmens-Umwelt entstehen zu lassen (in Anlehnung an [Johnson 1988])

merksamkeit (z.B. [Milgrom 1992]), das verringert aber nicht die Zweifel an der in den Konzepten zum Wandel in Unternehmen vorausgesetzten Annahme der Motivation von Angestellten und Managern im Sinne des Unternehmens. Auch belegen Beispiele aus der jüngsten Wirtschaftsgeschichte, dass Verlockungen (Enron, VW), persönlicher Ehrgeiz (Airbus, DaimlerChrysler) oder der Wunsch nach öffentlicher Anerkennung oft zu unterschiedlichen Interessenslagen führen. Was in den meisten Fällen nicht im Interesse der Firmen ist, aber: „Most executives won't admit it, ...“ [Pfeffer 2006].

In der Realität unterscheidet sich demzufolge die Motivation für Veränderungen von den Annahmen vieler Lehrbücher, was schon im Ansatz zu erheblichen Konflikten führen kann, wenn beispielsweise die Hintergründe für Veränderungsbestrebungen offensichtlich dem Ehrgeiz einzelner Manager im Kampf um Anerkennung und Erfolg entspringen, aber weder vermittelbar sind noch besonnen erscheinen.

Das andere Extrem ist, dass der in dem Moment vorhandene Veränderungsdruck im Unternehmen zu gering ist, als dass sich die Notwendigkeit für Veränderungen ergeben könnte. Dann ist es wahrscheinlich, dass Analyseergebnisse nichts bewirken. Aus ‚Sie wissen nicht was sie tun‘ wird dann ‚Sie tun nicht, was sie wissen‘.

Zukunftsstudien werden in solchen Konstellationen zu Wochenendlektüre und Alibiveranstaltungen. Verändert wird nur ungern, nur unter Druck, „lieber abwarten und kein Risiko eingehen, lieber nichts tun, als das Falsche“.

Eine weitere „Umsetzungsfalle“ besteht darin, dass die Qualität der Untersuchung in Frage gestellt wird. Eine weit verbreitete, aber dennoch falsche Annahme ist, dass Untersuchungen mit dem Schwerpunkt „Zukunft“ möglichst neue Inhalte und neue Ideen zeigen müssen und Verbesserungsvorschläge möglichst weitreichend zu sein haben und im Idealfall auch die aktuellen Probleme mit lösen. Enttäuschung macht sich breit, wenn alles schon bekannt war, was die Untersuchung darlegte. Aber Wissen bedeutet nicht automatisch Handeln und so kann es sein, dass nichts passiert.

Veränderungen sind mühsam, erst recht, wenn es um die Zukunft geht. Für die Zukunft des Unternehmens ist es wichtig, Wissen schnell anzuwenden.

Strategie zur Strategie

Die mangelnde Kommunikation in Zusammenhang mit dem fehlenden Bewusstsein für die Notwendigkeit für Veränderungen kann eine weitere Barriere auf dem Weg zum Wandel sein. Die Einsicht auf Top-Management-Ebene ist notwendig, aber nicht ausreichend. Bei großen Veränderungsprojekten sind große Teile der Organisation oder die gesamte Organisation einbezogen. Gerade bei bereichsübergreifenden Aktionen wird der Abstimmungsaufwand unterschätzt, Widerstand schon frühzeitig provoziert und die eigene Macht überschätzt: „Leaders are sometimes shocked to discover how little power they have to push changes through an organization“ [Pfeffer 2006]. Politische Machtspiele und Kompetenzgerangel können ganze Initiativen im Keim ersticken. Plötzlich geht es um Machterhalt. Veränderungen im Interesse des Unternehmens? Weit gefehlt, so nüchterne Erfolgsrezepte gibt es nur im Lehrbuch.

Sobald Emotionen, Gefühle, Sehnsüchte, Wille, Durchsetzungskraft, Motivationen – also all die unterschiedlichen menschlichen Eigenschaften, die weder quantifizierbar noch über längere Zeiträume konstant sind – ins Spiel kommen (und das kommen sie, Organisationen sind letztlich Menschen), bekommen auch Veränderungsbemühungen etwas Unberechenbares. Ähnlich wie bei den Unternehmensszenarien haben viele Faktoren Einfluss auf die Richtung. Demnach erscheint es umso wichtiger – ähnlich wie bei physikalischen Systemen, wenn diese mit einem Impuls beaufschlagt werden – dass sich das System erstmal fangen kann und eine Reaktion beobachtbar wird, bevor erneut eine Veränderung durch einen Impuls getriggert wird. Diese Forderung nach Abwarten einer Reaktionszeit soll jedoch kein Widerspruch zu der Aussage sein, dass Veränderungen im Unternehmen notwendig sind. Schließlich müssen Veränderungen in Organisationen mit Bedacht und Vorausschau ausgeführt werden und trotz aller Bemühung um Wandel muss eine handlungsfähige Organisation im Mittelpunkt aller Bemühungen stehen. Hier stellt sich auch die grundlegende Frage: Was hindert Organisationen eigentlich daran, sich kontinuierlich zu ändern (Aktionsplan) und nicht erst, wenn sie dazu gezwungen werden?

Neben den vielen Hindernissen und Blockaden sind im nächsten Abschnitt Erfolgsfaktoren beschrieben.

6.4 Elemente der Veränderung

Unternehmens-Organisationen sind wesentlich komplexer als oft angenommen. Um Veränderungen erfolgreich durchzuführen, ist das Wissen um die Zusammenhänge von großem Nutzen. Wie im Kapitel 5 dargestellt, werden Organisationen anschaulich durch das 7S-Modell beschrieben. Ein entscheidender Erfolgsfaktor für die Durchführung von Veränderungen in Unternehmen liegt in der Einbeziehung aller Elemente der Organisation in den Prozess. Auf die Vernetzung und die Abhängigkeiten der Elemente untereinander wird im Folgenden genauer eingegangen.

Das 7S-Modell geht auf eine Veröffentlichung aus dem Jahre 1980 zurück [Waterman 1980]. Seitdem hat sich die Lehre der Betriebswirtschaft weiterentwickelt und die Anforderungen an Unternehmen haben sich geändert. Neue Erkenntnisse führen demnach auch zu veränderten Modellen und so wird die Erweiterung des 7S-Modells um drei weitere Komponenten F, E und I vorgeschlagen (gemeinsam zwecks besserer Aussprache kurz EFI genannt):

- Als Essenz der vorangegangenen Kapitel wird eine „Foresight"-Komponente hinzugefügt. Sie symbolisiert die Fähigkeiten, die Zukunft zu verstehen, und die Anstrengungen des Unternehmens, diese aktiv zu gestalten.
- „Entrepreneurship" steht für eine Eigenschaft, ohne die kein Unternehmen existieren könnte: Geschäftssinn und Unternehmertum, verbunden mit der Fähigkeit, im richtigen Moment Chancen zu erkennen, und der Möglichkeit, diese umzusetzen.
- „Intelligenz" als weiteres Element steht für die Kompetenz im Umgang mit Informationen. Wie wird aus Informationen nutzbares Wissen generiert, das dann Unternehmen für strategische Entscheidungen und Reaktionen zur Verfügung steht?

Das erweiterte Modell ist in Bild 132 dargestellt.

Tabelle 42 veranschaulicht die Vernetzung und die Abhängigkeit der zehn Elemente untereinander. 0 bedeutet „kein Einfluss", 1 „geringer Einfluss" und 3 „starker Einfluss". Als Vorbild für die Bewertung diente ein DAX-Unternehmen. Auffällig sind die starken Abhängigkeiten – das sind die (roten) Zweien in der Tabelle. Beispielsweise

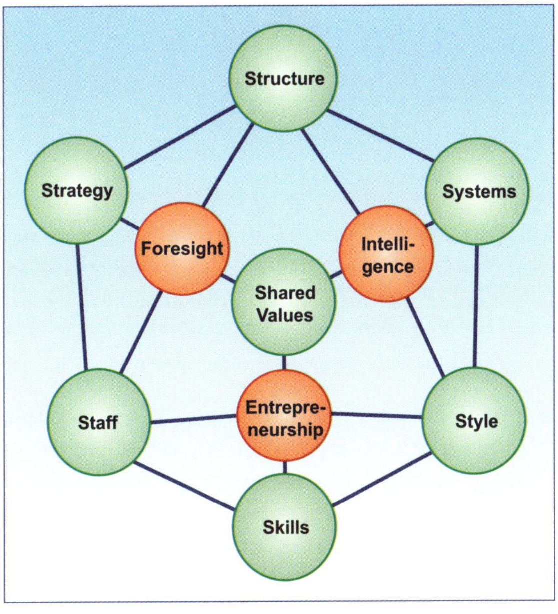

Bild 132 7S+EFI: Das erweiterte 7S-Modell zur Beschreibung von Organisationen

wird der Einfluss der Strategie auf die Unternehmensstruktur als stark eingeschätzt (erste Spalte, zweite Zeile). Dagegen beeinflusst auch die Unternehmensstruktur die Strategie – indem z.B. eine starre Organisationsstruktur eine Flexibilisierungsstrategie behindern würde – jedoch weniger stark (zweite Spalte, erste Zeile).

Tabelle 42 **Die gegenseitige Beeinflussung der Elemente des Unternehmens**

	1.	2.	3.	4.	5.	6.	7.	8.	9.	10.
Strategie (**1. S**: Strategy)	☒	1	2	0	1	2	2	2	2	1
Strukturen (**2. S**: Structure)	2	☒	2	0	1	2	1	1	1	2
Systeme (**3. S**: Systems)	1	2	☒	1	1	1	1	1	0	2
Unternehmenskultur (**4. S**: Style)	1	1	0	☒	2	1	0	1	1	1
Mitarbeiter (**5 S**: Staff)	1	1	1	2	☒	2	1	1	2	2
Kompetenzen (**6. S**: Skills)	1	1	2	1	2	☒	1	1	1	2
Perspektiven & Visionen (**7. S**: Shared Values)	2	1	1	0	1	1	☒	2	2	2
Vorausschau (**8. F**: Foresight)	2	1	1	0	1	1	2	☒	2	2
Geschäftssinn (**9. E**: Entrepreneurship)	1	2	2	0	2	2	2	2	☒	2
Unternehmens-Intelligenz (**10. I**: Intelligence)	2	2	2	1	1	2	2	1	2	☒

Gewöhnlich werden Veränderungsprozesse durch strategische Entscheidungen angestoßen. Man kann beobachten, dass sich die Veränderungsbemühungen in der Regel auf die Veränderung der „Struktur“ und der „Systeme“ konzentrieren (roter Rahmen in der Tabelle). Die restlichen Elemente werden in vielen Fällen vernachlässigt. Die diesem Vorgehen zugrundeliegende Annahme ist, dass mit der strukturellen Eingliederung und der Adaption der Systeme die Integration erfolgreich beendet ist.

Ungefähr 60 Prozent aller Fusionen und Akquisitionen im europäischen Finanzsektor scheitern beispielsweise an einer missglückten Integration: „About 60 percent of all M&A deals are unsuccessful because they approached the deal with overconfidence and instead of taking into account all the facts, they chose to pursue their goal of global expansion“ [BI 2004].

Die Gründe dafür sind vielfältig: zu späte Einbeziehung der Mitarbeiter, unvollständige Kommunikation, Überschätzung der Synergien, Unterschätzung der kulturellen

Unterschiede sowie Gerangel um Positionen. Die aktuelle Krise bei DaimlerChrysler wird die Diskussion neu anfachen.

Trotz Einstellung auf immer schnellere Veränderungen muss klar sein, dass sich nicht alle Fassetten und Elemente von Unternehmen gleich schnell – quasi auf Knopfdruck – ändern lassen. Strategische Entscheidungen können relativ rasch zu neuen Unternehmensstrategien führen, die Auswirkungen auf die Unternehmenskultur – bewusst gestaltet oder nicht – können hingegen Jahre dauern. Hier wird deutlich, wie wichtig es für erfolgreiche Veränderungsprozesse ist, Veränderungen gut vorzubereiten, sich Gedanken über die Auswirkungen auf alle Komponenten zu machen und dies beim Vorgehen zu berücksichtigen.

Das bedeutet aber auch, dass es keine Zauberformel gibt. Jede Veränderung ist situationsabhängig.

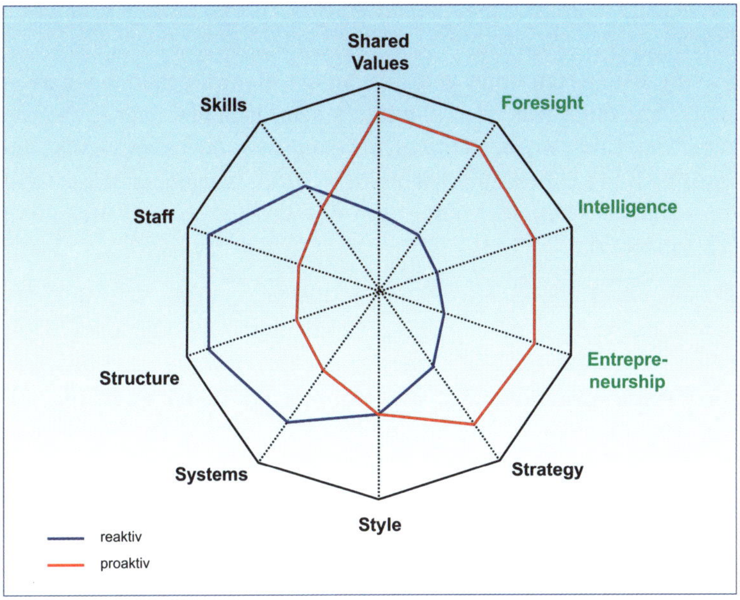

Bild 133 Die Elemente des Unternehmens: Ihr Einfluss auf reaktives und proaktives Handeln

Die Motivation für Veränderungen kann unterschiedlich sein. Zum einen – und das ist wohl der weitaus häufigere Fall – als Reaktion auf eine Umweltveränderung. Zum andere als vorausschauende Veränderung und Anpassung des Unternehmens mit der Motivation einer höheren Wettbewerbsfähigkeit und vor allem einer besseren Vorbereitung auf die Zukunft. In beiden Fällen ist die Bedeutung der zehn Elemente im Veränderungsprozess unterschiedlich. Im Reaktiv-Modus kommt es darauf an, schnell zu reagieren, die Strukturen und Systeme an neue Randbedingungen anzupassen. Anders im Proaktiv-Modus: Hier stehen die weichen Faktoren im Mittelpunkt. Im Bild 133 ist der Unterschied dargestellt.

Nun soll die Rolle der Elemente in Bezug auf Veränderungen und die beiden Perspektiven im Unternehmen untersucht werden; dazu werden Einzelaspekte und Erfolgsfaktoren zur Vermeidung von Betriebsblindheit und zur Erhöhung der Zukunftsfitness von Unternehmen beschrieben.

6.4.1 Das erste S: Strategie

Die in Kapitel 2 bis 5 vorgestellten Wege und Möglichkeiten stellen nur einen Ausschnitt aus dem Repertoire strategischer Instrumente und Möglichkeiten dar. Neben den vor allem auf Vorausschau ausgelegten Verfahren nehmen Analyseverfahren für die Bereiche Markt, Kunde, Industrie, Wettbewerber und auch Technologie eine ebenso wichtige Rolle ein.

Im Buch wurde auch schon deutlich hervorgehoben, dass Strategie nur zum Teil Planung ist. Der andere Teil ist Reaktion. Einmal mehr stellt sich damit die Frage, inwieweit die strategische Planung überhaupt in der Lage ist, die Geschicke einer Organisation zu bestimmen.

Sozialistische Systeme scheiterten unter anderem an der Planwirtschaft, an starren Fünf-Jahres-Plänen. Ganz ohne Plan, also planlos zu sein, bedeutet aber soviel wie orientierungslos zu sein. Und so geht es um nicht weniger als die Balance zwischen einer Kernstrategie, die für Stabilität und Orientierung sorgt, und einem hohen Grad an Flexibilität, um schnell auf Veränderungen der Umwelt reagieren zu können und die Organisation zu adaptieren.

Bedenkt man die vielen Veränderungen – Zunahme der Komplexität, Dynamik, Beschleunigung und Globalisierung, um nur einige zu nennen – wird klar, dass in Zukunft die Flexibilität einen höheren Stellenwert in der Entwicklung der Unternehmensstrategie einnehmen muss. Strategiepläne bekommen den Stellenwert von Orientierungshilfen und Leitlinien in die Zukunft und müssen verhindern, dass schnelles Reagieren durch Festhalten an Planvorgaben verhindert wird.

Die von Taylor eingeführte Trennung zwischen Denken und Handeln und die damit verbundene Spezialisierung und Aufteilung in Arbeitsschritte ist heute noch weitestgehend gültig. Damit aber nicht zwei isoliert voneinander agierende Ebenen entstehen (bzw. bewusst aufgehoben werden), ist der Austausch von Informationen und Rückmeldungen notwendig. Und mit steigender Komplexität, Kompliziertheit, Verlinkung und zunehmender Unsicherheit wird dies in zunehmendem Maße der Fall sein.

6.4.2 Das zweite S: Strukturen

Unternehmen sind gewachsene Organisationen. Sie entwickeln sich weiter. Organisationsstrukturen sollen die Energien und Kräfte des Systems regeln. Sie legen die formalen Wege fest, nach denen gearbeitet wird, und formalisieren, wer wem was zu sagen hat.

Heutige Unternehmensstrukturen begnügen sich oftmals mit Verwalten, was daran liegt, dass Prozesse, Strukturen, Abläufe und Systeme auf stabile Zustände ausgerichtet sind. Die bewusste Veränderung der Struktur erfolgt meist mit der Vorstellung, in der neuen Form besser der Strategie folgen zu können, besser zusammenarbeiten zu können, durch Synergien effizienter arbeiten zu können, besser und schneller reagieren zu können usw.

Eine Musterstruktur oder ideale Organisationsform gibt es jedoch nicht. Die Anforderungen an die Struktur sind durch die verschiedenen Strategien, Geschäftsaufträge und das Industrieumfeld unterschiedlich. Jede Form ist ein Kompromiss zwischen Effizienz und Flexibilität. Die Struktur von Organisation liegt im Spannungsfeld mehrerer Dimensionen:

- Zentral versus Dezentral
- Effizient versus Effektiv
- Control versus Commitment
- Veränderung versus Stabilität
- Funktionale Struktur versus Projektstruktur (bzw. Matrixstruktur)
- Bürokratisch versus Unbürokratisch
- Tiefe Hierarchie versus flache Hierarchie.

Oft ist mangelndes Vertrauen in die „Peripherie" ein Hinderungsgrund für eine stärkere Verschiebung von Verantwortung nach „unten" und eine konsequentere Umsetzung. Die Annahme dabei ist, dass Fehlentscheidungen hauptsächlich eine Sache der unteren Hierarchien ist. Warum diese Annahme besteht, das bleibt das Geheimnis des Top-Managements. Persönliche Managementstile, Erfahrungen und Vorlieben prägen Strukturen. Eine starke Kontrolle und Steuerung steht im Widerspruch zum Anspruch, ein intelligentes Unternehmen zu sein. Streng genommen – und so beschreibt es Gunter Dueck in seinem Buch „Lean Brain" – verliert ein Unternehmen mit zunehmender Prozessorientierung und Bürokratisierung die Intelligenz [Dueck 2006]. Wozu braucht man hochqualifizierte Mitarbeiter für Routineaufgaben? Die Entscheidungsfreiheit wird auf ein Mindestmaß reduziert, jeder Handgriff ist geregelt. Für den Zustand wird gern die Metapher einer Maschine verwendet. Unter dem Eindruck der zunehmenden Beschleunigung ist eine Organisation, die sich an der Metapher eines Organismus orientiert, sicher besser auf die Zukunft vorbereitet. In diesem Fall ist Veränderung nicht die Ausnahme und der Sonderfall zwischen zwei stabilen Zuständen, sondern sie wird zur Regel.

Management-Bücher operieren bei der Betrachtung der Umsetzung von Maßnahmen in Unternehmen mit blumigen Begriffen: „verankern", „optimieren", „verbessern", „adressieren" usw. Alle diese Begriffe richten sich primär an formale Strukturen. Fakt ist aber, wird die Struktur einer Organisation verändert, ändern sich nicht nur der Organisationsplan und die Anzahl der Mitarbeiter. Informelle Strukturen sind in keinem Plan erfasst, werden jedoch durch Umorganisierung zerstört und müssen neu erschaffen werden (Bild 134).

Um arbeitsfähig zu werden bzw. zu bleiben und um aus einer Umstrukturierung schnell den angestrebten Nutzen zu ziehen, hat die Umsetzung rasch zu erfolgen.

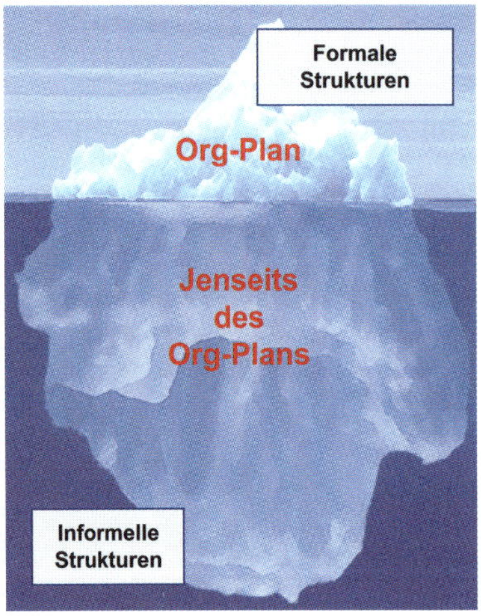

Bild 134 Formale und informelle Strukturen: Ein System

Es mag übertrieben klingen, aber der tatsächliche Umzug – also das Nachziehen der Realität an die Vorgaben des Organisationsplanes – zieht sich in entsprechendem bürokratischen Umfeld nicht selten über Monate hin.

Die magischen 150

„Wenn die ersten Leute auf der Wiese parken, müssen wir etwas unternehmen."

Was sich auf den ersten Blick wie ein Parkplatzproblem anhört, ist in Wirklichkeit eine Aussage eines Unternehmensführers zur Unternehmensstruktur. Es basiert auf einem verblüffend einfachen Konzept – „die magischen 150".

R. Dunbar ist Anthropologe und hat in seinen Forschungsarbeiten festgestellt, dass die Neocortex beim Menschen im Vergleich zu anderen Säugetieren besonders ausgeprägt ist. Seine Theorie führt das auf die Fähigkeit der Menschen zurück, soziale Beziehungen einzugehen, und folgert, dass das Größen-Verhältnis von Neocortex zum Gesamtgehirn umso größer ist, je mehr soziale Kontakte und Beziehungen zu verwalten eine Spezies in der Lage ist.

Für Menschen hat er eine Gruppengröße von ca. 148 ermittelt. Mit anderen Worten, im Durchschnitt ist jeder Mensch in der Lage, eine Anzahl von ungefähr 150 persönlichen Kontakten aktiv so zu pflegen, dass ein persönlicher Kontakt und Austausch möglich ist.

Das Verblüffende an der Theorie ist nun, dass Militärorganisationen durch Versuche – Trial and Error – herausgefunden haben, dass eine Kompaniestärke von weniger als 200 im Sinne der Dialoge und Kommunikation zwischen den Soldaten eine optimale Struktur ist. Wird die Gruppe größer, sind andere Formen und Strukturen notwendig – Hierarchien, Formalien (Regeln, Vorschriften) und Kommandowege.

Dass persönliche Kontakte enorm wichtig sind und dadurch viele Vorschriften, Regeln und Formalien überflüssig sind, davon ist Wilbert Gore – Gründer der gleichnamigen

Firma – überzeugt. Durch die fehlende Anonymität entsteht eine stärkere Verbindlichkeit, Kommunikationswege sind enorm kurz und direkt – eine sehr flexible und effiziente Organisationsform. Der Erfolg scheint der Firma Gore – einer der innovativsten Firmen weltweit – Recht zu geben. „We found again and again that things get clumsy at a hundred and fifty," sagt der Firmengründer in einem Interview.

Wenn die ersten Mitarbeiter einer Geschäftseinheit auf der Wiese parken, ist der Zeitpunkt der Teilung gekommen. Die Einheit wird zu groß, zu unübersichtlich, der Verwaltungsaufwand würde extrem ansteigen. Um dem vorzubeugen, werden 2 Einheiten gegründet – nach Fachgebieten oder Produkten separiert.

Dieser Ansatz ist auch insofern bemerkenswert, da er durch die geringen Aufwendungen für Verwaltung und Regulierung viele Freiräume schafft – z.B. für Innovationen. Verwunderlich ist, dass Unternehmen wenig mit solchen Organisationsformen experimentieren. Bei unerfreulichen Geschäftsentwicklungen wird meistens mit „Kapazitätsanpassungen" reagiert. Auf der anderen Seite sollte jedem Manager klar sein, dass jeder Kopf weniger auch eine Chance weniger für Ideen und Innovationen bedeutet.

Märkte werden sich immer verschieben – immer schneller. „Kapazitätsanpassungen" im traditionellen Sinne werden sich als zu unflexibel erweisen. Schon heute ist in vielen Unternehmen zu beobachten, dass sie mit ihren „Kapazitäten" – damit sind dann etwas abfällig die Mitarbeiter gemeint – der Nachfrage hinterher rennen. EADS sucht heute händeringend Ingenieure, hat aber vor einigen Jahren diese entlassen.

Warum kann man nicht freie Kapazitäten zu Think-Tanks oder Innovationsreaktoren zusammenziehen? Nicht mehr als 150 auf einmal, nur mit dem Auftrag, Neues zu erschaffen?

Unsicherheit zu erzeugen – darum geht es! Am besten durch die Erschaffung von Neuem. So ähnlich wie Google. Fast kein Tag vergeht, an dem nicht ein neuer Service oder ein neues Produkt vorgestellt wird. Die Branche schaut sprachlos zu und passt Kapazitäten an.

Auch darum muss man mit Unsicherheit umgehen lernen.

6.4.3 Das dritte S: Systeme

Das dritte „Hardware"-Element fasst die Systeme und die Prozesse eines Unternehmens zusammen, beispielsweise Buchhaltung, Personalplanung, Planungssysteme, Budgetsysteme und Bewertungssysteme. Systeme sind das Rückgrad einer Organisation. Sie sorgen für Stabilität und dafür, dass Routineaufgaben optimal ausgeführt werden.

„Organisatorischer Wandel heißt also, in ohnehin bestehende Interaktionsprozesse einzugreifen bzw. sie entsprechend zu nutzen" [Müller-Stewens 2005].

Optimale Organisationen finden die Balance zwischen Effizienz und Flexibilität. Effizienz lässt sich einfach messen und nachweisen. Fehlende Flexibilität ist in den meisten Fällen erst ex-post erkennbar (Lernen nach dem Crash). Vorbeugendes Lernen und Maßnahmen zur Steigerung der Flexibilität fallen dem Effizienzstreben zum

Opfer. Der Nutzen ist oft nicht unmittelbar erkennbar und damit den auf Effizienz getrimmten Managern nicht vermittelbar – noch dazu, wenn die Umwelt- und Unternehmensanalyse sich als sehr aufwändig erweisen könnten: „By the time an organization has perfected its systems and structures, it has invested tremendous energy and everyone in the organization is loath to change anything because of all the effort sunk into the status quo“ [Harris 2002].

Strategische Untersuchungen und deren Umsetzungen sind jedoch ausgesprochen situationsabhängige Vorgänge. Der Versuch, die Strategieentwicklung durch formale Prozesse abzubilden, führt dazu, dass Probleme von heute mit Instrumenten von gestern bearbeitet und gelöst werden. Der Wunsch nach höherer Effizienz hat jedoch zu der paradoxen Situation geführt, dass die Strategieentwicklung mehr und mehr formalisiert wird. Chandlers These „Structure follows Strategy“ kehrt sich dann um. Strategie wird zum Abfallprodukt der Struktur. Es wird analysiert, bewertet, qualifiziert, verglichen und verdichtet, und am Ende stehen Handlungsempfehlungen, die – umgesetzt, aber nur im Rahmen der vorgegebenen Struktur – zum Erfolg führen sollen.

Dabei wird vergessen, dass strategisches Denken nicht von Systemen übernommen werden kann. Es ist ein hochkomplexer Vorgang – abhängig von vielen Faktoren und Teilnehmern und in diesem Sinne einmalig. Auch der Wunsch, die Erfolge anderer Firmen durch Kopieren bestimmter Handlungsmuster zu übernehmen, ist nur bedingt und sehr kurzfristig geeignet, eine eigene Strategie zu ersetzen.

Prozesse

Formale Prozesse und individuelle, maßgeschneiderte Aktionen stehen sich gegenüber. Für Routineaufgaben – Buchhaltung, Wareneinkauf usw. – sind formale Prozesse optimal. Hier setzen sie klare Regeln, reduzieren die Fehlerrate und steigern die Effizienz.

Dabei darf nicht vergessen werden: Alle Systeme sind Werkzeuge. Ohne eine entsprechende Bedienung entsteht kein Mehrwert. Intelligenz liegt in den Köpfen der Mitarbeiter.

IT-Systeme

Eine ursprüngliche Hoffnung an die Informationstechnologie war, den Menschen von dem Zwang zu befreien, sich wiederholende Tätigkeiten auch wiederkehrend aufs Neue bewerkstelligen zu müssen, die andere, dass Informationen besser ausgetauscht werden können.

Täglich werden geschätzte 60 Milliarden E-Mails über das weltweite Netz ausgetauscht. Sie konkurrieren mit etwa 15 Milliarden SMS täglich. Das Phänomen heißt Informationsüberflutung. Zeit ist ein endliches Gut und es ist einleuchtend, dass ein Mehr an Informationen zu Lasten der Aufmerksamkeit gehen muss (Informationsmenge mal Aufmerksamkeit ist konstant). Die langsam aufkeimende Vermutung, dass mehr nicht unbedingt besser ist, wird so täglich erhärtet. Dem Glauben an die IT tut dies kaum Abbruch und schon kommen neue Technologien, die die Unzulänglichkeiten der bisherigen Technologien beseitigen sollen.

In einer Studie „How IT enables productivity growth“ [McKinsey 2002] über die Rolle der Informationstechnologie in Unternehmen kommen die Autoren unter anderem zu folgendem Ergebnis: Der Report „... found that the productivity acceleration of the mid to late 1990s, the so called ‚new economy‘, was concentrated in only six sectors and that the role of information technology (IT) was only one of several factors at work in the productivity jump. Innovation (including but not limited to IT and its applications), competition, and, to a lesser extent, cyclical demand factors were the most important factors.“ Ein ähnlich differenziertes Bild zeichnet Thorp [Thorp 2003].

Es ist an der Zeit, die Rolle der IT zu überdenken oder zumindest kritisch zu hinterfragen. Ohne Zweifel gibt es Bereiche, in denen IT-Technologie zu Automatisierung und damit zu enormen Steigerungen geführt hat. Der Versuch, Zukunftsforschung, Vorausschau und Strategieentwicklung durch IT-Technologie zu vereinfachen und vor allem die Ergebnisse eindeutiger zu machen, muss scheitern. Anhand des Buchinhalts wurden die Phasen von der Informationsaufnahme bis zur Umsetzung und Kontrolle (Bild 135) auf den Nutzen von Unterstützung durch IT-Technologie hin untersucht. Das Ergebnis ist in Tabelle 43 dargestellt.

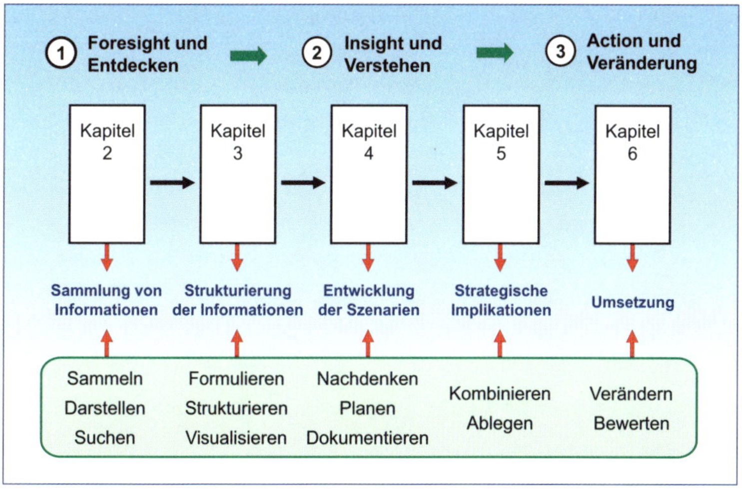

Bild 135 Die Phasen des im Buch abgebildeten Prozesses: Wo ist IT-Unterstützung sinnvoll?

Für jede der Phasen gibt es eine Einschätzung, bis zu welchem Grad es als sinnvoll erscheint, IT-Unterstützung einzusetzen und damit mögliche Potentiale zur Leistungssteigerung auszuschöpfen. Schnell wird deutlich, dass der Nutzen von IT-Tools begrenzt ist.

Tabelle 43 Die Phasen des im Buch abgebildeten Prozesses: Wo ist IT-Unterstützung sinnvoll?

Phase	Unterstützung/Limitierung	Instrumente/Tools	Einschätzung
Sammlung von Informationen (Kapitel 2)	Suche nach Informationen Ablage der Informationen in geordneter Weise	Suchmaschinen (Google) Recherche im Internet	Sehr sinnvoll
	Verdichtung der Informationen Kombination von Informationen Generierung von neuem Wissen Erfahrung	Bibliotheken (auch elektronisch)	Sehr sinnvoll
		Datenbanken (spezielle oder Standard, Office-basiert) Persönliche Kontakte und ...	Sinnvoll
		... Gespräche – kein Tool bekannt	Wäre sinnvoll
Strukturierung der Informationen (Kapitel 3)	Strukturierung der Informationen Dokumentation der Informationen Exploration und Visualisierung	Strukturierung mit Mindmaps (Mindmanager)	Sinnvoll
		Zerlegung, Abstrahieren, Clustern von Elementen – Inhaltlich	Unmöglich
		Zerlegung, Abstrahieren, Clustern von Elementen – Visualisierung	Sinnvoll
	Verstehen des Inhaltes	Keine Tools bekannt	Unmöglich
Erstellung der Szenarien (Kapitel 4)	Szenario-Rahmen erstellen	Tools zum Entwurf von Szenarien: www.zukunftsgipfel.de	Wenig sinnvoll
	Entwicklung der Szenarios	Kreativitäts-Tools und Visualisierungstools	Teilweise sinnvoll
	Gedanken über die Zukunft	Keine Tools bekannt	Unmöglich
Strategische Implikationen (Kapitel 5)	Darstellung der Möglichkeiten	Strategietools	Wenig sinnvoll
	Bewertung von Optionen	Strategietools	Teilweise sinnvoll
	Generieren neuer Optionen	Kombination, Abstraktion, Kreativität	Unmöglich
	Treffen von Entscheidungen	Bekannte Analysetools zerlegen Problem lediglich in Teilprobleme	Unmöglich
Umsetzung (Kapitel 6)	Entwerfen von Strukturen Planen von Veränderungen Visualisierung der Umsetzung	Projektmanagement, Planungstools Standard Office Tools	Sinnvoll
	Veränderung und Einfluss auf Werte, Kultur, Respekt, Anerkennung, Stil, Fähigkeiten	Kein Tool außer Projektmanagement bekannt	Teilweise sinnvoll
Kontrolle	Messen betriebswirtschaftlicher Größen Bewerten von Leistungen	Balanced Scorecard, SAP	Sinnvoll
	Einschätzung von weichen Faktoren (z.B. Motivation, Zufriedenheit usw.)	Quantifizierung qualitativer Größen	Wenig sinnvoll

Lediglich bei der Suche, Strukturierung und Darstellung von Informationen ist der Nutzen unbestritten. Sowohl bei der strategischen Planung als auch beim Treffen von Entscheidungen ist die Unterstützung jedoch sehr zweifelhaft. Die Quantifizierung von Bauchgefühlen erhöht schließlich weder die Sicherheit noch die Qualität von Entscheidungen. Kein Tool kann beim Verständnis der Inhalte, der Informationen und der Bewertung helfen. Für die rot markierten Tätigkeiten in der Tabelle erscheint eine Unterstützung unmöglich. Aber genau diese Schritte sind die entscheidenden.

Zieht man die Aufwendungen für Einarbeitung und Pflege der Software mit ins Kalkül, wird die Nutzenbilanz noch ungünstiger. Weitere Nachteile ergeben sich durch die Tatsache, dass verfügbare Tools (z.B. Eidos von Parmenides) nur bestimmte Abschnitte im Prozess unterstützen und eventuell eingesparte Aufwände durch Anpassung der Formate an die Anforderungen der Tools kompensiert werden. Auch wenn Parmenides für das Tool Eidos beansprucht, das Denken zu unterstützen, so bleibt doch die Erkenntnis, dass man noch selber denken muss.

Was auch gegen die Software und für gesunden Menschenverstand spricht, ist der Fakt, dass das Vertrauen in die Software dazu führt, dass die Systeme und die Tools Abläufe und Arbeitsweisen festlegen. Ähnliches ist heute schon bei betriebswirtschaftlicher Buchhaltung zu beobachten. Sind Systeme erst einmal installiert und eingeführt, ist es im Nachhinein schwierig, Änderungen vorzunehmen.

Der Mensch mutiert zum systemgesteuerten Vollzugsbeamten – das Phänomen wird auch als „New Taylorism“ bezeichnet – selbständiges Denken und Handeln wird durch Prozesse und Systeme unterbunden. Was auf der Strecke bleibt bzw. am Management-System vorbeiläuft, sind Geist, Innovationskraft, Risikofreude – intellektuelle Wertschöpfung: „Organizations rush to purchase IT ‚silver bullets‘ in the form of customized business solutions, enterprise application packages and other ready-to-wear IT solutions in the naive belief that they come neatly packaged and stamped ‚benefits inside‘. Again, the idea is that all you have to do is plug in the technology and, magically, the benefits will flow.“ [Thorp 2003]

Es ist zu beobachten, dass Unternehmen weitaus mehr Ressourcen für das Messen der Leistungsfähigkeit verwenden als beispielsweise für Foresight-Aktivitäten. Zudem kann man sich des Eindruckes nicht erwehren, dass viele Unternehmen mit dem Messen beginnen und sich so von einer robusten Unternehmensstrategie entfernen, während sie sich auf die kurzfristige Erfüllung der geforderten Kriterien konzentrieren, mit zum Teil fatalen Folgen.

„80% brainpower, 20% information technology“ schätzt Stephen Denning von der Weltbank den Anteil der IT in den wissensbasierten Unternehmensbereichen ein [Denning 1999]. Die Stärke der Informationstechnologie ist und bleibt vorerst die Organisation und Darstellung von Informationen. „Formal systems can't store knowledge that isn't easily described or codified but nonetheless essential for doing the work, called ‚tacit knowledge‘“ [Aldag 2002].

Bewertungssysteme

Wollen sich Unternehmen von der zuvor beschriebenen Papierorientierung lösen und wieder zu einer aktionsorientierten Unternehmenskultur zurückkehren, bei der tatsächlich Taten mehr zählen als Folien und Reden, müsste das Werte- und Anerkennungssystem des Unternehmens untersucht werden und gegebenenfalls umgestellt werden: „One of the main barriers to turning knowledge into action is the tendency to treat talking about something as equivalent to actually doing something about it." [Pfeffer 1999]. Präsentierte Ideen müssten umgesetzt werden – idealerweise vom Präsentierenden selbst. Aus der Art und Weise der Motivation und der Inspiration einerseits und der Leistungsbewertung andererseits lassen sich dann Rückschlüsse auf die Zukunft des Unternehmens ableiten.

Es ist paradox, aber in vielen Unternehmen ist die monetäre, extrinsische Motivation die einzige, bekannte Form der Leistungsanerkennung. Die Leistungsbereitschaft orientiert sich an den Bewertungssystemen. Eine ausschließlich monetäre Anerkennung führt zu „dressierten Affen" – Leistung für Anerkennung, Leistungsverweigerung bei Ausbleiben der Anerkennung. Aber individuelle Förderung, Respekt und Wertschätzung gegenüber den erbrachten Leistungen und ein hohes Maß an intrinsischer Motivation sind eher geeignet, das zukünftige Potential im Sinne der Firma auszuschöpfen.

Im nächsten Abschnitt (4. S – Style) wird genauer auf die Unterschiede und die Auswirkungen auf die Organisation zwischen den geschriebenen – offiziellen – Regeln und den ungeschriebenen Gesetzen eingegangen.

6.4.4 Das vierte S: Style – die Unternehmenskultur

Für den Erfolg eines Unternehmens ist die Kultur – „wie wir die Dinge hier tun" – ein entscheidendes Element. Sie prägt und charakterisiert das Unternehmen, ist jedoch schwer greifbar, beschreibbar oder gar messbar.

Schon beim ersten Kontakt zu einem Unternehmen – sei es der Besuch oder eine Bewerbung – entsteht ein Eindruck. Wie ist der Umgang der Mitarbeiter untereinander? Wie sind die Büros gestaltet? Welche Statussymbole existieren? Gibt es eine Kleiderordnung? Wie wird mit Fehlern umgegangen?

Neben diesen von außen leicht zu erkennenden Merkmalen gibt es die unsichtbaren, schwer zu durchschauenden Abläufe, die von außen schwierig zu verstehen und schwer zu kopieren sind. Sie bilden die Grundlage für den Unternehmenserfolg.

Da die Bedeutung auf den Unternehmenserfolg unbestritten ist, ist der Wunsch verständlich, die latent vorhandene Kultur möglichst im Sinne des Unternehmens positiv zu beeinflussen.

Versuche, die Unternehmenskultur strategisch zu beeinflussen, gibt es auch reichlich:

Die Teambank aus Nürnberg beispielsweise hat festgelegt, dass sich alle Angestellten ab sofort mit „Du" anzureden haben. Die ursprünglich persönliche Entscheidung der

Anrede wird so vom Unternehmen getroffen und festgelegt. Auf diese Weise flache Hierarchien, offene Diskussionskultur und Startup-Flair zu signalisieren, hinterlässt ein merkwürdiges Gefühl. Obwohl der Vorstandsvorsitzende Theophil Graband betont, es handele sich nicht um ein „Sympathie-Du, sondern um einen Ausdruck von Professionalität im Sinne des englischen you", trägt es weiter zu Verwirrung bei. Erhöht sich die Professionalität durch das Übernehmen englischer Ansprachen? IKEA ist da ehrlicher, obwohl man auch durch „Wohnst du noch oder lebst du schon?" nicht gleich zur Familie gehört oder gehören will.

Die oberflächliche Kosmetik geht am Kern vorbei. Mehr Schein als Sein, das zwanghafte Überstülpen von Vorbildkulturen muss zwangsläufig zu Verwirrungen oder Abwehrreaktionen, Vertrauensverlust oder müdem Lächeln führen. Unternehmenskulturen kann man nicht von oben verordnen und durch ein angeordnetes Du entsteht aber weder die innovative, euphorische Begeisterung eines Startup-Unternehmens noch stellt sich dadurch der Erfolg ein.

Für Unternehmen ergeben sich vier Alternativen, mit Veränderungen umzugehen [Scott-Morgan 1994]:

- Akzeptanz und passive Resignation gegenüber der (zu) langsamen Veränderung.
- Versuch, die vorhandene Unternehmenskultur zu umgehen und Veränderungen „durchzusetzen".
- Warten, bis das Unternehmen in einer Krise steckt, denn nur dann ist eine schnelle Veränderung möglich.
- Der lange, schwierige, anstrengende Weg, die Kultur zu verstehen und dann zu ändern.

In der Bemühung, das Unternehmen fit für die Zukunft zu machen, sind jedoch weder Ignorieren und Warten, noch die autoritäre Variante ernsthafte Optionen.

Die „Low-hanging Fruits" sind inzwischen alle gepflückt worden. Es wird Zeit, sich um die höher hängenden Früchte mit dem größeren Potential zu kümmern.

An einigen Beispielen sei dargestellt, zu welchen Ergebnissen es führt, wenn versucht wird, Wünsche und Ziele durch die falschen Instrumente umzusetzen (Tabelle 44). Alle offiziellen Regeln bewirken in der Organisation Nebeneffekte und Eigenleben. Fehlendes Feedback und die unüberbrückbare Entfernung des Managements zur Organisation führen zu den zum Teil unvorhersehbaren Ergebnissen.

Es wird deutlich, dass nicht nur das Verstehen der Außenwelt und der Zukunft von Bedeutung für das Unternehmen ist. Das Verstehen der eigenen Organisation, das Wissen über die Möglichkeiten zum Eingreifen und die Rückmeldung der Ergebnisse seien als wichtigste „Inside the Box"-Fähigkeiten genannt.

Tabelle 44 Offizielle Regeln und ungeschriebene Gesetze

Wunsch	Offizielle Regel	Ungeschriebene Gesetze	Ergebnis
Die Fähigsten werden befördert	Erfahrung im Unternehmen, Leistung und Erfolg entscheiden über die Beförderung	Sichtbarkeit: Achte darauf, dass du mit deinen guten Leistungen sichtbar bist und dich vom Rest abhebst. Erfolg: Sende nur positive Nachrichten an den Chef. Erfahrung: Wechsle so schnell wie möglich zur nächstbesten Stelle.	Nicht die Fähigsten werden befördert, sondern die, die sich am geschicktesten darstellen.
Hochleistungs-organisation	Messung der Leistung der Mitarbeiter	Leistung: Konzentriere dich nur auf die gemessenen Kriterien. Teamwork: nur das Nötigste	Eine Organisation sollte mehr als die Summe der Mitglieder sein. So aber nicht!
Unternehmertum	Eigenverantwortung der Mitarbeiter fördern	Ist nett gemeint, aber in der Realität zum Scheitern verurteilt. Hohes Risiko, hoher Aufwand, geringe Unterstützung bei minimaler Erfolgsaussicht.	Lippenbekenntnisse und träge Organisation sind die Folge.
Wissen als Grundlage des Erfolges	Durch Wissensmanagement Verbreitung von Wissen im Unternehmen	Die Weitergabe mag dem Unternehmen nützen, aber ein persönlicher Vorteil oder Auswirkungen auf die Leistungsbeurteilung ergeben sich jedoch nicht.	Weitergabe von Wissen und Informationen nur in Ausnahmefällen oder an „gute Kollegen"
Innovationen	Forderungen nach Innovationen	Innovationen sind sexy, besonders drüber reden und analysieren. Radikale Innovationen sind viel zu riskant.	Viel Verwaltung, Innovations-Management-Systeme, aber keine Innovatoren weit und breit.
Lernendes Unternehmen	Wir lernen durch unsere Fehler	Keine Experimente, dann passieren auch keine Fehler. Die wirken sich negativ aus.	Trägheit im Unternehmen. Kein Mut für Neues.

6.4.5 Das fünfte S: Staff – die Mitarbeiter

Bei Veränderungen im Unternehmen sind stets Menschen betroffen; nicht selten werden diese völlig unvorbereitet mit diesen Änderungen konfrontiert. Erfolgreiche Veränderungsprozesse zeichnen sich dadurch aus, den Punkt der Überraschung und der Ohnmacht durch Aufzeigen neuer Perspektiven und Freiräume zu überbrücken.

„Was ist die Motivation, um in Ihrem Unternehmen zu arbeiten?" Eine triviale Frage, möchte man meinen.

In einem Versuch der George-Mason-Universität wurden 1000 Angestellte und 100 Chefs darüber befragt, was die Mitarbeiter bei der Arbeit motiviert [Nelson 1994]. Das erstaunliche Ergebnis war, dass zwar in beiden Listen ähnliche Faktoren genannt wurden, sich aber Chefs und Angestellte in der Ansicht ihrer Top-Motivatoren erheblich unterschieden. Während Chefs der Meinung waren, gutes Gehalt und die Sicherheit des Arbeitsplatzes sind die wichtigsten Motivatoren, gaben die Angestellten an, dass interessante Arbeit, Sinnhaftigkeit und Anerkennung am wichtigsten sind. Andere Autoren teilen diese Meinung: „It is not money alone that attracts an employee or manager but the challenge of work. It is the possibility of learning new skills, of extending oneself, and of feeling that one is doing something useful and meaningful in the world.“ [Peat 2002]

Abraham Maslow stellte die menschlichen Motivationen in einer Pyramide dar [Maslow 1954] – dargestellt in Bild 136. Die wohl wichtigste Erkenntnis aus der Theorie ist, dass die unteren Level alleine keine Motivation bewirken, jedoch bei Abwesenheit zur Demotivation führen. Sie sind notwendig, aber nicht hinreichend. Tatsächliche Motivation – und damit die Grundlage für hohe Leistung – kommt allein durch Selbstverwirklichung, Sinnhaftigkeit, Verantwortung, also von der Spitze der Pyramide.

Frederick Herzberg erweiterte dieses Modell und unterschied zwischen sogenannten Hygienefaktoren und den Motivatoren [Herzberg 1959]. Obwohl die Ergebnisse von Maslow und Herzberg schon einige Jahre alt sind und weithin akzeptiert sind, kommt es nach wie vor zu Missverständnissen zwischen Angestellten und ihren Chefs.

In Veränderungsprojekten wird dies besonders deutlich. Strukturen und Strategie sorgen nicht automatisch für motivierte Mitarbeiter. Ein großer Teil der Aufmerksamkeit wird darauf verwendet, die optimale Anzahl der Mitarbeiter herauszufinden. Entweder werden Talente gesucht oder – meist aus Kostengründen – werden Stellen abgebaut. Die weitaus spannendere Frage jedoch ist: Weshalb resignieren neueingestellte Mitarbeiter, die motiviert, neugierig und begeistert sind (sich also auf der obersten Stufe der Pyramide befinden), innerhalb weniger Jahre und werden zu demotivierten Mitläufern? „Not-so-great companies take talented people and manage to lose the benefits of their talent, insight and motivation“ [Pfeffer 1999].

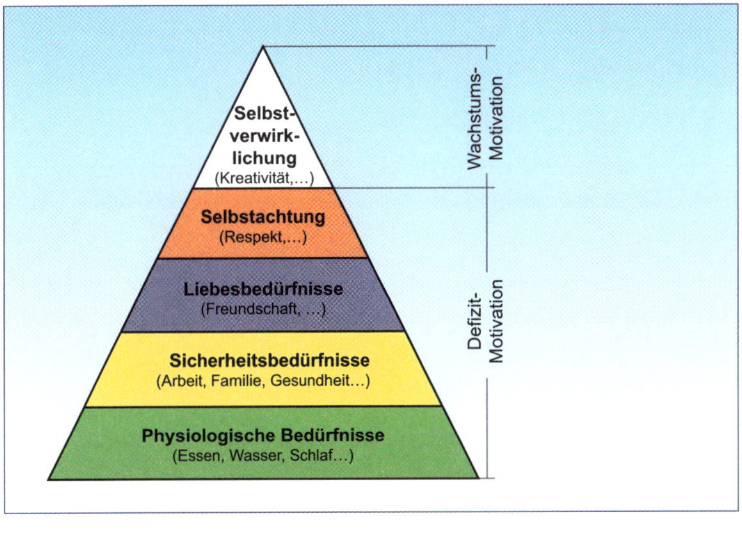

Bild 136 Die Maslow-Pyramide: Schöpferische Motivation und Inspiration in der Spitze

Einmal mehr wird die enge Verbindung zu den anderen Elementen deutlich. Personalplanung ist unmittelbar mit „Strategie“ und „Skills“ gekoppelt. Die Skills, die Fähigkeiten, werden ausführlicher im nächsten Abschnitt behandelt.

„This is the difference between leadership and management. Management works within existing paradigms while leadership moves between them“ [Harris 2002].

6.4.6 Das sechste S: Skills – die Fähigkeiten

Die in einem Unternehmen verfügbaren Kompetenzen sind in dem Element „Skills“ zusammengefasst. Die Skills sind Grundlage dafür, wie Probleme, Routineaufgaben und Herausforderungen bewältigt werden können.

Der direkte Einfluss auf Unternehmenskenngrößen wie Effizienz und Produktivität ist offensichtlich. Ungenügende Arbeitsergebnisse können verschiedene Ursachen haben. Neben ungenügender Qualifikation können auch fehlende Motivation oder Einstellung, eine ungenügende Aufgabenbeschreibung, fehlende Unterstützung und unzureichende Arbeitsmittel Gründe sein. Der Idealzustand, dass eine exakt beschriebene Aufgabe durch eine Person mit genau dem erforderlichen Anforderungsprofil bearbeitet wird, ist die Ausnahme. Je ungenauer die Aufgabe beschrieben ist bzw. sich beschreiben lässt, umso stärker sind Mitdenken, Lernen und Gestalten gefragt. Selbstständigkeit und Motivation werden zunehmend wichtiger – gerade in Zeiten steigender Komplexität und Unsicherheit. Und die Umwelt ändert sich und die Aufgaben und Kompetenzen werden sich auch ändern.

Es ist jedoch anzunehmen, dass sich viele Unternehmen nicht oder nur unzureichend darüber im Klaren sind, durch welches Wissen und welche Fähigkeiten sich das Unternehmen auszeichnet oder was die Kernkompetenzen sind. Haben Sie Zweifel daran, dass Ihr Unternehmen das weiß, fragen Sie nach – am besten einen Vorgesetzten:

- Was ist die Kernkompetenz im Unternehmen, die uns von Wettbewerbern unterscheidet und die es gilt, weiterzuentwickeln?

Und wenn Sie gerade dabei sind, fragen Sie weiter:

- Welche Kompetenzen werden in Zukunft für unser Unternehmen von Bedeutung sein und wie plant das Unternehmen, diese Kompetenzen und Fähigkeiten zu entwickeln?

Es geht um die Zukunft Ihres Unternehmens. Es ist immer die richtige Zeit, dafür etwas zu tun! Und die Anhäufung von Wissen – Generierung von Wissen auf Vorrat – ist dafür eine vielversprechende Option.

Information und Wissen

Die Begriffe Information und Wissen werden ja fälschlicherweise oft synonym verwendet. Was ist der Unterschied?

Wenn Informationen Daten in einer sinnhaften Form sind, dann bedeutet Wissen Information in einem sinnhaften Kontext. Steht man an der Ampel, dann ist die Information, dass es Rot ist. Die Kenntnis, dass man bei Rot stehen bleiben muss, ist das Wissen, welches man als Kind schon beigebracht bekommen hat. Die Fähigkeit der Interpretation ist der entscheidende Unterschied zwischen Wissen und Information. Rot an der Tankanzeige bedeutet etwas anderes als Rot an der Ampel.

Diese Fähigkeit unterscheidet den Menschen von der Maschine. Wissen lässt sich kodifizieren, formalisieren und aufschreiben. Einem Roboter könnte man beibringen, die rote Ampel zu verstehen. Aber die Maschine kann kein neues Wissen generieren. Zusammenhänge zu erkennen, Ideen zu generieren und Hypothesen aufzustellen ist (noch) dem Mensch vorbehalten. Und dieses gelingt am besten, so haben Forscher festgestellt, wenn viel Wissen auf viele Informationen trifft und diese ausgetauscht werden (Louis Pasteur: „Der Zufall begünstigt nur einen vorbereiteten Geist.“).

Unternehmen haben das erkannt und in den letzten Jahren Unsummen in den Kauf neuer Technologien investiert. Technologien, die Informationen „managen“. Dass die Systeme dann „Knowledge-Management-Systeme“ heißen, fördert sicher den Verkauf und schürt die Illusion, dass Wissen „gemanagt“ werden kann, ist aber im Prinzip eine falsche Bezeichnung. Obwohl Manager unisono Wissen als den Stoff zukünftiger Geschäfte ausgemacht haben, hält sich genauso hartnäckig die Vorstellung: Knowledge Management „begins and ends with building sophisticated information systems“ [Hauschild 2001]. Wie so oft, funktionieren die zu einfachen Lösungen nicht für komplexe Probleme.

Wissen ist der Rohstoff für Innovationen. Aber im Gegensatz zu Informationen, die im Wesentlichen aus Fakten bestehen, ist Wissen subjektiv, wenig fassbar, oft gar nicht ausdrückbar. Der größte Teil des Wissens liegt als ungehobener Schatz in den Köpfen der Mitarbeiter. Um an diese Schätze heranzukommen, bedarf es etwas mehr Aufwand. Die Arbeit, diese Schätze zu heben, beginnt damit, die richtige Einstellung zum Wissen zu erzeugen – und hier wird ganz besonders deutlich, dass zu einer Veränderung in einem Unternehmen mehr als die Einführung eines modernen Instrumentes gehört. Es wird sich als Irrtum erweisen, die Leistung der Angestellten immer detaillierter messen und vergleichen zu wollen und andererseits zu glauben, dass Wissen und Kreativität „for free“ verfügbar ist und einfach so entsteht. Was motiviert Menschen, ihr Wissen zu teilen und zu verbreiten? Anerkennung und Idealismus. Beide Werte gehen indes in sogenannten „Hochleistungsorganisationen“ verloren.

Jetzt wäre der richtige Zeitpunkt, sich über die in zehn Jahren notwendigen Fähigkeiten Gedanken zu machen.

6.4.7 Das siebte S: Shared Values – die Visionen

Die Seele eines Unternehmens – das sind die Werte, Traditionen und Philosophien. Sie geben eine Antwort auf die Frage: Warum gibt es das Unternehmen und was ist das Selbstverständnis? Im Unterschied zu den anderen Komponenten lassen sich gemeinsame Ideale und eine verbindende Unternehmenskultur zwar planen, aber nicht so einfach umsetzen oder verändern. Viel Geduld ist notwendig, um fest verwurzelte Traditionen und verinnerlichte Ziele neu auszurichten. Oft ist es die Ungeduld der Manager, die sich über die Unternehmenskultur hinwegsetzen, und die damit Veränderungsbemühungen zunichte macht.

An den Visionen und Werten wird ganz besonders deutlich, wie fein die Komponenten der Veränderungen aufeinander abgestimmt werden müssen. Eine noch so ehrgeizige Strategie bleibt erfolglos in der Umsetzung, falls die Aus- und Wechselwirkungen auf und zwischen den anderen Komponenten unberücksichtigt bleiben. Die Leistungsfähigkeit von Unternehmen zeichnet sich unter anderem dadurch aus, wie die Feinabstimmung zwischen den Unternehmensteilen funktioniert. Visionen verbinden, geben die Richtung an und motivieren.

Unternehmens-Intelligenz

Die Intelligenz eines Unternehmens ist keine feste, konstante Größe und lässt sich auch nicht sinnvoll auf eine Größe ähnlich dem menschlichen Intelligenzquotienten (IQ) reduzieren. Tatsache ist, dass sich Veränderungen in der Organisation auf die intellektuellen Fähigkeiten des Unternehmens auswirken.

„Es wird fast keine Intelligenz gebraucht! Aber die, die man braucht, ist mehr oder weniger nicht da", meint Gunter Dueck ironisch und spielt damit auf die Tendenz in vielen Unternehmen an, die Intelligenz mehr und mehr ins System (beispielsweise in Datenbanken und Prozesse) zu reduzieren [Dueck 2006].

Wo ist die Intelligenz eines Unternehmens versteckt? Die Unternehmensintelligenz drückt sich in den zwei Kriterien Vorausschau und Flexibilität aus. Als Synonym für intelligente Unternehmen hat sich die Bezeichnung „Lernende Organisation" entwickelt (siehe „Intelligenztest für Unternehmen", Abschnitt 1.5).

Lernende Organisation

„Not surprisingly most organizations are reluctant learners – and one strategy that they adopt is to try to short cut the process by borrowing ideas from other organizations. While there is enormous potential in learning from others, simply copying what seems to work for another organization will not necessarily bring any benefits and may end up costing a great deal and distracting the organization from finding its own ways of dealing with a particular problem." [Isaksen 2006]

Es lassen sich verschiedene Lernmodelle unterscheiden [Carnall 2003]:

- *Learning by Doing*

  Die effizienteste und einprägsamste Art. Durch eigenständiges Probieren, Experimentieren und Erarbeiten ist der Lerneffekt besonders hoch und es ist belegt, dass die Reproduzierbarkeit in diesem Fall am höchsten ist.

- *Learning by Use*

  Lernen von Anderen – Kopieren und Benchmarking.

- *Learning from Failure*
  Kann noch einprägsamer sein als Learning by Doing. Ein Lerneffekt tritt jedoch nur ein, wenn man sich die Mühe macht, die Ursachen der Fehler zu ergründen.

An drei Anwendungen sei das illustriert: Technologiebewertung, Kommunikation und Benchmarking.

Technologiebewertung

Bei der Fußball-WM 2006 in Deutschland wurden erstmals Eintrittskarten mit RFID-Technologie (Radio Frequency ID – Identifizierung über verschlüsselte Radiosignale) verwendet. Im Vorfeld wurden mehrere Gründe für die neuartigen Tickets genannt: Zum einen sollte der Schwarzmarkthandel mit Tickets unterbunden werden, zum anderen sollten gewaltbereite Fans sowohl identifiziert, als auch in unterschiedlichen Blöcken „platziert" werden. Alles in allem sollte ein „skalierbares, flexibles Sicherheitskonzept" entstehen.

Die WM ist vorbei. Die Technologie der personalisierten RFID-Tickets wurde als „technokratischer Unsinn" entlarvt – zu umständlich, bürokratisch, anfällig und komplex bei wenig Nutzen. „Wenn aus Block 17, Reihe 12, Platz 35 eine Leuchtrakete abgeschossen wird, wissen wir sofort, wer es war." – so jedenfalls der Fürsprecher Wolfgang Niersbach (Vizepräsident WM OK). Bei den Spielen Kroatien-Brasilien und Schweden-Paraguay wurden Raketen gezündet – die Täter wurden jedoch nie ermittelt. Wahrscheinlich saßen sie nicht im Block 17, Reihe 12 auf Platz 35. Der Schwarzmarkthandel blühte ebenfalls unbeeindruckt. Alles in allem ein Debakel. Die FTD (Ausgabe vom 21-06-2006, Seite 30) kommentiert dazu im Artikel „Der große High-Tech Bluff": „Die WM funktionierte nicht wegen, sondern trotz Hochtechnologie." Die Chip-Tickets sind damit ein Bilderbuchbeispiel für die Einführung nutzloser „Neuerungen". Oftmals reicht zur Durchsetzung solcher Technologie die nachdrückliche Behauptung, dass es einen Nutzen gibt („skalierbares, flexibles Sicherheitskonzept") oder einfach der Hinweis, es würden Kosten gesenkt oder die Effektivität gesteigert.

2008 – bei der EM – wird es wieder Papiertickets geben – knickbar und nicht personalisiert.

Die Frage ist, hätte Philips als Hersteller das Desaster voraussehen können – oder wurde es in Kauf genommen? Oder, allgemeiner formuliert, was unterscheidet erfolgreiche Technologien von weniger erfolgreichen? Für Hersteller und Technologieentwickler hat diese Frage eine hohe Bedeutung, aber wie die vielen Nichterfolge zeigen, ist die Lernkurve auch recht flach.

Wie ernst die Lage tatsächlich ist, beschreibt Christensen: „Despite the best efforts of remarkably talented people, most attempts to create successful new products fail. Over 60 percent of all new-product development efforts are scuttled before they ever reach market. Of the 40 percent that do see light of day, 40 percent fail to become profitable and are withdrawn from the market. By the time you add it all up, three-quarters of the money spent in product development investment results in products that do not succeed commercially" [Christensen 2003].

Wir wissen es: Die Welt ändert sich immer schneller. Technologie ist ein entscheidender Treiber für Veränderungen. Das ist die gute Nachricht – für Technologieunternehmen. Die schlechte ist, dass sich die wenigsten neuen Technologien und Produkte durchsetzen – und es hat den Anschein, dass die Fehlerrate wächst.

Und wir wissen, dass die Veränderungsvorgänge sehr komplex sind und nur teilweise vorhersehbar. Diese Ungewissheit jedoch ist Gift für Unternehmensplaner. Ihr Bestreben nach Formalisierung, Automatisierung und Effizienzsteigerung macht auch nicht vor Produktentwicklungen halt. Es gibt unzählige Abhandlungen darüber, wie Technologien zu bewerten sind bzw. wie sie sich ausbreiten [Pawlowski 1999, Day 2000, Bürgel 1996] – immer mit dem Ziel, die Auswahl und Entscheidung zu erleichtern und möglichst formal – also als Routine – ablaufen zu lassen. Das Problem ist aber nicht die Technologie, sondern der Mensch. Dem Ergebnis einer computergestützten Analyse wird mehr Glauben geschenkt als gesundem Menschenverstand (dem durch den verlorenen Wettbewerb mit dem Computer auch Trainingseinheiten fehlen).

Versuchen wir nun, die Einführung einer neuen Technologie gedanklich zu begleiten – beispielsweise einer Mikrobrennstoffzelle für Mobiltelefone.

Aus Sicht des Herstellers stellt sich die Situation so dar:

Die Zelle ist etwas größer als ein herkömmlicher Akku, versorgt aber das Handy ca. einen Monat mit Strom. Ein technologischer Durchbruch! Die Zelle wird mit Methanol betrieben und austauschbare Kartuschen sorgen für neue Energie. Das Unternehmen glaubt an einen wirtschaftlichen Erfolg, da der Nutzen für den Anwender auf der Hand liegt – längere Laufzeit und Unabhängigkeit vom Stromnetz und Ladezyklen. Es wird entschieden, die Brennstoffzelle bis zur Serienreife weiterzuentwickeln und dann zu vermarkten.

Aus Sicht des Anwenders stellt sich die Situation so dar
(die Annahme ist ein gewöhnlicher Nutzer):

Die Laufzeit der Handy-Akkus ist bisher tatsächlich wenig erfreulich, hat sich jedoch in den letzten Jahren recht positiv entwickelt. Inzwischen sind Laufzeiten von einer Woche nichts Ungewöhnliches mehr. Als Anwender hat man sich damit arrangiert – einmal pro Woche z.B. am Wochenende aufladen ist ausreichend. Die Entwicklung von Akkus geht ebenfalls weiter, also ist eine noch längere Laufzeit in Zukunft zu erwarten. Der Umgang damit ist einfach und selbsterklärend. Kartuschensysteme sind zwar bequem, aber wie von den Druckern bekannt auch ziemlich teuer mit entsprechender Abhängigkeit.

Diskussion:

Offensichtlich hat sich der Anwender an die Situation gewöhnt, die Akkulaufzeit könnte zwar länger sein, stellt aber in diesem Sinne keine Hürde dar („nice to have"). Als Hersteller möchte man ein Problem lösen, was in Wirklichkeit für den Anwender keins ist.

Erschwerend kommt hinzu, dass sich der Anwender an ein neues System gewöhnen muss. Umgang, Bedienung und der Vorgang des Ladens müssen neu gelernt werden. Das mag für den Technik-Freak banal erscheinen, für die breite Masse wird es Zusatzaufwand – und damit eine Hürde bei der Einführung – bedeuten.

Dem Autor sind drei Firmen bekannt, die an der Mikrobrennstoffzelle fürs Handy arbeiten. Ein kommerzieller Erfolg ist indes nicht zu erwarten (Outdoor-Spezialisten mit extremen Anforderungen und fehlendem Zugang zur Steckdose ausgenommen). Für ein Substitutionsprodukt ist der Mehrnutzen im Vergleich zur Hürde, die überwunden werden muss, zu gering. Eine ganz ähnliche Erfahrung machte Iridium mit dem Satelliten-Telefon.

Aus Herstellersicht werden Technologien häufig nach den Kriterien „Technologieattraktivität" und „Marktattraktivität" bewertet [Brockhoff 1999]. Aus Anwendersicht wären Kriterien wie „Hürden beim Umstieg bzw. Einstieg" und „Gefühlte Schmerzgrenze bei Nichtanwendung" treffender. Tragen Sie Ihre Kandidaten in das Diagramm in Bild 137 ein und Sie bekommen sofort eine Vorstellung über die Chancen der Technologie oder des neuen Produktes am Markt!

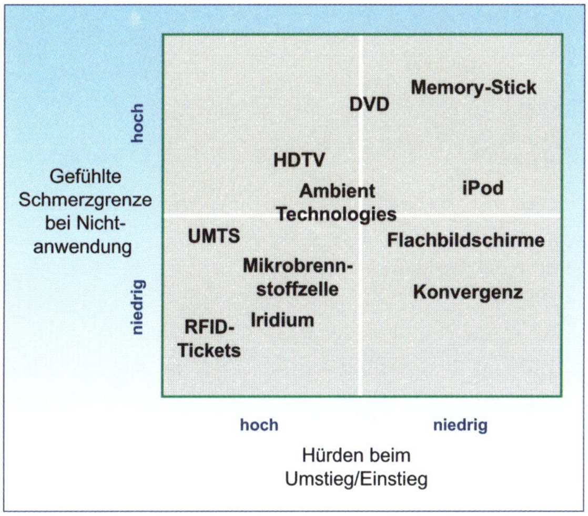

Bild 137 Technologiebewertung: Die Sicht des Anwenders auf neue Produkte

Die aufgeführten Beispiele können und sollen nur eine Momentaufnahme sein. Die Situation kann sich rasch ändern – je nachdem, wie geschickt Hersteller in der Lage sind, Bedürfnisse zu wecken und nicht nur zu decken. Hersteller glauben jedoch häufig, sie tragen die Verantwortung dafür, was sich am Markt durchsetzt. Das ist ein Trugschluss. Es ist der Kunde und er wird es auch in Zukunft sein.

Kommunikation

Der Lernerfolg gilt als besonders hoch, wenn das Lernen und die Anwendung des Gelernten ohne Umwege über Hierarchien und Entscheidungsträger ablaufen können. „The increasing complexity of problems requires new ways of solving them. Top-down decisionmaking doesn't work anymore" [Harris 2002].

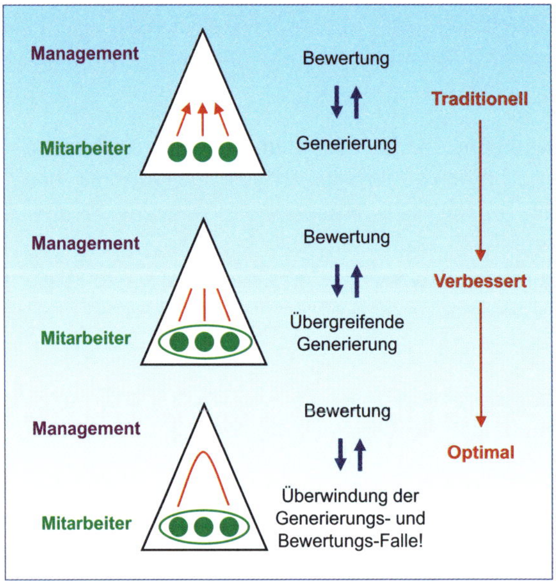

Bild 138 **Kommunikation: Überwindung von Kommunikationsbarrieren durch Einbeziehung des Managements in die Wissensgenerierung**

Bild 138 zeigt am Beispiel der Einbindung des Managements in die Wissensgenerierung, wie das typische Dilemma „Mitarbeiter generieren Wissen und das Management bewertet es aus der Sicht von oben" überwinden kann.

„... as news travels up the hierarchical levels, each messenger changes a bit to tell the boss a happier story. This so-called mum effect helps explain what Nobel Prize-winning physicist Richard Feynman learned when investigating the 1986 explosion of the Challenger space shuttle. Feynman asked a group of engineers to estimate the probability that the shuttle's main engine would fail. Their estimates ranged from 1-in-200 to 1-in-300. When Feynman asked NASA's boss to make the same estimate, he proposed a failure rate of 1-in-100.000 ... isolation from reality." [Pfeffer 2006]

Benchmarking

Unternehmen vergleichen gerne ihre Leistungsfähigkeit mit anderen Unternehmen – Wettbewerbern sowie Partnern. Wie im Anhang ausführlich erläutert, werden dazu Prozesse, Systeme, Ergebnisse und andere wichtig erscheinende Parameter verglichen. Auf den ersten Blick erscheint das recht sinnvoll, bei genauerer Betrachtung wird jedoch klar: Durch den Vergleich wird die Orientierung am Mittelmaß und Durchschnitt legalisiert. Die Aussagekraft ist begrenzt und der Einfluss auf die Strategie zweifelhaft.

Unternehmen A und B vereinbaren, einen Benchmark durchzuführen. Als Ergebnis stellt sich heraus: A hat kürzere Entwicklungszeiten, B einen leistungsstärkeren Vertrieb. Eine Konsequenz daraus könnte sein, dass B den Entwicklungsprozess verkürzt – was sich im Nachhinein als tragisch erweist, da die Wettbewerbsfähigkeit von A hauptsächlich in der hohen Qualität und Ingenieurskunst liegt.

A hat den Wunsch, einen ähnlich leistungsfähigen Vertrieb wie B zu haben. Da Wachstum in neue Märkte derzeit ausgeschlossen ist, wird der Vertrieb restrukturiert – also personell angepasst. Die Folge ist ein kurzfristiger Leistungsanstieg durch geringere Personalkosten. Dadurch, dass die Belastung pro Mitarbeiter gestiegen ist und die Organisation der Arbeit gleich blieb, werden Kompromisse bei der Qualität der Kundenbetreuung und Fehler bewusst in Kauf genommen.

Sowohl A als auch B hat das Ergebnis des Benchmarks insgesamt wenig genützt.

Es muss unterstrichen werden: Benchmarking ist keine Strategieentwicklung und kein strategisches Instrument. Im Angesicht der sich schneller ändernden Welt mit gestiegenen Unsicherheiten sollte verstärkt in Beschleunigung der Abläufe, beschleunigtes Reagieren und Adaptieren investiert werden.

Die Gefahr beim Benchmarking liegt vor allem in der Interpretation der Ergebnisse. Nur allzu häufig werden Konzepte kopiert, statt dass man sie verstanden hat und in die eigene Umgebung integriert. Der Erfolg von Toyota ist oft beschrieben worden. Dass die Ursache vor allem an der Einstellung zu den Mitarbeitern liegt, wurde verdrängt. Und so bleibt der Erfolg Toyotas bis auf weiteres unkopierbar. Delta Airlines war von dem Erfolg von Southwest so beeindruckt, dass man beschloss, eine eigene Billig-Marke zu gründen und Southwest zu kopieren. Die „Copy-and-Paste"-Mentalität führte dazu, dass Song (Name des Low-Cost-Airline-Ablegers von Delta Airlines) viele Konzepte von Southwest Airlines einfach kopierte. Sogar die bunten Uniformen. Am 30. April 2006 wurde der Betrieb wieder eingestellt. Bunte Jacken sind also offensichtlich nicht das Erfolgsgeheimnis von Southwest Airlines.

Eine andere Gefahr liegt darin, dass der Vergleich zur Methode wird. Mit einer Art Herden-Instinkt folgt man immer dem vermeintlich Besten, ohne sich darüber bewusst zu werden, dass man auf diese Art und Weise – zumindest auf dem gebenchmarkten Gebiet – keine disruptive Innovation schafft und somit nie besser als der Beste werden kann.

„Benchmarking is an important way to improve operational efficiency, but it is not a tool for strategic decision making. When competitors all try to play exactly the same game, declining margins are bound to follow." [Nattermann 1999]

Ähnlich sieht die Situation bei den Best-Practice-Bemühungen aus. Sicherlich ist der Blick über den Tellerrand sinnvoll. Lernen heißt aber vor allem, Fehler anderer zu vermeiden und andere Erfolge auf das eigene Unternehmen zu adaptieren – nicht zu kopieren. „This conclusion means that although knowledge creation, benchmarking, and knowledge management may be important, transforming knowledge into organizational action is at least as important to organizational success“ [Pfeffer 1999].

6.4.8 F – Foresight

„However good our futures research may be, we shall never be able to escape from the ultimate dilemma that all our knowledge is about the past, and all our decisions are about the future.“ [Wilson 1975]

Unternehmen verwenden viel Zeit darauf, die Ergebnisse ihrer Arbeit auszuwerten, darzustellen und zu veröffentlichen. Die Zukunft hat in den wenigsten Unternehmen den gleichen Stellenwert. Topmanager verwenden „im Schnitt weniger als 3 Prozent ihrer gesamten Zeit darauf, ein Bild von der Zukunft aus der Sicht des ganzen Unternehmens zu entwerfen. Und in einigen Unternehmen ist es sogar nicht einmal ein Prozent. Das eine wie das andere ist viel zu wenig, um klare Aussagen über die Zukunft zu bekommen [Hamel 1995].

Würden Unternehmen genauso viele Ressourcen zum Erforschen und Verstehen der Zukunft einsetzen wie sie für die Auswertung der Vergangenheit aufwenden, wäre die Anzahl der Unternehmen, die über lange Zeiträume erfolgreich sind, wesentlich höher. Wie wäre es beispielsweise, wenn Unternehmen als Pendant zu den Aktionärs- oder Jahreshauptversammlungen „Zukunftsgipfel“ oder ähnliche Veranstaltungen durchführten, die einzig und allein das Ziel haben, die Zukunft zu verstehen und zu lernen?

„Driving at high speed in fog is a metaphor for organizations today ... Seemingly healthy companies that can’t recognize and respond quickly to change may be dead but not know it yet.“ [Harris 2002]

6.4.9 E – Entrepreneurship

Als Quelle jeglichen Unternehmertums ist der Unternehmergeist eines der wichtigsten Bestandteile von Unternehmen und Unternehmenskulturen. Es ist aber zweifelsfrei eines der am meisten unterschätzten und vernachlässigten Elemente. Entrepreneurship ist gekennzeichnet durch das selbstständige Erkennen von Geschäftsmöglichkeiten – auf allen Unternehmensebenen – und sorgt für Erneuerung im Unternehmen. Das Fehlen macht Unternehmen zu Verwaltungen.

Wie Motivation ist Unternehmergeist eine schwer messbare Eigenschaft – der Horror für Bürokraten. Aber genau das unterscheidet durchschnittliche Unternehmen von visionären Unternehmen. Es werden Freiräume zugelassen, es wird bewusst die eigene unternehmerische Unsicherheit gefördert und als positive Energie angesehen. Die „Begünstigung des Zufalls“ und vor allem das Erkennen von Chancen und die weitere unternehmerische Umsetzung zeichnen intelligente Unternehmen aus.

6.4.10 I – Innovationsmanagement/Innovationen

Innovationen sind in aller Munde. Sie gelten als der Treibstoff für den technischen Fortschritt und werden deshalb auch vehement – vor allem von den Führungsetagen – gefordert. Die Schwierigkeit liegt jedoch im Fördern und Umsetzen – man kennt das aus der Politik.

Fördern bedeutet oftmals, eine Sache zu unterstützen ohne das konkrete Endergebnis vor Augen zu haben, lediglich eine Erwartungshaltung. Das widerspricht jedoch der ergebnisorientierten Unternehmensphilosophie. Fordern ist einfach – aber fördern? Innovationen sind immer eine Störung des Routineablaufes und deshalb erst einmal suspekt.

„Despite all the management books about embracing innovation and thinking outside the box, business executives are basically a conservative lot. They embrace new ideas reluctantly – and only if there is an abundance of proof, or pressure.“ [Frankel 2004]

Im Gegensatz zur Erfindung (Invention) ist die Innovation eine Erfindung (oder Idee) mit Geschäftserfolg. Einfach ausgedrückt sind die Erfolgschancen einer Geschäftsidee am größten, wenn brillante Ideen und Erfindungen auf viel Geld treffen („viel Geld“ im Sinne von „Wunsch, zu investieren“). Tritt eine der beiden Komponenten singulär auf, wird es nichts mit der Befruchtung. Die Idee allein vertrocknet und das „willige“ Kapital sucht sich andere Wege zur Vermehrung. Will man also Innovationen nicht nur fordern sondern auch fördern, sollte man beide Seiten unterstützen.

Woran aber gute Innovationen am häufigsten scheitern, ist, dass sich niemand findet, der in die Idee investiert. Investieren heißt entscheiden. Zu Entscheidungen kommt es in den wenigsten Fällen, da diejenigen, die Geld zum Investieren hätten, mit ihrem Tagesgeschäft beschäftigt sind. Keine Zeit für neue Ideen ist der eine Grund – der andere Grund ist das Risiko. Firmen ist dieses Dilemma durchaus bewusst und wie so oft in solchen Fällen wird das Problem systematisch-technologisch gelöst und ab sofort „gemanagt“: Innovationsmanagementsysteme sind der Versuch, Innovationen zu institutionalisieren. Die Vorstellung geht dahin, dass Erfahrungen und Ideen sehr systematisch über einen formalen Prozess in Produkte und Geschäfte überführt werden. Aus Sicht des Prozesses ist dieses Vorgehen perfekt. Aus Sicht der Idee oder der Erfindung eine Katastrophe.

Das Streben nach systematischen, formalen und stabilen Prozessen führt zur Verwaltung von Ideen. Dieses Vorgehen liefert sogar ein Alibi dafür, dass niemand Verantwortung übernehmen möchte und Entscheidungen vermieden werden. Keine Frage, zu entscheiden, welche Idee oder Erfindung gut ist, ist nicht einfach. Aber in den Firmen fehlen die Unternehmer: jemand, der das Potential erkennt und die Idee aktiv vorantreibt.

Der beste Innovationsprozess ist einer, der sich auf das Vorantreiben der Idee konzentriert: „Idee trifft Visionär“ ist das Geheimnis. Fragen Sie mal in Ihrem Unternehmen nach, wer bereit ist, einen Betrag zu investieren in eine unausgereifte, aber vielversprechende Idee.

Unternehmen streben Planbarkeit und Stabilität an, um Geschäfte, Produkte oder Dienstleistungen kalkulierbar zu machen, der „Fit“ wird geplant. In diesem Streben werden betriebliche Systeme eingeführt, die in Prozessen abgebildet werden. Für Routineaufgaben bedeutet das eine Effizienzsteigerung und Vermeidung von Fehlern. Für chaotische Vorgänge werden Prozesse rasch zur Falle.

Ausgangspunkt des Prozessdenkens ist die richtige Vorstellung, dass im Unternehmen – in den Köpfen der Mitarbeiter – viel ungenutztes Potential in Form von Ideen vorhanden ist. Die Annahme setzt sich fort, indem die Ideen dann gesammelt und bewertet werden und durch Weiterverfolgung der besten Ideen enden diese hoffentlich in neuen Produkten oder Dienstleistungen mit substanziellem Ergebnisbeitrag. Mit der Einführung von Innovationsmanagement-Systemen wird demzufolge angenommen, dass es möglich ist, einen chaotischen, zum Teil unverstandenen Vorgang zu messen und in die formalen Vorgänge einzuphasen.

Bild 139 zeigt einen typischen, unter Laborbedingungen geplanten Innovationsprozess (oder Innovationsmanagementprozess). Solches Vorgehen wirft folgende Fragen auf:

1. Innovationsbedarf: Wenn man den Bedarf zur Innovation genau formulieren kann, bewegt man sich bewusst in Richtung evolutionäre Innovation. Wie werden dann revolutionäre Innovationen abgebildet?

2. Ideengenerierung: Ideen können bewusst generiert werden, die meisten werden aber während der Tätigkeit oder spontan entstehen. Wie werden dann diese Ideen gesammelt? Was motiviert jemanden, seine Idee abzugeben?

3. Bewertung und Selektion: Wer bewertet die Ideen? Nach welchen Kriterien? Wie wird sichergestellt, dass die Idee verstanden wurde?

Wenn man sich die Auswahlkriterien für Innovationsprojekte betrachtet – typischerweise Kundennutzen und Unternehmens-Fit – dann wird klar, warum es Unternehmen so schwer fällt, gute Ideen voranzutreiben. Wie im Kapitel 1 schon erwähnt: Eine

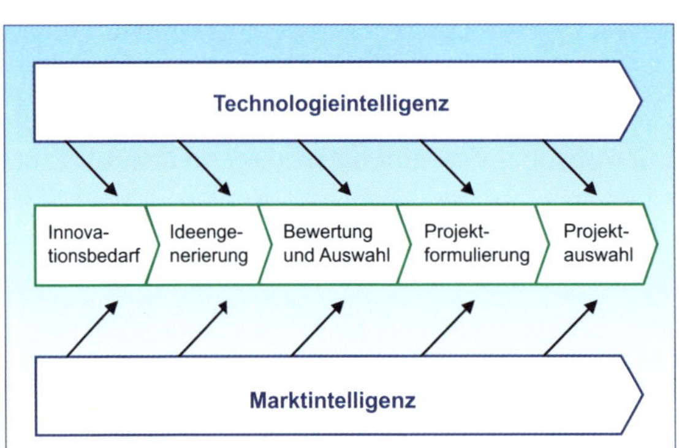

Bild 139 Ein idealtypischer Innovationsprozess: Die Ausnahme

Idee wird dann weiterentwickelt, wenn das Risiko gering ist und der Nutzen hoch. Aus Sicht der Manager verständlich, denn so werden Fehler vermieden. Aus Sicht des Unternehmens aber fatal.

Um jedoch gute Ideen nicht in solchen Prozessen zu verwalten, sondern sie verwirklichen zu können, müssen die Ideen mit den Unternehmern zusammengebracht werden. Fragen Sie in Ihren Unternehmen, welche Entscheidungsträger bereit sind, in gute Ideen zu investieren, veranstalten Sie eine Art Markt – „Idee trifft Kapital" – und bewegen Sie etwas in Ihren Firmen!

Dieses Vorgehen bietet mehrere Vorteile:

- Erstens melden sich tatsächlich nur diejenigen Entscheidungsträger, die ernsthaft gewillt sind, zu riskieren und zu investieren.
- Zweitens haben Sie gegenüber dem Managementprozess einen enormen Geschwindigkeitsvorteil.
- Drittens werden sofort Entscheidungen getroffen.

Sie werden nie eine Idee verwirklicht bekommen, wenn halbherzig und unmotiviert darüber entschieden wird. Wenn Sie überzeugt sind von der Idee und innerhalb des Unternehmens niemand das Potential erkennt, dann gehen Sie auf Andere zu (so entstand Intel!)!

4. Projektformulierung: Wann und wie werden Entscheidungen gefällt? Die meisten Ideen können nicht genau formuliert werden. Wäre es so, ginge es lediglich um eine Problemlösung. Neue Ideen haben aber oft unbestimmte Ergebnisse und Erkenntnisse, sie entstehen während der Analyse und Entwicklung. Wie wird sichergestellt, dass die Auswahl der Ideen und die Projektformulierung nicht in Problemformulierung abgeleitet und die Ideen mit Potential abgelehnt werden?
5. Projektauswahl: Nach welchen Kriterien werden die Projekte ausgewählt?

Eine weit verbreitete Methode zur Bewertung und Auswahl künftiger Investitionsprojekte ist die Net-Present-Value-Methode [McAfee 2002]. Unter dem „Net Present Value" versteht man die Abzinsung künftiger Kapitalerträge einer Investition auf den gegenwärtigen Zeitpunkt. Ist der Wert positiv, gilt die Annahme, dass sich die Investition lohnt und der „Return on Investment" (RoI) positiv ist. Damit lassen sich mehrere Investitionsprojekte hinsichtlich des erwarteten Beitrags zum Unternehmenswert vergleichen. Der Nachteil der Methode liegt jedoch darin, dass die Angaben über zukünftige Einnahmen rein subjektiv sind oder noch schlimmer, mit gewisser Beliebigkeit angepasst werden können (vgl. dazu den Beitrag über Franz-Josef Bierbrauer in [Eberl 2007]). Zur Bewertung von Innovationsprojekten ist die Methode nicht geeignet. Statt der quantitativen Betrachtung ist die qualitative Einschätzung – das Potential aus Sicht eines Unternehmers – das wesentlich sinnvollere Vorgehen im Kontext von Innovationen.

Wie im Bild 137 dargestellt wurde, zielt das Vorgehen im klassischen Innovationsprozess – so wie oben dargestellt – ausschließlich auf den „Market-Pull"-Quadranten und man schränkt sich in seiner Innovationstätigkeit auf der Suche nach Lösungen für bekannte Probleme ein. Revolutionäre Innovationen aber suchen nach Problemen und Lösungen. Innovation bedeutet viel Glück, Zufall und Möglichkeit. Wer das nicht akzeptiert, sollte sich fragen, warum Post-it-Klebezettel nicht schon viel früher erfunden wurden. Damit wird deutlich, dass der Fehler im System steckt.

Wenn die Umsetzung einer Idee in einem Unternehmen an den Strukturen scheitert („Wir können diese Idee nicht in unserer IT-Landschaft abbilden bzw. einbinden"), dann sind das die ersten Anzeichen dafür, dass Strukturen eine Weiterentwicklung des Unternehmens hemmen.

An dieser Stelle sei angemerkt, dass revolutionäre Innovationen immer zu einer Veränderung der Lebens- und Handlungsweise beim Menschen führen – im Gegensatz zu evolutionären, die lediglich bei gleichem Verhalten etwas verbessern oder beschleunigen oder funktional ergänzen.

Auch hier kommt man wieder zu dem Schluss: Es sind die Menschen, die darüber entscheiden, was geschieht in einem Unternehmen. Die Menschen werden geprägt vom System und seiner Umwelt. Ein Unternehmen kann nicht plötzlich innovativ sein. Die Kultur, die Systeme, der Spirit, die Motivation, die Werte, die Strukturen und auch die Strategie müssen zusammenpassen. Ein Element zu ändern reicht nicht.

Die Schwierigkeit bei Innovationen liegt im Erkennen und im zügigen Umsetzen. Jede Form und jeder Versuch der Formalisierung behindert das jedoch. Motivation ist wichtiger als Prozess! „Innovation hat nichts mit Perfektion zu tun. Sie werden erst nach einigen Fehlversuchen lernen, wie es geht" [Kelley 2001].

Da sich der Umgang mit Unsicherheiten oftmals als schwierig herausstellt, wie in den vorangegangenen Kapiteln dargestellt wurde, mag es ein vielversprechender Ansatz sein, selber für Unsicherheit zu sorgen. Der Vorteil liegt auf der Hand: Man ist im Wettbewerb stets einen Schritt voraus und kann die Richtung der Entwicklung selber vorgeben.

U-Boote

Was sind U-Boote und was haben sie mit Innovationen zu tun?

Bei den Dilemmas (Abschnitt 1.4) wurde das Thema schon angerissen. Die Trägheit, Risikoscheu und Inflexibilität ist der Grund für U-Boote. Engagierte, kreative und motivierte Mitarbeiter starten im Untergrund „Geheimprojekte", deshalb die Metapher. Mit viel Enthusiasmus werden fehlendes Funding und fehlender Support ausgeglichen.

Der BMW X3 soll so in einer Garage bei München entstanden sein. So lassen sich – bei Erfolg – auch schwerfällige Manager überzeugen – im Gegenteil, oft unterstützen sie solche Prozesse fortan.

Einer Firma kann nichts Besseres passieren. Starten sie U-Boote, seien Sie froh über die Motivation und den Enthusiasmus Ihrer Mitarbeiter.

Experimente

Wie geht das Unternehmen mit Fehlern um?

Wenn keine Fehler auftreten, ist Ihr Unternehmen nicht innovativ genug!

Das soll keine Ermunterung sein, Fehler zu machen. Vielmehr dazu, wieder mehr zu experimentieren. In einer lernenden Organisation ist bekannt, dass man aus Fehlern meistens mehr lernen kann als aus Erfolgen.

6.5 Orientierung in der Veränderung

Der Spruch, dass „durch die Planung der Zufall durch den Irrtum ersetzt werde" oder „je mehr man plant, desto härter trifft einen der Zufall", hat (leider) seine Berechtigung. Dieses Dilemma verschärft sich bei steigender Unsicherheit und starren Planungsprozessen. Aber ganz ohne Planung auszukommen, würde Chaos bedeuten – was auch nicht erstrebenswert ist. Die entscheidende Frage lautet daher: „Wieviel Planung ist notwendig und gerade noch sinnvoll für das Unternehmen?" Gerade in turbulenten Zeiten bietet Planung ja auch Orientierung. Was fehlt, ist eine Verbindung zwischen unsicherer, turbulenter Umwelt (Umweltszenarien), der Unternehmensstrategie und der Umsetzung in konkrete nächste Schritte – also die Implementierung der Strategie unter Einbeziehung der Erkenntnisse aus der Szenario- und Strategieentwicklung.

Roadmapping and Roadmaps

Roadmaps bringen einen zeitlichen Bezug in die Planung und visualisieren die nächsten Schritte. Typische Roadmap-Konzepte basieren auf der extrapolativen Projektion in die Zukunft – das bestehende Produkt- bzw. Technologieportfolio wird weiterentwickelt [Möhrle 2005]. Dieser normativ-extrapolative Ansatz ist z.B. für Technologievisionen sehr sinnvoll. Die Roadmap stellt gewissermaßen eine Willensbekundung zum weiteren Vorgehen dar – siehe Bild 140. Die Ableitung von Technologieentwicklungen und Forschungsprojekten erfolgt hier in Einklang mit den Entwicklungen am Markt, den Produktfunktionen und der Technologie-Strategie.

Prinzipiell sind Roadmaps für alle Bereiche und Segmente anwendbar, für die sich Komponenten, Elemente oder Aktionen in einen zeitlichen Zusammenhang bringen lassen. Ein weiteres Beispiel für eine Roadmap ist in Bild 141 gezeigt. Es zeigt eine Technologievision des Institutes of the Future (IFTF) bis ins Jahre 2055. Im Gegensatz zur Technologie-Roadmap dient es vor allem zur Orientierung und Ermitteln der Möglichkeiten.

Das formale Erstellen der Roadmaps ist relativ einfach. Es gibt eine Zeitachse und eine Objektachse. Die Herausforderung liegt darin, die Elemente in der richtigen Granularität, an der richtigen Stelle mit der richtigen Bezeichnung zu platzieren. Die Erfahrung lehrt, dass an dieser Stelle hoher Diskussionsbedarf entsteht. Den Beteiligten wird oftmals an dieser Stelle die Konsequenz der Zukunftsbetrachtungen bewusst. Ein Objekt in der Roadmap ist normalerweise mit Nachfolgeaktivitäten verbunden. Verantwortungen werden übertragen und aus einer vorab formulierten Idee oder einem Konzept wird leicht ein messbarer Vorgang. Damit ist die Diskussion ein erster Test für die Akzeptanz und das Verständnis der in den vorangegangenen Schritten gewonnenen Erkenntnisse.

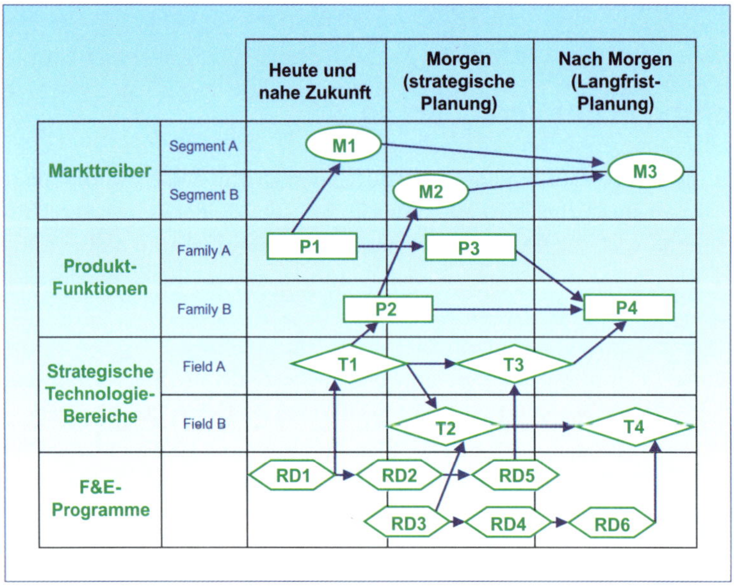

Bild 140 Technology Roadmap (Generic Technology Roadmap): Navigationsgrundlage für Innovationen (in Anlehnung an [Tschirky 2003])

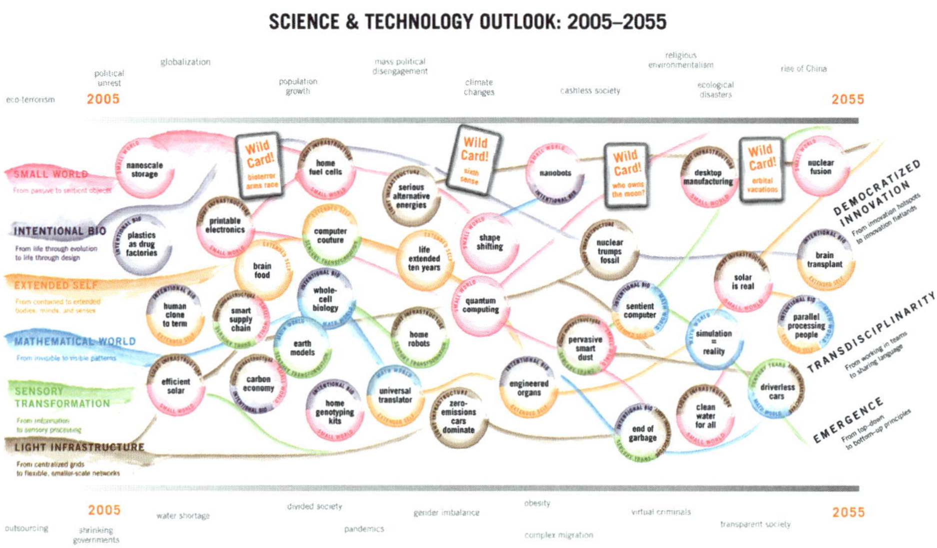

Bild 141 Roadmap: Technologievision (Quelle: IFTF 2005)

Eine Besonderheit stellen die Produkt-Roadmaps dar: Sie unterscheiden sich insofern von Technologie-Roadmaps, als dass sie Aussagen über Produkte machen und damit der Kunde als Anwender der Produkte berücksichtigt werden muss.

Mit dem Erstellen der Szenarien hat man schon eine Vorstellung von der Zukunft bekommen. Die Idee ist es nun, das existierende Roadmap-Konzept zu erweitern und das neue Wissen mit in die Ausarbeitung einer Roadmap einfließen zu lassen.

Wie in Kapitel 1 schon erwähnt, ist der Mensch in den meisten Gebieten Ursache und Treiber für Veränderungen. Was liegt also näher, als die Szenarien dahingehend zu untersuchen, was denn die Motivationen für Veränderungen sind. Motivationen für Veränderungen sind aber nicht zu verwechseln mit Kundennutzen. „Was motiviert den Anwender und Käufer der Produkte, sich zu verändern?" Das muss die zentrale Frage einer Produkt-Roadmap sein. Das aktuelle Produktportfolio ist lediglich Ausgangspunkt der Betrachtung.

Wie man an vielen fehlgeschlagenen „innovativen Produkten" sehen konnte, ist ein vom Produkt erbrachter Nutzen hinreichend, aber nicht ausreichend für Veränderungen oder die Durchsetzung von Produkten. Hat man jedoch die Motivationen der Anwender verstanden, kann man Entwicklungsrichtungen antizipieren. Wie in Bild 142 dargestellt, sind Anwender im Wesentlichen durch Zeitersparnis, Kostenersparnis und Komplexitätsreduktion motiviert, bisheriges Verhalten zu verändern (die Darstellung ist einem Szenario „Mobile Communication" entnommen).

Die Roadmap wird dahingehend erweitert, dass links über dem Zeitstrahl das bestehende Produktportfolio aufgetragen wird – der Ist- und damit Ausgangszustand. Rechts außen werden die Motivatoren der Anwender aufgetragen. Schon geplante Produkte werden eingetragen. Die entstehenden Lücken werden mit den erarbeiteten Ideen und Konzepten überbrückt. Verglichen mit traditionellen Konzepten, gibt die-

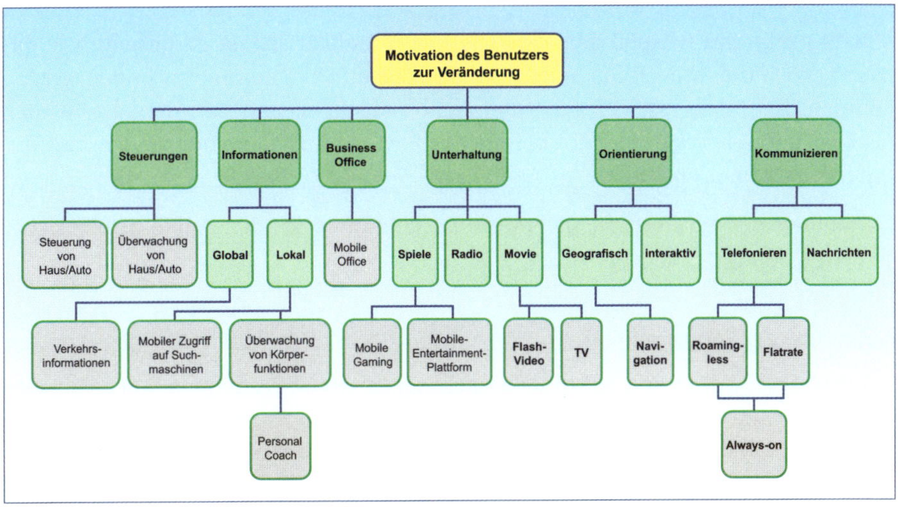

Bild 142 Erstellen einer Roadmap: Motivationen für Veränderungen (Beispiel Mobiltelefon)

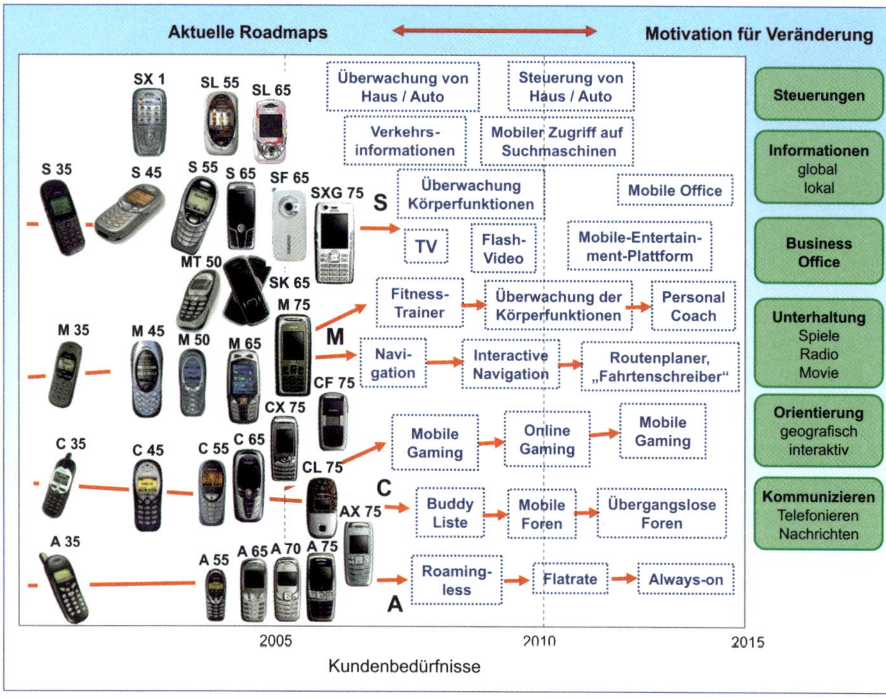

Bild 143 Roadmap Mobile Phones: Die Verbindung zwischen bestehenden Produkten (links) und den Motivationen der Anwender für Veränderung (rechts)

ser Weg dem Roadmap-Verfahren mehr Zielorientierung. Die Roadmap soll vor allem die Diskussion anregen, zu neuen Ideen inspirieren und dabei helfen, eine gemeinsame Sichtweise zu entwickeln. Auf diese Weise gelingt es auch, den „Technology-Push" und den „Customer-Pull" gezielt zu verbinden.

Bild 143 zeigt das Beispiel der Mobiltelefone. Exemplarisch ist dargestellt, wie das bestehende Produktportfolio und die identifizierten Motivatoren verbunden werden könnten. Die Pfade mit den Kästchen stellen Möglichkeiten dar, die bestehenden Lücken zu überbrücken und das bestehende Sortiment zielgerichtet an dem zukünftigen Bedarf zu orientieren.

Zusammen mit der Technologiebewertung gelingt es so, den Anteil erfolgreicher Neuentwicklungen zu steigern.

Aufnahme der Triggerpunkte

Ein wichtiger Nutzen von Zukunftsbetrachtungen ist die Festlegung von sogenannten Triggerpunkten und damit die Signalisierung und Vorbereitung auf künftige Ereignisse. Mit der erstellten Roadmap, den Szenarien und den entwickelten Strategien ist es sinnvoll, sich Punkte zu überlegen, an denen sich schon identifizierte Unsicherheiten eventuell entscheiden und somit die Richtung der Strategie ändern könnten. In den Szenarien entwickelte Optionen sind oft abhängig von gewissen Entwicklungen, die jedoch zum Zeitpunkt der Entwicklung nicht eindeutig erkennbar sind. Triggerpunkte sind dann diejenigen Zeitpunkte, an denen neue Erkenntnisse verfügbar sind und eventuell zur Strategieänderung und/oder Anpassung der Roadmaps führen. Das kann zu Sprüngen zwischen Szenarien führen bzw. dazu, dass man sich aufgrund einer Fülle von neuen Erkenntnissen zur Neugestaltung von Szenarien entschließt.

Im Beispiel „Zukunft des Fernsehens" wäre die Festlegung eines neuen Standards oder eine gesetzliche Entscheidung zum Thema „Killerspiele" solch ein Triggerpunkt.

Mit der Festlegung von Triggerpunkten in der Strategie gestaltet sich die Planung bewusst dynamisch und flexibel. Es wird akzeptiert, dass sich die Umwelt und auch das Unternehmen kontinuierlich ändern und dass demzufolge jede Strategieformulierung ohne die Berücksichtigung von neuen Erkenntnissen zu einer Gefahr für das Unternehmen werden kann.

6.6 Einbindung der Analyseergebnisse ins Unternehmen

Die Einbeziehung von Foresight-Aktivitäten in Unternehmensabläufe gestaltet sich zum Teil recht schwierig und verläuft in der Regel alles andere als systematisch. Oftmals handelt es sich dabei um vereinzelte, spontane Aktionen, die aus einem bestimmten Handlungsdruck entstanden.

Die Bestrebung nach Stabilität im Unternehmen ist verständlich. Unternehmen der Zukunft werden sich aber stärker als bisher mit Unsicherheiten auseinandersetzen müssen und es ist zu empfehlen, sich schon heute Gedanken zu machen, wie sich Unsicherheiten in die Planung und Budgetierung einbeziehen lassen, ohne dass man im Chaos versinkt.

Unter der Annahme, dass ein Großteil der Entscheidungen in Unternehmen nach wie vor auf exakten, numerischen Vorhersagen beruht, bleibt es eine Herausforderung, auf eine szenariobasierte Strategieentwicklung umzuschwenken. In vielen Fällen bedeutet das nicht nur ein Umdenken, sondern eine – auch philosophisch ausgerichtete – veränderte Grundeinstellung, einen neuen Mindset. Aus „sag mir, wie die Zukunft aussieht, und ich entscheide dann" wird „zeig mir die Alternativen und Optionen, lass mich nachdenken und dann entscheiden".

Szenarien liefern Alternativen und zwingen zum Nachdenken. Das ist zwar unbequem, aber in Zukunft nicht mehr zu vermeiden.

Veränderungen sind der Ausnahmezustand. Man stelle sich vor, ein Mitarbeiter wechselt innerhalb eines Unternehmens von einer Abteilung in eine andere. In kleineren Unternehmen mag das formlos und ohne große Reibungsverluste ablaufen. In Großunternehmen mit den komplexen, starren Strukturen ist es ein aufwändiger, nervenaufreibender Vorgang. Post, Telefon, Büro, Abrechnungssysteme und andere Systeme müssen umgestellt werden. Geht man von einer sich rasant wandelnden Umwelt aus, muss man sich auch als Unternehmen flexibler ausrichten. Verände-

Tabelle 45 Der Status von Foresight-Aktivitäten

Status heute	Wird sich entwickeln zu
• Jährliche Planung und Budgetierung	• Kontinuierliche Anpassung der Strategie
• Keine oder sporadische Vorausschau mit unverbindlichen Konsequenzen	• Regelmäßige, kontinuierliche Vorausschau mit zwingenden Umsetzungen
• Beratender, informierender Charakter, Zusatzinfo	• Grundlage der strategischen Planung

rung sollte normal sein und die Unternehmensabläufe wenig behindern – Stabilität wird zum Ausnahmezustand und organisatorische Veränderungen werden Normalzustand.

In den zukünftigen Strategieentwicklungsprozess müssen viel stärker als bisher Foresight-Aktivitäten eingebunden werden (Tabelle 45). Entscheidend ist, die Balance zwischen Gestalten und Adaptieren zu finden.

Die konsequente Umsetzung erfordert in der Tat radikale Veränderungen:

6.7 Nachdenken, nachdenken, nachdenken ...

Eine entscheidende Erkenntnis des Buches ist, dass die Welt zwar immer turbulenter wird und sich schneller ändert, dass aber die Notwendigkeit bleibt, nachzudenken. Aufgrund der raschen Änderungen, der Komplexitätszunahme, der steigenden Zahl von Freiheitsgraden und der wachsenden Ungewissheit sollte man meinen, dass

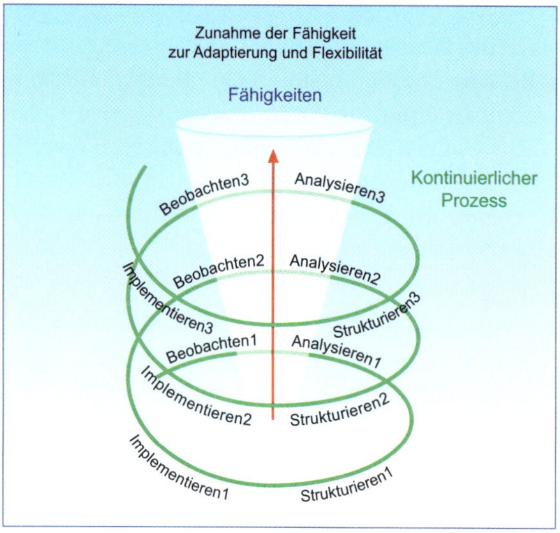

Bild 144 Future Fit: Kaum eine Chance ohne ständige Verbesserung

Manager, Geschäftsleute, Strategen, Analysten und Zukunftsforscher sich mehr Zeit zum Nachdenken nehmen. Aber die Beobachtungen sagen das Gegenteil.

Gehen Sie in ein beliebiges Büro: Sie werden Menschen sehen, sitzend hinter dem PC, eifrig dabei, Daten einzugeben. Wer kann es sich bei all der Hektik leisten, innezuhalten, sich Zeit zu nehmen, die Gedanken zu sortieren? Beschleicht einen dann nicht das Gefühl, unproduktiv zu sein? Ergebnisse zählen, Termine drängen, Studien müssen fertig werden, Präsentationen sind auszuarbeiten. Als Pausenfüller zwischen Dateneingabe und Ausdruck, als Unterbrechung beim Wechsel von einem Tool zum nächsten wird Nachdenken zur Nebensache. Auch für diejenigen, die sich die Zeit nehmen wollen, wird Nachdenken zum Luxusgut. Aber es ist wirklich so: Das beste Tool für den Blick in die Zukunft ist der Kopf mit dem Gehirn. Kein Tool kann Ihnen die Zukunft so exakt vorhersagen, wie die Strategen es gerne hätten. Aber je intensiver und länger Sie darüber nachdenken, verstehen lernen, wie Informationen zu interpretieren sind, sich Wissen aneignen und dazu lernen, desto besser sind Sie auf die Zukunft vorbereitet. Trends, Szenarien und die Tools zur Strategieentwicklung sind eine Unterstützung, die auf dem Weg begleitet. Software-Tools können lediglich die Gedanken, die Sie eingeben, verarbeiten und in anderer Form wieder ausgeben. Das Nachdenken – als kontinuierlicher Prozess (Bild 144) – können sie nicht abnehmen (und wenn man nicht versteht, was das Tool macht, sollte man es sowieso nicht einsetzen).

6.8 Zukunft des Fernsehens (V)

Mit der Auswertung der vorliegenden Szenarien und Analysen wird im letzten Abschnitt unseres Beispiels zur Zukunft des Fernsehens festgelegt, dass die zukünftige Unternehmensstrategie durch folgende Stoßrichtungen gekennzeichnet ist:

- Kreativität wird zukünftig eine größere Rolle im durch den Sender erstellten Mehrwert spielen.
- Routineaufgaben sollen effizienter abgewickelt werden.
- Die Idee des Teams als Quelle der Erneuerung soll sich in der Organisation stärker darstellen.
- Die Idee der Internetplattform als zusätzliches Medium ist weiter zu verfolgen.

Die dadurch verfolgte Strategie wird zwar etwas konkreter, stellt jedoch im Wesentlichen immer noch eine Liste von Wünschen dar. Nun kommt es darauf an, durch die Umsetzung der Strategie das Unternehmen tatsächlich zu ändern und aus Wissen und Erkenntnissen nun zu Aktionen zu kommen („From Foresight to Insight to Action").

Der erste Schritt wird sein, jede der Stoßrichtungen mit einem Aktionsplan zu hinterlegen.

Eine Maßnahme in diesem konkreten Fall müsste eine Untersuchung der betrieblichen Vorgänge sein, mit dem Ziel, Routineaufgaben zu identifizieren, die sich tatsächlich

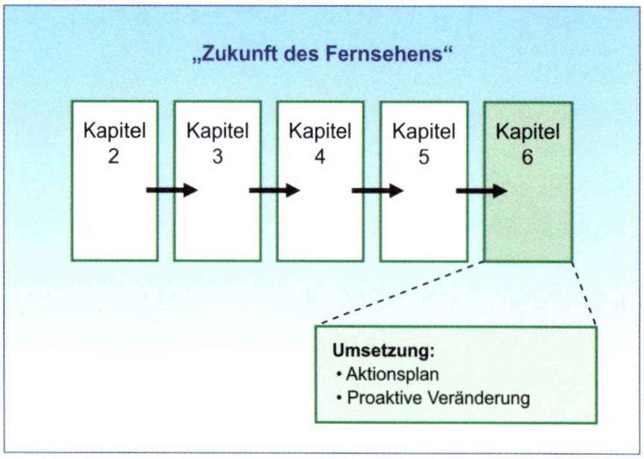

Bild 145 Untersuchungsprojekt „Zukunft des Fernsehens", Schritt 5: Umsetzung

durch wiederkehrende Abläufe auszeichnen und dadurch automatisieren lassen bzw. effizienter gestalten lassen. Für diese Maßnahme lässt sich ein Projekt definieren und im Rahmen dessen lassen sich Ressourcen, Verantwortung, Timeline und Erwartungen formulieren. Eine Priorisierung der Maßnahmen dient dazu, die zusätzlich zum Tagesgeschäft benötigten Ressourcen für die Umsetzung zeitlich zu staffeln.

Jede Veränderung innerhalb des Unternehmens hat Auswirkungen auf andere Unternehmensbereiche und Komponenten. Erfolgreiche Veränderungsprozesse zeichnen sich dadurch aus, dass sie beispielsweise mit dem Schema in Tabelle 46 sorgfältig vorbereitet werden. Für jede Maßnahme sind die Auswirkungen auf die anderen Komponenten abzuschätzen und notwendige Vorbereitungen für eine erfolgreiche Durchführung zu treffen.

Um beispielsweise die Kreativität im Unternehmen zu fördern, kann man sich als Maßnahme vorstellen, für jeden Mitarbeiter Freiräume einzuräumen, in denen er „U-Booten", Experimenten oder anderen Projekten nachgeht, die – aus welchen Gründen auch immer – als interessant eingeschätzt werden.

Mit dem Maßnahmenkatalog in Tabelle 46 ist ein erster Schritt zur Veränderung getan. Es ist zu erkennen, dass die Organisation beim gleichzeitigen Start aller vorgeschlagenen Aktionen überfordert wäre. Eine Priorisierung und Verlinkung ist notwendig. Die Festlegung von Triggerpunkten ergänzt die Darstellung aller Maßnahmen in einer Roadmap oder in einem Aktionsplan; beispielsweise werden mit der Verfügbarkeit neuer Übertragungstechnologien oder -standards oder neuer Wettbewerber die bestehenden Strategien beeinträchtigt – was auch Einfluss auf die Unternehmensstrategie und den Aktionsplan hat.

Mit der Umsetzung ist das Strategieprojekt „Zukunft des Fernsehens" zunächst beendet. Für den weiteren Erfolg ist es jedoch entscheidend, dass Zukunftsbetrachtungen kontinuierlich zu erfolgen haben, regelmäßig die Situation zu analysieren ist und Erkenntnisse direkt in den Strategieentwicklungsprozess einfließen – idealerweise durch die im Beispiel vorgeschlagene Corporate Foresight vorangetrieben.

Tabelle 46 Exemplarische Maßnahmen im Beispiel „Zukunft des Fernsehens“

	Aktuelle Situation	Ziel der Veränderung	Geplante Aktionen	Vorbereitung und nächste Schritte
Strategie (1. S: Strategy)	Keine klare Strategie formuliert	Strategieentwicklung fest im Unternehmen etablieren (kontinuierlich und systematisch)	Ergebnisse der Studie „Zukunft des Fernsehens“ analysieren Maßnahmenkatalog erstellen, Roadmap entwickeln, Projekte definieren	Workshop organisieren. Ziel: Grundsatzentscheidung und Kommunikation im Unternehmen
Strukturen (2. S: Structure)	Starre Strukturen, geringer Flexibilisierungsgrad	Zügige Anpassung der Unternehmensstrukturen an aktuelle Anforderungen	Review der Organisationsstruktur	Projekt-Kick-Off: „Flexible Organisations-Strukturen“
Systeme (3. S: Systems)	Die installierten Systeme blockieren die weitere Entwicklung des Unternehmens. Die systembedingte Belastung der Mitarbeiter ist zu hoch (versteckte Kosten)	Systeme sollen entlasten und nicht belasten Ziel ist es, die beste Lösung für das Unternehmen zu finden. Einseitige oder temporäre Verbesserungen sind daraufhin zu prüfen!	Stufenweises Vorgehen: 1. Fokus auf Routineaufgaben: effizienter Ablauf und Entlastung der Mitarbeiter 2. Schwerpunkt Kreativität und Innovation: Ermöglichung von Freiräumen (siehe Staff)	Projekt: „Analyse des Aufgabenspektrums aus Unternehmenssicht“
Unternehmenskultur (4. S: Style)	Keine bewusst gelebte Unternehmenskultur vorhanden	Etablierung eines Unternehmens-Leitbildes, welches die Werte ausdrückt Kreatives, inspirierendes Arbeitsklima	Einarbeitung in das Thema (neu!) Projektdefinition	Vergabe einer Diplomarbeit, Arbeitstitel: „Entwicklung eines Unternehmensleitbildes auf der Basis der gegebenen und angestrebten kulturellen Werte“
Mitarbeiter (5. S: Staff)	Entfaltungsmöglichkeiten der Mitarbeiter sind begrenzt	Motivation der Mitarbeiter verbessern, Potential besser fordern und fördern	Festlegung von Freiräumen und Zeiten Pilotprojekte zur Motivierung der Mitarbeiter durch Übertragung von mehr Verantwortung	Projekt: „Kernkompetenz-Formular ausfüllen“ durch die Personalabteilung starten
Kompetenzen (6. S: Skills)	Weiterbildung und Förderung sind Einzelmaßnahmen	Förderung und Weiterbildung für ALLE – kontinuierlich und systematisch	Bereitstellung bzw. Anhebung des Budgets für Weiterbildung	Kooperationen mit Universitäten ausbauen
Perspektiven & Visionen (7. S: Shared Values)	Nicht vorhanden	In Abstimmung mit Corporate-Foresight ist eine Vision zu entwickeln, die als Orientierung dient.	Vorschlag ausarbeiten	Workshop mit Corporate-Foresight vereinbaren

Tabelle 46 Exemplarische Maßnahmen im Beispiel „Zukunft des Fernsehens" (Forts.)

	Aktuelle Situation	Ziel der Veränderung	Geplante Aktionen	Vorbereitung und nächste Schritte
Vorausschau (8. F: Foresight)	Nicht vorhanden	Einführung eines Corporate-Foresight-Systems und seine Einbindung in die Strategieentwicklung (siehe Strategieentwicklung)	Aufbau eines Think-Tanks mit der Aufgabe, Zukunftsbetrachtungen neutral und unabhängig zu erheben und im Unternehmen zu kommunizieren	Ausarbeiten eines Foresight-Konzeptes auf der Basis der Studie „Zukunft des Fernsehens"
Geschäftssinn (9. E: Entrepreneurship)	Kaum Möglichkeiten für Entfaltung	Förderung von Enterpreneurship auf allen Ebenen im Unternehmen Gezielte Förderung von persönlichen Initiativen	Aufbau und feste Installierung eines unternehmensinternen „Marktplatzes für Innovationen" Bereitstellung von Budget für Einzelinitiativen	Organisation des „1. Marktplatz für Innovationen"
Unternehmens-Intelligenz (10. I: Intelligence)	Keine Aussage	Gezielte Förderung der Fähigkeit des schnellen Erkennens und schnellen Reagierens auf allen Ebenen des Unternehmens	In Zusammenarbeit mit Corporate Foresight ist ein Konzept zu entwickeln, welches Durchgängigkeit (von Signalen und Informationen bis zu Entscheidungen und Umsetzungen) gewährleistet.	Konzeptvorschlag ausarbeiten

Kapitel 7

Lernen

Anwendungen und Beispiele

In einem Marschland lebte vor einiger Zeit eine Schildkröte. Sie war zufrieden, lebte genügsam und fühlte sich in ihrer Umgebung sicher.

Eines Tages organisierten die Tiere der Umgebung wieder einen Sportwettbewerb. In einigen Sportarten – wie Tanzen oder Verstecken – war sie sehr gut, aber ihre Schwäche im Laufen bereitete ihr großes Kopfzerbrechen. Sowohl im Cross-Country- als auch im 100-m-Lauf würde sie weit abgeschlagen am Ende des Feldes landen.

Sie war nun sehr unzufrieden und unschlüssig, was zu tun sei. Wie viele, die nicht genau wissen, wie es weitergeht, richtete sie sich mit ihren Sorgen an eine anerkannte Unternehmensberatung.

Innerhalb weniger Tage war sie umrundet von Consultants mit MBA-Abschlüssen der besten Universitäten. Sie interviewten viele Schildkröten, führten Messungen im Gelände und an der Schildkröte durch und hörten sich vor allem die Probleme und Sorgen der Schildkröte an.

Nachdem sie die Untersuchung beendet hatten, zogen sich die Berater zur Auswertung zurück und bereiteten die Empfehlungen vor.

Zur Präsentation erschien auch ein Senior-Consultant und begann zu erklären, warum die Schildkröte so langsam war. Der Hase wurde zum Vergleich herangezogen und es wurde erläutert, dass die Beine des Hasen länger seien und das Gewicht vergleichsweise klein. Das sei der Grund für die Unterschiede. Die Schildkröte war beeindruckt, aber es ging noch weiter. Der Zusammenhang zwischen Körpergewicht und Beinlänge wurde in einem Diagramm dargestellt. Plausibel wurde nun dargelegt, dass der Jaguar sogar noch schneller sei – sein musste – als der Hase. Das mündete in der Schlussfolgerung, dass sich die Schildkröte in einen Jaguar verwandeln müsste, um mit den Problemen fertig zu werden.

Die Schildkröte war tief beeindruckt, auch wenn sie die Empfehlung als eher theoretisch betrachtete. Einige Tage später – die Berater hatten das Feld geräumt – begann sich doch etwas Unbehagen zu rühren. Die Schildkröte rief erneut an, um sich zu erkundigen, wie sie sich denn nun tatsächlich in einen Jaguar verwandeln könne? Keine Sorge, versicherte man Ihr, dafür gäbe es Experten, an die sie sich wenden könne und die sich nur mit Change-Management beschäftigten. Sie war nicht abgeneigt, nur die hohe Rechnung ließ sie zögern, und zuvor wollte sie sich mit ihrer Freundin, der weisen Eule treffen. Sie erzählte ihr den ganzen Sachverhalt. Diese dachte kurz nach und erwiderte dann: Schildkröten und Hasen haben sich an ihre Umgebung angepasst und sollten das akzeptieren. Der Wettbewerbsvorteil der Schildkröte liegt im Wasser, der des Hasen in der weitläufigen Ebene. Die Anpassung ist ein Kompromiss, und auch eine noch so umfangreiche Analyse ändert daran nichts. Wenn sie nach anderen Wettbewerbsvorteilen strebt, kann das auch zum Risiko werden – z.B. für das Leben im Wasser.

Das leuchtete der Schildkröte ein. Darauf hätte sie auch selbst kommen können.

(Quelle: Idee geht auf den Artikel „The Tortoise and the Hare: A fable for senior Executives" von John Kay zurück, veröffentlicht in der Financial Times September 5th, 1997)

7.1 Der Umgang mit Unsicherheit in der Praxis

In den Kapiteln 1 bis 6 wurden die für eine zukunftsorientierte Strategieanalyse notwendigen Schritte behandelt. An einem Beispiel wird nun gezeigt, wie das theoretische Wissen in der Praxis umgesetzt wird und zur Anwendung kommt. Zur Veranschaulichung wurde ein Thema ausgewählt, das hohe Aufmerksamkeit genießt und teilweise kontrovers diskutiert wird. Es geht um die Zukunft des Erdöls.

Das Beispiel soll zum einen die in den letzten Kapiteln vorgestellten Methoden anwenden und zum anderen neue Impulse und Denkanstöße für die Arbeit, für das Unternehmen, die Weltsicht geben. Wie im Buch schon mehrfach betont, geht es nicht darum, genau die Zukunft vorherzusagen. Es geht darum, auf Grund der vorhanden Informationen und der Analysen sich ein Verständnis vom Thema zu verschaffen, was dem Unternehmer erlaubt, Zukunftsbilder zu entwerfen und damit eine solide Grundlage für strategische Entscheidungen zu bekommen.

Dabei steht das Lernen im Mittelpunkt. Aber was bedeutet eigentlich lernen? Doch vor allem, dass man eigene Erfolge und Fehler und Erfolge und Fehler von Wettbewerbern erkennen und reflektieren kann und das eigene Tun verändern und bewusst beeinflussen, um erfolgreicher und wettbewerbsfähiger zu werden.

Wie kann man diese Fähigkeit des Unternehmens verbessern?

In Zukunft wird es turbulent zugehen. Sich da lediglich auf Effizienzsteigerungen zu konzentrieren, könnte zu bösen Überraschungen führen. Derjenige, der sich am schnellsten auf Veränderungen einstellen kann und dabei effizient bleibt – kurz gesagt lernfähig ist – wird Erfolg haben.

7.2 Die Zukunft des Erdöls – Ausgangspunkt und Themenabgrenzung

Erdöl ist ein besonderer Saft. So unbestritten seine Bedeutung ist – die Weltwirtschaft hängt quasi am Tropf, 95% aller Transportleistungen sind direkt oder indirekt vom Erdöl abhängig – so diffus wird die weitere Entwicklung eingeschätzt. Die Erklärungen dazu reichen von Panikmache und der Erwartung nahender Weltwirtschaftkrisen durch Verknappung des Öls bis hin zur Beruhigung durch Hinweise auf ausreichende Reserven (Bild 146). In die öffentliche Aufmerksamkeit gerät momentan verstärkt das Thema Klimawandel und fossile Brennstoffe; insbesondere Erdöl, aber auch Kohle und Gas gelten als Mit- bzw. Hauptverursacher der Klimaveränderungen.

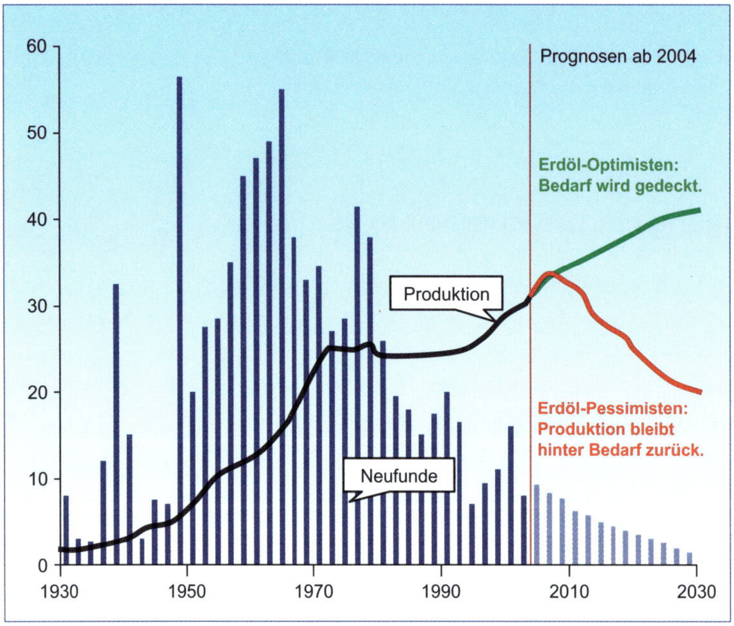

Bild 146 **Weltweite Ölproduktion (in Milliarden Barrel): Nachträgliche Reservenkorrekturen existierender Felder wurden (laut Aspo) auf das Jahr der Erschließung rückdatiert; ab 2004 Schätzungen (Quellen: BP, IEA, Aspo)**

Das Verhältnis der Menschen zum Öl ist höchst ambivalent. Die konträre, ja diametrale Sichtweise – nicht nur begründet durch Perspektiven der Eigeninteressen – macht das Thema interessant für eine Untersuchung. Dieser unsichere Ausblick, das Ungewisse und die vielen unterschiedlichen Meinungen gaben den Ausschlag, dieses Thema als Beispiel für eine umfassende Analyse mit Zukunftsausblick auszuwählen. Dabei werden die in den vorangegangenen Kapiteln gemachten Erkenntnisse berücksichtigt.

Wie könnte die Zukunft des Erdöls aussehen? Wir werden alle davon betroffen sein – als Privatperson genauso wie im Unternehmen. Welche Auswirkungen werden sich durch Veränderung im Angebot, Nachfrage, Spekulationen und Preisentwicklung auf das tägliche Leben und die Wirtschaft ergeben?

Fokussierung und Abgrenzung

- Ziel der Analyse ist ein besseres Verständnis und eine Meinungsbildung zum Thema auf Grund einer unsicheren Informationslage. Das Ergebnis in Form von vier Szenarien zur Zukunft des Erdöls ist die Basis für strategische Überlegungen und Entscheidungsgrundlage.
- Das Thema Erdöl ist von globaler Bedeutung. Die Vorkommen sind über die Welt verteilt, wenn auch nicht gleichmäßig. Ebenso kann die Nachfrage als weltweit – mit unterschiedlicher regionaler bzw. lokaler Ausprägung und Entwicklung – gesehen werden.

- Die Analyse geht demnach von einer globalen Betrachtung aus und fokussiert nur in Einzelfällen auf regionale Besonderheiten.
- Der Zeitraum der Betrachtung wird bewusst nicht – wie sonst üblich – genau festgelegt. Damit soll eine Diskussion vermieden werden, ob zu diesem Zeitpunkt noch ausreichend Öl vorhanden ist. Der Zeitraum wird so gewählt, dass die Auswirkungen des knapper werdenden Erdöls eminent und spürbar sind (was durchaus 20 oder 30 Jahre bedeuten kann).
- Um aus dem Vergleich der Umweltszenarien mit den Unternehmensszenarien die Robustheit der Strategie ableiten zu können und eine Auswahl treffen zu können, wird für das Unternehmensszenario ein fiktives Unternehmen beschrieben (Abschnitt 7.6).

Zukunft der Energieversorgung

Die Entwicklung der Menschheit kann bis ca. 50.000 Jahre zurückverfolgt werden. Mit der Zeit lernten die Menschen, neben ihrer eigenen Arbeitskraft auch andere Energien zu nutzen. Der Wind wurde zum Segeln genutzt und das Feuer wurde als nützliche Wärmequelle entdeckt. Das Nutzen der Kohle wurde im Mittelalter erlernt und – neben Holz – zur Metallveredlung und zum Heizen genutzt.

Mit der Entdeckung des Erdöls und der einfachen Nutzung als Energiequelle explodierte der technische Fortschritt und die Industrialisierung. Der Zusammenhang zwischen Wohlstand und Energieverbrauch ist unbestreitbar.

Der Vorteil von Erdöl ist vielfältig. Die hohe Energiedichte, die einfache Förderung und die vielfältigen Möglichkeiten der Weiterverarbeitung machen es so begehrt. Dieser Vorteil wird aber zusehends zum Nachteil.

Die leichte Verfügbarkeit hat die Nachfrage explodieren lassen.

Die Menschheit hat sich an die einfache Verfügbarkeit von Energie und insbesondere an Erdöl gewöhnt. Sie hat sich darauf eingestellt und ist nun abhängig. Erdöl als natürliche Ressource ist begrenzt. Es läuft darauf hinaus, dass das in Millionen von Jahren entstandene Erdöl in einer Zeitspanne kürzer als etwa 200 Jahre verbrannt sein wird (Bild 147).

Die Fragen sind:

- Was passiert, wenn die „Low-hanging Fruits“, die einfache Energie Erdöl, in Bewegung, Wärme und CO_2 ungewandelt wurde? Was stellt dann den Wohlstand sicher?
- Und wie geht die Menschheit mit den Folgen des Klimawandels um?

Eines scheint ganz sicher zu sein: Die Menschheit wird sich nicht freiwillig und aus Vernunft ändern. Zu bequem ist das Leben im Wohlstand. Jeder Versuch einer Veränderung wird umgehend mit dem Hinweis auf die wirtschaftlichen Folgen und die Auswirkungen auf den gesellschaftlichen Wohlstand quittiert.

Nur wenn die Energieknappheit oder der Klimawandel sehr schmerzhaft werden und zum Handeln zwingen, wird tatsächlich etwas getan werden.

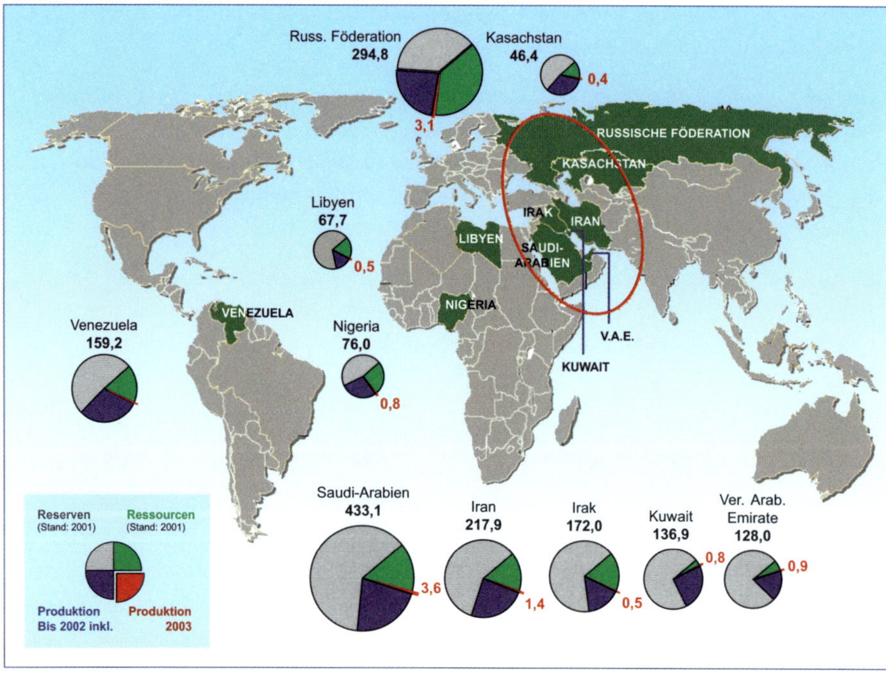

Bild 147 **Die Welt des Erdöls: Verbrauchte Vorräte, Ressourcen und Reserven (in Milliarden Barrel, Quelle: BP)**

Es wird zu einer neuen Bewertung und Einschätzung von Gütern und Werten kommen. Die heutigen Umweltbedingungen gelten als selbstverständlich. Reichtum wird mit dem Besitz von viel Geld in Zusammenhang gebracht. Geld jedoch schützt weder vor Klimawandel noch vor Energieknappheit.

7.3 Informationsbasis zum Thema Zukunft des Erdöls

Am Anfang steht die Informationsbeschaffung. Wie im Kapitel 2 beschrieben, kommt es vor allem auf die Verschiedenartigkeit und Vielfalt der Informationsquellen an. Nur so ist eine neutrale Einschätzung und Meinungsbildung möglich. So wurden für das Beispiel „Zukunft des Erdöls" 85 Quellen aus der Ölbranche (8), von Finanzinstituten (2), von Umweltschützern (2), Geologen (5), Experten (9), Ökonomen (6), Klimaforschern (3), Organisationen (4), Intellektuellen und auch Zukunftsforschern (6) studiert. Die Ergebnisse sind in Tabelle 47 zusammengestellt.

Damit man sich nach dem Studium der Informationen eine Meinung bilden kann, sollte das Durcharbeiten – so weit es geht – neutral, also nicht bewertend, ablaufen. Wie im Kapitel 2 beschrieben, gilt es, sich erst einen möglichst umfassenden Überblick zu verschaffen – um darauf aufbauend dann zu bewerten, zu analysieren und zu interpretieren.

Der Aufwand erscheint hoch, macht sich jedoch in der späteren Bearbeitung bezahlt.

Ziel der Untersuchung ist es, sich einen Überblick über die Situation zu verschaffen und Szenarien zu erstellen, die eine Einbindung in die Strategieentwicklung erlauben und damit zur Zukunftsgestaltung beitragen.

Tabelle 47 Zukunft des Erdöls: Informationsbasis (Seite von 345 bis 364)

Nr.	Informationsquellen	Kernaussage	Indizien und Signale	Referenzen und Bemerkungen
1	Buch Werner, Fritz: „Erdöl: der wertvollste Rohstoff unserer Zeit" 1971	• Episode aus der langen Geschichte des Erdöls. • Erdöl wird schon seit Tausenden Jahren von Menschen in verschiedenen Formen verwendet – Bibel: Bau der Arche Noah mit Erdpech (Öl-Rückstand). • Die verschiedenen Verwendungsmöglichkeiten des Öls werden gezeigt. • Erdöl als Nahrungsmittel – Proteine! • „Energiezelle" als stromliefernde Zelle, mit Öl betrieben?	• Erdöl als vielfältig einsetzbarer Rohstoff • Zukunftsaussichten aus den Siebzigern: neue Materialien, Energiezellen, Raumfahrt ...	„Das Erdöl aber wird auf diese Weise der wertvollste Rohstoff nicht nur in unserer Zeit, sondern auch in Zukunft bleiben!"
2	Buch Keppner, Gerhard: „Zündstoff Erdöl – das Ende des Öl-Zeitalters" 1979	• Gesamtbild rund ums Öl: Historisches: Inkas und Azteken verwendeten Öl, Beginn der industriellen Förderung in den USA und spätere Verbreitung auf der Welt. • Zukünftige Auswirkungen des Ölmangels auf Wirtschaft und Wohlstand, mgl. Alternativen	• Bedeutung von Erdöl • Historische Entwicklung • Frühe Warnsignale	Abbildungen: Die Wege des Öls, Fotos
3	Buch Banks, Ferdinand E.: „Energy economics: a modern introduction" 2000	• Die Energie im Zusammenhang der Wirtschaft. • Hintergründe, Theorien und Berechnungen, wie Öl (Gas, Kohle...) funktionieren. • Volatiler Markt. • Verwendungsmöglichkeiten von Öl: Kunststoff, Textil, Pestizid, Pharmaprodukte. • Alternativen: Kohle, Erdgas, Nuklearenergie ... • Finanzinstrumente im Zusammenhang mit Energie (Options, Swaps Futures...). • Viele mathematische Berechnungen und theoretische Hintergründe (z.B. Reserve-Production Ratio).	• Betrachtung der Energiemärkte aus Sicht der Mikro-Ökonomie und Finanzen. • Mehr Methode als Fakten!	„It doesn't make a difference when it [das Ende des Öls] comes – anytime it will be too soon."
4	Broschüre Vision 2000: Abenteuer Energie 1992	• Stand der Energietechnik Anfang der 90er Jahre. • Klimawandel ist schon ein Thema – Ziel: mehr Energie, weniger CO_2. • Analyse der verschiedenen Energieformen. • Elektroauto ist ein großes Thema – wurde durch Wasserstoff verdrängt. • Öl, Gas und Kohle sind zu billig, um alternative Energieformen zur Anwendung zu bringen – der politische Wille fehlt. • Viel Idealismus für neue Energieformen, aber für Masseneinsatz oft nicht geeignet – aus verschiedensten Gründen.	• Energiezukunft aus den 90er Jahren • Zur Herstellung einer Pizza mit 1000 kcal (aufnehmbar durch den Menschen) sind 5931,3 kcal Energie notwendig.	
5	Buch Deffeyes, Kenneth S.: „Hubbert's Peak" 2001	• Analyse der „Öl-Problematik". • Entstehung, finden, erschließen, fördern, Transport und Produktion. • Entstehung des Öls = 100 Mio. Jahre – und sein Konsum = ca. 200 Jahre. • „Peak Oil" wird zwischen 2004 und 2008 erwartet – Ölfirmen sind optimistischer. • Überschätzung der Ölreserven durch OPEC. • Mögliche neue Ölfelder: Südchinesisches Meer. – hohe Erschließungskosten.	• Schwerpunkt des Buches: Bestimmung des Hubbert's Peak. – Akademische, theoretische Diskussion. Es ist müßig zu debattieren, ob in 2008 oder 2010 der Peak ist.	„In 1980 it was a problem in distribution; the oil was there, but it wasn't getting to the corner gas station. In 2008, the oil won't be there." (p.186)

Tabelle 47 Zukunft des Erdöls: Informationsbasis (Seite von 345 bis 364)

Nr.	Informations-quellen	Kernaussage	Indizien und Signale	Referenzen und Bemerkungen
		• Diskussion um „Hubbert's Peak" – welche Methode optimale Ergebnisse liefert. • Alternativen: Geothermik, Nuklear, Solar, Wind.		„In a sense, the oil crisis of the 1970s and 1980s were a laboratory test." (p.10)
6	Studie „The Energy Review" Cabinet Office, UK 2002	• Energiepolitik in UK: Herausforderungen, Sicherheiten, Szenarios, Trends ... • Schwerpunkte der zukünftigen Politik sollten beinhalten (gefordert): Energiesicherheit hat hohe Priorität (ausreichende Verfügbarkeit von Energie) Langzeitbetrachtung – Investments in Energiesektor steigern Anstrengungen zum Klimaschutz Innovationen und Effizienz sind zu fördern. • 5 Szenarien werden erstellt: World Markets, Business as usual, Global Sustainability, Provincial Enterprise und Local Stewardship. • 2050 wird von Energy Services geprägt sein, Kohlendioxidreduzierung steht im Mittelpunkt, eine Vielzahl von verschiedenen Treibstoffen existiert, keine Wasserstoff-Wirtschaft. • Bis 2020 wird sich nicht so viel ändern, Öl bleibt Nummer 1 (80% Import).	• Umfangreiche Studie (218 Seiten) der Regierung von UK • Enthält Medium-(2020) und Long-term-(2050)-Szenarios.	„The future context for energy policy will be different." „Are there enough reserves globally to meet the UK's potential demand?"
7	Buch Rifkin, Jeremy: „When there is no more oil ... the hydrogen economy" 2002	• Der Großteil des Buches beschreibt die Rolle der Energie für Zivilisation und Entwicklung, Ölabhängigkeit und die „Islamistische Wildcard". • Tatsächlich um die Wasserstoffrevolution geht es nur auf ca. 30 Seiten. • Wasserstoff und Brennstoffzellen werden als neue wirtschaftliche Revolution beschrieben (Handel, Sozial, Politik). • Auslöser der Revolution ist die Abhängigkeit der Welt von den Reserven im nahen Osten.	• Wasserstoff wird als Alternative zu Erdöl vorgeschlagen. Das Problem ist jedoch, dass Wasserstoff ein Energieträger ist und keine Primärenergie.	Sehr euphorisch geschrieben. Hypegefahr! „The next great Economic Revolution?"
8	Buch Rethfeld, Robert; Singer, Klaus: „Weltsichten und Weitsichten, ein Ausblick in die Zukunft der Weltwirtschaft" 2004	• Bestandsaufnahme und Bilanz der Erde – Ausblick der weiteren Entwicklung. • Behandlung von Themen: Fortschritt, Klima, Umwelt, Wirtschaft, Finanzen, Gesellschaft, Weltpolitik, Demokratie, Hochkulturen, Wellentheorien ... • Neben globalen Zusammenhängen widmet sich ein Kapitel den fossilen Brennstoffen und deren Endlichkeit. • Zunahme der Bevölkerung, Erwartung eines Rückgangs in der Zukunft. • Erdöl ist der begehrteste unter den fossilen Brennstoffen. • Innerhalb der nächsten 50 bis 100 Jahre unter Beibehaltung des damaligen Trends ist ein stetiger Abfall des Lebensstandards zu befürchten („die Grenzen des Wachstums"). Auslöser: Erschöpfung der Energiereserven. • 80% der Reserven befinden sich in einer Region, die sich von Kaspischen Meer bis an den Persischen Golf erstreckt (Erdgas, Erdöl, Kohle). • Im Nahen Osten befinden sich die größten Erdölfelder – aber alte Funde. • Heutzutage = 80 Million Barrel täglich gefördert. Nachfrage im Jahre 2050 wird etwa 120 Million Barrel sein. • Je knapper das Erdöl wird, desto intensiver werden die rohstoffproduzierenden Länder versuchen, die Kontrolle über Energie zu behalten.	• Versuch einer gesamtheitlichen Betrachtung zur Weiterentwicklung der Welt mit vielen Themen. • 2 Szenarien: je Autor ein als „wahrscheinlich erachtetes Szenario • Darstellung der Zusammenhänge und Abhängigkeiten	Die „Grenzen des Wachstums" für die fossilen Brennstoffe Erdöl und Erdgas sind nach menschlichen Ermessen fast erreicht; Produktionssteigerungen größeren Ausmaßes sind bereits jetzt nicht mehr durchführbar."

Tabelle 47 Zukunft des Erdöls: Informationsbasis (Seite von 345 bis 364)

Nr.	Informations-quellen	Kernaussage	Indizien und Signale	Referenzen und Bemerkungen
		• Wachsende Erdbevölkerung und steigender Wohlstand führen zur baldigen Erschöpfung der fossilen Brennstoffe.		
9	Mare; Öl, Treibstoff für Mythen und Motoren: „Das unreine Gewissen" 01.04.2004	• Ölkatastrophen zerstören Leben und Umwelt (Umweltfeindlich, schlechte Auswirkungen auf die Natur, Seevögel und Meeresbewohner).	• Nebenwirkungen des Erdöls • Umweltzerstörung	
10	Zeitschrift Mare; Öl, Treibstoff für Mythen und Motoren: „Der Schatz aus der Jurasee" 01.04.2004	• Geschichte des Erdöls. • Sandstein: pilzförmige Salzstöcke, die große Ölmenge (10 bis 20%) enthalten. • Ölprüfung: Konsistenz, Temperatur, Zusammensetzung. • Die großen Ölfelder wurden schnell gefunden, im Moment jedoch nur kleine. • Mit neuester Technik sind die letzten Tropfen aus den Lagerstätten herauszuholen.	• Reportage von den Shetlandinseln – größte Ölfelder der Nordsee	Querschnitts-illustrationen Ölbohrungen
11	Zeitschrift Mare; Öl, Treibstoff für Mythen und Motoren: „Die Bakterie, die es gut mit uns meint" 01.04.2004	• Gedankenspiel: Unsere Ölreserven sind ins Gefahr, weil sich Mikroorganismen (Globacter benevolens) an dem kostbaren Rohstoff tief unter der Erdoberfläche satt fressen. • Erdöl: hochgiftige Substanz. Man muss entweder Ölkatastrophen bekämpfen oder doppelwandige Tanker bauen.	• Gedankenspiel: Mikroorganismen „fressen" Erdöl, so ähnlich wie nach Öl-Unfall. • Idee basiert auf dem Roman „Sexy Sons" (Kegel, B.).	
12	Zeitschrift Mare; Öl, Treibstoff für Mythen und Motoren: „Funken im Tanklager" 01.04.2004	• Im kaspischen Meer: Entdeckung neuer Ölreserven > 1 Milliarden t gesicherte Reserven, „Golf des 21. Jahrhunderts". • Interesse daran: Russland und das energiehungrige China. • Das Öl steckt kilometertief in der Erde + mindere Qualität + tektonische Phänomene zu berücksichtigen. • Meer steht an der strategischen Ellipse: ein Terrain, das vom Persischen Golf über Kaukasien und Zentralasien bis an die sibirische Barentssee reicht und 3/4 aller Öl- und Gasdepots weltweit enthält. • Die verschiedenen Projekte von Öl- und Gaspipelines.	• Neue Ölfelder entdeckt. • Anfangsschätzungen: 200 Mrd. Barrel • Realistische Schätzungen: < 35 Mrd. Barrel • Große politische Spannungen zwischen Ländern, aber auch Ölfirmen	Karte: kaspisches Meer und die Öl-Pipelines
13	Buch Peterson, Peter G.: „Running on empty" 2004	• USA ist der größte Kreditnehmer in der Welt. • Die finanzielle Zukunft der USA wird zur Bedrohung für zukünftige Generationen.	• Beschreibung der desolaten finanziellen Situation der USA	
14	Studie International Energy Agency, „World Energy Outlook 2004" 2004	• Umfangreiche Energie-Statistiken und Projektionen bis ins Jahr 2030 • Analyse zum Ölpreis-Phänomen. • Russland als kommende Energie-Supermacht. • Alternativen für eine nachhaltige Energiewirtschaft. • Zusammenhang zwischen Energieeinsatz und Entwicklung. • Energieressourcen reichen aus, alles eine Kostenfrage. • Oil market outlook (Chapter 3). • Öl-Nachfrage steigt 1,6% pro Jahr auf 121 Million Barrel pro Tag in 2030. • „Peak Oil" im Jahr 2030.	• IEA ist politische Organisation – Teil der OECD, beobachtend und beratend für 26 der 30 OECD-Länder. • Zum Teil sehr optimistisch • CO_2-Emission wird bis 2030 um 60% steigen.	„New energy investments will cost over $ 500 billion per year." Viele Abbildungen, Tabellen, Karten und Statistiken.

Tabelle 47 Zukunft des Erdöls: Informationsbasis (Seite von 345 bis 364)

Nr.	Informations-quellen	Kernaussage	Indizien und Signale	Referenzen und Bemerkungen
		• Challenge = „Energy Security" => dringende politische Maßnahmen zu treffen. • High Oil Price Case: Barrel kostet $ 35 ! (falsch eingeschätzt, da jetzt über $70) – Bedarf 15% geringer als projiziert. • Outlook für Gas, Kohle, Strombedarf, erneuerbare Energien. • Energietrends und regionale Unterschiede (Russland: Kapitel 9).		
15	Zeitschrift Greenpeace Magazin „Das schmutzigste Geschäft der Welt. Die Ausbeutung der letzten Öl-Reserven" April-Mai 2005	• Umweltschäden: Ölkatastrophen und Klimawandel. • Unterschiedliche Meinungen über verfügbare/nutzbare Menge. • Problem: steigender Bedarf, sinkende Vorkommen. • Umweltverschmutzung (z.B. Alaska). • Ölindustrie ist in einer zunehmend verzweifelten Lage. • Suche nach neuen Vorkommen wird schwieriger und große Funde sind nicht mehr zu erwarten. • Bedarf pro Tag in der Welt = 82.4 Millionen Barrel! • „Peak" = Höhepunkt der Förderleistung (zwischen 2015 und 2020). • Viele Länder bleiben arm – trotz reicher Ressourcen. • Erdöl ist eine vielseitige Ressource: Polster, Armaturen, Bitumen, Kunstdünger, Waschmittel, Medikamente, Düngemittel ... (50% für Treibstoff). • Ölfirmen und US-Regierung haben unterschiedliche Meinungen über die Zukunft des Erdöls. • Folgen: Treibhausgaseffekt zu betrachten => katastrophaler Klimawandel.	• Betrachtung von verschiedenen Aspekten des Erdöls (aus Sicht der Umweltorganisation!): Suche, Förderung, Transport, Verbrauch und Bilanz. • Selbst wenn es genügend Erdöl gäbe, wäre das eine schlechte Nachricht (für den Planeten)! • Pro Jahr verfeuert die Welt soviel Öl, wie die Natur in einer Million Jahre geschaffen hat.	„Es war die größte Party, die die Welt je gesehen hat. Jetzt geht die Ölparty zu Ende und wir müssen mit einem schweren Kater rechnen." Abbildungen und Karten (basierend auf Exxon,BP, IEA)
16	Studie GBN „The future of energy: a flawed consensus" 11.03.2006	Die verschiedenen Konsequenzen des Ölmangels, falls es mit dem „Ende" des Öls keine ausreichenden Alternativen gibt: • Änderung und Verschlechterung der Lebensbedingungen • Steigende Nachfrage nach Kohle und Gas => Steigende Preise • Steigender Preis des Erdöls • Sinkende Wettbewerbsfähigkeit von abhängigen Ländern • Konflikte zwischen den Ländern.	• GBN Global Business Network: Zukunftsforscher • Unterscheidung zwischen Angebot und Nachfrage • Überraschende Konsequenzen des Ölmangels	www.gbn.com Video Web conference „Perspective of the future" Grafiken und Szenarios
17	Zeitschrift National Geographic „Was kommt nach dem Öl?" August 2005	• Weltweit suchen Forscher nach Alternativen zum Öl als Energiequelle. Deutschland nimmt eine führende Rolle bei der Entwicklung ein. • Nach Meinung der Experten wird das Öl noch 30 Jahre reichen. • Ölregionen vom Persischen Golf über Nigeria bis nach Venezuela sind jedoch politisch instabil. • Alternative: Erdgas = Engpass, Kohle = endliche Ressource, Teersand und Ölschiefervorräte = geringe Menge, Kohlekraftwerke ohne Kohlendioxidausstoß = technische Utopie, Solarkraft= hängt von Wetter ab. => Zeit, die Suche nach dem nächsten Brennstoff zu beschleunigen. • Mögliche Alternative: erneuerbare Energie, alles aus der Biomasse oder Atomkraft (unerschöpflich und abgasfrei).	• Populärwissenschaftliche Aufbereitung des Themas „Erdöl". • Viele anschauliche Vergleiche (z.B. Verbrauch) • Globaler Energieverbrauch pro Tag: 320 Mrd. kwh	„Mit jeder Energiesparlampe, die eine alte Glühbirne ersetzt, spart man einen Haufen Kohle von 225 Kilo ein." „Um alle Fahrzeuge der Welt mit Biodiesel zu betreiben, müsste man die Ackerfläche verdoppeln."

Tabelle 47 Zukunft des Erdöls: Informationsbasis (Seite von 345 bis 364)

Nr.	Informationsquellen	Kernaussage	Indizien und Signale	Referenzen und Bemerkungen
		• Wenn die Reserven von Kohle, Öl und Gas erschöpft sind, ist kein (ausreichender) Ersatz in Aussicht, um Lebensstandard aufrecht zu erhalten. • Alle Energieformen haben Vor- und Nachteile. Es gibt keine optimale Energieform: fossil: billig, aber CO_2; Alternativen: teuer, aber nachhaltig.	• CO_2-Ausstoß 2002: 2,6 Mrd. Tonnen 2030: 4,2 Mrd. Tonnen (bei gleichförmiger Weiterentwicklung)	
18	Zeitschrift SZ – Wissen „Die Suche nach dem letzten Tropfen" Januar 2005	• Streit der Ölexperten: von skeptisch bis optimistisch. • Mit dem Ende des billigen Öls kommt es zu gewaltigen Veränderungen in der Weltwirtschaft. • Auch der technische Fortschritt kann den wachsenden Bedarf nach Erdöl nicht mehr befriedigen – bessere Fördermöglichkeiten und Energieeinsparungen können den Verbrauch nur verzögern. • Die Wirtschaft ist abhängig von Öl – geschätzt 35% des Energiebedarfs. • Stetig steigender Bedarf führt zu höheren Preisen. • „Reichweite" als Ausdruck der verbleibenden Menge ist illusorisch, da die Angaben auf aktuellem Bedarf und Angebot beruhen – der sich aber ändert. • Anhaltspunkte = 41 o. 48 Jahre (Ölsand inkl.). • Peak irgendwo zwischen 2008 und 2020 – danach eskaliert der Streit. • Nichtkonventionelle Ölquellen (Sande, Schiefer und Schwerstöl) ausreichend?	• Artikel behandelt die Frage nach der Reichweite und stellt Argumente der Optimisten (Öl-Konzerne, IEA, amerikanische Geologiebehörde) und Pessimisten. • Technischer Fortschritt ist begrenzt und verzögert das Ende des Öls nur. • Schäden an der Umwelt nehmen mit leistungsfähigerer Technik zu.	„Spätestens 2020 wird sich die Schere zwischen Angebot und Nachfrage öffnen – mit gewaltigen Auswirkungen für die Weltwirtschaft." Abbildung Neufunde und Produktion – zeigt, dass seit 20 Jahren mehr Öl verbraucht als neu gefunden wird.
19	Buch Boetius, Henning: „Die Wasserstoffwende, eine neue Form der Energieversorgung" 2005	• Energie als Zivilisationsindikator: Je höher eine Gesellschaft entwickelt ist, desto mehr Energie braucht sie. • Übergang zwischen den Energieträgerepochen war immer mit gewaltigen sozialen Spannungen, aber auch mit einem enormen Technologieschub verbunden. • Wasserstoffwirtschaft wird die Öl- und Erdgaswirtschaft ablösen. => effektiver, sparsamer, umweltfreundlicher. • Beschreibung, wie Wasserstoff hergestellt wird und wie eine künftige Wasserstoffwirtschaft funktionieren könnte. • Wasserstoff: Herstellung, Transport, Gefahr, Brennstoffzelle, Vorteile & Nachteile der Wasserstoffwirtschaft. • Die Technik und Funktionsweise der Brennstoffzelle. • Klar ist, dass das Erdöl endlich ist und ein Ende Auswirkungen auf alle Bereiche des Lebens haben wird.	Reserven: • „Fossile Lobby": 50 bis 100 Jahre • „Kritische Experten": 10 bis 20 Jahre • Island als Vorbild: in 10 Jahren unabhängig von fossiler Energie? • Sehr visionär geschrieben. Woher der Wasserstoff kommt, bleibt unbeantwortet.	„Irgendwann in absehbarer Zeit wird es eine wachsende Wasserstoffwirtschaft neben einer schwindenden Erdöl-/Erdgas-Wirtschaft geben."
20	Buch Preuß, Olaf: „Energie für die Zukunft" 2005	• Die Grenzen der heutigen Energiewirtschaft, Potential und Probleme der einzelnen Energieträger und wie die Energiewende möglich ist. • Erdgas: weniger umweltschädlich, vielseitig, steigende Nachfrage, Europa deckt mehr als 1/3 seines Bedarfs über Russland (Weltmacht in Erdgas). • Öl: 2/3 der Reserven sind im Persischen Golf, Verbrauch in der Welt: 82 Mio. Barrel täglich (2004). • Atomkraft: 17% der weltweiten Stromerzeugung. • Kohle: Die Kohlevorkommen reichen noch ca. 180 bis 200 Jahre, Trend nach einer sauberen Energie aus Kohle ohne CO_2. • Erneuerbare Energie: geringe Wirtschaftlichkeit, aber riesiges Potential. • Lange Transporte und komplexe Umwandlungsprozesse rauben Öl, Kohle und Erdgas 2/3 ihrer Kraft.	• Guter Überblick über aktuellen Stand der Energiewirtschaft – stößt an Grenzen. • Nachhaltigkeit braucht Engagement der Endverbraucher. • Effizienz und Sparsamkeit wird mit der Verknappung wieder zum Thema.	„Unsere Energieversorgung taugt nicht für die Zukunft." „Eine der wichtigsten Energiequellen der Zukunft heißt: Energie sparen."

Tabelle 47 Zukunft des Erdöls: Informationsbasis (Seite von 345 bis 364)

Nr.	Informations-quellen	Kernaussage	Indizien und Signale	Referenzen und Bemerkungen
		• Verstärkte Erdgasimporte aus Russland => Abhängigkeit (instabiles Land), 2/3 der Erdölreserven sind in unsicheren/instabilen Ländern. • Steigende Nachfrage aus China und Indien.		
21	Buch Seifert, Thomas: „Schwarzbuch Öl" 2005	• Beschreibung, wie Erdöl, Weltwirtschaft und Machtpolitik zusammenhängen, warum die Großmächte ihre Aufmerksamkeit an neue Orte verlegen, welche alternativen Energieträger in Frage kommen. • Öl-Zeitalter geht zu Ende, 50% der globalen Reserven sind gefördert, der Höhepunkt ist überschritten. • Geringe Hoffnung auf Entdeckung neuer Vorräte, kanadischer Ölsand ist endlich, Überschätzung von Reserven in OPEC-Ländern. • Steigender Bedarf von Öl: „hungriger Drache" China (6 Mio. Barrel täglich), Chinas Energiebedarf steigt doppelt so rasch wie die chinesische Wirtschaft wächst. • Alternativen: Brennstoffzelle (nicht vor 2020), Hybrid (=Sparen), Gas-to-Liquid (synthetischer Treibstoff aus Gas/Erdgas), Biogas, Sparen.	• Sehr polemisch geschrieben – ein typisches Werk des Genres „Patchwork-Publizistik". • Ölfreie Länder haben höheren Grad der Demokratie. • In China steigt Energiebedarf doppelt so schnell wie die Wirtschaft wächst.	„Sonne und Wind lassen sich nicht so leicht monopolisieren wie ein Erdölfeld." Öl sei „nichts anderes als ein hochkonzentriertes, zähflüssiges Machtinstrument".
22	Online-Dokument Brown, Jim: „Profiting from the coming oil crisis" 2005	• Existenz von Öl > Konsum von Öl (zeitlich). • Öl existiert nur in ein paar geologischen Typen. • Früher: primäre Technologie, um Öl zu fördern. Heutzutage: komplexe Technologie, um Öl in schwierigen Zonen zu finden. • Die meisten und wichtigsten Vorkommen sind schon entdeckt. • Steigende Nachfrage, Rückgang der Produktion, höhere Kosten, steigender Preis => Diskrepanz zwischen Angebot und Nachfrage. Die Nachfrage steigt langsamer als vorhergesagt wegen der Dämpfung der Konjunktur. • Mangel von neuer Energie. • Abhängigkeit der Welt von Saudi Arabien und OPEC. • Hubbert's Peak Szenario (US). • US: Konsum 22 Barrel pro Person, stellt 5% der weltweiten Bevölkerung und verbraucht 26% des Ölvorrats der Welt. China: Konsum 1,6 Barrel. • „Global peak will not peak over the projection period 2003-2030 as long as the necessary investments in supply infrastructure are made." • Peak Oil ist zwischen 2030 und 2050 erwartet => sehr schlechte und schlimme Auswirkungen auf die Wirtschaft. • Möglichkeit eines neuen „Ölschocks". • Ölproduktion wird sich bis zu 2030 verdoppeln. • 3 Szenarien, 1 Unterschied = die Zeit. • Öl: 95% Transport, 40% Handelsenergie (Anteil). • Analyse von USGS, Shell, BP, Exxon.	• Analyse eines Finanzanalysten • Metastudie: Analysiert viele Informationsquellen, Zitate und stellt kritische Fragen. • Neue Kapazitäten kosten zwischen $3.000 und $6.000 pro „Daily Barrel". • Um die steigende Nachfrage zu bedienen, sind riesige Investitionen notwendig.	www.100dollaroil.com Einige Grafiken – meist von anderen Informationsquellen
23	Online-Artikel SAM Sprott Asset Management Inc. „Market at a glance, a crude awakening" 22.08.2005	• Problem von „Peak Oil": sinkende Ressource in Öl, steigende weltweite Nachfrage (unersättliche Nachfrage), Ende billiger Energie, steigender Preis, Wachstum der Bevölkerung und seltene Ressourcen ... • Nach dem „Peak Oil" => Zurück in der Steinzeit, das Zeitalter des Öls ist kurzfristig in der Geschichte der Menschheit.	• Interessanter Artikel – stellt die Entwicklung der Menschheit im Zusammenhang mit Erdöl in einer evolutionären Dimension dar.	http://www.sprott.com/pdf/marketsataglance/08-22-2005.pdf Grafik: „The short span of Industrial Civilization"

Tabelle 47 Zukunft des Erdöls: Informationsbasis (Seite von 345 bis 364)

Nr.	Informations-quellen	Kernaussage	Indizien und Signale	Referenzen und Bemerkungen
		• Der technische Fortschritt basiert zu großen Teilen auf billiger Energie – Öl. • Die Globalisierung wird zur Lokalisierung. • Die Welt ist für diese Rückgangsphase nicht vorbereitet und nicht bereit.	• Nachfrage nach Erdöl folgt den Marktprinzipien.	"... the world for the most part is clueless."
24	Studie Energy Information Administration (EIA): Annual Energy Outlook 2006	• Sehr umfangreiches Werk (236 Seiten), viele Statistiken, Trends, Issues, Regulierung. • Forecast basiert auf Annahmen bzgl. Wachstum, Angebot, Nachfrage und Preisentwicklung – wird in der Studie dargelegt. • Enthält unter anderem einen Vergleich zu anderen Forecasts.	Langzeit-Energie-Forecast über Energieangebot und Nachfrage.	www.eia.doe.gov/oiaf/aeo/ "... are not statements, what happens but of what might happen."
25	Artikel Leng, R. A.: „Implications of the decline in world oil reserves for the future livestock production" 2005	• Massive Effekte für die weitere Entwicklung der Menschheit: Umweltverschmutzung, Klimaänderung, Mangel von Wasser (60% der Menschheit in 2025) , Bevölkerungswachstum ... • Es gibt einen unvermeidlichen Zusammenhang zwischen dem billigen Öl und dem billigen Essen. • Erdöl deckt die weltweite Nachfrage nicht ab. • Es geht nicht um das Ende des Öls, sondern um das Ende des billigen Öls. • USA = Produzent 5% Öl, Verbraucher 30% weltweit. • Weltweite Nachfrage nach Öl steigt jedes Jahr => weniger Ressourcen und steigender Preis des Öls. • Abhängigkeit der Landwirtschaft von Öl => Notwendigkeit von Diversifikation. Bsp.: Biobrennstoff. • Es gibt einen Zusammenhang zwischen dem wachsenden BIP und dem zunehmenden Energiebedarf.	• Paradigmen • Trendhypothesen	„The greatest issue in the world appears to be how to use oil efficiently from now on." „There is no cheap fix for the energy of the future."
26	Buch Goodstein, David: „Out of gas, the end of the age of oil" 2005	• Rückgang der Ölproduktion und steigender Konsum => Wirtschaftskrise. • Moderne Zivilisation ist ohne Ersatzenergie am Ende. • Immer mehr Kohlendioxid in der Luft. • Rückgang des konventionellen billigen Öls. • Inflation.	• Professor am California Institute for Technology • Dilemma	„One certain effect will be steep inflation, because gasoline, along with everything made from petro-chemicals and everything that has to be transported, will suddenly cost more."
27	Zeitschrift Spiegel-Spezial: „Die Zukunft der Erde" Oktober 1998	Die Menschheit gibt Vollgas: • CO_2-Anteil in der Luft ist in den letzten 100 Jahren von 270 auf 360 ppm gestiegen • Ein Anstieg von 1,5 ppm pro Jahr (aktuell) hat „normalerweise" mindestens 200 Jahre gedauert. • Klimaentwicklungen gelten als extrem komplex. • Klimarelevante Vorgänge können sich gegenseitig beeinflussen, abmildern, verstärken und unter bestimmten Bedingungen auch zur Katastrophe führen – dafür sprechen extreme klimatische Wechsel in der Erdgeschichte.	Die Analyse ist ca. 10 Jahre alt und hat sich im Wesentlichen bestätigt. Einige Prognosen waren zu optimistisch gewählt.	„Jede Zukunft hat eine Geschichte." „Die Klimaveränderung trifft die Erde so wie ein Schlag mit dem Hammer." „Pessimistische Prognosen werden gerne ignoriert."
28	Zeitschrift Technology Review: „Schmutziges Öl aus Kanada" 03.03.2006	• Pro Tag werden 1 Million Barrel Öl gewonnen (zum Vergleich, weltweit werden pro Tag über 80 Million „umgesetzt"). • Um 1 Barrel Öl zu gewinnen, werden cirka 2 t Sand verarbeitet. • Vorkommen werden auf cirka 174 Mrd. Barrel geschätzt.	Beschreibung und Dokumentation, wie aus Ölsanden Öl gewonnen wird.	Abbildungen und Fotos

Tabelle 47 Zukunft des Erdöls: Informationsbasis (Seite von 345 bis 364)

Nr.	Informationsquellen	Kernaussage	Indizien und Signale	Referenzen und Bemerkungen
		• Es wird geschätzt, dass gegenüber konventioneller Erdölförderung 2 bis 3 mal mehr Treibhausgas entsteht.		
29	Zeitung FTD: „Die Gasgeber" 17.03.2006	• Flüssiggas wird das Erdöl des 21.Jahrhunderts. • LNG (Liquefied Natural Gas), auf -162 Grad gekühltes und verflüssigtes Gas. • Ab einer Transportstrecke von 3000 km günstiger als Pipeline. • Katar als Treiber und Exporteur. • Aufwand zur Verflüssigung ist noch recht hoch. • Anteil am Gesamtenergieverbrauch noch gering.	Flüssiggas als Alternative zum Transport durch Pipeline	„Flüssiggas wird vom Nischenprodukt zum Massenprodukt." Grafik: „Verteilung weltweiter Erdgasreserven 2005 in %"
30	FTD: „USA überdenken Energiemix" 29.03.2006	• Energieversorgung der USA nach Energieträgern: Erdöl: 40,2%; Erdgas: 23,0%; Kohle: 22,4%; Kernenergie: 8,3%; Bio: 2,7%; Wasserkraft: 2,7%; Wind, Solar, Geo: 0,5%; Sonstiges: 0,2% • Stärker abhängig von Öl als Europa, vor allem wegen hohem Spritverbrauch. • Pennsylvania wirbt im Ausland um Investitionen in alternative Energien. • 1 Mrd. $ stehen zur Verfügung.	Alternative Energien als Alternative zum Öl sind in der Politik angekommen.	Präsident Bush will die US-Ölimporte langfristig senken, sagt allerdings wenig über die Strategie dafür.
31	Zeitschrift Technology Review „Auf Wiedersehen, Wasserstoff" April 2006	• Viele Prototypen und Einzelversuche bzgl. Wasserstoffautos und -bussen • Viel Enthusiasmus (Rifkin – siehe [7]) wenig Realität. • Wasserstoff ist eine Zukunftstechnik ohne Zukunft – niemals konkurrenzfähig. • Positiv sind die Grünen („Das System ist technisch toll"). • Problematik: Kann Wasserstoff das Problem des steigenden Energieverbrauches und des knapper werdenden Öls lösen? • Wo kommt der viele Wasserstoff für die Revolution her? Viele Verfahren, um Wasserstoff zu herstellen – jedoch aufwändig und nicht nachhaltig. • Vergleich zwischen Benzin und Wasserstoff: Benzin und Dieselmotor kosten 30 bis 40 Euro pro Kilowatt Motorleistung. Brennstoffzelle kostet 5000 Euro pro Kilowatt. • Weiteres Problem: Speicherung des Wasserstoffes.	Kritische Auseinandersetzung mit Wasserstoff als der Energie der Zukunft. • Um Verkehrsbedarf zu 100% mit Wasserstoff zu betreiben, wäre das Dreifache des heutigen Strombedarfs in D nötig. • Sehr ungünstige Gesamtbilanz.	„Den Glauben an die Wasserstoffwirtschaft hat man im Ministerium schon aufgegeben und die Förderung fast auf Null reduziert" „... Brennstoffzellenautos auch in 15 bis 20 Jahren noch nicht rechnen werden."
32	Zeitung FTD: „Gasdruck" 25.04.2006	• Deutschland ist zu abhängig von russischen Rohstoffen (Erdgas). • Energielieferungen als politisches Druckmittel. • Neue Energiepolitik notwendig (Diversifikation der Energie).	35% des Erdgases von Gazprom – hohe Abhängigkeit.	„Wir müssen unsere Energiequellen weiter diversifizieren."
33	Zeitung FTD Dossier Erneuerbare Energie: 28.04.2006	• Die erneuerbaren Energien schaffen Versorgungssicherheit (ökonomische wie ökologische) und sie stärken den Mittelstand in Deutschland. • Steigende Preise für Erdöl, Benzin, Erdgas, Strom. • Wachstumsschub der erneuerbaren Energie. • Anteil der erneuerbaren Energie am deutschen Primärenergieverbrauch = 4%. • Anteil der erneuerbaren Energie am Strommarkt = 10%. • Risiken treiben Ölpreis: wachsende Nachfrage (China + USA), Krise um das iranische Atomprogramm ...	• Darstellung verschiedener nachhaltiger Energiequellen. • Der weltweite gigantische Energiebedarf und die steigende Nachfrage können im Moment nicht durch erneuerbare Energien abgedeckt werden.	-

Tabelle 47 Zukunft des Erdöls: Informationsbasis (Seite von 345 bis 364)

Nr.	Informations-quellen	Kernaussage	Indizien und Signale	Referenzen und Bemerkungen
		• „Peak-Oil-Theorie" (der Höhepunkt der konventionellen Ölförderung wurde schon erreicht). Wie schnell sie abnimmt, bleibt unklar. • Deutschland: Weltmarktführer in der erneuerbaren Energie. • Effizienz: Windkraft ist jetzt rentabel: Erdwärme und Solarenergie folgen. • Energie aus Gülle und Pflanzen macht dem Erdgas onkurrenz.	• Gerade wegen des Klimawandels stellen sie einen wichtigen Hoffnungsträger dar.	
34	Studie The Future of the Hydrogen Economy: Bright or Bleak? Bossel, Ulf 2003/2005	• Effizient der Elektrizität bis 90%, mit Wasserstoffumwandlung sinkt sie auf ca. 30%. • Brennstoffzellen sind Energiewandler, keine Energiequellen. • Wasserstoffherstellung, Transport, Speicherung reduziert Effizienz. • Verwendung von Methanol, Gas usw. ist besser – Wasserstoff nicht notwendig.	• Kritische Auseinandersetzung mit dem Thema Wasserstoff als Alternative für fossile Energien • Physikalische Grundlagen und Vergleiche	www.efcf.com/reports „For a secure sustainable energy future mankind needs new energy sources, not new energy carriers."
35	Studie Clean Edge: Clean Energy Trends 2006	Trends im Clean-Energie-Markt: 1: Clean Energy wird Security Issue. 2: Innovationen treiben Solar. 3: Erneuerbare Energien am „Tipping Point". 4: Flexible Treibstoffe setzen sich durch (größeres Potential als Hybrid). 5: China und Indien steigt ein! (China hat größtes Potential für Windparks – 2000 GW, führende Rolle bei Solar-Thermal Energie). • Daten: Investitionen mit Venture-Capital in den USA: 36% Energieverteilung, 30% Intelligente Energieerzeugung und -nutzung, 13% Zuverlässigkeit der Energieerzeugung, 11% Neue Materialien, 11% Verwandte Dienste.		http://www.cleanedge.com/reports-trends2006.php „For the first time in modern history, clean-energy technologies are becoming cost-competitive with their „dirtier" counterparts." „China to spend $180 Billion to boost Renewable Energy use."
36	Le Monde Diplomatique: „L'après-pétrole a déjà commencé" 01.05.2006	• Politiker und Experten sind sich des Problems mit Öl bewusst. Es wird Zeit, Maßnahmen treffen, um weniger abhängig von fossilen Energien zu sein. • Politische Instabilität der Länder, die Leader in Energiebereich sind. z.B. Nahost (Öl), Russland (Gas). • Preisschub aus geopolitischen Gründen (politische Instabilität in Nahost, iranisches Atomprogramm, Konflikte in Nigeria...) und volatiles Verhältnis Angebot-Nachfrage. (OPEC: Preis/Barrel: $24,36 (2002), $50,58 (2005), >$75 heute). • Nachfrage nach Öl steigt: z.B.: China +7,6% im Jahr 2003 und +15,8% im Jahr 2004. Weltkonsum +50% in den nächsten 25 Jahren, also 83,2 Mio. Barrel (2005) bis 115,4 Mio. Barrel (2030). • Unzuverlässige Angaben der Reserven und der Produktionskapazitäten: „Gap" zwischen den Angaben von OPEC und ASPO z.B. wegen konstanter Annahmen bei geänderten Umweltbedingungen über eine lange Periode. • Fehlende Investitionen, um neue Kapazitäten aufzubauen. • Politische Konflikte zwischen Ländern mit hohem Bedarf aber wenig Vorräten und „ölreichen" Ländern.	Politik erkennt die Notwendigkeit des Handelns an.	

Tabelle 47 Zukunft des Erdöls: Informationsbasis (Seite von 345 bis 364)

Nr.	Informationsquellen	Kernaussage	Indizien und Signale	Referenzen und Bemerkungen
37	Zeitschrift Technology Review: „Der neue Dreh" Mai 2006	• Neue Technologien für effiziente „Erzeugung": vertikal montierte Windräder. • Wirkungsgrad cirka 50% (nicht bestätigt). • Billig zu produzieren, skalierbar und auch bei starkem Wind einsetzbar.	Vorstellung neuer Technologien zur effizienteren Gewinnung.	-
38	Studie ifp (Institut français du pétrole): „Quels nouveaux paradigmes énergétiques?" 11.05.2006	• Die Bedürfnisse an Energien, die neuen Paradigmen, was gibt es zu tun. • Verschiedene Paradigmen im Zusammenhang mit dem Transport.		Grafiken: „Demographie", „3 verschiedene Paradigmen"
39	Studie ifp (Institut français du pétrole): „Quelles réserves de pétrole et de gaz?" 11.05.2006	Reserven, Ressourcen, Szenarios und Folgen.		Grafiken über Entwicklung der Reserven
40	Zeitung FTD-Sonderbeilage: „Energie der Zukunft" 16.05.2006	• Aufschwung der erneuerbaren Energie wegen Gesetzes EEG (feste Tarife). • Erneuerbare Energie = hohe Kosten, jedoch durch die wachsende Zahl von Anlagen und technische Neuerung werden die Erneuerbaren immer günstiger im Gegensatz zu Öl, Gas und Kohle. • Benutzung der erneuerbaren Energie hat nicht nur ökologische, sondern auch ökonomische Gründe (Arbeitsbeschaffung + Entwicklung der Marktgröße). • 20 bis 25% jährliches Wachstum in der Solarbranche. • Deutsche Windradhersteller = Technologie- und Weltmarktführer. • Stromproduktion der Biokraftwerke hat sich seit 2004 mehr als verdoppelt.	• Die Zeit arbeitet für erneuerbare Energien. • Werden immer effizienter und günstiger – Öl immer aufwändiger.	„Gründungsboom in der Solarbranche" „Ansturm auf Deutschlands Windräder" Grafik: „Energiebilanz Deutschland 2005"
41	Studie PoF Energy 2003 „Picture of the Future"	–	–	Firmeninterne Unterlagen
42	Studie Prognos Energiereport IV: „Die Entwicklung der Energiemärkte bis zum Jahr 2030" 2005	• Referenzprognose: ermöglicht analytischen Ausblick (was immer das ist). • Die Einschätzung der Entwicklung erfolgt anhand von Rahmenbedingungen und Annahmen (Ressourcenverfügbarkeit, Verbrauch, Preise, technischer Fortschritt usw. • Kyoto-Verpflichtung wird in 2030 erfüllt (Emissionen sinken um 18,6% seit 2002). • Interessant: Vergleich mit anderen Untersuchungen – heterogenes Bild je nach Zielsetzung und Methode und Zeithorizont wird eingeräumt (nicht neutral!). • Auffällig: WEA schätzt Ölpreis in 2030 auf $35 [2004], Prognos auf $37 [2005]? (siehe Informationsquelle [14])	Prognose über die Entwicklung der weltweiten Energiemärkte	http://www.prognos.ch/pdf/Energiereport%20IV_Kurzfassung_d.pdf „Die vorliegende Referenzprognose ermöglicht einen analytischen Ausblick auf die energiewirtschaftliche Entwicklung in Deutschland bis 2030."
43	Präsentation OECD Seiichi, K.: 23rd Oil & Money Conference, London, Nov 6, 2002	• 62% des Anstiegs der Nachfrage bis 2030 kommt aus Entwicklungsländern. • Gasbedarf wächst am stärksten. • Ölbedarf 2030 cirka 120 Million Barrel pro Tag. • Hohe Preise bremsen Nachfrage.	Welt-Wirtschafts- und Energie-Ausblick (bis 2030)	„Reforms are essential to make markets work..."

Tabelle 47 Zukunft des Erdöls: Informationsbasis (Seite von 345 bis 364)

Nr.	Informations-quellen	Kernaussage	Indizien und Signale	Referenzen und Bemerkungen
44	Studie US Congress, Office of Technology Assessment: „Energy Technology Choices: Shaping our Future" 1991	• 6 Szenarien – Wachstum, Effizienz und Alternativen als Koordinaten: Szenario 1: Baseline Szenario 2: High Growth Szenario 3: Moderate Emphasis on Efficiency Szenario 4: High Emphasis on Efficiency Szenario 5: High Emphasis on Renewable Energy Szenario 6: High Emphasis on Nuclear Power	• Überblick (152 Seiten) über zur Verfügung stehende Energieoptionen – Roadmap. • Enthält Szenarien – Focus 2015. • In Szenario 6: 374 neue Atomkraftwerke bis 2015!	„Improved technology is a major reason for the present lull in attention to energy."
45	Buch Alt, F.: „Krieg um Öl oder Frieden um Sonne" 2004	• Regenerative Energien lösen Energieversorgungsprobleme. • Umstieg auf regenerative Energien sichert Frieden. • 90% der Erdölvorkommen sind schon entdeckt (Schätzung). • Immer höherer Aufwand für Suche, Förderung und Transport. • Verteilungskämpfe um knapper werdendes Öl haben schon begonnen. • Dezentrale Energieversorgung hat viele Vorteile.	Beschreibt Zusammenhang zwischen Krieg, Öl und Energiewirtschaft	„Der Weltklimawandel ist der Ernstfall der Weltinnenpolitik." „80% unserer Umweltprobleme sind Energieprobleme."
46	Zeitung FTD Dossier: „Treibhauseffekt verdoppelt sein Tempo" 03.08.2006	• Erwärmung der Erde wird viel deutlicher ausfallen als bisher angenommen. • Auch Deutschland muss Infrastruktur umstellen (z.B. Kraftwerke). • Wir befinden uns mitten im Klimawandel – die Erde erwärmt sich viel schneller als bisher angenommen. • Eine Lösung kann nur die Reduzierung des Ausstoßes der Treibhausgase sein.	Artikel basiert auf Interview (?) mit Achim Steiner (Chef des Umweltprogramms der UNO).	„Damit ist das Klima kein verlässlicher Partner mehr für die Wirtschaft."
47	Studie National Energy Policy: Report of the National Energy Policy Development Group 2001	• Anstieg der Nachfrage ist größer als Produktion von Energie. • Schwerpunkte: Energieeffizienz, Umweltschutz, effiziente Infrastruktur.	Umfangreiche Bestandsaufnahme zur Energiesituation in den USA.	G.W.Bush: „America must have an energy policy that plans for the future but meets the needs today."
48	Zeitung Handelsblatt: „Sonnenenergie ohne Silizium" 01.06.2006	• Boom der Solarenergie. • Erdölvorräte werden knapp. • Neue Generation von Solarzellen kommt ganz ohne Silizium aus.	Neue Technologien.	
49	Zeitung The Independent: Leggett, Jeremy: What they don't want to you to know about the coming oil crisis" 20.01.2006	• US-Regierung schätzt, dass im Jahre 2025 die Nachfrage auf 120 Mio. Barrel pro Tag und 43 Mrd. Barrel pro Jahr steigt. • Es bestehen Zweifel, ob Ölfirmen diese Nachfrage erfüllen können. • USA konsumiert derzeit 20 Mio.Barrel pro Tag – 5 Mio. kommen aus Nahem Osten. • Die „Öl-Falle" ist schwer zu verstehen, da bekannt ist, dass Öl endlich ist. • „Late Toppers": 2 Billion Barrel verbleibende Vorkommen: Ölfirmen, Regierungen, Großteil der Finanzanalysten und Wirtschaftsjournalisten. • „Early Toppers": 1 Billion Barrel: Geologen, kleine Anzahl Journalisten.	• Erste Ölbohrung: 1859 • Ölverbrauch heute: mehr • 80 Mio.Barrel pro Tag • 29 Mrd. Barrel pro Jahr • Seit 2003 wurde kein Ölfeld mit mehr als 500 Mio. Barrel (mittlere Größe) gefunden! (Ghawar: 87,5 Mrd. Barrel).	„Ninety per cent of all our transportation, whether by land, air or sea, is fuelled by oil. Ninety-five per cent of all our food products require oil use." (p.2)

Tabelle 47 Zukunft des Erdöls: Informationsbasis (Seite von 345 bis 364)

Nr.	Informations-quellen	Kernaussage	Indizien und Signale	Referenzen und Bemerkungen
		• „Just-in-time-Prinzipien" machen Wirtschaft anfällig. • Tanker- und Raffinerie-Kapazitäten sind problematisch. • Zeitpunkt der „Market Realization" wird zum Peak Panic Point.		
50	Studie Simons & Company International: „Investment Bankers to the Energy Industry"	• Diskussion über „Peak Oil". • Bedeutet höchsten Punkt der Förderung, danach Rückgang – nicht Ölende. • Bedarf steigt auf 85 Million Barrel pro Tag in 2006. • Appell an eine Daten-Reform, da aktuell erhobene Daten nicht der Realität entsprechen und das Bild verzerren.	Finanzanalysten. Analyse zu „Peak Oil" und Erdölverfügbarkeit.	www.simmonsco-intl.com „21st century's future will hinge on how crisis is addressed."
51	Online-Artikel Swenson, R. „Solar meets the Peak Oil Challenge" Juli 2006	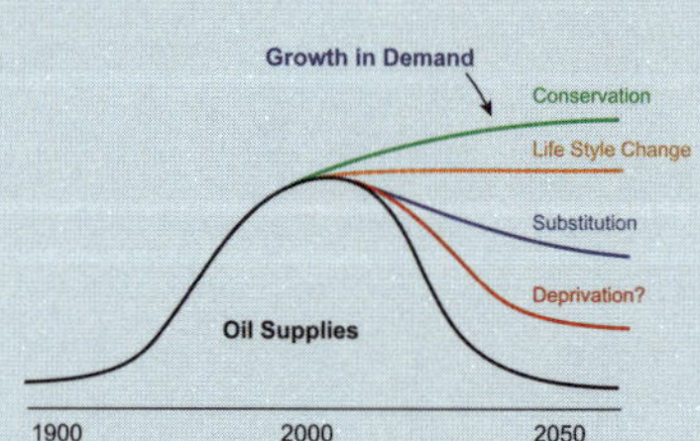 Abhängig vom Verhalten wird sich der Ölverbrauch ändern. • Conservation: Höherer Bedarf, höhere Effizienz • Life Style Change: z.B. Telecommuting • Substitution: z.B. Walking, Solar • Deprivation: Leid	• 4 Szenarien über Verlauf der Energieversorgung in Bezug auf Erdöl • EROEI – Energy returned on Energy invested: Kohle: 1: 80 Erdöl (1930): 1:120 Erdöl (Heute): 1:25 Solar: 1:45 Biomasse: 1:70 Nuklear: 1:17	http://www.hubbertpeak.com/swenson/ Bartlett, R.: „It might seem possible to „fill the gap" in the short term. However, in the long term, this will be impossible. For one thing, it will hasten the exhaustion of other finite resources. That will make the inevitable transition to renewable sources more difficult and more painful."
52	Studie BGR (Bundesanstalt für Geowissenschaften und Rohstoffe) Hannover, Dr. Gerling, Peter, J.: „Erdöl-Reserven, Ressourcen und Reichweiten" 2004	• Umfangreiche Studie über aktuelle Rolle des Erdöls. • Aus geologischer Sicht ist Erdölversorgung für 1 bis 2 Dekaden gewährleistet. • Es gibt zahlreiche Unsicherheiten: Reserven, Schweröl, Preise, Emissionen. • Erklärungen, wie Reserven bestimmt werden – Lagerstättenparameter. • Schätzungen über wirtschaftlich gewinnbare Ölmengen: BGR: 1,172 Giga-Barrel (GB); Campbell: 871 GB (2002) ; Oil & Gas Journal: 1,266 GB. • Neufunde gehen seit 1960 zurück. • Bis 2004 (seit Beginn) sind 139 GB produziert, Reserven ca. 159 GB, Ressourcen 82 GB. • Expertenmeinungen unterscheiden sich stark. • Finanzsektor hat eigene Maßstäbe. • Anteil an nichtkonventionellen Ölen steigt – Ölsand, Schwerstöl und Ölschiefer. • „Peak" wird für 2025 prognostiziert.	Neutrale Bestandsaufnahme und vorsichtige Projektion.	www.bgr.de Reserven: Technisch und wirtschaftlich gewinnbar. Ressourcen: Nachgewiesen, derzeit nicht technisch oder wirtschaftlich gewinnbar, oder geologisch möglich aber nicht nachgewiesen. Aussagekräftige Grafiken
53	Studie BGR: „Reserven, Ressourcen, Verfügbarkeit von Energierohstoffen" 2002	• Bestandsaufnahme über Situation der Primärenergie. • Globale Veränderung und regionale Entwicklungen. • Fossile Vorräte und regenerierbare Energien.	–	–

Tabelle 47 Zukunft des Erdöls: Informationsbasis (Seite von 345 bis 364)

Nr.	Informations-quellen	Kernaussage	Indizien und Signale	Referenzen und Bemerkungen
54	Online Wikipedia	• „Peak Oil", Szenarien, Reservenberechnungen, Infragestellung der offiziellen Erwartungen , Nachfolge auf die Wirtschaft, geopolitische Nachfolge ... • „Peak Oil" wurde schon in ca. 60 Ländern überschritten. Aber das Datum des weltweiten „Peak Oil" bleibt unbekannt. • Es existiert: konventionelles und unkonventionelles Öl. • 96% der Energie für Transport basiert auf Erdöl. • Alternative für Hausenergie, Landwirtschaft, Kunststoffindustrie... • Die 3 größten Importeure sind USA, China und Japan.	• Sehr umfangreiche Informationsquelle mit weiteren Links. • Neutrale, unbewertete Information	http://de.wikipedia.org/wiki/Peak_oil
55	Online Wikipedia: dossier l impasse énergétique : „Le „peak oil", bombe à retardement du XXe siècle (Zeitbombe des 20. Jahrhunderts)"	• Ende des billigen konventionellen Öls. • 4 Zonen haben den „Peak" überschritten: USA, Kanada, Venezuela und Nordsee.	Zusätzliche Details	http://fr.wikipedia.org/wiki/Pic_pétrolier
56	Buch/Studie Shell global scenarios to 2025: „The future business environment: trends, trade-offs and choices" 2005	• Die verschiedenen Szenarien für 2025 berücksichtigen drei Aspekte des Markts: „Incentives", „Communities", and „Coercion and Regulation" (Global Business Environment). Die haben unterschiedliche Ziele: „Efficiency", „Social Cohesion and Justice" and „Security". • Es werden drei globale Szenarios erstellt: 1) Low trust globalisation – a legalistic „prove it to me" world 2) Open doors: a pragmatic „know me" world 3) Flags: a dogmatic „follow me" world • Viele Aspekte zukünftiger Entwicklungen wurden aufgegriffen und en detail untersucht: Energiesicherheit, Climate Change, Bio Diversity, Global Power Situation, Productivity and Growth, Corporations, Business, Politics usw. • Neue Ölfunde ersetzen nur 45% der Produktion seit 1999 (p.194).	• Der Versuch, Klarheit und Einfachheit in eine komplexe Welt zu bringen. • Neben Aussagen über Entwicklungen im Energiesektor ist dies ein umfassender Zukunftsausblick. Sehr kritisch und „Shell-unabhängig".	„Energy companies, more than most businesses, need to take a long term view." „National decisions made now and in the long-term future will influence the extent of any damage suffered by vulnerable population and ecosystems later in the century."
57	Studie MIT: „The future of Nuclear Power" 2003	• Kernenergie wird als Option gesehen, den Treibhauseffekt zu begrenzen. • Vier kritische Punkte: Kosten: zu hoch im Vergleich mit fossilen Brennstoffen. Sicherheit: hohe Unsicherheit und Risiko. Abfall: Langzeit-Aufbewahrung der Atomabfälle ist ein Problem. Ausbreitung: Internationales Sicherheitsregime ist unpassend für Verbreitung. • Vier Optionen für Reduzierung des CO_2-Ausstoßes: Effizienzsteigerung bei Energieerzeugung und Nutzung, Erweiterung der erneuerbaren Energien, CO_2-Bindung, mehr Kernenergie.	Interdisziplinäre Studie des MIT – untersucht die Möglichkeiten der Kernenergie als Alternative.	http://web.mit.edu/nuclearpower/ „In our view, it would be a mistake at this time to exclude any of these four options [...] from an overall carbon emission management strategy."
58	Zeitschrift Spiegel-Spezial: „Kampf um Rohstoffe" Mai 2006	• Biosprit: 1. Generation – Raps ist wenig sinnvoll, da schlechte Energiebilanz, 2.Generation – Biomasse. • Trotz starkem Engagement in 30er Jahren für Alkohol als Treibstoff hat sich Öl durchgesetzt – bis auf Brasilien (40% des Kraftstoffbedarfs ist Bioethanol). • Biosprit: Pro Hektar entspricht der Ertrag 1650 Litern Kraftstoff.	• Untersuchung und Diskussion zur Rohstoffsituation auf der Welt – von Erdöl bis Diamanten.	http://www.spiegel.de/spiegelspecial/0,1518,,00.html „Beim Verkehr gibt es dagegen außer den Biokraftstoffen noch keine wirksamen Alternativen zu fossilen Energieträgern."

Tabelle 47 Zukunft des Erdöls: Informationsbasis (Seite von 345 bis 364)

Nr.	Informationsquellen	Kernaussage	Indizien und Signale	Referenzen und Bemerkungen
		• Sunfuel: Carbon-V-Verfahren: Aus organischem Material wird Kraftstoff; Unternehmen Choren: pro Hektar etwa 4000 Liter SunDiesel. • Biosprit einzige Alternative zu Erdöl. Elektroauto gescheitert. • Methan aus Biomaterial – Biomethan ist sehr energiereich. • Durch Ergänzungen im Kraftstoff könnten Mineralöle schrittweise abgelöst werden. Im Moment sehr viele Experimente. • Interview mit Yergin: Öl nicht das erste Mal knapp, Menschen unterschätzen Technologie, Zyklen von Knappheit und Überfluss sind normal. Peak-Oil-Theorie ist irreführend – vielmehr Plateau in 2040 oder 2050. Es wird kalkulierbare und unkalkulierbare Versorgungsunterbrechungen geben. • Wiedergeburt eines Rohstoff-Nationalismus und Macht der Ölexportländer. • China: gigantischer Bedarf nach Energie + neue Akteure in der Weltwirtschaft. • Frage der Energiesicherheit => Diversifizierung der Versorgung und der Quellen + Investment in neue Technologie + Sicherung von Pipelines. • Gas und Öl werden sich mit der Außenpolitik der Länder entwickeln.	• Die Ausbreitung von Biokraftstoffen wird durch Finanzamt kritisch beobachtet. Monopol der Steuer in Gefahr.	
59	Zeitung Guardian: „Sweden plans to be world's oil-free economy" August 2006.	• Als eines der ersten Länder unternimmt Schweden enorme Anstrengungen, um unabhängig vom Erdöl zu werden – ganz ohne neue Atomkraftwerke! • Ziel: Ersatz der fossilen Energieträger durch erneuerbare Energie. • Und damit unabhängig von Erdöl und Folgen des Klimawandels. • Vorbereitung gegenüber dem „Oil Peak" (technisch und mental). • 32% der Energie kommt aus Erdöl (heute) – 77% im Jahre 1977!!! • UK und Brasilien haben großes Potential im Bereich der erneuerbaren Energien (Wind und Wellenkraft, Ethanol aus Zuckerrohr).	Schweden ist am besten auf den „Oil Peak" vorbereitet.	„The decision to abandon oil puts Sweden at the top of the world green league table."
60	Zeitschrift Technology Review: „Special Report: It's not too late" Articles: „The Messenger" (Klima) „The Oil Frontier" (Erdöl) „The Dirty Secret" (Kohle) „The Best Nuclear Option" „Brazil's Bounty" (Alkohol) „Redesigning Life to make Ethanol"	• Klimawandel lässt sich auf CO_2-Emission und menschliche Aktivitäten zurückführen. • Dilemma: Bis 2050 wird sich der Energiebedarf verdoppeln – dadurch Verdopplung des CO_2-Ausstoßes! Klimawandel wird sich beschleunigen. • Aus Kohle wird 24% in Energie und 40% in Elektrizität erzeugt. • Verbrennung „generiert" am meisten CO_2-Emission. • Entwicklung von „A Superclean Coal Plant" mit Null Emission (USA), „Integrated Gasification Combined Cycle IGCC" – kosten aber mehr als herkömmliche. • Früher war es „coal gasification", benutzt in den Ländern, die kein Öl zur Verfügung hatte. • Atomkraft: Alternative, um CO_2-Emission zu reduzieren und Klimawandel zu stoppen. • Aber umstritten, da hohes Risiko und radioaktive Abfälle. • Anzahl der Atomkraftwerke steigt stark an.	• Sehr umfassende Darstellung des Themas „Energie", auch im Zusammenhang mit Klimaveränderung und möglichen Alternativen. • Die Welt nutzt 13 Terawatt an Energie, 80% davon aus fossilen Ressourcen.	„It's time to stop waffeling so much and say that the greenhouse effect is here and is affecting our climate now." Abbildung: Zusammenhang CO_2, durchschnittliche Erdtemperatur und Meeresspiegel (p. 40-41)

Tabelle 47 Zukunft des Erdöls: Informationsbasis (Seite von 345 bis 364)

Nr.	Informationsquellen	Kernaussage	Indizien und Signale	Referenzen und Bemerkungen
	„It's not too early" (Big Picture) Aug. 2006	• Ethanol: Alkohol als Alternative zu Öl. Vorteil: vorher gebundenes CO_2 wird freigesetzt. • Suche nach innovativem Produktionsprozess von Ethanol. • Suche nach einem praktischen und wettbewerbsfähigen Ethanol. • Ethanol ist aus Biomasse produziert, in der Herstellung noch zu teuer (im Vergleich zu Erdöl). • Neue Verfahren: Bio/Gentechnik, um Effizienz zu erhöhen.	• Um Lebensbedingungen auf der Welt annähernd gleich zu halten (Klima, Meeresspiegel ...), werden bei 3% Wirtschaftswachstum bis 2050 zwischen 10 und 30 Terawatt Leistung aus CO_2-freien Energien kommen müssen! • Jetzt wäre die Zeit für den Beginn einer „Carbon-free"-Zeit. • Forderung eines Apollo-ähnlichen Forschungsprogrammes	
61	Buch Tetzakian, Peter: „A thousand Barrels a second" 2006	• Ölversorgung gilt als selbstverständlich (S. 23). • Energie kann nicht erzeugt werden (Helmholtz), nur umgewandelt. • Entwicklung Energienutzung (Historie!). • Industrierevolution begann mit James Watts Dampfmaschine. • Energieeffizienz. • Ölbesitz bedeutet Macht. • Öl versus Kohle. • Energie Roadmaps S. 176. • Ausblick: Veränderung im Verhalten. Wendepunkt in 2007/2008. Fokus auf effiziente Nutzung. Russland Öllieferant Nr.1. • 4 Dimensionen: billig, sauber, sicher, diskret.	• Südkorea wächst Öl-unabhängig • Regierungen, USA, China • Row, Business, Unternehmer, Individuals • => größte Unternehmen entstanden in Zeiten großer Veränderungen. • Shift im Energie-Mix.	„Low cost produces win". (S. 233) „... behemoth energy companies like ExxonMobil, Shell, General Electric, and Siemens. These are leaders and entities made their fortunes during the break points of the past, as the world cowered around them. While economies of scale remain important in energy, don't be misled into believing that only titans and giants will thrive in the world of tomorrow. In fact, as with the digital revolution, many fortunes will be made by the smaller players who recognize early on the opportunities of a rapidly evolving new game. ..." (S. 244-245) Energy Evolution Cycle (S. 249)
62	Buch Heinberg, Richard: „The Party is over" 2004	• Kann der freie Wettbewerb einen Ressourcenkrieg vermeiden? • „Paradox of Scale": • Zeitalter der fossilen Brennstoffe – Wachstum ist mit höherem Energiebedarf verbunden. • Partyzeit: billiges Öl im Übermaß – Ursache der Abhängigkeit • Trendwende: Öl wird knapp – jedoch wurde Ölende schon oft prophezeit.	• Sehr kritisch, sehr düster! • „Katastrophenblick": Zusammenhang Wachstum – Energie – Konsum	„Die auf billigen Energievorkommen beruhende Steigerung der landwirtschaftlichen Produktion ermöglichte es, eine Weltbevölkerung zu ernähren, die in einem einzigen Jahrhundert von 1,7 Milli-

Tabelle 47 Zukunft des Erdöls: Informationsbasis (Seite von 345 bis 364)

Nr.	Informationsquellen	Kernaussage	Indizien und Signale	Referenzen und Bemerkungen
		• Nachfolger: Erdgas, Kohle, Kernkraft – alle haben Nachteile. • Last One Standing: Wettbewerb um verbleibende Ressourcen. • Waiting for a Magic Elixir: falsche Hoffnungen, Wishful Thinking. • Alternativen sind keine Alternativen (ausführliche Erläuterung). • Folgen des Energiemangels: Finanzkrisen, Mobilitätsrückgang, Hungersnöte.	• Derzeit gibt es keine Alternative zum Erdöl! Kein Energieträger, auch kein regenerativer, kann das Öl ersetzen! • Viele Fakten! Ganzheitliche Betrachtung	arden auf über sechs Milliarden anwuchs."
63	Buch Roberts, Paul: „The End of Oil" 2004	• In spätestens 30 Jahren ist Öl „verbrannt". • Die Welt wird durch Energie dominiert (S. 5). • Ölindustrie gehört zu den instabilsten Industrien. • Signale der Veränderung: Ölfirmen investieren in andere Energieformen (BP). • Übergänge in Energiesystemen waren in der Vergangenheit mit Turbulenzen verbunden => Fokus sollte in Energieeffizienz liegen statt mehr Energie. • Energy Security. • Entwicklungsländer nehmen einfachsten Weg: hohe Umweltverschmutzung. • Energiesicherheit wird nicht nur in Entwicklungsländern zum Problem.	Viele Fehler im Kohlenwasserstoffsystem: • Umweltverschmutzung • Klima • Externe Kosten • Diskussion über energiepolitische Konsequenzen und Zusammenhänge (1st World – 3rd World)	Schlägt eine „Gesamt-Kosten-Nutzen-Kalkulation" vor und hat Ideen dazu. Externe – interne Kosten (S. 275)
64	Buch/Studie Glenn, J.C. / Gordon, T.J.: „The State of the Future" 2006	• Startpunkt sind 15 weltweite Herausforderungen der Menschheit (von Wasser bis Krankheiten und Kriminalität). • Im wesentlichen 4 Szenarien über die Zukunft der Energie: Business as usual – The skeptic Environmental Backlash High-Tech Economy – Technology pushes off the Limits Political Turmoil 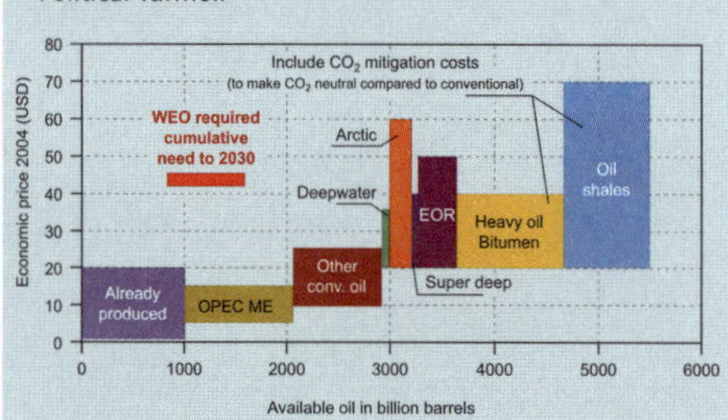 **Ausblick im Szenario 3 – Ölreserven ökonomisch und technisch**	• Millennium Project der UN University • Veröffentlicht jedes Jahr einen Bericht und berechnet „State of the Future Index" (SOFI) global und für Länder. • Interessante Szenarien	http://www.acunu.org/millennium/sof2006.html „The World Cup is on TV now, so let's worry about all this tomorrow." (Scenario 1)
65	Zeitschrift Spiegel online, Traufetter, Gerald: „Sweden Plans Wood Fueled Future" 22.03.2006 und Spiegel 12/2006 Wüst, Ch.: „Wälder im Tank"	• Schweden möchte bis 2020 unabhängig vom Öl werden. • Nachwachsende Rohstoffe: Holz, Getreide, Zuckerrohr usw. Großteil kommt noch aus Brasilien, Ziel ist es, einen Großteil selber zu produzieren. • Volvo, Saab und Ford treiben Entwicklung von FFV (Flexible Fuel Vehicle) voran – mehrere Treibstoffe als Alternative. • Gas als Treibstoff ist zu kompliziert zum Betanken.	Dass Automotoren nicht mit Ethanol betrieben werden, ist nur dem – damals – noch billigeren Erdöl zu verdanken.	http://service.spiegel.de/cache/international/spiegel0,1518,406937,00.html „That cars haven't been running on ethanol for a long time is, in fact, simply a historical accident.

Tabelle 47 Zukunft des Erdöls: Informationsbasis (Seite von 345 bis 364)

Nr.	Informations-quellen	Kernaussage	Indizien und Signale	Referenzen und Bemerkungen
				In the 1920s, car magnate Henry Ford was in favor of ethanol-powered engines. But the Rockefeller oil dynasty was able to push through the use of gasoline motors."
66	Zeitschrift McKinsey Quarterly: „Securing India's Energy Needs" 2005	• Energiebedarf steigt um ca. 40% bis 2010. • Indien importiert 70% des Ölbedarfs. • Investiert in Quellen in z. B. Russland und Sudan. • Hoher Investitionsbedarf.	McKinsey empfiehlt Privatisierung und Liberalisierung => steigender Wettbewerb	–
67	Zeitschrift McKinsey Quarterly. „What Next for Big Oil?" 2004	• Viele der verbleibenden Reserven – Öl und Gas – sind in Ländern mit hoher politischer Instabilität oder technologisch schwierig zu fördern (Naher Osten, Antarktis). • China und Indien investieren große Summen in Erschließung neuer Felder. • Ölfirmen haben Technologie, Geld, Expertise – Nationalstaaten haben Öl. • Viele der Quellen der 5 größten Produzenten (ExxonMobil, BP, Royal Dutch Shell, ChevronTexaco, Total) altern und liefern weniger als in Spitzenzeiten. • Steigende Produktionskosten (Durchschnittskosten der Produktion stiegen um 42% von 2000 bis 2005 – in der Nordsee). • Durchschnittsgröße neuer Entdeckungen sinkt. • Im Jahr 2004 ersetzte Shell nur 15-25% der Produktion. • Staatliche Ölfirmen expandieren international. • Produktionskapazitäten sanken von 10 Mio. Barrel/d in 1970-1980 auf 3-5 Mio.	• Replacement-Rate der großen Ölfirmen sinkt auf unter 80% in 2004. • Harter internationaler Wettbewerb um neue Quellen! • Technologischer Vorsprung der Ölfirmen.	–
68	Zeitschrift McKinsey Quarterly: „Meeting China's energy needs through Liberalization" 2006	• Mit dem Wohlstand steigt Energiebedarf. • Neben steigendem Rohölbedarf steigt Bedarf an Produktionskapazitäten für Raffinerie und Transport. • China ist zweitgrößter Automarkt (5 Millionen Neuwagen pro Jahr). • 2015 könnten 100 Millionen Fahrzeuge fahren. • Nachfrage nach Treibstoff steigt ca. 6% pro Jahr. • Bis 2020 könnte der Import von heute 3 Mio. Barrels pro Tag auf 10 Mio. steigen – so viel wie USA heute täglich importiert.	• China hat seit 2001 15 Mrd. $ für (ausländische) Ölfelder ausgegeben • => Mc Kinsey schlägt Liberalisierung der Ölpreise und Öffnung der Märkte vor. => Notwendiger Schritt, verschärft aber weltweit die Nachfrage!	-
69	Online-Essay Harding, Gary W. „The way things are going to be" 1998	Diskussion der Energieproblematik: • Hubbert's Peak – 1600 Mrd. Barrel Oil – über 900 Mrd. wurden gefördert. • Wenn der „Peak" erreicht ist, werden Energiekosten steigen – nicht nur für Öl. • Viel Kapital wird von entwickelten Ländern in Öl-Länder fließen.	Das kommende Dilemma wird von Vielen geleugnet – aus unterschiedlichen Gründen.	http://members.aol.com/trajcom/private/oilcris.htm "... we are not running out of oil, just the cheap and abundant oil that has fueled our recent economic prosperity."

Tabelle 47 Zukunft des Erdöls: Informationsbasis (Seite von 345 bis 364)

Nr.	Informations-quellen	Kernaussage	Indizien und Signale	Referenzen und Bemerkungen
70	Zeitschrift Bild der Wissenschaft: „Energie, Energie, Energie" 10/2005	• Deutschland ist größter Energiemarkt Europas. • Mineralöl: 36,4%; Erdgas: 22,4%; Steinkohle 13,4%; Kernenergie 12,6%; Braunkohle: 11,4%; Wasser: 0,5%; Wind: 0,4%; Rest: 0,29% (2004). • Sehr hohe Unsicherheit – keine Eindeutigkeit, alles ist in Diskussion. • Energie ist auch ein Nebenkriegsschauplatz für die Politik. • Effizienz: eher Evolution als Revolution. • Interview mit Hilmar Rempel zu Erdöl (BGR siehe [52,53]).	• Eher Status quo der Energiesituation in Deutschland als Ausblick. • Alles beim alten, Kernenergie umstritten.	„Diese Entkopplung von Primärenergieverbrauch und Wirtschaftswachstum wird auch in Zukunft weitergehen."
71	Buch Simmons, Matthew R.: „Twilight in the Desert" 2005	• Untersuchung der Situation am Beispiel Saudi Arabiens. • Detaillierte Zusammenstellung über Geschichte, Politik und Berichte über Öl. • Saudi-Öl entspringt zu drei Vierteln 5 großen – gut ausgebeuteten Ölfeldern. • Diese Abhängigkeit wird durch optimistische Informationspolitik verschleiert.	• Einschätzung der Reserven zu optimistisch! • Investmentbanker	-
72	Studie DB-Research: „Energieperspektiven nach dem Ölzeitalter" 2004	• Energiesicherheit in Gefahr: Ölpreissteigerungen, Stromausfälle ... • Nur breiter Fächer von Maßnahmen kann Energieversorgung sicherstellen. Dieser ist national und international (z.B. EU) durchzusetzen. • Energiemix der Zukunft wird weniger fossile Anteile haben. • Deutschland und Europa sollten Mut zu einer eigenständigen Energiepolitik haben. • Riesiger Investitionsbedarf – zur Modernisierung und Erweiterung der Energieinfrastruktur. • Längerfristiger Energiepreisanstieg ist programmiert, obwohl die Angaben über Reichweiten bisher immer übertroffen wurden. • „Angemessene Preise" enthalten Sicherheits- und Umweltauflagen.	• Analyse über mögliche Maßnahmen als Reaktion auf Ölmangel • Konkrete Vorschläge: Energieeffizienz, Energiesparen, Technologien: neue Generation von Kraftwerken.	www.dbresearch.de „Fazit: Zeit zum Handeln." „F&E-Anstrengungen rund um sichere Kraftwerke (einschließlich Kernenergie) und Netze, erneuerbare Energien und Wasserstoff sind voranzutreiben."
73	Studie DB-Research: „Bio-Energien für die Zeit nach dem Öl" 2005	• Bio-Kraftstoffe sind keine Nischenprodukte mehr. • Mit der Förderung kann Technologievorsprung erreicht werden. • Bioenergien erbringen heute schon 60% der erneuerbaren Energien. • Vorteil CO_2 – Neutralität – Hoffnungsträger nachwachsende Rohstoffe. • Größere Ausbreitung ist u.a. durch weltweite Ackerfläche begrenzt.	• Darstellung der Vor- und Nachteile der Bio-Energien. • Könnte bis 2030 auf über 10% wachsen (heute 2,3%).	www.dbresearch.de „Ab einem Ölpreis von $100 wäre Bio-Kraftstoff schon mit heutiger Technologie konkurrenzfähig."
74	Zeitschrift Business Week: „The Future of Oil: Four Scenarios" August 08, 2006	• Unsicherheit im mittleren Osten, viele Konflikte – Iran, Irak, Israel, Libanon. • US-Wirtschaft reagiert sehr sensibel auf Öl-Preis, stärker als 2005. • Mehr Geld für Energie, steigende Inflation und Angst vor Rezession. • Szenario 1: Conflict contained Ölpreis fällt trotz der Konflikte auf unter $60, US-Wirtschaftswachstum 2,5%, Europa beschleunigt, Asien stabil.	• BW und Standard & Poors analysieren die Entwicklung des Ölpreises und den Einfluss auf die US-Wirtschaft mit Hilfe von 4 Szenarien • Zeitraum bis 2008, nur USA	www.businessweek.com/investor/content/aug2006/pi20060808_648271.htm „Again, worse cases than any of these are entirely possible, with resulting impacts on the U.S. and world economy that are nearly impossible

Tabelle 47 Zukunft des Erdöls: Informationsbasis (Seite von 345 bis 364)

Nr.	Informations-quellen	Kernaussage	Indizien und Signale	Referenzen und Bemerkungen
		• Szenario 2: Iran shuts taps Iran liefert aus verschiedenen denkbaren Gründen kein Öl mehr, Ölpreis steigt auf über $100, stabilisiert sich dann bei $95 und sinkt Ende 2008 auf unter $66. • Szenario 3: The gulf goes dry Iran schließt „Strait of Hormuz" für Tankerverkehr. Welt-Öllieferungen sinken um 20%. Ölpreis steigt auf über $250, Weltrezension wie 1980. US-Inflation 10%, Wirtschaft sinkt um 5,2%. • Szenario 4: The US gets off Ölembargo gegen USA, was aber nicht lange anhält und demzufolge bleiben die Auswirkungen eher gering.	• Typisches Wunschszenario: das Szenario 1 sei am wahrscheinlichsten und auch am besten – hoffen wir, dass alles so kommt. • Interessant: Die Einschätzung über Verletzbarkeit der Ölverfügbarkeit	to model. The best hope is for a diplomatic breakthrough – and a little luck – to help limit the outcome to Scenario One."
75	Kapitel Cordeiro, J.L.: „Energy 2020: A Vision of the Future" WFS 2006-08-28. Creating Global Strategies for Humanity's Future	• Optimistischer Ausblick bezüglich Erdöl. • Knapp 4 Billion Barrel Ölreserven inklusive conventional Öl, arktisches Öl, Schweröl, Ölschiefer und Ölsande. • In der Vergangenheit wurde schon fünf mal das Ende des Öls vorher gesagt: 1880, nach dem 1., nach dem 2. Weltkrieg, 1970 (Ölschock) und um 2000. • Starker Anstieg von Gas als Quelle, Rückgang von Nuklearenergie. • In 2020 wird eine – nicht näher beschriebene Energiequelle – zum Einsatz kommen. • Ein Energie-Internet entsteht und Bioenergie wird wichtige Rolle spielen. • Bakterium „Petroleum Artificiali" generiert Treibstoff aus CO_2 und H_2O.	Interessante Vision – die Erde hat genug Energie, was fehlt, ist die richtige Technologie.	„The earth, the sun, the galaxy, and the universe have more than enough energy resources to power our civilization for the following decades, centuries, and millennia. With enough technology, it is basically a matter of costs and priorities."
76	Online-Quelle: British Petrol		Carbon Footprint Calculator	www.bp.com
77	Online-Quelle: Royal Dutch Shell	• Die großen Ölfirmen kontrollieren nur einen kleinen Prozentsatz des Rohölmarkts. • Die Weltproduktion 2005 betrug 83,80 Mio. Barrel/Tag. • Davon produzierten Shell 2,14 Mio., Exxon Mobil 2,54 Mio., BP 2,59 Mio., Chevron 1,79 Mio., Total 1,66 Mio. (Summe: 10,72 Mio. Barrel/Tag). • Die OPEC produzierten ca. 33 Mio. Barrel/Tag • Alle anderen produzierten gemeinsam ca. 40 Mio. Barrel/Tag	Aktivitäten in Wasserstoff, Solar und Wind	www.shell.com
78	Online-Quelle: Total	Setzt auf Technologie.		www.total.com
79	Online-Quelle: ChevronTexaco			www.chevron.com
80	Online-Quelle: ExxonMobil	Report: The Outlook for Energy – A view to 2030. 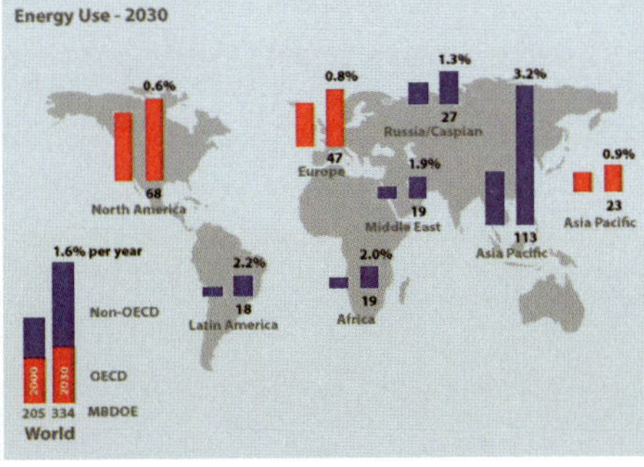	• Exxon erstellt jährlich einen Langzeitausblick – enthält Angaben zu Weltwirtschaft und Energiebedarf. • Arbeiten mit IEA und US Department of Energy zusammen.	www.exxon.com „We will need approximately 60% more energy in 2030 than in 2000."

Tabelle 47 Zukunft des Erdöls: Informationsbasis (Seite von 345 bis 364)

Nr.	Informations-quellen	Kernaussage	Indizien und Signale	Referenzen und Bemerkungen
81	Esso	• Viele Reports, Studien und Statistiken verfügbar, z.B.: Oeldorado 2005, Energie-Trends, Energieprognose 2003. • Öl und Erdgas wird bis 2020 die wichtigste Primärenergie bleiben. • Investitionen der Öl- und Gaswirtschaft betragen bis zu $200 Mrd. jährlich. • Vergleiche zu Wettbewerbern.	• Verbrauchs-zuwachs 2005: 120 Mio. Tonnen • Reservenzuwachs 2005: 1.600 Mio. Tonnen	www.esso.de „Die Nachfrage nach Energie ist weltweit auf einem sehr hohen Niveau und wächst weiter. Die Deckung dieses Bedarfs stellt eine erhebliche Herausforderung dar."
82	Intergovernmental Panel of Climate Change (IPCC): 4th Assessment Report	Szenarios für den Klimawandel: 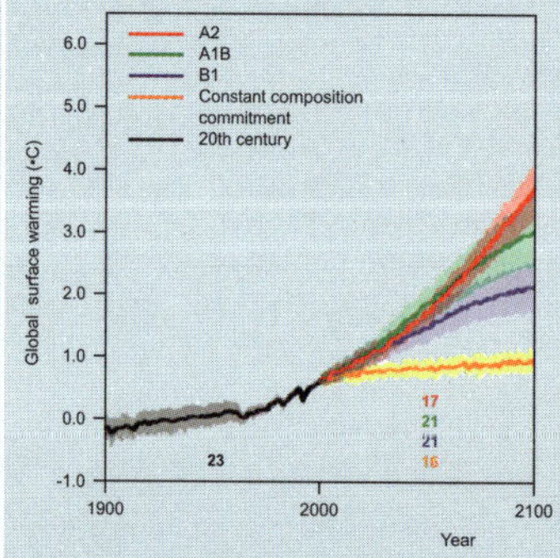		„The atmospheric concentration of carbon dioxide in 2005 exceeds by far the natural range over the last 650,000 years (180 to 300 ppm) as determined from ice cores." http://www.ipcc.ch/index.html http://www.ipcc.ch/SPM2feb07.pdf
83	Buch Rahmstorf, S.; Schellnhuber, H.: Der Klimawandel	Überblick über Erforschung, Folgen und Lösungsmöglichkeiten des Klimaproblems.		
84	Studie Tyndall – Center for Climate Change Research: Linking Air Pollution with Climate Change. 2007	Ausblick auf 2020: Im Vergleich zu 1995 wird vor allem im Bereich „Power Generation", „Field Combustion" und „Residential" Potential für eine Verringerung des CO_2-Ausstoßes gesehen, während sich bezogen auf „Transport" die Menge vervierfacht!!!		http://tyndall.webapp1.uea.ac.uk/publications/tech_reports/tr53.pdf
85	Buch Kara Mikko et.al.: Energy Visions for 2030 for Finland VTT EDITA Helsinki 2003	Enthält 3 Szenarios für Finnland 2030: Kyoto: Orientierung am Kyoto-Protokoll Save: Schwerpunkt Energie sparen Techno: Technologische Lösungen zum Lösen der Probleme	Sehr detaillierte Darstellung der Situation, Alternativen, Technologien und Perspektiven (zum Großteil für Finnland).	„In the Kyoto-Scenario the total amount of emissions is not very much reduced after the year 2010, whereas in the Save and Technology scenarios the longer-term goal of an additional 20% reduction is reached."

7.4 Verdichtung und Operationalisierung

Die vorliegenden Informationsquellen sind das Ergebnis einer umfangreichen Recherche. Trotz des Umfangs sind sie bei weitem nicht vollständig. Bewusst wurden dafür Quellen heterogener Herkunft ausgewählt, um der Vielfältigkeit zu genügen und möglichst viele Perspektiven und Interessengruppen zu erfassen.

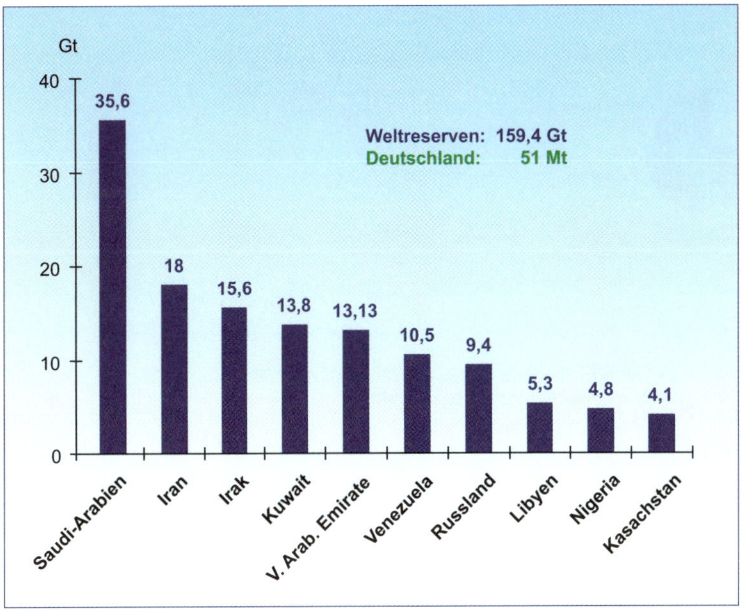

Bild 148 **Konventionelle Erdölreserven Ende 2004: Die Top Ten ((Quelle: BP))**

Schon nach kurzer Recherche stellt man fest, dass sich bestimmte Werte – zum Beispiel bezüglich Ölreserven, wie in den Bildern 148 und 149 aufgeführt – wiederholen und diese sich mit einiger Wahrscheinlichkeit auf den gleichen Ursprung zurückführen lassen. Nun gilt es, die vorliegenden Informationen so aufzuarbeiten, dass sie weiter verwendet werden können. Zunächst einmal fällt auf, dass das Thema immer mehr Aufmerksamkeit bekommt – in allen Schichten der Gesellschaft. Es beginnt, allgemeine Akzeptanz zu erlangen. Dennoch ist nicht zu übersehen, dass einige Regierungen recht unbesorgt in die Zukunft schauen.

Nach dem Studium des Materials und der Zusammenfassung in Tabelle 47 stellt sich nun die Herausforderung, die unübersichtlich, unstrukturiert und zum Teil widersprüchlich vorliegenden Informationen zu sortieren und zu strukturieren. Eine erste Hilfe ist die Darstellung der Elemente im Radar (Bild 150) mit der Strukturierung nach Einflussgrößen und -Segmenten.

Durch dieses Radar werden Zusammenhänge deutlich (durch Linien angedeutet). Der besondere Wert der Darstellung liegt jedoch hauptsächlich im Vorgang des Erstellens.

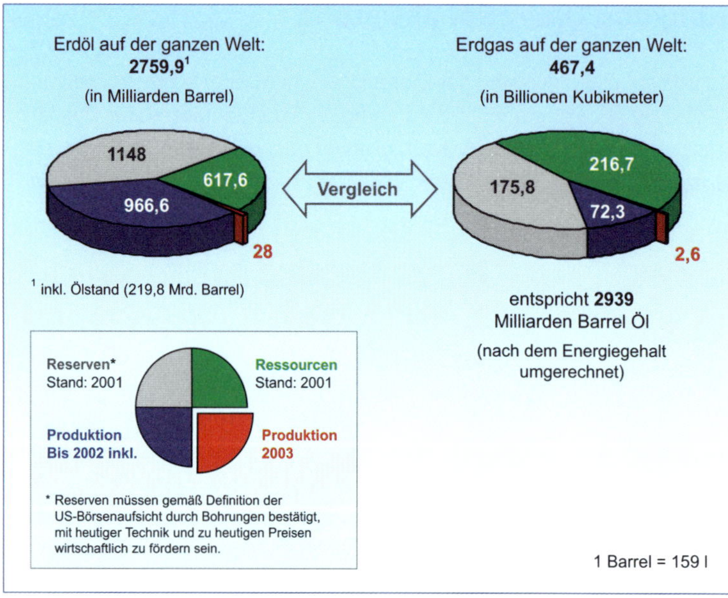

Bild 149 Energievorräte im Überblick: Mehr Gas als Öl (Quelle: SZ-Wissen, Januar 2005: Die Suche nach dem letzten Tropfen)

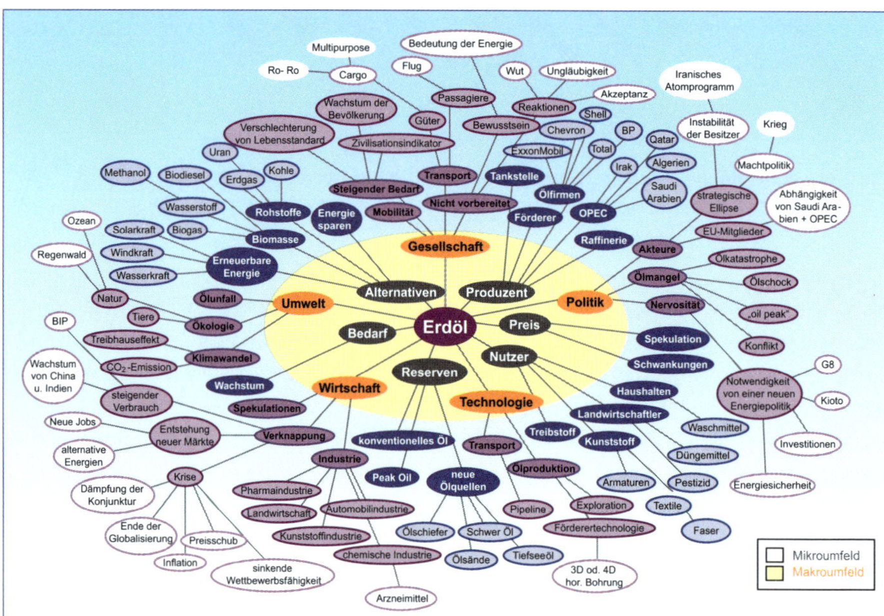

Bild 150 Trendradar: Überblick über die Situation und Zusammenhänge

Signale und Trends werden angeordnet, wieder verschoben, diskutiert und neu platziert. Das Ergebnis ist sowohl Strukturhilfe als auch Orientierung.

Mit der Informationsbasis aus Tabelle 47 wurden die nun folgenden Hypothesen erstellt. Wie zuvor beschrieben, sind die Informationen den fünf Kategorien Paradigmen, Trends, Widersprüche, Unsicherheiten und Paradigmen (vgl. Bild 41) zugeordnet und dabei verdichtet. Für dieses Beispiel kommt der Standardansatz zur Anwendung (vgl. Abschnitt 4.8).

Paradigmen:
Fakten und Tatsachen, als gesichert geltende Annahmen und Konstanten

Welche Informationen gelten als gesichert und können als Fakten und Paradigmen bezeichnet werden?

- Fossile Energieträger und insbesondere Erdöl sind endlich.
- Alle Energieformen und deren Anwendung haben Auswirkungen auf die Umwelt.
- Mehr als 90% der Mobilität und Energie für Transport gehen auf Erdöl zurück!
- Die Verbrennung von fossilen Brennstoffen setzt CO_2 frei – ein Treibhausgas, was zur Klimaerwärmung führt.
- Auch in Zukunft wird die Auswahl der Energie durch Kosten und nicht durch Vernunft bestimmt werden.
- Der private und gesellschaftliche Wohlstand hängt mit der Verfügbarkeit von Energie zusammen.
- Die nutzbare Energieform im täglichen Leben sind im Wesentlichen elektrischer Strom (Elektronen) und Treibstoff (Moleküle).
- Die Abhängigkeit vom Erdöl ist unverkennbar.
- Die drei größten Importeure von Erdöl sind USA, China und Japan.
- Die einfache Verfügbarkeit von billiger Energie treibt den Fortschritt und die Produktivität.
- Die Versorgung mit Erdöl ist extrem anfällig, schon bisher führen kleinste Störungen zu großen Auswirkungen am Markt – der Spotmarkt ist volatil.
- Wasserstoff wird zwar als die *Energiequelle* der Zukunft gehandelt, es ist aber lediglich ein *Energieträger* – er spielt bei der Zukunft des Erdöls kaum eine Rolle.
- Es gibt vielfältige Anwendungsmöglichkeiten für Erdöl.
- Die Entstehung des Erdöls dauerte ca. 100 Millionen Jahre – der Verbrauch wird weniger als 200 Jahre dauern (CO_2-Freisetzung!).
- 80% der Erdölvorkommen liegen in der „strategischen Ellipse" (vgl. Bild 147).

Trends: Veränderungen, die gerichtet ablaufen

Was wird sich an der aktuellen Situation ändern, was sind Ursachen und Treiber und gibt es eventuell Pattern dafür?

- Der Energiebedarf (Strom, Treibstoff) steigt (wenn auch unterschiedlich stark in Regionen).
- Der Preis für Energie und Erdöl wird auf Grund der steigenden Nachfrage langfristig steigen.
- Technischer Fortschritt ermöglicht eine effektivere Förderung des Erdöls und eine effizientere Nutzung der Energie.
- Die Suche und Förderung von Erdöl wird immer aufwändiger.
- Der Anteil alternativer Energien am Gesamtverbrauch wird steigen (langsam).
- Die Abhängigkeit der Industrienationen von Ölimporten steigt (gleiches Verhalten und Wachstum angenommen).
- Der Aufwand zur Erhaltung der Energiesicherheit wird zunehmen (Sicherstellung und Sicherheit).
- Neben den traditionellen Ölquellen (Crude Oil) werden vermehrt Ölsande und Ölschiefer eine Rolle spielen.

Widersprüche: Nicht ohne weiteres endgültig zu klären

Welche Widersprüche sind in den vorliegenden Informationen enthalten?

- Widersprüchliche Angaben über Erdölreserven (bewusst und unbewusst).
- Eintritt von „Peak-Oil" – zwischen 2005 und 2040.
- Energiebewusstsein – einerseits Energiesparen, andererseits verschwenderischer Umgang (steigender Durchschnittsverbrauch der Autos in USA).
- Klimabewusstsein und Umweltbewusstsein – „Tragedy of the Commons"
  Dilemma der unterschiedlichen Einzelinteressen versus gesellschaftliche und globale Interessen.
- Angaben über Kapazitäten und die Erweiterungsmöglichkeiten zur Produktion von Treibstoffen unterscheiden sich stark.
- Die Verfügbarkeit von alternativen Energien – als Möglichkeiten der Substitution von Erdöl – ist weitestgehend ungeklärt.
- Der Versuch, den Klimawandel beispielsweise durch Einlagerung von CO_2 abzuwenden, ist ein weiterer Versuch, Probleme mit Technologie zu lösen. Das steht aber im Widerspruch zum langfristigen Klimaschutz – der ein radikales Umdenken erfordert. Technologische Lösungen von heute sind, wie die Geschichte oft genug bewies, die Probleme von morgen.

Unsicherheiten: Unklarheiten über die weitere Entwicklung; mehrere Ausprägungen sind möglich.

Was sind Unsicherheitsfaktoren für die weitere Entwicklung?

- Orientiert sich die Allgemeinheit an kurzfristigen wirtschaftlichen Erfolgen oder der langfristigen Entwicklung im Energiesektor? (Gibt es ein schlechtes Gewissen der Welt?)
- Politische Aktivitäten: Vorkehrungen und Reaktionen?
- Wirtschaftliche Entwicklung im Zeichen der Abhängigkeit und Unsicherheit?
- Alternative Energien: Verfügbarkeit und Masseneinsatz?
- Machtverschiebung auf globaler Ebene: Neue Weltmacht (Energiemacht) Russland?
- Rolle des Erdöls: Steigende Abhängigkeit oder beginnende Unabhängigkeit?
- Einschätzung der Energiesituation bei Entscheidern in Politik und Wirtschaft?
- Weitere Entwicklung der Globalisierung: Weltweite Ressourcenbeschaffung entsprechend den niedrigsten Kosten und der optimalen Verfügbarkeit?
- Können Ölkonzerne ihre Macht festigen und gegen gesellschaftlichen oder politischen Druck behaupten?
- Werden die Chancen, die sich durch die Unsicherheit im Energiesektor ergeben, zu Innovationen auf dem Gebiet führen und evtl. zu neuen Energieformen?
- Welche Rolle wird die Vernunft der Menschheit auf globaler Ebene spielen, immerhin behauptet der Mensch, ein intelligentes Lebewesen zu sein?

Chaos/Wildcards: Überraschungen, Entwicklungsbrüche und radikale Änderungen

Welche Überraschungen und Entwicklungsbrüche könnten zu radikalen Änderungen und Störungen führen?

- Naturkatastrophen jeglicher Art.
- Kriege, Gewalt, Terror – um Ressourcen und Reserven.
- Abrupter Stopp der Öllieferungen.
- Reduktion der Reserven (z.B. durch Mikroorganismen).
- Plötzliche Klimaveränderungen (Golfstrom) mit Auswirkungen auf die Lebensweise.
- Krisen der Finanzmärkte und Turbulenzen an den Börsen.
- Entdeckung der neuen „Superenergie" – billig mit unbekannten Auswirkungen auf die Umwelt.
- Veränderte Businessmodelle, die zu anderen Anforderungen und Nutzungen von Energie führen.
- Gesellschaftsformen im Umbruch.

Tabelle 48 Verdichtete und verifizierte Thesen zur Zukunft des Erdöls

Paradigmen, Konstanten	Trends	Widersprüche	Unsicherheit	Chaos, Wildcards
P1: Fossile Energieträger (Erdöl) sind endlich. **P2:** Einfache und vielseitige Verwendungsmöglichkeiten des Öls (Treibstoff, Kunststoff, Textil, Pestizid, Pharmaprodukte). **P3:** Die Entstehung des Erdöls dauerte ca. 100 Mio. Jahre – der Konsum wird weniger als 200 Jahre dauern (CO_2-Freisetzung). **P4:** Die Erdölversorgung ist sehr anfällig – Spotmarkt ist sehr volatil. **P5:** Die strategische Ellipse hat 80% der Reserven (Erdgas, Erdöl, Kohle). **P6:** Die 3 größten Importeure von Öl sind USA, China und Japan. **P7:** Es besteht ein Zusammenhang zwischen technischem Fortschritt, Zuwachs der Bevölkerung, BIP, Lebensstandard und der Verfügbarkeit von Energie (Öl). **P8:** 90% der Energie für Mobilität und Transport sind Erdöl.	**T1:** Energiebedarf und Verbrauch steigen, besonders in Entwicklungsländern. **T2:** Mit der Nachfrage wird der Preis des Erdöls weiter steigen. **T3:** Alternativen gewinnen an Bedeutung (Erdgas, Nuklear, Solar, Bio ...). **T4:** Abhängigkeit vom Erdöl wird weiter steigen. **T5:** Geopolitische Instabilität in vielen Erdölländern und Regionen nimmt zu. **T6:** Klimawandel (Temperaturanstieg durch CO_2-Zunahme) und Konsequenzen nehmen zu (Hurrikane, extreme Wetterlagen) **T7:** Aufwand zur Sicherstellung der Energiesicherheit nimmt zu. **T8:** Förderbedingungen werden schwieriger – Aufwand steigt. **T9:** Technisierung und bessere Fördermöglichkeiten gleichen Rückgang teilweise aus. **T10:** Nervosität über Verfügbarkeit nimmt zu.	**W1:** Widersprüchliche Angaben über Erdölreserven. **W2:** (Schnelle) Verfügbarkeit von alternativen Energiequellen (Solarenergie, Windkraft, Atomkraft, – ökologische Lösungen, andere). **W3:** „Peak-Oil": Hubbert's Peak – Widersprüchliche Angaben über Eintritt. **W4:** Energiebewusstsein – zum Teil vorhanden und steigend, andererseits Energieblindheit. **W5:** Angaben über die Entwicklung der Ölnachfrage sind widersprüchlich. **W6:** Unterschiedliche Angaben über Kapazitäten zur Ölproduktion und Raffinerien. **W7:** Unterschiedliche private und gesellschaftliche Interessen.	**U1:** Sind Alternativen verfügbar und können diese Ausfälle kompensieren? **U2:** Auswirkungen und Gestalt des Überganges in die Nach-Erdöl-Ära. **U3:** Auswirkungen einer Verknappung auf den Lebensstandard. **U4:** Weitere Globalisierung oder Regionalisierung durch hohe Transportkosten? (Kippt das Paradigma der Globalisierung – niedrige Lohnkosten und niedrige Transportkosten?) **U5:** Politische Aktivitäten und Einflüsse auf die weitere Entwicklung. **U6:** Reaktionen der Industrie – vor allem energiehungriger Industrien – ist unklar. Alternative Materialien/Produkte? Wirtschaftliche Entwicklung ungewiss. **U7:** Wirtschaftliche Entwicklung im Zeichen der Abhängigkeit und Unsicherheit. **U8:** Neue politische und wirtschaftliche Machtzentren in der Welt. **U9:** Preisentwicklung von Erdöl bei wechselnder Nachfrage? **U10:** Nutzung der Chance, die sich aus der unsicheren Energiesituation ergibt, für innovative Unternehmen.	**C1:** Mikroorganismen „fressen" Ölreserven. **C2:** Auswirkungen von Engpässen auf Industrie und Zivilisation, Kreisläufe. **C3:** Kollektives Bewusstsein und Verhalten (1st world vs 3rd world?). **C4:** Krieg, Gewalt und Terror um Ressourcen? **C5:** Naturkatastrophen jeglicher Art. **C6:** Klimaschock und die Auswirkungen. **C7:** Abrupter Stopp der Öllieferungen **C8:** Entdeckung der „Superenergie".

Eine detaillierte Recherche wird insbesondere dann notwendig, wenn bei der Entwicklung der Elemente aus den Hypothesen Unklarheiten entstehen. In der Praxis hat es sich bewährt, für jede der aufgestellten Hypothesen eine Detailanalyse anzufertigen. Das sorgt für Klarheit und untersucht die Aussage. Ein Beispiel zeigt Bild 151.

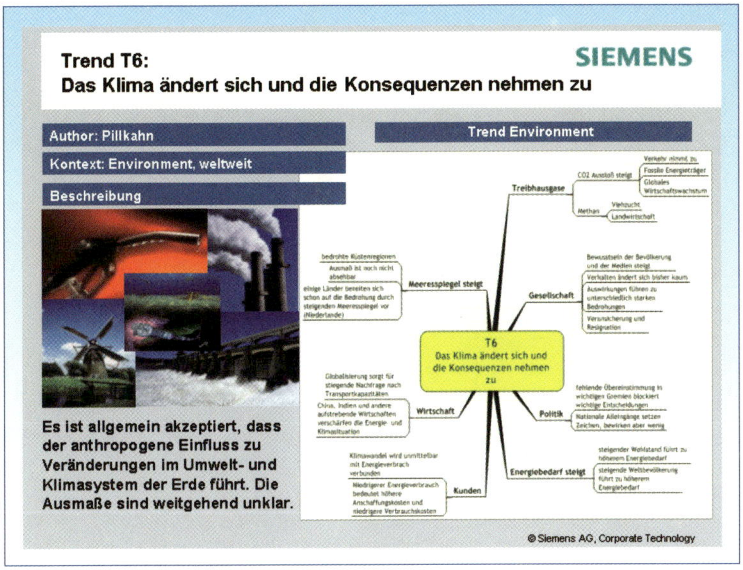

Bild 151 Beispiel-Trend: Der Wandel des Klimas

Erweisen sich einige der Behauptungen als falsch oder nur teilweise richtig, werden sie aus der Liste der Hypothesen entfernt und nicht in die Liste der Elemente übernommen. Das führt zu einer weiteren Verdichtung der Informationen. Das Ergebnis ist in Tabelle 48 zu sehen.

7.5 Generierung der Umweltszenarien

Wie im Kapitel 4 erläutert, werden nun die verifizierten Hypothesen (der Zukunftselemente) zur Erstellung des Szenariorahmens verwendet. Zunächst werden die einzelnen Elemente bezüglich ihrer Unsicherheit und ihres Einflusses auf die Erdölversorgung bewertet (Bild 152). Letzterer gibt die Wirkung auf die weitere Entwicklung des Erdöls an und erstere die geschätzte Sicherheit des Auftretens.

Anschließend erfolgt die Untersuchung der Wechselwirkung der Trends untereinander nach der Trend-Impact-Analyse (Bild 153): Jeder der Trends wird daraufhin untersucht, in welcher Beziehung er zu den anderen steht. Auf diese Weise lassen sich diejenigen Trends ermitteln, die die Entwicklung aktiv vorantreiben und diejenigen, die sich passiv verhalten. Der Matrix ist zu entnehmen, dass T6, T8 und T9 die Situation eher treiben (Klimawandel und technischer Fortschritt), T2 und T3 (Nachfrage und Alternativen) getrieben werden und keine eigene Dynamik entwickeln. Es gibt keine puffernden Elemente, aber eine ganze Reihe ambivalenter Trends – was als Zeichen für hohe Unsicherheit zu werten ist. In Bild 154 sind die Aktiv- und Passivsummen grafisch dargestellt. Die Erkenntnisse über die Beurteilung der Aktivität der einzelnen Elemente werden später bei der Erstellung der Zukunftsbilder berücksichtigt.

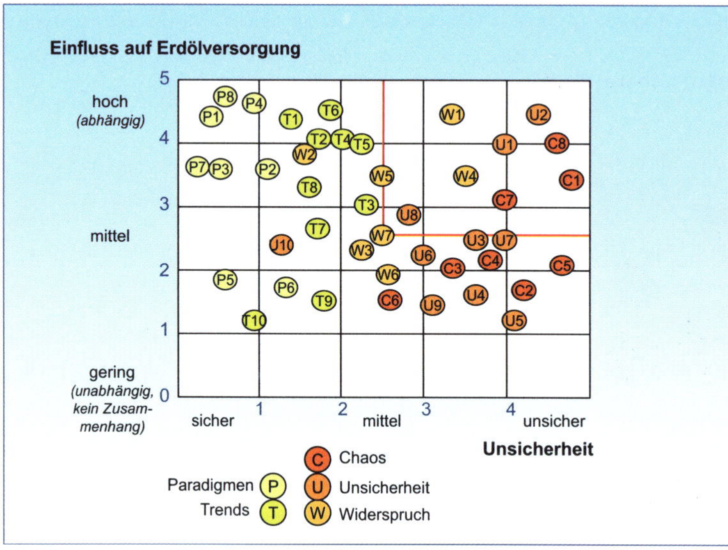

Bild 152 Umweltszenario „Zukunft des Erdöls“: Bewertungsmatrix (Wilson-Matrix)

	T1	T2	T3	T4	T5	T6	T7	T8	T9	T10	Aktive Summe
T1		3	3	3	2	3	3	2	1	2	22
T2	0		3	0	3	0	2	0	1	2	11
T3	1	1		0	0	0	2	1	0	0	4
T4	2	2	3		3	2	3	1	1	2	16
T5	0	2	3	0		0	2	1	1	3	13
T6	2	1	3	1	1		1	0	1	2	13
T7	1	2	2	2	2	1		3	2	3	18
T8	2	3	3	1	1	0	3		1	2	16
T9	2	1	0	2	1	2	2	2		1	13
T10	3	3	3	3	3	0	2	2	1		20
Passive Summe	15	18	23	12	16	8	20	12	9	17	

Aktive: T1 T7 T10
Passive: T2 T3 T7

0 unabhängig	2 abhängig
1 leichte Beeinflussung	3 starker Treiber

Bild 153 Umweltszenario „Zukunft des Erdöls“: Trend-Impact-Analyse

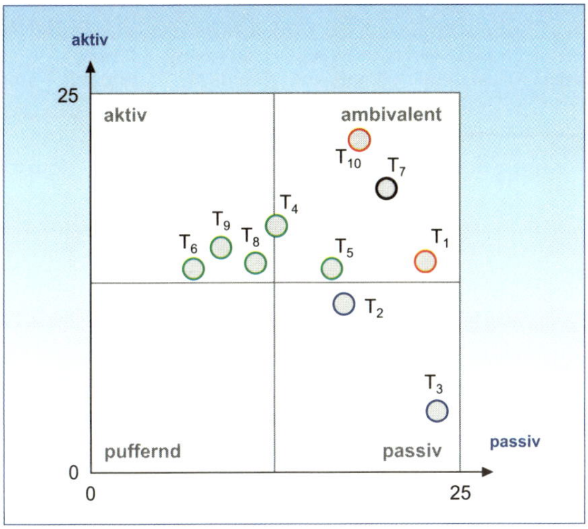

Bild 154 Umweltszenario „Zukunft des Erdöls": Grafische Darstellung der Ergebnisse der Trend-Impact-Analyse

Basierend auf der Zusammenstellung in Tabelle 48 und der Bewertung (Bild 152) lässt sich nun ein Szenariorahmen entwickeln, von dem ausgehend dann die Zukunftsbilder erstellt werden können. Bild 155 zeigt das Vorgehen mit Hilfe der Morphologischen Box, so wie es auch in den Beispielen zuvor schon zur Anwendung kam.

Nachfolgend wird jeder der Szenario-Entwürfe – jeweils zum einen die Zusammenstellung der Elemente und dann ein ausformuliertes Kurz-Szenario und eine grafische Umsetzung – in einem Abschnitt dargestellt.

Für die Visualisierung der Szenarien wurde – im Unterschied zu den Zeichnungen für die Szenarien zur „Zukunft des Fernsehens" – das Stilmittel der Collage verwendet. Hier ist anzumerken, dass Zweckmäßigkeit vor Schönheit geht. Die Ideen und Kernbotschaften sollen zum Ausdruck kommen.

	W1	W2	W6	U1	U2	U8	C1	C4	Szenarien
a	Ausreichend vorhanden, Ölsand als neue Möglichkeit.	Wind, Sonne, Atom, Wasser sind verfügbar und können einen Teil von Ausfall versetzen.	Produktionskapazitäten knapp ausreichend.	Mehrere Energiealternativen vorhanden, aber als „zu teuer" eingeschränkt.	Langsamer, sukzessiver Übergang.	Russland wird neue Supermacht.	Bedrohung durch Mikroorganismen, Dezimierung der Reserven.	Ölknappheit, löst Aggressionen und Kriege aus.	Der Tank ist leer „Empty"
b	Überbewertete Reserven. Förderrückgang.	Kaum Investments in Alternativen, da „zu teuer".	Kapazitätsengpass ist nur temporär.	Keine Alternativen in Sicht, um Erdöl vollständig zu ersetzen.	Schockartiger Ölmangel mit dringender Suche nach Alternativen; Lähmung des täglichen Lebens.	Chinas Entwicklung kommt zum Halt.	Schutz und Bewachung der Reserven (sehr teuer).	Durch Einsatz von viel Personal und Technologie gelingt Schutz von Reserven und Lieferung.	Zeit zum Handeln; langsamer Übergang „Transition"
c	Bessere Technologien zur Ausbeutung der Quellen.	Neue Formen von Energiegewinnung und Speicherung als Ergebnis intensiver Forschung.	Förderländer „verknappen" Erdöl durch geringe Förderung und Produktion.	Teilweise Ersatz, z.B. Alkohol als Treibstoff.	Ölunabhängige Länder erleben wirtschaftlichen Aufschwung.	USA verliert an Einfluss und Wirtschaftskraft.	Klimaänderungen: CO_2-Änderungen wirken sich auf Erdöl aus.	Terrororganisation versuchen gezielt, die Ölversorgung zu stören und Chaos auszulösen.	Kampf ums Öl „Fight"
d	Preisschwankungen durch unklare widersprüchliche Aussagen über Reserven.	Kohle gewinnt wieder an Bedeutung.	Produktion von Erdöl wird so aufwändig, dass es unrentabel wird.	Aktive Suche und Anwendung nach Alternativen (politisch getrieben).	Energie-Nutzer stellen sich auf Ölknappheit ein, viele Länder werden ölunabhängig. Welt hält sich in ölabhängige und ölunabhängige Länder, Öl-Nachfrage sinkt.	Ölunabhängige Länder erleben nach Anfangsschwierigkeiten Blütezeit.	Nicht relevant, da Ölunabhängigkeit angestrebt und erreicht.	Bedeutung von Öl nimmt ab.	Erdölunabhängigkeit wird als Chance gesehen „Independent"

Bild 155 **Umweltszenario „Zukunft des Erdöls":**
Der Szenariorahmen wird mit Hilfe der Morphologischen Box entworfen

7.5.1 Szenario 1: Tank leer – „Empty"

Komponente	Element	Beschreibung
Titel	„Empty"	Der Tank ist leer
Hauptfigur		Reporter berichtet vom EU-Gipfeltreffen
Szene	Pressekonferenz	Gipfeltreffen der EU
Paradigmen, Konstanten	P1	Fossile Energieträger (Erdöl) sind endlich.
	P2	Einfache und vielseitige Verwendungsmöglichkeiten des Öls (Treibstoff, Kunststoff, Textil, Pestizid, Pharmaprodukte).
	P3	Die Entstehung des Erdöls dauerte ca. 100 Mio. Jahre – Konsum wird weniger als 200 Jahre dauern (CO_2-Freisetzung).
	P4	Die Erdölversorgung ist sehr anfällig – Spotmarkt ist sehr volatil.
	P5	Die strategische Ellipse hat 80% der Reserven (Erdgas, Erdöl, Kohle).
	P6	Die 3 größten Importeure von Öl sind USA, China und Japan.
	P7	Es besteht ein Zusammenhang zwischen technischem Fortschritt, Zuwachs der Bevölkerung, BIP, Lebensstandard und der Verfügbarkeit von Energie (Öl).
	P8	90% der Energie für Mobilität und Transport sind Erdöl.
Trends	T1	Energiebedarf und Verbrauch steigen, besonders in Entwicklungsländern.
	T2	Mit der Nachfrage wird der Preis des Erdöls weiter steigen.
	T3	Alternativen gewinnen an Bedeutung (Erdgas, Nuklear, Solar, Bio ...).
	T4	Abhängigkeit vom Erdöl wird weiter steigen.
	T5	Geopolitische Instabilität in vielen Erdölländern und Regionen nimmt zu.
	T6	Klimawandel (Temperaturanstieg durch CO_2-Zunahme) und Konsequenzen nehmen zu (Hurrikane, extreme Wetterlagen).
	T7	Aufwand zur Sicherstellung der Energiesicherheit nimmt zu.
	T8	Förderbedingungen werden schwieriger – Aufwand steigt.
	T9	Technisierung und bessere Fördermöglichkeiten gleichen Rückgang teilweise aus.
	T10	Nervosität bezüglich Verfügbarkeit nimmt zu.
Widersprüche	W1b	Überbewertete Reserven. Förderrückgang.
	W2d	Kohle gewinnt wieder an Bedeutung.
	W3	„Peak Oil": Hubbert's Peak – Widersprüchliche Angaben über Eintritt
	W4	Energiebewusstsein – zum Teil vorhanden und steigend, andererseits Energieblindheit.
	W5	Angaben über die Entwicklung der Ölnachfrage sind widersprüchlich.
	W6d	Produktion von Erdöl wird so aufwändig, dass es unrentabel wird.
	W7	Unterschiedliche private und gesellschaftliche Interessen.

Komponente	Element	Beschreibung
Unsicherheiten	U1b	Keine Alternativen in Sicht, um Erdöl vollständig zu ersetzen.
	U2b	Schockartiger Ölmangel mit dringender Suche nach Alternativen, Lähmung des täglichen Lebens.
	U3	Auswirkungen einer Verknappung auf den Lebensstandard.
	U4	Weitere Globalisierung oder Regionalisierung durch hohe Transportkosten? (Kippt das Paradigma der Globalisierung – niedrige Lohnkosten und niedrige Transportkosten?)
	U5	Politische Aktivitäten und Einflüsse auf die weitere Entwicklung.
	U6	Reaktionen der Industrie – vor allem energiehungriger Industrien – ist unklar. Alternative Materialien/Produkte? Wirtschaftliche Entwicklung ungewiss.
	U7	Wirtschaftliche Entwicklung im Zeichen der Abhängigkeit und Unsicherheit.
	U8b	Chinas Entwicklung kommt zum Halt.
	U9	Preisentwicklung von Erdöl bei wechselnder Nachfrage?
	U10	Nutzung der Chance, die sich aus der unsicheren Energiesituation ergibt, für innovative Unternehmen.
Chaos, Wildcards	C1a	Bedrohung durch Mikroorganismen, Dezimierung der Reserven.
	C2	Auswirkungen von Engpässen auf Industrie und Zivilisation, Kreisläufe.
	C3	Kollektives Bewusstsein und Verhalten (1st world vs 3rd world?)
	C4a	Ölknappheit, löst Aggressionen und Kriege aus.
	C5	Naturkatastrophen jeglicher Art.
	C6	Klimaschock und die Auswirkungen.
	C7	Abrupter Stopp der Öllieferungen.
	C8	Entdeckung der „Superenergie".
Kreativität und Fantasie	individuell	Einbringung durch die Verbindung der Elemente zu einer Story.

Live aus Brüssel

Die Regierungschefs der EU-Länder sind zusammengekommen, um über die neuesten Entwicklungen in der Erdölversorgung und der Energiesituation zu debattieren.

Auslöser war die Ankündigung Norwegens, sämtliche Öllieferungen einzustellen. Als Begründung wurden der steigende Eigenbedarf und die abnehmenden Vorkommen angegeben.

Nun sind die Erdöllieferungen Norwegens in die EU zwar von großer Bedeutung, machen jedoch nur ca. ein Fünftel der benötigten Ölmenge der EU aus. Das Beunruhigende daran ist vor allem, dass dieses Verhalten eventuell Signalwirkung auf andere Länder hat, die sich Norwegen als Vorbild nehmen könnten. Besonders Länder, die nicht mehr auf die Petrodollars angewiesen sind. Und die Abhängigkeit von Russland wird noch größer. Wenn es mit Russland wieder zum Streit wegen der Öllieferungen kommt und die

Bild 156 **Umweltszenario „Zukunft des Erdöls": Visualisierung zu Szenario 1 „Empty"**

Pipeline abgedreht wird – wie so oft in der Vergangenheit – dann gibt es ernste Probleme in Europa.

Keiner wagt auszusprechen, was alle denken: „Was passiert, wenn das Öl noch knapper wird bzw. keine Alternativen in Sicht sind?"

Die Preise für nahezu alle Gebrauchsgüter, Lebensmittel und natürlich Benzin würden rasant steigen. Die Inflation wäre zurück. Die Finanzmärkte würden verrückt spielen. Es wäre nicht auszudenken. Transportkosten und Kosten für Mobilität würden explodieren – die Globalisierung, die ja hauptsächlich durch den billigen Transport von Waren ermöglicht wurde, würde zum Erliegen kommen. Lokal produzierte Produkte wären plötzlich wieder wettbewerbsfähig. Die Transportkosten würden jede Lohndifferenz mehr als ausgleichen. Auch China muss sich ernsthaft Gedanken machen, wie es das künftige Wachstum energietechnisch bewältigen kann.

Viele Gesetze der Wirtschaft würden neu geschrieben. Aus einer Überfluss-Gesellschaft könnte leicht eine Mangel-Gesellschaft werden. Energie wird in Zukunft richtig teuer werden, soviel ist gewiss.

Die Regierungschefs haben die ganze Nacht debattiert, nennenswerte Ergebnisse konnten sie allerdings nicht erzielen. Damit, dass sich die EU nicht einmal in dieser wichtigen Situation auf Maßnahmen einigen konnte, wird einmal mehr deutlich, dass die Entscheidungsfähigkeit der EU im Vergleich zu den anstehenden Veränderungen eingeschränkt ist. Energiesparen ist sicher ein wichtiger Ansatzpunkt, aber traditionelle Glühlampen zu verbieten kann nicht alles gewesen sein.

7.5.2 Szenario 2: Zeit zum Handeln, langsamer Übergang – „Transition"

Komponente	Element	Beschreibung
Titel	„Transition"	Viele Signale und Indizien kündigen einen stetigen Übergang in die „Nach-Öl-Ära" an.
Hauptfigur	Fam. Hobbel	Hilde und Hermann Hobbel
Szene	Neuwagen-kauf	... diskutieren über das zukünftige Auto
Paradigmen, Konstanten	P1	Fossile Energieträger (Erdöl) sind endlich.
	P2	Einfache und vielseitige Verwendungsmöglichkeiten des Öls (Treibstoff, Kunststoff, Textil, Pestizid, Pharmaprodukte).
	P3	Die Entstehung des Erdöls dauerte ca. 100 Mio. Jahre – Konsum wird weniger als 200 Jahre dauern (CO_2-Freisetzung).
	P4	Die Erdölversorgung ist sehr anfällig – Spotmarkt ist sehr volatil.
	P5	Die strategische Ellipse hat 80% der Reserven (Erdgas, Erdöl, Kohle).
	P6	Die 3 größten Importeure von Öl sind USA, China und Japan.
	P7	Es besteht ein Zusammenhang zwischen technischem Fortschritt, Zuwachs der Bevölkerung, BIP, Lebensstandard und der Verfügbarkeit von Energie (Öl).
	P8	90% der Energie für Mobilität und Transport sind Erdöl.
Trends	T1	Energiebedarf und Verbrauch steigen, besonders in Entwicklungsländern.
	T2	Mit der Nachfrage wird der Preis des Erdöls weiter steigen.
	T3	Alternativen gewinnen an Bedeutung (Erdgas, Nuklear, Solar, Bio ...).
	T4	Abhängigkeit vom Erdöl wird weiter steigen.
	T5	Geopolitische Instabilität in vielen Erdölländern und Regionen nimmt zu.
	T6	Klimawandel (Temperaturanstieg durch CO_2-Zunahme) und Konsequenzen nehmen zu (Hurrikane, extreme Wetterlagen).
	T7	Aufwand zur Sicherstellung der Energiesicherheit nimmt zu.
	T8	Förderbedingungen werden schwieriger – Aufwand steigt.
	T9	Technisierung und bessere Fördermöglichkeiten gleichen Rückgang teilweise aus.
	T10	Nervosität bezüglich Verfügbarkeit nimmt zu.
Widersprüche	W1c	Bessere Technologien zur Ausbeutung der Quellen.
	W2b	Kaum Investments in Alternativen, da „zu teuer".
	W3	„Peak Oil": Hubbert's Peak – Widersprüchliche Angaben über Eintritt.
	W4	Energiebewusstsein – zum Teil vorhanden und steigend, andererseits Energieblindheit.
	W5	Angaben über die Entwicklung der Ölnachfrage sind widersprüchlich.
	W6a	Produktionskapazitäten knapp ausreichend.
	W7	Unterschiedliche private und gesellschaftliche Interessen.

Komponente	Element	Beschreibung
Unsicherheiten	U1a	Mehrere Energiealternativen vorhanden, aber als „zu teuer" eingeschränkt.
	U2a	Langsamer, sukzessiver Übergang.
	U3	Auswirkungen einer Verknappung auf den Lebensstandard.
	U4	Weitere Globalisierung oder Regionalisierung durch hohe Transportkosten? (Kippt das Paradigma der Globalisierung – niedrige Lohnkosten und niedrige Transportkosten?)
	U5	Politische Aktivitäten und Einflüsse auf die weitere Entwicklung.
	U6	Reaktionen der Industrie – vor allem energiehungriger Industrien – ist unklar. Alternative Materialien/Produkte? Wirtschaftliche Entwicklung ungewiss.
	U7	Wirtschaftliche Entwicklung im Zeichen der Abhängigkeit und Unsicherheit
	U8a	Russland wird neue Supermacht.
	U9	Preisentwicklung von Erdöl bei wechselnder Nachfrage?
	U10	Nutzung der Chance, die sich aus der unsicheren Energiesituation ergibt, für innovative Unternehmen.
Chaos, Wildcards	C1b	Schutz und Bewachung der Reserven (sehr teuer).
	C2	Auswirkungen von Engpässen auf Industrie und Zivilisation, Kreisläufe.
	C3	Kollektives Bewusstsein und Verhalten (1st world vs 3rd world?)
	C4b	Durch Einsatz von viel Personal und Technologie gelingt Schutz von Reserven und Lieferung.
	C5	Naturkatastrophen jeglicher Art.
	C6	Klimaschock und die Auswirkungen.
	C7	Abrupter Stopp der Öllieferungen.
	C8	Entdeckung der „Superenergie".
Kreativität und Fantasie	individuell	Einbringung durch die Verbindung der Elemente zu einer Story.

Noch 3 km bis nach Hause

Nach fünfzehn Jahren wird es wieder einmal Zeit, über ein neues Auto nachzudenken. Hobbels' altes Auto war ein SUV, sehr groß, sehr bequem, sehr teuer in der Anschaffung und auch der Tank war extragroß. Heute fährt das Auto selten, zu verkaufen ist es auch nicht mehr. Wertlos. Damals hat das keine Rolle gespielt, Größe war wichtig und das Auto war Lifestyle und Statussymbol. Viel hat sich seitdem geändert. Heute ist ein Auto wieder Luxus, nicht das Auto selber, aber das Fahren des Autos. Nicht nur die Pflege ist teuer, neben Benzin sind es vor allem die vielen Gebühren und Steuern, die einem die Freude am Fahren nehmen. Ökosteuer, Abgassteuer, Mineralölsteuer, Parkgebühren, Maut und die normale Autosteuer hat Autofahren für Normalbürger zunehmend unbezahlbar gemacht. Aus dieser „mobilen Not" heraus, wie ein bekannter deutscher Automobilclub die Situation beschrieb, haben sich einige alternative Konzepte entwickelt.

Bild 157 **Umweltszenario „Zukunft des Erdöls“: Visualisierung zu Szenario 2 „Transition“**

Diese Revolution von unten hatte sich lange angekündigt. Autohersteller in Europa reagierten auf die veränderten Umweltbedingungen zu träge und zu halbherzig. Ihre Strategie war wohl hauptsächlich Hoffnung. Hoffnung, dass sich an dem System Auto in Zukunft nicht viel ändern werde und sie sich aufs Geldverdienen konzentrieren können. Das System Auto funktionierte so, dass die Automobilhersteller die Autos produzierten und der Staat durch den Betrieb viel Geld einnahm. Nun steht das System kurz vor dem Zusammenbruch und die Beteiligten wollen es nicht wahrhaben und reagieren hilf- und orientierungslos.

Familie Hobbel ist sich unsicher. Hermann sagt: „Eigentlich wäre das Elektroauto eine Alternative.“ „Schon, aber weißt du, wie die sich fahren, den Namen des Herstellers habe ich noch nie gehört. Und dass das E-Fahren immer steuerfrei bleibt, glaube ich auch nicht“, erwidert Hilde. „Da magst du recht haben, aber die Hybridautos sind viel zu teuer, Wasserstoffautos immer noch nicht serienreif, was bleibt dann noch?“ Hermann möchte eine Grundsatzdiskussion auf jeden Fall vermeiden.

„Naja, Solarautos und Biogas-betriebene gibt es auch noch.“ So nimmt Hilde das Gespräch nach einer Weile wieder auf und weist noch darauf hin, dass beide bei Erzeugung der Energie in Eigenbedarf steuerfrei sind und auch bleiben werden, da die Regierung keinen zentralen Weg wie bei den Tankstellen hat, über den die Steuer erhoben werden kann. Während es leicht bergan geht, grübelt Hermann weiter.

Natürlich bestätigen die Regierungen weltweit, dass Energiesicherheit und Klimaschutz die wichtigsten politischen Themen der Zeit sind, und selbst die USA und China haben sich zu Kyoto bekannt. Aber wohl eben nur so lange, bis der Haushalt nicht in Gefahr ist. Weil Deutschland nicht auf die Besteuerung von Bio-Sprit verzichten wollte, kommen heute ca. neunzig Prozent davon aus Polen. Den Vorsprung, den Deutschland Anfang des zwanzigsten Jahrhunderts in der Bio-Energie-Technologie hatte, konnte es nicht nutzen. Seit Jahren schafft es die Öko-Kriterien der EU nicht und muss regelmäßig hohe Bußgelder nach Brüssel abführen.

Währenddessen wird europaweit viel Geld in den Schutz der bestehenden Ölversorgungssysteme gesteckt. Als Orientierungshilfe beim Neuwagenkauf sind die Aussagen der Regierung genauso wenig geeignet wie die der Hersteller und der Mineralölkonzerne.

Sie sind da und steigen vom Rad. Hermann ist froh, das erspart ihm weitere Fragen. Er versteht Hilde nicht, genau wie sie würde er sich wieder ein tolles Auto kaufen. Aber sie brauchen es nicht unbedingt. Da sie es nur für die Freizeit verwenden, ist das Risiko momentan zu groß. Sie werden ihr altes Auto abmelden und abwarten, wie sich die Situation weiter entwickelt. In der Zwischenzeit werden sie öfter mal Rad fahren.

War früher beim Autokauf die Marke wichtig, die Farbe und die Größe, sind es heutzutage vor allem eine hohe Unabhängigkeit und Flexibilität in Bezug auf den Treibstoff.

7.5.3 Szenario 3: Kampf ums Öl – „Fight"

Komponente	Element	Beschreibung
Titel	„Fight"	Der Kampf um das letzte Öl ist entbrannt.
Hauptfigur	Karen	Tankstellenbesitzerin
Szene		Tankstelle in Calgary
Paradigmen, Konstanten	P1	Fossile Energieträger (Erdöl) sind endlich.
	P2	Einfache und vielseitige Verwendungsmöglichkeiten des Öls (Treibstoff, Kunststoff, Textil, Pestizid, Pharmaprodukte).
	P3	Die Entstehung des Erdöls dauerte ca. 100 Mio. Jahre – Konsum wird weniger als 200 Jahre dauern (CO_2-Freisetzung).
	P4	Die Erdölversorgung ist sehr anfällig – Spotmarkt ist sehr volatil.
	P5	Die strategische Ellipse hat 80% der Reserven (Erdgas, Erdöl, Kohle).
	P6	Die 3 größten Importeure von Öl sind USA, China und Japan.
	P7	Es besteht ein Zusammenhang zwischen technischem Fortschritt, Zuwachs der Bevölkerung, BIP, Lebensstandard und der Verfügbarkeit von Energie (Öl).
	P8	90% der Energie für Mobilität und Transport sind Erdöl.
Trends	T1	Der Energiebedarf und Verbrauch steigen, besonders in Entwicklungsländern.
	T2	Mit der Nachfrage wird der Preis des Erdöls weiter steigen.
	T3	Alternativen gewinnen an Bedeutung (Erdgas, Nuklear, Solar, Bio ...).
	T4	Abhängigkeit vom Erdöl wird weiter steigen.
	T5	Geopolitische Instabilität in vielen Erdölländern und Regionen nimmt zu.
	T6	Klimawandel (Temperaturanstieg durch CO_2-Zunahme) und Konsequenzen nehmen zu (Hurrikane, extreme Wetterlagen).

Komponente	Element	Beschreibung
	T7	Aufwand zur Sicherstellung der Energiesicherheit nimmt zu.
	T8	Förderbedingungen werden schwieriger – Aufwand steigt.
	T9	Technisierung und bessere Fördermöglichkeiten gleichen Rückgang teilweise aus.
	T10	Nervosität bezüglich Verfügbarkeit nimmt zu.
Widersprüche	W1a	Ausreichend vorhanden, Ölsand als neue Möglichkeit.
	W2a	Wind, Sonne, Atom, Wasser sind verfügbar und können einen Teil des Ausfalls ersetzen.
	W3	„Peak Oil": Hubbert's Peak – Widersprüchliche Angaben über Eintritt
	W4	Energiebewusstsein – zum Teil vorhanden und steigend, andererseits Energieblindheit.
	W5	Angaben über die Entwicklung der Ölnachfrage sind widersprüchlich.
	W6b	Kapazitätsengpass ist nur temporär.
	W7	Unterschiedliche private und gesellschaftliche Interessen.
Unsicherheiten	U1c	Teilweise Ersatz, z.B. Alkohol als Treibstoff.
	U2c	Ölunabhängige Länder erleben wirtschaftlichen Aufschwung.
	U3	Auswirkungen einer Verknappung auf den Lebensstandard.
	U4	Weitere Globalisierung oder Regionalisierung durch hohe Transportkosten? (Kippt das Paradigma der Globalisierung – niedrige Lohnkosten und niedrige Transportkosten?)
	U5	Politische Aktivitäten und Einflüsse auf die weitere Entwicklung.
	U6	Reaktionen der Industrie – vor allem energiehungriger Industrien – ist unklar. Alternative Materialien/Produkte? Wirtschaftliche Entwicklung ungewiss.
	U7	Wirtschaftliche Entwicklung im Zeichen der Abhängigkeit und Unsicherheit.
	U8c	USA verliert an Einfluss und Wirtschaftskraft.
	U9	Preisentwicklung von Erdöl bei wechselnder Nachfrage?
	U10	Nutzung der Chance, die sich aus der unsicheren Energiesituation ergibt, für innovative Unternehmen.
Chaos, Wildcards	C1c	Klimaänderungen: CO_2-Änderungen wirken sich auf Erdöl aus.
	C2	Auswirkungen von Engpässen auf Industrie und Zivilisation, Kreisläufe.
	C3	Kollektives Bewusstsein und Verhalten (1st world vs 3rd world?).
	C4c	Terrororganisationen versuchen gezielt, die Ölversorgung zu stören und Chaos auszulösen.
	C5	Naturkatastrophen jeglicher Art.
	C6	Klimaschock und die Auswirkungen.
	C7	Abrupter Stopp der Öllieferungen.
	C8	Entdeckung der „Superenergie".
Kreativität und Fantasie	individuell	Einbringung durch die Verbindung der Elemente zu einer Story.

Bild 158 Umweltszenario „Zukunft des Erdöls": Visualisierung zu Szenario 3 „Fight"

An der Tankstelle

Sie liebt diese sonnigen Vormittage und heute ist ein besonderer Tag: Sie wird wieder Benzin geliefert bekommen. Sie hat ihre private Tankstelle hier in Calgary schon seit über zwanzig Jahren, aber so etwas hatte sie noch nicht erlebt. Normalerweise wird sie immer aus den USA beliefert, direkt von der Raffinerie in Seattle. Das geht nun nicht mehr. Die Ausfuhr von Treibstoff aus den USA ist untersagt worden. Zu kostbar ist das Öl, als das es ausgeführt wird. Die USA sind damit nicht die ersten. Auch andere Staaten beginnen sich auf die Knappheit vorzubereiten und die nationalen Interessen zu betonen. Das hat für enorme Unruhe gesorgt. Karen musste den Preis für Normalbenzin in der letzten Woche dreimal erhöhen und wenn die Lieferung heute nicht kommt, wird sie morgen wieder ein paar Cent mehr verlangen müssen.

In Alberta werden aber seit einiger Zeit Ölsande und Ölschiefer abgebaut und nun gibt es offensichtlich auch Verarbeitungskapazitäten. Kanada verarbeitet nun alles selbst und darf auch nichts mehr ausführen. Damit ist Kanada – öltechnisch gesehen – relativ unabhängig. Andere Länder – allen voran die USA – sind nicht so gut versorgt. Noch schlimmer geht es aber wohl Europa. Die Regierungen haben sich einerseits auf eine drastische Senkung des Kohlendioxid-Ausstoßes geeinigt und der Förderung alternativer Energien zum Ausgleich der sinkenden Einfuhren wird höchste Priorität beigemessen. Seit sich Russland mit China verbündet hat und die beiden einen regen Handel betreiben – Öl gegen Waren – geht es beiden Ländern recht gut. Weltpolitisch gesehen entstehen da gerade wieder zwei Machtblöcke. Einmal Russland und China und auf der anderen Seite Europa und Nordamerika.

Aber wenn Karen ihre Zukunft betrachtet, wird ihr klar, dass Tankstellen auf Dauer wohl ein recht unsicheres Geschäft sind. Im Moment macht sie noch ganz gute Geschäfte – falls sie wieder beliefert wird. Neben der allgemeinen Besorgnis um die Verknappung von Energie – insbesondere Erdöl – macht ihr zunehmend der Klima-Terrorismus Sorgen.

War Terrorismus bisher nur als Instrument der politisch-ideologischen Argumentation durch Gewalt bekannt, wird es mehr und mehr zur Wahrung von Lebensräumen eingesetzt. Zu den Anschlägen auf die Ölraffinerien in Nevada haben sich Umweltaktivisten aus Kamerun bekannt. Die Auswirkungen der Bombenanschlag-Serie auf die GM-Werke in Detroit haben die Produktion für Monate lahmgelegt. Die Inuit konnten den auf sie gerichteten Verdacht nie ganz entkräften. Selbst im Pro-Umwelt-eingestellten Europa regt sich der Widerstand in Form von Gewalt gegen Klimasünder. In den Niederlanden kommt es zu Protesten, um die Schließung des Rotterdamer Ölhafens zu erzwingen. Stromerzeuger klagen, dass die Schäden durch Sabotage an Kohlekraftwerken inzwischen zehn Prozent des Jahresumsatzes ausmachen. Es ist wohl nur eine Frage der Zeit, bis radikale Umweltschützer Tankstellen als Zielscheiben identifiziert haben. Den Ausstieg darf sie nicht verpassen. Vielleicht ist es sogar besser, die Tankstelle jetzt, wo sie noch etwas bringt, zu verkaufen als später, wenn sie schließlich unverkäuflich ist.

Sie nimmt sich vor, darüber heute Abend mit ihrem Mann zu sprechen. Da biegt der Tanklastzug um die Ecke ...

7.5.4 Szenario 4: Erdölunabhängigkeit wird als Chance gesehen – „Independent"

Komponente	Element	Beschreibung
Titel	Independent	Unabhängigkeit als Chance
Hauptfigur	Björn	Entwicklungshelfer
Szene		Einsatz in Marokko
Paradigmen, Konstanten	P1	Fossile Energieträger (Erdöl) sind endlich.
	P2	Einfache und vielseitige Verwendungsmöglichkeiten des Öls (Treibstoff, Kunststoff, Textil, Pestizid, Pharmaprodukte).
	P3	Die Entstehung des Erdöls dauerte ca. 100 Mio. Jahre – Konsum wird weniger als 200 Jahre dauern (CO_2-Freisetzung).
	P4	Die Erdölversorgung ist sehr anfällig – Spotmarkt ist sehr volatil.
	P5	Die strategische Ellipse hat 80% der Reserven (Erdgas, Erdöl, Kohle).
	P6	Die 3 größten Importeure von Öl sind USA, China und Japan.
	P7	Es besteht ein Zusammenhang zwischen technischem Fortschritt, Zuwachs der Bevölkerung, BIP, Lebensstandard und der Verfügbarkeit von Energie (Öl).
	P8	90% der Energie für Mobilität und Transport sind Erdöl.
Trends	T1	Der Energiebedarf und Verbrauch steigen, besonders in Entwicklungsländern.
	T2	Mit der Nachfrage wird der Preis des Erdöls weiter steigen.
	T3	Alternativen gewinnen an Bedeutung (Erdgas, Nuklear, Solar, Bio ...).
	T4	Abhängigkeit vom Erdöl wird weiter steigen.
	T5	Geopolitische Instabilität in vielen Erdölländern und Regionen nimmt zu.
	T6	Klimawandel (Temperaturanstieg durch CO_2-Zunahme) und Konsequenzen nehmen zu (Hurrikane, extreme Wetterlagen).

Komponente	Element	Beschreibung
	T7	Aufwand zur Sicherstellung der Energiesicherheit nimmt zu.
	T8	Förderbedingungen werden schwieriger – Aufwand steigt.
	T9	Technisierung und bessere Fördermöglichkeiten gleichen Rückgang teilweise aus.
	T10	Nervosität bezüglich Verfügbarkeit nimmt zu.
Widersprüche	W1d	Preisschwankungen durch unklare, widersprüchliche Aussagen über Reserven.
	W2c	Neue Formen von Energiegewinnung und -speicherung als Ergebnis intensiver Forschung.
	W3	„Peak Oil": Hubbert's Peak – widersprüchliche Angaben über Eintritt.
	W4	Energiebewusstsein – zum Teil vorhanden und steigend, andererseits Energieblindheit.
	W5	Angaben über die Entwicklung der Ölnachfrage sind widersprüchlich.
	W6c	Förderländer „verknappen" Erdöl durch geringe Förderung und Produktion.
	W7	Unterschiedliche private und gesellschaftliche Interessen.
Unsicherheiten	U1d	Aktive Suche und Anwendung nach Alternativen (politisch getrieben).
	U2d	Energie-Nutzer stellen sich auf Ölknappheit ein, viele Länder werden Öl-unabhängig. Welt teilt sich in ölabhängige und ölunabhängige Länder, Öl-Nachfrage sinkt.
	U3	Auswirkungen einer Verknappung auf den Lebensstandard.
	U4	Weitere Globalisierung oder Regionalisierung durch hohe Transportkosten? (Kippt das Paradigma der Globalisierung – niedrige Lohnkosten und niedrige Transportkosten?)
	U5	Politische Aktivitäten und Einflüsse auf die weitere Entwicklung.
	U6	Reaktionen der Industrie – vor allem energiehungriger Industrien – sind unklar. Alternative Materialien/Produkte? Wirtschaftliche Entwicklung ungewiss.
	U7	Wirtschaftliche Entwicklung im Zeichen der Abhängigkeit und Unsicherheit.
	U8d	Ölunabhängige Länder erleben nach Anfangsschwierigkeiten Blütezeit.
	U9	Preisentwicklung von Erdöl bei wechselnder Nachfrage?
	U10	Nutzung der Chance, die sich aus der unsicheren Energiesituation ergibt, für innovative Unternehmen.
Chaos, Wildcards	C1d	Nicht relevant, da Ölunabhängigkeit angestrebt und erreicht.
	C2	Auswirkungen von Engpässen auf Industrie und Zivilisation, Kreisläufe.
	C3	Kollektives Bewusstsein und Verhalten (1st world vs 3rd world?).
	C4d	Bedeutung von Öl nimmt ab.
	C5	Naturkatastrophen jeglicher Art.
	C6	Klimaschock und die Auswirkungen.
	C7	Abrupter Stopp der Öllieferungen.

Komponente	Element	Beschreibung
	C8	Entdeckung der „Superenergie".
Kreativität und Fantasie	individuell	Einbringung durch die Verbindung der Elemente zu einer Story.

Bild 159 **Umweltszenario „Zukunft des Erdöls": Visualisierung zu Szenario 4 „Independent"**

Made in Sweden

Die Sonne brennt, es ist unerträglich heiß. Es fällt ihm immer noch schwer, in dieser Hitze zu leben und zu arbeiten.

Björn war vor zwei Jahren aus Schweden hierher gekommen. Sein Land ist eines der wenigen, das es innerhalb von 10 Jahren geschafft hat, kein Erdöl mehr für die Wirtschaft zu importieren. Es war ein schwieriger Prozess. Die Bevölkerung wollte es zu Beginn nicht einsehen und es kam zu Tumulten vor den Tankstellen, da die Regierung den Preis für Benzin verfünffacht hatte. Nur sehr langsam verbreiteten sich die Idee und die Notwendigkeit dahinter. Preise für öffentliche Verkehrsmittel wurden halbiert und die Systeme ausgebaut. Heute sind alle Schweden noch etwas stolzer auf ihr Land. Wieder einmal haben es die Skandinavier der Welt gezeigt. Mit ihrer Öko-Bilanz sind sie absolute Vorreiter. Das Land entzieht der Atmosphäre mehr Kohlendioxid als es produziert – als erstes Industrieland der Welt.

Andere Länder investieren große Mengen in die Entwicklung von Technologien zur Speicherung von Kohlendioxid. In Schweden pflanzt man Bäume, viele Bäume, junge Bäume. Es ist erwiesen, dass vor allem junge Bäume in der Wachstumsphase sehr viel Kohlendioxid aus der Luft binden und viel Sauerstoff an die Luft abgeben. Jeder Bewohner, jede Familie und alle Unternehmen sind verpflichtet, Ökobilanzen zu erstellen. Für jedes Kilogramm erzeugtes Kohlendioxid muss ein Kilogramm gebunden werden, bei-

spielsweise durch das Pflanzen von Bäumen oder anderer Pflanzen für Biotreibstoff. Langsam werden sogar die bepflanzbaren Flächen knapp. Fällt die Ökobilanz negativ aus, muss ein bestimmter Betrag abgeführt werden und die Regierung kümmert sich zentral darum, dass das Geld in Umweltprojekte – hauptsächlich zu Gunsten des Klimas – gesteckt wird.

Diesem Umdenken der Regierung ist es zu verdanken, dass Schweden heute auf dem Gebiet der Biotechnologien Weltmarktführer ist. Im Energy-Valley nördlich von Göteborg wird trotz der Erfolge weiter geforscht – nach sauberer Energie. Neue Technologien werden gefördert – wie etwa die Organic2Fuel-Technologie, die es erlaubt, jegliches organische Material in Treibstoff umzuwandeln. Das Besondere daran ist die Idee der dezentralen Gewinnung von Treibstoff. Der Treibstoff wird nicht in riesigen Raffinerien hergestellt, sondern jede Gärtnerei unterhält für den Eigenbedarf solch eine Anlage. Tankstellen verkaufen hauptsächlich selbst produzierten Treibstoff, anderer ist – wegen der Bilanz – kaum noch erhältlich. Ein weiteres hoffnungsvolles Forschungsprojekt ist die „Artificial Photosynthesis". Mit Hilfe des Sonnenlichtes werden große Mengen von Kohlendioxid gebunden und Kohlenstoffverbindungen gebildet. Erste Prototypen haben den Betrieb aufgenommen. Sie verbinden den Nutzen der Solarzellen mit denen der Kohlendioxid-Sequestrierung.

Natürlich ist der Regierung von Schweden bewusst, dass Schweden im globalen Maßstab kaum ins Gewicht fällt. Dennoch unternimmt sie viel, um das Erfolgsmodell zu exportieren. Entwicklungshelfer wie Björn helfen anderen Ländern auf dem Weg zu einer ausgeglichenen Ökobilanz. Das Interesse ist da, zumal in der EU gerade Vorschläge diskutiert werden, Importzölle auf Waren aus Ländern mit besonders negativen Bilanzen einzuführen. China als weltweit größten Umweltsünder würde es besonders hart treffen.

Die Nachfrage nach Erdöl nimmt weiter ab. Der Preis fällt und die Versuchung, die „billige" Energie wieder der sauberen vorzuziehen, ist groß. In Schweden gibt es sogar eine Klimapolizei; womit die Regierung einmal mehr beweist, wie ernst sie es mit dem Klimaschutz meint.

Andere Länder werden folgen, und auch die EU bereitet entsprechende Maßnahmen vor und setzt sich damit wohl gegen die Kritiker durch, die dadurch das Wirtschaftswachstum gefährdet sehen.

Björn schmunzelt, ja er ist stolz auf sein Land, das nun nicht mehr nur durch IKEA weltweit bekannt ist.

Bei der Untersuchung der entworfen Szenarien wird deutlich, dass unter der Annahme, dass das Erdöl endlich ist und die Verwendung als Primärenergieträger auch begrenzt ist, die weitere Entwicklung im Wesentlichen an zwei Kriterien festgemacht werden kann:

- Verfügbarkeit von Substitutionsquellen: Energiequellen, die einen Ausfall oder Limitierung von Erdöl ausgleichen könnten.
- Geschwindigkeit des Überganges: Erfolgt eine sukzessive Verknappung unter Marktbedingungen, die einen langsamen Übergang ermöglichen? Oder kommt es zu einer Art Crash-Szenario, bei dem sehr überraschend eine Knappheit einsetzt und es zu Ausnahmezuständen führt?

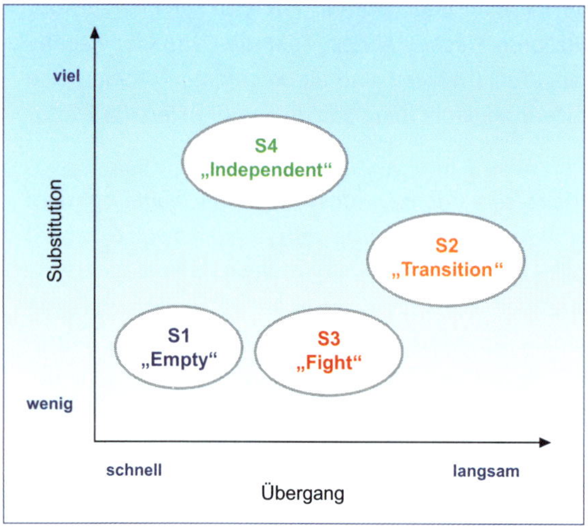

Bild 160 Umweltszenario „Zukunft des Erdöls": Die Bewertung der Szenarien

Eine Bewertung der Szenarien ist in Bild 160 zu sehen. Das Szenario S1 „Empty" ist demzufolge das Crash-Szenario.

7.6 Generierung der Unternehmensszenarien

Für die Darstellung der Auswirkungen auf ein Unternehmen wird die fiktive Fluggesellschaft „Morgenrot" ausgewählt. Jegliche Ähnlichkeiten mit anderen Airlines sind zufällig.

„Morgenrot" wurde nach der Deregulierung des Luftverkehrs in den 90er Jahren in Europa gegründet. In den fünfzehn Jahren seit der Gründung gab es Höhen und Tiefen. Die Terroranschläge vom 11.September 2001 und die anschließende Zurückhaltung im Flugverkehr hätten fast das Aus bedeutet. Nur durch konsequente Ausrichtung im Hochpreis-Segment und glücklicherweise wieder steigende Passagierzahlen konnte die Insolvenz abgewendet werden. Heute zählt „Morgenrot" zu den erfolgreichsten Fluggesellschaften in Europa.

Das Unternehmen ist in drei Segmente gegliedert: Personentransport, Gütertransport-Logistik und Technik. Mit 55% hat der Bereich Personentransport den größten Anteil am Umsatz, gefolgt von Güterverkehr-Logistik mit 30%, der Bereich Technik macht die restlichen 15% aus.

Das Unternehmen Morgenrot ist eine Aktiengesellschaft. 35% der Anteile gehören der Familie Adler, die ihr Engagement als langfristig bezeichnet, und der Rest befindet sich in Streubesitz.

Das Ziel für die Zukunft ist es, trotz starkem Wettbewerb zu wachsen, die gute Position auszubauen und ggf. unter Berücksichtigung der Profitabilität in angrenzende Bereiche zu expandieren.

Die Flotte bestand bisher ausschließlich aus Airbus A320-Modellen. Nach den Turbulenzen bei Airbus stellt sich die Frage nach der Zuverlässigkeit dieses Unternehmens als Geschäftspartner und die Option auf einen Umstieg auf Boeing wird aktuell geprüft.

Die Vorstandvorsitzende gilt als hart in der Sache, aber freundlich im Ton. Sie wird sowohl im Unternehmen als auch darüber hinaus geschätzt und akzeptiert. Sie ist davon überzeugt, dass Kundenzufriedenheit im Wesentlichen durch Mitarbeiterzufriedenheit zu erreichen ist und setzt sich persönlich für ein gutes Klima im Unternehmen ein.

Tabelle 49 Die Bewertungselemente für das Unternehmensszenario „Morgenrot"

Paradigmen, Konstanten	Trends	Widersprüche	Unsicherheit	Chaos, Wildcards
P1: Absolut keine Abstriche bei Sicherheit und Wartung der Flugzeuge. **P2:** Fokus von Morgenrot ist und bleibt das Fliegen. **P3:** Hohe Mitarbeiterzufriedenheit beibehalten. **P4:** Auf absehbare Zeit ist keine Änderung in der Basistechnologie „Flugzeug" zu erwarten. **P5:** Antrieb ist und bleibt die Turbine und als Treibstoff dient Kerosin. **P6:** Die Annahme ist, dass die Globalisierung sich fortsetzt und sowohl im Passagierbereich als auch im Cargo/Logistikbereich zu steigenden Nachfragen führen wird. **P7:** Die Anforderungen im Flugverkehr sind: Billigsegment: günstig Businesssegment: bequem und schnell Logistiksegment: schnell und zuverlässig.	**T1:** Konsolidierung in der Luftfahrt setzt sich fort. **T2:** Druck auf die Preise wird weiter steigen – vor allem im Billigsektor. **T3:** Vor allem auf Langstrecken und hier besonders der Nordamerika-Route gibt es mit asiatischen Airlines neue Wettbewerber. **T4:** Im Hochpreissegment werden sich Komplettangebote durchsetzen: „Business-Class from Door2Door". **T5:** Kundenbindungsprogramme spielen auch in Zukunft eine steigende Rolle bei der Wahl der Airline. **T6:** Im Logistikbereich setzen Kunden zunehmend auf End-to-End Lösungen. **T7:** Direktverbindungen werden gegenüber Zubringerverbindungen durch den gestiegenen Aufwand in der Abfertigung bevorzugt. **T8:** Alle Annahmen deuten darauf hin, dass der Flugverkehr weiter zunehmen wird. **T9:** Technologische Weiterentwicklungen (Navigation, Antrieb, Service...).	**W1:** Wunsch nach Mobilität widerspricht den Warnungen vor Klimawandel. **W2:** Verlangen nach immer schnellerem und bequemeren Reisen wird durch immer neue Auflagen – vor allem Sicherheitsgründe – blockiert. **W3:** Vielfalt von Vorschriften – national und international – erschwert eine klare Planung im Flugverkehr. **W4:** Automatisierung vor allem im Ticketverkauf versus Wunsch nach hohem Servicestandard. **W5:** Abhängigkeit von vielen „höheren" Kräften (Wetter, Verkehr) vermindert Zuverlässigkeit und Pünktlichkeit von Morgenrot. **W6:** Wachstumswunsch versus Profitabilität.	**U1:** Wie reagiert das Unternehmen auf die Strategie der Billigfluglinien? **U2:** Wird die Konzentration auf Airbus zum Unsicherheitsfaktor? Wie zuverlässig ist Airbus als Partner in Zukunft? **U3:** Wie reagiert die Firma auf schwankende Treibstoffkosten? **U4:** Ist eine Routenplanung durch Erweiterung des bestehenden Streckennetzes sinnvoll? **U5:** Welche Auswirkungen haben weitere Sicherheitsvorschriften auf den Flugverkehr? **U6:** Entwicklung der Unternehmenskultur. **U7:** Regulierung von Flugbewegungen und Starterlaubnissen. **U8:** Umorganisation und Restrukturierung der Fluggesellschaft.	**C1:** Neue Terroranschläge führen zum Einbruch der Passagierzahlen. **C2:** Einführung von zusätzlichen Steuern. **C3:** Naturkatastrophen jeglicher Art. **C4:** Klimaschock und die Auswirkungen. **C5:** Streik der Fluglotsen oder Piloten. **C6:** Feindliche Übernahme von Morgenrot. **C7:** Wechsel im Management.

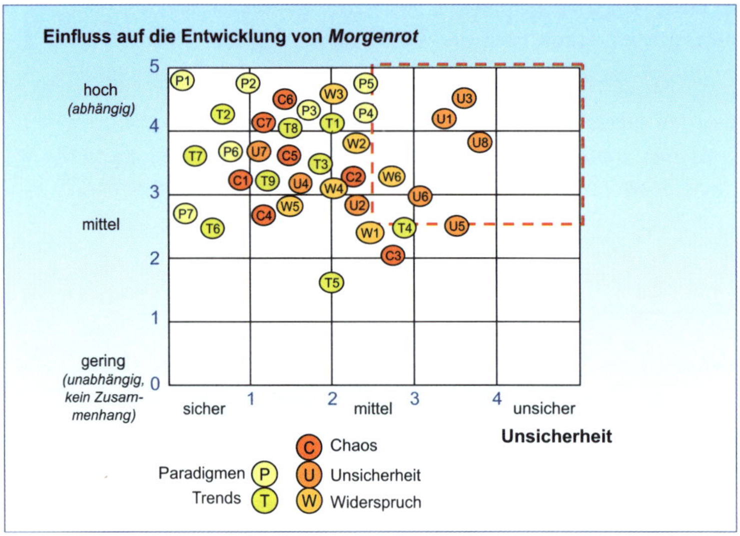

Bild 161 Bewertung – Unternehmens-Szenario *Morgenrot*

	U1	U3	U6	U8	W6	Szenarien
a	Billigflieger werden mit allen Mitteln bekämpft – z.B. durch Blockaden und Behinderungen.	Investitionen in die Erforschung neuer Antriebstechnologien.	Unternehmensführung bemüht sich, lernendes Unternehmen zu werden.	Organisation wird umorganisationsmüde auf Grund von zu vielen Maßnahmen.	Ausgewogenes Management sorgt für solides Wachstum bei gleichbleibenden Gewinnen.	Vorsichtig innovativ
b	Aussitzen der Billigflieger-Phase.	Unternehmen schließt langfristige Lieferverträge und strategische Partnerschaften mit Lieferanten.	Innovationen werden gefördert und sorgen für inspirierendes Arbeitsklima.	Bewährte Organisationsstruktur wird beibehalten.	Expansion in Randgeschäfte läßt die Firma wachsen, aber zu Lasten der Profitabilität.	
c	Hervorheben der eigenen Stärken und Steigerung der Kundenorientierung.	Harte Einsparmaßnahmen und Weitergabe an Endkunden.	Alles wie bisher, keine großen Anstrengungen zur Verbesserung bzw. Beibehaltung der Kultur.	Durch hartes Kontrolling und ehrgeizige Zielvorgaben entwickelt sich die Organisation zur „Maschine". Mitdenken. unerwünscht	Fokus auf Kerngeschäfte lässt Firma schrumpfen.	Keine Experimente
d	Differenzierung durch neue Angebote und verbesserte Serviceleistungen.	Hoffnung!	Motivation der Belegschaft fällt auf Grund von nicht nachvollziehbaren Managemententscheidungen.	Durch entstandene „Fürstentümer" behindert sich die Organisation – kein funktionierender Austausch von Daten und Informationen im Unternehmen.	Ausgliedern von Geschäftsgebieten.	Planlos
e				Delegation von Verantwortung und Förderung von Unternehmertum steht im Vordergrund der Gestaltung.	Durch die Verfolgung der Portfolio-Strategie verkommt Morgenrot zum „Corporate Monopoly".	Aggressiv

Bild 162 Szenario-Rahmen: Die Zukunft von „Morgenrot"

Wie im Umweltszenario, so ist auch hier die Beschreibung der Zukunftselemente – Paradigmen, Trends, Unsicherheiten, Widersprüche und Wildcards – die Basis für die Auswahl von Szenario-Elementen und die Operationalisierung (Tabelle 49). Für dieses Beispiel kommt der Standardansatz zur Anwendung (vgl. Abschnitt 4.8).

Zunächst werden alle Elemente nach den Kriterien „Unsicherheit" und „Einfluss auf die weitere Entwicklung von Morgenrot" bewertet (Bild 161).

Bild 162 zeigt den darauf basierenden Szenariorahmen von „Morgenrot".

7.6.1 Szenario 1: Vorsichtig Innovativ

Komponente	Element	Beschreibung
Titel	Vorsichtig Innovativ	
Hauptfigur	-	Nicht verwendet
Szene	-	Nicht verwendet
Paradigmen, Konstanten	P1	Absolut keine Abstriche bei Sicherheit und Wartung der Flugzeuge.
	P2	Fokus von Morgenrot ist und bleibt das Fliegen.
	P3	Hohe Mitarbeiterzufriedenheit beibehalten.
	P4	Auf absehbare Zeit ist keine Änderung in der Basistechnologie „Flugzeug" zu erwarten.
	P5	Antrieb ist und bleibt die Turbine und als Treibstoff dient Kerosin.
	P6	Die Annahme ist, dass die Globalisierung sich fortsetzt und sowohl im Passagierbereich als auch im Cargo-/Logistikbereich zu steigenden Nachfragen führen wird.
	P7	Die Anforderungen im Flugverkehr sind: Billigsegment: günstig Businesssegment: bequem und schnell Logistiksegment: schnell und zuverlässig
Trends	T1	Konsolidierung in der Luftfahrt setzt sich fort.
	T2	Druck auf die Preise wird weiter steigen – vor allem im Billig-Sektor.
	T3	Vor allem auf Langstrecken und hier besonders der Nordamerika-Route gibt es mit asiatischen Airlines neue Wettbewerber.
	T4	Im Hochpreis-Segment werden sich Komplettangebote durchsetzen: „Business-Class from Door2Door".
	T5	Kundenbindungsprogramme spielen auch in Zukunft eine steigende Rolle bei der Wahl der Airline.
	T6	Im Logistikbereich setzen Kunden zunehmend auf End-to-End-Lösungen.
	T7	Direktverbindungen werden gegenüber Zubringerverbindungen durch den gestiegenen Aufwand in der Abfertigung bevorzugt.
	T8	Alle Annahmen deuten darauf hin, dass der Flugverkehr weiter zunehmen wird.
	T9	Technologische Weiterentwicklungen (Navigation, Antrieb, Service...).

Komponente	Element	Beschreibung
Widersprüche	W1	Wunsch nach Mobilität widerspricht den Warnungen vor Klimawandel.
	W2	Verlangen nach immer schnellerem und bequemeren Reisen wird durch immer neue Auflagen – vor allem Sicherheitsgründe – blockiert.
	W3	Vielfalt von Vorschriften – national und international – erschwert eine klare Planung im Flugverkehr.
	W4	Automatisierung vor allem im Ticketverkauf versus Wunsch nach hohem Servicestandard.
	W5	Abhängigkeit von vielen „höheren" Kräften (Wetter, Verkehr) vermindert Zuverlässigkeit und Pünktlichkeit von Morgenrot.
	W6a	Ausgewogenes Management sorgt für solides Wachstum bei gleichbleibenden Gewinnen.
Unsicherheiten	U1d	Differenzierung durch neue Angebote und verbesserte Serviceleistungen.
	U2	Wird die Konzentration auf Airbus zum Unsicherheitsfaktor? Wie zuverlässig ist Airbus als Partner in Zukunft?
	U3a	Investitionen in die Erforschung neuer Antriebstechnologien.
	U4	Ist eine Routenplanung durch Erweiterung des bestehenden Streckennetzes sinnvoll?
	U5	Welche Auswirkungen haben weitere Sicherheitsvorschriften auf den Flugverkehr?
	U6b	Innovationen werden gefördert und sorgen für inspirierendes Arbeitsklima.
	U7	Regulierung von Flugbewegungen und Starterlaubnissen.
	U8e	Delegation von Verantwortung und Förderung von Unternehmertum steht im Vordergrund der Gestaltung.
Chaos, Wildcards	C1	Neue Terroranschläge führen zum Einbruch der Passagierzahlen.
	C2	Einführung von zusätzlichen Steuern.
	C3	Naturkatastrophen jeglicher Art.
	C4	Klimaschock und die Auswirkungen..
	C5	Streik der Fluglotsen oder Piloten.
	C6	Feindliche Übernahme von Morgenrot.
	C7	Wechsel im Management.
Kreativität und Fantasie	individuell	Einbringung durch die Verbindung der Elemente zu einer Story.

Das Unternehmen wird sicher nicht das Geschäftsmodell der Fluggesellschaft ändern oder die Regeln im Luftverkehr neu erfinden. Andererseits ist es offen für Neuerungen, sowohl initiiert durch die Firma als auch für Impulse von außerhalb. Neben den streng organisierten Routineabläufen, die als Garant für konstanten Erfolg zählen, bleiben genügend Freiräume für „Experimente". Die Organisation zählt als kreativ und motiviert.

7.6.2 Szenario 2: Keine Experimente

Komponente	Element	Beschreibung
Titel	Keine Experimente	
Hauptfigur	-	Nicht verwendet
Szene	-	Nicht verwendet
Paradigmen, Konstanten	P1	Absolut keine Abstriche bei Sicherheit und Wartung der Flugzeuge.
	P2	Fokus von Morgenrot ist und bleibt das Fliegen.
	P3	Hohe Mitarbeiterzufriedenheit beibehalten.
	P4	Auf absehbare Zeit ist keine Änderung in der Basistechnologie „Flugzeug" zu erwarten.
	P5	Antrieb ist und bleibt die Turbine und als Treibstoff dient Kerosin.
	P6	Die Annahme ist, dass die Globalisierung sich fortsetzt und sowohl im Passagierbereich als auch im Cargo-/Logistikbereich zu steigenden Nachfragen führen wird.
	P7	Die Anforderungen im Flugverkehr sind: Billigsegment: günstig Businesssegment: bequem und schnell Logistiksegment: schnell und zuverlässig
Trends	T1	Konsolidierung in der Luftfahrt setzt sich fort.
	T2	Druck auf die Preise wird weiter steigen – vor allem im Billig-Sektor.
	T3	Vor allem auf Langstrecken und hier besonders der Nordamerika-Route gibt es mit asiatischen Airlines neue Wettbewerber.
	T4	Im Hochpreis-Segment werden sich Komplettangebote durchsetzen: „Business-Class from Door2Door".
	T5	Kundenbindungsprogramme spielen auch in Zukunft eine steigende Rolle bei der Wahl der Airline.
	T6	Im Logistikbereich setzen Kunden zunehmend auf End-to-End-Lösungen.
	T7	Direktverbindungen werden gegenüber Zubringerverbindungen durch den gestiegenen Aufwand in der Abfertigung bevorzugt.
	T8	Alle Annahmen deuten darauf hin, dass der Flugverkehr weiter zunehmen wird.
	T9	Technologische Weiterentwicklungen (Navigation, Antrieb, Service...).
Widersprüche	W1	Wunsch nach Mobilität widerspricht den Warnungen vor Klimawandel.
	W2	Verlangen nach immer schnellerem und bequemeren Reisen wird durch immer neue Auflagen – vor allem Sicherheitsgründe – blockiert.
	W3	Vielfalt von Vorschriften – national und international – erschwert eine klare Planung im Flugverkehr.
	W4	Automatisierung vor allem im Ticketverkauf versus Wunsch nach hohem Servicestandard.
	W5	Abhängigkeit von vielen „höheren" Kräften (Wetter, Verkehr) vermindert Zuverlässigkeit und Pünktlichkeit von Morgenrot.
	W6c	Fokus auf Kerngeschäft lässt Firma schrumpfen.

Komponente	Element	Beschreibung
Unsicherheiten	U1c	Hervorheben der eigenen Stärken und Steigerung der Kunden-orientierung.
	U2	Wird die Konzentration auf Airbus zum Unsicherheitsfaktor? Wie zuverlässig ist Airbus als Partner in Zukunft?
	U3b	Unternehmen schließt langfristige Lieferverträge und strategische Partnerschaften mit Lieferanten.
	U4	Ist eine Routenplanung durch Erweiterung des bestehenden Streckennetzes sinnvoll?
	U5	Welche Auswirkungen haben weitere Sicherheitsvorschriften auf den Flugverkehr?
	U6a	Unternehmensführung bemüht sich, lernendes Unternehmen zu werden.
	U7	Regulierung von Flugbewegungen und Starterlaubnissen.
	U8b	Bewährte Organisationsstruktur wird beibehalten.
Chaos, Wildcards	C1	Neue Terroranschläge führen zum Einbruch der Passagierzahlen.
	C2	Einführung von zusätzlichen Steuern.
	C3	Naturkatastrophen jeglicher Art.
	C4	Klimaschock und die Auswirkungen.
	C5	Streik der Fluglotsen oder Piloten.
	C6	Feindliche Übernahme von Morgenrot.
	C7	Wechsel im Management.
Kreativität und Fantasie	individuell	Einbringung durch die Verbindung der Elemente zu einer Story.

Was in der Vergangenheit richtig war, kann in der Zukunft nicht falsch sein. Das könnte das Motto für die Zukunft von Morgenrot in diesem Szenario sein. Das verleiht dem Unternehmen ausreichend Stabilität und intern auch die nötige Nachvollziehbarkeit. Andererseits werden Veränderungen im Markt und im Geschäftsumfeld nicht erkannt, was das Unternehmen in turbulenten Zeiten anfällig macht.

7.6.3 Szenario 3: Planlos

Komponente	Element	Beschreibung
Titel	Planlos	
Hauptfigur	-	Nicht verwendet
Szene	-	Nicht verwendet
Paradigmen, Konstanten	P1	Absolut keine Abstriche bei Sicherheit und Wartung der Flugzeuge.
	P2	Fokus von Morgenrot ist und bleibt das Fliegen.
	P3	Hohe Mitarbeiterzufriedenheit beibehalten.
	P4	Auf absehbare Zeit ist keine Änderung in der Basistechnologie „Flugzeug" zu erwarten.
	P5	Antrieb ist und bleibt die Turbine und als Treibstoff dient Kerosin.

Komponente	Element	Beschreibung
	P6	Die Annahme ist, dass die Globalisierung sich fortsetzt und sowohl im Passagierbereich als auch im Cargo-/Logistikbereich zu steigenden Nachfragen führen wird.
	P7	Die Anforderungen im Flugverkehr sind: Billigsegment: günstig Businesssegment: bequem und schnell Logistiksegment: schnell und zuverlässig
Trends	T1	Konsolidierung in der Luftfahrt setzt sich fort.
	T2	Druck auf die Preise wird weiter steigen – vor allem im Billig-Sektor.
	T3	Vor allem auf Langstrecken und hier besonders der Nordamerika-Route gibt es mit asiatischen Airlines neue Wettbewerber.
	T4	Im Hochpreis-Segment werden sich Komplettangebote durchsetzen: „Business-Class from Door2Door".
	T5	Kundenbindungsprogramme spielen auch in Zukunft eine steigende Rolle bei der Wahl der Airline.
	T6	Im Logistikbereich setzen Kunden zunehmend auf End-to-End-Lösungen.
	T7	Direktverbindungen werden gegenüber Zubringerverbindungen durch den gestiegenen Aufwand in der Abfertigung bevorzugt.
	T8	Alle Annahmen deuten darauf hin, dass der Flugverkehr weiter zunehmen wird.
	T9	Technologische Weiterentwicklungen (Navigation, Antrieb, Service...).
Widersprüche	W1	Wunsch nach Mobilität widerspricht den Warnungen vor Klimawandel.
	W2	Verlangen nach immer schnellerem und bequemeren Reisen wird durch immer neue Auflagen – vor allem Sicherheitsgründe – blockiert.
	W3	Vielfalt von Vorschriften – national und international – erschwert eine klare Planung im Flugverkehr.
	W4	Automatisierung vor allem im Ticketverkauf versus Wunsch nach hohem Servicestandard.
	W5	Abhängigkeit von vielen „höheren" Kräften (Wetter, Verkehr) vermindert Zuverlässigkeit und Pünktlichkeit von Morgenrot.
	W6d	Ausgliedern von Geschäftsgebieten.
Unsicherheiten	U1b	Aussitzen der Billigflieger-Phase.
	U2	Wird die Konzentration auf Airbus zum Unsicherheitsfaktor? Wie zuverlässig ist Airbus als Partner in Zukunft?
	U3d	Hoffnung!
	U4	Ist eine Routenplanung durch Erweiterung des bestehenden Streckennetzes sinnvoll?
	U5	Welche Auswirkungen haben weitere Sicherheitsvorschriften auf den Flugverkehr?
	U6d	Motivation der Belegschaft fällt auf Grund von nicht nachvollziehbaren Managemententscheidungen.
	U7	Regulierung von Flugbewegungen und Starterlaubnissen.
	U8a	Organisation wird umorganisationsmüde auf Grund von zu vielen Maßnahmen.

Komponente	Element	Beschreibung
Chaos, Wildcards	C1	Neue Terroranschläge führen zum Einbruch der Passagierzahlen.
	C2	Einführung von zusätzlichen Steuern.
	C3	Naturkatastrophen jeglicher Art.
	C4	Klimaschock und die Auswirkungen.
	C5	Streik der Fluglotsen oder Piloten.
	C6	Feindliche Übernahme von Morgenrot.
	C7	Wechsel im Management.
Kreativität und Fantasie	individuell	Einbringung durch die Verbindung der Elemente zu einer Story.

Die Entwicklung der Firma ist in der Tat als chaotisch und planlos zu bezeichnen. Mehrere Wechsel im Management-Board führen zu zahlreichen Änderungen – mit zum Teil sich widersprechenden Zielen. Eine klare Richtung ist indes noch immer nicht zu erkennen. Das Unternehmen zählt definitiv nicht zu den Gestaltern im Markt. Der Erfolg lässt sich hauptsächlich auf die positive Nachfrage zurückführen.

7.6.4 Szenario 4: Aggressiv

Komponente	Element	Beschreibung
Titel	Aggressiv	
Hauptfigur	-	Nicht verwendet
Szene	-	Nicht verwendet
Paradigmen, Konstanten	P1	Absolut keine Abstriche bei Sicherheit und Wartung der Flugzeuge.
	P2	Fokus von Morgenrot ist und bleibt das Fliegen.
	P3	Hohe Mitarbeiterzufriedenheit beibehalten.
	P4	Auf absehbare Zeit ist keine Änderung in der Basistechnologie „Flugzeug" zu erwarten.
	P5	Antrieb ist und bleibt die Turbine und als Treibstoff dient Kerosin.
	P6	Die Annahme ist, dass die Globalisierung sich fortsetzt und sowohl im Passagierbereich als auch im Cargo-/Logistikbereich zu steigenden Nachfragen führen wird.
	P7	Die Anforderungen im Flugverkehr sind: Billigsegment: günstig Businesssegment: bequem und schnell Logistiksegment: schnell und zuverlässig
Trends	T1	Konsolidierung in der Luftfahrt setzt sich fort.
	T2	Druck auf die Preise wird weiter steigen – vor allem im Billig-Sektor.
	T3	Vor allem auf Langstrecken und hier besonders der Nordamerika-Route gibt es mit asiatischen Airlines neue Wettbewerber.
	T4	Im Hochpreis-Segment werden sich Komplettangebote durchsetzen: „Business-Class from Door2Door".
	T5	Kundenbindungsprogramme spielen auch in Zukunft eine steigende Rolle bei der Wahl der Airline.

Komponente	Element	Beschreibung
	T6	Im Logistikbereich setzen Kunden zunehmend auf End-to-End-Lösungen.
	T7	Direktverbindungen werden gegenüber Zubringerverbindungen durch den gestiegenen Aufwand in der Abfertigung bevorzugt.
	T8	Alle Annahmen deuten darauf hin, dass der Flugverkehr weiter zunehmen wird.
	T9	Technologische Weiterentwicklungen (Navigation, Antrieb, Service...).
Widersprüche	W1	Wunsch nach Mobilität widerspricht den Warnungen vor Klimawandel.
	W2	Verlangen nach immer schnellerem und bequemeren Reisen wird durch immer neue Auflagen – vor allem Sicherheitsgründe – blockiert.
	W3	Vielfalt von Vorschriften – national und international – erschwert eine klare Planung im Flugverkehr.
	W4	Automatisierung vor allem im Ticketverkauf versus Wunsch nach hohem Servicestandard.
	W5	Abhängigkeit von vielen „höheren" Kräften (Wetter, Verkehr) vermindert Zuverlässigkeit und Pünktlichkeit von Morgenrot.
	W6e	Durch die Verfolgung der Portfolio-Strategie verkommt Morgenrot zum „Corporate Monopoly".
Unsicherheiten	U1a	Billigflieger werden mit allen Mitteln bekämpft – z.B. durch Blockaden und Behinderungen.
	U2	Wird die Konzentration auf Airbus zum Unsicherheitsfaktor? Wie zuverlässig ist Airbus als Partner in Zukunft?
	U3c	Harte Einsparmaßnahmen und Weitergabe an Endkunden.
	U4	Ist eine Routenplanung durch Erweiterung des bestehenden Streckennetzes sinnvoll?
	U5	Welche Auswirkungen haben weitere Sicherheitsvorschriften auf den Flugverkehr?
	U6c	Alles wie bisher, keine großen Anstrengungen zur Verbesserung bzw. Beibehaltung der Kultur.
	U7	Regulierung von Flugbewegungen und Starterlaubnissen.
	U8c	Durch hartes Controlling und ehrgeizige Zielvorgaben entwickelt sich die Organisation zur „Maschine". Mitdenken unerwünscht.
Chaos, Wildcards	C1	Neue Terroranschläge führen zum Einbruch der Passagierzahlen.
	C2	Einführung von zusätzlichen Steuern.
	C3	Naturkatastrophen jeglicher Art.
	C4	Klimaschock und die Auswirkungen.
	C5	Streik der Fluglotsen oder Piloten.
	C6	Feindliche Übernahme von Morgenrot.
	C7	Wechsel im Management.
Kreativität und Fantasie	individuell	Einbringung durch die Verbindung der Elemente zu einer Story.

Das Unternehmen ist komplett auf Erfolg getrimmt. „Hochleistungsorganisation" pflegt der neue Vorstandsvorsitzende zu sagen und Erfolg drückt sich vor allem in den richtigen Zahlen aus. Dass dieses Erfolgsmodell nur über kurze Zeit wirklich erfolgreich ist, muss Morgenrot gerade schmerzlich erfahren.

Geht man davon aus, dass die Szenarien alle so oder so ähnlich eintreten könnten bzw. die Zukunft sicher eine Mischung aus Elementen der Szenarien 1 bis 4 sein wird, kann man sich des Eindrucks nicht erwehren, dass Kurzsichtigkeit, Unwissenheit, Blindheit, falsche Hoffnung und Ignoranz eine große Rolle spielen werden – sowohl in der Politik, als auch in der Gesellschaft und den Unternehmen. Die Hoffnung, dass zu gegebener Zeit schon eine mysteriöse, neue Energiequelle zur Verfügung steht, könnte zum Verhängnis werden.

Umweltszenarien / Unternehmenszenarien	„Empty"	„Transition"	„Fight"	„Independent"	Bewertung
„Vorsichtig Innovativ"	Versuch, plötzliche Knappheit durch Energiesparen und Preise auszugleichen. riskant	Lange Lieferverträge, Austausch der Triebwerke gegen sparsame. riskant	Verfolgen zweier Strategien: Arrangieren mit der Situation und Substituieren bestehender Antriebe flexibel und anteilig stabil	Aktive Suche nach Alternativen, Investitionen und Kooperationen. robust	**Je nach Ausprägung das erfolgversprechendste Szenario.**
„Aggressiv"	Starke Einsparungen im Betrieb sollen höhere Kosten ausgleichen. riskant	Treibstoffzuschläge und Umorganisation sollen Wettbewerbsfähigkeit erhalten. riskant	Kampf um gute Konditionen. Weltweite Suche nach Anbietern von Treibstoffen. riskant	Sicherung der frei werdenden Treibstoffkapazitäten. riskant	**Es besteht das Risiko, dass durch den Fokus auf Performance eine neue Situation zu spät oder nicht erkannt wird.**
„Keine Experimente"	Morgenrot will den Reaktionen der anderen Airlines folgen. riskant	Langsame Reaktionen entsprechend der anderen Airlines. riskant	Management des Mangels. sehr riskant	Durchhalten und Warten auf neue Konzepte. riskant	**Hohe Risiken: Konservative Haltung erschwert Adaption an neue Situationen.**
„Planlos"	Viele hastige Maßnahmen: z.B. Energiesparen und Kosteneinsparungsprogramme. sehr riskant	Keine Richtung erkennbar. sehr riskant	Reduzierung des Flugbetriebs entsprechend verfügbarer Treibstoffmenge. vorübergehend robust	Kein Konzept sehr riskant	**Extrem gefährlich: nicht vorbereitet, keine Vorausschau. Zukünftige Existenz bedroht.**

Bild 163 **Strategischer Fit für die Fluggesellschaft Morgenrot: Gegenüberstellung der Unternehmensszenarios und der Umweltszenarios für Szenario „Zukunft des Erdöls"**

Betrachtet man den strategischen Fit zwischen den Unternehmens- und den Umweltszenarios (Bild 163), so kommt man zu dem Schluss, dass das hier vorgestellte Unternehmen „Morgenrot" auf mögliche Veränderungen in der Treibstoffversorgung nicht vorbereitet ist. Durch die Orientierung an den robusten Konstellationen ergeben sich jedoch Handlungsoptionen.

Mit „Vorsichtig Innovativ" ist die Richtung vorgegeben. Die langfristige Planung muss in jedem Fall einen Mangel an zur Verfügung stehenden Treibstoffen berücksichtigen. Je nach Eintritt und Reaktion kann die Existenz der Fluggesellschaft bedroht sein.

Aufgrund der Untersuchung beschließt die Fluggesellschaft Morgenrot einen Aktionsplan, der folgende Elemente enthält:

- *Erstellen eines Krisenplans für jedes der Umweltszenarien und Festlegung von Triggerpunkten, durch die der Eintritt von Veränderungen signalisiert wird.*
- *Installierung einer kontinuierlichen Vorausschau im Unternehmen mit der Aufgabe des Monitorings der Veränderungen und regelmäßigen Reports an das Management.*
- *Ausarbeitung von Möglichkeiten von Investitionen, um die Versorgung mit Treibstoffen sicherzustellen. Der Schwerpunkt liegt darauf, Alternativen zum bestehenden Konzept auszuarbeiten und technologische Machbarkeiten zu prüfen.*
- *Sofortmaßnahmen beinhalten die sofortige Umrüstung der bestehenden Flugzeuge auf die sparsamsten Antriebe.*
- *Als Triggerpunkte sind gesetzliche und politische Veränderungen hinsichtlich Emissionen und Besteuerung interessant und in technologischer Sicht stehen neue Antriebskonzepte im Fokus der Aufmerksamkeit.*

Mit der Ausarbeitung der Szenarien und der Präsentation ist das Bewusstsein für die Gefahr des Treibstoffmangels bis ins Top-Management vorgedrungen. Erste Maßnahmen wurden beschlossen. Da die Entwicklung neuer Antriebskonzepte in der Regel mehr als zehn Jahre dauert, hat sich die Firma zum Ziel gesetzt, die Entwicklung neuer Antriebstechnologien aktiv zu unterstützen und strategische Kooperationen einzugehen.

7.7 Strategische Implikationen

Die wichtigste Schlussfolgerung aus den Szenarien ist wohl, dass die Zeiten der „Low-hanging Fruits" in naher Zukunft vorbei sein werden. Da aber nicht davon auszugehen ist, dass die Menschheit bereit ist, ihre Gewohnheiten zu ändern, bzw. wenn überhaupt, dann nur sehr langsam, werden Unternehmen neuen Problemen gegenüberstehen. Probleme sind jedoch immer auch neue Möglichkeiten für Veränderung, Einflussnahme und Wachstum.

Sicher wäre es wünschenswert, dass geschlossene Energiekreisläufe entstehen – ähnlich der Photosynthese – denn nur das wäre langfristig nachhaltig. Solange Klimaschäden und Umweltverschmutzung nicht mit in die Gesamtrechnung einfließen, gilt Öl und damit Energie als billig. Diese eher globalen Überlegungen werden jedoch schnell von den wettbewerbsorientierten Firmen in den Hintergrund gedrängt. Für sie ist die Einbeziehung der Szenarien in die Strategieentwicklung ein sehr individueller Prozess.

Betrachtet man die Ergebnisse der Szenarioanalyse in einem größeren Rahmen, so wird man erkennen, dass die Frage der Energieversorgung – und damit auch unmittelbar die Rolle des Erdöls – eine Schicksalsfrage für die Menschheit wird. Wie zu Beginn dieses Beispiels schon bemerkt, ist abzusehen, dass die Bedeutung von wirtschaftlichem Erfolg, Wohlstand und Wachstum in großen Teilen der Gesellschaft höher eingestuft wird als eine umweltfreundliche Energieversorgung mit dem Ziel des Klimaschutzes. Persönliche, regionale, nationale und unternehmerische Interessen und Sachzwänge verhindern einen gezielten Schutz des Lebensraumes. Die durch die Marktwirtschaft und insbesondere durch die Erringung von Wettbewerbsvorteilen verursachten Schäden an Allgemeingütern – z.B. des globalen Klimas – bedrohen die Existenz der Menschheit.

„... the dinosaurs did manage to survive over a hundred times longer than human beings have so far" [Senge 2004]. So stellt sich die Frage, ob die Marktwirtschaft überhaupt zukunftsfähig ist. Die Anzeichen mehren sich, dass Probleme auf globaler Ebene damit nicht gelöst werden können. Demokratie und Marktwirtschaft sind Errungenschaften der Menschheit und verantwortlich für Fortschritt und Wohlstand. Ob sie für die Herausforderungen der Zukunft geeignet sind, wird sich zeigen.

Eine Frage ist: Kommt es zu einem langsamen Übergang in eine ölfreie Zukunft oder zu einer abrupten Veränderung der Situation? 95% der Mobilität geht auf Erdöl zurück!

Eine andere: Wie ist das tatsächliche Potential der erneuerbaren Energieversorgungstechnologien?

Somit lässt sich die Unsicherheit in der weiteren Entwicklung des Erdöls im Wesentlichen auf drei Fragestellungen reduzieren:

1. Wie plötzlich erfolgt der Eintritt der Ölknappheit bzw. der Übergang in eine Nach-Öl-Ära?
2. Wie anwendungsbereit sind dann alternative Energien?
3. Welche Rolle spielt die steigende mediale Beachtung der Klimaveränderung für die Zukunft des Erdöls?

Stellt man sich die Erde als geschlossenes System vor, leuchtet ein, dass eine deutliche Verschiebung von Systemvariablen zur Instabilität des Systems führt. Die folgende Gleichung sorgt direkt für den Wohlstand der Menschheit:

(1) Verbrennung: Kohlenstoff + Sauerstoff ⇨ Wärme + Kohlendioxid

Diese Darstellung ist zwar sehr vereinfacht, stellt aber die Ursache für die Zunahme des Kohlendioxids in der Atmosphäre dar. Die Anreicherung der Atmosphäre mit Kohlendioxid (und anderen Gasen) gilt jedoch als Auslöser des Klimawandels. Der Kohlenstoff ist in Kohle, Erdöl oder anderen fossilen Brennmaterialien vorhanden.

Außerdem gilt:

(2) Photosynthese: Kohlendioxid + Sonnenlicht ⇨ Biomasse

Gleichung 2 trägt nur mittelbar – beispielsweise in der Landwirtschaft – zum Wohlstand bei. Wälder, als Orte der Photosynthese und Sauerstoffquellen, sind Allgemeingut, werden aber allzu leicht wirtschaftlich lohnenderen Zwecken geopfert.

Das Ungleichgewicht zwischen den Gleichungen 1 und 2 ließe sich durch Verminderung der Verbrennung (Gleichung 1) oder Ausweitung der Photosynthese (Gleichung 2) reduzieren. Eine weltweite, intensive Aufforstung wäre demnach eine naheliegende Lösung. Der Vorschlag ist sicher nicht billig, aber die Beurteilung solcher Vorschläge nach monetären Kriterien ist höchst zweifelhaft. Die Bewertung „zu teuer" ist stets eine Momentaufnahme. Was heute als zu teuer gilt, gilt retrospektiv möglicherweise als günstig. Eine im Jahre 2020 gestellte Frage, warum nicht mit der Aufforstung bereits im Jahre 2007 begonnen wurde, mit „zu teuer" zu beantworten, wirkt bereits heute schon lächerlich.

Greift man die Frage vom ersten Kapitel nach dem nächsten Kondratieff-Zyklus wieder auf und bezieht die Erkenntnisse des Kapitels in die Überlegungen ein, so erscheint es keineswegs abwegig, dass der nächste Zyklus der Energie – oder exakter, den nachhaltigen Energien – gewidmet sein wird.

7.8 Zusammenfassung des Beispiels

Das vorangegangene Beispiel verdeutlicht die Einbeziehung von Zukunftsbetrachtungen in die strategische Analyse und die Rolle von Trends und Szenarien bei der Ausarbeitung.

Das Thema ist zwar nicht neu, ist aber durch die momentane mediale Aufmerksamkeit – nicht zuletzt wegen der Diskussion über den Klimawandel – erneut ins Bewusstsein vieler Nutzer, Manager und Politiker gerückt. Durch die unterschiedlich ausgeprägte Interessenlage und die damit einhergehenden Meinungsverschiedenheiten erschien das Thema besonders geeignet zur Veranschaulichung der in den vorangegangenen Kapiteln gemachten Feststellungen.

Es sei noch einmal darauf hingewiesen, dass es keinen Masterplan gibt. Viele verschiedene Wege einer strategischen Analyse bzw. einer strategischen Vorausschau sind denkbar. Das Entscheidende sind einerseits die neutrale Analyse und andererseits die kritischen Schlussfolgerungen und Konsequenzen für das eigene Tun. Das hier gezeigte Vorgehen basiert auf der langjährigen Erfahrung in der strategischen Analyse sowohl für die Siemens AG als auch für und mit anderen Unternehmen und Instituten.

Bei der Ausarbeitung kamen bis auf Standard-Office und Internet-Applikationen keine weiteren IT- oder Software-Tools zum Einsatz. Ein klarer Kopf, Freiräume zum Nachdenken, viel Zeit für die sorgfältige Ausarbeitung, die Bereitschaft zum Lernen und die Erfahrung im Umgang mit Unsicherheiten reichen gewöhnlich aus.

Die Zukunft des Erdöls wurde mit Hinblick auf die Strategieoptionen für ein Unternehmen – eine Fluggesellschaft – beispielhaft entworfen. Es wurde deutlich, dass durch das

Erstellen der Szenarien – sowohl der Unternehmensszenarien als auch der Umweltszenarien – der gedankliche Horizont erweitert wurde. Spannt man den Bogen noch weiter und begrenzt die Überlegungen nicht nur auf Erdöl und einen 10-Jahres-Zeithorizont, verschieben sich die Fragestellungen und die Perspektiven. Damit gelingt die Einordnung in einen Gesamtzusammenhang – das Big Picture.

Es ist bekannt, dass sich pro Tag die weltweite Waldfläche um ca. 200 km^2 verringert. Der Welt-Waldbericht beziffert den Rückgang der gesamten Fläche zwischen 1995 und 2000 auf drei Prozent. Rechnet man weiter, dann...

Kapitel 8

Hausaufgaben

Was Sie tun sollten

Die unternehmensphilosophische Komponente

So groß auch der Wunsch von Unternehmen ist, zu wissen, was die Zukunft bringt, um daraus Vorteile zu erlangen, genauso deutlich wurde, dass es eine absolute Gewissheit nicht geben kann.

Und das ist gut so. Zum einen würde es zu Maßnahmen zur Prävention kommen – also dem Versuch, vorbeugend die Zukunft entsprechend beeinflussen zu wollen. Die Steigerung wäre dann die Prävention der Prävention usw. und die Beschleunigung würde eine neue Dimension erreichen. Ob das wirklich erstrebenswert ist, sei ob der Resignation und Mutlosigkeit, welche durch die Vorbestimmtheit und Ausweglosigkeit gegeben wäre, dahingestellt (wie das Beispiel des Bürgermeisters zeigte).

So jedenfalls haben alle Unternehmen und Institutionen in Bezug auf die Zukunft Chancengleichheit und eine identische Ausgangssituation. Es liegt an den Unternehmen selbst, wie ernst sie das Thema Zukunft sehen und welchen Stellenwert Zukunftsbetrachtungen im Rahmen der Strategieentwicklung haben. Das ist die gute Nachricht.

Die nicht so gute Nachricht ist (aus Sicht der ziel- und ergebnisorientierten Planer): Zukunftsforschung ist eine kontinuierliche, niemals endende Reise. Der Nutzen der betrieblichen Vorausschau besteht darin, die Grundlage für die strategische Planung und Strategieentwicklung zu sein. Die Herausforderung besteht darin, alle im Unternehmen verfügbaren Informationsquellen in den Prozess der Zukunftsbetrachtung einzubeziehen, um daraus eine Meinung zu bilden, Entscheidungen zu ermöglichen und Handlungsfähigkeiten sicherzustellen.

Dabei erfordert Zukunftsbetrachtung absolute Neutralität in der Analyse: zunächst neutral analysieren, dann kritisch, kontextbezogen reflektieren und bewerten, um dann zwingend zu einer Umsetzung zu kommen und den Zyklus aufs Neue zu beginnen. In diesem Prozess zeichnen sich Zukunftsbetrachtungen und Strategieplanung durch einen hohen Anteil explorativer, unkonventioneller und kreativer Überlegungen aus. Das zu akzeptieren ist ein erster Schritt hin zu einem neuen Umgang mit Unsicherheit.

Der Umgang mit der Zukunft braucht zwei wesentliche Komponenten: Die Orientierung – die Wunschvorstellung und den Plan, wo es hingehen soll und was realistisch ist – und die Reaktionsfähigkeit, die Aufmerksamkeit gegenüber Veränderungen und die Fähigkeit einer raschen Reaktion und Anpassung. Das Wechselspiel zwischen Orientierung und Reaktion sorgt für eine solide Strategie.

Orientierung ist in vielen Unternehmen etabliert, die Reaktionsfähigkeit ist aber noch nicht gegeben. Daher müssen sich Unternehmen viel mehr als bisher über die internen Abläufe Gedanken machen. Die Kostenperspektive oder Fragen der Effizienz sind in dem Zusammenhang nur die halbe Wahrheit. Intelligenz geht vor Effizienz!

Wie reagiert Ihr Unternehmen auf eine Chance? Hätte z.B. eine Idee im Ausmaße einer Suchmaschine von Google oder des iPod von Apple das richtige Umfeld zum Gedeihen? Wie reagiert Ihr Unternehmen auf Bedrohungen? Stellen Sie sich vor, ein wichtiges Produkt des Portfolios wird durch eine neue Technologie substituiert. Wie reagiert das Unternehmen? Leugnet es die neue Technologie? Ist es vorbereitet?

Wenn Sie als Unternehmen Ihre Zukunft nicht selbst gestalten, dann müssen Sie sie so akzeptieren, wie sie von Anderen gestaltet wird und Sie sie erleben. Zukunftsforschung im Unternehmen ist wie das Training einer Fußballmannschaft, nur dass beim Fußball die Regeln feststehen und in der Wirtschaft die Regeln täglich neu gemacht bzw. erweitert oder erneuert werden. Und nur nach intelligentem Training können die entscheidenden Spiele gewonnen werden.

Zusammenfassend lässt sich der Nutzen von Foresight-Aktivitäten für Unternehmen zu drei Kernpunkten verdichten:

- Robustere Strategien durch den praktizierten Umgang mit Unsicherheit.
- Impulse für Innovationen und neue Geschäfte.
- Kommunikation von Zukunftsideen und damit Partner bei der Gestaltung der Zukunft.

Ausblick: Wie sieht die Welt in tausend und mehr Jahren aus?

In einem Beitrag der Zeitschrift GEO kompakt [GEO 2006] wagt der Autor einen Ausblick auf die Zeit in fünf Millionen Jahren bis in zweihundert Millionen Jahren. „Es ist die Logik des Lebens: Die Evolution macht niemals Halt." Erstaunlich, der Mensch kommt darin nicht mehr vor. Andere Lebewesen – die auf bestehenden biomechanischen, physiologischen und ökologischen Prinzipien existierender Organismen beruhen – wird es aber geben. Nur wenige Arten werden die globalen Katastrophen überleben und neue werden entstehen – etwa Riesenschildkröten, acht Tonnen schwere Riesenkraken oder Wüstenechsen.

Falls es Leben mit einer Intelligenz geben sollte, die mit der menschlichen Intelligenz vergleichbar ist, wird man sich dann vielleicht fragen, warum die Menschheit damals, vor langer Zeit, ausgestorben ist. Retrospektiv erscheint alles klar: Die Menschheit hat systematisch ihren Lebensraum zerstört. Aber warum? Mit dieser Frage werden sich Forscher beschäftigen, eventuell sogar mit dem Ziel, daraus etwas für die eigene Zukunft ableiten zu können. Man wird vielleicht spekulieren, warum die individuelle Intelligenz der Menschen so hoch war, aber die kombinierte menschliche Intelligenz so erschreckend niedrig. Vielleicht entdeckt man auch, dass Geld eine große Rolle für den menschlichen Wohlstand und die Weiterentwicklung gespielt hat. Paradoxerweise – so wird man feststellen – hat die monetäre Bedeutungslosigkeit des essenziellen, menschlichen Lebensraumes zur Vernachlässigung und zum Verlust des selbigen geführt.

Was Sie zu tun haben

Das Ziel des Buches wurde zu Beginn so formuliert, dass es Sie als Leser/Leserin bei Zukunftsbetrachtungen unterstützt, Ihre Fähigkeit der Vorausschau verbessert und Sie vor allem selbständiger im Umgang mit Unsicherheiten macht. Das gelernte Wissen soll nicht nur anwendungsbereit sein, sondern soll tatsächlich zur Anwendung kommen.

Die Lernkurve von Büchern orientiert sich vor allem am Leser:

Buch kaufen:	Interesse bekunden und durch die Investition artikulieren.
Lesen:	Thema als wichtig einschätzen und sich Zeit zum Lesen nehmen.
Verstehen:	Neue Konzepte und Ideen in den Wissensbestand übernehmen.
Reflektieren:	Konzepte und Ideen an der eigenen Situation (privat oder im Unternehmen) spiegeln und neue Einsichten gewinnen.
Anwenden:	Die „Knowing-Doing“-Lücke durch konkrete Aktionen überbrücken.

Nun sind Sie an der Reihe:

Machen Sie sich Gedanken über Ihr Unternehmen! Charakterisieren Sie es und überlegen Sie sich für Ihr Unternehmen mögliche Szenarien:

- Was schätzen Sie als stabil ein (Paradigmen)?
- Sehen Sie graduelle Veränderungen (Trends)?
- Wo sehen Sie ein Paradoxon oder Dilemmas (Widersprüche)?
- Was halten Sie für unsicher (Unsicherheiten)?
- Gibt es Bedrohungen (Wildcards)?

Wenn Sie diese Fragen beantwortet haben, dann:

- Generieren Sie Elemente und bewerten Sie sie nach der Wilson-Matrix.
- Erstellen Sie den Szenariorahmen und leiten Sie die möglichen Szenarios ab. Stellen Sie dann die Szenarios entsprechend der Tabelle gegenüber. Durch die Gegenüberstellung ergeben sich Handlungsoptionen und Handlungszwänge.
- Formulieren Sie eine Unternehmensstrategie in Form von Stoßrichtungen.
- Entwerfen Sie einen Aktionsplan und überlegen Sie sich, womit Sie sofort anfangen könnten.
- Finden Sie geeignete Triggerpunkte, um Trendbrüche oder andere neue Situationen strategisch berücksichtigen zu können.

Sollten Sie feststellen, dass Ihr Unternehmen nicht ausreichend vorbereitet ist, unternehmen Sie etwas! Bewegen Sie etwas! Seien Sie unbequem!

Kapitel 9

Anhang I

100 Informationsquellen

In diesem Abschnitt sind 100 Informationsquellen aufgelistet, die Ihnen bei Ihrer Arbeit mehr oder weniger nützlich sein können. Für jede dieser Quellen ist eine Bewertung angegeben, auf einer Skala von 1 bis 5. Diese Skala basiert auf persönlichen Erfahrungen, sie spiegelt kein allgemeingültiges Ranking wider und orientiert sich an folgenden Kriterien:

1 Sehr gute Informationsquelle, umfangreich, aktuell, verfügbar bzw. Zugriff über Bestellung möglich.

2 Gute Informationsquelle, Abstriche in Nutzbarkeit oder Bestellmöglichkeit.

3 Teilweise gut, teilweise nicht nutzbar.

4 Teilweise unklar, wenig Informationen, teuer.

5 Falsche Informationen, nicht aktuell, teuer, nicht praktikabel bzw. kaum Material verwertbar.

Nr.	Quelle	Link	Arbeitsschwerpunkt	Anmerkung	Bewertung
1	APEC, Asia Pacific Economy Cooperation Behörde	http://www.apecsec.org.sg	Fokus auf Asien-Pazifik-Region: Bildung, Energie, Finanzen, Gesundheit, Investitionen, Wissenschaft und Technik, Handel, Transport u.a.	Reports sind zum Teil frei verfügbar.	2
2	AT&T Firma	http://www.business.att.com	Fokus auf Technologie und angrenzende Themen: Netzwerke, künstliche Intelligenz, Broadband Access, Human-Computer-Interface, Mobile Wireless, Photonics, Security – VoIP / IP Telephony, VPNs u.a.	Bei Registrierung Newsletter.	4
3	Australian Foresight Institute (AFI) Institut	http://www.swin.edu.au/afi	Fokus Australien: Allgemeine Zukunftsthemen	Unübersichtliche Web-Präsenz, jedoch Research Reports und Monographs frei verfügbar.	3
4	BAT Freizeitforschung, Institut für Zukunftsfragen Institut	http://www.bat.de	Fokus Deutschland: Arbeit, Bildung & Erziehung, Bürger & Staat, Erlebniswelten & Freizeitparks, Freizeit & Sport, Generationen & Demographie, Konsum, Kultur, Medien & Datenschutz, Tourismus & Mobilität, Werte & Soziales u.a.	British-American Tobacco sponsert die Untersuchungen. Bekannt durch „Deutschland 2010" von Horst W. Opaschowski.	3
5	Battelle Institut Institut	http://www.battelle.org	Fokus Technologie: Innovationen und Technologie-Forecasts.	Lesenswert, viele Ideen, Erklärungen, Beschreibungen und Kommentare.	2

Nr.	Quelle	Link	Arbeitsschwerpunkt	Anmerkung	Bewertung
6	Bell Labs Firma (Alcatel-Lucent)	http://www.bell-labs.com	Fokus Technologie: Innovation, Netzwerk-Technologien, Konvergenz, Optische Netzwerke, Softwareentwicklung, Algorithmen, u.a.	Überblick und Links zu Entwicklern, angrenzenden Themen und Details.	3,5
7	Bertelsmann Stiftung Institut	http://www.bertelsmann-stiftung.de	Fokus „Zukunftsfähige Gesellschaft" (Deutschland): Sehr großes Spektrum gesellschaftlicher Themen: Politik, Gesellschaft, Wirtschaft, Bildung, Gesundheit, Kultur.	Sehr viel Material verfügbar, teilweise kostenlos.	2
8	Bley und Schwarzmann AG, Future Business Group, Schorndorf Firma	http://www.bleyundschwarzmann.de	Kein Fokus	Sieht sich als „Vordenker", wenig Konkretes, hauptsächlich Eigenwerbung.	4,5
9	BrainStore, Biel, Schweiz Firma	http://www.brainstore.com	Fokus: Ideengenerierung auf Kommando.	Wenig Inhalt, hauptsächlich Eigenwerbung.	5
10	Britisch Telecom Firma	http://www.btplc.com/ http://www.groupbt.com/innovation	Fokus auf Technologie und Gesellschaft: Innovationen, Netzwerk-Technologien, Gadgets, „On the move", Service, Sozial und Umweltreport, u.a.	Gute Informationsquelle, viele Ideen und viele Reports und Studien verfügbar. Bsp.: „Changing Values", „Technology Timeline"	1,5
11	Bundesministerium für Bildung und Forschung Behörde	http://www.bmbf.de	Fokus Deutschland: Ausgewählte Themen: Nanotechnologie, Informationsgesellschaft, Produktionsforschung, Forschung für Klimaschutz, Mikrosystemtechnik, Medizin u.a.	Viele Reports und Studien verfügbar.	2,5
12	Büro für Technikfolgen-Abschätzung (TAB) beim Deutschen Bundestag Behörde	http://www.tab.fzk.de	Fokus ausgewählte Themen wie Risiko, Innovation und Wissen.	Diskussionspapiere, Hintergrundpapiere und Arbeitsberichte verfügbar, z.T. veraltet.	2,5
13	Cato Institute, Washington Institut	http://www.cato.org	Fokus: USA-öffentliche, politische Debatte: aktuelle Themen.	Viel Material verfügbar, zum Teil politisch geprägt.	3,5
14	Census - Statistic US Behörde	http://www.census.gov	Fokus USA, Statistiken: People & Household, Business & Industry, Geography, Special Topics.	Sehr umfangreiche Datenquelle und Verlinkung zu weiteren US Bureaus z.B. Center of Economic Studies, kaum Zukunftsthemen.	2
15	Centrum für angewandte Politikforschung (CAP) LMU München	http://www.cap-lmu.de	Fokus politische Zukunftsthemen: Europäische Einigung, Modernes Regieren, Transformationsforschung, Zukunftsfragen, Politische Bildung u.a.	Viele Studien und Reports frei verfügbar.	2

Nr.	Quelle	Link	Arbeitsschwerpunkt	Anmerkung	Bewertung
16	Centre for Future Studies (CFS), Canterbury, Kent Firma	http://www.futurestudies. co.uk	Fokus: Zukunftsberatung für ausgewählte Industriesektoren.	Firmenprofil, kaum Material verfügbar.	4
17	CIA Factbook US-Behörde	https://www.cia.gov	Profile aller Staaten (Geographie, Politik, Wirtschaft, Bevölkerung) – aktuelle Daten.	Factbook verfügbar (digital oder als Buch).	2
18	CIFS – Kopenhagener Institut für Zukunftsforschung Institut	http://www.cifs.dk	Zukunftsstudien zu ausgewählten Themen und für Mitglieder.	Wenige Artikel frei verfügbar.	4
19	DARPA US-Behörde	http://www.darpa.mil	Fokus Militär: Verschiedene Programme.	Forschungsinstitut des US-Verteidigungsministeriums, Informationen zu Programmen verfügbar.	4,5
20	DB Research Institut	http://www.db-research.de	Fokus weltweite makroökonomische Entwicklungen.	Breite Themenauswahl, zum großen Teil frei verfügbar, teilweise interpretiert, sehr gute Quelle.	1
21	Demos, London Firma	http://www.demos.co.uk	Fokus Großbritannien: Alltägliche, allgemein interessante Themen.	„The Think Tank for everyday democracy". Die meisten Artikel sind digital frei verfügbar oder gedruckt käuflich zu erwerben.	3
22	Deutsches Institut für Wirtschaftsforschung DIW Institut	http://www.diw.de	Fokus Wirtschaftsentwicklung in Deutschland: Konjunkturberichte und Prognosen, Produktivität, Kapazitätsauslastung, Bevölkerungsentwicklung	Umfangreiches Datenmaterial verfügbar, Zahlreiche Links zu weiteren Quellen	2
23	Department of Trade and Industry (DTI) Future and Innovation Unit (FIU), UK Behörde	http://www.dti.gov.uk	Fokus Wirtschaftsentwicklung in Großbritannien: Trade, business, employees, consumers, innovation, science and energy	Ein Großteil der Reports ist frei verfügbar.	1,5
24	Drivers of Change Arup Foresight + Innovation + Incubation Initiative	http://www.driversofchange. com	Fokus auf Drivers of Change: Social, Technology, Environment, Economic, Political.	Karten (käuflich zu erwerben) und Blog.	3,5
25	Portal der Europäische Kommission Behörde	http://www.europa.eu http://www.eurofound.euro pa.eu	Fokus: Informationen zu allen Bereichen der EU.	Sehr umfangreiche Informationsquelle, meist neutrale Darstellung.	1,5
26	European Information Technology Observatory Behörde	http://www.eito.com	Fokus Technologie in Europa: Statistik zu ICT und Consumer Markets.	Einige Statistiken sind frei verfügbar, EITO erscheint jährlich, über diese Seite bestellbar.	3

Nr.	Quelle	Link	Arbeitsschwerpunkt	Anmerkung	Bewertung
27	Faith Popcorn's BrainReserve, New York Firma	http://www.faithpopcorn.com	Fokus Marketing: Beratung in Bereichen Trends, Kunden, Marketing, Visionen u.a.	Kaum Inhalte verfügbar.	4,5
28	FCL – Future Concept Lab, Mailand Institut	http://www.futureconceptlab.com	Fokus: Marketing Issues and Trends in Consumption.	Kaum Inhalte verfügbar.	4
29	FiBS – Forschungsinstitut für Bildungs-und Sozialökonomie Institut	http://www.fibs-koeln.de	Fokus Deutschland: Bildungsökonomie, Sozialökonomie.	Beiträge im FIBS-Forum frei verfügbar.	3,5
30	Finland Futures Research Centre Institut der „Turku School of Economics"	http://www.tukkk.fi/tutu	Fokus Finnland auf regionaler und nationaler Ebene, teilweise global: Gesellschaft, Umwelt, Innovation, Wirtschaft, Technologie, Kultur, Wissen u.a.	Material ist teilweise verfügbar, leider vieles nur auf finnisch.	4
31	Forecast Center, LLC Web site	http://www.forecastcenter. com	Fokus: USA, international: Demographie Wirtschaft, Energie, Umwelt, Gesundheit, Lifestyles, Politik, Technologie u.a.	Material ist teilweise frei verfügbar, teilweise ist eine Registrierung erforderlich. Sehr US-lastig	3
32	Foresight Institute, Palo Alto, USA Institut	http://www.foresight.org	Fokus Technologie: Nanotechnologie.	Material teilweise verfügbar.	3
33	Foresight International	http://foresightinternational.com.au	Fokus gesellschaftliche Entwicklung „Help create and sustain social foresight." Politik, Strategie, Organisationen, Innovationen u.a.	Papers frei verfügbar, Bücher und Publikationen können online bestellt werden.	3
34	Fraunhofer Institut für Systemtechnik und Innovationsforschung (ISI) Institut	http://www.isi.fhg.de	Fokus Innovationen: Energie, Umwelt, Produktion, Kommunikation, Biotechnologie, nachhaltiges Wirtschaften	Kaum Material frei verfügbar, Bestellung ist möglich.	3,5
35	Fraunhofer-Institut für Naturwissenschaftlich-Technische Trendanalysen (INT) Institut	http://www.int.fhg.de	Fokus Technologie: Technologieanalyse und Technologievorausschau.	Kaum Material frei verfügbar, starker militärischer Bezug.	4,5
36	Friedrich-Ebert-Stiftung-Germany Institut	http://www.fes.de	Fokus Politik und Gesellschaft: Gerechte Gesellschaft, Innovation und Fortschritt, Aktive Demokratie.	Großes Archiv mit Suchfunktion, größtenteils frei verfügbar.	1,5

Nr.	Quelle	Link	Arbeitsschwerpunkt	Anmerkung	Bewertung
37	Future Management Group AG Firma	http://www.micic.com	Fokus „Zukunftsmanagement“: Trendforschung, Zukunftsforschung (gesellschaftlich, wirtschaftlich, technologisch), ausgewählte (aktuelle) Themen.	Beschreibung der „Zukunftsfaktoren“, Glossar und veröffentlichte Artikel frei verfügbar.	3
38	Futuribles Group, Paris, Frankreich (non-profit) Beratung	http://www.futuribles.com	Fokus Westeuropa: Gesellschaft, Politik, Zukunft, Methodik (Lookout-System).	Wenig Material frei verfügbar, Großteil in Französisch.	3,5
39	Gartner, Inc. Beratungsunternehmen	http://www.gartner.com	Fokus Technologie und Märkte: Spezialisiert auf IT-Technologie.	Verschiedene Produkte und Programme, von Kurzanalysen bis detaillierten Marktanalysen. Nur für zahlende Kunden.	4,5
40	Gottlieb Duttweiler Institut (GDI), Rüschlikon/Zürich, Schweiz Institut	http://www.gdi.ch	Fokus Endkunde: Marketing, Markt- und Kundenanalyse für großes Spektrum an Branchen.	Studien online zu bestellen.	3
41	Global Business Network (GBN), USA Beratung	http://www.gbn.com	Fokus Zukunft allgemein: Politik, Wirtschaft, Gesellschaft, Werte u.a.	Große Auswahl an aktuellen Themen und neuen Ideen.	2,5
42	Gesellschaft für Zukunftsmodelle und Systemkritik eV (GZS), Münster Verein	http://www.zukunft-gzs.de	Fokus „Bessere Zukunft“: Zukunftsforschung, Friedensforschung, Zukunftsarbeit, Friedensarbeit u.a.	Herausgeber von „Blickpunkt Zukunft“ – online kostenlos. Online-Publikationen verfügbar (hauptsächlich von Werner Mittelstaedt).	4
43	Hawaii Research Center for Futures Studies (HRCFS) Akademisch	http://www.futures.hawaii. edu	Fokus Hawaii, Nord-Amerika, Südostasien, Pazifik: Politik, Institutionen, Gesellschaft, Bevölkerung u.a.	Umfangreiche Sammlung von Material verfügbar (u.a. Hawaii 2050).	2,5
44	Horizon Site	http://horizon.unc.edu/onramp	Fokus Veränderungen in der Umwelt: STEEP-Ansatz	Gut verlinkt und gute Informationsquelle.	2
45	IAF – Institute for Alternative Futures – Institut	http://www.altfutures.com	Fokus Zukunftsfragen: Erziehung, Gesellschaft, Politik, Technologie, Wissen, u.a.	Projekte und Reports teilweise verfügbar. Bsp: Rural Futures: Scoping Social Science Research Needs.	2,5
46	ICEBERG Consulting, Gesellschaft für angewandte Trendforschung mbH, Bremen Beratungsunternehmen	http://www.iceberg-consulting.de	Fokus : Management und Sales, Informationstechnologien, Szenarien, Trendresearch, TIME-Industrien, CRM, HR, Strategien & Umsetzung, Automobilindustrie, Consumer-Produkte.	Ausgewählte Reports verfügbar, jedoch zum Teil veraltet.	4

Nr.	Quelle	Link	Arbeitsschwerpunkt	Anmerkung	Bewertung
47	Institut Arbeit und Technik (IAT) Institut	http://www.iatge.de/iat	Fokus Veränderungsprozesse: Organisationen, Wirtschaft, Politik und Gesellschaft .	Zugriff auf Manuskripte und Vorträge zu Schwerpunkt-Themen (über Suchfunktion).	2,5
48	Institute for the Future (IFTF), Palo Alto USA Institut	http://www.iftf.org	Fokus Technologie und Gesellschaft: Nonprofit, Themen werden jährlich festgelegt.	Aktuelle Berichte nur über Mitgliedschaft, ältere Ausgaben frei verfügbar, gut gepflegter Blog.	1,5
49	Institute of Ideas, London Institut	http://www.instituteofideas. com	Fokus aktuelle Gesellschaftsthemen: Freiheit, Kultur, Gesellschaft, Gesundheit, Politik u.a. (teilweise UK).	Viele Beiträge online verfügbar.	3
50	Institut für Zukunftsstudien und Technologiebewertung (IZT), Berlin Institut	http://www.izt.de	Fokus Zukunftsstudien zu aktuellen Themen, Deutschland, Europa und teilweise global: „Interdisziplinäre Erarbeitung zukunftsorientierter Projektstudien mit langfristiger gesellschaftlicher Bedeutung."	Material zu ausgewählten Themen verfügbar.	2
51	International Institute for Strategic Studies (IISS), UK Institut	http://www.iiss.org	Fokus Politik und Militär : Untersuchungen in acht Regionen und acht Themen: Konflikt, Terrorismus, Verteidigung u.a.	Bücher zu verkaufen (Wenn man registriert ist. kann man mehr Infos über die Bücher und die Berichte erhalten).	3,5
52	Internationales Institut für Angewandte Systemanalyse (IIASA) Institut	http://www.iiasa.ac.at	Fokus Umwelt, Wirtschaft, Technologie und Gesellschaft: 3 Schwerpunktthemen: Environment and Natural Resources, Population and Society, Energy and Technology.	Unterlagen zu vielen Themen erhältlich.	2
53	The Institute of Policy Studies (IPS), Singapore Institut	http://www.ips.org.sg	Fokus Entwicklung Singapur: Bevölkerung, Familie, Ökonomie, Umwelt, Information, Gesellschaft, Gesetz, Politik u.a.	Umfangreiche Publikationsliste.	2
54	Institute for Prospective Technological Studies (IPTS) Institut	http://www.jrc.es	Fokus technologische Entwicklung: Innovation, Energie, Transport, Informationsgesellschaft u.a.	Studien zu vielen Themen verfügbar – über Datenbank	2
55	IST, Information Society Technology, EU Behörde	http://www.cordis.lu/ist	Fokus gesellschaftliche und wirtschaftliche Herausforderungen: Innovation, Computertechnologien, Kommunikationstechnologien, u.a.	Publikationen zu Forschungsthemen und Projektergebnissen verfügbar.	2,5
56	Institut für Technikfolgenabschätzung und Systemanalyse (ITAS), Karlsruhe Institut	http://www.itas.fzk.de	Fokus menschliches Handeln im Zusammenhang mit neuen Technologien: „Systemische Zusammenhänge von gesellschaftlichen Wandlungsprozessen und Entwicklungen in Wissenschaft, Technik und Umwelt".	Umfangreiches Material verfügbar (seit 1985).	2

Nr.	Quelle	Link	Arbeitsschwerpunkt	Anmerkung	Bewertung
57	Leading Futurists Beratungsunternehmen	http://www.leadingfuturists. biz	Fokus allgemeine Zukunftsstudien: Scans and trend insights to build a picture of the emerging environment – Keynote presentations – Foresight workshops.	Wenig Konkretes verfügbar.	4,5
58	Ministry of Economy, Trade and Industry (METI), Japan Behörde	http://www.meti.go.jp/english	Fokus Entwicklung Japans: Industrie, Wirtschaft und Handel, Statistik, Technologie-Entwicklung und Wissenschaft .	Gute Informationsquelle (gewöhnungsbedürftige Navigation).	2,5
59	Massachusetts Institute of Technology (MIT), Cambridge Akademisch	http://web.mit.edu	Fokus neue Technologien und wissenschaftliche Entwicklungen: Umwelt, Wirtschaft, Technologie, u.a.	Sehr großes Informationsangebot mit unterschiedlicher Verfügbarkeit.	2
60	Max Planck Institute for Demographic Research Institut	http://www.demogr.mpg.de	Fokus demographischer Wandel Einfluss auf Gesellschaft und Wirtschaft.	Umfangreiches Angebot an Informationen – Dissertationen und Bücher teilweise online verfügbar.	1,5
61	MIT Media Lab Akademisch	http://www.media.mit.edu	Fokus Computer und Kommunikationstechnologie: Forschung, Trends, Innovationen u.a.	Sehr großes Informationsangebot mit unterschiedlicher Verfügbarkeit (z.T. unübersichtlich).	3
62	National Academies Institut	http://www.nationalacademies.org	Fokus USA: „Advisers to the Nation on Science, Engineering und Medicine."	Veröffentlichungen zu Schwerpunktthemen.	3
63	National Environmental Policy Plan Netherlands (NEPP) Behörde	http://www.sharedspaces.nl	Fokus Stadtentwicklung: Städteplanung, Stadtentwicklung und Umwelt.	Reports sind verfügbar.	3
64	NationalInstitute of Science and Technology Policy (NISTEP) Institut	http://www.nistep.go.jp	Fokus Forschung und Technik in Japan: Forschungsprozesse, Energie, Nanotechnologie, Kommunikationstechnik, u.a.	Zu vielen Themen Material verfügbar, z.B. „Trends Quarterly Review".	2,5
65	National Science Foundation Behörde	http://www.nsf.gov	Fokus Wissenschaft und Entwicklung: Material, Nanotechnik, Umwelt, Robotik u.a.	Umfangreiches Material verfügbar.	3
66	Nomura Research Institute (Nomura Group), Japan Beratungsunternehmen	http://www.nri.co.jp	Fokus zukünftige Entwicklung in Japan: „Dream up the future" Wirtschaft, Wissenschaft, Finanzsektor u.a.	Studien teilweise verfügbar.	2,5
67	Northern Great Plains Inc., Kanada Not-for-profit research organisation	http://www.ngplains.org	Fokus Landwirtschaft und natürliche Ressourcen: Wirtschaft, Gesundheit, Landwirtschaft in Nordamerika und Europa.	Die meisten Reports sind verfügbar.	2,5

Nr.	Quelle	Link	Arbeitsschwerpunkt	Anmerkung	Bewertung
68	OECD Behörde	http://www.oecd.org	Fokus weltweite, wirtschaftliche Entwicklung: Statistik, Wirtschaft, Wirtschaftsfaktoren, Innovation, u.a.	News verfügbar, Studien online zu bestellen.	2,5
69	Potsdam-Institut für Klimafolgenforschung (PIK) Institut	http://www.pik-potsdam.de	Fokus Klima und Umweltfragen: Analyse der ökologischen, geophysikalischen und sozioökonomischen Aspekte weltweiter Umweltveränderungen, Klimafolgenforschung – Klimawandel, nachhaltige Entwicklung.	Ausgewählte Berichte verfügbar.	2,5
70	Pricewaterhouse Coopers Beratungsunternehmen	http://www.pwc.com	Fokus Industrie-Analyse: Aktivitäten in den meisten Industriesektoren	Einige White Papers verfügbar (The Technology Center).	3
71	Prognos AG, Basel Beratungsunternehmen	http://www.prognos.com	Fokus markt- und gesellschaftsbestimmende Themen der Zukunft: Leben, Lernen & Arbeiten, Wirtschaft & Bevölkerung, Gesundheit & Soziales, Energie & Wasser, Zukunft der Regionen, Entsorgung & Umwelt, Innovationspolitik, Management- & Organisationsberatung u.a.	Ausgewählte Themen verfügbar (z.B. „Zukunftsatlas 2007").	3
72	RAND Corporation, Santa Monica, USA Institut	http://www.rand.org	Fokus Zukunft allgemein: Terrorismus, Umwelt, Energie, Bildung, Demografie u.a.	Kaum Material verfügbar.	4
73	Rheingold – Institut für qualitative Markt- und Medienanalysen Institut	http://www. rheingold-online. de	Fokus Markt- und Medienanalyse: Frauen, Interna, Jugend, Kinder, Kultur, Märkte, Marken, Medien, Online, Senioren, Sport, Sponsoring, Trends, Werbung u.a.	Artikel zu ausgewählten Themen verfügbar.	3,5
74	Robert-Jungk-Bibliothek für Zukunftsfragen	http://www. jungk-bibliothek. at	Fokus allgemeine Zukunftsfragen: „Sammelt, erschließt und dokumentiert interdisziplinär zukunftsrelevante Publikationen aus zahlreichen Fachgebieten."	Wenig Material verfügbar.	3,5
75	St. Galler Zentrum für Zukunftsforschung (SGZZ) Institut	http://www.sgzz.ch	Fokus Marktentwicklung, Branchenprognosen, Szenario-Management: Unternehmensstrategien, Branchenanalysen, Wirtschafts- und Staatspolitik.	Der Name täuscht, fehlerhafte Webseite mit wenig verfügbarem Material.	4,5
76	Santa Fe Institute, USA Institut	http://www.santafe.edu	Fokus kritische, aktuelle Themen: Physik, Natur, Biologie, Umwelt, Wirtschaft, Technologie u.a.	Zugriff auf eine große Auswahl an Themen.	2,5
77	Scenario Management International AG, ScMI – Paderborn Beratungsunternehmen	http://www.scmi.de	Fokus Beratung: Basis ist die Szenario-Management-Methode.	Kaum Material verfügbar, Liste der veröffentlichten Artikel und Bücher.	4

Nr.	Quelle	Link	Arbeitsschwerpunkt	Anmerkung	Bewertung
78	SCP – Social and Cultural Planning Office of the Netherlands, Netherlands – Behörde	http://www.scp.nl/english	Fokus Entwicklung in Europa: Gesundheit, Gesellschaftliche Entwicklung, Soziale Sicherheit, Arbeitsmarkt, Demographie.	Gute Informationsquelle, viele Unterlagen verfügbar.	2
79	SFZ – Sekretariat für Zukunftsforschung, Dortmund – Institut	http://www.sfz.de	Fokus allgemeine Zukunftsfragen: Gesellschaft, Technologie, Politik, Wirtschaft, Nachhaltigkeit	Kaum Material verfügbar.	4
80	Sinus Sociovision GmbH, Heidelberg – Firma	http://www.sinus-sociovision.de	Fokus Marktforschung: Psychologische und sozialwissenschaftliche Forschung und Beratung, Einteilung der Gesellschaft in Milieus und der (umstrittene) Versuch der Erklärung von Gesellschafts- und Marktentwicklungen an Hand dieser definierten Milieus.	Beschreibung der Konzepte und einige ausgewählte Studien verfügbar.	3
81	Social Technologies Unternehmensberatung	http://www.social-technologies.com	Fokus Zukunft: Foresight, Strategie und Innovation.	Außer dem Unternehmensprofil wenig Nützliches.	4,5
82	SRI Consulting Business Intelligence (SRC-BI) Unternehmensberatung	http://www.sric-bi.com	Fokus Technologie: Monitoring einer „Technology-List", z.B.: Biosensors, Fuel-Cells, Nanomaterials, u.a. Auftragsarbeit in verschiedenen Programmen, z.B.: Explorer, Scan.	Im Wesentlichen Auftragsarbeit, außer Beispielen kaum Material verfügbar. Programme sind teilweise interessant.	3,5
83	SRI International – Policy Division, USA (nonprofit) Institute	http://www.sri.com	Fokus Technologie: Analysen konzentrieren sich auf 5 Segmente: Engineering & Systems Division, Policy Division, Information and Computing Sciences Division, Biosciences Division, Physical Sciences Division.	Einige aktuelle Artikel im Bereich „Publications" verfügbar.	3
84	TechCast Institut	http://www.techcast.org	Fokus Technologie: Analyse von Zukunftstechnologien und die Abschätzung des Eintrittes.	Zugriff auf (expertenbasierte) „Strategic-Breakthrough"-Analyse.	2
85	Technology Information, Forecasting and Assessment Council (TIFAC), India Behörde	http://www.tifac.org.in	Fokus Technologie in Indien: Biotechnology, Communication and Information, Energy, Science & Technology in India, Environment and Habitat, Water – Environment, Electronics & Instrumentation – Foods and Agriculture, Control, Automation, Communication, Transport, u.a.	Umfangreiche Informationsquelle (u.a. Vision 2020), teilweise veraltet.	2,5
86	The Futurist – Web Site	http://www.futurist.com	Fokus allgemeine Zukunftsthemen: Trends, Wirtschaft, Technologie, Umwelt und Energie, Gesellschaft und Kultur, globale Themen, Demographie, Transport, Verkehr, Werte, Familie u.a.	Umfangreiche Informationsquelle, viele Kommentare.	2

Nr.	Quelle	Link	Arbeitsschwerpunkt	Anmerkung	Bewertung
87	Time, Visions of the 21st century Website	http://www.time.com/time/reports/v21	Fokus Visionen für das 21. Jahrhundert: Arbeit, Leben und Technologien im 21. Jahrhundert, Ausblicke und Diskussionen, Fragen und Antworten über die Zukunft.	Interessante Informationsquelle und Angabe weiterer Quellen.	3
88	Trendbüro Beratungsunternehmen	http://www.trendbuero.de	Kompetenzfelder: Trend Research, Consumer Insight, Branding & Communication, Innovation & New Product Development, Business Development (Sprache: Deutsch!).	Einige Studien frei verfügbar, veranstaltet auch Trendtage.	3,5
89	UN – United Nations Behörde	http://www.un.org	Fokus globale Situation und Entwicklung: Frieden, Zivilisation, wirtschaftliche Entwicklung, Klimawandel u.a.	Umfangreiches Angebot an Studien und Statistiken, größtenteils online bestellbar.	3
90	UN – Industrial Development Organization Behörde	http://www.unido.org	Fokus globale industrielle Entwicklung Energie, Umwelt, Handel, Produktivität und Bekämpfung der Armut.	Umfangreiche Quelle an Informationen und Statistiken, größtenteils frei verfügbar.	1,5
91	United Nations University Tokio, Japan Behörde	http://www.unu.edu	Fokus globale Probleme der Menschheit: Land, Frieden, Lebensmittel, Energie u.a.	Umfangreiches Angebot an Informationen, u.a. Lecture Series.	2.0
92	USA, Office of Science and Technology Policy Behörde	http://www.ostp.gov (Executive Office of the President)	Fokus Technologie in den USA: Analysen zur Wettbewerbsfähigkeit der USA auf den Gebieten der Technologieentwicklung, Telekommunikation und Informationstechnik, Umwelt, Wissenschaften allgemein, Gesellschaftliche Entwicklung u.a.	Reports sind frei verfügbar, teilweise veraltet.	3,5
93	Wissenschaftliches Institut für Kommunikationsdienste (WIK) Institut	http://www.wik.org	Fokus Infrastruktur in Deutschland: Regulierung & Wettbewerb, Marktstruktur und Unternehmensstrategien, Kommunikation und Innovation, Post und Logistik, Kostenmodelle und Internetökonomie, Energiemärkte und Energieregulierung.	Nachfolger einer Ideenschmiede der Deutschen Post. Viele Studien sind frei verfügbar.	3,5
94	Wissenschaftszentrum Berlin (WZB) Institut	http://www.wz-berlin.de	Fokus gesellschaftliche Entwicklung in Deutschland: Leitthema: „Entwicklungstendenzen, Anpassungsprobleme und Innovationschancen moderner demokratischer Gesellschaften" Arbeitsmarkt und wirtschaftliche Dynamik, Innovation und Wissenschaftspolitik, interkulturelle und internationale Konflikte, u.a.	Diskussionspapiere und Vorlesungen frei verfügbar.	2,5
95	World Global Trends Web Site	http://t21.ca	Fokus internationale Entwicklung: Trends, Bevölkerungsentwicklung, Umwelt, Politik, Gesundheit, Kultur, Wirtschaft u.a. „Accurate representation of world issues is crucial."	Umfangreiche Informationsquelle.	2

Nr.	Quelle	Link	Arbeitsschwerpunkt	Anmerkung	Bewertung
96	World Future Society (WFS) Vereinigung	http://www.wfs.org	Fokus globale Zukunftsbetrachtung: Weltweit organisierte Plattform zur Behandlung von Zukunftsfragen Forecasts, Trends, Ideen über zukünftige Entwicklungen	Jährliche Konferenz, verschiedene Publikationen (z.B. Futures Research Quarterly) Teilweise frei verfügbar, online bestellbar.	2
97	Wuppertal Institut Institut	http://www.wupperinst.org	Fokus Klima, Umwelt, Energie: Ressourcen, Verkehr, Klima, Umwelt, Nachhaltigkeit u.a.	Reports frei verfügbar, Bücher können bestellt werden.	2
98	Xerox PARC Institut	http://www.parc.xerox.com	Fokus Technologieentwicklung: Biomedizin, Mobile & Wireless, Image Processing, Materialien, Prozesse, Micro-Devices, Mensch-Maschine-Interface, Ubiquitous Computing.	Kommentare, Beiträge und Analysen frei verfügbar. Bücher und Publikationen können bestellt werden.	2,5
99	Z-Punkt The Foresight Company Beratungsunternehmen	http://www.z-punkt.de	Fokus Wirtschaft, Technologie und Innovationen Zukunftsthemen, Megatrends, Technologien, Entwicklungen u.a.	Artikel, Berichte, Dossiers teilweise frei verfügbar, Bücher und Publikationen können bestellt werden.	2,5
100	Zukunftsinstitut GmbH Institut	http://www.zukunftsinsti tut.de	Fokus Gesellschaft, Marketing, Wirtschaft, Politik Märkte, Konsumenten, Brachen, Trends.	Studien und Bücher können bestellt werden, Großteil der Inhalte nur bei Mitgliedschaft erhältlich.	3,5

Kapitel 10

Anhang II

Kurzporträts ausgewählter Methoden

Im Folgenden sind einige Methoden dargestellt, die sich im Zusammenhang mit Trends und Szenarios gut einsetzen lassen. In Tabelle 50 sind die Methoden der im Buch verwendeten Terminologie zugeordnet. Eine umfangreiche und ausführliche Beschreibung von Analysemethoden finden Sie zum Beispiel bei [Have 2003; Fleisher 2003; Chernev 2006] und insbesondere auch in [Kerth 2007]. Nochmals sei darauf verwiesen, dass es nicht *das* ultimative Werkzeug oder *die* alles beherrschende Methode gibt; jedes Instrument stellt einen Kompromiss dar und kann bei entsprechendem Einsatz einen Beitrag leisten, um die Unübersichtlichkeit zu strukturieren, um Informationen zu sortieren und Probleme zu analysieren.

Tabelle 50 Methoden, geordnet nach Analyseschwerpunkt

Gruppe	Abschnitt	Methode
Umweltanalyse Makro	10.1.1	Umweltanalyse (STEEPV) (vgl. Abschnitt 2.2)
	10.1.2	Trendanalyse (vgl. Abschnitt 3.3)
	10.1.3	Issue-Management (vgl. Abschnitt 2.3)
Umweltanalyse Mikro	10.2.1	Stakeholderanalyse (vgl. Abschnitt 1.4, 5.2)
	10.2.2	Kundenprofilanalyse (vgl. Abschnitt 1.4)
	10.2.3	Branchenanalyse (5F) (vgl. Abschnitt 1.4)
Unternehmensanalyse	10.3.1	7S-Modell (vgl. Abschnitt 5.4)
	10.3.2	Value-Chain-Analyse (vgl. Abschnitt 5.4)
	10.3.3	Benchmarking (vgl. Abschnitt 6.4.7)
Foresight	10.4.1	Morphologische Analyse (vgl. Abschnitt 4.8)
	10.4.2	Trendextrapolation/Prognose (vgl. Abschnitt 1.1)
	10.4.3	Weak-Signal-Analyse (vgl. Abschnitt 2.4)
Strategische Analyse	10.5.1	BCG-Matrix (vgl. Kapitel 5)
	10.5.2	SWOT-Analyse (vgl. Abschnitt 5.5)
	10.5.3	Ansoff-Matrix (vgl. Abschnitt 5.2)
Change-Management	10.6.1	Acht-Phasen-Modell nach Kotter (vgl. Kapitel 6)
	10.6.2	Balanced Scorecard (vgl. Abschnitt 1.4, 5.4)

10.1 Umweltanalyse Makro

10.1.1 Umweltanalyse (STEEPV)

Beschreibung

Die STEEPV-Analyse ist im Wesentlichen eine Strukturhilfe zur Erfassung der Umwelt. Die Methode geht davon aus, dass die Umwelt in sechs Segmente aufgeteilt wird.

STEEPV entspricht

S Social	Gesellschaftliche Themen
T Technological	Wissenschaftliche und technologische Themen
E Economic	Wirtschaftliche Themen
E Environmental or Ecological	Umwelt, Lebensraum und Nachhaltigkeitsthemen
P Political	Politische Themen
V Values	Wertebetrachtungen

Die Bedeutung der einzelnen Segmente kann sich dabei abhängig vom Fokus und der Perspektive der Fragestellung unterschiedlich gestalten. In der Literatur sind auch Bezeichnungen wie PEST oder PESTL zu finden, die ähnliche Strukturierungsansätze beschreiben (**L** steht dabei für „legal", also für rechtliche Themen).

Anwendung

In der praktischen Anwendung muss vor allem Klarheit über den Fokus hergestellt sein. So kann, abhängig von der Fragestellung, „Economic" beispielsweise lokal, regional, national oder international gelten, für ein jeweiliges Segment aus dem Komplex „Economic" (Tabelle 51). Mit dieser Festlegung werden die Segmente dann im Detail analysiert. Dafür können weitere Analysemethoden zur Anwendung kommen.

Tabelle 51 Beispiele für Themen innerhalb der STEEPV-Segmente

Social	Technological	Economic	Environment	Political	Values
Bevölkerung	Fortschritt	Makro-ökonomie	Klima	Stabilität	Kultur
Wohlstand	Innovationen	Finanzmarkt	Artenschutz	Macht-verhältnisse	Ideale

Nutzen

Bei vielen Untersuchungen ist STEEPV ein erster Schritt, der Einstieg für eine umfangreichere Analyse. STEEPV ist geeignet, um sich einen Überblick zu verschaffen – damit wird ein „Big Picture" zur aktuellen Fragestellung und Situation und der Gang der weiteren Untersuchung festgelegt.

Limits

Mit der Festlegung auf die Segmente erfolgt auch eine gewisse Limitierung. Es muss sichergestellt werden, dass übergreifende Themen sowie Themen, die nicht der Struktur entsprechen (Beispielsweise das Thema Forschung), nicht übersehen bzw. bewusst gefiltert werden.

So unbestritten die Unterstützung bei der Strukturierung ist, so unklar bleibt die Frage nach der Vollständigkeit und der Qualität der Informationen – was aber ein generelles Problem ist.

10.1.2 Trendanalyse

Beschreibung

Trendanalyse ist die Identifikation und Beschreibung von längerfristigen Wandlungstendenzen. Die Grundannahme ist, dass erkennbare Veränderungen der Vergangenheit nach einem bestimmten Muster Einfluss auf die Zukunft nehmen.

Man unterscheidet quantitative und qualitative Verfahren.

Anwendung

Die Festlegung des Themenfeldes zu Beginn grenzt das Suchfeld ein. Durch systematisches Monitoren und Scannen der Umwelt werden Informationen gewonnen (dabei werden auch schon vorliegende Informationen neu analysiert), die dann nach Entwicklungsmustern hin untersucht werden. Identifizierte Tendenzen werden als Hypothesen formuliert und anschließend verifiziert.

Nutzen

Wissen über die Veränderungsbewegungen in der Unternehmensumwelt sind die Basis für nachfolgende strategische Überlegungen. Sowohl die strategische Planung als auch die Reaktionsfähigkeit hinsichtlich erkannter Chancen und Bedrohungen wird durch kontinuierliche Trendanalysen verbessert.

Limits

Der Blick in die Zukunft ist keine exakte Wissenschaft und so steht auch die Trendanalyse im Spannungsfeld zwischen theoretischen Grundlagen und praktischen Erfordernissen. Wie an mehreren Stellen im Buch beschrieben, sind Überraschungen Bestandteil unserer Zukunft. Die Herausforderung bei dieser Methode ist die Identifizierung und Abgrenzung von Trends. Ein Trend ist keine unter Laborbedingungen stattfindende Veränderung, die sauber abgegrenzt werden kann. Insofern ist neben der Projektion des Trends die Ausformulierung der entscheidende Schritt in der Trendanalyse.

Das bessere Verständnis über Zusammenhänge und Wirkmechanismen in Veränderungserscheinungen führt zu fundierteren strategischen Entscheidungen, fehlendes Wissen kann zu Fehleinschätzungen führen. Jedoch ist es nicht möglich, alle Informationen zu beschaffen und auszuwerten. Insofern muss vor dem Phänomen „Paralyse durch Analyse“ gewarnt werden.

10.1.3 Issue-Management

Beschreibung

Issue-Management bezeichnet ein Frühwarn- und Reaktionssystem, mit dem das Unternehmensumfeld beobachtet und analysiert wird und das so Krisenprävention, aber auch Chancenkommunikation ermöglicht. Durch die frühzeitige Identifikation von kritischen Themen und Ansprüchen von Stakeholdern, die den Handlungsspielraum eines Unternehmens zu beeinträchtigen drohen, schafft Issue-Management die Voraussetzung für eine aktive Auseinandersetzung mit diesen Issues. Issue-Management orientiert sich an dem Gedanken, dass Unternehmen als Teil der Gesellschaft bestimmten Handlungsspielräumen unterliegen und dass das Ansehen eines Unternehmens mit der aktiven Gestaltung dieser Freiräume korreliert. Es soll verhindern, dass bestimmte Themen „eskalieren“ und das Image des jeweiligen Unternehmens darunter nachhaltig leidet.

Anwendung

Issue-Management hat zum einen eine Frühwarnfunktion, zum anderen gehört dazu die Entwicklung von Strategien zur Beeinflussung des öffentlichen Thematisierungsprozesses relevanter Issues (Themen) oder, falls dies nicht möglich erscheint, zur Anpassung der Organisationspolitik. Es geht also um

- Identifizierung, Beobachtung und Analyse sozialer, technologischer, politischer und ökonomischer Kräfte und Trends, welche das Unternehmen beeinflussen könnten,
- Interpretation und Definition der daraus entstehenden Implikationen und Optionen sowie
- Auswahl und Implementierung von Strategien, um mit diesen Issues umzugehen.

Nutzen

Issue-Management ist weniger ein kommunikationsintensives als vielmehr ein strategisches Instrument, an dem stets sämtliche firmenspezifische Abteilungen beteiligt sind. Der Nutzen besteht darin, frühzeitig Chancen und Bedrohungen zu erkennen – auf wirtschaftlicher und medialer Ebene – und darauf entsprechend zu reagieren.

Limits

Die Einschätzung und Bewertung – Was ist eine Chance? Was ist eine Bedrohung? – ist subjektiv und kann abschließend erst retrospektiv geklärt werden. Insofern ist die Methode als sinnvoll einzustufen, jedoch ist ihre politische Einordnung im Unternehmen kritisch und die Integration ins strategische Management ist bisher kaum ausgereift – oft gilt noch die Devise „Festhalten am Plan", bis es zu spät ist (Bsp. Elchtest der Mercedes A-Klasse).

10.2 Umweltanalyse Mikro

10.2.1 Stakeholderanalyse

Beschreibung

Die Stakeholderanalyse ermöglicht einen ersten differenzierten Blick auf die wichtigsten Mitspieler und deren Interessenslagen im Bezug auf das untersuchte Unternehmen. Sie verfolgt mehrere Ziele:

- Erstens soll sie dabei helfen, die relevanten Anspruchsgruppen zu erkennen,
- zweitens ihre jeweilige Bedeutung für das Unternehmen zu klären und
- drittens Anregungen für den Umgang mit ihren Forderungen und Bedürfnissen zu erarbeiten.

Die Stakeholderanalyse stellt dar,

- welche Interessen und Erwartungen Stakeholder in Bezug auf das Handeln der Firma haben und wessen Interessen sie vertreten,
- wie sich Stakeholder zu Unternehmensthemen äußern, welche Argumente sie nutzen und wie sie Thematisierungsprozesse beeinflussen,
- welche Wechselbeziehungen zwischen einzelnen Stakeholdergruppen bestehen und
- inwieweit sie Einfluss nehmen können.

Anwendung

Das Stakeholder-Konzept geht von einem gegenseitigen Nutzen für Unternehmen und Stakeholder (Anspruchsgruppe) aus. Eine Stakeholderanalyse kann durchgeführt werden,

- um bei Unternehmensgründung die überhaupt in Frage kommenden Stakeholder für das Unternehmen zu finden
- oder bei schon bestehenden Vorhaben einen Überblick über alle zu einem Vorhaben in Beziehung stehenden Anspruchsgruppen zu schaffen (zum Beispiel bei einem Marketingvorhaben Kunden, Mitarbeiter, Eigner und Geldgeber).

Nutzen

Die allgemeine Situation und Wettbewerbsfähigkeit von Unternehmen wird stark vom Einfluss und dem Zusammenspiel der Stakeholder geprägt. Insofern eröffnet die genaue Kenntnis über die entscheidenden Gestalter im Unternehmen und das Wissen über deren Vorgehen und Verhalten bessere Möglichkeiten der Einflussnahme.

Limits

Organisationen sind keine starren Konstrukte. Vielmehr werden sie kontinuierlich durch externe und interne Einflüsse geprägt. Eine Stakeholderanalyse ist demnach mehr als kontinuierlicher Prozess denn als einmaliger Analysevorgang zu sehen. Des Weiteren sollte man sich daran erinnern, dass Organisationen aus Menschen bestehen, menschliches Verhalten Schwankungen unterliegt und sich ändernde Meinungen keine Ausnahme sind. Wie die meisten Instrumente ist auch die Stakeholderanalyse weniger eine Methode, die verlässliche Thesen generiert, als mehr eine Unterstützung, um Verständnis zu erhalten, Erklärungen zu finden und Zusammenhänge und Hintergründe zu durchschauen.

10.2.2 Kundenprofilanalyse

Beschreibung

Die Bedürfnisse von Konsumenten werden immer spezifischer und individueller. Für ein Unternehmen ist es wichtig, die Anforderungen seiner Kunden zu verstehen, um konkurrenzfähig zu bleiben. Mit der Erkenntnis, dass sich Kunden in ihrem Beitrag zum Unternehmenserfolg durchaus unterscheiden, ergibt sich häufig die Herausforderung, durch Orientierung auf das Segment der Premium-Kunden den Wettbewerbsvorteil weiter auszubauen. Die Identifikation dieser Kunden und die spezielle segmentabhängige Behandlung sind der Kern der Segmentierungs-Theorie.

Anwendung

Die Kundenanalyse soll Antworten auf Fragen geben wie:

- Sind neu akquirierte Kunden profitabler als bestehende Kunden?
- Was ist der Lifetime-Value der Top-Kunden?
- Welche Kundengruppe verwendet welches Produkt mit welcher Häufigkeit?
- Welcher Kunde wird mit hoher Wahrscheinlichkeit positiv auf ein bestimmtes Produktangebot reagieren?

Der erste Schritt der Kundenanalyse ist die Identifizierung und Abgrenzung von Kundengruppen bzw. das Aufteilen der Kunden in Teilsegmente. Innerhalb von jedem Segment sind die Bedürfnisse und das Verhalten der Kunden ähnlich gelagert, was durch verschiedene Kriterien abgebildet wird. Die Kriterien sollen messbar sein und eine eindeutige Beziehung zu den Bedürfnissen bzw. zum Kaufverhalten der Kunden haben. Als Ergebnis der Segmentierung werden unterschiedliche Kundensegmente dargestellt.

Der nächste Schritt ist die Einschätzung der Attraktivität der Kundensegmente für das Unternehmen und die Festlegung von dedizierten Maßnahmen zur Adressierung der Segmente.

Nutzen

Ein verbessertes Verständnis vom Kunden ist zweifellos immer vorteilhaft. Neben dem Wissen über die Kundenbedürfnisse ist es für Unternehmen besonders lohnend, die Kunden zu identifizieren, die am meisten zum Unternehmenserfolg beitragen und diese intensiver zu betreuen.

Limits

Als Weiterentwicklung dieses Modells gelten sowohl die CRM-Systeme (Customer-Relationship-Management-Systeme) mit dem Schwerpunkt auf der automatischen Erfassung der Kundenkontakte und der Erstellung von Kundenprofilen als auch die Milieu-Beschreibung anhand von allgemeinen Attributen wie Geschlecht, Alter und Einkommen. Es darf jedoch nicht vergessen werden, dass sich das Verständnis vom Kunden und dessen Bedürfnissen nur durch intensiven Kontakt ermitteln lässt. Das ist Grundvoraussetzung für jede Kundenanalyse und kann weder durch Automatismen noch durch statistische Erfassung substituiert werden.

10.2.3 Industrie- und Branchenanalyse

Beschreibung

Branchen unterscheiden sich neben den Produkten hinsichtlich Innovationszyklen, Stand der Regulierung, der Industriestruktur, der Entwicklungsdynamik und vielen weiteren Faktoren. Aus Unternehmer- bzw. Investorensicht stellen sie sich – durch die verschiedenartigen Geschäftsmöglichkeiten – unterschiedlich attraktiv dar.

Porter schlägt vor, sich mit dem Five-Forces-Modell (Bild 164) die Attraktivität einer Industrie aus Sicht des Wettbewerbes zu erarbeiten. Das Modell basiert auf der Idee, dass die Wettbewerbsintensität im Wesentlichen durch die Ausprägung der fünf Wettbewerbskräfte bestimmt wird:

- Brancheninterner Wettbewerb/Rivalität zwischen den bestehenden Wettbewerbern
- Verhandlungsmacht der Abnehmer (Kunden)
- Verhandlungsmacht der Lieferanten (Zulieferer)
- Bedrohung durch Ersatzprodukte
- Bedrohung durch potenzielle Konkurrenten.

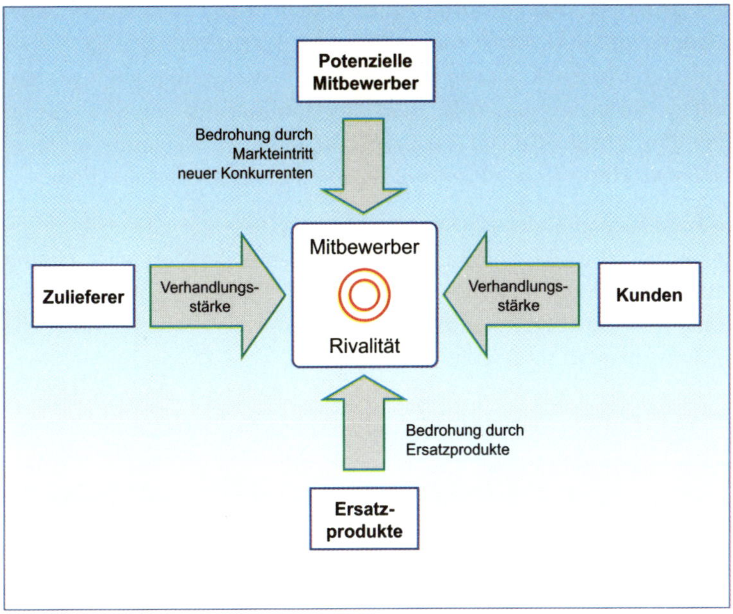

Bild 164 Porters Five-Forces-Modell: Druck von allen Seiten

Anwendung

Die fünf von Porter vorgeschlagenen Kräfte, die die Attraktivität der Branche bestimmen, werden einzeln eingeschätzt und bewertet und zu einer Gesamtmeinung „Wie attraktiv ist die untersuchte Branche?" verdichtet. Die Bewertung erfolgt gewöhnlich qualitativ – ein Schema zur Quantifizierung ist zwar denkbar, dürfte jedoch kaum zu einer genaueren Einschätzung führen. Vor allem in der Anfangsphase einer strategischen Analyse ist eine derartige systematische und umfassende Betrachtung der im Wettbewerb relevanten Faktoren zweckmäßig zum Verständnis der Branche.

Das Modell erlaubt, Chancen und Risiken einzuschätzen, und bietet die Möglichkeit, komplexe Interaktionen zwischen Wettbewerbern in einer Branche in strukturierter Form zu untersuchen und zu bewerten.

Nutzen

Mit diesem Instrument bekommt man einen Überblick über die Branche und versteht die zugrundeliegende Kräftestruktur besser. Damit ist eine strategische Einschätzung hinsichtlich zukünftiger Aktivitäten möglich.

Limits

Dass man auch in vermeintlich unattraktiven Branchen sehr erfolgreich sein kann und viel Geld verdienen kann, haben zahllose Beispiele belegt. Insofern ist die Einschätzung der Attraktivität als Grundlage strategischer Entscheidungen nur die halbe Wahrheit. Der wesentliche Schwachpunkt des Modells resultiert aus dem historischen Kontext, in dem es entwickelt wurde. Anfang der 80er Jahre war die Weltwirtschaft von starkem Wettbewerbsdruck und zyklischem Wachstum geprägt. Daher bestanden die primären Unternehmensziele in der Existenzsicherung und Rentabilität. Eine wesentliche Voraussetzung dafür war die Optimierung der Strategie in Bezug auf das Wettbewerbsumfeld. Im Vergleich zur heutigen Dynamik in vielen Branchen war die Entwicklung zu jener Zeit eher stabil und relativ vorhersehbar.

Auch deshalb ist Porters Modell der fünf Wettbewerbskräfte heute nur noch eingeschränkt anwendbar. Neue Geschäftsmodelle und die Dynamik der Marktentwicklung können damit nicht berücksichtigt werden. Der Nutzen des Modells liegt heute eher darin, dass sich damit strukturiert und verständlich ein erster Überblick über die Situation in einer Branche gewinnen lässt.

10.3 Unternehmensanalyse

10.3.1 Das 7S-Modell

Beschreibung

Unternehmensorganisationen sind komplexe Gebilde. Ein Instrument zur Analyse von Unternehmensorganisationen ist das bereits in Abschnitt 5.4 beschriebene 7S-Modell. Es ist ein Managementmodell mit besonderem Augenmerk auf der Integration von weichen Faktoren in eine üblicherweise durch Strategieplanung geprägte Unternehmungsentwicklung.

Anwendung

Die sieben Komponenten (oder Faktoren oder Elemente, die Benennung ist in der Literatur unterschiedlich) des Modells können in 2 Kategorien geteilt werden: „harte (hard)“, also greifbare Faktoren (Strategie, Struktur und Systeme), und „weiche (soft)“, also flexible Faktoren (Vision, Mitarbeiter, Fähigkeiten und Unternehmensstruktur). Schließlich hängt Unternehmenserfolg nicht nur von rationalen, impliziten und quantitativen (harten) Faktoren ab, sondern auch von wichtigen (weichen) Faktoren, die eher implizit, emotional und qualitativ sind. Alle Faktoren sollten kombiniert und berücksichtigt werden.

Nutzen

Der Nutzen der Methode ergibt sich vor allem im Zusammenhang mit Veränderungsprozessen. Wie Beispiele aus der Praxis belegen, ist der Erfolg von betrieblichen Veränderungsmaßnahmen von der Einbeziehung aller relevanten Faktoren abhängig. Oftmals lassen sich erfolglose Versuche damit begründen, dass lediglich die Faktoren „Strategie“ und „Struktur“ neu gestaltet wurden und die anderen fünf Faktoren unberücksichtigt blieben. Insofern ist das Instrument als Unterstützung für Veränderungen zu sehen. Alle Faktoren stehen im Zusammenhang und Veränderungen an einem Faktor haben Auswirkungen auf die übrigen Faktoren.

Limits

Das Modell ist als Rahmen und Orientierungshilfe zu sehen. Jeder Faktor sollte umfassend analysiert werden, wobei weitere Modelle bzw. Instrumente zur Anwendung kommen können. Das ist gegenüber den traditionellen Veränderungsprozessen in Unternehmen ein erheblicher Fortschritt. Eine Garantie für eine erfolgreiche Umsetzung kann es dennoch nicht geben. Wie in Abschnitt 5.4 vorgestellt, ist eine fallweise Erweiterung des Modells durch weitere Elemente (Faktoren) sinnvoll, gerade in einem durch Dynamik gekennzeichneten Geschäftsumfeld.

10.3.2 Value-Chain-Analyse

Beschreibung

Dieses Instrument untersucht innerbetriebliche Aktivitäten hinsichtlich ihres Wertschöpfungsbeitrages. Das Modell – ebenfalls von Porter entwickelt – stützt sich auf die Grundannahme, dass die Abläufe im Unternehmen in Funktionseinheiten unterteilt und separat analysiert werden können. Jede einzelne Wertschöpfungsaktivität kann Einfluss auf Kosten und Differenzierungsgrad haben und es ist zu hinterfragen, ob die Ressourcen optimal eingesetzt werden oder ob es bei geringem Wertbeitrag Alternativen gibt.

Das Modell teilt die Aktivitäten in einem Unternehmen in primäre und unterstützende Aktivitäten ein. Die sequenziellen Arbeitsschritte zählen als Hauptaktivitäten, das sind: Eingangslogistik, Operationen (Fertigung), Ausgangslogistik, Marketing/ Vertrieb und Kundendienst. Infrastrukturentwicklung, Personalwirtschaft, Technologieentwicklung und Beschaffung werden als unterstützenden Aktivitäten bezeichnet und ermöglichen das Funktionieren und die Zusammenarbeit im Unternehmen.

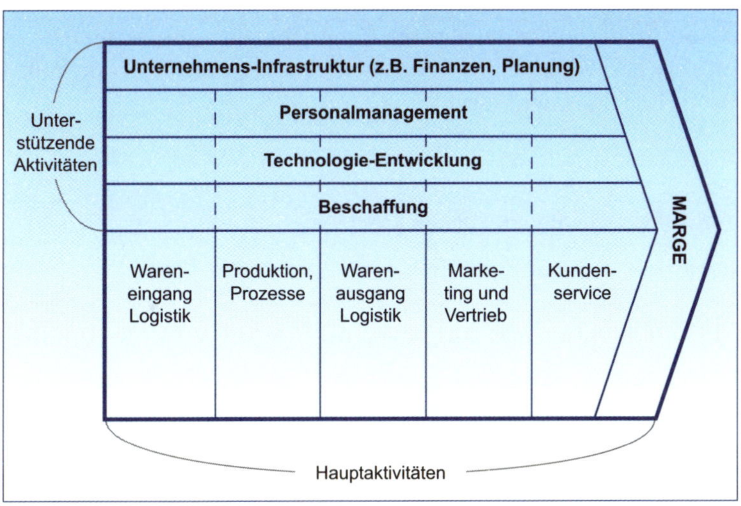

Bild 165 Die Wertschöpfungskette nach Porter: Aktualität zweifelhaft

Anwendung

Ausgehend von einem einfachen Input-Output-Modell wird der betriebliche Ablauf in Funktionsblöcke geteilt. Diese Bereiche werden dann hinsichtlich Kostenposition und Differenzierungspotenzial analysiert und der Wertbeitrag dazu ermittelt.

Nutzen

Die Analyse der Wertschöpfungskette ist darauf ausgerichtet, die Wettbewerbsfähigkeit durch eine höhere Effektivität zu steigern. Der Nutzen liegt vor allem darin, dass man sich damit über die einzelnen Funktionsblöcke und deren Position im Gesamtablauf klar werden kann. Entscheidungen sind jedoch im Gesamtzusammenhang zu sehen.

Limits

Dem Modell der Wertkette liegt ein idealtypischer Ablauf zugrunde, ausgerichtet an der Herstellung eines Produkts. Dieser Prozess dürfte in den heutigen Branchen eher die Ausnahme sein (beispielsweise sind serviceorientierte Industrien anders organisiert). Aufbauend auf dem Prinzip der Aufteilung in Einzelaktivitäten wird es zu recht individuellen Darstellungen kommen, die mit zunehmender Komplexität auch schnell unübersichtlich werden.

Ein weiterer Nachteil ist der mit der Departmentalisierung entstehende Wettbewerbsdruck zwischen den Funktionsbereichen und die sich entwickelnde Gegeneinander- statt Miteinander-Mentalität.

10.3.3 Benchmarking

Beschreibung

Beim Benchmarking wird die Stärke des eigenen Unternehmens – insgesamt oder in Teilbereichen – mit der der Wettbewerber verglichen. Als Vergleichsobjekt dient insbesondere der Markt- und Branchenführer.

Anwendung

Der Vergleich kann auf verschiedenen Ebenen ansetzen:

- Finanzielle Stärke
- Effizienz der Prozesse
- Marktstärke
- Strategische Stärke und Entscheidungsstärke
- Innovationsstärke usw.

Das Unternehmen legt den zu benchmarkenden Bereich fest und definiert Kennzahlen, anhand welcher der Vergleich durchgeführt wird. Die Schwierigkeit besteht im Zugang zu den Daten der Wettbewerber.

Nutzen

Benchmarking erweitert den Horizont und eröffnet die Möglichkeit, vom Wettbewerb zu lernen. So wird Verbesserungspotential im betrieblichen Ablauf erkannt, es ist ein Instrument des kontinuierlichen Qualitäts- und Verbesserungsmanagements.

Limits

Allein mit Benchmarking ist es nicht möglich, Wettbewerbsführer zu werden. Vielmehr ist die Orientierung am Durchschnitt vorprogrammiert, da sich dadurch keine Notwendigkeit ergibt, über den Status quo hinweg den entscheidenden Schritt voraus zu denken. Allzu oft dient Benchmarking als Ersatz für eine originäre Strategieentwicklung und durchdachtes Strategiemanagement.

10.4 Foresight

10.4.1 Morphologische Analyse

Beschreibung

Die morphologische Analyse ist eine Kreativitätstechnik, die darauf ausgerichtet ist, für eine bestimmte Fragestellung mögliche Antworten zu generieren. Das Kernstück der Methode ist eine Matrix, in der die verschiedenen Ausprägungen unterschiedlicher Parameter aufgelistet sind. Diese Matrix bildet den „Antwortraum“, in dem sich sinnvolle Kombinationen aus den Ausprägungen der Elemente ermitteln lassen (siehe Bild 88).

Anwendung

Zunächst wird eine Matrix erstellt. Die Köpfe der Spalten werden mit Parametern belegt, die durch verschiedene mögliche Antworten gekennzeichnet sind und die in ihrer Kombination eine Antwort auf die Fragestellung geben. Anschließend wird für jeden ermittelten Parameter nach möglichen Ausprägungen gesucht. Jede Möglichkeit wird in die Spalte untereinander in die Matrix eingetragen. Sind für jeden Parameter ausreichend viele Ausprägungen ermittelt, werden diese zu einem Strang oder mehreren Strängen kombiniert. Wichtig ist, dass ein Strang in sich widerspruchsfrei ist und dass er sich von den anderen Strängen unterscheidet. Jeder Strang stellt eine mögliche Lösung der Fragestellung dar.

Nutzen

Vor allem bei der Entwicklung von Szenarios hat sich dieses Instrument bewährt. Hinsichtlich einer Fragestellung werden für die ermittelten Unsicherheiten (siehe Abschnitt 4.8), die in dem Fall die Parameter darstellen, alternative Ausprägungen gesucht und zu einer oder mehreren möglichen Lösungen kombiniert. Diese Ausprägungsstränge stellen dann die Basis für ein Szenario dar.

Limits

Die Methode wird vor allem durch die Zahl der handhabbaren Parameter begrenzt. Bei mehr als zehn Parametern steht zu befürchten, dass die Übersicht leidet. Alternativ gibt es für einen solchen Fall zwar Software-Lösungen. Für die bessere Durchdringung des Problems ist jedoch davon abzuraten.

10.4.2 Prognose

Beschreibung

Entscheidungen beruhen stets auf prognostischen Erwartungen. Die Trendextrapolation ist ein verbreitetes Verfahren zur Projektion von Trendverläufen. Dem Verfahren liegt die Annahme zugrunde, dass die Entwicklungen durch Gesetzmäßigkeiten und Wirkzusammenhänge bestimmt sind und diese sich analog zur Historie entwickeln.

Anwendung

Basis für jede Projektion ist ein Modell, das die Daten in einen zeitlichen und kausalen Zusammenhang bringt. Im einfachsten Fall kann das Modell eine Zeitreihe sein:

Zeitreihe = Trend + Konjunktur + Saison + Rest

Die Zeitreihe ist also durch die Trendfunktion, eine konjunkturelle Komponente, eine saisonale Komponente und einen Rest definiert. Obwohl der Komplexität von Prognosemodellen keine Grenzen gesetzt sind, darf nicht vergessen werden, dass jede Entwicklung auch von Chaos und Überraschungen gekennzeichnet ist, die in einer Prognose nicht erfasst werden können und somit die Aussagekraft relativieren.

Man unterscheidet kurzfristige (< 3 Monate), mittelfristige (3 Monate bis 2 Jahre) und langfristige (> 2 Jahre) Prognosen.

Nutzen

In einem stabilen Umfeld ist der Nutzen von Zeitreihen offensichtlich. Mit der Methode können Indikatoren prognostiziert werden. Das erlaubt eine genauere Planung von Ressourcen und eine stringente Strategieplanung, was wiederum die Wettbewerbsfähigkeit unterstützt.

Limits

Die Frage, ob die Anwendung der Extrapolation zur Ermittlung des weiteren Verlaufes gerechtfertigt ist, lässt sich eindeutig erst retrospektiv beantworten. Insofern sind Ergebnisse immer erst zu interpretieren und nicht ungefiltert zur Entscheidungsfindung zu verwenden. Für langfristige Prognosen ist die Methode nicht geeignet, da die Abweichungen schon innerhalb der Parameter zu groß werden, um überhaupt noch belastbare Ergebnissen zu ermöglichen. Die Annahme der Zeitstabilitätshypothese – „die Randbedingungen für die Entwicklung bleiben im betrachteten Zeitraum konstant“ – ist nicht mehr gegeben.

10.4.3 Weak-Signal-Analyse

Beschreibung

Die Methode der schwachen Signale lässt sich der strategischen Frühaufklärung zuordnen. Der Weak-Signal-Ansatz von Ansoff geht davon aus, dass unerwartete exogene Störungen nicht vollständig unvorhersehbar eintreten. Den Ereignissen gehen vielmehr sogenannte „Vorläufer“ – also Frühindikatoren einer möglichen Veränderung – voraus. Strukturbrüche und Krisen lassen sich daher frühzeitig noch vor ihrem eigentlichen Eintreten wahrnehmen.

Anwendung

Um das Instrument anwenden zu können, muss zunächst geklärt werden, was in dem Zusammenhang konkret unter den schwachen Signalen zu verstehen ist, um dann die Umwelt gezielt nach entsprechenden Informationen bzw. solchen Signalen abzusuchen. Der jeweilige zeitliche Vorlauf ergibt sich aus der Annahme, dass sich die Frühindikatoren zu massiven Veränderungen entwickeln.

Nutzen

Der Nutzen ergibt sich vor allem durch das „Vorbereitet-Sein“. Frühzeitige Erkennung möglicher Veränderungen bedeutet größeren Handlungsspielraum und erhöhte Reaktionsmöglichkeit.

Limits

Mit der Verlagerung bzw. Vergrößerung des Fokus auf schwache Signale steigt der Analyseaufwand erheblich an. Die Herausforderung besteht darin, diese Signale vom Rauschen zu unterscheiden. Theoretisch könnte jedes noch so kleine Indiz ein schwaches Signal sein, was jedoch schnell an die Grenzen der Verarbeitungskapazität gehen würde. Oftmals sind es Vorahnung oder Bauchgefühl – also ganz subjektive Einschätzungen, die dann zu der Einschätzung als schwaches Signal führen.

10.5 Strategische Analyse

10.5.1 BCG-Matrix

Beschreibung

Eines der bekanntesten Managementwerkzeuge ist die BCG-Matrix. Benannt nach der Boston Consulting Group (BCG) stellt sie die Produkte des Unternehmens (bzw. eines Arbeitsbereiches) in einem Portfolio dar. Durch die Bewertung der Produkte nach relativem Marktanteil (Market Share) und realer Wachstumsrate (Market Growth) wird die Position im Wettbewerb und der voraussichtliche Produktlebenszyklus im Vergleich zu anderen Produkten abgebildet. Der relative Marktanteil wird durch das

Verhältnis der eigenen Marktposition zum stärksten Konkurrenten ermittelt und das Marktwachstum ergibt sich aus der zeitlichen Veränderung des Umsatzes bzw. der Stückzahl.

Durch die zwei Kriterien ergeben sich vier mögliche Zuordnungen (Bild 166):

- Stars

  Die Wunschkonstellation, eine gute Position sowohl im Wettbewerb als auch für die Zukunft.

- Fragezeichen

  Durch eine schwache Position im Markt lässt sich das Wachstum im Produktsegment nur teilweise in ein positives Ergebnis umsetzen.

- Cash-Cows

  Niedrige Wachstumsraten deuten an, dass die heutige gute Marktposition nicht von Dauer ist.

- Poor Dogs

  Weder die Wachstumsraten noch die Marktposition geben Anlass zu Optimismus

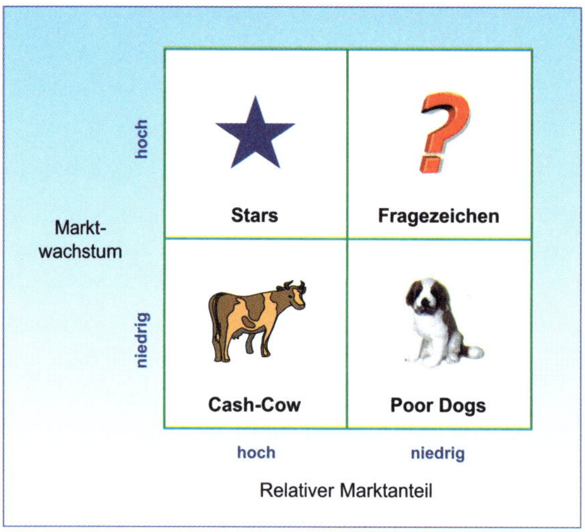

Bild 166 Die BCG-Matrix: Der übersichtliche, aber riskante Klassiker der Portfoliodarstellung

Anwendung

Für jedes Produkt oder eine Produktgruppe werden die Funktionswerte für die beiden Kriterien ermittelt, die Kennzahlen ergeben die Position in der Matrix. Üblicherweise wird die Position durch einen Punkt angegeben, jedoch sind durch farbliche

Unterscheidungen, Formen- oder Größenattribute (zum Beispiel „Größe entspricht Umsatz") weitere Kriterien darstellbar.

Durch die vier Felder ergibt sich eine gewisse Empfehlung (Normstrategie) über den weiteren Umgang mit den Objekten. Die Annahme ist dabei, dass der idealtypische Lebensweg vom Fragezeichen über Star und Cash-Cow zum Poor Dog erfolgt.

Nutzen

Zunächst vermittelt die Matrix einen Überblick über das Produktportfolio und kann damit Basis für eine strategische Diskussion sein. Die BCG-Matrix liefert Hinweise über die Produktsituation und ist damit ein Analyseinstrument zur Unterstützung der strategischen Ausrichtung auf Produkt- bzw. Bereichsebene.

Limits

Der Vorteil von Portfolios – die übersichtliche Darstellung – ist gleichzeitig die Limitierung des Instrumentes. Jede Vereinfachung ist mit einem Informationsverlust verbunden. Hinter den Kennzahlen verbergen sich komplexe Strukturen und Zusammenhänge. Wie so oft bei strategischen Werkzeugen liegt der Nutzen in der Ausarbeitung – weniger in der Matrix selber. Somit liegt die Herausforderung darin, die Ergebnisse zu interpretieren und dabei die Annahmen entsprechend zu berücksichtigen bzw. nicht als gegeben hinzunehmen. Ob beispielsweise „Marktanteil" das geeignete Kriterium zur Darstellung des Erfolges des Produktes ist, sei dahingestellt. Da das Modell eine Momentaufnahme widerspiegelt und beispielsweise Neuentwicklungen und Innovationen in der Darstellung unberücksichtigt bleiben, ist die prognostische Aussagekraft begrenzt.

10.5.2 SWOT-Analyse

Beschreibung

Die SWOT-Analyse (Strengths, Weaknesses, Opportunities und Threats) ist ein Instrument des strategischen Managements. Es dient dazu, die innerbetriebliche Leistungsfähigkeit – unterteilt in Stärken und Schwächen (Strength/Weakness) – als auch externe Entwicklungen – gegliedert in Chancen und Risiken (Opportunities/ Threats) – zu analysieren und gegenüberzustellen (vgl. Bild 113).

Anwendung

Mit dem Modell wird der Rahmen für weitere Untersuchungen und tiefergehende Analysen erstellt. Die SWOT-Analyse ist der Ausgangs- und Endpunkt zur Ermittlung des „strategischen Fit", der Anpassung des Unternehmensangebots an die Erfordernisse des Marktes. Ein optimaler Fit drückt sich in einer „reibungsverlustfreien" Tätigkeit des Unternehmens aus und ergibt sich aus der gegenseitigen Anpassung der internen und externen Merkmale (vgl. Bild 117).

Ziel der Analyse ist es, auf Basis der (internen) Stärken-Schwächen-Analyse und der (externen) Chancen-Risiko-Analyse mögliche Quellen für Wettbewerbsvorteile und internen Handlungsbedarf zu identifizieren. Fallen Stärken eines Unternehmens mit Chancen zusammen bzw. lassen sich Schwächen identifizieren, so ergeben sich hieraus wichtige Ansatzpunkte für die Unternehmensstrategie.

Nutzen

Die übersichtliche Darstellung wesentlicher Kenndaten und Merkmale in einer strukturierten Form ist der Hauptnutzen dieser Methode. Es werden die Ergebnisse weiterer Analysemethoden zu Kernaussagen verdichtet und formuliert. Eine sorgfältig bearbeitete SWOT-Analyse kann die Entscheidungsgrundlage im strategischen Management sein.

Limits

Jede Bedrohung ist auch eine Chance. Unter diesem Gesichtspunkt ist eine Zuordnung nicht immer ganz einfach. Die in der Literatur vereinzelt angegebenen Strategiehinweise, beispielsweise die S-T-Strategie „Stärken nutzen, um Bedrohungen zu begegnen“, sind in diesem Zusammenhang wenig hilfreich, da es um das Gesamtbild geht.

10.5.3 Ansoff-Matrix

Beschreibung

Ziel der Ansoff-Matrix (Bild 167) ist der Vorschlag von generischen Produktstrategien abhängig je nach Neuartigkeit von Markt und Produkt.

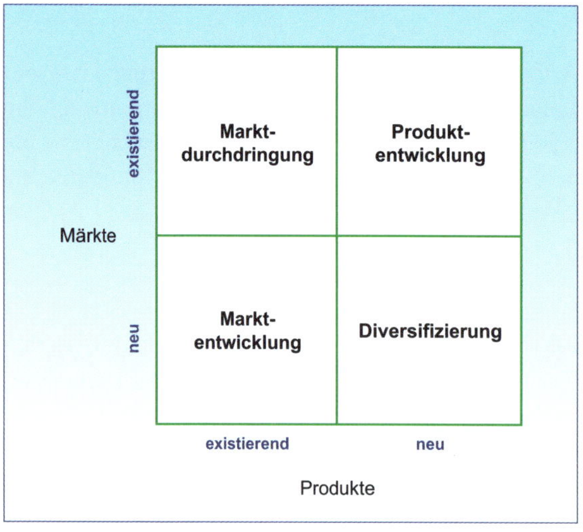

Bild 167 Die Ansoff-Matrix: Simplifizierung von Strategievorschlägen

Anwendung

Mit der Unterscheidung in bestehende und neue Märkte und der Charakterisierung der Produkte kann mit der Zuordnung der existierenden bzw. geplanter Produkte in einen der vier Quadranten begonnen werden.

Der Kern des Modells besteht darin, für die Kombinationen geeignete Strategien vorzuschlagen. Beispielsweise bietet sich für die Einführung eines neuen Produktes in einen neuen Markt die Diversifizierungsstrategie an. Das wiederum kann vertikale Integration oder horizontale Diversifikation oder weitere Möglichkeiten beinhalten. Dagegen empfehlen sich Methoden der Marktdurchdringung (z.B. vertikal, regional), um existierende Produkte in bestehenden Märkten zu platzieren.

Nutzen

Nutzen dieses strategischen Instruments sind die schnelle Identifizierung einer Strategie unter idealtypischen Voraussetzungen und die elegante Darstellung der Möglichkeiten.

Limits

Im Prozess der Strategieentwicklung angewendet, ist die Ansoff-Matrix zwar geeignet zum Generieren strategischer Optionen, allerdings lässt sie Besonderheiten von Märkten oder schnelle Veränderungen weitgehend außer Acht.

10.6 Change-Management

10.6.1 Acht-Phasen-Modell nach Kotter

Beschreibung

Der achtstufige Prozess – konzipiert als Leitfaden – wurde von John Kotter aus der Analyse von mehr als 100 Fallbeispielen von Veränderungsbemühungen in Unternehmen als erfolgversprechendes Vorgehen entwickelt.

Anwendung

Die acht Stufen für den Veränderungsprozess sind:

Stufe 1	Gefühl der Dringlichkeit erzeugen
Stufe 2	Eine Führungskoalition aufbauen
Stufe 3	Vision und Strategien entwickeln
Stufe 4	Die Vision des Wandels kommunizieren
Stufe 5	Empowerment auf breiter Basis
Stufe 6	Generierung von Short-Term-Wins

Stufe 7 Erfolge konsolidieren und weitere Veränderungen ableiten

Stufe 8 Neue Ansätze in der Kultur verankern

Nutzen

Der Nutzen liegt vor allem im durch das Modell vermittelten systematischen Vorgehen. Dadurch sind die Erfolgsaussichten von Veränderungsprojekten wesentlich höher als bei Ad-hoc-Aktionen.

Limits

Auch dieses Modell ist nicht als Blueprint für Veränderungen zu sehen. Entsprechend den jeweiligen Gegebenheiten muss es angepasst und angewendet werden.

10.6.2 Balanced Scorecard

Beschreibung

Zentrale Aufgabe der Balanced Scorecard ist es, die Strategie des Unternehmens in messbare und quantifizierbare Kennzahlen zu transformieren. Dieser Top-Down-Ansatz bietet vor allem Führungskräften die Möglichkeit, sich einen Überblick über die aktuelle Leistungsfähigkeit zu verschaffen.

Anwendung

Typischerweise werden die strategischen Ziele aus verschiedenen Perspektiven betrachtet: Finanzen, Kunden, Prozesse (interne Abläufe) und Mitarbeiter (Lernen und Entwicklung). Für jede der Perspektiven werden Kennzahlen ausgewählt, die die Annäherung an die strategischen Ziele messen. Die Herausforderung liegt in der Auswahl weniger und zugleich relevanter Kennzahlen, die sich im Idealfall auch gegenseitig direkt beeinflussen. Beispielsweise sollte ein Kundenindikator so gewählt werden, dass seine Erreichung einen positiven Beitrag auf den übergeordneten Finanzindikator hat.

Nutzen

Vorteil der Methode ist die Operationalisierung der Strategie und der Abläufe und damit die geschaffene Transparenz für weitergehende Veränderungen und Verbesserungen.

Limits

Das Werkzeug lenkt den Fokus auf die Durchführung und birgt zusätzlich die Gefahr der Bürokratisierung. Es werden starre Strukturen geschaffen, die schwer zu verändern sind. Einmal eingeführt, kann die Balanced Scorecard dazu führen, dass „falsche" Strategien professionell ausgeführt werden.

Literaturverzeichnis

[Albers 2005] Albers, S.; Gassmann, O. (Hrsg.): Handbuch Technologie-und Innovationsmanagement. Strategie – Umsetzung – Controlling. Wiesbaden: Gabler 2005.

[Aldag 2002] Aldag, R.J.; Kuzuhara, L.W.: Organizational Behavior & Management, An Integrated Skills Approach. Cincinnati, OH: South-Western Thomson Learning 2002.

[Amabile 1998] Amabile, Teresa: How to kill Creativity. Harvard Business Review, September 1998. Boston: Harvard Business School Publishing 1998.

[Amit 1993] Amit, R.; Schoemaker, P. (1993) 'Strategic Assets and Organizational Rent', Strategic Management Journal, Vol. 14, 33–46.

[Andrews 1971] Andrews, K.R.: The Concept of Corporate Strategy. Homewood, IL: Dow Jones-Irwin 1971.

[Ansoff 1965] Ansoff, H.I.: Corporate Strategy. New York: McGraw Hill 1965.

[Ansoff 1976] Ansoff, H.I.: Managing Surprise and Discontinuity – Strategic Response to Weak Signals, in: Schmalenbachs Zeitschrift für betriebswirtschaftliche Forschung, 28. Jahrgang 1976.

[Ansoff 1981] Ansoff, H.I.: Die Bewältigung von Überraschungen und Diskontinuitäten durch die Unternehmensführung – Strategische Reaktion auf schwache Signale, in: Steinmann, H. [Hrsg.]: Planung und Kontrolle: Probleme der strategischen Unternehmensführung. München 1981.

[Ansoff 1990] Ansoff, I.; McDonnell, E.: Implanting Strategic Management (2nd edition). Hertfordshire, UK: Prentice Hall International 1990.

[Asimov 1986] Asimov, I.; Cote, J.-M.: Futuredays: A Nineteenth Century Vision of the Year 2000. New York: Henry Holt & Co. 1986.

[Backhouse 2002] Backhouse, R.E.: The Penguin History of Economics. London: Penguin Books 2002.

[Bacon 1995] Bacon, F.: Neu-Atlantis. Stuttgart: Reclam 1995.

[Barney 1980] Barney, G.O.: The Global 2000 Report to the President. New York: Pergamon Books 1980.

[Bea 2001] Bea, F.X.; Haas, J.: Strategisches Management. Stuttgart: Lucius & Lucius 2001.

[Beardsley 2006] Beardsley, S.C.; Bradford, C.J.; Manyika, J.M.: Competitive Advantage from Better Interactions. The McKinsey Quarterly 2006 Number 2. New York.

[Beck 1996] Beck, D.E.; Cowan, C.C.: Spiral Dynamics: Mastering Values, Leadership and Change. Malden, MA: Blackwell 1996.

[Becker 2006] Becker, W.M.; Freeman, V.M.: Going From Global Trends to Corporate Strategy. The McKinsey Quarterly 2006 Number 3. New York: McKinsey & Company 2006.

[Beinhocker 1997] Beinhocker, E.D.: Strategy at the Edge of Chaos. The McKinsey Quarterly 1997 Number 1. New York.

[Beinhocker 1999] Beinhocker, E.D.: On the Origins of Strategy. The McKinsey Quarterly 1999, Number 4.

[Beinhocker 2002] Beinhocker, E.D.; Kaplan, S.: Tired of Strategic Planning? The McKinsey Quarterly 2002 Special Edition: Risk and Resilience. New York.

[Bell 1973] Bell, D.: The Coming of the Post-industrial Society. New York: Basic Books 1973.

[Bellamy 1978] Bellamy, E.: Ein Rückblick aus dem Jahr 2000. Frankfurt (Main): Fischer Taschenbuch Verlag 1978.

[Berner 2004] Berner, G.: Management in 20XX. Worauf es in Zukunft ankommt – ein ganzheitlicher Blick. Erlangen: Publicis Corporate Publishing 2004.

[Berth 2003] Berth, R.: Auf Nummer sicher. Harvard Business Manager, Juni 2003.

[Bettis 1995] Bettis, R.; Hitt, M.: The New Competitive Landscape. Strategic Management Journal 16, 1995.

[BI 2004] Business Insights Ltd.: Mergers and Acquisitions in European Financial Services. London: MBA Group Limited 2004.

[Blohm 1972] Blohm, H; Steinbuch, K. (Hrsg.): Technische Prognosen in der Praxis. Methoden, Beispiele, Probleme. Düsseldorf: VDI-Verlag 1972.

[Bolz 1997] Bolz, N.: Komplexität und Trendmagie. In: Ahlemeyer, H.W.; Königswieser, R.(Hrsg.): Komplexität managen. Strategien, Konzepte, Fallbeispiele. Wiesbaden: Gabler 1997.

[Bretz 2001] Bretz, M.: Zur Treffsicherheit von Bevölkerungsvorausberechnungen. In: Wirtschaft und Statistik. Nr.11, 2001.

[Brockhaus 2000] Brockhaus-Redaktion (Hrsg.): Die Zukunft unseres Planeten. Brockhaus Mensch – Natur – Technik. Leipzig: Brockhaus 2000.

[Brockhoff 1999] Brockhoff, K.: Forschung und Entwicklung. Planung und Kontrolle. München: Oldenbourg 1999.

[Brockman 2002] Brockman, J.: The Next Fifty Years. Science in the First Half of the Twenty-First Century. New York: Vintage Books 2002.

[Brown 2005] Brown, J.S.; Hagel III, J.: The next Frontier of Innovation. The McKinsey Quarterly 2005 Number 3. New York.

[Bruckner 1999] Bruckner, K.; Leithner, S.; McLean, R.; Taylor, C.; Welch, J.: What Is the Market Telling You about Your Strategy? The McKinsey Quarterly 1999 Number 3. New York.

[Bryan 2002] Bryan, L.L.: Just-in-Time Strategy for a Turbulent World. The McKinsey Quarterly 2002 Special Edition: Risk and Resilience. New York.

[Bryan 2004] Bryan, L.L.: Making a Market in Knowledge. The McKinsey Quarterly 2004 Number 3. New York.

[Bryan 2005] Bryan, L.L.: Strategy in an Era of Global Giants. The McKinsey Quarterly 2005 Number 4. New York.

[Buck 1998] Buck, A.; Herrmann, Ch.; Lubkowitz, D.: Handbuch Trend-Management. Innovation und Ästhetik als Grundlage unternehmerischer Erfolge. Frankfurt am Main: Frankfurter Allgemeine Zeitung 1998.

[Bürgel 1996] Bürgel, H.D.: F&E Management. Vahlen, München 1996.

[Burmeister 2004] Burmeister, K.; Neef, A.; Beyers, B.: Corporate Foresight. Unternehmen gestalten Zukunft. Hamburg: Murmann 2004.

[Burmeister 2005] Burmeister, K.; Neef, A. (Hrsg.): In The Long Run. Corporate Foresight und Langfristdenken in Unternehmen und Gesellschaft. München: Oekom 2005.

[Bush 1945] Thorp, J.: The Information Paradox. Realizing the Business Benefits of Information Technology. Toronto: McGraw-Hill 2003.

[Canton 2006] Canton, J: The extreme Future. The Top Trends That Will Reshape the World for the Next 5, 10, and 20 Years. New York: Penguin 2006.

[Carnall 2003] Carnall, C.A.: Managing Change in Organizations (4th edition): Harlow, England: Pearson 2003.

[Celente 1997] Celente, G.: Trends 2000. How to Prepare for and Profit from the Changes of the 21st Century. New York: Warner 1997.

[Chaffee 1985] Chaffee, E.E.: Three Models of Strategy. Academic Management Review 1985, Vol.10. New York.

[Chalmers 1999] Chalmers, A.F.: Grenzen der Wissenschaft. Berlin: Springer 1999.

[Chalmers 2001] Chalmers, A.F.: Wege der Wissenschaft. 3. Auflage. Heidelberg: Springer 2001.

[Chandler 1962] Chandler, A.D.: Strategy and Structure: Chapters in the History of the Industrial Enterprise. Cambridge, MA: MIT Press 1962.

[Chernev 2006] Chernev, A.: Strategic Marketing Analysis. Brightstar Media 2006.

[Choo 1995] Choo, Ch.W.: Information Management for the Intelligent Organization: The Art of Scanning the Environment. Medford, NJ: Information today (for the American Society for Information Science) 1995.

[Christensen 2000] Christensen, C. M.: The Innovators Dilemma. New York: Harper Business Essentials 2000.

[Christensen 2003] Christensen, C.M.; Raynor, M.E.: The Innovators Solution. Creating and sustaining successful growth. Boston: Harvard Business School Press 2003.

[Clarke 2005] Clarke, C.A.: Profiles of the Future. New York: Bantam Books 1958.

[Cleary 2006] Cleary, S.; Malleret, T.: Resilience to Risk. Business Success in Turbulent Times. Cape Town: Human & Rousseau 2006.

[Clements 2002] Clements M.P; Hendry D.F.: A Companion to Economic Forecasting. Oxford: Blackwell Publishing 2002.

[Coase 1937] Coase, R.H.: The Nature of the Firm. Economica, Vol. 4, November Oxford: Blackwell Publishers 1937.

[Coates 1997] Coates, J.F.; Mahaffie, J.B.; Hines, A.: 2025: Scenarios of U.S. and Global Society Reshaped by Science and Technology. Greensboro, NC: Oakhill Press 1997.

[Coates 2001] Coates, J.F.: Futures Research Quarterly Fall 2001, Volume 17, Number 3. Special Issue. Bethesda, MD: World Future Society 2001.

[Cohen 2006] Cohen, D.S.: Inside the Box. Leading with Corporate Values to Drive Sustained Business Success. Mississauga, Ontario: Jossey Bass 2006.

[Collins 1994] Collins, J.C.; Porras J.I.: Built to Last. Successful Habits of Visionary Companies. New York: Harper Business 1994 (3rd edition. 2000).

[Cooke 1991] Cooke, R.M.: Experts in Uncertainty. Opinion and Subjective Probability in Science. New York: Oxford University Press 1991.

[Cornish 2003] Cornish, E.: The Wildcards in Our Future. The Futurist, July-August 2003 pp 18-22. Bethesda, MD: World Future Society 2003

[Cornish 2004] Cornish, E.: Futuring. The Exploration of the Future. Bethesda, MD: World Future Society 2004.

[Courtney 1997] Courtney, H.; Kirkland, J.; Viguerie, P.: Strategy Under Uncertainty. Harvard Business Review, November/December. Boston: Harvard Business School Publishing 1997.

[Courtney 2001] Courtney, H.: Making the Most of Uncertainty. The McKinsey Quarterly 2001 Number 4.

[Coyne 1994] Coyne, K.P.; Subramaniam, S.: „Bringing Discipline to Strategy“. The McKinsey Quarterly 1996 Number 4. New York: McKinsey & Company 1996.

[Davenport 2006] Davenport, T.H.; Leibold, M.; Voelpel, S.: Strategic Management in the Innovation Economy. Erlangen: Publicis Corporate Publishing 2006.

[Davis 1989] Davis, S.M.: Future Perfect. Massachusetts: Addison-Wesley 1989.

[Day 1998] Day, J.D.; Wendler, J.C.: The New Economics of Organization. The McKinsey Quarterly 1998 Number 1.

[Day 2000] Day, G.S.; Schoemaker, P.J.H.; Gunther, R.E.: Managing Emerging Technologies. New York: John Wiley & Sons, 2000.

[Day 2006] Day, G.S.; Schoemaker, P.J.H.: Peripheral Vision. Harvard Business School Press, Boston 2006.

[De Geus 1997] Geus, A.: The Living Company. Habits for Survival in a Turbulent Business Environment. Boston: Harvard Business School Press 1997.

[Denning 1999] Denning, S.: The Knowledge Perspective: A New Strategic Vision. In: Ruggels, R.; Holtshouse, D.: The Knowledge Advantage. Oxford: Capstone Publishing 1999.

[Doppler 2005] Doppler, K.; Lauterbach, C.: Change Management. Den Unternehmenswandel gestalten. 11. Auflage. Frankfurt am Main: Campus 2005.

[Dorgan 2006] Dorgan, S.; Dowdy, J.; Rippin, T.: The Link Between Management and Productivity. The McKinsey Quarterly (February 2006).

[Dörner 1992] Dörner, D.: Die Logik des Misslingens. Strategisches Denken in komplexen Situationen. Reinbek: Rowohlt 1992.

[Dueck 2006] Dueck, G.: Lean Brain Management. Erfolg und Effizienzsteigerung durch Null-Hirn. Heidelberg: Springer 2006

[Eberl 200] Eberl, U.; Puma, J.: Innovative Minds. Erlangen: Publicis Corporate Publishing 2007

[Einhorn 1987] Einhorn, H.J.; Hogarth, R.M.: Decision Making. Going forward in Reverse. Harvard Business Review Jan/Feb 1987. Boston.

[Einstein 1999] Einstein, A.; Calaprice, A.: Einstein sagt. Zitate, Einfälle, Gedanken. München: Piper 1999.

[Eisenhardt 1998] Eisenhardt, K.M.; Brown, S.L.: Time Pacing: Competing in Markets That Won't Stand Still. Harvard Business Review, March 1998.

[Etzioni 1989] Etzioni, A.: Humble Decision Making. Harvard Business Review Vol. 67 (July – August 1989) pp. 122-6. Boston: Harvard Business School Publishing 1989.

[Fahey 1986] Fahey, L.; Narayanan, V.K.: Macroenvironmental Analysis for Strategic Management. St. Paul, MN: West Publishing Company 1986.

[Fahey 1998] Fahey, L.; Randall, R.M.: Learning from the Future. Competitive Foresight Scenarios. New York: John Wiley & Sons 1998.

[Fink 2001] Fink, A.; Schlake, O.; Siebe, A.: Erfolg durch Szenario-Management – Prinzip und Werkzeuge der strategischen Vorausschau. Frankfurt: Campus 2001.

[Finkelstein 2004] Finkelstein, S.: Why Smart Executives Fail. And What You Can Learn from Their Mistakes. New York: Portfolio Publishing 2004.

[FitzRoy 2005] FitzRoy, P.; Hulbert, J.: Strategic Management. Creating Value in Turbulent Times. Chichester, UK: John Wiley & Sons 2005.

[Flechtheim 1971] Flechtheim, O.K.: Futurologie. Der Kampf um die Zukunft. Köln: Wissenschaft und Politik 1971.

[Fleisher 2003] Fleisher, C.S.; Bensoussan, B.E.: Strategic and Competitive Analysis. Methods and Techniques for Analysing Business Competition. Upper Saddle River: Pearson Education 2003.

[Forrester 1971] Forrester, J.W.: Der teuflische Regelkreis. Kann die Menschheit überleben? Stuttgart: Deutsche Verlags-Anstalt 1971.

[Forrester 1995] Forrester, J.W.: The Beginning of System Dynamics. The McKinsey Quarterly 1995, Number 4.

[Foster 2001] Foster, R.N.; Kaplan, S.: Creative Destruction. The McKinsey Quarterly 2001 Number 3.

[Fouke 2000] Fouke, J. (Editor): Engineering Tomorrow. Today's Technology Experts Envision the Next Century. New York: IEEE Press 2000.

[Fox 1982] Fox, H.W.: Monitoring Internal Support of Strategies. Mid-South Business Journal. July 1982.

[Frank 2001] Fank, M.: Einführung in das Informationsmanagement: Grundlagen, Methoden, Konzepte. München: Oldenbourg 2001.

[Frankel 2004] Frankel, C.: Earth we have a Problem. In: Kurtzman, J.; Rifkin, G.; Griffith, V.: MBA in a Box. Practical Ideas from the Best Brains in Business. New York: Crown Business 2004.

[Fraser 2006] Fraser, C.H.; Strickland, W.L.: When the Organization Isn't Enough. The McKinsey Quarterly 2006 Number 1.

[Galer 1982] Galer, G.; Kasper, W.: Scenario Planning for Australia. Long Range Planning 15 (4) 50-55.

[Gallup 1985] Gallup, G.; Proctor, W.: Forecast 2000: George Gallup, J., Predicts the Future of America. New York: William Morrow 1985.

[Galtung 2003] Galtung, J.: What did people predict for the year 2000 and what happened. Futures 35 (2) p. 103-121.

[Garland 2007] Garland, E.: Future,Inc. How Business Can Anticipate and Profit from What's NEXT. New York: AMACOM 2007.

[Gausemeier 1996] Gausemeier, J.; Fink, A.; Schlake, O.: Szenario-Management. München: Hanser 1996.

[GEO 2006] Vision: Die bizarre Welt von übermorgen. GEO kompakt Heft 8. Hamburg: Gruner & Jahr 2006.

[Gigerenzer 2002] Gigerenzer, G.: Reckoning with Risk. Learning to Live with Uncertainty. London: Penguin 2002.

[Gladwell 2001] Gladwell, M.: The Tipping Point. How Little Things Can Make A Big Difference. Boston: Little, Brown & Company 2001.

[Goethe 2002] Goethe, J.W.: Wilhelm Meisters Wanderjahre oder die Entsagenden. Frankfurt: Insel 2002.

[Gomez 1997] Gomez, P.; Probst, G.: Die Praxis des ganzheitlichen Problemlösens: Vernetzt denken, unternehmerisch handeln, persönlich überzeugen, 2. Auflage, Bern 1997.

[Götze 1991] Götze, U.: Szenario-Technik in der strategischen Unternehmensplanung. Wiesbaden: Deutscher Universitäts-Verlag 1991.

[Graf 1999] Graf, H.G.: Prognosen und Szenarien in der Wirtschaftspraxis. München: Carl Hanser 1999.

[Graf 2002] Graf, H.G.: Global Scenarios. Megatrends in Worldwide Dynamics. Zürich: Rüegger 2002.

[Graf 2005] Graf, H.G.: Economics & Management: Zusammenhänge der Wirtschaftswelt. Zürich: Rüegger 2005.

[Grant 1998] Grant, R.M.: Contemporary Strategy Analysis. Oxford: Blackwell Publishers 1998.

[Graves 1974] Graves, C.W.: Human Nature Prepares for a Momentous Leap. The Futurist, Vol. 8 No. 2, April 1974. Bethesda, MD: World Future Society 1974

[Gribbin 2005] Gribbin, J.: Deep Simplicity. Chaos, Complexity and The Emergence of Life. London: Penguin 2005.

[Hadeler 2000] Hadeler, T.; Winter, E.: Gabler Wirtschaftslexikon – Die ganze Welt der Wirtschaft: Betriebswirtschaft, Volkswirtschaft, Recht und Steuern, Wiesbaden 2000.

[Hall 1977] Hall, P.: Europe 2000. London: Gerald Duckworth 1977.

[Hamel 1995] Hamel, G.; Prahalad, C.K.: Wettlauf um die Zukunft. Wie Sie mit bahnbrechenden Strategien die Kontrolle über Ihre Branche gewinnen und die Märkte von morgen schaffen. Wien: Überreuter 1995.

[Händeler 2005] Händeler, E.: Die Geschichte der Zukunft. Brendow 2005.

[Hansmann 1983] Hansmann, K.-W.: Kurzlehrbuch Prognoseverfahren. Wiesbaden: Gabler 1983.

[Harris 2002] Harris, J.: Blindsided. How to spot the next breakthrough that will change your business forever. Oxford: Capstone 2002.

[Hauschild 2001] Hauschild, S., Licht, T.; Stein, W.: Creating a Knowledge Culture. The McKinsey Quarterly 2001 Number 1. New York.

[Hauschild 2004] Hauschild, J.: Innovationsmanagement. 3. Auflage. München: Vahlen 2004.

[Have 2003] Have, S. ten; Have, W. ten; Stevens, F.; van der Elst, M.: Key Management Models. London: Financial Times Prentice Hall 2003

[Heijden 1996] Heijden, K. van der: Scenarios: The Art of Strategic Conversation. Chichester, UK: John Wiley & Sons 1996.

[Herbst 2001] Herbst, D.: Erfolgsfaktor Wissensmanagement. Berlin: Cornelsen 2001.

[Heuer 1999] Heuer, R.J.: Psychology of Intelligence Analysis. Washington: United States Government Printing 1999.

[Hitt 2005] Hitt, M.A.; Ireland, R.D.; Hoskisson, R.E.: Strategic Management. Competitiveness and Globalization: Concepts and Cases. Mason: Thomson Learning 2005.

[Hölscher 1999] Hölscher, L.: Die Entdeckung der Zukunft. Frankfurt (Main): Fischer Taschenbuch 1999.

[Horx 1996] Horx, M.; Wippermann, P.: Was ist Trendforschung? Düsseldorf: Econ 1996.

[Horx 1997] Horx, M.: Trendforschung – Pro: Matthias Horx. Forschung & Lehre. 12 / 1997. Deutscher Hochschulverband. 1997.

[Horx 2005] Megatrend Dokumentation. Zukunftsinstitut Kelkheim 2005.

[Hurst 1995] Crisis & Renewal. Meeting the Challenge of Organizational Change. Boston: Harvard Business School Press 1995.

[Huss 1987] Huss, W.R.; Honton, E.J.: Scenario Planning – What Style Should You Use?, in: Long Range Planning, Vol. 20, No. 4, August 1987.

[IFO 2003] Innovationsaktivität in der Industrie 2001/2002: Leichter Rückgang auf hohem Niveau. In: ifo Schnelldienst Nr. 2, 56. Jg., 2003.

[Ingvar 1985] Ingvar, D.H.: Memory of the Future: An Essay on the Temporal Organization of Conscious Awareness. Human Neurobiology. Heidelberg: Springer 1985.

[Isaksen 2006] Isaksen, S.G.; Tidd, J.: Meeting the Innovation Challenge. Leadership for Transformation and Growth. Chichester, England: John Wiley & Sons 2006.

[Jain 2004] Jain, S.C.: Marketing, Planning and Strategy. Cincinnati: South Western College Publishing 2004.

[Jantsch 1967] Jantsch, E.: Technological Forecasting in Perspective. Paris: Organization for Economic Co-Operation and Development (OECD) 1967.

[Jencks 1971] Jencks, C.: Architecture 2000: Predictions and Methods. London: Studio Vista 1971.

[Jensen 1976] Jensen, M.C.; Meckling, W.H.: Theory of the Firm: Managerial Behaviour, Agency Costs and Ownership Structure. Journal of Financial Economics, Volume 3 No. 4. 1976. Amsterdam: North-Holland 1976.

[Jischa 1993] Jischa, M.F.: Herausforderung Zukunft. Technischer Fortschritt und ökologische Perspektiven. Heidelberg: Spektrum Akademie 1993.

[Johnson 1988] Johnson, G.; Scholes, K.: Exploring Corporate Strategy. Englewood Cliffs, NJ: Prentice-Hall 1988.

[Jungk 1969] Jungk, C.; Galtung, J.: Mankind 2000. London: Allen and Unwin 1969.

[Jungk 1988] Jungk, R.: Im Interview mit Jürgen Streich. Politische Ökologie, Heft 65, 1988.

[Juran 2000] Juran, J.M.; Godfrey, A.B.: Juran's Quality Handbook. New York: McGraw-Hill 2000.

[Kahn 1967] Kahn, H.; Wiener, A.J.: The Year 2000. New York: Hudson Institute 1967.

[Kaku 1998] Kaku, M.: Zukunftsvisionen. Wie Wissenschaft und Technik des 21. Jahrhunderts unser Leben revolutionieren. München: Lichtenberg 1998.

[Kant 2005] Kant, I.: Kritik der reinen Vernunft. Wiesbaden: Marixverlag 2005.

[Kano 1984] Kano, N.: Attractive Quality and Must-be Quality. Journal of the Japanese Society for Quality Control. No. 4, 1984.

[Kasper 1980] Kasper, W.; Blandy, R.; et al.: Australia at the Cross Roads: Our Choices to the Year 2000. Sydney: Hardcourt Brace Jovanovich 1980.

[Kauffman 1995] Kauffman, S.A.: Technology and Evolution. Escaping the Red Queen Effect. The McKinsey Quarterly 1995 Number 1.

[Kelly 2006] Kelly, E.: Powerful Times: Rising to the challenge of our uncertain world. Wharton School Publishing Upper Saddle River 2006.

[Kerth 2007] Kerth, K.; Asum, H.; Nührich, K.P.: Die besten Strategietools in der Praxis. München: Hanser 2007.

[Keynes 1936] Keynes, J. M.: General Theory of Employment, Interest, and Money. London: Macmillan Cambridge University Press 1936.

[Kiesel 2001] Kiesel, J.: Szenario-Management als Instrument zur Geschäftsfeldplanung. Marburg: Tectum 2001.

[Knight 1921] Knight, F.H.: Risk, Uncertainty and Profit. Boston: Hart, Schaffner & Marx; Houghton Mifflin 1921.

[Kreibich 2002] Kreibich, R.; Schlaffer, A.; Trapp, C.: Zukunftsforschung in Unternehmen. Band 33. Berlin: Sekretariat für Zukunftsforschung 2002.

[Krystek 1993] Krystek, U.; Müller-Stewens, G.: Frühaufklärung für Unternehmen: Identifikation und Handhabung zukünftiger Chancen und Bedrohungen. Stuttgart: Schäffer-Poeschel 1993.

[Kuhn 1996] Kuhn, T.S.: The Structure of Scientific Revolutions. Third Edition. Chicago: University of Chicago Press 1996.

[Kunze 2000] Kunze, C.W.: Competitive Intelligence. Ein ressourcenorientierter Ansatz strategischer Frühaufklärung. Dissertation. Aachen: Shaker 2000.

[LeGault 2006] LeGault, M.R.: Think: Why Crucial Decisions Can't Be Made in the Blink of an Eye. New York: Simon & Schuster 2006.

[Liebl 2000] Liebl, F.: Der Schock des Neuen. München: Gerling Akademie Verlag 2000.

[Liebl 2003] Liebl, F.: Woher kommt der Trend? Kolumne brand eins, Dezember 2003/ Januar 2004, Hamburg: brand eins 2003.

[Lindgren 2003] Lindgren, M.; Bandhold, H.: Scenario Planning. The Link Between Future and Strategy. Basingstoke: Palgrave Macmillan 2003.

[List 2000] List, D.: Reviewing hindsight to sharpen foresight: scenarios of 2000. Dubrovnik Conference 2004: Innovation and Social Development in the Knowledge-Based Economy/Society. Dubrovnik: 7-9 May 2004.

[List 2004] List, D.: Scenario network mapping: the development of a methodology for social inquiry. Dissertation. Adelaide: University of South Australia 2004

[Little 1997] Little, A.D. (Hrsg.): Management von Innovation und Wachstum. Wiesbaden: Gabler 1997.

[Lovallo 2006] Lovallo, D.P.; Sibony, O.: Disortions and Deceptions in Strategic Decisions. The McKinsey Quarterly 2000 Number 1.

[Loveridge 2004] Loveridge, D.: Experts and foresight: review and experience. International Journal of Foresight and Innovation Policy (IJFIP) 2004.

[Low 2002] Low, J.; Kalafut, P.C.: Invisible Advantage. How Intangibles are Driving Business Performance. Cambridge, MA: Perseus 2002.

[Lutz 1955] Lutz, F.A.: Das Problem der Wirtschaftsprognosen. Tübingen: Mohr 1955.

[Lyman 2003] Lyman, P.; Varian, H.R.: How much Information 2003? School of Information Management and Systems, University of California, http://www.sims.berkeley.edu/research/projects/how-much-info-2003 (Mai 2006).

[Mansfeld 1983] Mansfeld,J.: Die Vorsokratiker I. Ditzingen: Reclam 1983.

[Marsh 2002] Marsh, N.; McAllum, M.; Purcell, D.: Strategic foresight. The power of standing in the future. Melbourne: Crown Content 2002.

[Martelli 2001] Martelli, A. : Scenario Building and Scenario Planning: State of the Art and Prospects of Evolution, Futures Research Quarterly, Vol. 17 No. 2, WFS Maryland Summer 2001.

[Marti 1996] Marti, I.-M.: A Typology of Information Needs. Greenwich: JAI Press 1996.

[Maslow 1954] Maslow, A.: Motivation and Personality. New York: Harper and Row 1954.

[Mason 1994] Mason, D.H.: Scenario-based Planning: Decision Model for the Learning organization, Planning Review March/April 1994.

[Mass 1995] Mass, N.J.; Berkson, B.: Going Slow to go Fast. The McKinsey Quarterly 1995 Number 4.

[McAfee 2002] McAfee, R.P.: Competitive Solutions. The Strategist's Toolkit. Princeton: University Press 2002.

[McKinsey 2002] McKinsey Global Institute: How IT Enables Productivity Growth. Washington DC: November 2002.

[McRae 1994] McRae, H.: The World in 2020. Power, Culture and Prosperty. London: Harper Collins 1994.

[Meadows 1972] Meadows, D.H.; Meadows, D.L.; Randers, J.; Behrens, W.W.: The Limits to Growth. New York: Universe Books 1972.

[Meyers 2003] Meyers Großes Taschenlexikon. Mannheim: Bibliographisches Institut 2003.

[Micic 2003] Micic, P.: Der ZukunftsManager. Wie Sie Marktchancen vor Ihren Mitbewerbern erkennen und nutzen. 3. Auflage. Freiburg: Haufe 2003.

[Micklethwait 2003] Micklethwait, J.; Wooldridge, A.: The Company. A Short History of a Revolutionary Idea. New York: Random House 2003.

[Milgrom 1992] Milgrom, P.; Roberts, J.: Economics, Organization and Management, London: Prentice-Hall 1992.

[Millett 1991] Millett, S.M.; Honton, E.J.: A Manager's Guide to Technology Forecasting and Strategy Analysis Methods Columbus, Ohio: Battelle Press 1991.

[Mintzberg 1994] Mintzberg, H.: The Rise and Fall of Strategic Planning. Reconceiving Roles for Planning, Plans, Planners. New York: The Free Press 1994.

[Mintzberg 1999] Mintzberg, H.; Ahlstrand, B.; Lampel, J.: Strategie-Safari. Eine Reise durch die Wildnis des strategischen Managements. Wien: Ueberreuter 1999.

[Mintzberg 2005] Mintzberg, H.; Ahlstrand, B.; Lampel, J.: Strategy bites back. It is far more and less, than you ever imagine. Harlow, England: Pearson 2005.

[Minx 2006] Minx, E.; Böhlke, E: Denken in alternativen Zukünften, in: Zukunftsfragen, Internationale Politik (Zeitschrift der DGAP) Dezember 2006.

[Modis 1994] Modis, T.: Die Berechenbarkeit der Zukunft. Warum wir Vorhersagen machen können. Basel: Birkhäuser 1994.

[Möhrle 2005] Möhrle, M.G.; Isenmann, R. (Hrsg.): Technologie-Roadmapping. Zukunftsstrategien für Technologieunternehmen. 2. Auflage. Berlin, Heidelberg: Springer 2005.

[Molitor 1979] Molitor, G.T.: The hatching of public opinion. In Allio, R.J.; Pennington, M.W. (Hrsg.): Corporate planning techniques and applications (pp. 53-62). New York: American Management Association 1979.

[Moore 1965] Moore G.E.: The density of transistors assembled on a micro chip doubles every 12 month! Electronics, Volume 38, Number 8, April 19, 1965.

[Morrison 1994] Morrison, I.; Schmid, G.: Future Tense. The business realities of the next ten years. New York: William Morrow and Company, 1994.

[Müller-Stewens 2005] Müller-Stewens, G.; Lechner, C.: Strategisches Management. Wie strategische Initiativen zum Wandel führen. 3. Auflage. Stuttgart: Schäffer-Poeschel 2005.

[Naisbitt 1982] Naisbitt, J.: Megatrends: Ten New Directions Transforming Our Lives. New York: Warner Books, Inc. 1982.

[Nattermann 2000] Nattermann, P.M.: Best Practice Best Strategy. The McKinsey Quarterly 2000 Number 2. New York.

[Nelson 1994] Nelson, B.: 1001 Ways to reward Employees. New York: Workman Publishing 1994.

[Neubauer 1977] Neubauer, F.F.; Solomon, N.B.: A Managerial Approach to Environmental Assessment. Long Range Planning (LRP), International Journal of Strategic Management. London: Elsevier 1977.

[Newton 1990] Newton, K.; Schweitzer, T.; Voyer, J.P. (Eds.): Perspective 2000: Proceedings of a Conference sponsored by the Economic Council of Canada. Ottawa: Economic Council of Canada 1990.

[Nicolis 1989] Nicolis, G.; Prigogine, I.: Exploring Complexity: An Introduction. New York: W. H. Freeman 1989.

[Nore 1988] Nore, P.; Osmundsen, T.: Three scenarios for Norway towards the year 2000. Futures 20 (5) 568-577.

[Norse 1979] Norse, D.: Scenario Analysis in INTERFUTURES. Futures 11 (5) 412-422.

[Nutt 1999] Nutt, P.: Selecting Tactics to Implement Strategic Plans, Strategic Management Journal, 10, 145-161 1999.

[O'Hara 2004] O'Hara-Devereaux, M.: Navigating the Badlands: Thriving in the Decade of Radical Transformation. San Francisco: Jossey-Bass 2004.

[Open 2000] MBA-Kurs „Strategy", Book 1, Open University Milton Keynes 2000.

[Ormerod 2005] Ormerod, P.: Why Most Things Fail: Evolution, Extinction and Economics. New York: Pantheon Books 2005.

[Ornauer 1976] Ornauer, H.; Wilbert, H.; Sicinski, A.J.; Galtung, J.: Images of the World in the Year 2000: A Comparative Ten Nation Study. The Hague: Mouton 1976.

[Orrell 2007] Orrel, D.: The Future of Everything. The Science of Prediction. New York: Thunder's Mouth Press 2007.

[Osmundsen 1986] Osmundsen, T.: Scenarios for Norway year 2000. Futures 18 (4) 549-552.

[Pascale 1990] Pascale, R.T.: Managing on the Edge. London: Penguin 1990.

[Pascale 2004] Pascale R.T.; Millemann, M.; Gioja, L.: Surfing the edge of chaos. The laws of nature and the new laws of business. Great Britain: Thomson 2004.

[Pawlowsky 1999] Pawlowsky, C.: Bewertung konkurrierender Technologien. Dissertation, München 1999.

[Peat 2002] Peat, F.D.: From Certainty to Uncertainty. The Story of Science and Ideas in the Twentieth Century. Washington, D.C.: Joseph Henry Press 2002.

[Pfeffer 2000] Pfeffer, J.; Sutton, R.I.: The knowing-doing gap. How smart companies turn knowledge into action. Boston: Harvard Business School Publishing 2000.

[Pfeffer 2006] Pfeffer, J.; Sutton, R.I.: Hard Facts. Dangerous Half-Truths & Total Nonsense. Boston: Harvard Business School Publishing 2006.

[Pillkahn 2005] Pillkahn, U.: Technology Intelligence: Basis for smart Business Strategies. Futures Research Quarterly, Vol. 21 No. 3, WFS Maryland 2005.

[Pillkahn 2007] Pillkahn, U.: Wissenschaftliche Grundlagen der Zukunftsforschung. München: Projektstudie LMU München 2007.

[Pine 1999] Pine, B.J. II; Gilmore, J.H.: The Experience Economy. Boston: Harvard Business School Press 1999.

[Popcorn 1991] Popcorn, F.: The Popcorn Report. New York: Harper Business 1991.

[Popcorn 1996] Popcorn, F.; Marigold, L.: Clicking. New York: Harper Business 1996.

[Popper 1969] Popper, K.R.: Das Elend des Historizismus. Zweite, unveränderte Auflage. Tübingen: Mohr Siebeck 1969.

[Porter 1980] Porter, M.E.: Competitive Strategy: Techniques for Analyzing Industries and Competitors. New York: Free Press, 1980.

[Porter 1985] Porter, M.E.: The Competitive Advantage: Creating and Sustaining Superior Performance. New York: Free Press, 1985.

[Porter 1991] Porter, A.L.; Roper, A.T.; Mason, T.W.; Rossini, F.A.; Banks, J.: Forecasting and Management of Technology. New York: John Wiley & Sons 1991.

[Pritchett 1995] Pritchett, L.: Stop Paddling and Start Rocking the Boat. New York: Harper Collins 1995.

[Quinn 1988] Quinn, J.B.; Mintzberg, H.; James, R.M.: The Strategy Process. Concepts, Contexts and Cases. Englewood Cliffs, NJ: Prentice-Hall 1988.

[Ralston 2006] Ralston, B.; Wilson, I.: The Scenario Planning Handbook. Developing Strategies in Uncertain Times. Mason, OH: Texere, Inc. 2006.

[Randall 1997] Randall, D.: Consumer strategies for the Internet: Four Scenarios. Long Range Planning 30 (2) 157-168.

[Raschke 2005] Raschke, M.: Mittendrin. Brand eins Magazin 08 / 2005. Hamburg: Brand eins 2005.

[Reibnitz 1992] Reibnitz, U.: Szenario-Technik. Instrumente für die unternehmerische und persönliche Erfolgsplanung. Wiesbaden: Gabler 1992.

[Rescher 1985] Rescher, N.: Die Grenzen der Wissenschaft. Stuttgart: Reclam 1985.

[Rescher 1997] Rescher, N.: Predicting The Future. An Introduction to the Theory of Forecasting. Albany: State University of New York Press 1997.

[Rethfeld 2004] Rethfeld, R.; Singer, K.: Weltsichten-Weitsichten. München: FinanzBuch 2004.

[Rhynne 1971] Rhynne, R.F. et al: „Projecting wholebody Future patterns – the field anomaly relaxation (FAR) method," SRI Educational Policy Res. Center, EPRC 6747-10 prepared for National Center for Res. and Dev., US Office of Education 1971.

[Rifkin 2003] Rifkin, J.: The Hydrogen Economy: The Creation of the Worldwide Energy Web and the Redistribution of Power on Earth. New York: Tarcher/Penguin 2003.

[Ringland 1998] Ringland, G.: Scenario Planning. Managing for the Future. New York: John Wiley & Sons 1998.

[Ringland 2002] Ringland, G.: Scenarios in Business. Chichester, United Kingdom: John Wiley & Sons 2002.

[Rosenberg 1995] Rosenberg, N.: Innovation's Uncertain Terrain. The McKinsey Quarterly 1995 Number 3.

[Rosenzweig 2007] Rosenzweig, P.M.: The Halo Effect... and the Eight other Business Delusions. New York: The Free Press 2007.

[Rushkoff 2005] Rushkoff, D.: Get back in the box. Innovation from the Inside Out. New York: Harper Collins 2005.

[Rust 1997] Rust, H.: Trendforschung – Contra: Holger Rust. Forschung & Lehre. 12/1997. Deutscher Hochschulverband. 1997.

[Rust 2002] Rust, H.: Zurück zur Vernunft. Wenn Gurus, Powertrainer und Trendforscher nicht mehr weiterhelfen. Wiesbaden: Gabler 2002.

[Sawhney 2001] Sawhney, M.; Zabin, J.: The Seven Steps to Nirvana. Strategic Insights into e-Business Transformation. New York: McGraw-Hill 2001.

[Schein 1965] Schein, E.H.: Organizational Psychology. Englewood Cliffs, N.J.: Prentice-Hall 1965.

[Schnaars 1987] Schnaars, S.P.: How to Develop and Use Scenarios, in: Long Range Planning (LRP) 20. Jg., Nr. 1. London: Pergamon 1987.

[Schoemaker 1997] Schoemaker, P.J.H.: Disciplined Imagination: From Scenarios to Strategic Options, In: International Studies of Management & Organization, Vol.27, No. 2, 1997.

[Schüll 2006] Schüll, E.: Zur Wissenschaftlichkeit von Zukunftsforschung. Tönning: Der Andere Verlag 2006.

[Schwartz 1991] Schwartz, P.: The art of the long view: the path to strategic insight for yourself and your company. New York: Doubleday 1991.

[Schwarz 2005] Schwarz, B.: The paradox of choice. Why more is less. How the culture of abundance robs us of satisfaction. New York: Harper Collins 2005.

[Scott-Morgan 1994] Scott-Morgan, P.: The Unwritten Rules of the Game. New York: McGraw-Hill 1994.

[Senge 1990] Senge, P.M.: The Fifth Discipline. The Art and Practice of the Learning Organization. New York 1990

[Shrivastava 1986] Shrivastava, P.; Lamb, R. (Eds.): Advances in strategic management. Greenwich, CT: JAI Press, 1986.

[Simon 1972] Simon, H.A.: Theories of Bounded Rationality. In McGuire, M.C. and Radner, R. (eds.). Decisions and Organizations, North Holland: Amsterdam, 1972.

[Spierling 2006] Spierling, V.: Kleine Geschichte der Philosophie. München: Piper 2006

[Standage 2005] Standage, T.: The future of technology. Wales: Profile Books Ltd. 2005.

[Steinmüller 1999] Visionen. 1900 2000 2100. Eine Chronik der Zukunft. Hamburg: Rogner & Bernhard 1999.

[Steinmüller 2000] Steinmüller, K.: Wie weiter mit der Zukunftsforschung? In: Zukünfte. Zeitschrift für Zukunftsgestaltung und vernetztes Denken. Heft 33, 2000.

[Steinmüller 2003] Steinmüller, K.: Ungezähmte Zukunft. Wildcards und die Grenzen der Berechenbarkeit. München: Gerling Akademie 2003.

[Stermann 2000] Sterman, J. D.: Business Dynamics: Systems Thinking and Modeling for a Complex World. Boston: McGraw-Hill 2000.

[Sternberg 1999] Sternberg, R.: Handbook of Creativity Cambridge: Cambridge University Press 1999.

[Stevenson 1963] Stevenson, C.L.: Facts and Values: Studies in Ethical Analysis. New Haven, CT: Yale University Press 1963.

[Stevenson 1976] Stevenson, H.H.: Defining Corporate Strength and Weaknesses". Sloan Management Review, Spring 1976.

[Stoneman 2001] Stoneman, P.: The Economics of Technological Diffusion. Oxford: Blackwell 2002.

[Stuckenschneider 2005] Stuckenschneider, H.; Schwair, T.: Strategisches Innovations-Management bei Siemens, in: Albers, S.; Gassmann, O. (Hrsg.): Handbuch Technologie- und Innovationsmanagement. Wiesbaden: Gabler 2005.

[Stürm 2003] Rüegg-Stürm, J.: Das neue St.Galler Management Modell. Bern: Haupt 2003.

[Surowiecki 2005] Surowiecki, J.: The Wisdom of Crowds. New York: Anchor Books 2005.

[Taleb 2005] Taleb, N.N.: Fooled by Randomness: The hidden Role of Chance in Life and in the Markets. Texere, New York 2005

[Taylor 1911] Taylor, F.W.: The Principles of Scientific Management. New York: Harper & Row 1911.

[Telecom Australia 1975] Telecom 2000: An Exploration of the Long-Term Development of Telecommunications in Australia. Melbourne: Australian Telecommunications Commission.

[Thorp 2003] Thorp, J.: The Information Paradox. Realizing the Business Benefits of Information Technology. Toronto: McGraw-Hill 2003.

[Tidd 2001] Tidd, J.; Bessant, J.; Pavitt, K.: Managing Innovation. Chichester, United Kingdom: John Wiley & Sons 2001.

[Toffler 1970] Toffler A.: Future Shock. New York, Bantam Books 1970.

[Tsoukas 2004] Tsoukas, H.; Shepherd, J.: Managing the Future: Strategic Foresight in the Knowledge Economy. Oxford: Blackwell 2004.

[Twain 1984] Twain, M.: Life on the Mississippi. New York: Penguin 1984.

[Ulbrich 2004] Ulbrich, S.: Möglichkeiten und Grenzen der Szenarioanalyse. Eine Analyse am Beispiel der Schweizer Energieplanung. Berlin: WiKu 2004.

[Underwood 2004] Underwood, J.: What's your Corporate IQ? How the smartest Companies learn, transform, lead. Chicago: Dearborn Trade Publishing 2004.

[Wack 1985] Wack, P.: Scenarios: Uncharted Waters Ahead. Sept-Oct 1985, Boston: Harvard Business School Publishing 1985.

[Wacker 2001] Wacker, W.; Taylor, J.; Means, H.: Kursbuch für Visionäre. Landsberg: Moderne Industrie 2001.

[Wacker 2002] Wacker, W.; Ryan, M.: The Deviants Advantage: How Fringe Ideas Create Mass Markets. London: Crown Business 2002.

[Wagenführ 1970] Wagenführ, H.: Industrielle Zukunftsforschung. München: Moderne Industrie 1970.

[Walter 1992] Walter, D.(Ed.): Today then: America's Best Minds Look 100 Years into the Future on the Occasion of the 1893 World's Columbian Exposition. Helena, USA: American and World Geographic Publishing 1992.

[Watermann 1980] Waterman, R. Jr.; Peters, T.; Phillips, J.R.: „Structure Is Not Organization". Business Horizons, 23, 3 June 1980, 14-26.

[Weick 1985] Weick, K.E.: Making Sense of the Organization. Oxford: Blackwell Publishing 1985.

[Weidler 1997] Weidler, A.: Entwicklung integrierter Innovationsstrategien. Frankfurt am Main. Peter Lang 1997.

[Wells 1996] Wells, H.G.: Die Zeitmaschine. München: Deutscher Taschenbuchverlag 1996.

[Whittington 1993] Whittington, R.: „What is Strategy: Does it Matter?" New York: Routledge. 1993.

[Wiener 1967] The Year 2000: A Framework for Speculation on the Next Thirty-three Years. New York: Macmillan Publishing Company 1967.

[Wierzbicki 1991] Wierzbicki, A.J.: Poland's development dilemmas on the verge of the 21st century. Futures 23 (4) 392-401.

[Wiggins 2002] Wiggins, R.R.; Ruefli, T.W.: Sustained competitive advantage: Temporal dynamics and the incidence and persistence of superior economic performance. Organization Science Vol. 13, 2002.

[Wilber 2000] Wilber, K.: A Theory of Everything: An integral Vision for Business, Politics, Science and Spirituality. Boston: Shambala 2000.

[Wilms 2006] Wilms, F.E.P.: Szenarien sind Systeme. In: Wilms, F.E.P.: Szenariotechnik. Zürich: Haupt 2006.

[Wilson 1983] Wilson, I.: The benefits of environmental analysis, in Albert, K. (Hrsg.): The strategic management handbook. New York 1983.

[Wind 1982] Wind, Y.J.: Product Policy: Concepts, Methods, and Strategy. Addison-Wesley 1982.

[Worthington 2003] Worthington, I.; Britton, C.: The Business Environment. Essex, United Kingdom: Pearson Education 2003.

[Z-Dossier 2002] Z-Punkt (Hrsg.): Zukunftsforschung in Unternehmen. Praxis, Methoden, Perspektiven. Essen 2002.

[Zürni 2004] Zürni, Ulbrich, S.: Möglichkeiten und Grenzen der Szenarioanalyse (Dissertation). Stuttgart: Wiku 2004.

Index

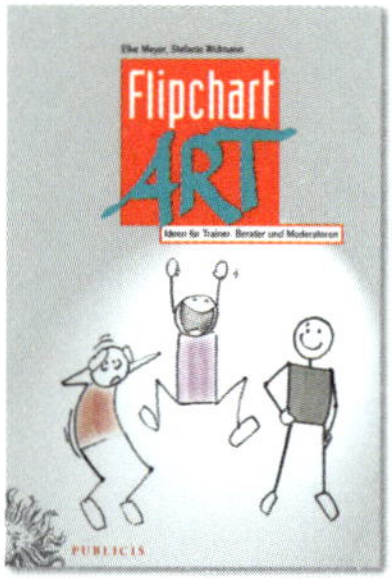

Elke Meyer, Stefanie Widmann

FlipchartArt

Ideen für Trainer, Berater und Moderatoren

2006, 165 Seiten, 129 farbige Abbildungen,
gebunden, ISBN 978-3-89578-260-2
€ 34,90 / sFr 56,00

Das Buch bietet eine Fülle konkreter Beispiele zur Gestaltung von Flipcharts und eine Palette von Gestaltungsmöglichkeiten, aus denen jeder Anwender mit wenig Aufwand seinen individuellen Stil ableiten kann. Die Vorbereitung von Seminaren, Besprechungen oder Workshops wird damit deutlich vereinfacht, der Zeitaufwand reduziert und die Eindringlichkeit der Botschaft erhöht. Dieses Buch gehört in jeden Moderatoren- und Beraterkoffer, in jedes Trainergepäck.

Peter Flume

PowerStories

Informieren, mitreißen und überzeugen mit Powerpoint-Präsentationen

2003, 145 Seiten, 30 farbige Abbildungen,
gebunden, ISBN 978-3-89578-212-1
€ 34,90 / sFr 56,00

Peter Flume vermittelt Ihnen neue Wege zum Entwickeln von Präsentationen. Er zeigt, wie Sie aus Ihren Inhalten spannende Geschichten für Ihr Publikum machen. Ihre Begeisterung und Ihr Fachwissen können Sie so zu intensiven, wirksamen Präsentationen verknüpfen, deren Botschaften viel besser angenommen und gespeichert werden. Zielgruppen des Buchs sind alle, die mit Präsentationen informieren, überzeugen und begeistern müssen: Manager, Vertriebsbeauftragte, Projektmanager, Wissenschaftler, Entwickler, Planer, Controller, Unternehmensberater, Werbeberater.

Ulrich Eberl, Joerg Puma

Innovatoren und Innovationen

Einblicke in die Ideenwerkstatt eines Weltkonzerns

2007, 263 Seiten, 73 farbige Abbildungen, gebunden, ISBN 978-3-89578-285-5
€ 34,90 / sFr 56,00

Dieses Buch erzählt mit einem Blick hinter die Kulissen 30 Geschichten von Innovationen und ihren Innovatoren und zeigt daran das ganze Spektrum unterschiedlicher Abläufe für kleine und große, schnelle und langwierige, disruptive und evolutionäre Neuerungen. Geprägt wurden all diese Innovationen nicht nur durch organisatorische Rahmenbedingungen und Strategien, sondern auch durch intensiven persönlichen Einsatz, Netzwerke innerhalb und außerhalb des Unternehmens, kreative Freiräume und mutige Visionen, enge Kontakte zu den Kunden, Konflikte und Teamarbeit und eine gesunde Portion Glück. Dieses Buch bietet eine Fülle von Erfahrungen für alle Personen, die strategisch oder direkt an Innovationen beteiligt sind.

Englische Ausgabe:
Innovative Minds
ISBN 978-3-89578-299-2

Ulf Pillkahn

How to Develop and Use Trends and Scenarios

Creating an Individual Strategy for Future Business

March 2008, ca. 460 pages, 167 colored illustrations, hardcover, ISBN 978-3-89578-304-3
ca. € 49.90 / sFr 80.00

The book presents the two most powerful tools for future planning: environmental analysis, based on the use of trends, as well as the development of visions of the future through the use of scenarios. While scenarios are generally regarded as a classical management tool, it is expected that the importance of trends will gain tremendously in the coming years. Pillkahn demonstrates how to build robust strategies by aligning the results of environmental and enterprise scenarios, thereby offering entirely new insights.

www.publicis-erlangen.de/books